10판

SHIGLEY

핵심기계요소설계

10판

SHIGLEY
핵심기계요소설계

Richard G. Budynas, J. Keith Nisbett 지음

김철 · 김양진 · 김송길 · 이하범 옮김

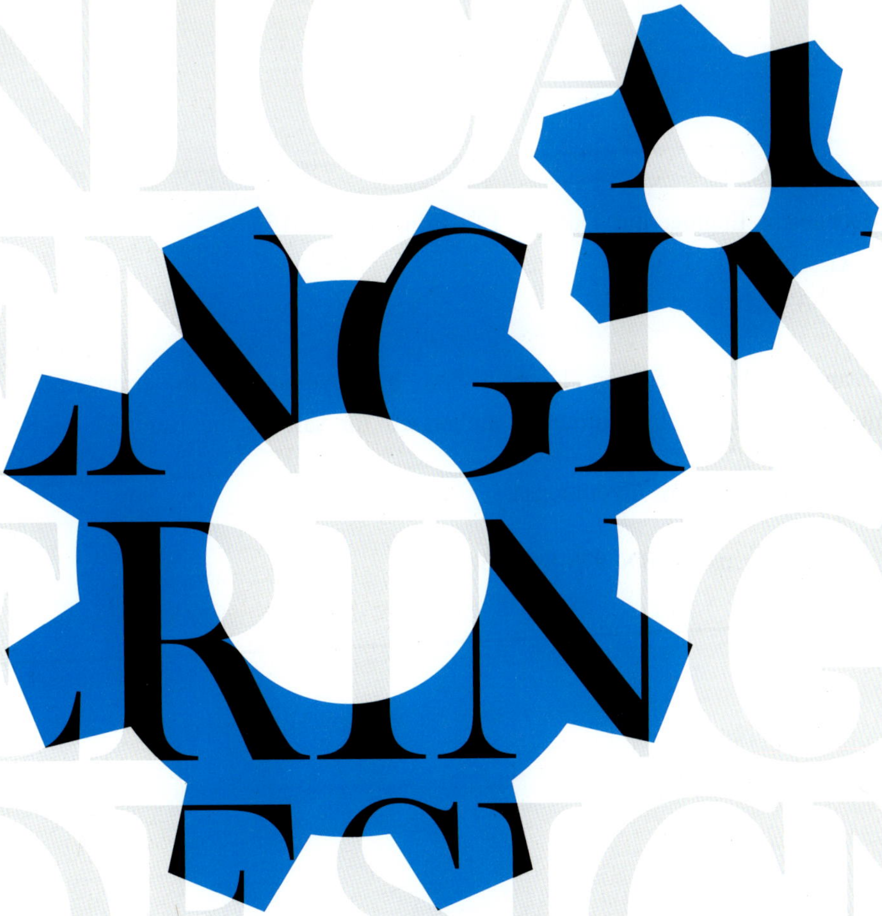

교문사

Shigley's Mechanical Engineering Design, 10th Edition (Core Version)

1 2 3 4 5 6 7 8 9 10 GMS 20 20

Original: Shigley's Mechanical Engineering Design, 10th Edition © 2015
By Richard G. Budynas, J. Keith Nisbett
ISBN 978-0-07-339820-4

This authorized Korean translation edition is published by Gyomoonsa in arrangement with McGraw-Hill Education Korea, Ltd. This edition is authorized for sale in the Republic of Korea.

This book is exclusively distributed by Gyomoonsa.

When ordering this title, please use ISBN 978-89-363-1903-8

Printed in Korea

저자 소개

Joseph Edward Shigley(1909-1994)는 의심할 여지없이 기계설계 교육에 있어서 가장 유명하고 가장 존경받는 공헌자 중의 하나이다. 그는《Theory of Machines and Mechanisms》(John J. Uicker, Jr.와 함께)과《Applied Mechanics of Materials》를 포함한 8권의 저서를 저술/공동 저술하였다. 또한, 잘 알려진《Standard Handbook of Machine Design》의 공동 편집인이기도 하다. 그는《Machine Design》이라는 책의 단독 저자인데, 이 책은 향후 여러 종류의 기계설계 책의 모델이 되는《Mechanical Engineering Design》이라는 책으로 발전하였다. 그는 이 책의 첫 5판까지 Larry Mitchell과 Charles Mischke와 함께 저술하였다. 셀 수 없을 정도로 많은 전 세계의 학생들이 이제는 고전이 된 Shigley의 책을 접했다.

지난 반세기 동안 거의 대부분의 기술자들이 Shigley 책의 용어, 방정식, 그리고 설계 과정을 참조하였다. McGraw-Hill은 Shigley 교수와 40년 이상 함께 하는 영광을 누렸으며, 이에 대한 헌사로서 앞으로 발간할 책을《Shigley's Mechanical Engineering Design》으로 부르기로 하였다.

Shigley 교수는 Purdue 대학교 전기 및 기계공학과에서 학사 학위를 받고 Michigan 대학교 기계공학과에서 석사 학위를 수여받은 후 1936년부터 1954년까지 Clemson 대학에서 교수로 재직하였으며, 기계 설계 및 제도 학과장을 역임하였다. 1956년에 Michigan 대학교 기계공학과에 교수로 임용되어 1978년에 퇴직할 때까지 22년 동안 교수로 재직하였다.

Shigley 교수는 1968년에 미국기계학회(ASME) Fellow로 선정되었으며, 1974년에는 ASME Mechanisms Committee Award를 수상하였다. 1977년에는 공학 분야에서의 뛰어난 학문적 공헌으로 Worcester Reed Warner Medal을 받았고, 1986년에는 ASME Machine Design Award를 수상하였다.

Joseph Edward Shigley는 매우 탁월한 업적을 달성했으며, 그의 학문적 · 교육적 업적은 세대를 걸쳐 계속 이어질 것이다.

역자 서문

'기계설계'는 기계공학의 기본이 되는 과목 중 하나로 기계요소 및 기계시스템 설계에 중요하게 활용되는 기본 지식을 제공한다. 기계의 핵심 요소인 축, 키, 축이음, 커플링, 베어링, 기어 등에 대한 전반적인 개념을 교육하고 이를 기반으로 학생들의 기계시스템의 설계 능력을 기르는 것을 목표로 한다. 기계설계 교육을 위하여 대학과 현장에서 많은 원서와 번역서들이 활용되고 있으나 대부분의 도서들은 다루고 있는 내용이 방대하고 또한 지나치게 상세히 기술되어 있는 부분이 다소 포함되어 있어 제한된 시간 내에 교과서의 모든 내용을 다루는 데 한계가 있다.

이에 저자들은 본인들의 강의 경험을 바탕으로 Budynas 및 Nisbett 교수 원저의 《Shigley의 기계공학설계(Shigley's Mechanical Engineering Design)》 SI버전 10판을 번역하고 이를 다듬어 핵심 내용 위주로 편집함으로써 제한된 시간 내에 효율적인 교육이 이루어질 수 있도록 하였다.

또한 번역 과정에는 저자가 의도한 바가 정확하게 전달될 수 있도록 원문에 최대한 충실하였고 전체적인 편집 체계 역시 원서와 유사하게 함으로써 원서의 취지가 그대로 유지될 수 있도록 노력하였다. 나아가 독자의 이해를 돕기 위해 다소 의역을 시도하기도 하였으며 입문자들도 쉽게 이해할 수 있도록 번역에 신중을 기하였다.

번역과정에 약간의 오류가 있을 수 있기에 독자 여러분의 넓은 아량과 귀한 의견을 부탁드리며 해당 의견을 반영하여 지속적인 보완작업을 수행할 작정이다. 끝으로 이 책이 집필되는 과정에 있어 많은 수고와 노력을 아끼지 않으신 교문사(청문각) 출판사 임직원 여러분께 깊이 감사드린다.

2020. 8.

역자 일동

차례

1 서론

기계설계(mechanical design)는 다양한 분야의 세부 기술을 필요로 하는 복잡한 업무로서, 이러한 복잡하고 방대한 관계들을 여러 개의 단순한 문제들로 세분화시킬 수 있는 풍부한 능력이 요구된다.

먼저 설계의 본질에 대해 개괄적으로 소개하고, 이어서 기계공학 설계에 대해서 보다 상세히 설명한다. 설계는 상호 작용하는 많은 단계가 서로 얽혀 있는 반복적인 과정이다. 우리 주위에는 많은 정보 자원과 컴퓨터 설계 도구들을 포함하여 설계자를 도와줄 많은 자원들이 존재한다. 설계 엔지니어들은 그들의 분야에서 능력을 개발하는 것뿐만 아니라 강한 책임감과 전문적인 연구 윤리를 축적하는 것 또한 필요하다.

또한 기술 기준과 표준(codes and standards), 경제성, 안전성, 그리고 제조물 책임 등도 고려하여야 한다. 기계 구조물의 건전성은 일반적으로 응력(stress)과 강도(strength)에 의해 결정된다. 공학 설계에서 불확실성의 문제는 항상 존재하였고 이는 일반적으로 결정론적 또는 통계학적인 형태의 설계계수와 안전계수를 이용하여 다루어진다. 후자인 통계학적인 방법은 설계의 **신뢰성** 측면을 다루며 정확한 통계 데이터가 필요하다.

기계공학 설계에서는 치수와 공차, 단위, 계산과 같은 다양한 사항을 고려해야 한다.

이 책은 총 3부로 구성되어 있다. 제1부에서는 설계와 해석(analysis)의 차이에 대해 설명한다. 하지만 파손을 방지하기 위한 설계 방법을 도출하는 것은 어려운 문제이다. 따라서 이와 같은 문제를 해결하기 위해 제2부를 두 개의 장으로 구성하여 정적 하중(static loads)에 의한 파손 방지와 시간에 따라 변하는 반복하중에 의한 피로(fatigue) 파손 방지에 대해 다룬다.

제3부에서는 1, 2부에서 다룬 내용을 축, 체결요소, 용접, 스프링, 구름 베어링, 기어, 클러치, 브레이크, 커플링과 같은 특정 기계요소에 대한 해석, 선정, 그리고 설계에 적용하는 과정을 다룬다.

1-1 설계

설계란 고객의 특정 요구를 만족시키기 위한 계획을 수립하는 것 또는 특정 문제를 해결하는 것이라고 정의할 수 있다. 만약 수립된 계획이 물리적 실체를 지닌 것을 제작하는 것이라면, 그 제조물(product)은 반드시 기능적(functional)이고, 안전하며(safe), 신뢰성(reliable), 경쟁성(competitive), 사용성(usable), 제조성(manufacturable), 시장성(marketable)이 있어야 한다.

설계는 매우 혁신적이며 반복적인 과정이다. 설계는 또한 의사결정 과정(decision-making process)이다. 때로는 의사결정을 내리는 데 필요한 정보가 부족하거나, 때로는 필요한 만큼 있거나 혹은 상충되는 정보가 있는 경우도 있다.

향후 설계자가 더 많은 정보를 갖게 되었을 때 수정할 수 있도록 하기 위해서는 때로는 의사결정이 임시적으로 수행되기도 한다. 무엇보다도 중요한 것은 공학 설계자는 의사결정, 문제해결 임무에 부담을 느끼지 말고 만족해야 한다는 점이다.

설계는 글과 그림, 그리고 문자와 언어가 사용되는 상호 간의 의사소통이 중요한 활동이다. 엔지니어는 다양한 분야의 전문가들과 효과적으로 의사소통을 할 수 있어야 하며, 함께 일할 수 있어야 한다. 이러한 의사소통 및 협업 능력은 매우 중요하며, 엔지니어의 성공 역시 이에 좌우된다.

설계자 개인의 창조성, 의사소통능력, 문제해결능력은 기술에 대한 지식 및 근본 법칙들과 결부되어야 한다. 수학, 통계학, 컴퓨터, 그래픽 그리고 언어와 같은 공학도구들을 이용해 계획을 수립하고 이를 추진한다면 누가 만들든, 누가 사용하든 상관없이 **기능성, 안정성, 신뢰성, 경쟁성, 사용성, 제조성** 그리고 **시장성** 있는 제품을 만들 수 있다.

1-2 기계공학 설계

기계공학 엔지니어는 에너지의 생산과 에너지 공정 업무를 다루며 또한 생산 방법, 운송 도구, 그리고 자동화 기술 업무도 다룬다. 기계공학 엔지니어에게 요구되는 교과목과 지식은 매우 광범위하다. 교과목에는 고체역학, 유체역학, 열전달, 생산 공정, 전기 및 정보 이론 등이 있다. 기계공학 설계는 모든 기계공학 교과목에서 다루는 내용을 포함한다.

실제 설계문제들은 어떤 특정 학문 영역으로만 국한되지 않는다. 예를 들어 간단한 저널 베어링의 설계문제는 유체 유동, 열전달, 마찰, 에너지 전달, 재료 선정, 열처리, 통계학 등과 관련된다. 마찬가지로, 내연기관 설계, 터보기계설계 그리고 제트기관 설계도 때때로 별개의 것처럼 여겨진다. '설계'라는 단어의 앞에 붙는 수식어는 엔지니어들에게 의사소통을 돕기 위한 제품 설명수단에 불과하다. 또한 기계설계, 기계요소설계, 시스템설계, 유압설계와 같은 단어들은 기계공학 설계의 주요 예이다. 이러한 설계분야는 모든 동일한 지식체계에 의존하고 있으며, 비슷하게 조직화되고, 비슷한 기술을 필요로 한다.

1-3 설계과정의 단계와 상호작용

설계과정이란 무엇인가? 설계는 어떻게 시작할 것인가? 엔지니어가 책상에 앉아서 빈 종이에 자기 생각을 간단히 적는다고 하자. 그러면 다음 단계는 무엇일까? 어떤 요인들이 최종 결정에 영향을 끼칠 것인가? 최종적으로 설계과정이 어떻게 마무리될까?

그림 1-1은 전체 설계과정을 설명하고 있다. 설계단계는 설계에 대한 필요성의 인식과 이를 위해 엔지니어가 무엇을 할 것인지 결정하는 것으로부터 시작하는데 많은 반복 과정을 거친 후, 필요성을 만족시키는 계획을 제시함으로써 종료된다. 설계 업무의 특성에 따라 몇몇 설계 단계는 제품의 전수명 동안 반복된다. 다음의 몇 절에서 설계과정의 각 단계에 대해 보다 자세히 살펴보도록 하자.

설계과정은 일반적으로 필요성의 인식으로부터 시작된다. 필요성이란 약간의 불만, 불편함 또는 무엇인가 옳지 않은 것을 감지하는 것이기 때문에 **필요성의 인식**과 필요성을 표현하는 것은 매우 창조적인 행동을 필요로 한다. 흔히 필요성 자체가 불명확한 경우도 있다. 인식은 보통 특정한 역경이나 거의 동시에 발생하는 일련의 상황에 의해 야기된다.

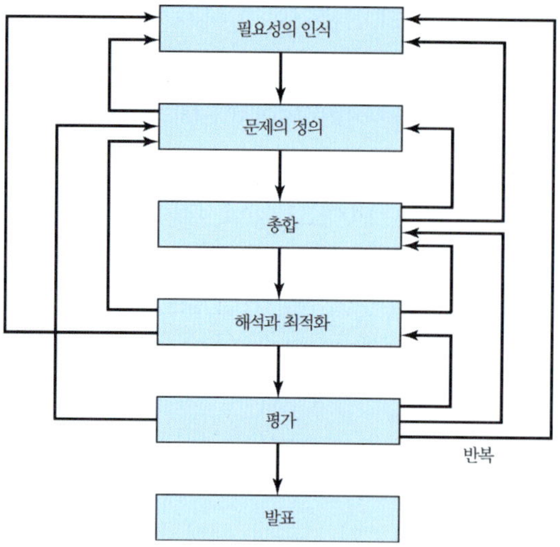

그림 1-1
많은 피드백과 반복 작업으로 이루어진 설계 단계

예를 들면, 식품포장기계에 어떤 조치를 취하기 위한 필요성은 기계에서 발생하는 소음의 수준, 포장무게의 변화, 포장의 약간의 질적 변화(허용범위 이내에서)에 의해 나타날 수 있다.

필요성에 대한 기술과 이 기술에 따른 문제의 정의 사이에는 큰 차이가 있다. **문제의 정의**는 보다 구체적이며 설계 제품에 대한 모든 세부 사양을 포함해야 한다. 설계 사양이란 제품의 입력과 출력, 점유 공간의 특징과 치수, 그리고 이에 대한 모든 제한 조건이다. 우리는 설계 대상을 블랙박스 속에 있는 무언가로 생각할 수 있다. 이 경우, 우리는 블랙박스의 입력과 출력, 그리고 그것들의 특징과 제약 조건들을 명시해야 한다. 사양은 가격, 제품수량, 예상수명, 범위, 가동온도, 신뢰성 등을 정의한다. 구체적인 특징은 속도, 급수, 온도 제한, 최대 범위, 변수들의 예상 변동량, 크기 및 무게 제한 등을 포함할 수 있다.

설계자의 특수한 여건이나 문제 자체의 본질 등에서 기인하는 많은 암시적인 설계 사양이 있다. 특정 공장의 설비와 함께 사용 가능한 제조 공정은 설계자의 자유에 제한을 주므로 이는 암시적인 설계 사양의 일부이다. 예를 들어 소규모 공장에는 냉간 가공 기계가 없을 수도 있다. 이를 안다면, 설계자는 그 공장에서 사용 가능한 다른 가공 방법을 선택해야 할 것이다. 노동자의 숙련도와 경쟁력 수준 또한 암시적인 제약이 된다. 즉 설계자의 자유로운 선택을 제한하는 모든 것이 암시적인 제약이다. 예를 들어, 다양한 재료의 종류와 크기가 공급자의 카탈로그에 나와 있다 하더라도 항상 쉽게 공급받을 수 있는 것은 아니며 자주 재고가 부족할 수 있다.

가능한 모든 시스템 요소를 연결하는 방법의 **종합**은 때때로 **개념의 발명** 또는 **개념 설계**라 일컬어진다. 이는 종합 업무의 첫 번째 단계이자 가장 중요한 단계이다. 다양한 방법이 제시되고 평가되어야 하며, 확립된 측정도구에 의해 정량화되어야 한다.[1] 방법론의 진행

[1] Stuart Pugh, *Total Design—Integrated Methods for Successful Product Engineering*, Addison-Wesley, 1991. 또는 David G. Ullman, The Mechanical Design Process, Chap. 8, 3rd ed., McGraw-Hill, 2003. 참고

이 보다 구체화되면, 설계안의 성능이 만족스러운지 아니면 더 향상되었는지, 만족스럽다면 잘 작동될 것인지를 평가하기 위한 해석을 수행하여야 한다. 시스템 방법론이 해석을 만족하지 못하면 설계안을 변경하거나, 개선하거나 아니면 폐기하여야 한다. 가능성 있는 설계안은 시스템이 최고의 성능을 발휘할 수 있도록 최적화되어야 한다. 이어서 제안된 여러 설계안들을 비교함으로써 가장 경쟁력 있는 제품을 만들 수 있는 방안을 선택할 수 있다. 그림 1-1은 종합, **해석** 그리고 **최적화** 단계가 서로 밀접하고 반복적으로 연결되어 있음을 보여준다.

앞에서 여러 번 언급했듯이, 설계란 몇 단계를 진행시켜 그 결과를 평가하고, 다시 그전 과정으로 되돌아가서 수정해 나가는 반복과정이다. 그러므로 시스템의 여러 요소들을 종합하여 해석 및 최적화하고, 그리고 그 결과가 시스템의 나머지 부분에 어떤 영향을 미치는지 알아보기 위해 다시 종합 과정으로 돌아갈 것이다. 예를 들면, 동력전달시스템의 설계는 개별적인 부품들(예를 들어, 기어, 베어링, 축과 같은)의 설계와 선정에 대한 주의를 요한다. 그러나 설계에서 종종 있는 일이듯이 이러한 개별 부품들은 서로 독립적이지 않다. 축에 대한 응력과 처짐 설계를 위해서는 작용 하중을 알아야 한다. 만약 힘이 기어를 통해 전달된다면, 축에 전달되는 힘을 결정하기 위해서 기어의 사양을 알아야 한다. 그러나 기성품으로 판매되는 기어들은 일반적으로 특정 보어(bore) 크기를 기준으로 제작되기에 이는 역시 연결되는 축의 지름에 대한 정보를 필요로 한다. 따라서 설계과정을 진행하기 위해서는 먼저 대략적인 가정을 수행해야 하며, 개별 부품과 전체 시스템에 대한 설계 사양을 만족하는 최종 설계를 얻을 때까지 반복 작업을 수행해야 한다. 본 교재를 통하여 동력전달시스템 설계에 대한 사례 해석에 대해 이 과정을 보다 자세히 기술할 것이다.

해석과 최적화 단계는 수학적 해석을 가능하게 하는 시스템에 대한 단순화된 모델을 필요로 한다. 우리는 이러한 모델을 수학적 모델이라고 한다. 수학적 모델을 정립할 때는 실제 물리적 시스템을 잘 모사할 수 있는 모델을 찾는 것이 바람직하다. 그림 1-1에 나와 있듯이, **평가**는 전체 설계과정에서 매우 중요한 단계이다. 평가는 성공적인 설계에 대한 최종 입증 단계이며, 일반적으로 실험실 수준의 시제품을 이용한 실험을 통해 수행된다. 이를 통해 설계가 필요성에 잘 부합하는지를 찾고자 하는 것이다. 신뢰성은 있는가? 타 회사의 유사 제품에 비해 경쟁력은 갖추었나? 제작자 및 사용자 입장에서 볼 때 경제적인가? 유지보수는 용이한가? 판매이익이나 사용상의 이점을 기대할 수 있는가? 제조물 책임과 관련된 법적소송을 야기할 가능성은 없는가? 보험은 쉽고 싸게 가입할 수 있는가? 불량부품 때문에 사용 도중에 리콜의 가능성은 없는가? 설계자 혹은 설계팀은 무수하게 많은 공학적 혹은 비공학적 질문에 대응할 수 있어야 할 것이다.

발표는 설계안에 대해 타인과 의견교환을 하는 것으로 설계 단계에서 최종적이며 가장 핵심적인 단계이다. 많은 위대한 설계와 발명, 그리고 창조적인 일들이 개발자가 그들의 성과를 타인들에게 제대로 설명하지 못했기 때문에 애석하게도 역사 속으로 사라진 경우가 허다하다. 발표란 타인들에게 무엇인가를 설득하는 것이다. 회사 내의 행정이나 관리부서의 사람, 혹은 상사에게 새로운 설계안을 설명할 때, 설계자는 이 설계안이 더 좋은 것이라는 사실을 그들에게 설득하고 입증하려고 한다. 만약 이것이 실패하면, 해답을 찾기 위해 투자한 시간과 노력이 모두 수포로 돌아간다. 설계자가 새로운 아이디어를 도출하고 판다는 것은 설계자 스스로를 또한 파는 것이다. 만약 설계자의 아이디어나 설계안이 관리자를 설득하는 데 계속해서 성공한다면, 설계자의 연봉이 오르거나 승진을 하게 될 것이다. 사실 이것이 모든 엔지니어들이 그들의 직업에서 성공하는 방법이다.

설계시 고려사항

재료의 강도(strength)는 부품의 형상과 크기를 결정하는 데 중요한 요소가 되기도 한다. 이런 경우, 우리는 "강도"가 중요한 "**설계 시 고려사항**(design consideration)"이라고 일컫는다. "설계 시 고려사항"이라는 표현은 흔히 부품 또는 전체 시스템의 설계에 영향을 미치는 어떤 특성을 일컫는다. 일반적으로 많은 특성들이 주어진 설계 환경에서 고려되어야 하는데 중요한 내용들을 정리하면 다음과 같다(중요성의 순서를 나타낸 것은 아님).

1. 기능성(Functionality)
2. 강도/응력(Strength/Stress)
3. 비틀림/처짐/강성(Distortion/Deflection/Stiffness)
4. 마모(Wear)
5. 부식(Corrosion)
6. 안전성(Safety)
7. 신뢰성(Reliability)
8. 제작성(Manufacturability)
9. 유용성(Utility)
10. 가격(Cost)
11. 마찰(Friction)
12. 무게(Weight)
13. 수명(Life)
14. 소음(Noise)
15. 외관(Styling)
16. 형상(Shape)
17. 크기(Size)
18. 제어(Control)
19. 열적 특성(Thermal Properties)
20. 표면 처리(Surface)
21. 윤활(Lubrication)
22. 시장성(Marketability)
23. 유지보수(Maintenance)
24. 부피(Volume)
25. 책임(Liability)
26. 재생/재활용(Remanufacturing/Resource Recovery)

이러한 특성 가운데 일부는 치수, 재료, 공정 및 시스템의 요소결합에 직접 관련되며 일부는 전체 시스템의 구성에 영향을 미친다.

1-4 안전성과 제조물 책임

제조물 책임에 대한 **엄격한 책임** 개념은 일반적으로 선진국일수록 잘 지켜지고 있다. 제조물 책임이란 제품의 생산자가 제품의 결함으로부터 야기된 그 어떤 상해나 위험에 대해 법적인 책임을 져야 한다는 것이다. 생산자가 사전에 그 결함을 인지하고 있었는지는 중요하지 않다. 예를 들어, 10년 전에 제품이 제작되었다고 가정하자. 또한 제작 당시의 공학지식 수준으로는 아무런 하자가 없었다고 가정하자. 엄격한 제조물 책임 개념에 의하면 10년이 지난 후에도 여전히 생산자는 해당 제조물에 대한 책임이 있다. 그러므로 이 개념 하에서 고소인은 제품에 하자가 있었고, 그 하자가 어떤 상해나 위험을 유발했는지를 보이기만 하면 된다. 고소인은 제작자의 과실까지 입증할 필요는 없다.

제조물 책임을 방지하는 최선의 방법으로 해석과 설계, 품질관리 및 종합적인 시험 등 일련의 공학적 과정을 철저히 해야 한다. 광고 담당자는 흔히 제품에 대한 품질 보증서나 판매 책자에서 과대한 약속을 한다. 이러한 문구들은 담당 엔지니어가 철저히 검토하여 지나친 약속은 배제하고 적절한 사용상의 주의나 사용 설명을 추가할 수 있도록 해야 한다.

1-5 응력과 강도

많은 제품의 파손 여부 혹은 사용 가능 여부는 취약부(critical locations)에서 발생하는 최대 응력이 구조물의 강도에 비해 작도록 설계자가 얼마나 잘 설계하는지에 달려 있다. 설계자는 최대 응력이 강도에 비해 충분한 여유도를 가지고 작도록 설계해야 하며, 이와 같이 되면 불확실성에도 불구하고 파손은 거의 발생하지 않는다.

취약부에서의 응력-강도 비고에 초점을 맞추다 보면 우리는 종종 “사용 중인 형상과 조건에서의 강도”를 찾는다. 강도란 비례한도, 0.2% 오프셋(offset) 항복 또는 파괴(fracture)와 같은 특정 관심 있는 현상이 발생할 때의 응력의 크기이다(2-1절 참조). 많은 경우 이러한 현상은 기능 상실이 발생할 때의 응력 수준을 나타낸다.

강도(strength)는 재료나 기계요소의 고유한 **특성**(property)이다. 요소의 강도는 재료의 선택, 처리, 공정에 의해 영향을 받는다. 예를 들어 스프링을 고려해 보자. 특정 스프링과 연관하여 강도를 생각해 볼 수 있다. 이 스프링이 기계에 조립되어 있다면 작용하는 외력에 의해 스프링에 응력이 발생한다. 이 응력의 크기는 형상에 의존하며 재료와 제조 공정과는 무관하다. 만약 스프링이 손상되지 않은 채 기계로부터 분리된다면 외력에 의한 응력은 “0”으로 되돌아갈 것이다. 그러나 강도는 스프링의 고유 성질로 남는다. 그러므로 강도는 특정 재료나 공정의 사용으로 인해 부품에 주어진 특성, 즉 **부품 고유의 특성**(inherent property of a part)이다.

단조, 압연, 냉간 가공과 같은 다양한 금속 가공이나 열처리 과정은 전체 부품의 위치에 따른 강도 편차를 야기한다. 앞서 언급된 스프링의 경우, 냉간 감음(cold winding) 공정으로 성형되었기 때문에 코일 바깥쪽의 강도는 안쪽의 강도와 다를 것이며, 또한 두 면이 같은 양만큼 변형하지는 않을 것이다. 그러므로 부품에 대해 주어진 강도값은 부품의 특정 위치나 특정 위치들에 대해서만 적용될 수 있다는 점을 염두에 두어야 한다.

이 책에서 **강도**는 대문자 S로 나타내며, 강도의 종류를 나타내기 위해 여러 하첨자를 사용한다. 따라서 항복강도는 S_y, 인장강도는 S_u, 전단강도는 S_{sy}, 그리고 내구한도는 S_e이다.

일반적으로 받아들여지는 공학적 관례에 따라 **수직응력**과 **전단응력**은 그리스 문자 σ(sigma)와 τ(tau)로 표기한다. 이 경우에도 여러 특별한 성질을 표기하기 위해 다양한 하첨자가 사용될 것이다. 예를 들면 σ_1은 주응력, σ_y는 y방향 수직응력성분, 그리고 σ_r은 반지름방향 수직응력성분이다.

응력(stress)은 물체의 특정 위치에서의 **상태를 나타내는 성질**(state property)로 하중, 형상, 온도 그리고 제조 공정에 따라 달라진다. 기본 재료역학 수업에서는 하중 형태 및 구조물 형상에 따른 응력 계산 방법을 주로 학습하며 열응력에 대한 내용도 다뤄지게 된다. 그러나 열처리, 성형(molding), 조립 등에 의한 응력 역시 중요하며, 때에 따라서는 무시된다. 기본적인 하중 상태와 형상에 대한 응력 해석 복습을 3장에서 다룰 것이다.

1-6 설계계수와 안전계수

허용하중-기능상실하중 문제에 대한 일반적인 접근법은 결정론적 설계계수법이며, 때때로 고전적인 설계방법(classical method of design)이라고 일컬어진다. 기본적인 방정식은 식 (1-1)과 같고, 여기서 n_d를 **설계계수**라고 한다. 모든 기능상실 모드가 분석되어야 하며, 가장 작은 설계계수를 나타내는 모드가 지배적인 모드가 된다. 설계가 종료된 후, **실제** 최종 설계계수값은 표준 크기 부품 적용으로 인한 치수 변화 혹은 설계계수를 적용하여 구한 부품을 적용하는 대신 다른 좋은 기성품을 적용하는 등의 변경으로 인해 변할 수 있다. 따라서 이 계수는 **안전계수**(n)라고 일컬어진다. 안전계수와 설계계수의 정의는 동일하지만 일반적으로 수치적으로 다르다.

응력이 하중에 선형비례하지 않을 수 있기에 기능상실 변수로 하중을 사용하는 것은 허용되지 않을 수 있다. 따라서 응력과 조건에 맞는 강도를 이용하여 설계계수를 표현하는 것이 보다 일반적이므로 다음과 같이 표현될 수 있다.

$$n_d = \frac{\text{기능상실강도}}{\text{허용응력}} = \frac{S}{\sigma(\text{or } \tau)} \tag{1-1}$$

식 (1-1)에서 응력과 강도의 형태와 단위가 반드시 같아야 하며, 적용되는 취약부의 위치도 동일해야 한다.

예제 1-1 지름이 d인 중실봉에 굽힘모멘트 $M = 100\ \text{N}\cdot\text{m}$가 작용한다. 이때 응력은 $\sigma = 16M/\pi d^3$과 같이 계산된다. 재료의 강도는 170 MPa이고 **설계계수**를 2.5라 할 때 봉의 최소 지름을 결정하라. 권장 지름 치수를 선정하고 최종 **안전계수**를 결정하라.

풀이 식 (1-3)으로부터, $\sigma = S/n_d$

$$\sigma = \frac{16M}{\pi d^3} = \frac{S}{n_d}$$

지름 d를 구하면

답 $$d = \left(\frac{16Mn_d}{S\pi}\right)^{1/3} = \left(\frac{16(100)2.5}{170(10)^6 2.5}\right)^{1/3} = 0.02111 \text{ m} = 21.11 \text{ mm}$$

계산으로 구한 값보다 큰 첫 번째 치수는 22 mm이다. 따라서 위의 식에서 설계계수 n_d는 안전계수 n으로 변경되며 안전계수 n은 다음과 같다.

답 $$n = \frac{\pi S d^3}{16M} = \frac{\pi(170)(10^6)0.022^3}{16(100)} = 3.55$$

1-7 치수와 공차

다음 용어들이 일반적으로 치수를 표현하는 데 사용된다.

- **공칭 크기(Norminal size)**: 요소에 대해 설명할 때 사용하는 크기. 예를 들어, 40 mm 배관 또는 12 mm 볼트와 같이 표현할 것이다. 이론적인 크기와 실제 측정된 크기는 모두 다를 것이다. 이론적 크기가 40 mm인 배관은 바깥지름의 경우에 47.5 mm이다. 그리고 지름이 12 mm인 볼트를 실제 측정하면 11.8 mm일 수 있다.
- **한계(Limits)**: 기술된 최대와 최소 치수
- **공차(Tolerance)**: 두 한계 사이의 차이
- **양측 공차(Bilateral tolerance)**: 기본 치수로부터 양 방향으로의 편차. 예를 들어 25 ± 0.05 mm와 같이 기본 치수는 두 한계 사이에 있다. 공차의 양쪽 한계값이 같을 필요는 없다.
- **편측 공차(Unilateral tolerance)**: 기본 치수값이 한계값 중 하나가 되고 편차는 다음과 같이 한쪽에 대해서만 주어진다.

$$25^{+0.05}_{-0.000} \text{ mm}$$

- **틈새(Clearance)**: 볼트, 구멍과 같은 원통형 부품의 체결 시 일반적으로 사용되는 용어. 틈새라는 용어는 내부 요소가 외부 요소보다 더 작을 때만 사용된다. **지름의 틈새**는 두 지름의 차이를 의미하며, **반지름의 틈새**는 두 반지름의 차이를 의미한다.
- **간섭(Interference)**: 틈새의 반대적 의미로 실린더형 부품의 체결 시 내부 요소와 외부 요소보다 더 클 때 사용된다(예, press-fits).
- **허용차(Allowance)**: 부품 체결 시 최소 규정 틈새 혹은 최대 규정 간섭

여러 부분이 조립될 때, 간격(또는 간섭)은 개별 부품의 치수와 공차에 달려 있다.

예제 1-2 숄더 스크류(shouldered screw)는 숄더에 대해 너트가 체결되기 전에 나사에 3개의 중공 원형 실린더형 부품이 포함되어 있다. 기능을 유지하기 위해서, 그 간격 w는 0.08 mm와 같거나 그 이상이어야 한다. 그림 1-2에 나타난 바와 같이 각 부품은 다음과 같은 치수와 공차를 갖는다.

$$a = 44.50 \pm 0.08 \text{ mm} \qquad b = 19.05 \pm 0.02 \text{ mm}$$
$$c = 3.05 \pm 0.13 \text{ mm} \qquad d = 22.23 \pm 0.02 \text{ mm}$$

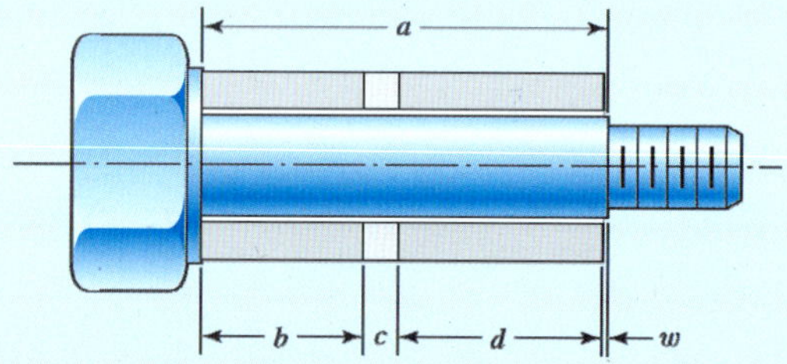

그림 1-2
길이가 a인 숄더 볼트 기둥에 존재하는 길이가 각각 b, c, d인 세 개의 실린더형 슬리브 집합체. 간격 w가 관심사항임.

치수가 d인 부품을 제외한 나머지 모든 부품은 공급자에 의해 제공된다. 치수가 d인 부품은 직접 제작된다.

(a) 간격 w값의 평균과 공차를 계산하라.

(b) $w \geq 0.08$ mm를 만족하는 기본 d값은 얼마인가?

풀이 (a) 간격 w의 평균값은 다음과 같이 구한다.

답 $\bar{w} = \bar{a} - \bar{b} - \bar{c} - \bar{d} = 44.50 - 19.05 - 3.05 - 22.23 = 0.17 \text{ mm}$

동일한 양측 공차에 대해 간격값의 공차는 다음과 같다.

답 $t_w = \sum_{\text{all}} t = 0.08 + 0.02 + 0.13 + 0.02 = 0.25 \text{ mm}$

그러므로, $w = 0.17 \pm 0.25$이고

$$w_{\max} = \bar{w} + t_w = 0.17 + 0.25 = 0.42 \text{ mm}$$
$$w_{\min} = \bar{w} - t_w = 0.17 - 0.25 = -0.08 \text{ mm}$$

따라서, 틈새와 간섭이 둘 다 가능하다.

(b) 만약 $w_{\min}$이 0.08 mm가 되면, $\bar{w} = w_{\min} + t_w = 0.08 + 0.25 = 0.33$ mm이다. 그러므로,

답 $\bar{d} = \bar{a} - \bar{b} - \bar{c} - \bar{w} = 44.50 - 19.05 - 3.05 - 0.33 = 22.07 \text{ mm}$

앞의 예제는 **절대 공차 시스템**을 보여준다. 통계적으로 간격 제한값 근처의 간격 치수는 드문 경우이다. **통계적인 공차 시스템**을 사용하면 주어진 한계를 만족하는 확률이 결정된다. 이 확률은 개별 치수의 통계적 분포를 다룬다. 예를 들어, 앞의 예제에서 치수의 분포형이 정규분포이고, 공차 t가 치수 분포형의 표준편차로 주어진다면, 간격 $\bar{w}$의 표준편차는 $t_w = \sqrt{\sum_{\text{all}} t^2}$ 이 될 것이다. 그러나 이는 개별 치수를 정규분포로 가정하며 이는 드문 경우이다. w의 분포형과 특정 한계 내에 w가 있을 확률을 찾기 위해서는 대부분의 경우에 있어 컴퓨터 시뮬레이션이 필요하다. *Monte Carlo* 시뮬레이션이 w의 분포형을 결정하기 위해서 사용되며 절차는 다음과 같다.

1. 확률분포에 기초한 개별 치수의 값을 선정하여 개별 치수의 사례를 생성한다.
2. 1단계에서 얻어진 치수의 값을 이용하여 w를 계산한다.
3. w의 분포를 얻기 위해 1, 2단계를 N번 반복한다. 시도 횟수가 많아질수록 분포형의 신뢰도가 높아진다.

2 재료

기계 부품이나 구조재의 재료 선택은 설계자가 내려야 할 중요한 결정 가운데 하나이다. 보통 재료 선택에 대한 결정은 부품의 치수가 확정되기 전에 내려진다. 설계자는 원하는 형상과 재료(이 둘은 결코 분리할 수 없다)를 만들기 위한 공정을 선택한 후에, 부재를 조절하고 배치하여 기능 상실을 피하거나 기능 상실의 가능성을 허용할 수 있는 수준의 위험도(risk) 이내로 유지되도록 한다.

기계 부품의 응력과 처짐량 계산은 재료 성질에 바탕을 두고 있으며 이를 통해 부재가 제작된다. 예를 들어 처짐량 및 안정성(stability)의 평가를 위해서는 재료의 탄성(강성) 물성치가 필요하고, 기계 부품의 취약부에서의 응력 상태를 평가하려면 해당 부위에서의 사용 조건에 따른 재료 강도와의 비교가 필요하다. 이러한 재료 강도는 실험을 통해 구할 수 있는 재료의 성질이며, 필요에 따라 사용 형상과 조건을 고려하여 보정하여 사용한다.

기계 부품의 설계에서 응력과 처짐이 중요하지만, 재료가 항상 이 두 가지 사항을 기반으로 선정되는 것은 아니다. 어떤 부재는 단순히 공간을 메우거나 미관상 사용되며, 이런 경우는 하중을 받지 않는다. 부재들은 종종 내부식성을 고려하여 설계되며, 때로는 응력 및 변형률에 비해 온도의 영향을 더 중요하게 고려한다. 응력과 변형률 이외에도 수많은 인자들이 부품의 설계에 영향을 미칠 수 있으므로, 설계자는 재료와 공정에 대한 풍부한 기초 지식 등 다방면에 대해 알고 있어야 한다.

2-1 재료 강도와 강성

설계 시 필요한 재료의 다양한 특성과 강도를 얻기 위해서는 표준 인장 시험을 이용한다. 그림 2-1은 대표적인 인장 시험 시편과 주요 치수를 나타낸 것이다.[1] 변위 측정에 사용되는 초기 지름 d_0와 표점 거리(gauge length) l_0는 시험을 시작하기 전에 기록해 둔다. 그런 다음 시편을 시험기에 고정하고 서서히 인장하중을 가하면서 하중 P와 변위를 측정한다. 하중은 다음의 계산식을 이용하여 응력으로 변환한다.

$$\sigma = \frac{P}{A_0} \tag{2-1}$$

여기서, $A_0 = \frac{1}{4}\pi d_0^2$은 시편의 초기 면적이다.

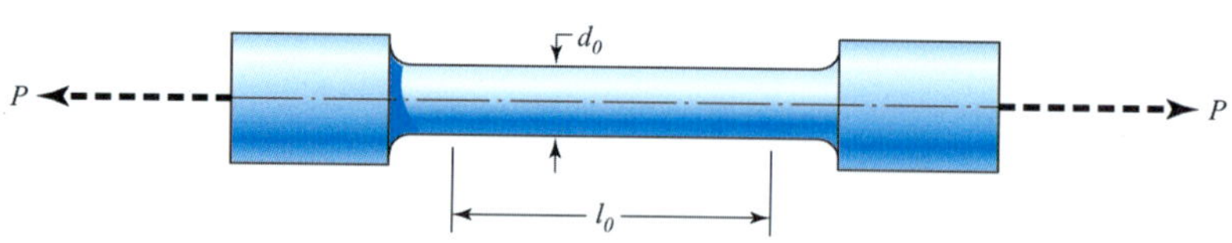

그림 2-1
대표적인 인장 시편. d_0의 표준 치수로는 2.5, 6.25, 12.5 mm 그리고 0.505 in 등이 사용되며, 다른 단면과 치수가 사용되기도 한다. 일반적으로 사용되는 표점 거리 l_0는 10, 25, 50 mm 그리고 1, 2 in이다.

[1] 표준 치수를 위해 ASTM standards E8과 E-8 m 참조

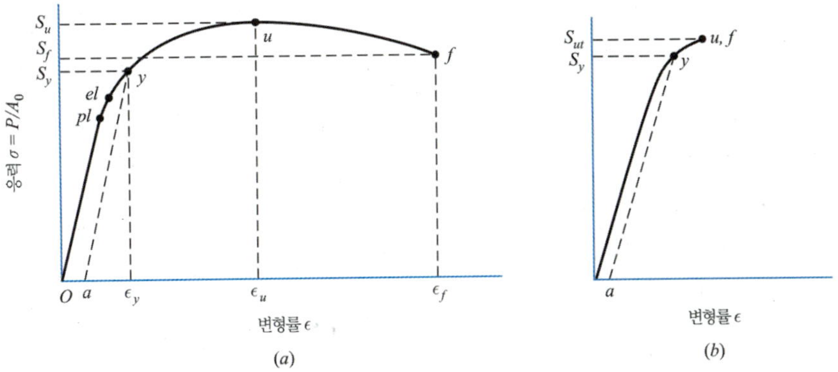

그림 2-2
표준 인장 시험으로 구한 응력-변형률 선도 (a) 연성재료 (b) 취성재료. pl은 비례 한도, el은 탄성 한도, y는 오프셋(offset) 변형률 a로 정의된 오프셋 항복강도, u는 최대(maximum) 혹은 인장(ultimate) 강도 그리고 f는 파괴(fracture) 강도이다.

변위 또는 표점 거리의 증가는 $l - l_0$로 구할 수 있으며, 여기서 l은 하중 P에 따른 표점 거리이다. 수직 변형률은 다음과 같이 계산할 수 있다.

$$\epsilon = \frac{l - l_0}{l_0} \tag{2-2}$$

시험 결과는 **응력–변형률 선도**로 작성한다. 그림 2-2는 연성(ductile)과 취성(brittle) 재료에 대한 전형적인 응력-변형률 선도를 나타낸 것이다. 일반적으로 연성재료는 취성재료보다 더 많이 변형된다.

그림 2-2a에서 점 pl을 **비례 한도**라 한다. 비례 한도는 응력-변형률 선도가 직선에서 곡선으로 변하기 시작하는 점이다. 만약 이 점에서 하중을 제거하면 시편에서는 어떠한 영구 변형도 관찰되지 않는다. 선형 구간에서 일축(uniaxial) 응력-변형률 관계는 다음과 같은 **후크의 법칙**(Hooke's law)을 따른다.

$$\sigma = E\epsilon \tag{2-3}$$

여기서, 비례 상수 E는 응력-변형률 선도에서 선형 부분의 기울기로서, *Young* **계수** 또는 **탄성 계수**(modulus of elasticity)라 한다. E는 재료의 강성에 대한 척도이며, 변형률이 무차원이므로 E의 단위는 응력의 단위와 같다. 예를 들어 강의 탄성 계수는 **열처리, 탄소 함량, 합금** 등에 관계없이 약 207 GPa(30 Mpsi) 정도이다. 스테인리스 강의 경우는 약 190 GPa(27.5 Mpsi) 정도이다.

그림 2-2에서 점 el을 **탄성 한도**라 한다. 만약 이 점 이상으로 시편에 하중이 작용하면 소성 변형이 발생하였다고 표현하며, 이 경우 하중을 제거하더라도 재료에는 영구 변형이 남는다. 비록 시편이 탄성적인 경우에도 pl과 el 사이의 선도는 완전한 직선이 아니다.

많은 재료가 인장 시험 도중 응력의 큰 증가 없이도 변형률이 급격하게 증가하기 시작하는 점에 도달하는데 그 점을 **항복점**(yield point)이라 한다. 모든 재료에서 항복점이 명백하게 나타나는 것은 아니다(특히 취성재료의 경우). 이런 이유로 **항복강도** S_y는 흔히 그림 2-2에 나타난 바와 같이 **오프셋 방법**(offset method)으로 정의된다. 여기서 직선 ay의 기울기는 E이다. 점 a는 특정 영구 변형률에 해당되는 값으로, 일반적으로 초기 표점 길이의

0.2%가 사용되며($\epsilon = 0.002$), 경우에 따라 0.01, 0.1 또는 0.5%가 사용되기도 한다.

극한 혹은 인장강도, S_u 또는 S_{ut}는 그림 2-2의 점 u에 해당하며, 응력-변형률 선도에서 최대 응력이다.[2] 그림 2-2a에 나타난 바와 같이 어떤 재료는 최대 응력값에 도달한 후 감소하는 경향을 보이며, 선도의 점 f에서 파괴된다. 주철이나 고강도 강과 같은 다른 재료들은 그림 2-2b에 나타난 바와 같이 응력-변형률 선도가 계속 증가하는 도중에 파괴되며, 이 경우 점 u와 f는 동일하다.

강도는 특정 재료의 선정 혹은 공정(혹은 두 가지 모두)으로 인해 재료나 기계 부재가 갖게 되는 고유의 성질이다. 예를 들어, 특정 형상과 가동조건하에서의 커넥팅로드의 위험부위 강도는 언제나 같다. 즉, 이미 가동 중인 기계에서 부품으로 사용 중이거나 혹은 다른 부품과 조립되기 위해 작업대에서 대기하고 있는 상태이거나 상관없이 강도는 같다. 반면, 응력은 기계의 부품으로 조립되어 하중을 받아야 발생하는 값이다. 그러나 응력이 제작공정이나 취급 과정에서 부품에 생성되는 경우도 있다. 예를 들어, 숏 피닝(shot peening)은 부품의 표면에 압축 **응력**을 발생시키고, 이를 통해 부품의 피로 강도를 향상시킨다. 응력과 강도는 서로 다른 의미를 갖는다. 따라서 이 책에서는 S로 표시되는 **강도**와 σ와 τ로 표시되는 **응력**을 주의 깊게 구별하여야 한다.

식 (2-1)과 (2-2)를 이용하여 계산되는 응력-변형률은 **참**값이 아니기 때문에 그림 2-2의 선도를 **공칭** 응력-변형률 선도(engineering stress-strain diagram)라 한다. 식 (2-1)을 이용하여 계산되는 응력은 하중이 작용하기 전의 원 단면적을 기준으로 한다. 실제로는 하중이 가해지면 단면적이 감소하기 때문에 **실제 응력** 또는 **진**(*true*)**응력**은 **공칭응력**보다 커진다. 정확한 진응력값을 얻기 위해서는 인장 시험을 하는 동안에 하중과 단면적을 동시에 측정해야 한다. 그림 2-2a는 응력이 점 u에서 f까지 감소하는 경향을 보이는 대표적 연성재료의 특성을 나타낸다. 일반적으로 그림 2-3에 나타난 바와 같이, 점 u를 넘어서면 시편의 취약한 부분에서 단면이 국부적으로 급격히 감소하면서 넥킹(necking) 현상이 발생한다. 따라서 넥킹이 발생한 단면에서의 진응력은 공칭응력에 비해 매우 크다.

식 (2-2)의 공칭 변형률은 **원** 길이를 기준으로 한 길이의 변화량으로 구한다. **진응력–변형률 선도**를 그릴 때는 통상적으로 진변형률 또는 **대수 변형률**(logarithmic strain)이라는 용어를 사용한다. 진변형률은 점증하는 길이의 변화량을 현재의 하중 P에서의 해당 표점거리로 나눈 것의 합을 의미하며, 다음과 같이 표현된다.

$$\varepsilon = \int_{l_0}^{l} \frac{dl}{l} = \ln \frac{l}{l_0} \tag{2-4}$$

그림 2-3
넥킹이 발생한 후의 인장 시편

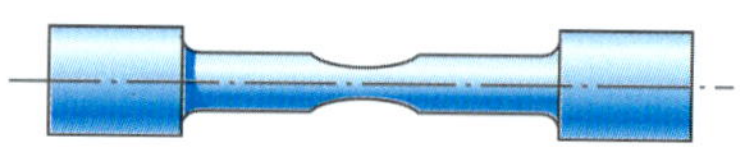

[2] 용어가 다를 수 있다. 오랜 기간 동안 엔지니어는 극한강도(ultimate strength)라는 용어를 사용하였다. 따라서 S_u와 S_{ut}에서 하첨자 u가 사용된다. 그러나 재료과학과 금속학에서는 인장강도(tensile strength)라는 용어가 사용된다.

그림 2-4
직교좌표계로 표현된 진응력-변형률 선도

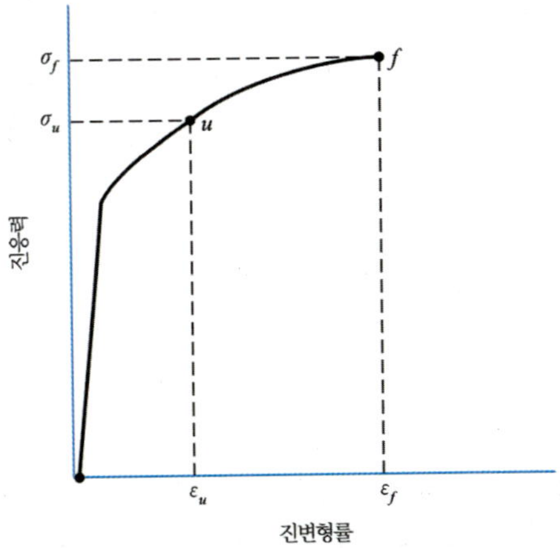

여기서, ε은 진변형률을 나타낸다. 진응력-변형률 선도(그림 2-4)의 가장 중요한 특성은 진응력은 파괴가 될 때까지 계속 증가한다는 것이다. 따라서 그림 2-4에 나타난 바와 같이 진파괴응력(true fracture stress) σ_f는 진 인장응력 σ_u보다 크다. 이 결과는 공칭 파괴강도 S_f가 공칭 인장강도 S_u보다 작은 그림 2-2a의 결과와 반대가 된다.

압축 시험(compression test)은 인장 시험보다 수행하기가 어렵고, 시편 형상 역시 인장 시험 시 사용되는 시편과 다르다. 그 이유는 시험 도중 좌굴 현상이 발생할 수도 있으며 응력이 균일하게 분포되는 것도 어려울 수 있기 때문이다. 연성재료는 항복 후에 벌지(bulge) 현상이 발생한다는 점도 또 다른 원인이 된다. 하지만, 압축 시험 결과 역시 응력-변형률 선도로 나타낼 수 있으며, 인장 시험에서 사용된 강도의 정의가 동일하게 적용된다. 대부분의 재료의 경우 압축강도는 인장강도와 거의 같다. 그러나 주철의 경우처럼 인장강도와 압축강도가 확연하게 다른 경우에는 인장강도와 압축강도는 S_{ut}와 S_{uc}로 구분되어야 하며, 여기서 S_{uc}는 **양수**로 표현된다.

비틀림 강도(torsional strength)는 중실 원형 봉(solid circular bar)을 비틀고 그때의 토크와 비틀림 각을 측정하여 구한다. 그 결과는 **토크–비틀림**(torque-twist) **선도**로 표현된다. 시편에서의 전단응력은 반지름 방향에 대해 선형적으로 변하며, 시편 중심에서는 0이며 바깥쪽반지름(outer radius) r에서 최대이다(3장 참조). 최대전단응력 $\tau_{\max}$와 비틀림각 θ의 관계는 다음과 같다.

$$\tau_{\max} = \frac{Gr}{l_0}\theta \tag{2-5}$$

여기서, θ의 단위는 라디안(radian)이며, r은 시편 반경, l_0는 표점 거리, 그리고 G는 재료의 강성 특성으로 **전단 계수**(shear modulus) 또는 **강성 계수**(modulus of rigidity)라고 한다. 최대전단응력과 작용 토크 T의 관계는 다음과 같다.

$$\tau_{\max} = \frac{Tr}{J} \tag{2-6}$$

여기서, $J=\frac{1}{2}\pi r^4$은 단면의 극단면 2차 모멘트(polar second moment of area)이다.

토크-비틀림 선도는 그림 2-2와 유사하며, 식 (2-5)와 (2-6)을 이용하면 강성 계수, 탄성 한계(elastic limit) 그리고 **비틀림 항복강도** S_{sy}를 구할 수 있다. 그림 2-2의 점 u에 해당하는 토크-비틀림 선도의 최대점을 T_u라 정의하면, 비틀림 시험에서의 **파열 계수**(modulus of rupture)를 다음과 같이 정의할 수 있다.

$$S_{su}=\frac{T_u r}{J} \tag{2-7}$$

토크 T_u 하에서 봉의 최외곽 부분은 소성 상태이기 때문에 봉의 응력분포가 더 이상 선형적이지 않다. 따라서 S_{su}를 극한 비틀림 강도(ultimate torsional strength)라고 하는 것은 정확한 표현이 아니다.

그림 2-2의 응력-변형률 선도나 다른 비슷한 선도에서 정의된 모든 응력과 강도를 특히 **공칭응력**과 **공칭강도**(engineering or nominal stresses and strengths)라 하며, 이들 값이 보통 모든 공학 설계 계산에 사용된다. "**공칭**(engineering and nominal)"이라는 말은 하중이 작용하기 전의 원 단면적을 이용하여 응력이 계산되었다는 것을 강조하기 위해 사용하는 용어다. 이 책에서는 특별히 내용상으로 구별할 필요가 있을 때에만 이 용어를 언급하고자 한다.

응력-변형률 선도는 재료의 강도 값을 제공할 뿐만 아니라 재료의 에너지 흡수 특성에 대한 통찰력도 제공한다. 이는 응력-변형률 선도가 에너지와 직접적으로 관련이 있는 하중과 변위를 모두 포함하고 있기 때문이다. 탄성 범위 내의 에너지를 흡수하기 위한 재료의 능력을 **복원력**(또는 **탄력**, resilience)이라고 한다. 재료의 **복원계수** u_R은 영구 변형 없이 단위 부피당 흡수된 에너지로 정의된다. 이는 탄성 한계까지의 응력-변형률 곡선의 아래 면적으로 정의된다. 결정하기가 쉽기 때문에 탄성 한계를 근사적으로 항복점으로 간주할 수 있으며 따라서 u_R을 다음과 같이 정의할 수 있다.

$$u_R \cong \int_0^{\epsilon_y} \sigma d\epsilon \tag{2-8}$$

여기서 ϵ_y는 항복점에서의 변형률이다. 만약 응력-변형률이 항복점까지 선형이라면 곡선 아래 부분의 면적은 삼각형의 면적이므로 다음과 같이 표현된다.

$$u_R \cong \frac{1}{2}S_y\epsilon_y=\frac{1}{2}(S_y)(S_y/E)=\frac{S_y^2}{2E} \tag{2-9}$$

이는 항복강도가 같은 두 재료에 대하여 강성이 작은 재료(즉 E가 더 작은 재료)의 복원력이 더 크고 항복 없이 더 많은 에너지를 흡수할 수 있음을 의미한다.

파단이 없이 에너지를 흡수하기 위한 재료의 능력을 **인성**(toughness)이라 한다. **재료의 인성계수** u_T는 파단 없이 단위 부피당 흡수된 에너지로 정의되는데, 이는 응력-변형률 곡선에서 파괴점까지 곡선의 전체 아래 면적과 같다. 이를 수식으로 표현하면 다음과 같다.

$$u_T = \int_0^{\epsilon_f} \sigma d\epsilon \tag{2-10}$$

여기서, ϵ_f는 파괴점에서의 변형률이다. 이 적분은 흔히 응력-변형률 데이터로부터 도식적으로 수행되거나 다음과 같이 항복강도와 인장강도의 평균값과 파단변형률을 이용하여 근사적으로 구할 수도 있다.

$$u_T \cong \left(\frac{S_y + S_{ut}}{2}\right)\epsilon_f \tag{2-11}$$

인성과 복원력의 단위는 단위 부피당 에너지(lbf-in/in^3 또는 J/m^3)이며, 수치적으로 psi 또는 Pa과 등가이다. 이와 같은 인성과 복원력은 응력-변형률 선도를 얻기에 적합한 변형률 속도(strain rate)가 느린 경우에 대해 정의되며, 변형률 속도가 빠른 경우에 대해서는 2-4절의 충격 특성을 참고하라.

2-2 강도와 냉간 가공

냉간 가공은 재료의 재결정 온도 이하에서 응력-변형률 선도 상의 소성 구간에 해당되는 변형을 주는 공정이다. 재료는 단조 또는 열간 압연처럼 열을 가함으로써 소성적으로 변형될 수 있다. 하지만 이런 과정을 거친 재료의 기계적 특성은 냉간 가공을 통하여 얻은 재료의 기계적 특성과는 크게 다르다. 이번 절의 목적은 재료가 냉각 가공되었을 때 재료의 기계적 특성에 어떤 중요한 변화가 발생하는가를 설명하는 것이다.

그림 2-5a의 응력-변형률 선도를 고려해 보자. 이 재료는 항복점 y를 넘어 소성영역인 i점까지 응력을 받은 후에 다시 하중이 제거되었다. 이를 통해 재료에는 영구소성변형 ϵ_p가 발생하게 된다. 만약 여기서 i점에 해당하는 하중이 다시 가해지면 재료는 ϵ_e만큼 탄성적으로 변형할 것이다. 따라서 점 i에서의 전체 변형률은 ϵ_p와 ϵ_e로 구성되며 다음과 같이 표현할 수 있다.

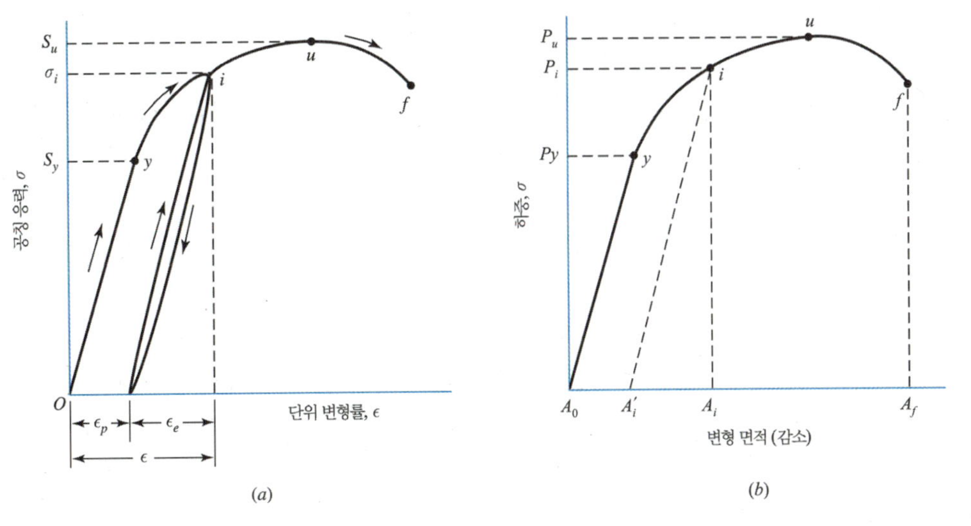

그림 2-5
(a) 소성 영역의 점 i에서 하중을 제거하고 다시 가하는 경우를 보여주는 응력-변형률 선도, (b) 하중-변형 선도로 나타낸 경우

$$\epsilon = \epsilon_p + \epsilon_e \quad \text{(a)}$$

이 재료는 점 i부터 i까지 하중 제거와 작용이 몇 번이고 반복될 수 있으며, 이 과정은 초기 탄성부분의 직선 Oy와 거의 평행한 직선을 따라 발생함을 알 수 있다. 그러므로

$$\epsilon_e = \frac{\sigma_i}{E} \quad \text{(b)}$$

이제 재료의 항복점은 더 높아졌지만, 변형률 능력의 감소로 연성은 저하되었다. 이런 경우를 **변형률 경화**(strain-hardening)되었다고 표현한다. 만약 이러한 과정이 계속되어 ϵ_p가 증가하면 재료는 취성화되어 갑작스럽게 파괴될 수 있다.

그림 2-5b에 나타낸 바와 같이 단면의 변화를 가로축으로 하고 작용 하중을 세로축으로 하는 선도를 작성할 수 있다. 파괴가 발생할 때의 하중 P_f에 대응하는 **단면 감소량**(reduction in area)은 다음과 같이 정의된다.

$$R = \frac{A_0 - A_f}{A_0} = 1 - \frac{A_f}{A_0} \quad \text{(2-12)}$$

여기서 A_0는 원 단면적이다. 식 (2-12)에서 R은 보통 퍼센트로 표현되며 **연성**의 척도로서 기계적 물성치 표에 나타내어진다. 연성은 재료가 과하중(overload)을 흡수할 수 있는 능력과 냉간 가공될 수 있는 능력을 나타내기 때문에 중요한 물성치이다. 따라서 굽힘, 인발, 압조(heading), 스트레치 포밍(stretch forming) 등과 같은 가공 공정에는 반드시 연성재료가 필요하다.

그림 2-6b는 또한 냉간 가공의 양(quantity of cold work)을 정의하기 위해 사용될 수 있다. **냉간가공 계수**(cold-work factor) W는 다음과 같이 정의된다.

$$W = \frac{A_0 - A_i'}{A_0} \approx \frac{A_0 - A_i}{A_0} \quad \text{(2-13)}$$

여기서 A_i'은 하중 P_i가 제거된 후의 면적이다. 식 (2-13)에서 근사값으로 표현한 이유는 탄성 영역에서 지름의 작은 변화를 측정하는 것이 어렵기 때문이다. 만약 냉간 가공 양을 알고 있다면 식 (2-13)을 이용하여 A_i'을 구할 수 있으며, 그 결과는 다음 식과 같다.

$$A_i' = A_0(1 - W) \quad \text{(2-14)}$$

응력-변형률 선도에서 볼 수 있듯이 냉간 가공에 의해 재료는 새로운 강도값을 나타내게 된다. Datsko[3]는 진응력-진변형률 선도의 소성 부분을 다음의 식으로 표현하였다.

$$\sigma = \sigma_0 \varepsilon^m \quad \text{(2-15)}$$

[3] Joseph Datsko, "Solid Materials," Chap. 32 in Joseph E. Shigley, Charles R. Mischke, and Thomas H. Brown, Jr. (eds.), *Standard Handbook of Machine Design*, 3rd ed., McGraw-Hill, New York, 2004. 참고, 또는 Joseph Datsko, "New Look at Material Strength," *Machine Design*, vol. 58, no. 3, Feb. 6, 1986, pp. 81–85. 참고

여기서 σ = 진응력

σ_0 = 강도 계수(strength coefficient) 또는 변형률-강화 계수 (strain-strengthening coefficient)

ε = 진 소성변형률

m = 변형률-강화 지수(strain-strengthening exponent)

이때 기울기가 0인 점이 있는 하중-변형량 곡선으로부터 다음의 관계를 유도할 수 있다.[4]

$$m = \varepsilon_u \tag{2-16}$$

소성 영역에서 진변형률을 계산하기 위해 표점 거리를 사용할 때 어려움이 생기는데 그 이유는 넥킹으로 인해 변형률이 일정하지 않기 때문이다. 이 경우 좀 더 효과적인 방법은 넥킹이 일어난 부분의 단면적을 이용하는 것이다. 만약 재료 부피의 변화가 작다고 가정하면 $Al = A_0 l_0$가 된다. 따라서 $l/l_0 = A_0/A$가 되고 진변형률은 다음과 같이 주어진다.

$$\varepsilon = \ln\frac{l}{l_0} = \ln\frac{A_0}{A} \tag{2-17}$$

그림 2-6b로 돌아가서, 만약 점 i가 점 u의 왼쪽에 있으면, 즉 $P_i < P_u$이면, 새로운 항복강도는 다음과 같이 표현된다.

$$S_y' = \frac{P_i}{A_i'} = \sigma_0 \varepsilon_i^m \qquad P_i \le P_u \tag{2-18}$$

단면적의 감소($A_i' < A_0$) 때문에 인장강도도 다음과 같이 변한다.

$$S_u' = \frac{P_u}{A_i'} \tag{c}$$

그리고 $P_u = S_u A_0$이므로, 식 (2-14)를 이용하면 다음과 같이 표현된다.

$$S_u' = \frac{S_u A_0}{A_0(1-W)} = \frac{S_u}{1-W} \qquad \varepsilon_i \le \varepsilon_u \tag{2-19}$$

이 식은 점 i가 점 u의 왼쪽에 있을 때에만 유효하다.

점 i가 점 u의 오른편에 있으면 항복강도가 인장강도에 접근하며 다음과 같이 근사적으로 표현할 수 있다.

$$S_u' \doteq S_y' \doteq \sigma_0 \varepsilon_i^m \qquad \varepsilon_i > \varepsilon_u \tag{2-20}$$

잠시 생각해 보면 봉이 인장에 의해 변형률-강화된 후에도 인장 실험에서 이전과 동일한 크기의 극한 하중을 가짐을 알 수 있다. 새로운 강도가 흥미로운 이유는 정적 극한 하중이 증가되었기 때문이 아니라 피로강도가 향상되었기 때문이다(피로강도는 국부 인장강도와 관련이 있다). 또한 항복강도가 증가하면서 **탄성** 범위가 더 넓어지는 특성을 나타낸다.

---

[4] J. E. Shigley and C. R. Mischke, *Mechanical Engineering Design*, Sec. 5-2, 6th ed., McGraw-Hill, New York, 2001. 참고

예제 2-1 풀림 가공(annealing)한 AISI 1018강($S_y = 220$ MPa, $S_u = 341$ MPa, $\sigma_f = 628$ MPa, $\sigma_o = 620$ MPa, $m = 0.25$, $\epsilon_f = 105$ mm/mm이 있다. 15% 냉간 가공을 하였을 경우, 재료의 새로운 강도를 구하라.

풀이 식 (2-16)으로부터 인장강도에 해당하는 진변형률을 구하면

$$\varepsilon_u = m = 0.25$$

식 (2-13)에서 A_0/A_i는

$$\frac{A_0}{A_i} = \frac{1}{1-W} = \frac{1}{1-0.15} = 1.176$$

15% 냉간 가공에 해당하는 진변형률은 식 (1-17)로부터 구할 수 있다.

$$\varepsilon_i = \ln\frac{A_0}{A_i} = \ln 1.176 = 0.1625$$

$\varepsilon_i < \varepsilon_u$이므로, 식 (2-18)과 (2-19)를 적용하면,

답 $S_y' = \sigma_0 \varepsilon_i^m = 620(0.1625)^{0.25} = 394.6$ MPa

답 $S_u' = \dfrac{S_u}{1-W} = \dfrac{341}{1-0.15} = 401.2$ MPa

2-3 경도

재료 표면의 단단함의 정도를 나타내는 재료 성질(날카로운 기구가 표면을 뚫고 들어오는 것에 대한 저항성)을 **경도**(hardness)라 한다. 재료 경도를 측정하는 장치는 여러 가지가 있지만, 여기서는 가장 널리 사용되는 두 가지 경우만 다루기로 한다.

로크웰(Rockwell) **경도** 시험은 ASTM 표준 경도 시험법 E-18에 기술되어 있으며, 측정이 빠르고 용이하다. 또한 시험 결과의 재현성이 뛰어나며, 시험기가 사용하기 쉽다. 경도값은 계측기의 눈금으로부터 직접 읽을 수 있다. 로크웰 경도의 크기는 A, B, C 등과 같이 표시된다. 압입자(indenter)는 다이아몬드형, 1.6-mm 지름의 볼, 그리고 크기 스케일 A, B, C에 대한 다이아몬드 등이 있으며, 작용하중은 60, 100, 150 kg이다. R_B로 표시되는 로크웰 B 스케일의 경우는 100 kg의 하중과 1.6-mm 지름의 볼인 2번 압입자를 사용한다. 로크웰 C 스케일인 R_C는 원추형 다이아몬드 압입자(1번 압입자)를 사용하며, 하중은 150 kg이다. 따라서 얻어진 경도값은 상대적이다. 그러므로 경도 $R_C = 50$은 같은 크기 스케일을 사용한 경우들에 대해서만 의미가 있다.

브리넬(Brinell) 경도는 가장 널리 사용되는 또 다른 시험 방법이다. 시험 시 하중이 가해지는 압입자는 볼이며, 경도 번호 H_B는 작용하중을 압입부위의 구형 표면적으로 나눈 값이다. 그러므로 H_B의 단위는 응력의 단위와 같다. 브리넬 경도 시험은 측정된 데이터를 이용하여 H_B를 계산하여야 하므로 다소 시간이 걸린다. 이 두 가지 방법의 중요한 장점은 비파괴적인 시험이라는 것이다. 두 가지 경도값 모두 시험되는 재료의 인장강도와 실험적/직접적으로 관련이 있다. 이는 필요 시 생산 도중에 부품의 강도를 개별적으로 측정할 수도 있다는 것을 의미한다.

경도 시험은 재료 강도 특성을 측정하는 편리하고 비파괴적인 수단을 제공한다. 특히 브리넬 경도 시험은 많은 재료에 대해 최소 인장강도와 브리넬 경도값의 관계가 거의 선형적이기 때문에 강도와 경도의 관계가 많이 알려져 있다. 비례 상수는 재료의 종류에 따라 변하고 또한 경도를 결정하기 위해 사용된 하중에 따라서도 변한다. 데이터가 넓게 퍼져 있지만, **강**의 경우 대략적인 관계는 다음과 같다.

$$S_u = \begin{cases} 0.5H_B & \text{kpsi} \\ 3.4H_b & \text{MPa} \end{cases} \qquad \text{(2-21)}$$

주철에 대한 유사한 관계를 Krause의 실험 결과를 통해 유도할 수 있다.[5] 이로부터 ASTM에 의해 정의된 최소 강도를 다음과 같이 구할 수 있다.

$$S_u = \begin{cases} 0.23H_B - 12.5 \text{ kpsi} \\ 1.58H_B - 86 \text{ MPa} \end{cases} \qquad \text{(2-22)}$$

Walton[6]은 SAE 최소 강도를 구할 수 있는 표를 제시하였으며 제시된 결과는 식 (2-22)로 구한 결과보다 보수적이다.

예제 2-2 주철로 제작되어 공급된 특정 부품이 항상 ASTM No. 20 규격을 만족하거나 초과함을 확인해야 한다. 이 경우 경도값은 얼마로 규정해야 하는가?

풀이 $(S_u)_{\min} = 138$ MPa과 식 (2-22)를 이용하면

답 $$H_B = \frac{S_u + 86}{1.58} = \frac{138 + 86}{1.58} = 142$$

만약 주조소에서 20개 점 내에서 경도값을 조절할 수 있다면 $145 < H_B < 165$로 규정하라. 이는 주조소에 별다른 어려움을 끼치지 않는 상태에서, ASTM grade 20 강이 예측 가능한 가격으로 지속적으로 공급될 수 있음을 설계자가 확신할 수 있도록 할 것이다.

---

5 D. E. Krause, "Gray Iron—A Unique Engineering Material," ASTM Special Publication 455, 1969, pp. 3-29, as reported in Charles F. Walton (ed.), *Iron Castings Handbook*, Iron Founders Society, Inc., Cleveland, 1971, pp. 204, 205.

6 위의 문헌과 동일.

2-4 충격 특성

구조물이나 부품에 작용하는 외력의 작용 시간이 부품이나 구조물의 가장 낮은 고유 진동 주기의 1/3 이하이면 그 하중을 **충격 하중**이라 한다. 그 밖의 경우를 간단하게 **정하중**이라 한다.

샤르피(Charpy, 일반적으로 사용됨)와 **아이조드**(*Izod*, 특별한 경우에만 사용됨) **노치바 시험**(notched-bar test)은 취성과 충격 강도를 결정하기 위해 특정 형상의 바를 사용한다. 이 시험은 여러 재질을 비교하고 저온 취성을 결정하는 데 유용하다. 이들 시험에서는 일정 높이에서 진자를 떨어뜨려 시편을 타격 파손시킨 후 진자가 시편을 통과하여 상승한 높이로부터 시편의 흡수 에너지(**충격값**)를 구한다. 계측기에는 눈금이 있는데 높이가 아니라 이미 흡수 에너지로 계산된 눈금이 새겨져 있어 에너지 값을 바로 읽을 수 있다.

연성-취성 천이 거동을 보이는 재료에 대해 온도가 충격값에 미치는 영향을 그림 2-6에 나타내었다. 모든 재료가 이러한 천이 거동을 보이지는 않는다. 충격값이 급격히 증가하는 좁은 영역의 임계 온도(critical temperature)에 주의할 필요가 있다. 저온 영역에서는 취성 파괴(산산이 부서지는 형태)가 발생하며, 임계 온도 이상의 영역에서는 질기고 찢어지는 형태가 된다. 임계 온도는 재료와 노치의 형상에 의존적이다. 그러므로 설계자는 노치바 시험 결과에 크게 의존해서는 안 된다.

응력-변형률 선도를 구하기 위해 사용되는 평균 변형률 속도는 약 0.025 mm/(mm·s) 또는 그 이하이다. 변형률 속도가 증가하면 충격 조건 이하라도 그림 2-7에 나타낸 바와 같이 강도가 증가한다. 사실 매우 높은 변형률 속도에서는 항복강도가 인장강도에 근접하게 된다. 그러나 연신률에서는 거의 변화가 없는데 이는 연성은 거의 동일하게 유지됨을 의미한다. 또한 항복강도가 급격히 증가한다는 관점에서 보면, 연강(mild steel)은 충격 조건 하에서 전체 강도 영역에 대해 탄성적으로 거동한다고 볼 수 있다.

샤르피와 아이조드 시험은 정적인 상태보다는 동적인 상태 하에서의 인성(toughness) 데이터를 제공한다. 시험에서 얻은 충격 데이터는 변형률 속도에 의존하는 것처럼 노치 형상에 의존적이다. 이러한 이유로 균열이나 파괴 가능성을 평가하기 위해서는 4장과 5장에서 다뤄지는 노치 민감도, 파괴인성, 파괴역학 개념을 이용하는 것이 더 유용하다.

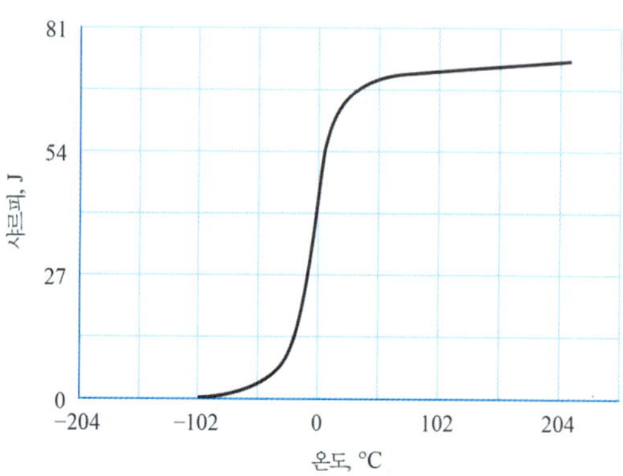

그림 2-6
온도가 충격값에 미치는 영향. 관심이 있는 결과는 흔히 평균 선도가 20J 수준을 지날 때의 온도로 정의되는 연성-취성 천이 온도이다. 임계 온도는 노치 형상에 의존하며 따라서 샤르피 V-노치의 형상은 엄격하게 규정되어 있다.

그림 2-7
변형률 속도가 인장 특성에 미치는 영향

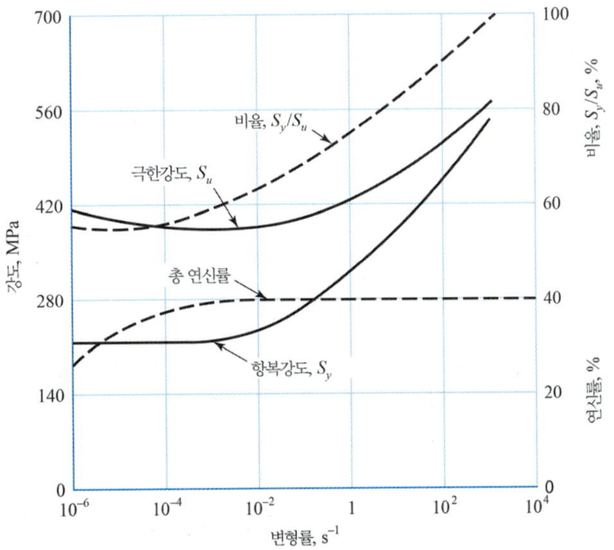

2-5 온도의 영향

강도, 연성 또는 취성은 가동 온도에 의해 영향을 받는 재료 물성치이다.

강의 정적 물성치에 미치는 온도의 영향을 그림 2-8의 강도-온도의 관계로 나타내었다. 특히 특정 온도에 도달하기 전까지 인장강도의 변화는 매우 작다가 이 온도 이후 급격히 떨어진다. 그러나 항복강도는 가동 온도가 증가함에 따라 계속해서 감소한다. 그리고 고온에서 연성은 예측할 수 있는 바와 같이 증가한다.

고온에서 크기가 일정한 하중을 장시간 동안 철금속(ferrous metal)에 작용시키는 시험이 다수 수행된 바 있다. 이들 시편들은 같은 온도에서 단기간의 인장 시험으로 구한 항복강도보다 낮은 응력을 작용시켰음에도 불구하고 시간이 경과함에 따라 영구변형이 발생하는 것으로 관찰되었다. 이와 같이 항복강도보다 작은 하중 하에서 발생하는 연속적인 변형을

그림 2-8
가동 온도가 항복강도 S_y와 인장강도 S_{ut}에 미치는 영향을 보여주는 21개의 탄소강과 합금강에 대한 145개의 시험 결과. 세로축은 가동 온도에서의 강도와 상온에서의 강도의 비이다. 표준편차는 S_y의 경우 $0.0442 \le \hat{\sigma} S_y \le 0.152$이고 S_{ut}의 경우는 $0.099 \le \hat{\sigma} S_{ut} \le 0.11$이다. (데이터 출처: E. A. *Brandes* (ed.), Smithells Metal Reference Book, 6th ed., *Butterworth, London*, 1983, pp. 22-128 to 22-131.)

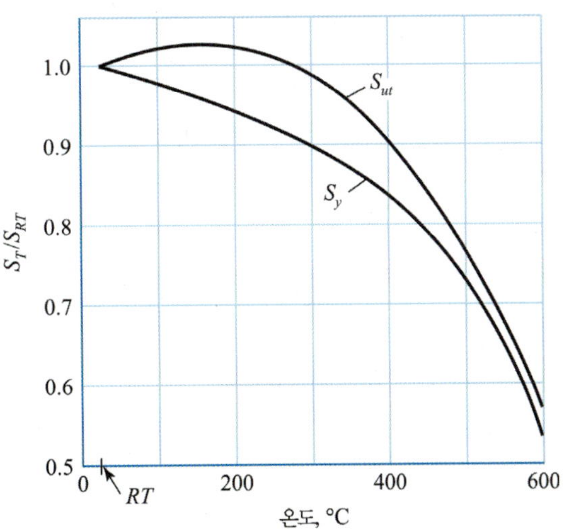

그림 2-9
크리프-시간 곡선

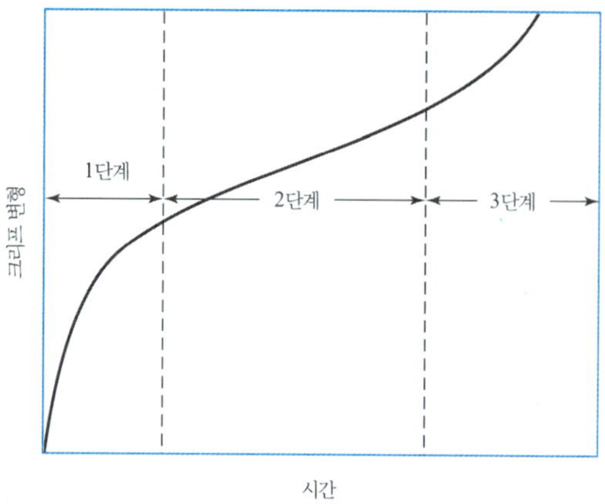

크리프(creep)라고 한다.

크리프 특성 파악을 위해 고안된 가장 유용한 시험법 가운데 하나가 일정 하중 하에서의 장시간 크리프 시험이다. 그림 2-9는 전형적인 크리프 시험 곡선을 나타내고 있다. 크리프 곡선은 일정한 온도 하에서 작성된다. 일반적으로 다른 응력강도(stress intensity) 하에서 여러 개의 시험이 동시에 수행된다. 크리프 곡선은 세 개의 다른 구간으로 구별할 수 있다. 첫 번째 구간은 탄성과 소성 변형을 같이 포함하고 있다. 이 구간에서는 변형률 강화로 인하여 크리프 변형률이 감소한다. 두 번째 단계는 풀림 효과에 의해서 일정 최소 크리프 변형률을 나타낸다. 세 번째 단계에서는 급격한 단면 감소로 인해 진응력이 증가하고 큰 크리프 변형으로 인해 파괴가 발생한다.

가동 온도가 그림 2-6에 나타낸 천이 온도 이하이면 부품이 취성 파괴에 의해 파손될 가능성이 생긴다. 이에 대해서는 4장에서 다룬다.

전기나 가스 용접에 의한 가열 역시 기계적 성질을 변화시킨다. 이러한 변화는 열뿐만 아니라 용접 공정 시의 클램핑(clamping)에 의해서도 일어나는데, 부품을 냉각하거나 클램프를 제거하여도 응력이 남게 된다. 경도 시험은 용접에 의해 강도가 변화되었는지를 파악하기 위해 사용될 수 있지만 잔류 응력의 존재 여부는 이를 통해 확인할 수 없다.

2-6 사형 주조

사형 주조는 기본 저비용 공정이며, 크기, 형상, 생산되는 부품의 복잡성 등에 대한 제한 없이 대량 생산 시 경제적인 생산이 가능한 방법이다.

사형 주조의 경우 주조는 모래 주형에 녹은 금속을 부어서 만든다. 금속이나 나무로 만들어진 패턴이 빈 형틀을 만들기 위해 사용되고 녹은 금속을 이 빈 형틀에 붓는다. 주조에서 움푹 들어간 곳이나 구멍은 형틀 안에 만들어진 모래 모형에 의해 만들어진다. 설계자는 주물에서 패턴과 주형을 시각화하기 위해 노력을 기울여야 한다. 이런 방식으로 모형 설치, 패턴 제거, 통풍, 응고와 관련된 문제를 배울 수 있다. 주철의 시험 봉으로 이용되는 주물은 별도로 주조되며, 이때의 물성치는 변할 수 있다.

강은 주물에 사용되는 모든 재료 가운데 용융점이 가장 높기 때문에, 강 주물(steel casting)은 가장 생산하기 어렵다. 이러한 고온 문제는 모든 주조 문제를 어렵게 만든다.

아래의 규칙들은 대부분의 사형 주조 설계에 매우 유용하다.

1. 모든 단면이 균일한 두께로 설계되어야 한다.
2. 단면변화가 필요한 부위가 있다면 해당 단면이 서서히 변하도록 주물이 설계되어야 한다.
3. 접합부는 완만한 필릿이나 반지름을 갖도록 설계되어야 한다.
4. 복잡한 부분은 두 개 혹은 그 이상의 단순한 주물로 설계되어 고정구나 용접으로 조립되도록 설계되어야 한다.

강, 회주철, 황동, 청동 그리고 알루미늄은 주조에서 가장 많이 사용되는 재료들이다. 일반적으로 이들 재료들에 대한 최소 두께는 약 5 mm이지만, 어떤 재료의 경우 특별한 주의를 기울이면 이보다 더 얇은 단면을 만들 수 있다.

2-7 분말-야금 공정

분말 야금 공정은 단일 금속, 여러 가지 금속 또는 금속과 비금속의 혼합물로 만든 분말을 이용한 대량 생산 공정이다. 이 공정은 기본적으로 기계적으로 분말을 혼합하고, 금형에서 높은 압력으로 압축하고, 압축된 부품을 주성분의 용융점보다 낮은 온도에서 가열하는 과정으로 구성되어 있다. 이 같은 방식으로 성분 입자들을 모두 용융시켜 만든 부품과 유사한 강도의 일체화된 강한 부품을 제작할 수 있다. 이 공정의 장점은 다음과 같다. (1) 쓰레기나 폐재료가 없음, (2) 기계적 가공이 필요 없음, (3) 대량 생산 시 단가가 낮음, (4) 조성의 정확한 조절이 가능. 반면, 단점은 다음과 같다. (1) 금형이 고가임, (2) 물리적 물성치가 낮음, (3) 재료가 고가임, (4) 디자인이 제한됨, (5) 사용할 수 있는 재료가 제한됨. 이 공정을 통해 일반적으로 제작되는 부품은 함유 베어링, 백열 전구용 필라멘트, 공구의 초경 팁(cemented-carbide tips), 그리고 영구자석 등이다. 몇 가지 제품들은 분말-야금으로만 생산할 수 있다. 예로써 외과적으로 신체에 이식되는 삽입물이 있다. 분말-야금으로 만든 제품의 미세구조는 같은 성분을 용융하여 만든 제품과 다르다.

2-8 열간 가공 공정

열간 가공은 압연(rolling), 단조(forging), 고온 압출(hot extrusion) 그리고 열간 프레스(hot press)와 같은 공정을 의미하여, 금속을 재결정 온도 이상에서 열처리하여 가공한다.

열간 압연은 일반적으로 재료를 특정 모양과 크기의 바(bar) 형태로 만들기 위해 사용된다. 그림 2-10은 열간 압연 공정으로 흔히 만들어지는 다양한 형상을 나타낸 것이다. 이들은 다른 재료들뿐만 아니라 다양한 다른 크기로도 만들 수 있다. 열간 압연된 바로서 가장 유용한 재료는 강, 알루미늄, 마그네슘 그리고 구리 합금이다.

그림 2-10
열간 압연으로 제작 가능한 일반적인 형상

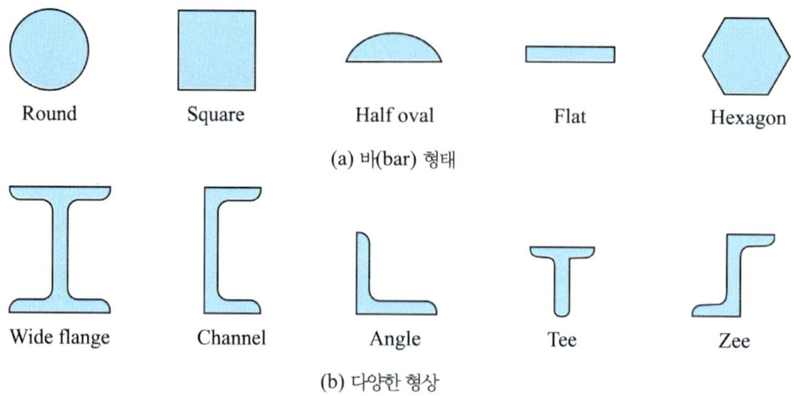

배관은 열간 압연된 판재로 만들 수 있다. 판재의 모서리를 둥글게 말아 맞대기 용접(butt weld)이나 겹치기 용접(lap weld)으로 용접한다. 용접 이음새가 없는(seamless) 배관은 천공 축(piercing mandrel)을 이용하여 가열된 중실 봉을 압연 천공하여 만든다.

압출은 열처리된 금속 강편(metal billet)이나 블랭크(blank)에 고압을 가하여, 고정된 오리피스 관을 통해 흐르게 하는 공정이다. 이 공정은 알루미늄, 구리, 마그네슘, 납, 주석, 아연과 같이 용융점이 낮은 재료에 흔히 적용된다. 스테인리스 강 압출은 보다 제한된 조건에서 사용된다.

단조는 햄머, 프레스 또는 단조 기계를 이용하여 금속을 열간 가공하는 것이다. 다른 열간 가공 공정과 마찬가지로, 단조는 조밀한 결정립 구조를 만들어 강도와 연성을 향상시킨다. 주조와 비교하면, 단조는 같은 무게에 대해 더 큰 강도를 가지고 있다. 뿐만 아니라, 낙하 단조는 사형 주조에 비해 더 매끄럽고 정확한 제품을 만들 수 있으며, 따라서 기계적 가동도 줄일 수 있다. 비록 공정 선택 시 (단조와 주조 중) 강도가 가격에 비해 더 중요한 결정 인자이긴 하지만, 단조 금형(forging die) 제작을 위한 초기 비용이 주조 모형에 비해 비싸다.

2-9 냉간 가공 공정

냉간 가공은 낮은 온도에서(일반적으로 상온) 금속을 성형하는 것을 의미한다. 열간 가공에 의해 생산된 부품에 비하면 냉간 가공된 부품은 마무리가 윤택하고, 보다 정확하며, 기계적 가공이 적게 필요하다.

냉간 가공 처리된 바와 축은 압연, 인발(drawing), 선삭(turning), 연삭(grinding), 연마(polishing)에 의해 만들어진다. 이 방법 가운데 많은 제품이 냉간 압연이나 냉간 인발 공정으로 만들어진다. 냉간 압연은 대부분 넓은 판재나 박판 제작에 사용된다. 실제적으로 모든 냉간 가공 처리된 바는 냉간 인발로 제작되지만, 때로 "냉간 압연 바"로 잘못 불려지기도 한다. 인발 공정 시, 제일 먼저 열간 압연된 바의 산화물 조각 등을 깨끗하게 제거하고, 크기를 약 0.03～0.06 mm로 줄이는 금형을 통해 바를 당겨 인발한다. 이 공정은 바에서 재료를 제거하는 것이 아니라 크기를 줄이는 것이다. 많은 다른 모양의 열간 압연 바가 냉간 인발을 위해 사용될 수 있다.

냉간 압연과 냉간 인발이 기계적 물성치에 미치는 영향은 같다. 냉간 가공 공정은 결정립 크기는 변화시키지 않고 단지 변형만 시킨다. 냉간 가공은 재료의 항복강도를 크게 증가시키고, 인장강도와 경도 역시 증가시키며, 반면 연성은 감소시킨다. 그림 2-11에 냉간 인발한 바의 물성치를 같은 재료에 대해 열간 압연한 바의 물성치와 비교하여 나타내었다.

압조는 재료를 빨아 당기거나 압축하는 냉간 가공 공정이다. 이 공정은 흔히 나사, 리벳 머리 등을 만들기 위해 사용되며, 다양한 모양을 생산할 수 있다. **롤 스레딩**(roll threading)은 두 개의 톱니 모양의 금형 사이에서 블랭크를 압착하고 압연함으로써 나사산을 압연하는 공정이다. **스피닝**(spinning)은 회전하는 물체 주위의 판재를 원형으로 만드는 공정이다. **스탬핑**(stamping)은 **블랭킹**(blanking), **코이닝**(coining), **성형**(forming), **얕은 드로잉**(shallow drawing)과 같은 펀치-프레스 작업(punch-press operation)을 설명하는 데 사용되는 용어이다.

2-10 강 열처리

강 열처리는 잔류응력을 제거하고, 경도, 연성, 인성과 같은 재료 물성치를 바꾸는 시간 및 온도 조절 과정을 일컫는다. 때로는 다른 기계적 혹은 화학적 공정도 열처리 방법의 하나로 취급되기도 한다. 일반적인 열처리 공정은 풀림(annealing), 담금질(quenching), 뜨임(tempering) 그리고 표피 경화(case hardening)이다.

풀림

재료가 냉간 또는 열간 가공되면 잔류 응력이 생기고, 이러한 가공의 결과로 재료의 경도는 높아지게 된다. 이러한 공정은 재료의 구조를 변화시키며 결국 평형 선도(equilibrium diagram)로 더 이상 나타낼 수 없게 된다. 완전 풀림(full annealing)과 불림(normalizing)은 재료가 상태 평형 선도를 따라 변화하도록 하는 열처리 공정이다. 풀림 처리되는 재료는 임계 온도보다 약 38°C 이상의 온도까지 가열된다. 그리고 탄소가 용해되고 재료를 통해 확산되는 충분한 시간만큼 그 온도에서 유지된다. 이와 같이 열처리된 재료는 일반적으로 열처리용 노(furnace) 내에서 천천히 냉각한다. 이때 변태(transformation)가 완료되면 완전 풀림 되었다고 한다. 풀림은 재료를 연화시키거나 보다 연성적으로 만들기 위해서 사용되며 또한 잔류 응력을 제거하고 결정립 구조를 조밀화하기 위해 사용된다.

풀림 과정은 **불림**이라 일컬어지는 과정을 포함한다. 불림되는 부품은 완전 풀림과정보다 약간 더 높은 온도까지 가열된다. 이 과정을 통해 거친 결정립 구조가 형성되며, 만약 재료가 저탄소강이라면 기계 가공이 보다 쉽게 된다. 불림 과정에서 부품은 상온에서 공냉된다. 이 경우 완전 풀림에 비해 더 빠른 속도로 냉각되기 때문에 평형상태에 도달하기까지 보다 적은 시간이 소요되고 재료는 완전 풀림 강에 비해 단단해진다. 불림은 흔히 강의 마지막 처리 과정으로 사용된다. 결과적으로 공냉은 느린 담금질과 마찬가지 과정이라 할 수 있다.

담금질

완전 풀림된 공석강(eutectoid steel)은 전체적으로 펄라이트(pearlite) 조직으로 구성되어 있으며, 평형 조건 하에서 오스테나이트로부터 얻어진다. 완전 풀림된 아공석강(hypoeutectoid steel)은 펄라이트와 페라이트(ferrite)로 구성되어 있으며, 완전 풀림 조건에서 과공석강(hypereutectoid steel)은 펄라이트와 시멘타이트(cementite)로 구성되어 있다. 완전 풀림 과정이 적용되지 않은 경우, 주어진 탄소함량 하에서의 강의 경도는 펄라이트를 대체하는 미세구조에 의해 결정된다.

완전 풀림이 되지 않았다는 것은 보다 빠른 냉각률을 의미한다. 냉각률은 경도를 결정하는 요인이다. 냉각률을 조절하는 것을 **담금질**이라 한다. 연담금질(mild quenching)은 잔잔한 공기에 의해 냉각하는 과정으로, 이는 앞서 언급했듯이 불림 과정을 통해 얻어진다. 담금질을 위해 가장 널리 사용되는 두 개의 매체는 물과 오일이다. 오일 담금질은 매우 속도가 늦지만 열처리되는 물체의 급속한 팽창으로 야기하는 담금질 균열을 방지할 수 있다. 물을 이용한 담금질은 탄소강과 중탄소강(medium-carbon), 저합금강의 경우에 사용된다.

오스테나이트가 냉각될 때 펄라이트로 급격하게 변태되지 않아야 하는데, 이를 위해서는 공정이 시작되고 종료되는 데 시간이 필요하며 이것이 냉각 효율성의 결정 요인이다. 변태는 약 425°C에서 끝나기 때문에 이보다 낮은 온도로 재료를 빠르게 냉각시킴으로써 방지할 수 있다. 재료가 204°C 또는 그 이하로 빠르게 냉각되면 오스테나이트는 **마르텐사이트**(martensite) 조직으로 변태한다. 마르텐사이트는 페라이트에서 탄소의 과포화 고용체로써, 가장 단단하고 강한 강의 형태이다.

만약 강이 204～425°C 사이의 온도로 빠르게 냉각되고 충분한 시간 동안 유지되면 오스테나이트는 **베이나이트**(bainite) 조직으로 변태한다. 베이나이트는 펄라이트와 마르텐사이트의 중간 조직이다. 비록 열처리에 사용된 온도에 따라 많은 조직이 존재할 수 있지만 총칭하여 베이나이트로 분류하고 있다. 이 변태 온도를 선택함으로써 거친 펄라이트부터 조밀한 마르텐사이트까지 거의 모든 조직 변화를 얻을 수 있다.

뜨임

강 시편이 완전 경화되면 매우 단단하고 취성적이 되며, 높은 잔류응력이 남는다. 강은 불안정하게 되고, 시효(aging)에 취약해진다. 이러한 경향은 시편에 외력이 작용할 때 증가하며, 그 이유는 발생하는 응력이 불안정 상태에 더 기여하기 때문이다. 이러한 내부 응력들은 **응력 완화**(stress relieving)라 일컬어지는 적당한 열처리 과정이나 응력 **완화**와 **뜨임**이라 일컬어지는 연화의 조합으로 제거될 수 있다. 임계 온도 이상에서 시편이 담금질에 의해 완전 경화된 후, 특정 시간 동안 임계 온도 이하로 재가열하고 공냉한다. 재가열 온도는 조성과 요구되는 경도 혹은 인성 정도에 따라 달라진다.[7] 이 재가열 공정은 탄화물(cardide)

---

[7] 탄소강과 저합금강에서 뜨임에 대한 정량적 측면에 대해서는 다음을 참고하라. Charles R. Mischke, "The Strength of Cold-Worked and Heat-Treated Steels," Chap. 33 in Joseph E. Shigley, Charles R. Mischke, and Thomas H. Brown, Jr. (eds.), *Standard Handbook of Machine Design*, 3rd ed., McGraw-Hill, New York, 2004.

그림 2-11
열-기계적 이력이 AISI 4340 강의 기계적 물성치에 미치는 영향. (*Prepared by the International Nickel Company.*)

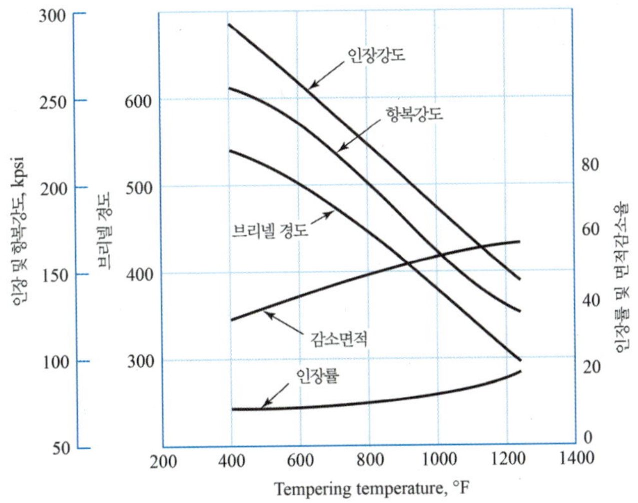

Condition	인장강도, kpsi	항복강도, kpsi	감소면적, %	인장률, %	브리넬 경도, Bhn
일반	200	147	20	10	410
압연	190	144	18	9	380
담금질	120	99	43	18	228

결정을 형성하는 마르텐사이트 조직 내에 있는 탄소를 제거한다. 이를 통해 얻어진 조직을 템퍼드 마르텐사이트(tempered martensite)라 한다. 본질적으로 이는 미세 결정 페라이트 내에 탄화철(iron carbide)이 극세 분산된 것을 의미한다.

열처리 공정이 저합금강의 다양한 기계적 물성치에 미치는 영향을 그림 2-11에 나타내었다.

표피 경화

표피 경화의 목적은 부품 내부의 연성과 인성을 유지하면서 저탄소강 부재의 바깥쪽 표면만을 단단하게 경화하는 것이다. 이는 표면의 탄소 함량을 증가시킴으로써 가능하다. 고체, 액체, 그리고 가스 침탄 재료가 사용된다. 이 과정은 경화를 시키고자 하는 표피의 두께와 부품의 조성에 따라 원하는 시간과 온도에서 침탄시킬 부품을 침탄재에 넣는 과정으로 이루어져 있다. 그리고 그 부품은 침탄 온도에서 바로 담금질 및 뜨임 처리한다. 또는 경우에 따라 내부와 표피가 모두 원하는 조건에 만족되도록 이중 열처리하기도 한다. 보다 유용한 표피 경화법으로는 고체 침탄(pack carburizing), 가스 침탄(gas carburizing), 질화(nitriding), 청화법 혹은 시안화법(cyaniding), 고주파 경화(induction hardening), 그리고 화염 경화(flame hardening) 등이 있다. 마지막 두 가지 방법의 경우, 탄소는 경화되는 강(일반적으로 SAE/AISI 1144와 같은 중탄소강)에 첨가되지 않는다.

열처리된 강의 물성치에 대한 정량적 평가

기계공학도를 위한 재료과학 과정은 일반적으로 탄소강에 대한 Jominy 실험으로부터 열처리된 강의 물성치를 예측하기 위한 Crafts와 Lamont의 가산법을 다룬다.[8] 만약 이에 대한 선행 학습 경험이 없다면, 예제를 이용해 가산법에 대해 기술한 "*Standard Handbook of Machine Design*"을 참고하라.[9] 만약 이 책이 기계요소설계 과정의 교재라면 이 방법에 대해 공부하고 보고서를 작성하는 것이 좋은 수업 프로젝트가 될 것이다(백지장도 맞들면 낫다).

저합금강의 경우, Grossman과[10] Field의[11] 상승법(multiplication method)이 "Standard Handbook of Machine Design(Secs. 29.6 and 33.6)"에 설명되어 있다.

"Modern Steels and Properites Handbook"에는 레이들(ladle) 분석과 결정립 크기를 이용하여 Grossman과 Field의 방법으로 Jominy 곡선을 예측하는 방법이 설명되어 있다.[12] Bethlehem Steel에서는 이러한 목적에 쉽게 적용할 수 있는 원형 플라스틱 계산자를 개발하였다.

2-11 합금강

탄소강도 소량의 망간, 규소, 황, 인이 함유된 철과 탄소의 합금이지만, 합금강이라는 용어는 탄소 외의 하나 혹은 그 이상의 다른 성분이 재료의 물성치를 변화시키기 위해 충분한 양으로 첨가되는 경우에 사용된다. 합금강은 보다 좋은 물리적 특성을 가지고 있을 뿐만 아니라 보다 폭넓은 열처리 공정을 가능하게 한다.

크롬

크롬을 첨가하면 매우 단단한 여러 크롬 탄화물이 생성되지만, 단순히 탄소 함량을 증가시켜 만든 동일한 경도의 강에 비해 보다 연성적이다. 크롬은 또한 결정립 구조를 조밀하게 하며, 따라서 이 두 가지의 효과가 결합되면 인성과 경도가 증가하게 된다. 크롬의 첨가는 온도의 임계 범위를 증가시키고 공석점(eutectoid point)을 왼쪽으로 이동시킨다. 따라서 크롬은 매우 유용한 합금 요소라 할 수 있다.

니켈

강에 니켈을 첨가하면 역시 공석점은 왼쪽으로 이동하고, 온도의 임계 범위가 증가한다. 니켈은 페라이트에서 가용성이며, 탄화물이나 산화물을 형성하지 않는다. 이를 통해 연성의

---

[8] W. Crafts and J. L. Lamont, *Hardenability and Steel Selection*, Pitman and Sons, London, 1949.

[9] Charles R. Mischke, Chap. 33 in Joseph E. Shigley, Charles R. Mischke, and Thomas H. Brown, Jr. (eds.), *Standard Handbook of Machine Design*, 3rd ed., McGraw-Hill, New York, 2004, p. 33.9.

[10] M. A. Grossman, *AIME*, February 1942.

[11] J. Field, *Metals Progress*, March 1943.

[12] *Modern Steels and Their Properties*, 7th ed., Handbook 2757, Bethlehem Steel, 1972, pp. 46-50.

감소 없이 강도를 증가시킨다. 니켈강에 표피 경화 작업을 하면 내부 성질이 탄소강으로 얻을 수 있는 것보다 훨씬 좋아진다. 크롬은 흔히 니켈과 함께 사용되는데 이를 통해 니켈에 의한 인성과 연성의 향상, 크롬에 의한 내마모성과 경도 향상을 함께 얻을 수 있다.

망간

망간은 탈산과 탈황 작용을 위해 모든 강에 첨가된다. 그러나 황 함량이 낮고 망간 함량이 1% 이상인 강은 망간 합금으로 분류된다. 망간은 페라이트에서 용해되며 탄화물을 생성한다. 이를 통해 공석점은 왼쪽으로 이동하며 온도의 임계 범위는 낮아진다. 또한 변태에 소요되는 시간을 증가시키므로 오일 담금질이 유용하게 된다.

규소

규소는 탈산 작용을 위해 모든 강에 첨가된다. 초저탄소강(very-low-carbon steel)에 첨가되면 낮은 히스테리시스(hysteresis) 손실과 높은 자기 투자율(磁氣 透磁率)의 취성재료가 된다. 규소는 망간, 크롬, 바나듐(vanadium)과 같은 다른 합금 요소와 함께 탄화물을 안정화시키기 위해 주로 사용된다.

몰리브덴

몇몇 재료에서 몰리브덴이 단독으로 사용되는 경우도 있으나, 니켈, 크롬 등과 같이 사용될 경우에 가장 유용하다. 몰리브덴은 탄화물을 형성하며, 페라이트에서 어느 정도까지는 용해된다. 따라서 경도와 인성을 향상시킨다. 몰리브덴은 온도의 임계 범위를 증가시키고 변태점을 감소시킨다. 이러한 변태점의 저하로 인해 몰리브덴은 특정 오일 경화 혹은 공기 경화 특성을 만드는 데 매우 효과적이다. 탄소를 제외하면 경화 효과가 가장 크며 결정립 크기를 조밀하게 하기 때문에 상당한 인성이 유지된다.

바나듐

바나듐은 탄화물을 생성하려는 경향이 매우 강하다. 따라서 소량만이 사용된다. 바나듐은 탈산 작용이 매우 강하며 결정립 크기를 조밀하게 한다. 약간의 바나듐은 페라이트에서 용해되기 때문에 강을 강화시킨다. 바나듐으로 인해 강의 경화 범위는 넓어지고 합금은 높은 온도부터 경화될 수 있다. 뜨임으로 바나듐 강을 연화시키기는 매우 어렵기 때문에, 공구강으로 널리 사용된다.

텅스텐

텅스텐은 적열(red heat) 상태에서도 공구의 경도가 유지되기 때문에 공구강에서 광범위하게 사용된다. 텅스텐은 세밀하고 조밀한 구조를 만들고 인성과 경도를 모두 증가시킨다. 텅스텐은 다량으로 첨가되어야 한다는 점만 제외하면 그 효과는 몰리브덴과 비슷하다.

2-12 주물 재료

회주철

회주철은 모든 주물 재료 가운데 가장 널리 사용된다. 그 이유는 가격이 저렴하고 대량으로 쉽게 주조할 수 있으며, 가공이 쉽기 때문이다. 회주철 사용의 단점은 취성적이고 인장에 약하다는 점이다. 높은 탄소 함량(1.7% 이상, 보통 2%보다 크다) 외에 주철은 규소 함량이 높고 황, 망간, 인의 함량은 낮다. 따라서 최종 합금은 펄라이트, 페라이트, 흑연(graphite)으로 구성되어 있으며, 특정 조건 하에서 펄라이트는 흑연과 페라이트 조직으로 분리된다. 그러므로 최종 제품은 페라이트와 흑연상을 모두 포함한다. 박편(薄片)의 형태로 전 조직에 균일하게 분포되어 있는 흑연상은 조직을 어둡게 하기에 **회주철**이라 불린다.

연성 주철 및 구상 흑연 주철

가단 주철(malleable cast iron)을 만들기 위해서는 긴 열처리 시간이 소요되므로 엔지니어는 가단 주철의 연성 특성과 회주철의 주조 편리성 및 가공 편리성을 동시에 갖추면서도 주조 후 상태 그대로 사용할 수 있는 주철을 오래도록 필요로 했다. 이러한 재료를 만들기 위한 공정에서 망간을 함유한 재료를 이용하면 앞의 조건을 상당부분 만족시킬 수 있다.

연성 주철 또는 **구상 흑연 주철**(nodular cast iron)은 기본적으로 가단 주철과 동일하며, 그 이유는 두 가지 모두 구상의 흑연을 포함하기 때문이다. 주조 후 상태에서 연성 주철의 물성치는 가단 주철과 유사한 반면, 약 1시간 정도 간단하게 풀림 처리를 하고 서냉하면 가단 주철보다 더 연성적 거동을 보인다. 연성 주철은 용해물에 MgFeSi를 첨가하여 만들어지며, 이 온도에서 망간은 끓기 때문에 작업 전에 다른 성분과 함께 합금하는 것이 필요하다.

연성 주철은 회주철에 비해 탄성 계수가 매우 높고(172 GPa 또는 25 Mpsi), 응력-변형률 곡선이 직선이라는 점에서 탄성이다. 반면에 회주철은 응력의 증가에 따라 탄성 계수가 점차 감소하기 때문에 Hooke의 법칙을 따르지 않는다. 그러나 회주철과 비슷하게 구상 흑연 주철의 압축 강도는 (그 차이가 크지는 않지만) 인장강도보다 크며, 40여 년간 널리 사용되어 왔다.

백색 주철

만약 주철 내의 모든 탄소가 시멘타이트나 펄라이트의 형태이고 흑연상이 없다면, 최종 조직은 흰색이며 이는 **백색 주철**(white cast iron)로 알려져 있다. 백색 주철은 두 가지 방법으로 만들 수 있다. 먼저 탄소와 규소 함량을 낮게 유지하면서 조성을 조절할 수 있으며, 또는 냉각을 빠르게 하기 위해 회주철 조성을 냉각판에 대고 주조할 수 있다(冷剛鑄造法, chilled casting). 두 가지 방법 모두 시멘타이트가 풍부한 주물을 생산하며 결과적으로 제품은 매우 취성적이고 가공하기가 어렵다. 반면 내마모성은 뛰어나다. 일반적으로 냉경(冷硬)은 특정 영역 내에 매우 단단한 표면을 만들기 위한 회주철 주물 생산 시 사용된다. 이때 나머지 부분에서는 보다 바람직한 회주철 구조를 유지해야 한다. 이 방법으로 내마모성이 우수한 부분을 가진 상대적으로 강화된 주물을 생산한다.

가단 주철

만약 특정 조성 범위 내에서 백색 주철이 풀림 처리되면, **가단 주철**이라 불리는 재료가 형성된다. 풀림 공정은 탄소를 제거하며 따라서 형태는 다르지만 회주철처럼 흑연상으로 존재한다. 회주철에서 흑연은 박편의 형태로 존재하지만 가단 주철의 경우는 구상 형태이며 **뜨임 탄소**로 알려져 있다. 좋은 등급의 가단 주철은 인장강도가 350 MPa(50 kpsi) 이상이고, 연신율은 18% 정도이다. 반면 회주철의 연신율은 1%를 넘는 경우가 드물다. 풀림에 소요되는 시간(크고 무거운 주물의 경우 6일 정도) 때문에 가단 주철은 회주철에 비해 어느 정도 비쌀 수밖에 없다.

합금 주철

니켈, 크롬, 그리고 몰리브덴은 주철에 가장 일반적으로 사용되는 합금 성분이다. 니켈은 범용 합금 성분으로 일반적으로 5%까지 첨가된다. 니켈은 강도와 밀도를 향상시키고, 마모 성질을 향상시키며, 절삭성을 높인다. 만약 니켈 함량이 10～18%까지 증가하면, 매우 유용한 내열성과 내부식성을 가진 오스테나이트 구조가 얻어진다. 크롬은 경도와 내마모성을 증가시키고, 냉경과 함께 사용되면 백색 주철을 생성하는 성질을 향상시킨다. 크롬과 니켈을 함께 첨가하면 절삭성의 감소 없이 경도와 강도를 향상시킬 수 있다. 1.25%까지 첨가되는 몰리브덴은 강성, 경도, 인장강도, 충격 저하성을 향상시킨다. 이 역시 광범위하게 사용되는 합금 성분이다.

주강

주조 공정의 장점은 복잡한 모양을 가진 부품을 용접과 같은 다른 방법을 이용한 경우에 비해 저렴하게 생산할 수 있다는 것이다. 따라서 부품이 복잡하고 동시에 강도가 높아야 할 경우에 강 주물을 선택하는 것은 필연적이다. 강의 높은 용융 온도로 인해 주조 문제는 더욱 어려워지며, 이로 인해 내부 설계, 단면 두께, 필렛, 냉각 과정과 같은 세부 사항에 면밀한 주의를 기울여야 한다. 연강에 사용되는 합금 성분이 강도 및 기타 기계적 물성치를 향상시키기 위해 주철에도 사용될 수 있다. 또한 주강 부품은 기계적 물성치를 바꾸기 위해 열처리될 수 있으며, 일반 주철과는 달리 용접될 수 있다.

2-13 비철 금속

알루미늄

알루미늄과 알루미늄 합금의 대표적인 특징은 강도-무게비(strength-weight ratio), 내부식성, 높은 열 및 전기 전도도이다. 알루미늄의 밀도는 약 2,770 kg/m^3, 강은 7,750 kg/m^{3}이다. 순수 알루미늄의 인장강도는 약 90 MPa이며, 이는 냉간 가공이나 다른 재료와 합금함으로써 크게 향상될 수 있다. 알루미늄 합금뿐만 아니라 알루미늄의 탄성 계수는 71.7 GPa이며, 이는 강성이 강의 1/3 정도임을 의미한다.

알루미늄과 알루미늄 합금의 가격과 강도를 감안하면, 제조의 관점에서 가장 다목적으로 사용되는 재료 가운데 하나라고 할 수 있다. 알루미늄은 사형 주조, 다이캐스트, 열간 혹은 냉간 가공, 압출 성형으로 가공될 수 있다. 알루미늄 합금은 기계가공, 프레스가공, 연납땜(soldered), 경납땜(brazed) 또는 용접될 수 있다. 순수 알루미늄은 660°C에서 용융되는데, 이로 인해 알루미늄은 영구 주물(permanent casting)이나 사형 주물 제작에 적합하다. 알루미늄은 플레이트, 바, 얇은 판, 포일(foil), 봉 그리고 튜브의 형태로 판매되고, 구조적 형태나 압출된 형태로 판매된다. 연납땜이나 경납땜, 또는 용접으로 알루미늄을 접합할 때는 주의를 해야 한다. 이러한 접합 방법이 모든 합금에 추천되는 것은 아니다.

알루미늄 합금의 내부식성은 얇은 산화막의 형성에 좌우된다. 알루미늄은 원래 반응적이기 때문에 이 막은 자연적으로 생성된다. 지속적인 침식(erosion)이나 마멸(abrasion)은 이 막을 제거하고 부식이 일어나게 한다. 매우 뜨거운 산화막은 **양극산화피막**(陽劇酸化被膜) 처리법으로 만들어진다. 이 과정에서 시편은 크롬산, 옥살산(혹은 수산, oxalic acid), 황산 같은 전해질에서 양극화(陽極化)되도록 만들어진다. 이 공정에서는 최종 막의 색을 매우 정확하게 조절하는 것이 가능하다.

알루미늄의 경우 가장 유용한 합금 성분은 구리, 규소, 망간, 마그네슘, 그리고 아연이다. 알루미늄 합금은 **주조 합금** 또는 **전신용**(展伸用) **합금**으로 분류된다. 주조 합금은 주조를 용이하게 하는 합금 성분을 많이 포함하고 있으나, 이는 냉간 가공을 어렵게 하는 요인이 된다. 많은 주조 합금과 일부 전신용 합금은 열처리로 경화될 수 없다. 열처리가 가능한 합금은 알루미늄에서 용해되는 합금 성분을 사용한다. 열처리는 합금 성분이 용해되는 온도까지 시편을 가열하는 과정과 합금 성분이 석출되지 않도록 빠르게 담금질하는 과정으로 이루어져 있다. 시효 과정은 약간의 가열로 가속화되고 이에 따라 경도와 강도가 커진다. 잘 알려진 열처리 가능 합금 가운데 하나가 듀랄루미늄(duraluminum) 또는 2017(4% Cu, 0.5% Mg, 0.5% Mn)이다. 이 합금은 상온에서 4일간 경화된다. 이런 빠른 시효 때문에 합금은 담금질 후나 성형 전에 반드시 냉동 환경에서 보관되어야 하며, 또는 담금질 후에 바로 성형되어야 한다. 따라서 매우 느리게 시효-경화되는 5053 같은 다른 합금들이 개발되었으며, 성형 전에 가벼운 냉동 환경 하에서 보관하면 된다. 성형 후에는 노에서 인위적으로 시효 처리되며, 강도와 경도는 2024 합금과 거의 같다. 열처리를 할 수 없는 알루미늄 합금은 냉간 가공에 의해서만 경화될 수 있다. 가공 경화와 열처리에 의한 경화 모두 풀림 과정에 의해 제거될 수 있다.

마그네슘

마그네슘의 밀도는 약 1,800 kg/m^3이며, 이는 알루미늄 밀도의 2/3, 강 밀도의 1/4이다. 이는 모든 상용 금속 중 가장 가볍기 때문에 항공기나 자동차 산업에서 널리 사용되고 있으며, 다른 분야에서 사용하기 위한 방안은 연구 중이다. 비록 마그네슘 합금의 강도가 크지는 않지만 무게가 가볍기 때문에 강도-무게비는 보다 강한 알루미늄 합금이나 강 합금에 필적하거나 낫다. 그렇다 하더라도 마그네슘 합금은 주로 강도가 중요 고려사항이 아닌 분야에 널리 적용된다. 마그네슘은 고온에서는 잘 견디지 못하며, 항복점은 물이 끓는 온도까지 온도가 상승하면 감소한다.

일부 합금의 경우 압축에서 인장만큼 강하지는 않지만, 마그네슘과 마그네슘 합금은 인장과 압축 모두에서 탄성 계수가 45 GPa(6.5 Mpsi)이다. 특이하게 냉간 가공을 하면 탄성 계수는 감소하며, 여러 주조 마그네슘 합금 역시 사용 가능하다.

티타늄

티타늄과 티타늄 합금의 강도는 보통 강도의(moderate-strength) 강과 비슷하지만 무게는 일반강의 절반 정도이다. 티타늄은 내부식성이 뛰어나며, 열전도도가 낮고, 미자성이며, 고온 강도를 나타낸다. 탄성 계수는 강과 알루미늄 사이의 114 GPa(16.5 Mpsi)이다. 강이나 알루미늄에 비해 많은 장점 때문에 항공 우주나 군사용 항공기 구조물, 해상 장비, 화학 탱크와 공정 설비, 유체 조절 시스템, 그리고 인체 내 대체 삽입물 등의 많은 부분에 적용된다. 티타늄의 단점은 강이나 알루미늄에 비해 고가라는 점과 기계 가공이 어렵다는 점이다.

구리 기반 합금

구리와 아연의 합금을 일반적으로 황동이라 한다. 만약 구리에 다른 성분을 합금하면, 이를 흔히 **청동**(bronze)이라 한다. 때때로 **주석청동**(tin bronze) 또는 인청동(phosphor bronze)처럼 다른 성분이 명시된다. 각 범주마다 수백 개의 이형(異形)이 있다.

5~15%의 아연이 함유된 황동

저아연 황동은 냉간 가공이 용이하고, 특히 아연 함량이 높을수록 용이하다. 이 합금은 연성 재료이지만 기계 가공이 어렵고 대신 내부식성은 좋다. 이 분류에 속하는 합금에는 **길딩 브래스**(gilding brass, 5% 아연), **상용브론즈**(commercial bronze, 10% 아연), 그리고 **레드 브래스**(red brass, 15% 아연) 등이 있다. 길딩 브래스는 주로 장신구, 금도금이 필요한 물건 등에 사용된다. 이것은 구리와 같은 연성을 보이나 강도는 더 크고 기계 가공성은 떨어진다. 상용브론즈는 장신구에 사용되며 연성이 좋아 단조나 스탬핑을 위해 사용된다. 기계 가공 특성은 좋지 않지만 냉간 가공 특성은 매우 좋다. 레드 브래스는 고온 강도와 내부식성이 매우 좋다. 이 때문에 방열기(radiator)나 응축기(condenser)와 같은 장치에서 뜨거운 물을 수송하기 위해 튜브나 배관의 형태로 많이 사용된다.

20~36%의 아연이 함유된 황동

아연 함량이 중간 정도인 합금에는 **로우 브래스**(low brass, 20% 아연), **캐트리지 브래스**(cartridge brass, 30% 아연) 그리고 **옐로 브래스**(yellow brass, 35% 아연) 등이 있다. 아연은 구리보다 저렴하기 때문에 이러한 합금의 가격은 구리가 많이 포함되고 아연이 적게 포함된 합금에 비해 저렴하다. 이 합금들은 절삭성이 더 좋으며 강도도 약간 더 크다. 그러나 내부식성이 떨어지고 잔류 응력이 존재하는 위치에서 균열이 발생할 수 있기 때문에 이러한 장점의 가치는 상쇄된다. 로우 브래스는 레드 브래스와 매우 유사하며, 딥 드로잉(deep drawing) 공정이 필요한 제품에 사용된다. 구리-아연 합금 가운데 캐트리지 브래스는 연성과 강도가 가장 잘 조화를 이루고 있는 합금이다. 탄피는 원래 전체적으로 냉간 가공에 의해 제작된다. 제작 공정은 일련의 딥 드로잉 공정으로 이루어져 있다. 각 딥 드로잉 공정 후에는 풀림을 수행하여 다음 공정에 알맞도록 재료 상태를 맞추므로, 이를 캐트리지 브래스라 한다. 옐로우 브래스는 비록 열간 가공 능력은 좋지 않지만 여러 제작 공정에 사용될 수 있다. 따라서 매우 다양한 생산품에 이용된다.

소량의 납이 황동에 첨가되면, 절삭성은 크게 향상되고, 열간 가공 능력도 어느 정도 향상된다. 납의 첨가는 냉간 가공 및 용접 특성을 저하시킨다. 이러한 합금에는 **저연 브래스**(low-leaded brass, 32.5% 아연, 0.5% 납), **고연 브래스**(high-leaded brass, 34% 아연, 2% 납) 그리고 **프리컷팅 브래스**(free-cutting brass, 35.5% 아연, 3% 납) 등이 있다. 저연 브래스는 기계 가공이 용이할 뿐만 아니라 냉간 가공 특성도 좋다. 이는 다양한 스크류 기계 부품에 사용된다. 고연 브래스는 정밀 기계, 장금 장치, 그리고 시계 등에 사용된다. 프리컷팅 브래스 역시 스크류 기계 부품에 사용되며, 내부식성과 기계적 특성이 매우 좋다.

애드미럴티 금속(admiralty metal, 28% 아연)은 1%의 주석을 포함하며, 특히 바닷물과 같은 염수에 대해 내부식성이 뛰어나다. 강도와 연성은 매우 좋으나 절삭이나 가공성은 보통 수준이다. 내부식성으로 인해 발전소나 화학 설비에 사용된다. **알루미늄 황동**(22% 아연)은 2%의 알루미늄을 포함하며, 애드미럴티 금속과 거의 특성이 같기 때문에 같은 용도로 사용된다. 다만 고속 유동에 의한 침식에 대한 저항성이 좋기 때문에 튜브나 배관의 형태로 사용될 때는 애드미럴티 금속보다 더 유용하다.

36~40%의 아연이 함유된 황동

38% 이상의 아연이 함유된 황동은 캐트리지 브래스에 비해 연성이 떨어지며 냉간 가공 역시 어렵다. 따라서 일반적으로 열간 가공하거나 압출 성형한다. 먼츠 금속(Muntz metal, 40% 아연)은 가격이 저렴하고 다소 내부식성이 있다. 해양용 황동(naval brass)은 먼츠 금속과 조성이 같지만 0.75%의 주석이 추가로 첨가된다. 이는 내부식성을 향상시킨다.

청동

구리 외에 3% 규소와 1% 망간을 포함한 **규소 청동**은 내부식성이 좋으며, 연강과 같은 기계적 특성을 가지고 있다. 이는 열간 가공, 냉간 가공, 기계 가공 또는 용접될 수 있다. 강도와 내부식성이 동시에 요구되는 경우에 유용하다.

11% 이하의 주석과 소량의 인이 포함된 **인청동**은 특히 피로와 부식에 대한 저항성이 좋다. 인장강도가 크고, 에너지 흡수 능력이 좋으며, 마모에 대한 저항성도 있다. 따라서 스프링 재료로 매우 유용하다.

알루미늄 청동은 12% 이하의 알루미늄이 첨가된 열처리가 가능한 합금이다. 이 합금의 강도와 내부식 특성은 황동의 경우보다 뛰어나며 냉간 가공, 열처리 또는 조성 변화에 의해 그 특성이 폭넓게 변할 수 있다. 4% 이하의 철이 추가되면 합금의 내구한도(endurance limit)가 높아지고 충격 저항성과 마모 저항성이 향상된다.

베릴륨(beryllium) 청동은 약 2%의 베릴륨이 포함된 열처리가 가능한 또 하나의 합금이다. 이 합금은 내부식성이 좋으며, 강도, 경도, 그리고 내마모성이 우수하다. 비록 고가이지만 스프링이나 부식 저항성이 필요한 피로하중을 받는 부품에 사용한다.

약간 변화시키면 대부분의 구리 기반 합금은 주조 성형의 형태로 사용 가능하다.

2-14 플라스틱

열가소성(熱可塑性) 플라스틱이란 열이 가해졌을 때 연화되어 성형될 수 있는 모든 플라스틱을 의미한다. 이 용어는 때때로 가압상태의 주조 플라스틱에도 사용되며, 이러한 플라스틱은 가열하면 재성형될 수 있다.

열경화성(熱硬化性) 수지는 고온의 성형 프레스 내에서 가압상태로 액화되면서 중합(重合) 과정이 완료되는 플라스틱이다. 열경화성 플라스틱은 재성형되지 않는다.

표 2-1은 가장 널리 사용되는 몇몇 열가소성 플라스틱과 그 특성, 그리고 물성치의 범위 등을 나타낸 것이다. 표 2-2는 열경화성 수지에 대한 것으로 내용은 표 2-1과 유사하

표 2-1
열가소성 플라스틱
출처: 이 데이터는 Penton/IPC(Cleveland)에서 발간한 *Machine Design Materials Reference Issue*에서 발췌한 것임. 이 참고문헌은 2년마다 발간되며 매우 다양한 재료에 대한 데이터가 포함된 우수한 자료이다.

Name	S_u kpsi	E Mpsi	Hardness Rockwell	Elongation %	Dimensional Stability	Heat Resistance	Chemical Resistance	Processing
ABS group	2-8	0.10-0.37	60-110R	3-50	Good	*	Fair	EMST
Acetal group	8-10	0.41-0.52	80-94M	40-60	Excellent	Good	High	M
Acrylic	5-10	0.20-0.47	92-110M	3-75	High	*	Fair	EMS
Fluoroplastic group	0-50.7	…	50-80D	100-300	High	Excellent	Excellent	MPR †
Nylon	8-14	0.18-0.45	112-120R	10-200	Poor	Poor	Good	CEM
Phenylene oxide	7-18	0.35-0.92	115R, 106L	5-60	Excellent	Good	Fair	EFM
Polycarbonate	8-16	0.34-0.86	62-91M	10-125	Excellent	Excellent	Fair	EMS
Polyester	8-18	0.28-1.6	65-90M	1-300	Excellent	Poor	Excellent	CLMR
Polyimide	6-50	…	88-120M	Very low	Excellent	Excellent	Excellent†	CLMP
Polyphenylene sulfide	14-19	0.11	122R	1.0	Good	Excellent	Excellent	M
Polystyrene group	1.5-12	0.14-0.60	10-90M	0.5-60	…	Poor	Poor	EM
Polysulfone	10	0.36	120R	50-100	Excellent	Excellent	Excellent†	EFM
Polyvinyl chloride	1.5-7.5	0.35-0.60	65-85D	40-450	…	Poor	Poor	EFM

*Heat-resistant grades available.
† With exceptions.
C Coatings L Laminates R Resins E Extrusions M Moldings S Sheet F Foams P Press and sinter methods T Tubing

표 2-2
열경화성 플라스틱
출처: 이 데이터는 Penton/IPC(Cleveland)에서 발간한 *Machine Design Materials Reference Issue*에서 발췌한 것임. 이 참고문헌은 2년마다 발간되며 매우 다양한 재료에 대한 데이터가 포함된 우수한 자료이다.

Name	S_u kpsi	E Mpsi	Hardness Rockwell	Elongation %	Dimensional Stability	Heat Resistance	Chemical Resistance	Processing
Alkyd	3-9	0.05-0.30	99M*	…	Excellent	Good	Fair	M
Allylic	4-10	…	105-120M	…	Excellent	Excellent	Excellent	CM
Amino group	5-8	0.13-0.24	110-120M	0.30-0.90	Good	Excellent*	Excellent*	LR
Epoxy	5-20	0.03-0.30*	80-120M	1-10	Excellent	Excellent	Excellent	CMR
Phenolics	5-9	0.10-0.25	70-95E	…	Excellent	Excellent	Good	EMR
Silicones	5-6	…	80-90M	…	…	Excellent	Excellent	CLMR

* With exceptions.
C Coatings L Laminates R Resins E Extrusions M Moldings S Sheet F Foams P Press and sinter methods T Tubing

다. 이 표는 단지 정보 제공을 위한 것으로 최종 설계 결정을 위해 사용되어서는 안 된다. 플라스틱으로 얻을 수 있는 물성치와 특성의 범위는 매우 좋다. 가격, 성형성, 마찰 계수, 풍화작용, 충격 강도 그리고 충전재와 보강재의 영향 등과 같은 많은 인자의 영향을 고려해야 한다. 제조업자의 카탈로그를 이용하면 설계 시 재료 선택에 있어 매우 유용하다.

2-15 복합재료[13]

복합재료는 두 가지 또는 그 이상의 다른 재료로 만들어지며, 각각의 재료가 최종 특성을 만드는 데 기여한다. 금속 합금과 달리, 복합재료 내의 재료는 거시적인 수준에서 서로 뚜렷하게 구별된다.

대부분의 공학적 복합재료들은 **충전재**(filler)로 불리는 강화재와 **기지**(matrix)의 두 가지 재료로 구성된다. 충전재는 강성과 강도를 제공하고 기지는 재료를 서로 잡아주고 불연속적인 보강재 사이로 하중을 전달하는 역할을 한다.

금속과 다른 전통적인 공학적 재료들은 균질하거나 등방성이다. 이는 강도, 강성 그리고 열전도성과 같은 재료 특성이 재료 내의 위치와 좌표계의 선택과 무관하다는 것을 의미한다. 복합 강화재의 비연속적 성질은 재료 특성이 위치와 방향에 따라 달라질 수 있다는 것을 의미한다. 예를 들어, 연속적인 흑연 섬유로 강화된 에폭시 수지(epoxy resin)의 경우 섬유 방향으로는 강도와 강성이 매우 크지만, 섬유에 수직 또는 가로 방향으로는 매우 낮다. 이러한 이유로, 복합재료의 구조는 일반적으로 다수의 층으로 이루어져 있으며, 각 층은 최적의 강성과 강도 성능을 얻을 수 있도록 배치된다.

[13] 참고: I. M. Daniel and O. Ishai, *Engineering Mechanics of Composite Materials*, Oxford University Press, 1994, 그리고 *ASM Engineered Materials Handbook: Composites*, ASM International, Materials Park, OH, 1988.

복합재료로는 고강도 강의 강도-무게비의 5배에 다수의 층으로 이루어져 있으며, 각 층은 최적의 강성과 강도 성능을 얻을 수 있도록 배치된다.

복합재료 물성치의 방향성은 구조 해석의 복잡성을 증가시킨다. 등방성 재료는 두 가지 공학적 상수(탄성 계수 E와 포아송 비 ν)만으로 완전히 정의된다. 그러나 단일 층으로 된 복합재료의 경우는 층의 좌표계에 대해 정의된 4개의 상수가 필요하다. 이 4개의 상수는 2개의 탄성 계수(섬유 방향으로의 세로 탄성 계수 E_1, 섬유 방향에 수직한 가로 탄성 계수 E_2), 1개의 포아송 비(주 포아송의 비라 불리는 ν_{12}), 그리고 1개의 전단 계수(G_{12})이다. 다섯 번째 상수인 보조 포아송 비(ν_{21})는 $\nu_{21}/E_2 = \nu_{12}/E_1$의 관계를 이용하여 얻어진다. 만약 이것이 다른 각으로 배치된 다수의 층에 적용된다면 수계산으로는 복잡한 구조의 구조 해석을 수행할 수 없다. 이러한 이유로, 적층 복합 구조의 물성치를 계산하기 위한 컴퓨터 소프트웨어가 개발되어 있다(복합재 해석에 관한 소프트웨어는 다음 사이트를 참조할 것, http://composite.about.com/cs/software/index.htm).

2-16 재료 선정

앞서 언급한 바와 같이, 기계 부품이나 구조적 부재에 대한 재료의 선정은 설계자가 내려야 할 가장 중요한 결정사항 가운데 하나이다. 이제까지 많은 중요한 물리적 재료 특성, 전형적인 공학재료들의 다양한 성질, 다양한 재료 제작 공정에 대해 학습해 살펴봤다. 만약 실제 특정 설계를 위한 재료 선정 시 이전 경험을 참고한다면 이는 쉬운 문제일 것이다(예로 1020 강은 많은 좋은 특성을 가지고 있기에 항상 좋은 후보재가 될 수 있다). 또는 재료 선정 과정이 재료의 많은 물리적 특성, 경제적 특성, 공정 특성에 대한 평가로 인해 설계 문제에 영향을 미칠 수도 있다. 재료 선정에 대한 체계적이고 최적화된 접근법이 있다. 여기서 여러 재료 특성에 접근하는 방법을 고찰할 것이다. 한 가지 기본적인 방법은 강도, 강성, 가격 등과 같은 설계와 연관된 주요 재료 특성을 정리하는 것이다. 이를 통해 설계 결과에 대한 상대적 중요성을 평가하여 우선순위를 결정할 수 있다. 그 후 각 특성에 대해 모든 적용 가능한 재료를 선정하고 가장 적합한 재료부터 시작하여 순위를 매긴다. 예로 강도에 대해서는 4340 강과 같은 고강도 강이 순위 목록의 최상단부에 위치할 것이다. 적용 가능한 재료들을 가능한 모두 고려하기 위해서 방대한 재료 데이터 출처가 필요할 것이다. 목록이 작성되면 각 목록의 높은 순위부터 취급할 수 있는 양만큼의 재료를 선정한다. 각 특성 목록에 대해 어느 정도 재료들이 추려지면 다음 검토를 위해 모든 목록에 공통적으로 포함되어 있는 재료를 선정한다. 어느 정도 추려진 목록에 있는 재료들은 목록 내에서 등급을 매길 수 있으며 개별 특성의 중요성에 따라 가중치를 줄 수 있다.

M. F. Ashby는 "*materials selection charts*"를 이용한 체계적이고 강력한 방법을 개발하였다.[14] 이 방법은 또한 "CES Edupack"이라는 소프트웨어 패키지에 적용되어 있다.[15]

---

[14] M. F. Ashby, *Materials Selection in Mechanical Design*, 3rd ed., Elsevier Butterworth-Heinemann, Oxford, 2005.

"Materials selectikon charts"는 표 2-3에 수록되어 있는 재료의 족(family)과 클래스(class)에 대한 다양한 물성들의 데이터를 보여준다. 예를 들어, 재료의 강성 특성을 고려한다면 y축 값으로 탄성 계수 E를 도시한 간단한 바 형태의 차트가 그림 2-12에 주어져 있다.

몇몇 재료에 대해서만 이름을 기재하였지만 각각의 수직선은 특정 재료의 E값의 범위를 의미한다. 만약 x축에 밀도와 같은 다른 재료 특성을 나타낸다면 더 많은 재료 정보가 나타내어질 수 있다. 버블(bubble) 차트라고 일컬어지는 그림 2-16은 밀도에 대해 탄성 계수를 함께 나타낸 것이다. 2차원적으로 도시되어 각 재료 특성의 범위를 나타내는 직선은

표 2-3
재료의 족(families)과 클래스(classes)

족(Family)	클래스(Classes)	Short Name
Metals	Aluminum alloys	Al alloys
(the metals and alloys of	Copper alloys	Cu alloys
engineering)	Lead alloys	Lead alloys
	Magnesium alloys	Mg alloys
	Nickel alloys	Ni alloys
	Carbon steels	Steels
	Stainless steels	Stainless steels
	Tin alloys	Tin alloys
	Titanium alloys	Ti alloys
	Tungsten alloys	W alloys
	Lead alloys	Pb alloys
	Zinc alloys	Zn alloys
Ceramics	Alumina	Al_2O_3
Technical ceramics (fine	Aluminum nitride	AlN
ceramics capable of load-	Boron carbide	B_4C
bearing application)	Silicon carbide	SiC
	Silicon nitride	Si_3N_4
	Tungsten carbide	WC
Nontechnical ceramics	Brick	Brick
(porous ceramics of	Concrete	Concrete
construction)	Stone	Stone
Glasses	Soda-lime glass	Soda-lime glass
	Borosilicate glass	Borosilicate glass
	Silica glass	Silica glass
	Glass ceramic	Glass ceramic
Polymers	Acrylonitrile butadiene styrene	ABS
(the thermoplastics and	Cellulose polymers	CA
thermosets of engineering)	Ionomers	Ionomers
	Epoxies	Epoxy
	Phenolics	Phenolics
	Polyamides (nylons)	PA
	Polycarbonate	PC

[15] Produced by Granta Design Limited. See www.grantadesign.com.

표 2-3
계속

족(Family)	클래스(Classes)	Short Name
Polymers	Polyesters	Polyester
	Polyetheretherkeytone	PEEK
	Polyethylene	PE
	Polyethylene terephalate	PET or PETE
	Polymethylmethacrylate	PMMA
	Polyoxymethylene(Acetal)	POM
	Polypropylene	PP
	Polystyrene	PS
	Polytetrafluorethylene	PTFE
	Polyvinylchloride	PVC
Elastomers	Butyl rubber	Butyl rubber
(engineering rubbers, natural	EVA	EVA
and synthetic)	Isoprene	Isoprene
	Natural rubber	Natural rubber
	Polychloroprene (Neoprene)	Neoprene
	Polyurethane	PU
	Silicon elastomers	Silicones
Hybrids	Carbon-fiber reinforced polymers	CFRP
Composites	Glass-fiber reinforced polymers	GFRP
	SiC reinforced aluminum	Al-SiC
Foams	Flexible polymer foams	Flexible foams
	Rigid polymer foams	Rigid foams
Natural materials	Cork	Cork
	Bamboo	Bamboo
	Wood	Wood

From M. F. Ashby, Materials Selection in Mechanical Design, 3rd ed., Elsevier Butterworth-Heinemann, Oxford, 2005. Table 4-1, pp. 49-50.

이제 타원을 형성한다. 표 2-3의 족(material families)에 따라 윤곽선으로 묶어진 버블의 그룹도 함께 나타나 있다. 이러한 그림은 각 물성에 대한 두 개의 분리된 형식의 바 그래프보다 훨씬 유용하다. 지금부터 어떻게 다양한 재료에 대해 강성/무게가 연관되어 있는지 살펴본다. 탄성 계수와 밀도의 비(E/ρ)는 **비강성**(specific modulus 또는 specific stiffness)으로 알려져 있다. 이 비는 초기 설계 제한 조건이 강도보다는 처짐, 강성 또는 고유 진동수가 되는 무게를 최소화할 필요가 있는 경우에 특히 관심 있게 다뤄진다. 비강성이 높은 재료로 만들어진 기계 부품은 처짐이 작고 강성이 높으며 고유 진동수도 높은 특성을 보인다.

그림 2-13의 우측 하단부에서 점선은 E^{β}/ρ값을 나타낸다. $\beta = 1$인 경우에 대해 몇 개의 평행한 점선이 주어져 있으며, 이는 서로 다른 비강성(E/ρ)값을 나타낸다. 이를 통해 재료 간의 비강성 특성을 간단히 비교할 수 있다. 예를 들어 특정 목재와 알루미늄 합금은 강과 비강성 값이 같음을 볼 수 있다. 다른 β값은 하중 조건이 다른 경우에 대해 강성과 무게의 다양한 관계를 비교할 수 있게 해준다. 축하중의 경우 이 관계는 선형적($\beta = 1$)이나 굽힘 하중의 경우에는 비선형적($\beta = 1/2$)이다(식 (2-31)과 전개 과정을 참고). 로그-로그

그림 2-12
다양한 재료에 대한 탄성 계수 E. (*Figure courtesy of Prof. Mike Ashby, Granta Design, Cambridge, U.K.*)

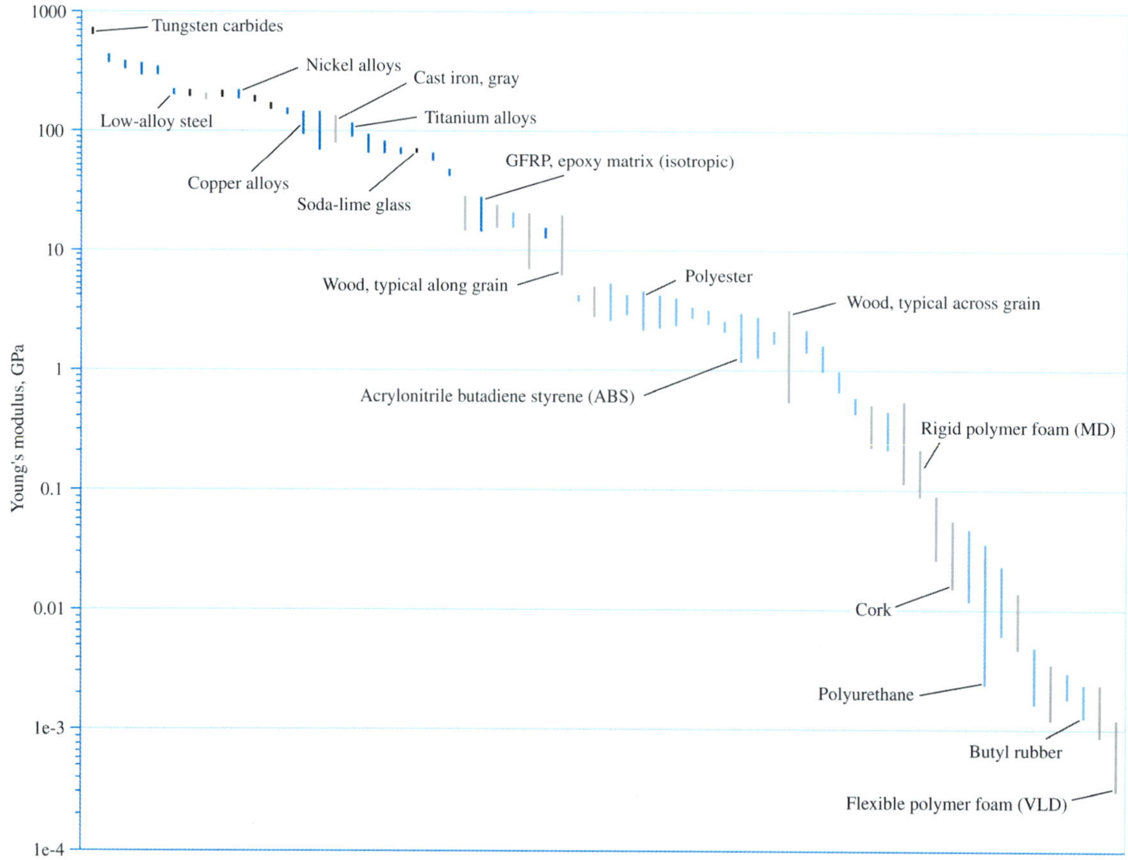

스케일로 그려졌기 때문에 지수 함수이지만 직선으로 나타난다. $\beta = 1$의 선은 재료에서 일정한 음속값을 나타내기 위해서도 사용될 수 있다. 이는 E와 ρ의 관계가 재료의 음속식 ($c = (E/\rho)^{1/2}$)에서 선형적이기 때문이다. 고유 진동수의 경우도 마찬가지이며 이는 강성과 질량의 비의 함수이다.

β가 얼마나 여러 요소가 혼합된 경우에 잘 맞는지 보기 위해서 다음 사항을 고려하자. 구조적 요소의 성능 행렬 P는 (1) 기능 요건, (2) 형상 그리고 (3) 재료 물성치에 의존한다. 즉, 다음과 같이 표현된다.

$$P = [(\text{기능 요건 } F), (\text{기하학적 매개변수 } G), (\text{재료 물성치 } M)]$$

또는

$$P = f(F,\ G,\ M) \tag{2-23}$$

만약 변수 분리가 가능하다면(대부분 가능함), 식 (2-23)은 다음과 같이 표현할 수 있다.

$$P = f_1(F) \cdot f_2(G) \cdot f_3(M) \tag{2-24}$$

그림 2-13
다양한 재료에 대한 탄성 계수와 밀도의 관계. (*Figure courtesy of Prof. Mike Ashby, Granta Design, Cambridge, U.K.*)

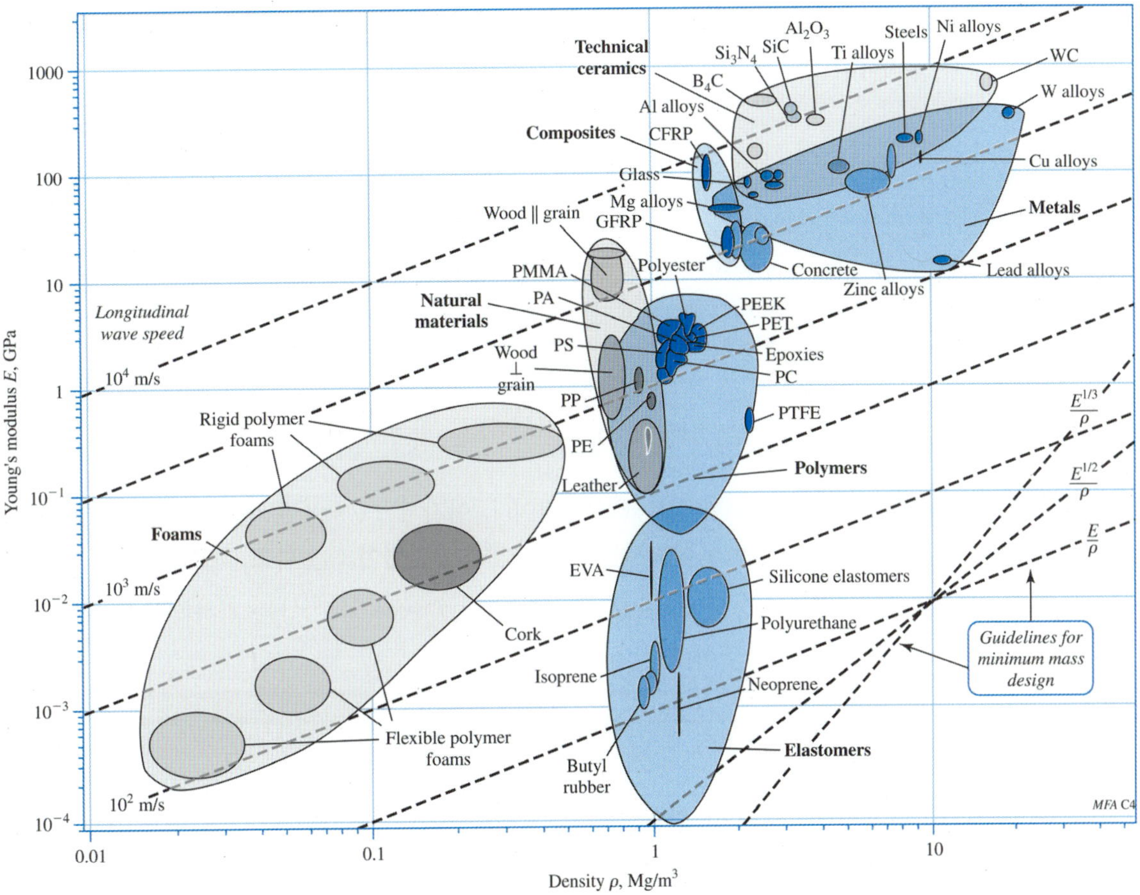

최적 설계를 위해 P를 최대화 혹은 최소화해야 한다. 재료 물성치 측면만을 고려한다면 이는 **재료효율계수**(material efficiency coefficient)라 일컬어지는 $f_3(M)$을 최대화하거나 최소화하여 수행될 수 있다.

예를 들어 설명하기 위해 원형 단면의 가볍고 강성이 있으며 끝단에 하중이 작용하는 외팔보를 설계하기 원한다고 하자. 이를 위해 보의 질량 m을 최소화시킬 성능 행렬을 위해 사용하자. 보의 강성은 보의 재료와 형상과 관계가 있다. 보의 강성은 $k = F/\delta$로 표현되며 여기서 F는 힘이며 δ는 처짐이다. 한 끝단에 하중을 받는 외팔보의 끝단에서의 처짐량은 $\delta = y_{\max} = (Fl^3)/(3EI)$로 표현된다. 여기서 E는 탄성 계수이며, I는 단면 2차 모멘트이다. 또한 l은 보의 길이이다. 그러므로 강성은 다음과 같이 주어진다.

$$k = \frac{F}{\delta} = \frac{3EI}{l^3} \tag{2-25}$$

원형 단면의 단면 2차 모멘트는 다음과 같다.

$$I = \frac{\pi D^4}{64} = \frac{A^2}{4\pi} \tag{2-26}$$

여기서 D와 A는 각각 지름과 단면의 면적이다. 식 (2-26)을 식 (2-25)에 대입하고 A에 대해 정리하면 다음과 같다.

$$A = \left(\frac{4\pi k l^3}{3E}\right)^{1/2} \tag{2-27}$$

보의 질량은 다음과 같다.

$$m = Al\rho \tag{2-28}$$

식 (2-27)을 식 (2-28)에 대입하고 재정리하면 다음과 같이 표현된다.

$$m = 2\sqrt{\frac{\pi}{3}}\,(k^{1/2})(l^{5/2})\left(\frac{\rho}{E^{1/2}}\right) \tag{2-29}$$

식 (2-29)는 식 (2-24)의 형태로 표현된 것이다. 여기서 $2\sqrt{\pi/3}$은 상수이며 어떤 함수와도 연관시킬 수 있지만 여기서는 $f_1(F)$와 관련이 있다고 고려하자. 따라서 $f_1(F) = 2\sqrt{\pi/3}\,(k^{1/2})$은 기능 요건(강성)이며, $f_2(G) = (l^{5/2})$는 기하학적 매개변수(길이)이고 재료효율계수는 아래와 같다.

$$f_3(M) = \frac{\rho}{E^{1/2}} \tag{2-30}$$

이 재료효율계수는 밀도와 탄성 계수로 표현된 재료 물성치이다. m을 최소화하기 위해 $f_3(M)$을 최소화하거나 아래와 같은 $f_3(M)$의 역수를 최대화해야 한다.

$$M = \frac{E^{1/2}}{\rho} \tag{2-31}$$

여기서 M은 **재료 인덱스**(material index)라 일컬어지며 $\beta = \frac{1}{2}$이다. 그림 2-13으로 돌아가서 그림 2-14에 나타낸 바와 같이 다양한 $E^{1/2}/\rho$값 선을 그려 보아라. M값이 증가하면 선은 그림에 나타난 바와 같이 위로 이동하는 동시에 좌측으로 이동한다. 그러므로 단면이 원형인 가볍고, 강성이 좋으며 한쪽 끝단에 하중을 받는 외팔보에 알맞은 후보 재료는 목재, 복합재료 그리고 세라믹임을 알 수 있다.

그 외 다른 제한 조건이 있다면 이를 고려한 추가적인 평가를 수행해야 할 것이다. 이런 경우에 대해 설명하기 위해 설계 요건상 탄성 계수가 50 GPa 이상인 재료를 사용해야 한다는 제한 조건을 추가해 보자. 그림 2-15는 이 추가적인 제한 조건이 후보 재료의 범위를 어떻게 제한하는가를 보여준다. 이 추가적인 조건으로 인해 목재는 사용 가능 재료군에서 탈락되었다.

그림 2-16은 매우 유용한 다른 차트로 재료 족(material families)에 대한 강도와 밀도의 관계를 나타낸 것이다. 강도와 밀도의 비는 **비강도**(specific strength)로 알려져 있으며,

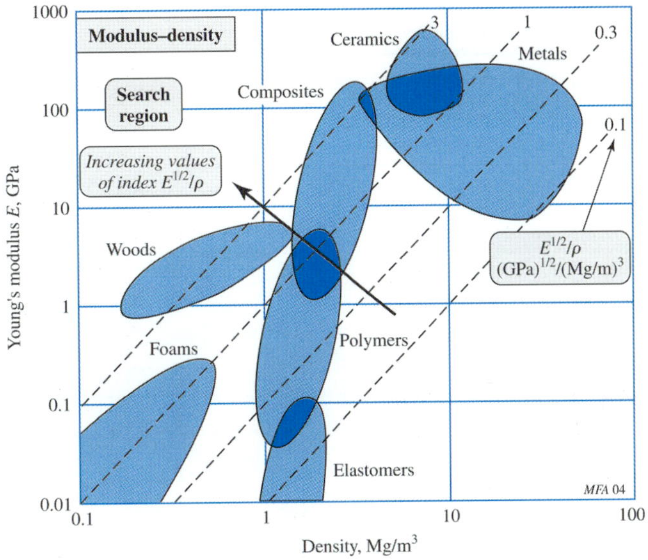

그림 2-14
다양한 재료 인덱스 $M = E^{1/2}/\rho$ 값에 대한 선을 나타낸 탄성계수 E와 밀도 ρ 관계 차트. (From M.F. Ashby, Materials Selection in Mechanical Design, 3rd ed., Elsevier Butterworth-Heinemann, Oxford, 2005.)

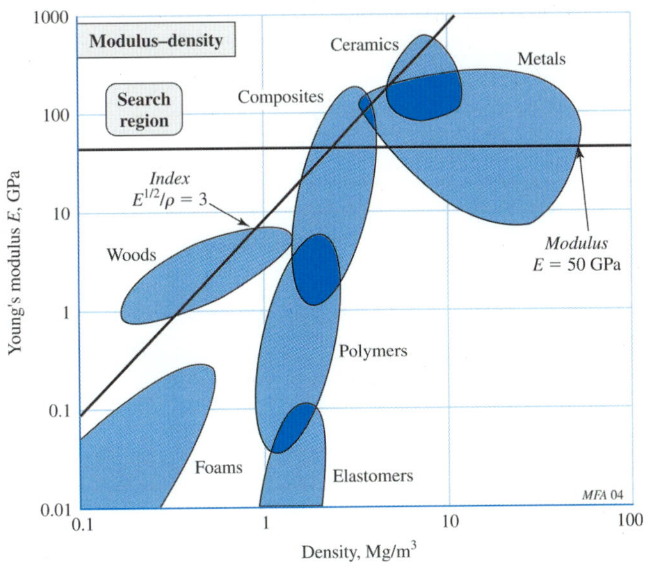

그림 2-15
$E \geq 50$ GPa인 추가적인 제약 조건으로 인해 더 줄어든 그림 2-16의 사용 가능 재료 영역. (From M.F. Ashby, Materials Selection in Mechanical Design, 3rd ed., Elsevier Butterworth-Heinemann, Oxford, 2005.)

이는 초기 설계 제약 조건이 처짐이 아닌 강도이기에 무게를 최소화할 필요가 있는 경우 특히 유용하다. 우측 하단의 가이드라인은 S^{β}/ρ이 형태로 표현된 강도와 밀도의 여러 다른 관계를 나타낸다. 앞의 경우와 유사하게 축하중의 경우 $\beta = 1$이며, 굽힘 하중의 경우 $\beta = 2/3$이다.

틀림없이 주어진 설계 문제에는 환경, 가격, 유용성 그리고 기계 가공성과 같은 다른 고려사항들이 이에 대한 평가를 위해서는 다른 종류의 차트가 필요할 것이다. 또한 재료 공정 선정 부분도 고려하지 않았다. 만약 이 역시 정확하게 고려한다면 재료 선정을 위해 표기해야 할 것이 상당히 많아질 것이다. 따라서 CES Edupack 같은 소프트웨어 패키지를 이용하면 매우 효과적이다.

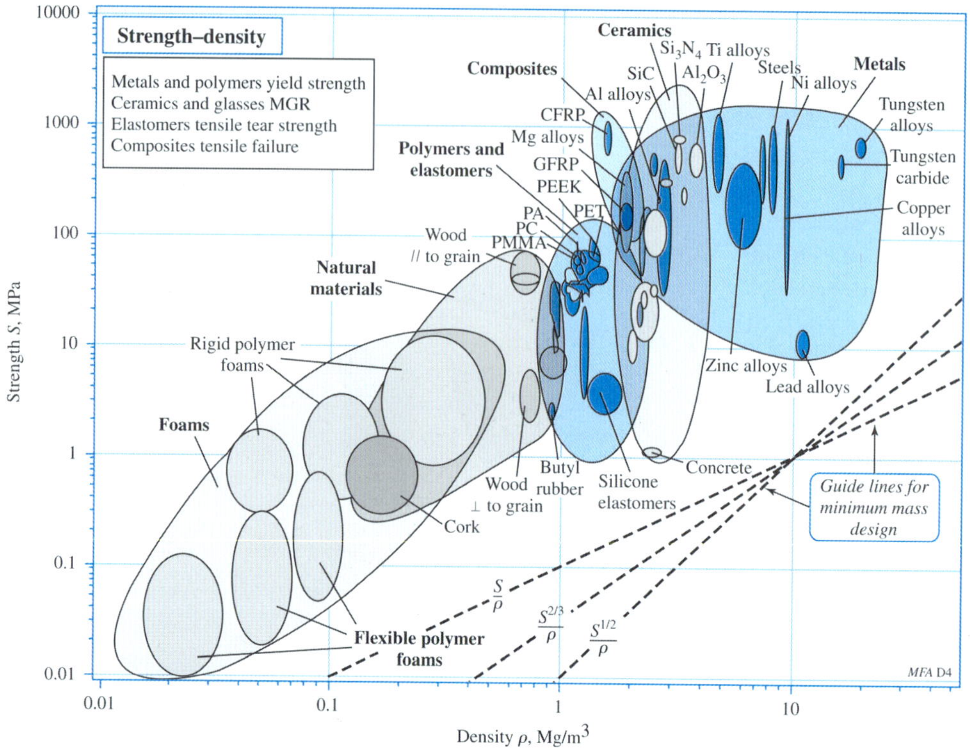

그림 2-16

다양한 재료에 대한 강도 S와 밀도 ρ의 관계. 강의 경우 S는 0.2% 오프셋 항복강도이며 폴리머의 경우 S는 1% 항복강도이다. 세라믹과 유리의 경우 S는 압축강도이다. 복합재료의 경우 S는 인장강도이며 탄성 중합체(elastomers)의 경우 S는 인열강도(tear strength)이다. (Figure courtesy of prof. Mike Ashby, Granta Design, Cambridge, U.K.)

3 하중과 응력 해석

이 책의 주요 목적 중의 하나는 특정 기계요소의 동작 원리를 설명하고 구조적 파손 없이 기계요소들이 안전하게 동작하게 하려면 어떻게 설계해야 하는지에 대해 설명하는 것이다. 앞에서 하중/응력과 강도의 항으로 구조적 강도에 대해 설명하였으나 구조적 이유에 의한 기능 상실은 과도한 변형이난 처짐과 같은 다른 원인에 의해서도 야기될 수 있다.

여기에서는 독자들이 강체 정역학과 재료역학과 같은 기초적인 과목을 이수하였고, 기본 하중이 작용하는 단순한 균일 단면 요소 등에 대한 하중, 응력 그리고 변형 해석에 매우 능숙하다고 가정하였다.

이 장에서는 먼저 하중이 작용하는 구조물에 대한 평형(equilibrium)과 자유물체도(free-body diagrams) 개념에 대해 복습한다. 기계구조물에 대한 많은 응력 혹은 변형 해석을 시작하기 전에 먼저 힘의 성질에 대해 완벽히 이해해야 한다. **매클리**(*Macaulay*) 또는 **특이함수**(singularity functions)는 구조물에 불연속적인 하중이 작용하는 경우에 매우 유용하게 사용된다.

기계요소는 한 지점에서 다른 지점으로 힘과 운동을 전달한다. 힘의 전달은 구조물에서 내부 표면을 격리함으로써 가시화될 수 있는 유동 혹은 힘의 분포로 생각할 수 있다. 표면에 걸쳐 분포하는 힘으로부터 한 점 상의 모든 표면에 대한 응력의 개념, 응력성분, 응력 변환(Mohr 원) 등을 다룰 수 있게 된다.

이 장의 후반부에서는 단면이 일정한 요소에 균일 하중, 굽힘모멘트, 비틀림 모멘트와 같은 기본 하중이 작용할 경우에 대한 응력 해석에 대해 다루고, 응력 집중, 압력이 작용하는 두께가 얇은/두꺼운 실린더, 회전링, 프레스 맞춤과 억지끼워맞춤, 열응력, 곡선 보 그리고 접촉 응력과 같은 다른 주요 사항에 대해서도 다룬다.

3-1 평형과 자유물체도

평형

계(system)는 해석하고자 하는 전체 기계 혹은 구조물에서 따로 떼어내 **분리시킨** 부품 혹은 부위(필요하다면 전체 기계 혹은 구조물이 될 수도 있음)를 의미한다. 계는 하나의 질점(particle), 여러 질점, 강체의 일부, 전체 강체 혹은 여러 강체로 구성될 수 있다.

만약 고려 대상이 되는 계가 정지 상태에 있거나 혹은 일정 속도로 운동하고 있다면 이 계의 가속도는 0이다. 이 조건 하에서 "계는 **평형** 상태에 있다"라고 한다. 특히 **정적 평형**(static equilibrium)은 정지 상태에 있는 계를 의미할 때 사용된다. 계가 평형 상태에 있기 위해서 계에 작용하는 힘과 모멘트는 평형을 이뤄야 하며 이는 다음과 같이 표현된다.

$$\sum \boldsymbol{F} = 0 \tag{3-1}$$

$$\sum \boldsymbol{M} = 0 \tag{3-2}$$

이 식은 평형 상태에 있는 계에 작용하는 **모든 힘과 모멘트 벡터의 합**이 0임을 의미한다.

자유물체도

자유물체도를 이용하여 전체 구조물이나 기계에서 각 요소를 분리하고 해석하는 작업을 반복적으로 수행하면 복잡한 해석을 크게 단순화시킬 수 있다. 모든 요소에 대하여 동일한 방법을 적용하여 얻은 결과를 종합하면 전체 계의 거동에 대한 정보를 파악할 수 있다. 따라서 자유물체도는 복잡한 문제를 여러 단순한 문제로 만든 후 개별 단순 문제에 대한 해석 결과를 종합하여 전체 구조물의 거동을 파악할 수 있게 한다.

힘의 해석 시 자유물체도를 사용하는 주요 목적은 다음과 같다.

- 자유물체도는 기준 축의 방향을 설정하고, 분리한 하부계의 치수 및 알고 있는 힘의 방향과 크기를 나타낼 수 있게 하며, 알지 못하는 힘의 방향을 가정할 수 있도록 도와준다.
- 자유물체도는 단계별로 문제를 풀 때 전 단계까지의 사고(thought)의 저장소 역할을 하기 때문에 당신의 생각을 간결하게 정리해 준다.
- 자유물체도는 당신의 생각을 명료하게 다른 사람에게 전달하는 방법을 제공한다.
- 자유물체도를 완벽하게 작성하면 전체 계의 형상이나 상태 내에서 불명확하던 생각에 대해 다양한 관점을 이끌어 냄으로써 명쾌히 정리할 수 있다. 그러므로 자유물체도는 문제의 모든 일면을 이해하는 데 도움을 준다.
- 자유물체도는 문제의 논리적 해결방법을 모색하고 수학적 관계를 수립하는 데 도움을 준다.
- 자유물체도는 문제해결에 사용한 방법과 해 도출 과정을 기록하는 데 도움을 준다.
- 자유물체도는 모든 힘을 도시함으로써 다른 사람이 당신의 논리를 유추할 수 있도록 한다.

예제 3-1 그림 3-1a는 입력 축 AB, 출력 축 CD가 각각 일정한 속도 ω_i, ω_o로 회전하고 있는 기어 감속기의 형상을 단순화하여 나타낸 것이다. 입력 및 출력 토크(비틀림 모멘트)는 각각 $T_i = 28\ \mathrm{N \cdot m}$와 T_o이다. 입력 및 출력 축은 A, B, C, D에서 베어링에 의해 지지된다. 기어 G_1과 G_2의 피치 반지름은 각각 $r_1 = 20\ \mathrm{mm}$와 $r_2 = 40\ \mathrm{mm}$이다. 각 부재에 대한 자유물체도를 그리고 모든 점에서의 반력과 모멘트를 결정하라.

풀이 먼저 모든 단순화된 가정들을 나열해 보자.

1. 기어 G_1과 G_2는 표준 압력각 $\phi = 20°$인 단순 평기어(spur gear)이다(11-5절 참조).
2. 베어링은 자기 정렬되어 있으며, 축은 단순 지지되어 있다고 간주한다.
3. 각 부재의 무게는 무시한다.
4. 마찰력 역시 무시한다.
5. E, F, H, I점의 채결 나사의 치수는 같다.

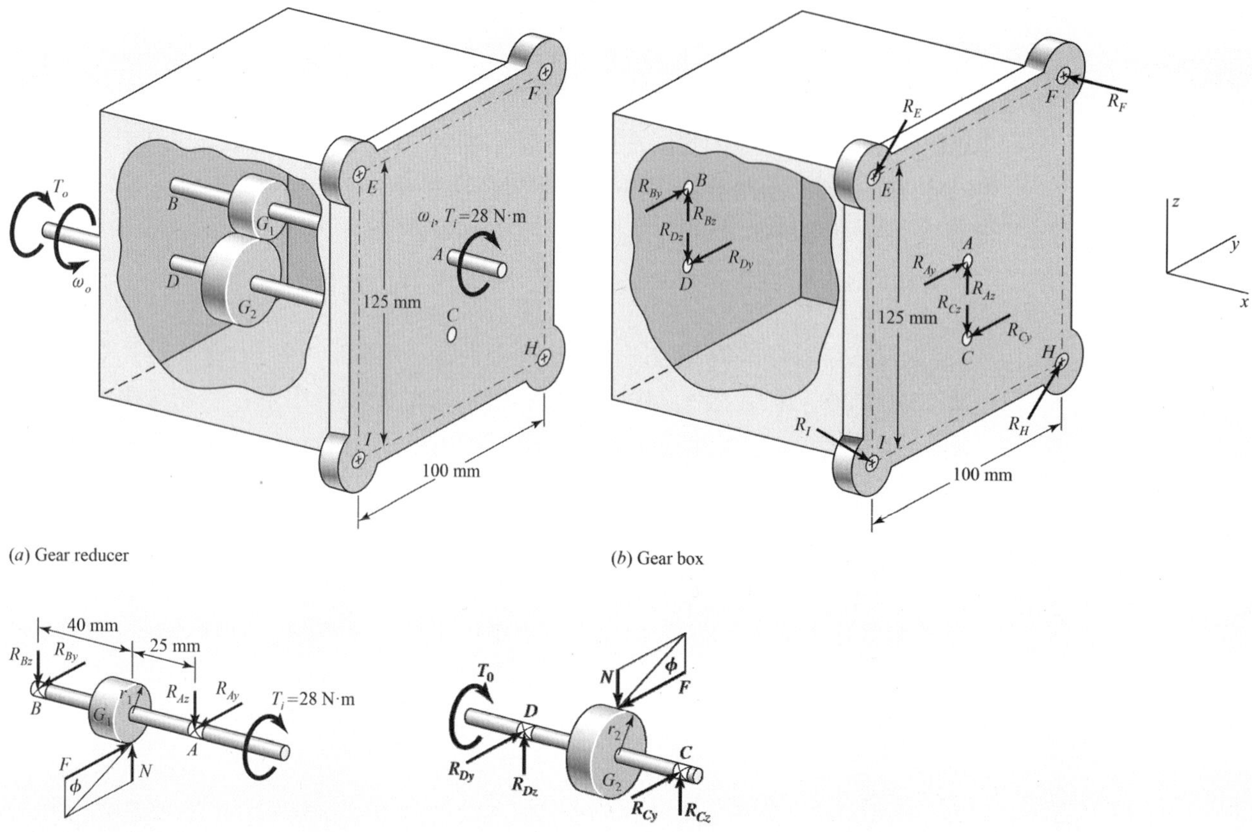

(a) Gear reducer

(b) Gear box

(c) Input shaft

(d) Output shaft

그림 3-1
(a) 기어 감속기, (b~d) 자유물체도

각 부재에 대한 자유물체도를 그림 3-1b~d에 각각 제시하였다. 각 부재가 맞물리는 곳에서 뉴턴의 제3법칙(**작용-반작용의 법칙**)을 광범위하게 사용하였다. 평기어 사이에서 전달되는 힘은 접선 방향이 아니고 압력각 ϕ의 방향으로 전달된다. 따라서 $N = F\tan\phi$이다.

그림 3-1c의 축 AB에 대해 x축에 대한 모멘트의 합은 다음과 같다.

$$\sum M_x = F(0.02) - 28 = 0$$
$$F = 1{,}400\ \mathrm{N}$$

수직방향 힘 $N = 320\tan 20° = 509.6\ \mathrm{N}$이다.

그림 3-1c와 d에 대하여 평형방정식을 사용하면, $R_{Ay} = 861.5\ \mathrm{N}$, $R_{Az} = 313.6\ \mathrm{N}$, $R_{By} = 538.5\ \mathrm{N}$, $R_{Bz} = 196\ \mathrm{N}$, $R_{Cy} = 861.5\ \mathrm{N}$, $R_{Cz} = 313.6\ \mathrm{N}$, $R_{Dy} = 538.5\ \mathrm{N}$, $R_{Dz} = 196\ \mathrm{N}$ 그리고 $T_o = 56\ \mathrm{N\cdot m}$이다. 출력 토크 T_o의 방향은 ω_o와 반대이며, 그 이유는 ω_o의 반대 방향으로 계에 발생하는 저항력이기 때문이다.

그림 3-1b에서 베어링 반력에 의한 전체 합력은 0이나 x축에 대한 모멘트는 0.06

$(861.5) + 0.06(538.5) = 84\ \mathrm{N \cdot m}$와 동일하다. 또한 단지 $\sum F_y = \sum F_z = \sum M_x = 0$의 3개의 평형방정식만이 이용 가능하기에 체결 나사의 반력 R_E, R_F, R_H, R_I는 많은 미지값으로 인하여 결정할 수 없다. 앞에서 가정 5의 이유에 대해 궁금해 했을 수 있는데 여기서 이 가정 5를 활용한다(7-12절 참조). 기어 박스는 순수 비틀림 모멘트(84 N · m)로 인해 x축에 대하여 회전하려는 경향이 있다. 나사 힘은 평형을 이루기 위해 이 비틀림 모멘트와 크기는 같고 방향은 반대인 비틀림 모멘트를 발생시켜야 한다. 나사와 관련된 회전 중심은 나사 단면적의 도심에 위치한다. 따라서 나사 단면적이 모두 같다면, 회전 중심은 네 개 나사의 중심에 있으며, 각 나사로부터의 거리는 $\sqrt{(100/2)^2 + (125/2)^2} = 80\ \mathrm{mm}$이다. 나사 힘은 모두 동일하고($R_E = R_F = R_H = R_I = R$), 각각의 나사 힘은 나사에서 회전 중심으로 이어지는 선분에 수직인 방향으로 작용한다. 이로부터 네 개의 나사에 의한 토크는 $4R(0.08) = 84$이며, $R_E = R_F = R_H = R_I = 262.5\ \mathrm{N}$이 된다.

3-2 보에서의 전단력과 굽힘모멘트

그림 3-2a는 집중 하중 F_1, F_2, F_3가 작용하고 반력 R_1, R_2로 **지지되는 보를 나타낸다.** 만약 $x = x_1$에서 단면을 절단하고 왼쪽 부분을 자유물체도로 고려하면 평형을 이루기 위해 절단면에 내력인 **전단력** V와 **굽힘모멘트** M이 작용해야 한다(그림 3-2b 참조). 전단력은 분리된 부분에 대한 힘의 합을 구하여 결정한다. 굽힘모멘트는 분리된 왼쪽 단면의 임의의 축에 대한 힘에 의한 모멘트의 합이다. 그림 3-3에 이 책에서 굽힘모멘트와 전단력을 표현하기 위해 사용한 부호규약을 나타내었다. 전단력과 굽힘모멘트의 관계는 다음 식과 같다.

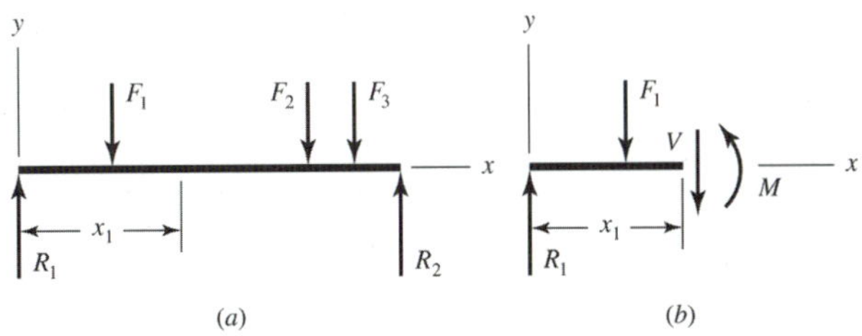

그림 3-2
양의 방향으로 나타낸 V와 M이 작용하는 단순 지지보의 자유물체도

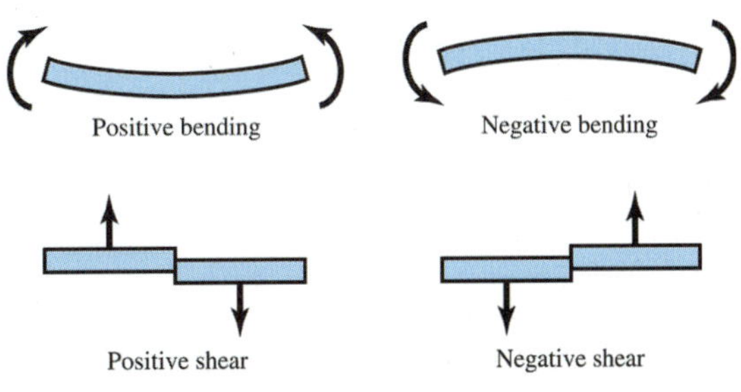

그림 3-3
굽힘모멘트와 전단력에 대한 부호규약

그림 3-4
보에 작용하는 분포 하중

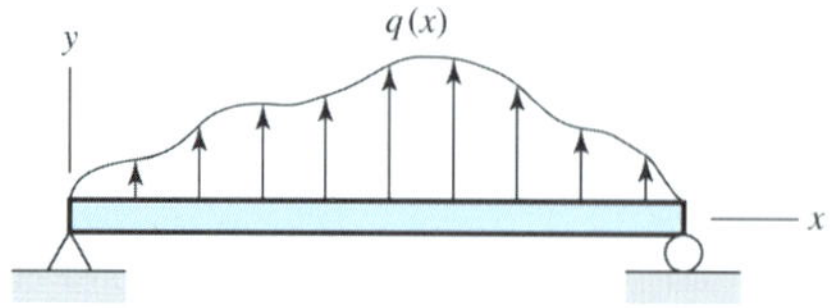

$$V = \frac{dM}{dx} \tag{3-3}$$

그림 3-4에 나타낸 것처럼 분포 하중 $q(x)$에 의해 굽힘이 발생하기도 한다. $q(x)$는 **하중 강도**(load intensity)라 하며 단위는 단위길이당 하중이며, 양의 y축 방향으로 작용할 때 양의 부호를 갖는다. 식 (3-3)을 미분하여 다음 식을 얻을 수 있다.

$$\frac{dV}{dx} = \frac{d^2M}{dx^2} = q \tag{3-4}$$

일반적으로 분포 하중은 아래 방향으로 작용하며, w로 표시된다(예로 그림 3-6 참조). 이 경우, $w = -q$이다.

식 (3-3)과 (3-4)를 적분한다면 추가적인 관계를 얻을 수 있다. 따라서 x_A와 x_B 구간에서 적분을 수행하면 다음 식을 얻을 수 있다.

$$\int_{V_A}^{V_B} dV = V_B - V_A = \int_{x_A}^{x_B} q\,dx \tag{3-5}$$

이는 A에서 B까지의 **전단력의 변화는 x_A와 x_B 사이의 하중 선도의 면적과 동일함**을 의미한다.

유사한 방법으로,

$$\int_{M_A}^{M_B} dM = M_B - M_A = \int_{x_A}^{x_B} V\,dx \tag{3-6}$$

이는 A에서 B까지의 **모멘트의 변화는 x_A와 x_B 사이의 전단력 선도의 면적과 동일함**을 의미한다.

3-3 응력

그림 3-2b와 같이 내면이 분리되어 있을 때, 표면에 작용하는 순수 힘과 모멘트가 전체 영역을 따른 힘 분포가 된다. 표면의 한 지점에서의 힘 분포는 유일하고, 각각 **수직응력**과 **전단응력**으로 일컬어지는 수직 및 접선 방향 선분을 갖는다. 수직 및 전단응력은 각각 그리스 기호 σ와 τ로 표기된다. 만약 σ방향이 표면 바깥쪽이면, 이는 **인장응력**이며 양의 수직응력인 된다. 또한 σ방향이 표면 안쪽이면, 이는 **압축응력**이며 음의 값을 갖게 된다. U.S. 규격 단위에서 응력의 단위는 psi이다. SI 단위계에서는 응력 단위가 $\mathrm{N/m^2}$이다($1\ \mathrm{N/m^2} = 1\ \mathrm{Pa}$).

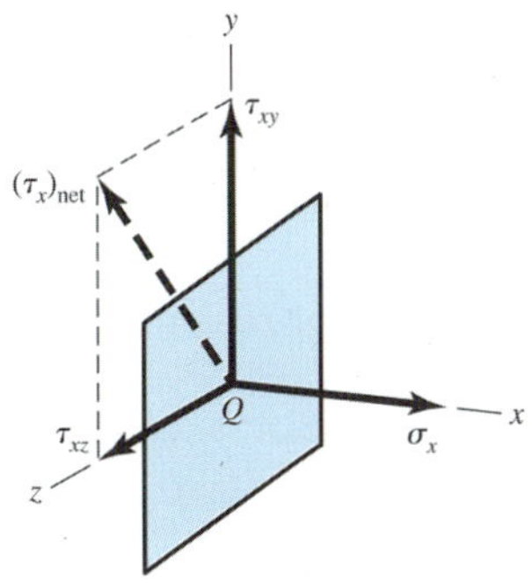

그림 3-5
x방향에 수직한 평면에 대한 응력성분

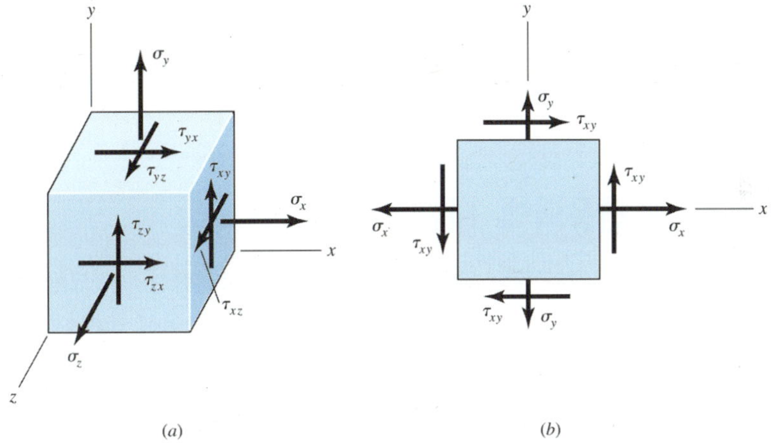

그림 3-6
(a) 일반적인 3차원 응력, (b) 교차 전단응력이 동일한 평면응력 상태

3-4 직교 좌표계에서의 응력성분

직교 응력성분은 물체 내의 한 점에서 세 개의 서로 직교하는 표면을 정의함으로써 확립된다. 각 면에 수직인 방향을 이용하여 x, y, z축을 정의할 수 있다. 일반적으로 각 면은 수직 및 전단응력을 갖는다. 전단응력은 두 개의 직각 좌표축을 따른 성분을 갖는다. 예를 들어, 그림 3-5는 물체 내의 한 점 Q에 대한 미소 면적을 나타낸 것으로 x축이 면에 수직인 방향이다. 수직응력은 σ_x로 표시된다. 기호 σ는 수직응력을 나타내고, 하첨자 x는 평면에 수직인 방향을 의미한다. $(\tau_x)_{\text{net}}$은 평면에 작용하는 순수 전단응력으로 각각 y, z방향 성분 τ_{xy}, τ_{xz}로 분리하여 나타낼 수 있다(그림 3-5 참조). 전단응력의 경우 두 개의 하첨자가 필요하다. 첫 번째 하첨자는 평면에 수직인 방향을 나타내며, 두 번째 하첨자는 전단응력의 방향을 나타낸다.

한 점에서의 응력 상태를 세 개의 수직면에 대해 모두 나타내면 그림 3-6a와 같다. 이 응력성분들과 좌표 변환을 이용하면 한 점을 통과하는 임의의 모든 단면에서의 응력 상태를 모두 결정할 수 있다. 그림 3-6a에서 각 변의 길이가 0에 접근함에 따라 보이지 않는 평면의 응력은 보이는 반대쪽 평면의 응력과 크기는 같고 방향이 반대가 된다. 그러므로 일반적으로 완전한 응력상태는 9개의 응력성분, 즉 σ_x, σ_y, σ_z, τ_{xy}, τ_{xz}, τ_{yx}, τ_{yz}, τ_{zx},

τ_{zy}로 정의된다.

평형 조건을 만족하기 위해서 교차 전단응력(cross-shear)은 다음과 같이 동일해야 한다.

$$\tau_{yx} = \tau_{xy} \qquad \tau_{zy} = \tau_{yz} \qquad \tau_{xz} = \tau_{zx} \tag{3-7}$$

따라서 3차원 응력상태에 대한 응력성분의 개수는 9개에서 6개, 즉 σ_x, σ_y, σ_z, τ_{xy}, τ_{yz}, τ_{zx}로 감소된다.

한 표면상의 응력이 모두 0이 되는 경우는 매우 일반적인 응력 상태이며, 이러한 응력 상태를 **평면응력**(plane stress)이라 한다. 그림 3-6b는 평면응력 상태를 나타낸 것으로 응력이 없는 평면에 수직한 방향을 z방향으로 가정하였으며 따라서 $\sigma_z = \tau_{zx} = \tau_{zy} = 0$이다. 다만 그림 3-8b에 도시된 응력 요소는 여전히 3차원 상태임을 유의해야 하며(z방향 성분이 없는), 교차 전단응력은 $\tau_{yx} = \tau_{xy}$, $\tau_{yz} = \tau_{zy} = \tau_{xz} = \tau_{zx} = 0$과 같다.

3-5 평면응력에 대한 Mohr 원

그림 3-9와 같이 경사진 미소 요소를 고려한다. 이 그림에서 n은 x축과 반시계방향으로 임의의 각 ϕ만큼 각을 이루고 있는 경사 평면에 수직인 방향이다. 여기서 이 경사 평면에 작용하는 응력 σ, τ를 고려한다. 모든 응력성분에 의해 유발되는 힘의 합은 0이 되어야 하므로, 응력 σ, τ는 다음과 같다.

$$\sigma = \frac{\sigma_x + \sigma_y}{2} + \frac{\sigma_x - \sigma_y}{2}\cos 2\phi + \tau_{xy}\sin 2\phi \tag{3-8}$$

$$\tau = -\frac{\sigma_x - \sigma_y}{2}\sin 2\phi + \tau_{xy}\cos 2\phi \tag{3-9}$$

식 (3-8)과 (3-9)를 **평면응력에 대한 응력 변환식**이라 한다.

식 (3-8)을 ϕ에 대하여 미분하고, 이를 0과 같다고 하면 다음 식을 얻을 수 있다.

$$\tan 2\phi_p = \frac{2\tau_{xy}}{\sigma_x - \sigma_y} \tag{3-10}$$

식 (3-10)은 각도 $2\phi_p$에 대하여 2개의 특별한 값을 정의하며, 이는 최대수직응력 σ_1과 최소수직응력 σ_2이다. 이 2개의 응력을 **주응력**(principle stress)이라 하며, 해당 방향을 **주응력**

그림 3-7

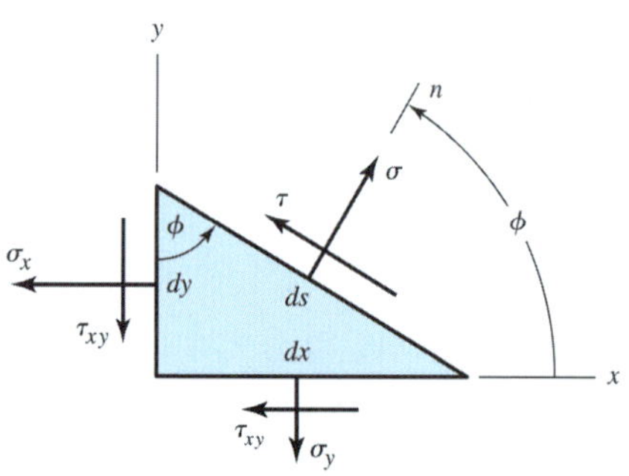

방향(principal direction)이라 한다. 주응력 방향 사이의 각도는 90°이다. 식 (3-10)은 다음의 형태로 나타낼 수 있다.

$$\frac{\sigma_x - \sigma_y}{2}\sin 2\phi_p - \tau_{xy}\cos 2\phi_p = 0 \tag{a}$$

이 식을 식 (3-9)와 비교하면 $\tau = 0$이며, **주응력을 포함하는 평면에서는 전단응력이 0임을** 의미한다.

유사한 방법으로 식 (3-9)를 미분하여, 그 결과를 0으로 놓으면 다음 식을 얻을 수 있다.

$$\tan 2\phi_s = -\frac{\sigma_x - \sigma_y}{2\tau_{xy}} \tag{3-11}$$

식 (3-11)은 전단응력 τ가 극한값(extreme value)이 되는 2개의 $2\phi_s$값을 정의한다. 최대전단응력을 포함하는 두 평면 사이의 각도는 90°이다. 식 (3-11)은 다음과 같이 표현할 수 있다.

$$\frac{\sigma_x - \sigma_y}{2}\cos 2\phi_p + \tau_{xy}\sin 2\phi_p = 0 \tag{b}$$

이를 식 (3-8)에 대입하면 다음 식을 구할 수 있다.

$$\sigma = \frac{\sigma_x + \sigma_y}{2} \tag{3-12}$$

식 (3-12)는 최대전단응력이 발생하는 두 표면에는 크기가 $(\sigma_x + \sigma_y)/2$로 모두 동일한 수직응력이 작용함을 의미한다.

식 (3-10)과 (3-11)을 비교하면 $\tan 2\phi_s$는 $\tan 2\phi_p$와 음의 역수 관계이다. 이것은 $2\phi_s$와 $2\phi_p$는 90°만큼 떨어져 있음을 의미하며, 그러므로 최대전단응력을 포함하는 면과 주응력을 포함하는 면 사이의 각도는 ±45°이다.

2개의 주응력에 관한 식은 식 (3-10)의 $2\phi_p$를 식 (3-8)에 대입함으로써 다음과 같이 얻을 수 있다.

$$\sigma_1,\ \sigma_2 = \frac{\sigma_x + \sigma_y}{2} \pm \sqrt{\left(\frac{\sigma_x + \sigma_y}{2}\right)^2 + \tau_{xy}^2} \tag{3-14}$$

이때 주의할 사항은 전단응력의 극한값이 **실제 최대전단응력과 동일하지 않을 수 있다는** 사실이다(3-7절 참조).

이러한 주어진 식들은 임의의 평면응력변환을 수행하기에 매우 충분하지만, 이들을 적용할 때 세심한 주의가 요구된다. 예를 들어, $\sigma_x = 14\,\text{MPa}$, $\sigma_y = -10\,\text{MPa}$, $\tau_{xy} = -16\,\text{MPa}$이 작용하는 문제에 대하여 주응력 상태를 결정하고자 한다. 식 (3-10)을 이용하여 주응력 발생위치 $\phi_p = -26.57°$와 63.43°를 계산하였으며, 식 (3-13)을 이용하여 주응력 $\sigma_1 = 22\,\text{MPa}$, $\sigma_2 = -18\,\text{MPa}$를 얻었다. 만약 주응력을 구하고 싶다면, 위 식들을 사용하여 원하는 답을 얻을 수 있다. 그러나 주응력을 포함하는 요소가 x, y축으로부터 얼마만큼 기울어져 있는지를 도시하기 위해서는 어떻게 해야 할까? 여기서 우리는 2개의 ϕ_p값과 2개의 주응력값을 알고 있다. 각각의 각도가 어떤 주응력값에 대응되는지 어떻게 알 수 있을까? 이를 명확하게 하기 위하여 ϕ_p값을 특정 각도에 대응하는 수직응력을 결정하는 식 (3-8)에 대입하는 것이 필요하다.

이 절에서 유도한 관련 식을 나타내는 도식적 방법(*Mohr* **원 선도**)은 특정 지점에서의 응력 상태를 나타내고 평면응력과 관련된 다양한 성분 방향을 추적하는 데 매우 효과적으로 사용된다. 식 (3-8)과 (3-9)는 변수가 2ϕ일 때 σ와 τ에 대한 매개 방정식을 나타내고 있다. σ와 τ 사이의 관계는 σ, τ 평면에서 그려지는 원이다. 여기서 원의 중심 $C = (\sigma,\ \tau) = [(\sigma_x + \sigma_y)/2,\ 0]$이며, 반지름 $R = \sqrt{[(\sigma_x - \sigma_y)/2]^2 + \tau_{xy}^2}$이다. 이때 전단응력의 부호 문제가 야기된다. 변환 방정식들은 그림 3-7에서와 같이 반시계방향이 양인 ϕ에 기반하고 있다. 만약 양의 τ가 σ축 위에 도시된다면, 점은 원에서 2ϕ만큼 시계방향으로 회전해야 하며 이는 요소에서의 회전 방향과 반대가 된다. 만약 회전 방향이 서로 동일하다면 그것은 더욱 편리할 것이다. 따라서 축 아래에 양의 τ를 도시함으로써 쉽게 문제를 해결할 수 있다. 그러나 Mohr 원에 대한 전통적인 접근방법은 전단응력에 대한 다른 규약을 사용한다.

Mohr 원 전단 규약

이 규약은 Mohr 원을 그리는 데 사용된다.

- 요소를 시계방향으로 회전시키는 전단응력은 σ축 **위**에 도시한다.
- 요소를 반시계방향으로 회전시키는 전단응력은 σ축 **아래**에 도시한다.

예를 들어, 그림 3-6b에 도시한 요소의 오른쪽 면을 고려하자. Mohr 원 규약에 의하여 전단응력은 σ축 **아래**에 도시한다. 그 이유는 전단응력이 요소를 반시계방향으로 회전시키는 경향이 있기 때문이다. 요소의 윗면에 작용하는 전단응력은 σ축 위에 도시하였으며, 그 이유는 요소를 시계방향으로 회전시키는 경향이 있기 때문이다.

그림 3-8에 도시한 바와 같이 수직응력이 가로축이고 전단응력이 세로축인 좌표계를 생성한다. 가로축 상에는 인장(양) 수직응력이 원점 O의 오른쪽에 도시되며 압축(음) 수직응력은 왼쪽에 위치한다. 세로축 상에는 시계방향(cw) 전단응력이 위쪽으로 도시되며 반시계방향(ccw) 전단응력은 아래쪽에 위치한다.

그림 3-6b의 응력 상태를 이용하여 그림 3-8과 같은 Mohr 원을 작성한다. σ_x의 부호와 전단응력의 방향(cw 혹은 ccw)을 결정하기 위해 요소의 오른쪽 면을 먼저 고려한다. 오른쪽 면은 $\phi = 0°$인 x**면**이 된다. 그림 3-6b에서와 같이 σ_x가 양이고 전단응력 τ_{xy}가 반시계방향이라면 그림 3-8에서 좌표 $(\sigma_x,\ \tau_{xy}^{\text{ccw}})$인 점 A를 도시할 수 있다. 다음으로 $\phi = 90°$인 σ_y를 포함하는 위쪽 y**면**을 살펴보자. 이때 그림 3-8에서와 같이 좌표 $(\sigma_x,\ \tau_{xy}^{\text{cw}})$인 점 B를 얻기 위한 과정을 반복한다. 2개의 응력 상태는 각각 요소에 대하여 $\Delta\phi = 90°$이며, Mohr 원에

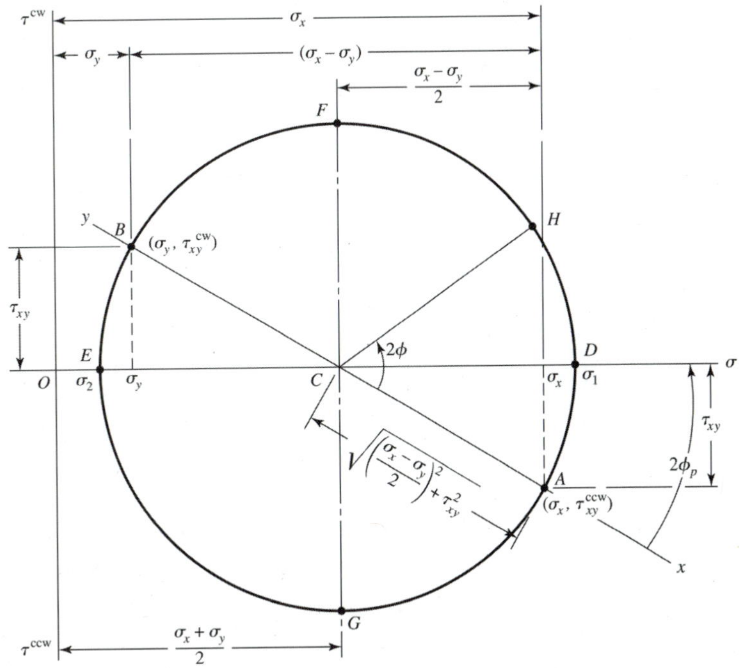

그림 3-8
Mohr 원 선도

대해서는 $2\Delta\phi = 180°$가 된다. 점 A와 B는 σ축으로부터 동일한 수직 거리만큼 떨어져 있다. 그러므로 선분 AB는 원 지름에 해당하고, 원 중심 C는 σ축과 선분 AB의 교차점이다. 원 위의 점 A, B 그리고 원 중심 C를 이용하여 완전한 원을 그릴 수 있다. 여기서 선분 AB에 대한 연장선의 끝에 x, y를 표시하였으며, 이는 점 A, B로 응력 상태가 표현된 표면에 대한 기준 축을 의미한다.

전체 Mohr 원은 구조물의 **한** 점에서의 응력 상태를 나타낸다. 원 상의 각 점은 구조물에서 특정 지점을 통과하는 **특정** 평면에 대한 응력 상태를 의미한다. 원 위에서 180°만큼 떨어진 두 점은 서로 90°만큼 떨어진 평면에서의 응력 상태를 나타낸다. 일단 Mohr 원이 그려지면, 해석하고자 하는 점을 지나는 여러 평면에 대한 응력 상태를 가시적으로 확인할 수 있다. 예를 들어, 주응력 σ_1, σ_2는 각각 점 D와 E이며 그 값은 식 (3-13)과 일치한다. 또한 주응력 σ_1, σ_2를 포함하는 평면에서의 전단응력은 0임을 알 수 있다. 시계 및 반시계 방향인 2개의 전단응력 극한값은 원의 반지름과 크기가 같으며, F, G 지점에서 나타난다. 또한 F, G 평면에는 식 (3-12)에 나타낸 바와 같이 $(\sigma_x + \sigma_y)/2$ 크기의 수직응력이 작용한다. 최종적으로 점 H는 x면으로부터 반시계방향으로 임의의 각 ϕ만큼 떨어진 임의의 평면에 대한 응력 상태를 나타낸다.

과거에는 Mohr 원을 매우 정확하게 비율에 따라 작성하고 자와 각도기를 이용하여 값을 구하기도 하였다. 여기서는 Mohr 원을 시각적인 표현 도구로만 이용하고 원의 기하학적 특성을 이용하여 다음의 예와 같은 준도식적 방법(semigraphical approach)으로 응력해석을 수행한다.

예제 3-2 그림 3-9a와 같이 $\sigma_x = 80\ \mathrm{MPa}$, $\tau_{xy} = 50\ \mathrm{MPa(cw)}$인 응력 요소를 고려하자.

(a) Mohr 원을 이용하여 주응력과 주응력 방향을 구하고, 이때의 응력 요소를 xy 좌표계에 대하여 나타내어라. τ_1, τ_2를 나타내기 위한 응력 요소를 그리고 그때의 수직응력값을 구하라. 응력 요소에 모든 정보를 정확하게 표시하라.

(b) 응력변환식을 이용하여 (a)를 반복 수행하라.

풀이 (a) 준도식적 방법을 이용하기 위해 Mohr 원을 개략적으로 그리고 원의 성질을 이용하여 값을 얻는다.

먼저 σ와 τ축을 그리고(그림 3-9b 참조) σ축을 따라 x면에 작용하는 $\sigma_x = 80\ \mathrm{MPa}$의 위치를 표시한다. 요소의 x면 상에 전단응력 50 MPa이 시계방향으로 작용한다. 따라서 x면에 대하여 점 $A(80,\ 50^{\mathrm{cw}})\mathrm{MPa}$을 표시한다. 이때 y면에 작용하는 응력은 $\sigma = 0$, 반시계방향 $\tau = 50\ \mathrm{MPa}$이다. 이를 이용하여 점 $B(0,\ 50^{\mathrm{ccw}})\mathrm{MPa}$을 표시한다. 선분 AB는 원의 지름이며 이를 이용하여 원을 작성한다. 그림에서와 같이 σ축과 원이 교차하는 점이 σ_1과 σ_2이다. 삼각형 ACD에서 선분 AD, CD의 길이는 각각 50, 40 MPa이다. AC의 길이는 τ_1과 같으며 다음과 같다(그림에도 표시).

답
$$\tau_1 = \sqrt{(50)^2 + (40)^2} = 64.0\ \mathrm{MPa}$$

교점 C는 원점으로부터 40 MPa이기 때문에, 주응력은 다음과 같다.

답 $\sigma_1 = 40 + 64 = 104\ \mathrm{MPa}$이고 $\sigma_2 = 40 - 64 = -24\ \mathrm{MPa}$

x축으로부터 시계방향으로 σ_1까지의 각 2ϕ는 다음과 같다.

답
$$2\phi_p = \tan^{-1}\frac{50}{40} = 51.3°$$

주응력 요소를 그리기 위하여(그림 3-9c), 원래 축과 평행한 x, y축을 그린다. 응력 요소의 각 ϕ_p는 Mohr 원 상의 각 $2\phi_p$와 **동일한** 방향으로 설정되어야 한다. 따라서, σ_1축은 x축으로부터 시계방향으로 25.7°(51.3°의 반)만큼 회전되어야 한다. σ_2축은 σ_1축으로부터 90°만큼 떨어져 있기에 최종 응력 요소는 그림과 같다. 이 주응력 요소에는 전단응력이 작용하지 **않는다**.

2개의 최대전단응력은 그림 3-9b에서와 같이 점 E, F에서 발생한다. 최대전단응력에 대응되는 2개의 수직응력은 각각 40 MPa이다. 점 E는 Mohr 원 상에서 점 A로부터 반시계방향으로 38.7°만큼 떨어져 있다. 그러므로 그림 3-9d에서와 같이 응력 요소를 x축으로부터 반시계방향으로 19.3°(38.7°의 반)만큼 회전하여 그린다. 응력 요소에는 크기와 방향을 모두 표기해야 한다.

그림 3-9
모든 응력의 단위는 MPa.

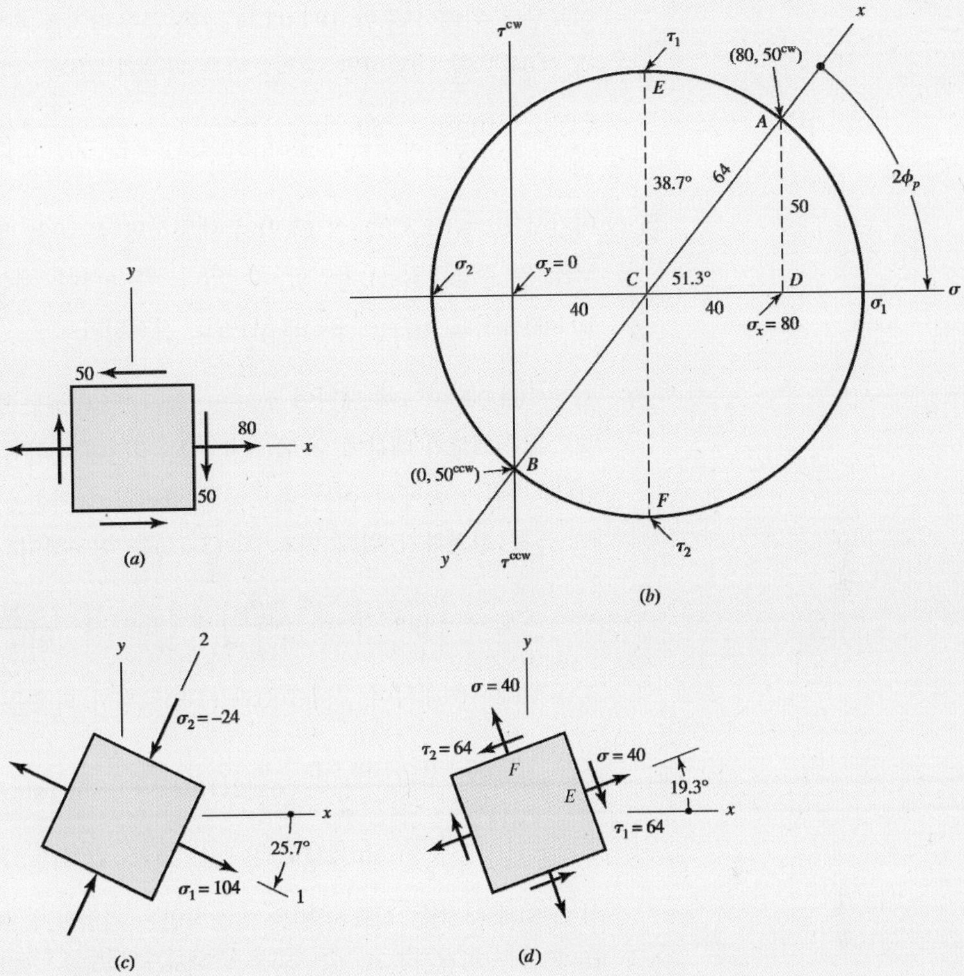

위와 같은 응력 요소를 작성하는 데 있어 기존 좌표계의 x, y방향 설정은 매우 중요하며 이를 통해 기존 요소에서의 응력 상태를 서로 연관지을 수 있다.

답 (b) 응력변환식을 이용하면 다음과 같이 계산할 수 있다. 식 (3-10)으로부터 다음을 구할 수 있다.

$$\phi_p = \frac{1}{2}\tan^{-1}\left(\frac{2\tau_{xy}}{\sigma_x - \sigma_y}\right) = \frac{1}{2}\tan^{-1}\left(\frac{2(-50)}{80}\right) = -25.7°,\ 64.3°$$

식 (3-8)에 첫 번째 각 $\phi_p = -25.7°$를 대입하면 수직응력은 다음과 같다.

$$\sigma = \frac{80+0}{2} + \frac{80-0}{2}\cos[2(-25.7)] + (-50)\sin[2(-25.7)] = 104.03\ \text{MPa}$$

이때의 전단응력은 식 (3-9)로부터 얻을 수 있다.

$$\tau = -\frac{80-0}{2}\sin[2(-25.7)] + (-50)\cos[2(-25.7)] = 0\ \text{MPa}$$

이로부터 위에서 구한 104.03 MPa은 주응력임을 확인할 수 있다. 다시 식 (3-8)에 $\phi_p = 64.3°$를 대입하면 수직응력은 다음과 같다.

$$\sigma = \frac{80+0}{2} + \frac{80-0}{2}\cos[2(64.3)] + (-50)\sin[2(64.3)] = -24.03\ \text{MPa}$$

답 여기서 $\phi_p = 64.3°$를 식 (3-9)에 대입하면 $\tau = 0$을 얻을 수 있으며, 역시 -24.03 MPa은 주응력임을 확인할 수 있다. 주응력이 계산되면 그 크기에 따라 $\sigma_1 =$ 104.03 MPa, $\sigma_2 = -24.03$ MPa로 결정된다.

$\sigma_1 = 104.03$ MPa에 대하여 $\phi_p = -25.7°$이고 ϕ는 변환 방정식에서 양의 반시계방향으로 정의하기 때문에, σ_1을 포함하는 평면에 대하여 **시계방향**으로 25.7°만큼 회전한다. 그림 3-9c에서 이는 준도식적 방법과 일치함을 확인할 수 있다.

τ_1, τ_2를 결정하기 위해 먼저 식 (3-11)을 이용하여 ϕ_s를 구한다.

$$\phi_s = \frac{1}{2}\tan^{-1}\left(-\frac{\sigma_x - \sigma_y}{2\tau_{xy}}\right) = \frac{1}{2}\tan^{-1}\left(-\frac{80}{2(-50)}\right) = 19.3°,\ 109.3°$$

$\phi_s = 19.3°$에 대하여, 식 (3-8)과 (3-9)로부터 다음을 얻을 수 있다.

답

$$\sigma = \frac{80+0}{2} + \frac{80-0}{2}\cos[2(19.3)] + (-50)\sin[2(19.3)] = 40.0\ \text{MPa}$$

$$\tau = -\frac{80-0}{2}\sin[2(19.3)] + (-50)\cos[2(19.3)] = -64.0\ \text{MPa}$$

식 (3-8)과 (3-9)는 **좌표계** 변환 방정식임을 기억하자. 또한 x, y축을 반시계방향으로 19.3°만큼 회전시켰고, y는 왼쪽을 향하는 위쪽을 가리킨다. 따라서 회전된 x면에서 음의 전단응력은 그림 3-9d에서와 같이 오른쪽을 향하는 아래 방향을 향하게 되어 역시 준도식적 방법과 잘 일치함을 확이할 수 있다.

$\phi_s = 109.3°$에 대하여, 식 (3-8)과 (3-9)로부터 $\sigma = 40.0$ MPa, $\tau = +64.0$ MPa을 구할 수 있다. 좌표변환에 대하여 동일한 논리를 적용함으로써, 이 결과는 그림 3-9d와 일치함을 알 수 있다.

3-6 일반적인 3차원 응력

평면응력의 경우에서와 같이 3차원 공간 상에서 응력 요소의 특정 방향에 대해 모든 전단응력이 0이 될 수 있다. 이러한 방향에서 각 면에 수직인 축은 서로 직교하며 주응력 방향에 해당한다. 또한 이 면에 작용하는 수직응력은 주응력이 된다. 3개의 면이 있기 때문에 3개의 주응력 방향이 있고 3개의 주응력 σ_1, σ_2, σ_3가 존재한다. 평면응력 상태는 3개의 주응력 가운데 3번째 주응력이 0인 경우이다(즉, 1개의 응력이 없는 표면이 존재).

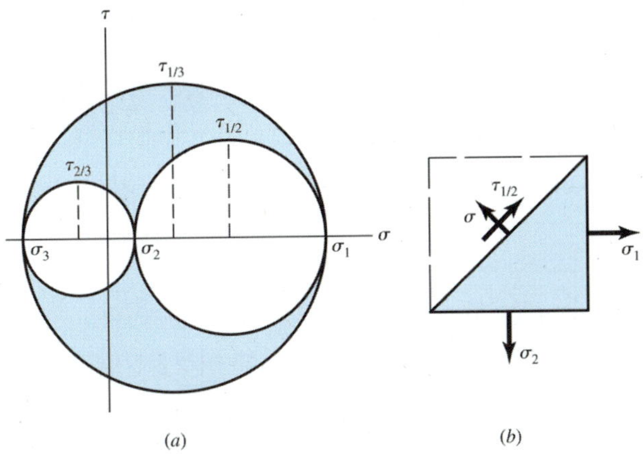

그림 3-10
3차원 응력에 대한 Mohr 원

평면응력의 경우, 임의의 응력 상태인 σ_x, σ_y, τ_{xy}로부터 주응력과 주응력 방향을 결정할 수 있다. 그러나 3차원의 경우는 일반적인 응력 상태를 표현하기 위해 6개의 응력성분이 필요하기에 주응력과 주응력 방향을 결정하기가 어렵다. 설계 시, 대부분의 최대 응력 상태는 평면응력 조건에서 발생하기 때문에 3차원 변환은 거의 수행되지 않는다. 사실 **모든** 응력 상태는 3차원이며, **특정** 좌표축에 대하여 1차원 또는 2차원으로 나타내어질 수 있다. 여기서 3개의 주응력 사이의 관계를 이해하는 것이 매우 중요하다. 6개의 응력성분 σ_x, σ_y, σ_z, τ_{xy}, τ_{yz}, τ_{zx}으로부터 3개의 주응력을 계산하려면 다음과 같은 3차 방정식의 해를 찾아야 한다.[1]

$$\sigma^3 - (\sigma_x + \sigma_y + \sigma_z)\sigma^2 + (\sigma_x\sigma_y + \sigma_x\sigma_z + \sigma_y\sigma_z - \tau_{xy}^2 - \tau_{yz}^2 - \tau_{zx}^2)\sigma$$
$$- (\sigma_x\sigma_y\sigma_z + 2\tau_{xy}\tau_{yz}\tau_{zx} - \sigma_x\tau_{yz}^2 - \sigma_y\tau_{zx}^2 - \sigma_Z\tau_{xy}^2) = 0 \qquad \text{(3-15)}$$

3차원 응력 상태에 대하여 Mohr 원을 그릴 때 그림 3-10a와 같이 주응력의 크기를 $\sigma_1 \geq \sigma_2 \geq \sigma_3$의 순서로 표시한다. 임의의 평면에 대한 응력 좌표 σ, τ는 항상 경계선이나 음병된 영역 내에 존재할 것이다.

그림 3-10a에 3개의 **최대전단응력** $\tau_{1/2}$, $\tau_{2/3}$, $\tau_{1/3}$도 나타내었다.[2] 각각은 그림 3-10b에서와 같이 2개의 평면 상에 발생한다. 최대전단응력은 다음 식과 같이 표현된다.

$$\tau_{1/2} = \frac{\sigma_1 - \sigma_2}{2} \qquad \tau_{2/3} = \frac{\sigma_2 - \sigma_3}{2} \qquad \tau_{1/3} = \frac{\sigma_1 - \sigma_3}{2} \qquad \text{(3-16)}$$

물론 주응력 크기의 순서가 $\sigma_1 > \sigma_2 > \sigma_3$이므로 $\tau_{max} = \tau_{1/3}$이 된다. 따라서 주응력 크기에 항상 주의해야 한다.

1 이 식의 유도와 3차원 응력 변환에 대한 더 자세한 내용은 다음을 참고하라: Richard G. Budynas, *Advanced Strength and Applied Stress Analysis*, 2nd ed., McGraw-Hill, New York, 1999, pp. 46-78.

2 여기서 사용된 표기법과 τ_{xy}와 같은 전단응력의 표기법의 차이에 유의하라. 실링기호(/)가 인정된 표기법은 아니지만 여기서는 구분을 위해 사용되었다.

3-7 탄성 변형률

수직 변형률 ϵ은 인장시편에 대해 2-1절에서 정의된 바 있으며 식 (2-2)에 주어진 바와 같이 $\epsilon = \delta/l$로 표현된다. 여기서 δ는 길이 l에 대한 봉의 전체 연신량이다. 인장시편에 대한 Hooke의 법칙은 식 (2-3)에 나타낸 바와 같이 다음 식처럼 표현된다.

$$\sigma = E\epsilon \tag{3-17}$$

여기서 상수 E는 *Young* **계수** 또는 **탄성 계수**이다.

재료가 인장 상태에 있을 때 축방향 변형률뿐만 아니라 축방향 변형률에 수직인 방향으로 음의 변형률(수축)도 발생한다. 선형적이며 등방성의 균질한 재료로 가정하면 이러한 가로 변형률은 축방향 변형률에 비례한다. 축방향을 x라 하면, 가로 변형률은 $\epsilon_y = \epsilon_z = -\nu\epsilon_x$이다. 비례상수 ν는 *Poisson* 비 값을 나타내었다.

축방향 응력이 x방향으로 작용하고 있다면, 식 (3-17)로부터 다음과 같이 표현된다.

$$\epsilon_x = \frac{\sigma_x}{E} \qquad \epsilon_y = \epsilon_z = -\nu\frac{\sigma_x}{E} \tag{3-18}$$

응력 요소에 σ_x, σ_y, σ_z가 동시에 작용한다면 수직 변형률은 다음과 같이 표현된다.

$$\begin{aligned} \epsilon_x &= \frac{1}{E}[\sigma_x - \nu(\sigma_y + \sigma_z)] \\ \epsilon_y &= \frac{1}{E}[\sigma_y - \nu(\sigma_x + \sigma_z)] \\ \epsilon_z &= \frac{1}{E}[\sigma_z - \nu(\sigma_x + \sigma_y)] \end{aligned} \tag{3-19}$$

전단 변형률 γ는 순수 전단응력이 작용할 때 응력 요소의 직각부의 각 변화로 정의가 되며 전단에 대한 Hooke의 법칙은 다음과 같다.

$$\tau = G\gamma \tag{3-20}$$

여기서 상수 G는 **탄성 전단계수** 또는 **강성 계수**이다.

선형적이며 등방성이 균질한 재료의 경우 3개의 탄성상수 사이에는 다음의 관계가 성립한다.

$$E = 2G(1+\nu) \tag{3-21}$$

3-8 균일 분포 응력

응력이 균일하게 분포한다는 가정은 설계 시 자주 사용된다. 이러한 응력 상태의 대표적인 경우로는 외력의 형태에 따라 **순수 인장**, **순수 압축**, **순수 전단** 등이 있다. 그 어떠한 복잡한 효과가 없다는 측면에서 **순수**(*pure*) 대신 **단순**(*simple*)이라는 말이 사용되기도 한다. 인장 하중을 받는 봉이 대표적인 경우로 여기서 인장 하중 F는 바(bar) 끝단의 핀을 통해 작용된다. 균일 응력이란 끝단에서 어느 정도 떨어진 지점에서 바를 자르고 제거했을 때 잘려진 끝단에 크기 σA의 균일 분포 하중을 작용시켜 그 효과를 대신할 수 있다는 것을 의미한다. 그러면 응력 σ는 균일하게 분포되었다고 일컬어진다. 이 응력은 다음과 같이 계산된다.

$$\sigma = \frac{F}{A} \tag{3-22}$$

균일 분포 응력으로 가정하려면 다음의 조건이 필요하다.

- 해당 봉은 곧으며, 균질한 재질이다.
- 힘의 작용선이 단면의 도심에 위치해야 한다.
- 해당 단면은 끝단이나 불연속 지점 또는 갑작스럽게 변화하는 단면으로부터 충분히 멀리 떨어져 있어야 한다.

단순 압축의 경우, 음의 F를 고려하면 식 (3-22)의 적용이 가능하다. 또한 압축 하중 하에 있는 가는 봉은 좌굴에 의해 파손될 수 있으므로, 식 (3-22)를 적용하기 전에 이러한 가능성을 충분히 고려하여야 한다.

균일 분포 응력 상태로 가정되는 하중의 또 다른 형태는 **직접 전단**으로 알려져 있다. 이는 굽힘이 없이 오직 전단 효과만 있는 경우에 발생한다. 한 예로 가위의 양날에 의해 금속 박판에 발생하는 하중 상태가 있다. 전단 하중을 받는 볼트와 핀이 대부분 직접 전단 상태에 놓이게 된다. 외팔보에 아래 방향으로 집중 하중이 작용한다고 가정한다. 그리고 집중 하중을 외팔보가 지지되어 있는 벽으로 옮기면 굽힘모멘트는 발생하지 않으면 힘은 오로지 벽에서 보를 전단시키려고 한다. 이것이 직접 전단이다. 직접 전단은 일반적으로 단면에 대해 균일하다고 가정하며 다음과 같이 구할 수 있다.

$$\tau = \frac{V}{A} \tag{3-23}$$

여기서 V는 전단력이고 A는 전단이 되는 단면적이다. 균일 분포 응력 가정은 정확하지 않으며 힘이 작용되는 부근에서 특히 그렇다. 그러나 이 가정은 일반적으로 허용 가능한 결과를 제공한다.

3-9 굽힘 하중 하에서 보의 수직응력

곧은 보에서의 수직 굽힘 응력식은 다음과 같은 가정에 기초하고 있다.

- 보에는 순수 굽힘 하중이 작용한다. 즉, 전단력은 0이며, 비틀림이나 축 하중이 존재하지 않는다(대부분의 공학 문제의 경우 이러한 하중이 굽힘응력에 미치는 영향은 미미하다고 가정).
- 재료는 등방성이며 균질하다.
- 재료는 Hooke의 법칙을 따른다.
- 보는 초기에 곧으며, 보의 길이 방향을 따라 단면이 일정하다.

- 보는 굽힘 평면에서 대칭축을 갖는다.
- 보는 충돌(crushing), 구김(wrinkling), 측면 좌굴(sidewise buckling)에 의해서보다는 굽힘에 의하여 파손된다.
- 보의 단면은 구부러지는 동안 평면을 유지한다.

그림 3-11은 양의 굽힘모멘트 M이 작용하는 곧은 보의 일부를 나타낸 것이다. 여기서 곡선 화살표는 모멘트의 물리적 작용 형태를 나타낸 것이며 직선 화살표는 모멘트 벡터를 의미한다. 또한 x축은 단면의 **중립축**과 일치하며 xz 평면은 모든 단면의 중립축을 포함하고 있으며 이를 **중립면**이라 한다. 중립면과 동일한 보의 요소에서는 응력이 0이다. 단면에 대한 중립축의 위치는 단면의 **도심축**과 일치한다.

굽힘 응력은 중립축으로부터의 거리 y에 대해 선형적으로 변하며 다음과 같이 표현된다.

$$\sigma_x = -\frac{My}{I} \tag{3-24}$$

여기서, I는 z축에 관한 단면 **2차 모멘트**이며, 다음과 같이 표현된다.

$$I = \int y^2\, dA \tag{3-25}$$

식 (3-24)로 표현되는 보의 응력분포를 그림 3-12에 나타내었다. 최대 굽힘 응력은 y값이 최대인 경우 발생하며 굽힘 응력의 최댓값을 $\sigma_{\max}$라 하고 y의 **최댓값**을 c라고 하면 최대 **굽힘**응력은 다음과 같이 표현된다.

$$\sigma_{\max} = \frac{Mc}{I} \tag{3-26a}$$

그림 3-11
양(positive)의 굽힘모멘트가 작용하는 곧은 보

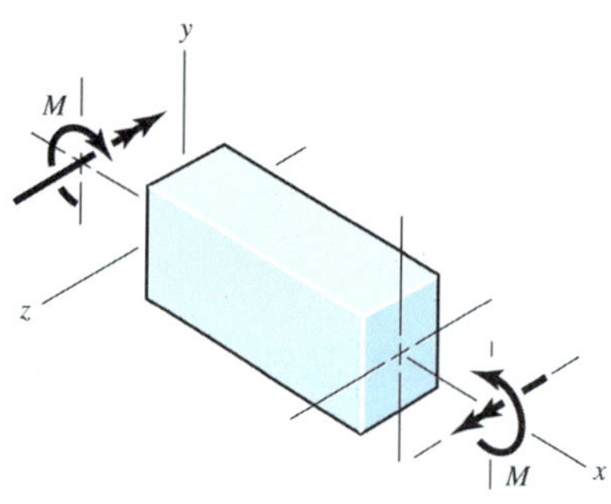

그림 3-12
식 (3-24)를 따른 굽힘 응력

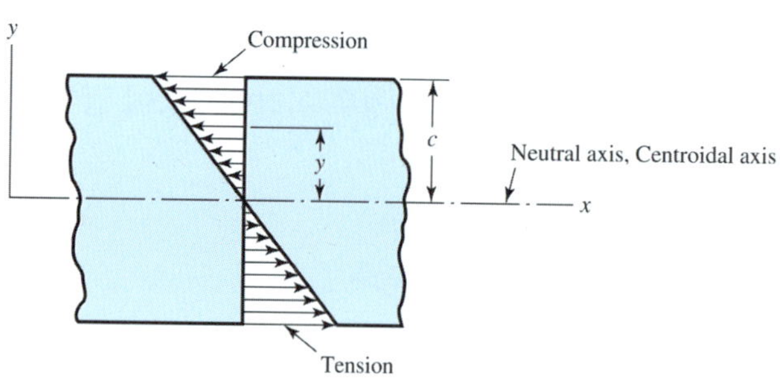

식 (3-24)의 σ_{max}는 인장/압축에 관계없이 적용될 수 있다.

식 (3-26a)는 다음과 같이 흔히 표현된다.

$$\sigma_{max} = \frac{M}{Z} \tag{3-26b}$$

여기서 $Z = I/c$는 **단면계수**(section modulus)이다.

예제 3-3 그림 3-13과 같은 T형 단면 보에 $1{,}600\ \mathrm{N \cdot m}$의 굽힘모멘트가 z축에 대해 음의 방향으로 작용하고 있다. 따라서 상단면에 인장응력이 발생한다. 중립축의 위치를 결정하고 최대 인장/압축 굽힙응력을 구하라.

그림 3-13
단위는 mm.

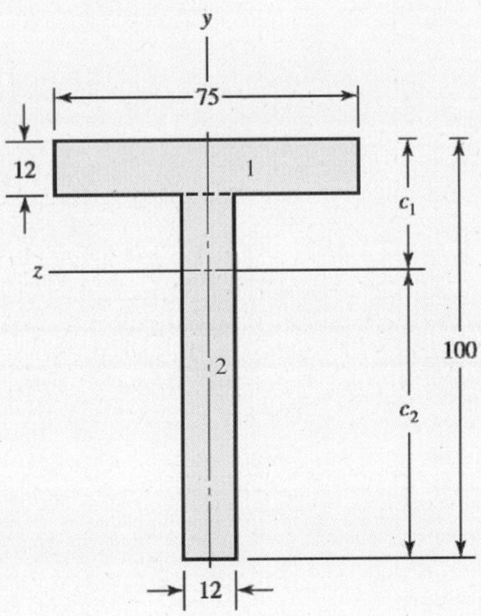

풀이 T형 단면을 2개의 사각 단면(1과 2)으로 나누면 전체 단면의 면적은 $A = 12(75) + 12(88) = 1{,}956\ \mathrm{mm}^2$이다. 상단 모서리에 대하여 단면 1과 단면 2의 모멘트 팔의 길이(즉, 상단 모서리로부터 개별 단면의 도심까지의 거리)는 각각 $6\ \mathrm{mm}$와 $(12 + 88/2) = 56\ \mathrm{mm}$이며 이를 이용하여 각 단면의 면적 모멘트를 더하면 다음과 같다.

$$1{,}956c_1 = 12(75)(6) + 12(88)(56)$$

따라서 $c_1 = 32.99\ \mathrm{mm}$이고 $c_2 = 100 - 32.99 = 67.01\ \mathrm{mm}$이다.

다음으로 각각의 도심축에 대하여 각 사각형의 단면 2차 모멘트를 계산한다. 윗부분 사각형(1번)에 대하여 다음과 같이 단면 2차 모멘트를 구할 수 있다.

$$I_1 = \frac{1}{12}bh^3 = \frac{1}{12}(75)12^3 = 1.080 \times 10^4\ \mathrm{mm}^4$$

아래 부분 사각형(2번)의 단면 2차 모멘트는 다음과 같다.

$$I_z = I_{ca} + Ad^2$$

여기서 I_{ca}는 도심축에 대한 단면 2차 모멘트이고, I_z는 d만큼 떨어진 임의의 평행축에 대한 단면 2차 모멘트이다. 윗부분 사각형(1번)에 대하여 거리는 다음과 같다.

$$d_1 = 32.99 - 6 = 26.99 \text{ mm}$$

아래 부분 사각형(2번)에 대하여 거리는 다음과 같다.

$$d_2 = 67.01 - \frac{88}{2} = 23.01 \text{ mm}$$

두 사각형에 대하여 평행축 정리를 적용하면 다음과 같다.

$$I = [1.080 \times 10^4 + 12(75)26.99^2] + [6.815 \times 10^5 + 12(88)23.01^2]$$
$$= 1.907 \times 10^6 \text{ mm}^4$$

최종적으로 최상단면에서 발생하는 최대 인장응력은 다음과 같다.

답 $$\sigma = \frac{Mc_1}{I}\frac{1600(32.99)10^{-3}}{1.907(10^{-6})} = 27.68(10^6)\text{Pa} = 27.68 \text{ MPa}$$

유사한 방법으로, 최하단면에서 발생하는 최대 압축응력은 다음과 같다.

답 $$\sigma = -\frac{Mc_2}{I} = -\frac{1600(67.01)10^{-3}}{1.907(10^{-6})} = -56.22(10^6)\text{Pa} = -56.22 \text{ MPa}$$

굽힘 평면이 두 개인 경우

기계 설계에서는 xy 평면과 xz 평면 모두에서 굽힘이 발생하는 경우가 매우 자주 발생한다. 하나 혹은 두 개의 대칭면을 가진 단면을 고려하면 굽힘 응력은 다음과 같이 표현된다.

$$\sigma_x = -\frac{M_z y}{I_z} + \frac{M_y z}{I_y} \quad (3\text{-}27)$$

여기서 우측의 첫 번째 항은 식 (3-24)와 동일하며 M_y는 xz 평면에서 작용하는 굽힘모멘트(모멘트 벡터는 y방향)이다. z는 중립축 y로부터 거리이며 I_y는 y축에 대한 단면 2차 모멘트를 의미한다.

비원형 단면의 경우 식 (3-27)은 두 개의 굽힘모멘트 성분에 의해 발생하는 응력을 중첩한 것이다. 최대 인장 및 압축 굽힘 응력은 그 합이 각각 가장 큰 양수이거나 음수인 경우이다. 중실 **원형** 단면의 경우에는 두 모멘트를 벡터 합하여 최대 굽힘응력을 구할 수 있다. 지름이 d인 보의 경우 중립축으로부터의 최대 거리는 $d/2$이고, $I = \pi d^4/64$이다. 따라서 중실 원형 단면의 최대 굽힘응력은 다음과 같다.

$$\sigma_m = \frac{Mc}{I} = \frac{(M_y^2 + M_z^2)^{1/2}(d/2)}{\pi d^4/64} = \frac{32}{\pi d^3}(M_y^2 + M_z^2)^{1/2} \tag{3-28}$$

예제 3-4 그림 3-14a에 나타낸 바와 같이 보 OC에는 xy 평면 상에서 $9\,\text{kN/m}$의 균일 하중이 작용하고 있으며 xz 평면에 대해 끝단 C에 $0.4\,\text{kN}$의 집중 하중이 작용하고 있다. 보의 길이는 $0.2\,\text{m}$이다.

(a) 단면에 대해 최대 인장과 압축 굽힘 응력을 결정하고 발생 위치를 결정하라.

(b) 단면이 지름 $d = 30\,\text{mm}$인 중실 원형 봉이라면, 최대 굽힘 응력의 크기를 결정하라.

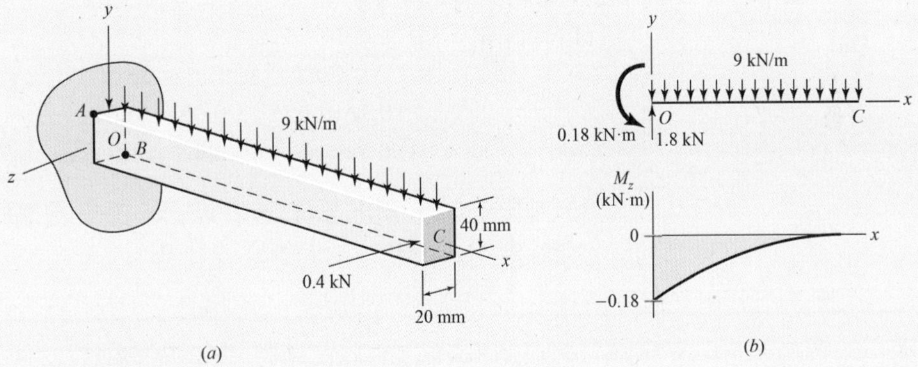

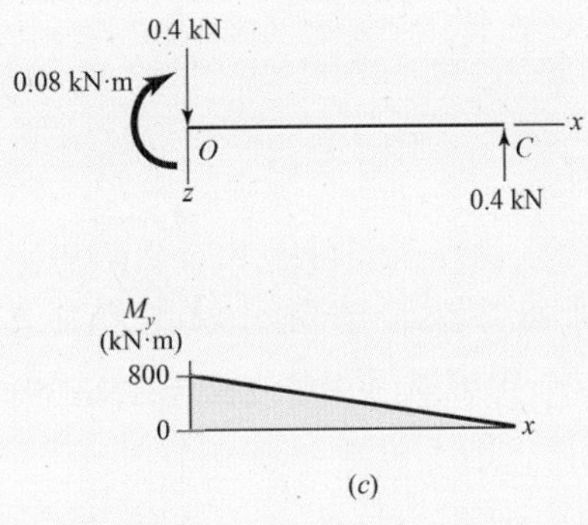

그림 3-14
(a) 두 평면에 대해 하중이 작용하는 보, (b) xy 평면에서의 하중 및 굽힘모멘트 선도, (c) xz 평면에서의 하중 및 굽힘모멘트 선도

풀이 (a) O점에서의 반력과 xy 평면 및 xz 평면에 대한 굽힘모멘트 선도를 그림 3-14b와 c에 각각 나타내었다. 두 평면에서 최대 모멘트는 O점에서 발생하며 그 크기는 다음과 같다.

$$(M_z)_O = -\frac{1}{2}(9)0.2^2 = -0.18\,\text{kN}\cdot\text{m} \qquad (M_y)_O = 0.4(0.2) = 0.08\,\text{kN}\cdot\text{m}$$

두 평면에 대한 단면 2차 모멘트는 다음과 같다.

$$I_z = \frac{1}{12}(0.02)0.04^3 = 106.7 \times 10^{-9}\ \text{m}^4$$

$$I_y = \frac{1}{12}(0.04)0.02^3 = 26.7 \times 10^{-9}\ \text{m}^4$$

최대 인장응력은 그림 3-13a에 나타낸 바와 같이 점 A에서 발생한다. 여기서 최대 인장응력은 두 모멘트에 의한 것이다. A점에 대해 $y_A = 0.02$ m이고, $z_A = 0.01$ m이다. 따라서 식 (3-27)로부터

답 $$(\sigma_x)_A = -\frac{-0.18(0.02)}{106.7 \times 10^{-9}} + \frac{0.08(0.01)}{26.7 \times 10^{-9}} = 63{,}702\ \text{kPa} = 63.7\ \text{MPa}$$

최대 압축 굽힘응력은 점 B에서 발생하며 $y_B = -0.02$ m이고, $z_B = -0.01$ m이다. 따라서

답 $$(\sigma_x)_B = -\frac{-0.18(0.02)}{106.7 \times 10^{-9}} + \frac{0.08(-0.01)}{26.7 \times 10^{-9}} = -63{,}702\ \text{kPa} = -63.7\ \text{MPa}$$

(b) 지름이 30 mm인 중실 원형 단면의 경우 끝점 O에서의 최대 굽힘응력은 식 (3-28)을 이용하여 다음과 같이 구해진다.

답 $$\sigma_m = \frac{32}{\pi(0.03)^3}[0.08^2 + (-0.18)^2]^{1/2} = 2{,}229\ \text{kPa} = 2.2\ \text{MPa}$$

비대칭 단면을 갖는 보[3]

식 (3-24)와 (3-27)에 주어진 굽힘 응력식은 비대칭 단면을 갖는 보에도 적용될 수 있다. 다만 굽힘 평면이 **단면의 면적 주축**과 일치해야 한다. 면적 주축의 위치와 주축에 대한 **주단면 2차 모멘트** 값을 구하는 방법은 정역학 교재를 참고한다. 단면이 대칭축을 갖는다면 대칭축과 대칭축에 수직하는 축이 면적 주축이다.

예를 들어, 굽힘을 받는 보를 고려해 보자. 등변 앵글(equal leg angle) 형상이다. 식 (3-27)은 만약 굽힘모멘트가 축 $1-1$ 또는 $2-2$에 대하여 분해된다면 사용될 수 없을 것이다. 그러나 모멘트가 $3-3$축과 이 축에 수직인 축($4-4$축)에 대해 분해된다면 식 (3-27)은 사용할 수 있다. 이 단면에 대해 $4-4$축은 대칭축임에 주목한다. 면적 주축의 방향과 I_{2-2}, I_{3-3}, I_{4-4}의 값은 다음과 같이 구할 수 있기 때문에 표에 주어져 있지 않다. 등변이기 때문에 주축의 방향은 $1-1$축으로부터 $\pm 45°$ 방향이고, $I_{2-2} = I_{1-1}$이다. 단면 2차 모멘트 I_{3-3}은 다음과 같이 나타낼 수 있다.

[3] 보다 상세한 내용은 다음을 참고한다. Richard G. Budynas, *Advanced Strength and Applied Stress Analysis*, Sec. 5.3, 2nd ed., McGraw-Hill, New York, 1999.

$$I_{3-3} = A(k_{3-3})^2 \tag{a}$$

여기서 k_{3-3}은 **회전 반지름**이라 한다. 단면에 대한 단면 2차 모멘트의 합은 불변항(invariant)이며 따라서 $I_{1-1} + I_{2-2} = I_{3-3} + I_{4-4}$이다. 그러므로 I_{4-4}는 다음과 같이 주어진다.

$$I_{4-4} = 2\,I_{1-1} - I_{3-3} \tag{b}$$

여기서 $I_{2-2} = I_{1-1}$이다. 예를 들어 $80 \times 80 \times 6$ 앵글을 고려해 보자. 식 (a), 식 (b)를 이용하면 $I_{3-3} = 9.35(1.57)^2 = 23.047\ \mathrm{mm}^4$, $I_{4-4} = 2(55.8) - 23.047 = 88.553\ \ \mathrm{mm}^4$이다.

3-10 굽힘 하중 하에서 보의 전단응력

대부분의 보에는 전단력과 굽힘모멘트가 모두 존재하며, 전단력 없이 순수 굽힘만 받는 경우는 흔치 않다. 휨(flexure) 식은 순수 굽힘 가정 하에 유도되었다. 이는 식을 유도하는 데 있어 전단력에 의한 복잡한 영향을 배제하기 위해서이다. 공학적 측면에서 휨 식은 전단력의 유무와 관계없이 유효하다. 따라서 전단력이 존재하는 경우에도 동일한 수직 굽힘응력 분포[식 (3-24)와 (3-26)]를 사용할 수 있다.

그림 3-15a는 x만큼 떨어진 지점에 전단력 V와 굽힘모멘트 M이 작용하고 단면이 일정한 보의 일부를 나타낸 것이다. 외력과 전단력 V로 인해 전단력과 굽힘모멘트는 x축을 따라 변한다. $x + dx$에서 전단력과 굽힘모멘트는 각각 $V + dV$, $M + dM$이다. x방향의 힘만을 고려하면 그림 3-15b는 굽힘모멘트에 의한 응력분포 σ_x를 보여준다. dM이 양수이고 굽힘모멘트가 증가한다면 주어진 y점에 대해 우측 면에 발생하는 응력은 좌측 면에서의 응력보다 더 큰 값이다. 만약 $y = y_1$을 기준으로 보 요소를 더 분리하면(그림 3-15b 참조) x방향으로의 순수 힘은 왼쪽을 향하며 그 크기는 다음과 같다(그림 3-15c 참조).

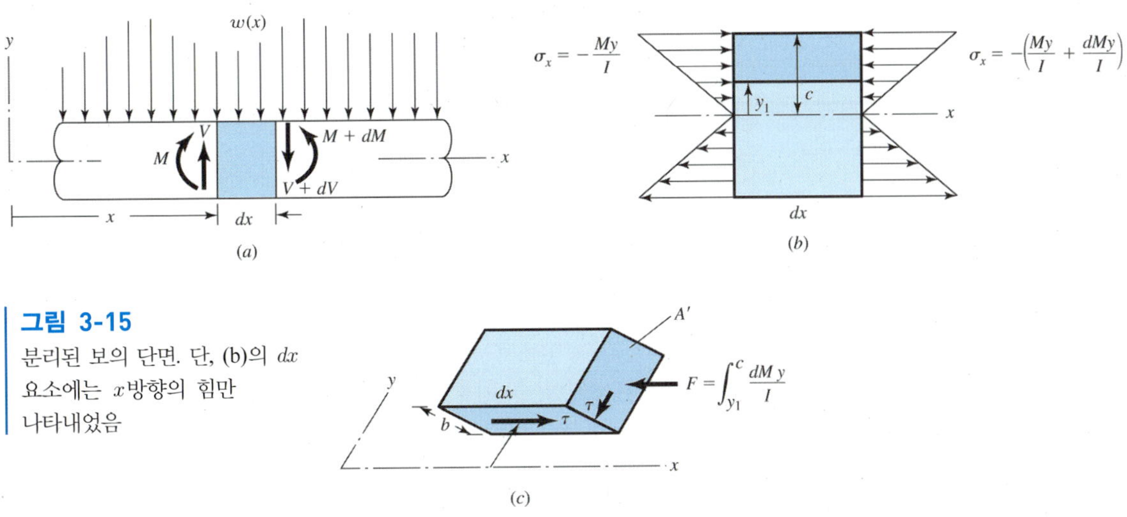

그림 3-15
분리된 보의 단면. 단, (b)의 dx 요소에는 x방향의 힘만 나타내었음

$$\int_{y_1}^{c} \frac{(dM)y}{I} dA$$

평형 조건에 따라 바닥면에서의 전단력은 오른쪽 방향이어야 한다. 이 전단력은 전단응력 τ를 발생시키며 균일 분포로 가정하면 힘의 크기는 $\tau b\,dx$이다. 그러므로 다음과 같이 표현할 수 있다.

$$\tau b\,dx = \int_{y_1}^{c} \frac{(dM)y}{I} dA \tag{a}$$

dM/I항을 적분항에서 빼내고 $b\,dx$를 식의 우측 항으로 옮긴다. 또한 식 (3-3)으로부터 $V = dM/dx$이므로 식 (a)는 다음과 같이 표현된다.

$$\tau = \frac{V}{Ib} \int_{y_1}^{c} yd\,A \tag{3-29}$$

이 식에서, 적분은 중립축에 대한 면적 A'의 1차 모멘트이다(그림 3-15c 참조). 이 적분은 보통 다음과 같이 Q로 표시한다.

$$Q = \int_{y_1}^{c} yd\,A = \bar{y}'A' \tag{3-30}$$

여기서, y_1부터 c까지 분리된 면에 대해 $\bar{y}'$은 중립면으로부터 면적 A'의 도심까지의 y방향 거리이다. 이를 이용하여 식 (3-29)는 다음과 같이 나타낼 수 있다.

$$\tau = \frac{VQ}{Ib} \tag{3-31}$$

이 응력을 **횡전단응력**(transverse shear stress)이라 하며 굽힘 응력이 있을 경우 항상 발생한다.

이 식을 사용할 때 b는 $y = y_1$에서의 단면 폭임을 주의해야 한다. 또한 I는 중립축에 대한 전체 단면의 단면 2차 모멘트이다.

교차 전단은 같고 면적 A'은 **유한**하기 때문에 식 (3-31)과 그림 3-15c에 나타낸 전단응력 τ는 $y = y_1$일 때만 성립한다. 측면의 전단응력은 y에 따라 변하며 일반적으로 $y = 0$ ($\bar{y}'A'$이 최대)에서 최대이며 $A' = 0$이 되는 보의 바깥 면에서 0이다.

보의 전단응력분포는 Q/b값이 y_1의 함수로써 어떻게 변화하느냐에 따라 달라진다. 여기서는 사각단면을 갖는 보에 대하여 어떻게 전단응력을 결정하는지를 유도하고, 이를 바탕으로 다른 표준 단면들에 대해서도 어떻게 전단응력의 최댓값을 얻는지 살펴본다. 그림 3-16은 전단력 V와 굽힘모멘트 M이 작용하는 사각단면 보의 일부를 나타낸 것이다. 굽힘모멘트로 인하여 $A-A$와 같은 단면에 수직응력 σ가 발생한다. 이때 중립축의 위쪽에서는 압축, 아래쪽에서는 인장이 발생한다. 중립축 위쪽으로 거리 y_1만큼 떨어진 지점에서의 전단응력을 구하기 위하여 중립축 위쪽으로 거리 y만큼 떨어진 면적 dA를 갖는 요소를 선정한다. $dA = b\,dy$이므로 식 (3-30)은 다음과 같이 된다.

그림 3-16
사각단면 보에서의 횡전단응력

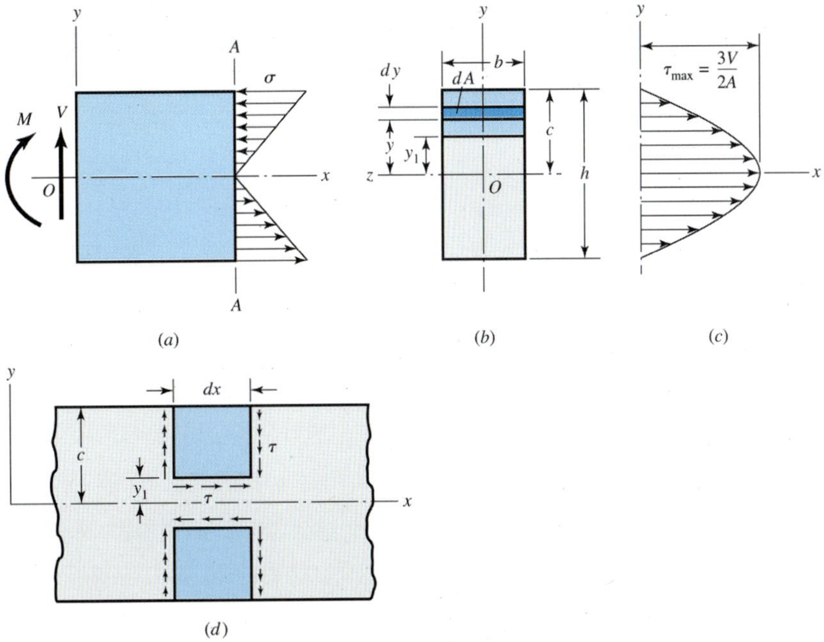

$$Q = \int_{y_1}^{c} y\,dA = b\int_{y_1}^{c} y\,dy = \frac{by^2}{2}\bigg|_{y_1}^{c} = \frac{b}{2}(c^2 - y_1^2) \quad \text{(b)}$$

이를 식 (3-31)에 대입하면 다음과 같다.

$$\tau = \frac{V}{2I}(c^2 - y_1^2) \quad \text{(3-32)}$$

이것은 사각단면 보의 전단응력에 대한 일반적인 식이다. 사각단면의 단면 2차 모멘트는 $I = bh^3/12$이고 $h = 2c$, $A = bh = 2bc$이므로 I는 다음과 같이 표현된다.

$$I = \frac{Ac^2}{3} \quad \text{(c)}$$

위에서 구한 I 값을 식 (3-32)에 대입하고 정리하면, 다음 식을 얻을 수 있다.

$$\tau = \frac{3V}{2A}\left(1 - \frac{y_1^2}{c^2}\right) \quad \text{(3-33)}$$

최대전단응력은 $y_1 = 0$, 즉 굽힘에 대한 중립축에서 발생함을 확인할 수 있다. 따라서 사각단면 보의 경우 최대전단응력은 다음과 같다.

$$\tau_{\max} = \frac{3V}{2A} \quad \text{(3-34)}$$

그림 3-16c에서 보듯이 중립축으로부터 멀어짐에 따라 전단응력은 포물선 형태로 감소하며 $y_1 = \pm c$인 외면에서 0이 된다. 수평 전단응력과 수직 전단응력은 항상 크기가 같고 같이 발생하기에 전단응력의 분포는 그림 3-16d와 같이 나타낼 수 있다. 그림 3-16c는 수직 면에

표 3-1
최대 횡전단응력식(VQ/Ib의 관계를 이용)

보의 형태	공식	보의 형태	공식
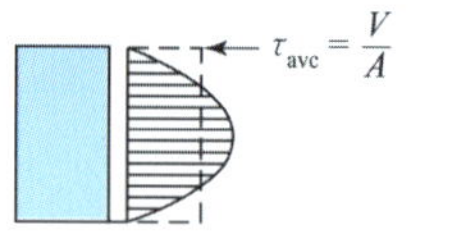 직사각형	$\tau_{\max}=\dfrac{3V}{2A}$	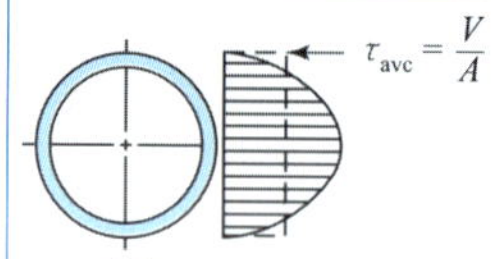 중공	$\tau_{\max}=\dfrac{2V}{A}$
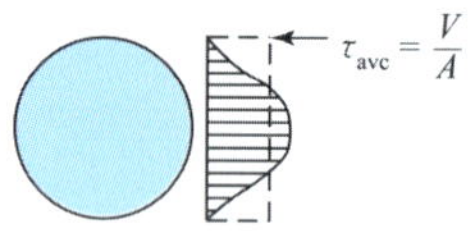 중실	$\tau_{\max}=\dfrac{4V}{3A}$	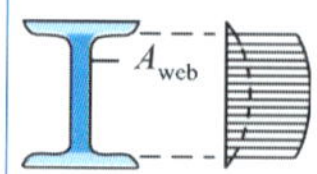 구조 I형 보	$\tau_{\max}=\dfrac{V}{A_{\text{web}}}$

대해 y를 따라 전단응력 τ가 변하는 것을 나타낸 것이다. 대부분의 경우 그림 3-16d의 수평 전단 τ가 주 관심사이며 이는 $y=y_1$에서 dx에 대해 거의 균일하다. 최대 수평 전단은 수직 전단이 가장 큰 곳에서 발생한다. 이 위치는 보통 중립축이지만 다른 곳의 폭 b가 작다면 그렇지 않을 수도 있다. 더욱이 폭 b가 수평이 아닌 평면에서 최소가 될 수 있는 단면이라면 수평 전단응력은 경사진 면에서 발생한다. 예를 들어 튜브라면 수평 전단응력은 반지름 방향 평면에서 발생하며 이에 따른 수직 전단응력은 사실 수직이 아니고 원주 방향이 된다.

몇몇 일반적으로 사용되는 단면에 대한 횡전단응력분포를 표 3-1에 나타내었다. 분포는 VQ/Ib의 관계를 나타내며 이는 중립축으로부터의 거리 y의 함수이다. 각 분포에 대해 중립축에서의 최댓값도 함께 나타내었다. I형 보에 대해 주어진 식은 일반적으로 사용되는 근사식이며 웹(web)이 얇은 표준 I형 보에 타당하게 적용된다. 또한 I형 보에 대한 분포는 이상화된 것이다. 실제로 웹과 플랜지의 경계부는 국부적으로 매우 복잡하며 단순하게 변하지 않는다.

이와 같이 일반적으로 사용되는 단면에서 최대 회전단응력은 중립축에서 발생하며 외면에서 0이 된다는 사실은 중요하다. 이는 굽힘 및 비틀림 응력의 최댓값 및 최솟값이 나타나는 위치와 완벽하게 반대이기 때문에 횡전단응력은 일반적으로 설계 관점에서 중요하게 여겨지지 않는다.

횡전단응력의 중요성을 사례를 통해 평가해 보자. 이를 위해 길이가 L인 외팔보를 고려한다. 보의 단면은 $b\times h$의 사각단면이며 전단력 F가 자유단 끝단에 작용한다. 굽힘모멘트가 가장 큰 벽에서 중립축으로부터 거리 y만큼 떨어진 응력 요소를 선정하면 이 응력 요소에는 굽힘 응력과 횡전단응력이 동시에 발생할 것이다. 4-4절에서 논의되겠지만 복합응력에 의한 영향을 고려하기 위해서는 최대전단응력을 결정해야 한다. 굽힘응력(My/I)과 횡전단응력(VQ/Ib)을 식 (3-14)의 최대전단응력식에 대입하면 사각 단면의 외팔보에 대한 최대 전단응력식을 얻을 수 있게 된다. 이 식을 L/h와 y/c에 대해 무차원화하면 다음과 같이 된다.

$$\tau_{\max}=\sqrt{\left(\frac{\sigma}{2}\right)^2+\tau^2}=\frac{3F}{2bh}\sqrt{4(L/h)^2(y/c)^2+[1-(y/c)^2]^2} \quad \text{(d)}$$

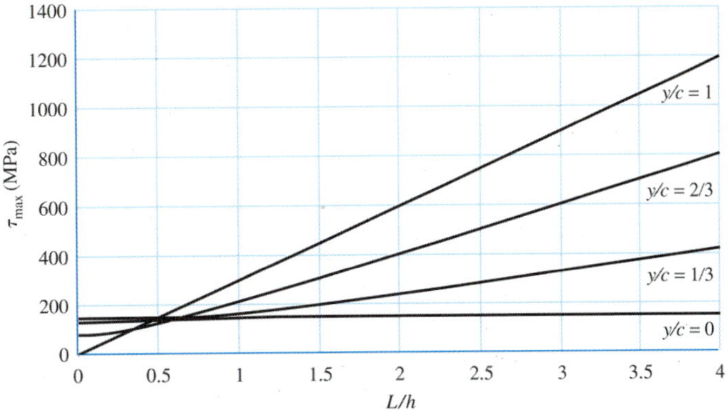

그림 3-17
굽힘 및 횡전단응력에 의한 영향을 나타낸 외팔보의 최대전단응력 선도

여기서 c는 중립축으로부터 외면$(h/2)$까지의 거리이다.

횡전단응력의 중요성을 평가하기 위해 그림 3-17과 같이 $\tau_{\max}$를 L/h의 함수로 다양한 y/c값에 대해 도시한다. F와 b는 선형 상수로 볼 수 있기 때문에 그림의 경향에는 영향을 미치지 않으며 값만 변화시킨다. 중립축, 즉 $y/c=0$인 지점에서 $\tau_{\max}$는 보의 길이와 상관없이 상수이다. 그 이유는 굽힘 응력이 중립축에서는 0이고 횡전단응력은 길이 L과 무관하기 때문이다. 반면에 $y/c=1$인 외면에서 $\tau_{\max}$는 굽힘모멘트 때문에 L/h에 대해 선형적으로 증가한다. y/c가 0과 1 사이인 경우는 L/h가 작은 경우 $\tau_{\max}$가 비선형적이며 L/h가 증가할수록 선형적으로 거동한다. 이는 모멘트 팔이 길어짐에 따라 굽힘 응력의 영향이 커지기 때문이다. 이 그림으로부터 임계응력요소($\tau_{\max}$가 최대)는 항상 외면$(y/c=1)$과 중립축$(y/c=0)$이며 외면과 중립축 사이의 임의의 위치는 임계위치가 될 수 없음을 확인할 수 있다. 사각단면의 경우 이 두 임계위치의 천이점은 $L/h=0.5$인 경우이며 여기서 $y/c=1$인 선과 $y/c=0$인 경우의 수평선이 서로 교차하게 된다. 임계응력 요소는 횡전단응력이 0이 되는 외면과 만약 L/h가 충분히 작다면 굽힘 응력이 0이 되는 중립축이 된다.

그림 3-17로부터 얻은 결론은 중립축으로부터 떨어진 단면의 폭이 증가하지 않는 모든 단면에 대해 유사하다. 이는 중실 원형 단면은 포함되지만 I형 보나 채널은 포함되지 않는다. 중립축으로부터 충분히 긴 얇은 웹이 있는 I형 보나 채널의 경우에는 굽힘과 전단이 모두 중요할 수 있기 때문에 특히 주의해야 한다(예제 3-3 참조). 일반적인 단면을 가진 보의 경우 보의 길이와 높이의 비가 10보다 크면 단면 내의 모든 점에 대해서 횡전단응력은 굽힘응력에 비해 무시할 수 있다.

예제 3-5 그림 3-16a에 나타낸 바와 같이, 길이가 0.3 m인 보에 왼쪽에서 80 mm 떨어진 지점에 2 kN의 하중이 작용하고 있다. 보는 I형 보이며 치수는 그림에 나타나 있다. 계산을 단순화하기 위해서 그림 3-16c와 같이 단면 모서리는 사각으로 가정한다. 주요 관심위치는 a, b, c, d이며 중립축으로부터의 거리 y는 각각 0, 32^-, 32^+, 38 mm이다. 보의 임계 축방향 위치에서 다음 사항을 구하라.

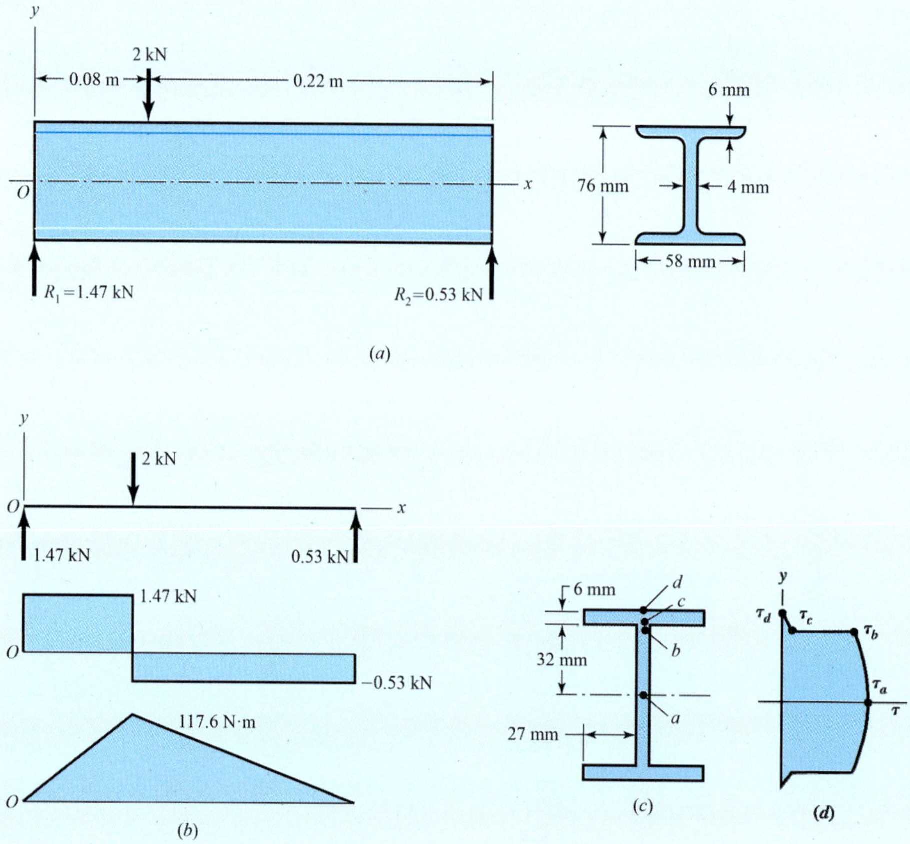

| 그림 3-18

(a) 횡전단응력의 분포를 결정하고 각 관심점에서의 값을 구하라.

(b) 관심점에서의 굽힘 응력을 결정하라.

(c) 관심점에서의 최대전단응력을 결정하고 비교하라.

풀이 먼저 이 경우 보의 길이와 높이의 비가 10보다 매우 작고 얇은 웹과 넓은 플랜지로 인해 횡전단응력이 커질 것이기 때문에 횡전단응력을 무시할 수 없음에 주의해야 한다. 하중, 전단력, 굽힘모멘트 선도는 그림 3-18b에 나타내었다. 임계 축방향 위치는 전단력과 굽힘모멘트가 모두 최대가 되는 $x = 0.08$ m인 지점이다.

(a) 단면 2차 모멘트 I는 76 mm × 58 mm 사각 단면에 대한 값에서 양쪽 빈 2개의 사각 단면의 값을 빼서 구한다.

$$I = \frac{(58)(76)^3}{12} - 2\left[\frac{(27)(64)^3}{12}\right] = 942{,}069 \text{ mm}^4$$

식 (3-30)을 사용하면 각 관심점에서의 Q를 구할 수 있다.

$$Q_a = \left(32 + \frac{6}{2}\right)[(58)(6)] + \left(\frac{32}{2}\right)[(32)(4)] = 14{,}228 \text{ mm}^3$$

$$Q_b = Q_c = \left(32 + \frac{6}{2}\right)[(58)(6)] = 12{,}180\ \text{mm}^3$$

$$Q_d = (38)(0) = 0\ \text{mm}^3$$

식 (3-31)과 각 지점의 V와 I, 단면의 폭 b값을 이용하면 횡전단응력을 다음과 같이 구할 수 있다.

답
$$\tau_a = \frac{VQ_a}{Ib_a} = \frac{(1470)(14\,228 \times 10^{-9})}{(942\,069 \times 10^{-12})(0.004)} = 5.55\ \text{MPa}$$

$$\tau_b = \frac{VQ_b}{Ib_b} = \frac{(1470)(12\,180 \times 10^{-9})}{(942\,069 \times 10^{-12})(0.004)} = 4.75\ \text{MPa}$$

$$\tau_c = \frac{VQ_c}{Ib_c} = \frac{(1470)(12\,180 \times 10^{-9})}{(942\,069 \times 10^{-12})(0.058)} = 0.33\ \text{MPa}$$

$$\tau_d = \frac{VQ_d}{Ib_d} = \frac{(1470)(0)}{(942\,069 \times 10^{-12})(0.058)} = 0\ \text{MPa}$$

보 깊이를 따른 이상화된 횡전단응력분포는 그림 3-18d에 나타내었다.

(b) 각 관심점에서의 굽힘응력은 다음과 같다.

답
$$\sigma_a = \frac{My_a}{I} = \frac{(117.6)(0)}{942\,069 \times 10^{-12}} = 0\ \text{MPa}$$

$$\sigma_b = \sigma_c = -\frac{My_b}{I} = -\frac{(117.6)(0.032)}{942\,069 \times 10^{-12}} = -3.99\ \text{MPa}$$

$$\sigma_d = -\frac{My_d}{I} = -\frac{(117.6)(0.038)}{942\,069 \times 10^{-12}} = -4.74\ \text{MPa}$$

(c) 각 관심점에서 굽힘응력과 횡전단응력을 포함하는 응력 요소를 고려하자. 각 응력 요소에 대한 최대전단응력은 Mohr 원이나 식 (3-14)를 이용하여 구할 수 있다. 이때 $\sigma_y = 0$이다.

$$\tau_{\max} = \sqrt{\left(\frac{\sigma}{2}\right)^2 + \tau^2}$$

따라서 각 점에서의 최대전단응력 값은 다음과 같다.

$$\tau_{\max,\,a} = \sqrt{0 + (5.55)^2} = 5.55\ \text{MPa}$$

$$\tau_{\max,\,b} = \sqrt{\left(\frac{-3.99}{2}\right)^2 + (4.75)^2} = 5.15\ \text{MPa}$$

$$\tau_{\max,\,c} = \sqrt{\left(\frac{-3.99}{2}\right)^2 + (0.33)^2} = 2.02\ \text{MPa}$$

$$\tau_{\max,\,d} = \sqrt{\left(\frac{-4.74}{2}\right)^2 + 0} = 2.37\ \text{MPa}$$

답 흥미롭게도 임계위치는 최대전단응력이 가장 큰 a점이지만 이 점의 굽힘 응력은 0이다. 다음 임계위치는 웹의 b점이며 이 점은 얇은 웹 두께로 인해 c점이나 d점과 비교하여 횡전단응력이 갑자기 증가하는 위치이다. 이는 굽힘응력이 점 d에서 최대이지만 점 d보다 점 a와 b가 더 취약부인 것으로 밝혀졌기 때문에 직관적인 예측과 반대이다. 얇은 웹과 넓은 플랜지는 횡전단응력의 영향을 증가시킨다. 보의 길이와 높이비가 증가하면 임계위치는 a점에서 b점으로 이동할 것이다. 이는 a점에서 횡전단응력은 변하지 않지만 b점에서의 굽힘응력은 증가하기 때문이다. 설계자는 중립축으로부터 멀어질수록 점점 넓어지는 단면을 가진 경우 임계위치가 단면의 외면이 아닐 가능성에 특히 주의해야 한다. 특히 웹이 얇고 플랜지가 넓은 경우가 그렇다. 그러나 사각이나 원형 단면의 경우는 그림 3-15에 나타난 바와 같이 외면에서의 최대 굽힘응력이 지배적이다.

3-11 비틀림

기계요소의 축과 동일 선상에 있는 모멘트 벡터를 **토크**(*torque*) **벡터**라 하고, 이 모멘트는 요소가 축에 대하여 비틀림을 유발하도록 작용한다. 또한 이러한 모멘트가 작용하는 봉은 **비틀림**(*torsion*) 하에 있다고 한다.

그림 3-19에 나타낸 것처럼 봉에 작용하는 토크 T는 방향을 표기하기 위하여 표면에 화살표를 그리거나, 봉의 비틀림 축을 따라 토크 벡터 화살표를 그려서 나타낼 수 있다. 토크 벡터는 그림 3-19의 x축에 나타낸 빈(hollow) 화살표이다. 또한 벡터에 대하여 오른손 법칙을 따른다.

중실 원형 봉에 대한 **비틀림각**(단위: radian)은 다음과 같다.

$$\theta = \frac{Tl}{GJ} \tag{3-35}$$

그림 3-19

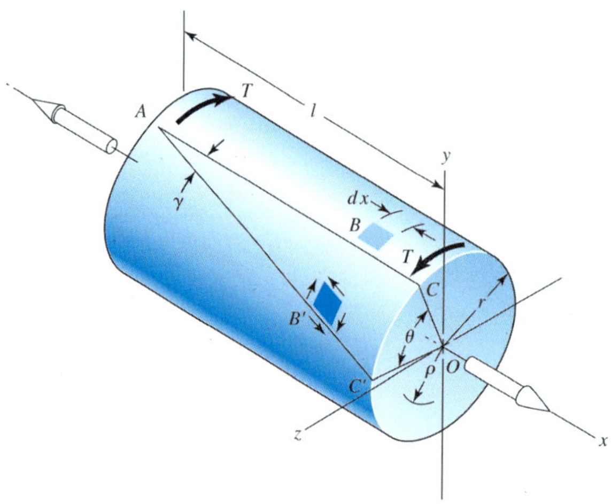

여기서 T = 토크
l = 길이
G = 강성 계수
J = 극 단면 2차 모멘트

토크로 인해 단면에는 전단응력이 발생한다. 토크가 작용하는 원형 봉의 경우 전단응력은 반지름 ρ에 비례하면 다음과 같이 주어진다.

$$\tau = \frac{T\rho}{J} \tag{3-36}$$

외면에 대한 반지름을 r이라 하면

$$\tau_{\max} = \frac{Tr}{J} \tag{3-37}$$

해석에 사용된 가정들은 다음과 같다.

- 봉은 순수 비틀림을 받으며, 해당 단면은 하중의 작용점과 지름이 변하는 곳으로부터 멀리 위치한다.
- 재료는 Hooke의 법칙을 따른다.
- 초기부터 평면이고 평행한 인접 단면은 비틀림 후에도 평면과 평행함을 유지한다. 그리고 모든 반지름방향 선은 직선을 유지한다.

마지막 가정은 부재의 축대칭성에 달려 있으며 따라서 비원형 단면에는 적용될 수 없다. 결과적으로 식 (3-35)~(3-27)은 원형 단면에 대해서만 적용된다. 중실 원형 단면의 경우

$$J = \frac{\pi d^4}{32} \tag{3-38}$$

여기서 d는 봉의 지름이다. 또한 중공 원형 단면의 경우

$$J = \frac{\pi}{32}(d_o^4 - d_i^4) \tag{3-39}$$

여기서 아래첨자 o와 i는 각각 바깥지름과 안지름을 의미한다.

축방향으로 서로 다른 위치에 설치된 기어나 풀리에 대한 토크 전달을 용이하게 하기 위해 어떤 경우에는 규칙적인 다각형 단면 형상을 갖는 비원형 단면 부재나 축이 사용되기도 한다. 이 경우 키 혹은 키홈이 필요 없기 때문에 가동 중 키를 분실할 위험이 없기 때문이다. 비원형 단면의 비틀림 하중에 대한 응력과 변위식은 탄성이론으로부터 구할 수 있다. 일반적으로 전단응력은 축으로부터의 거리에 대해 선형적으로 변하지 않고 특정 단면에 의존한다. 사실 사각 단면의 경우 전단응력은 축으로부터의 거리가 가장 큰 모서리에서 0이다. $b \times c$의 사각 단면 봉에서 최대전단응력은 가장 긴 변 b의 중앙에서 발생하고, 크기는 다음과 같다.

$$\tau_{\max} = \frac{T}{\alpha bc^2} \doteq \frac{T}{bc^2}\left(3 + \frac{1.8}{b/c}\right) \tag{3-40}$$

여기서 b는 폭(가장 긴 쪽), c는 두께(짧은 쪽)이다. 서로 바뀌면 **안 된다**. α는 아래 표에 주어진 바와 같이 b/c의 함수로 주어지는 계수이다.[4] 비틀림각은 다음과 같다.

$$\theta = \frac{Tl}{\beta bc^3 G} \tag{3-41}$$

여기서 β는 표에 제시된 바와 같이 b/c의 함수이다.

b/c	1.00	1.50	1.75	2.00	2.50	3.00	4.00	6.00	8.00	10	∞
α	0.208	0.231	0.239	0.246	0.258	0.267	0.282	0.299	0.307	0.313	0.333
β	0.141	0.196	0.214	0.228	0.249	0.263	0.281	0.299	0.307	0.313	0.333

식 (3-40)은 정사각형 단면에 대해서도 근사적으로 유효하다. 즉, 이들은 각각 반씩의 토크를 전달하는 2개의 직사각형으로 고려할 수 있다.[5]

회전축의 동력과 속도로부터 토크 T를 계산해야 하는 경우가 자주 있다. 편의를 위하여 U.S. Customary 단위를 사용할 경우 다음의 3가지 관계가 사용될 수 있다.

$$H = \frac{FV}{33\,000} = \frac{2\pi Tn}{33\,000(12)} = \frac{Tn}{63\,025} \tag{3-42}$$

여기서 H = 동력, hp

T = 토크, lbf·in

n = 회전속도, rev/min

F = 힘, lbf

V = 속도, ft/min

SI 단위를 사용할 경우 관계식은 다음과 같다.

$$H = T\omega \tag{3-43}$$

여기서 H = 동력, W

T = 토크, N·m

ω = 각속도, rad/s

동력(단위: Watt)에 해당하는 토크 T는 다음과 같이 주어질 수 있다.

$$T = 9.55\frac{H}{n} \tag{3-44}$$

여기서 n은 분당 회전수이다.

---

[4] S. Timoshenko, *Strength of Materials*, Part I, 3rd ed., D. Van Nostrand Company, New York, 1955, p. 290.

[5] 다른 단면 형상의 겨우는 다음을 참고하라. W. C. Young, R. G. Budynas, and A. M. Sadegh, *Roark's Formulas for Stress and Strain*, 8th ed., McGraw-Hill, New York, 2012.

예제 3-6 그림 3-20은 힘 $F = 1.3\,\text{kN}$이 작용하는 크랭크를 나타낸 것으로 이 힘은 기준 좌표계의 원점에서 고정된 지름 20 mm 축에 비틀림과 굽힘을 야기한다. 실제 지지(support)는 회전 시 발생하는 관성(inertia)이 되어야 하나, 응력해석 관점에서는 이를 정적 문제로 고려할 수 있다.

(a) 축 AB와 암 BC에 대하여 각각 자유물체도를 작성하고, 모든 힘, 모멘트, 토크 값을 계산하라. 자유물체도에 좌표축의 방향도 함께 표시하라.

(b) 암 BC에 작용하는 비틀림 응력과 굽힘응력의 최댓값을 계산하고, 해당 위치를 표기하라.

(c) A 위치에서 축의 윗면에 응력 요소에 위치시키고, 이 요소에 작용화는 모든 응력성분을 구하라.

(d) A 위치에서 최대 수직 및 전단응력을 구하라.

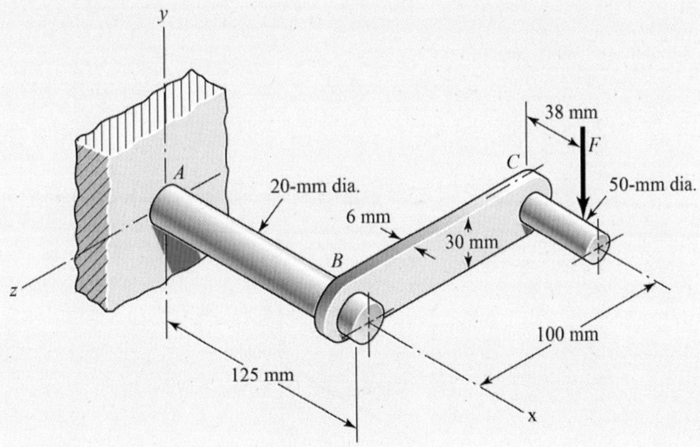

| 그림 3-20

풀이 (a) 2개의 자유물체도는 그림 3-23에 나타내었으며, 그 결과는 다음 식과 같다.

암 BC의 끝점 C에서: $\mathbf{F} = -1.3\,\mathbf{j}\,\text{kN},\ \mathbf{T}_C = -0.05\mathbf{k}\,\text{kN}\cdot\text{m}$

암 BC의 끝점 B에서: $\mathbf{F} = 1.3\,\mathbf{j}\,\text{kN},\ \mathbf{M}_1 = 0.13\mathbf{i}\,\text{kN}\cdot\text{m},\ \mathbf{T}_1 = 0.05\mathbf{k}\,\text{kN}\cdot\text{m}$

축 AB의 끝점 B에서: $\mathbf{F} = -1.3\,\mathbf{j}\,\text{kN},\ \mathbf{T}_2 = -0.13\mathbf{i}\,\text{kN}\cdot\text{m},$

$\mathbf{M}_2 = -0.05\mathbf{k}\,\text{kN}\cdot\text{m}$

축 AB의 끝점 A에서: $\mathbf{F} = 1.3\,\mathbf{j}\,\text{kN},\ \mathbf{M}_A = 0.66\mathbf{k}\,\text{kN}\cdot\text{m},\ \mathbf{T}_A = 0.13\mathbf{i}\,\text{kN}\cdot\text{m}$

(b) 암 BC에 대하여, 굽힘모멘트는 B점에서 최대가 될 것이다. 그 값을 0.13 kN·m이라 가정하면, 사각 단면에 대한 굽힘응력은 다음과 같다.

답
$$\sigma = \frac{M}{I/c} = \frac{6M}{bh^2} = \frac{6(130)}{0.006(0.03)^2} = 144.4\,\text{MPa}$$

물론 이 값은 정확한 값은 아니다. 왜냐하면 실제 B점에서의 모멘트는 용접부를 통해 축으로 전달되기 때문이다.

비틀림 응력에 대하여 식 (3-43)을 사용하면 다음과 같다.

답 $$\tau_{\max} = \frac{T}{bc^2}\left(3 + \frac{1.8}{b/c}\right) = \frac{50}{0.03(0.006)^2}\left(3 + \frac{1.8}{0.03/0.006}\right) = 155.6\ \text{MPa}$$

이 응력은 30 mm 면의 중앙에서 발생한다.

(c) A점의 응력 요소에 대하여 굽힘응력은 인장이며 다음과 같이 표현할 수 있다.

답 $$\sigma_x = \frac{M}{I/c} = \frac{32M}{\pi d^3} = \frac{32(660)}{\pi(0.02)^3} = 840.3\ \text{MPa}$$

비틀림 응력은 다음과 같다.

답 $$\tau_{xz} = \frac{-T}{J/c} = \frac{-16T}{\pi d^3} = \frac{-56(130)}{\pi(0.02)^3} = -82.8\ \text{MPa}$$

여기서 τ_{xz}는 음의 방향을 갖는 것을 확인해야 한다.

(d) A점은 응력이 xz 평면 내에 존재하는 평면응력 상태에 있다. 따라서 주응력은 x, z축에 상응하는 아래첨자가 들어간 식 (3-13)으로부터 계산할 수 있다.

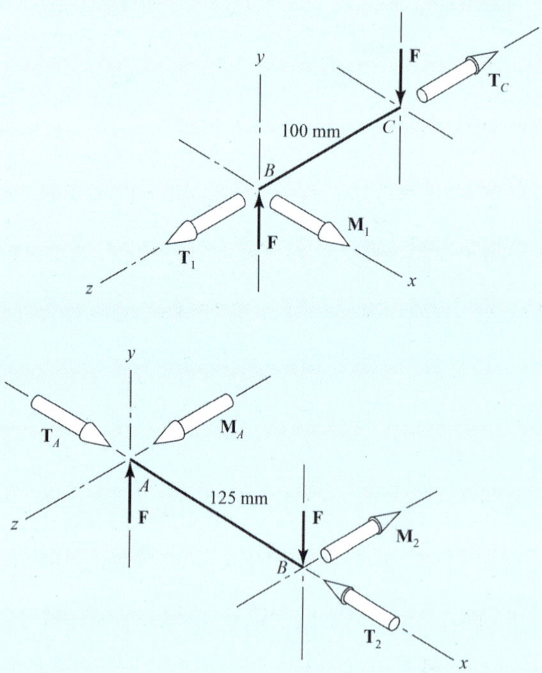

| 그림 3-21

답 최대수직응력은 다음과 같다.

$$\sigma_1 = \frac{\sigma_x + \sigma_z}{2} + \sqrt{\left(\frac{\sigma_x - \sigma_z}{2}\right)^2 + \tau_{xz}^2}$$

$$= \frac{840.3 + 0}{2} \sqrt{\left(\frac{840.3 - 0}{2}\right)^2 + (-82.8)^2} = 848.4 \text{ MPa}$$

답 A점에서 최대전단응력은 주응력을 포함하는 면 또는 굽힘 및 비틀림 전단응력을 포함하는 면과는 다른 면에서 발생한다. 최대전단응력은 식 (3-14)로부터 구할 수 있으며, 수정된 아래첨자를 반영하면 다음 식과 같이 구할 수 있다.

$$\tau_1 = \sqrt{\left(\frac{\sigma_x - \sigma_z}{2}\right)^2 + \tau_{xz}^2} = \sqrt{\left(\frac{840.3 - 0}{2}\right)^2 + (-82.8)^2} = 428.2 \text{ MPa}$$

예제 3-7 그림 3-22a와 같이 지름 40 mm인 중실 금속 축은 양 끝단에서 단순 지지되어 있다. 2개의 풀리는 축에 키로 고정되어 있으며, 풀리 B는 지름이 100 mm이고 풀리 C의 지름은 200 mm이다. 굽힘 응력과 비틀림 응력만을 고려하여 축에서 발생하는 최대 인장, 압축, 전단응력의 크기와 위치를 구하라.

풀이 그림 3-22b는 축에 발생하는 힘, 반력, 비틀림 모멘트를 나타낸다. 이것은 3차원 문제이고 벡터로 표현하는 것이 타당하지만, 2개의 평면해석을 수행하여 모멘트 벡터의 성분을 살펴볼 것이다. 그림 3-22c는 xy 평면에서의 하중을 나타내며, 실제 굽힘모멘트는 z방향의 벡터이다. 따라서 모멘트 선도를 M_z와 x에 대하여 도시한다. xz 평면에 대한 모멘트 선도는 그림 3-22d에 나타낸 바와 같이 M_y와 x에 대하여 작성한다.

단면에 작용하는 모멘트는 각 성분의 벡터 합이며 다음과 같다.

$$M = \sqrt{M_y^2 + M_z^2} \qquad (1)$$

B점에서 모멘트는 다음과 같다.

$$M_B = \sqrt{225^2 + 900^2} = 928 \text{ N} \cdot \text{m}$$

C점에서 모멘트는 다음과 같다.

$$M_C = \sqrt{450^2 + 450^2} = 636 \text{ N} \cdot \text{m}$$

따라서 최대 굽힘모멘트는 928 N · m이고, 풀리 B에서 최대 굽힘응력은 다음과 같다.

$$\sigma = \frac{Md/2}{\pi d^4/64} = \frac{32M}{\pi d^3} = \frac{32(928)}{\pi(0.04)} = 147.7 \text{ MPa}$$

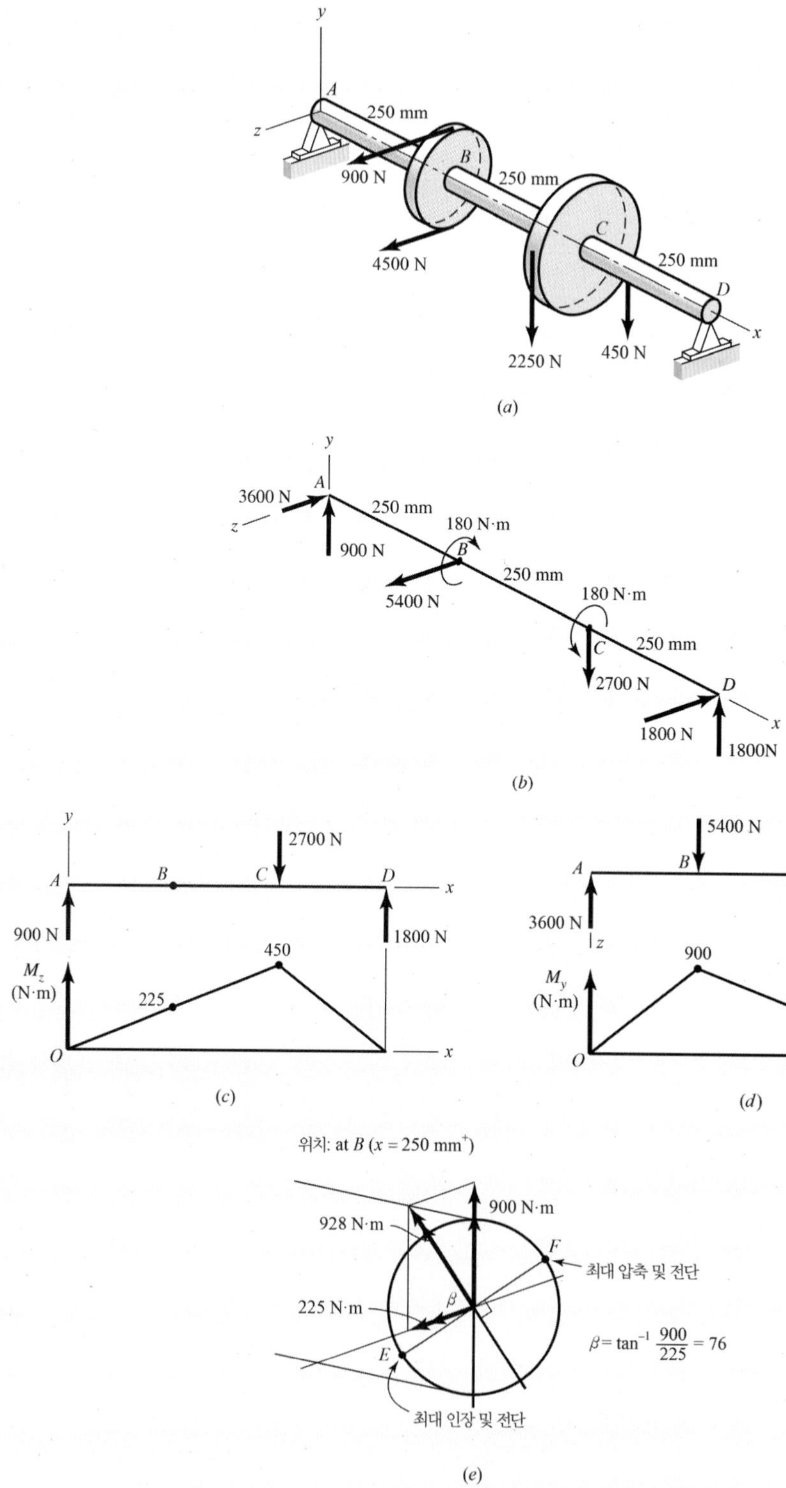

y
A
z
250 mm
900 N
B
250 mm
4500 N
C
250 mm
D
x
2250 N
450 N
(a)
3600 N
900 N
180 N·m
5400 N
180 N·m
2700 N
1800 N
1800N
(b)
2700 N
900 N
1800 N
450
225
M_z (N·m)
O
(c)
5400 N
3600 N
1800 N
900
450
M_y (N·m)
(d)
위치: at B (x = 250 mm⁺)
900 N·m
928 N·m
225 N·m
F
최대 압축 및 전단
E
β
$\beta = \tan^{-1}\frac{900}{225} = 76$
최대 인장 및 전단
(e)

| 그림 3-22

최대 비틀림 전단응력은 B와 C 사이에서 발생하며, 다음 식으로 표현할 수 있다.

$$\tau = \frac{Td/2}{\pi d^4/32} = \frac{16T}{\pi d^3} = \frac{16(180)}{\pi(0.04^3)} = 14.3 \text{ MPa}$$

그림 3-22e에 나타낸 바와 같이, 최대 굽힘 및 비틀림 전단응력은 풀리 B의 바로 오른쪽 단면의 점 E와 F에서 발생한다. E점에서 최대 인장응력은 σ_1이며 다음과 같이 주어진다.

답 $$\sigma_1 = \frac{\sigma}{2} + \sqrt{\left(\frac{\sigma}{2}\right)^2 + \tau^2} = \frac{147.7}{2} + \sqrt{\left(\frac{147.7}{2}\right)^2 + 14.3^2} = 149.1 \text{ MPa}$$

F점에서 최대 압축응력은 σ_2이며 다음과 같이 주어진다.

답 $$\sigma_2 = \frac{-\sigma}{2} - \sqrt{\left(\frac{-\sigma}{2}\right)^2 + \tau^2} = \frac{-147.7}{2} - \sqrt{\left(\frac{-147.7}{2}\right)^2 + 14.3^2} = -1.4 \text{ MPa}$$

극한 전단응력 또한 점 E와 F에서 발생한다.

답 $$\tau_1 = \sqrt{\left(\frac{\pm\sigma}{2}\right)^2 + \tau^2} = \sqrt{\left(\frac{\pm 147.7}{2}\right)^2 + 14.3^2} = 75.2 \text{ MPa}$$

닫힌 박판 튜브($t \ll r$)[6]

박판 튜브(thin-walled tube)의 경우, 전단응력과 벽두께의 곱 τt는 일정하며, 이는 전단응력 τ와 벽두께 t가 반비례 관계임을 의미한다. 그림 3-23에 도시한 바와 같이 튜브에 작용하는 전체 토크 T는 다음과 같다.

$$T = \int \tau tr\, ds = (\tau t)\int r\, ds = \tau t(2A_m) = 2A_m t\tau$$

여기서 A_m은 **단면 중심선에 의해 둘러싸인 면적**이다. τ에 대해 풀면 다음과 같다.

그림 3-23
단면형상은 타원형이며, 단면이 대칭이거나 일정 두께일 필요는 없다.

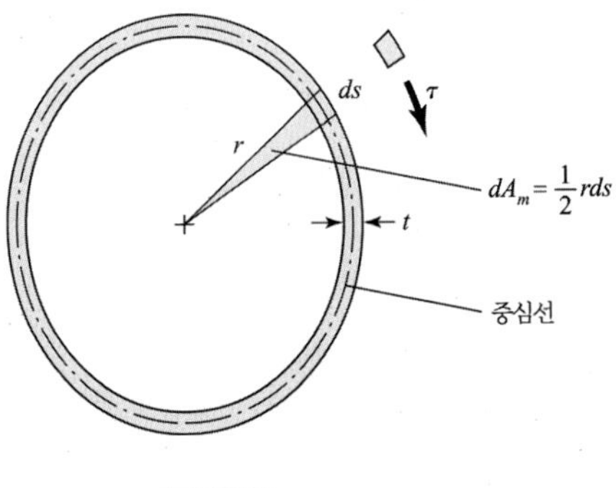

[6] F. P. Beer, E. R. Johnson, and J. T. De Wolf, *Mechanics of Materials*, 5th ed., McGraw-Hill, New York, 2009.

$$\tau = \frac{T}{2A_m t} \quad (3\text{-}45)$$

벽두께 t가 일정한 경우, 튜브의 단위길이당 비틀림각(radians) θ_1은 다음과 같다.

$$\theta_1 = \frac{TL_m}{4GA_m^2 t} \quad (3\text{-}46)$$

여기서 L_m은 **단면 중심선의 길이**이다. 단, 튜브의 좌굴은 여러 다른 요소에 의해 발생하지 않으며 응력은 비례한도를 초과하지 않는다고 가정한다.

예제 3-9 그림 3-24에 나타낸 바와 같이 용접된 금속 튜브의 길이는 1 m이며 벽두께는 3 mm이다. 또한 사각 단면의 길이는 그림에 나타낸 바와 같다. 허용전단응력은 80 MPa이고 전단 계수는 80 GPa로 가정한다.

(a) 허용 토크 T를 구하라.

(b) 토크에 의한 비틀림각을 구하라.

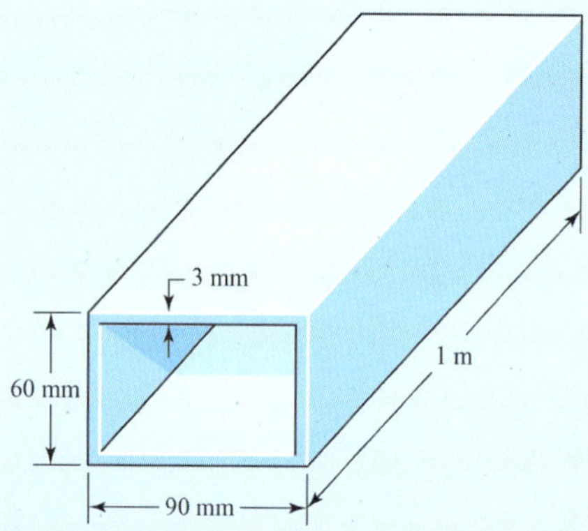

그림 3-24
용접으로 제작된 사각 금속 튜브

풀이 (a) 단면 중심선의 안쪽으로 둘러싸인 면적은 다음과 같다.

$$A_m = (60-3)(90-3) = 4959\ \text{mm}^2$$

그리고 중심선 주변 길이는 다음과 같다.

$$L_m = 2[(60-3)+(90-3)] = 288\ \text{mm}$$

답 식 (3-45)로부터 토크 T는 다음과 같다.

$$T = 2A_m t\tau = 2(4959\times10^{-6})(0.003)(80\times10^6) = 2380\ \text{N}\cdot\text{m}$$

답 (b) 식 (3-46)으로부터 비틀림각 θ는 다음과 같다.

$$\theta = \theta_1 l = \frac{TL_m}{4GA_m^2 t} l = \frac{2380(0.288)}{4(80\times10^9)(4959\times10^{-6})^2(0.003)}(1)$$
$$= 0.029\,\text{rad} = 1.66°$$

예제 3-9 식 (3-37)과 (3-45)를 이용하여 바깥지름이 25 mm이고 안지름이 22 mm인 원형 실린더 튜브에 작용하는 전단응력을 각각 구하고 비교하라.

풀이 식 (3-37)로부터,

$$\tau_{\max} = \frac{Tr}{J} = \frac{Tr}{(\pi/32)(d_o^4 - d_i^4)} = \frac{T(0.0125)}{(\pi/32)(0.025^4 - 0.022^4)} = 814\,253\,T$$

식 (3-45)로부터,

$$\tau = \frac{T}{2A_m t} = \frac{T}{2(\pi 0.0235^2/4)0.0015} = 768\,516\,T$$

식 (3-37)을 기준값으로 설정하면, 박판으로 가정함에 따른 오차는 -5.6%이다.

열린 박판 단면

벽 중심선이 닫혀 있지 않을 때 이와 같은 단면을 **열린 단면**(open section)이라 한다. 그림 3-25에 몇몇 예를 나타내었다. 벽이 얇을 경우 비틀림이 작용하는 열린 단면은 막 유사성 이론(membrane analogy theory)으로부터 다음의 관계를 갖는다.[7]

$$\tau = G\theta_1 c = \frac{3T}{Lc^2} \tag{3-47}$$

여기서 τ는 전단응력, G는 전단 계수, θ_1은 단위길이당 비틀림각, T는 토크, L은 중앙선의 길이이다. 열린 단면에 대하여 벽두께는 c(t가 아닌)로 표기한다. 식 (3-41)에 따른 표를

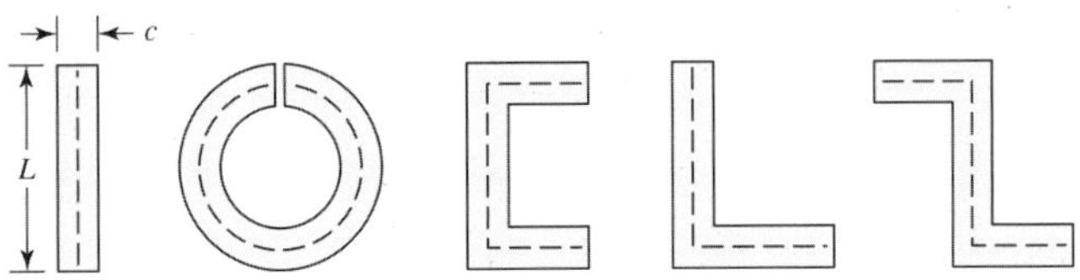

그림 3-25
열린 박판 단면 예

[7] See S. P. Timoshenko and J. N. Goodier, *Theory of Elasticity*, 3rd ed., McGraw-Hill, New York, 1970, Sec. 109.

살펴보면 막 이론은 $b/c \to \infty$로 가정함을 확인할 수 있다. 설계 시 열린 박판 단면에 비틀림 하중이 작용하는 경우는 반드시 피해야 한다. 식 (3-47)에 나타낸 바와 같이 전단응력과 비틀림각은 각각 c^2 및 c^3에 반비례한다. 따라서 벽두께가 얇을 경우, 응력과 비틀림은 매우 커지게 된다. 예를 들어, 그림 3-25에서 갈라진 틈(slit)이 존재하는 얇은 둥근 튜브를 고려하자. 벽두께와 바깥지름의 비 $d/d_o = 0.1$에 대하여 동일한 치수의 닫힌 단면과 비교하여, 열린 단면에서는 응력과 비틀림각의 크기가 각각 12.3과 61.5배만큼 더 커진다.

예제 3-10 길이가 0.3 m이고 두께는 3 mm, 폭이 25 mm인 긴 부재를 그림 3-26에 나타내었다. 만약 허용전단응력이 80 MPa이고 전단 계수는 80 GPa이라면 (a) 식 (3-47)을 사용하는 경우와 (b) 식 (3-40)과 (3-41)을 사용하는 경우에 대하여 각각 허용전단응력에 해당하는 토크와 비틀림각(단위: degree)을 계산한다.

풀이 (a) 중심선의 길이가 25 mm이므로 식 (3-47)로부터 다음을 구할 수 있다.

$$T = \frac{Lc^2\tau}{3} = \frac{(0.025)(0.003)^2 80 \times 10^6}{3} = 6\ \text{N} \cdot \text{m}$$

$$\theta = \theta_1 l = \frac{\tau l}{Gc} = \frac{80 \times 10^6 (0.3)}{80 \times 10^9 (0.003)} = 0.1\ \text{rad} = 5.7°$$

비틀림 스프링률 k_t는 T/θ로 나타낼 수 있다.

$$k_t = 6/0.1 = 60\ \text{N} \cdot \text{m/rad}$$

(b) 식 (3-40)으로부터

$$T = \frac{\tau_{\max} bc^2}{3 + 1.8/(b/c)} = \frac{80 \times 10^6 (0.25)(0.003)^2}{3 + 1.8/(25/3)} = 5.6\ \text{N} \cdot \text{m}$$

식 (3-41)로부터, $b/c = 25/3 = 8.3$이므로 다음을 구할 수 있다.

$$\theta = \frac{Tl}{\beta bc^3 G} = \frac{5.6(0.3)}{0.307(0.025)(0.003)^3 80 \times 10^9} = 0.1011\ \text{rad} = 5.8°$$

$$k_t = 5.6/0.1011 = 55.4\ \text{N} \cdot \text{m/rad}$$

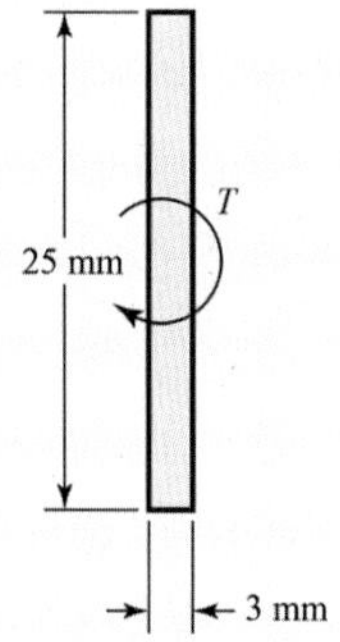

그림 3-26
비틀림 모멘트 T가 작용하는 얇고 가느다란 철 부재의 단면

b가 c보다 적어도 10배 이상 크지 않다면 얇은 단면이 아니다. 토크를 계산하는 경우 식 (3-47)은 식 (3-40)에 비해 약 7.1% 큰 값을 나타낸다. 또한 식 (3-41) 아래에 있는 표를 사용한 결과보다는 8% 큰 값을 제공한다.

3-12 응력 집중

지금까지 인장, 압축, 굽힘, 비틀림에 대한 기본 응력식을 유도하는 데 있어서, 부재에 어떠한 기하학적 형상변화도 없다고 가정하였다. 그러나 부재의 단면 변화 없이 기계를 설계하는 것은 아주 어렵다. 회전축에는 숄더(shoulder)를 설계해야만 베어링을 적절히 설치함으로써 축하중을 받을 수 있게 된다. 그리고 축은 풀리나 기어를 안전하게 체결하기 위하여 반드시 키 슬롯(key slot)을 가공해야 한다. 볼트는 한쪽 끝 부분에는 헤드를 반대쪽에는 나사산(screw threads)을 갖고 있으며, 두 부분 모두 급격한 단면변화가 일어난다. 다른 많은 부품들에도 다양한 종류의 구멍, 오일 그루브(oil groove), 노치 등을 가공해야 한다. 기계 부품에서 특정 불연속부는 이웃한 영역의 응력분포를 변화시키기 때문에, 기본 응력식으로는 불연속부의 응력상태를 나타낼 수 없다. 이러한 불연속부를 **응력 상승부**(*stress raiser*)라 하며, 이 부분을 **응력 집중부**라 한다. 응력 집중은 부재 고유의 요인이 아닌 자국(tool mark), 구멍(hole), 노치(notch), 홈(groove), 나사산(thread) 등과 같은 어떤 불규칙한 것에 의해서도 발생할 수 있다.

이론적(*theoretical*) 또는 **기하학적 응력집중계수** K_t 또는 K_{ts}는 불연속부에서의 실제 최대 응력과 **공칭응력**(*nominal stress*)을 연관시켜 주기 위해 사용된다. 이 계수는 다음의 식으로 정의할 수 있다.

$$K_t = \frac{\sigma_{\max}}{\sigma_0} \qquad K_{ts} = \frac{\tau_{\max}}{\tau_0} \tag{3-48}$$

여기서 K_t와 K_{ts}는 각각 수직 및 전단응력이 작용하는 경우에 대하여 사용된다. 공칭응력 σ_0 또는 τ_0는 기본 응력식과 순 단면(net area)을 이용하여 계산되는 응력이다. 그러나 때때로 순 단면 대신 전체 단면이 사용되기도 하므로, 최대 응력을 계산하기 이전에 K_t 또는 K_{ts}가 어디에서 도출되었는지를 항상 확인하는 것이 바람직하다.

응력집중계수는 부품의 **형상**에만 의존한다. 즉, 사용된 재질의 특성은 K_t 값에 영향을 미치지 않는다. 이것이 바로 **이론적** 응력집중계수라 불리는 이유이다.

응력집중계수를 결정하기 위한 기하학적 형상 해석은 어려운 문제이며, 이에 대한 해결책 역시 많이 존재하지 않는다. 대부분의 응력집중계수들은 실험적 방법에 의하여 구할 수 있다.[8] 유한요소법(finite element method)도 사용되나, 요소가 유한하다는 것이 실제 최대 응력을 계산하는 데 방해가 된다(그러나 최근에는 전산역학의 발전으로 매우 정확한 값을 유한요소법을 이용하여 구할 수 있다). 일반적인 실험적인 방법으로는 광탄성법(photoelasticity), 격자법(grid methods), 취성 피막법(brittle-coating methods), 전기적 스트레인게이지법(electrical strain-gauge methods) 등이 있다. 격자법과 스트레인게이지법 역시 유한요소법과 마찬가지로 동일한 한계가 있다.

---

[8] W. D. Pilkey and D. F. Pilkey, *Peterson's Stress Concentration Factors*, 3rd ed., John Wiley & Sons, New York, 2008.

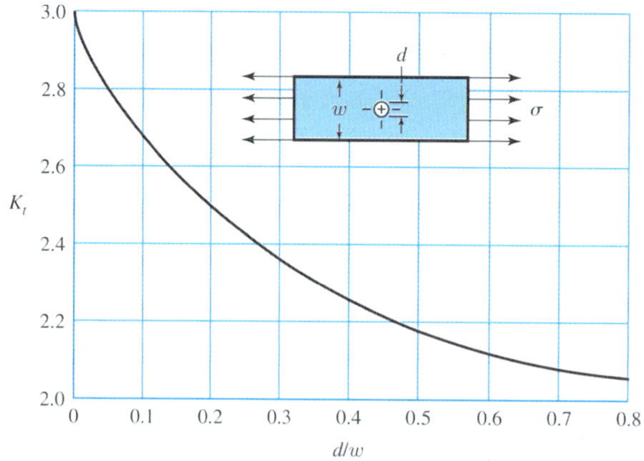

그림 3-27
중앙에 구멍이 존재하는 인장 및 단순 압축을 받는 얇은 평판. 순수 인장력은 $F = \sigma wt$이고 여기서 t는 평판의 두께이다. 공칭응력은 $\sigma_0 = \dfrac{F}{(w-d)t} = \dfrac{w}{(w-d)}\sigma$로 주어진다.

중앙에 구멍이 존재하는 평판에 인장하중이 작용하는 경우에 대한 예를 그림 3-27에 나타내었다.

정하중 조건에 대하여 응력집중계수는 다음과 같이 적용한다. **연성재료**($\epsilon_f \geq 0.05$)의 경우, 일반적으로 임계응력을 예측하는 데 응력집중계수를 적용하지 않는다. 그 이유는 응력집중 부위에서 국부적으로 소성 변형이 발생하고, 이로 인해 변형률 강화 효과가 나타나 강도가 향상되기 때문이다. **취성재료**($\epsilon_f < 0.05$)의 경우, 공칭응력을 강도와 비교하기 이전에 기하학적 응력집중계수 K_t를 공칭응력에 적용한다. 회주철(gray cast iron)은 제조특성상 이미 많은 응력 상승부를 포함하고 있기 때문에, 설계자에 의한 가공으로 인해 형성된 응력 상승부는 비교적 작은 (하지만 더해지는) 효과만을 갖는다.

연성재료로 제작되고 서서히 작용하는 정하중을 받는 부품을 고려하자. 그리고 응력집중부의 응력은 항복 강도를 초과한다. 항복은 매우 작은 영역에서 제한적으로 발생하고 하중이 제거된 후 잔류응력뿐만 아니라 영구 변형은 중요하지 않으며 일반적으로 허용 가능한 범위일 것이다. 항복이 발생하면 응력분포는 변하며 더욱 균일 분포 양상을 보일 것이다. 항복이 발생한 영역에서 연성재료의 경우는 파괴에 대한 위험이 거의 없다. 그러나 취성 파괴의 가능성이 있다면 응력 집중을 심각하게 고려해야 한다. 취성 파괴는 취성재료에 대해서만 일어나는 것이 아니다. 연성적으로 거동할 것으로 생각되는 재료가 특정 조건에서 취성적으로 파손될 수 있다. 반복 하중, 정하중이 빠르게 작용하는 경우, 낮은 온도에서 하중이 작용하는 경우, 재료 구조에 결함을 포함한 부품 등이 대표적인 예이다(4-12절 참조). 공정이 연성재료에 미치는 영향(경화, 수소취화, 용접 등)도 파손을 가속화할 수 있다. 그러므로 응력 집중을 다룰 때에는 항상 주의해야 한다.

동적 하중의 경우에는 연성 및 취성재료 **모두**에서 응력 집중 효과가 중요하며 항상 고려해야 한다(5-10절 참고).

예제 3-11 그림 3-28에 나타낸 바와 같이 두께가 2 mm인 바에 10 kN의 일정한 힘이 축방향으로 작용하고 있다. 이 바의 재료는 열처리되었으며 강도를 올리기 위해 담금질되었다. 이로 인해 대부분의 연성은 소실되었다. 케이블 통과를 위해 판재의 40 mm 면의 중앙에 구멍을 가공해야 한다. 케이블을 위해서는 4 mm 구멍이면 충분하지만 8 mm의 드릴을 바로 이용할 수 있다. 균열은 큰 구멍, 작은 구멍, 필릿 중 어느 곳에서 발생할 것으로 예상되는가?

| 그림 3-28

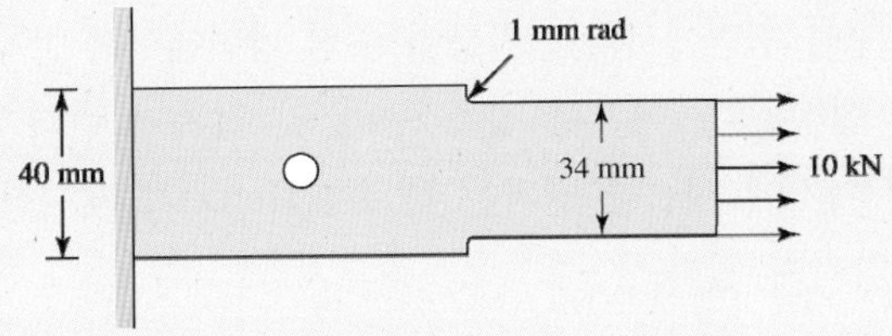

풀이 취성재료이기 때문에 불연속부에서의 응력 집중에 의한 영향이 고려되어야 한다. 먼저 4 mm의 구멍을 고려하면 공칭응력은

$$\sigma_0 = \frac{F}{A} = \frac{F}{(w-d)t} = \frac{10\,000}{(40-4)2} = 139 \text{ MPa}$$

그림 A-15-1과 $d/w = 4/40 = 0.1$을 이용하면 이론적인 응력집중계수 $K_t = 2.7$이다. 최대 응력은

답 $$\sigma_{\max} = K_t \sigma_0 = 2.7(139) = 380 \text{ MPa}$$

유사하게, 8 mm의 구멍에 대해서는 다음과 같다.

$$\sigma_0 = \frac{F}{A} = \frac{F}{(w-d)t} = \frac{10\,000}{(40-8)2} = 156 \text{ MPa}$$

$d/w = 8/40 = 0.2$이므로 $K_t = 2.5$이고 최대 응력은

답 $$\sigma_{\max} = K_t \sigma_0 = 2.5(156) = 390 \text{ MPa}$$

응력 집중이 4 mm의 구멍에서 더 큼에도 불구하고 8 mm 구멍 경우에서의 공칭응력의 증가가 최대 응력에 더 큰 영향을 미쳤다.

필릿의 경우

$$\sigma_0 = \frac{F}{A} = \frac{10\,000}{(34)2} = 147 \text{ MPa}$$

$D/d = 40/34 = 1.18$, $r/d = 1/34 = 0.026$로부터, $K_t = 2.5$이다.

답 $$\sigma_{\max} = K_t \sigma_0 = 2.5(147) = 368 \text{ MPa}$$

답 결과를 보면 균열은 8 mm 구멍에서 발생하기 쉽고, 다음으로 4 mm 구멍이 발생하기 쉬우며, 필릿에서의 가능성이 가장 작다.

3-13 접촉 응력

곡면을 가진 두 물체가 서로 누르고 있을 때, 점 또는 선 접촉은 면 접촉으로 바뀌고 두 물체에서의 응력은 3차원이 된다. 접촉 응력 문제는 바퀴와 레일의 접촉, 자동차의 밸브 캠과 태핏(tappet), 접촉하는 기어 이, 구름 베어링이 운전되는 경우 등에서 발생한다. 전형적인 파손은 균열, 피트(pit) 또는 재료 표면의 박리(flaking) 등으로 나타난다.

접촉 응력의 가장 일반적인 경우는 각 접촉 물체가 2개의 곡률반지름을 갖는 경우에 발생한다. 즉, 구름 평면에서의 반지름이 수직 평면에서의 반지름과 다를 때 두 평면은 접촉 힘 축을 따라 설정된다. 여기서 접촉 구면 및 접촉 실린더에 대한 2가지 특별한 경우를 고려해 보자.[9] 여기에 제시한 결과는 헤르츠(Hertz)가 제시한 것이며, 이로 인해 Hertzian 응력으로 잘 알려져 있다.

구면 접촉(spherical contact)

지름이 d_1과 d_2인 2개의 중실 구가 힘 F로 서로 누르고 있을 때, 반지름 a의 접촉 원형 영역이 얻어진다. 2개의 구에 대한 탄성상수를 E_1, v_1과 E_2, v_2로 나타내면, 반지름 a는 다음 식으로부터 구할 수 있다.

$$a = \sqrt[3]{\frac{3F}{8}\frac{(1-v_1^2)/E_1 + (1-v_2^2)/E_2}{1/d_1 + 1/d_2}} \tag{3-49}$$

각각의 구에 대한 접촉영역 내에서 압력 분포는 그림 3-29b에 나타낸 바와 같이 반구형이

그림 3-29
(a) 힘 F에 의해 접촉되고 있는 2개의 구, (b) 접촉 응력은 지름 $2a$인 접촉영역을 따라 반구형으로 분포한다.

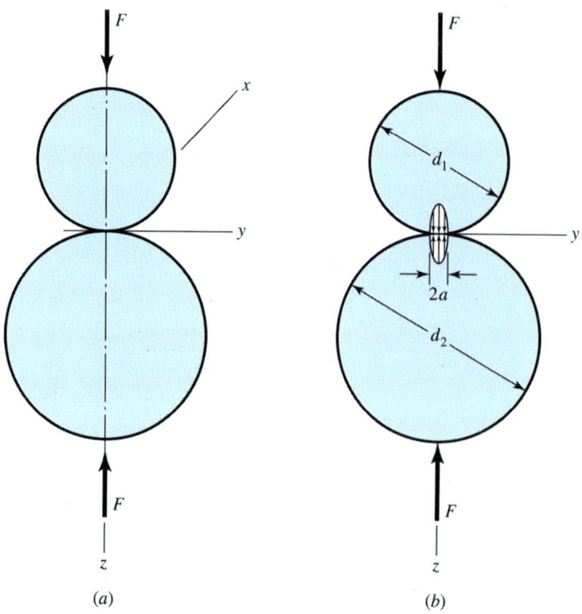

[9] 접촉 응력에 대한 보다 자세한 내용은 다음을 참고하라. Arthur P. Boresi and Richard J. Schmidt, *Advanced Mechanics of Materials*, 6th ed., Wiley, New York, 2003, pp. 589-623.

다. 최대 압력은 접촉영역의 중심에서 발생하며 다음과 같이 표현된다.

$$p_{\max} = \frac{3F}{2\pi a^2} \tag{3-50}$$

식 (3-49)과 (3-50)는 일반화된 식이며, 구와 평면 또는 구와 내부 구면의 접촉문제에도 적용할 수 있다. 평면의 경우 $d = \infty$를 사용한다. 내부 표면의 경우 지름은 음수로 표현된다.

주응력인 최대 응력은 z축에서 발생하고 그 값은 다음과 같다.

$$\sigma_1 = \sigma_2 = \sigma_x = \sigma_y = -p_{\max}\left[\left(1 - \left|\frac{z}{a}\right| \tan^{-1}\frac{1}{|z/a|}\right)(1+\nu) - \frac{1}{2\left(1+\dfrac{z^2}{a^2}\right)}\right] \tag{3-51}$$

$$\sigma_3 = \sigma_z = \frac{-p_{\max}}{1+\dfrac{z^2}{a^2}} \tag{3-52}$$

이 식은 두 구 모두에 대해 적용 가능하나 Poisson 비로 사용되는 값이 계산하고자 하는 구에 대한 값이어야 한다. z축에서 벗어난 응력상태를 결정하기 위한 식은 더욱 복잡하다. 왜냐하면 x와 y 좌표가 반드시 포함되어야 하기 때문이다. 그러나 최댓값은 z축 상에서 발생하기 때문에 설계 목적상 이들 경우에 대한 계산이 필수적이지는 않다.

식 (3-51)과 (3-52)로 표현되는 응력 상태에 대한 Mohr 원은 한 점과 두 개의 동일한 원이다. $\sigma_1 = \sigma_2$이므로, $\tau_{1/2} = 0$이며, 또한 다음과 같다.

$$\tau_{\max} = \tau_{1/3} = \tau_{2/3} = \frac{\sigma_1 - \sigma_3}{2} = \frac{\sigma_2 - \sigma_3}{2} \tag{3-53}$$

그림 3-30은 표면 아래로 $3a$까지의 거리에 대하여 식 (3-51), (3-52) 그리고 (3-53)을 도시

그림 3-30
접촉 구면에 대하여 최대 압력의 함수로 표현되는 표면 아래에서의 응력성분 크기. 최대전단응력은 $z = 0.48a$에서 표면 아래에 발생하며, 약 $0.3p_{\max}$이다. 이 선도는 Poisson 비 0.3을 기준으로 작성되었다. 수직응력은 모두 압축응력이다.

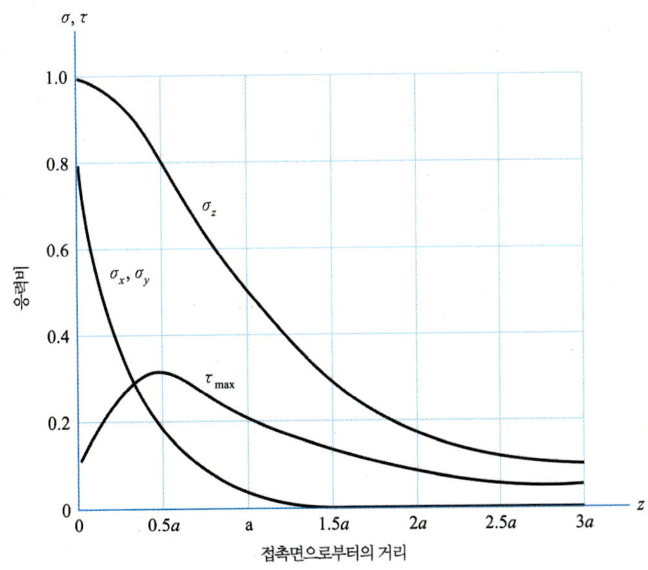

한 것이다. 전단응력은 표면 약간 아래 부분에서 최댓값에 도달한다. 이 최대전단응력이 접촉 요소의 표면 피로파손과 관련 있다는 것이 많은 전문가들의 견해이다. 이를 통해 균열이 표면 아래의 최대전단응력 지점에서 개시되어 표면까지 성장한다는 것과 윤활제 압력이 부서진 조각을 떨어지도록 밀어낸다는 파손현상에 대한 설명이 가능해진다.

실린더형 접촉(cylindrical contact)

그림 3-31은 길이가 l이고 지름이 d_1과 d_2인 2개의 실린더가 접촉하고 있는 것을 나타낸 것이다. 그림 3-31b에서와 같이 접촉영역은 폭 $2b$, 길이 l인 좁은 직사각형이며, 압력 분포는 타원형이다. 폭의 반인 b는 다음 식과 같다.

$$b = \sqrt{\frac{2F}{\pi l} \frac{(1-\nu_1^2)/E_1 + (1-\nu_2^2)/E_2}{1/d_1 + 1/d_2}} \tag{3-54}$$

최대 압력은 다음과 같다.

$$p_{\max} = \frac{2F}{\pi b l} \tag{3-55}$$

식 (3-54)와 (3-55)는 실린더에 적용될 수 있으며 $d = \infty$로 설정함으로써 레일과 같은 평면에도 적용될 수 있다. 이 식은 실린더와 내부 실린더형 표면의 접촉에도 적용된다. 이때, 내부 평면에 대하여 d는 음수가 된다.

z축을 따른 응력 상태는 다음과 같이 주어진다.

$$\sigma_x = -2\nu p_{\max}\left(\sqrt{1+\frac{z^2}{b^2}} - \left|\frac{z}{b}\right|\right) \tag{3-56}$$

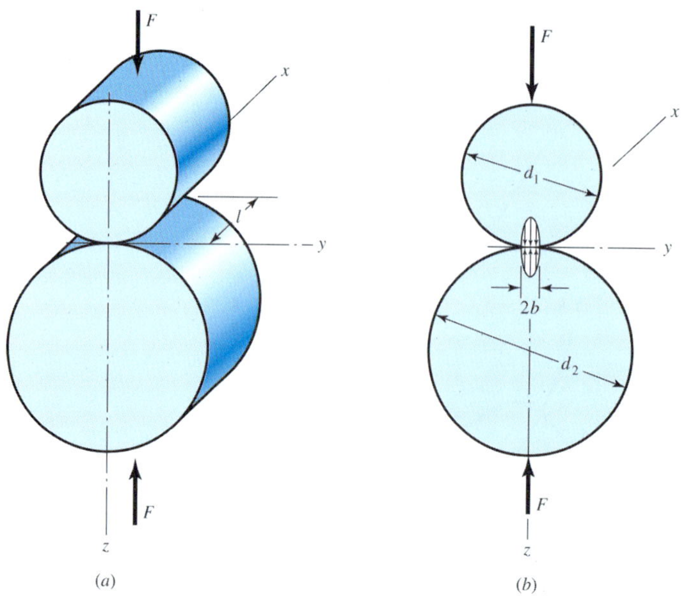

그림 3-31
(a) 실린더 길이 l을 따라 균일하게 분포된 힘 F에 의하여 접촉되는 2개의 수직 원형 실린더, (b) 접촉 응력은 접촉영역을 따라 너비 $2b$의 타원형 분포이다.

그림 3-32
접촉 실린더에 대하여 최대 압력의 함수로 표현되는 표면 아래에서의 응력성분 크기, $\tau_{\max}$의 최대값은 $z/b=0.786$ 위치에서 발생하면 그 값은 $0.30p_{\max}$이다. 이 선도는 Poisson 비 0.3을 기준으로 작성되었다. 수직 응력은 모두 압축응력이다.

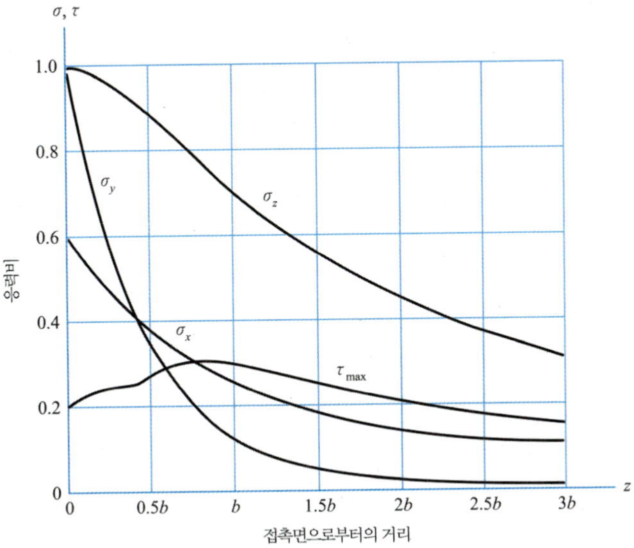

$$\sigma_y = -p_{\max}\left(\frac{1+2\dfrac{z^2}{b^2}}{\sqrt{1+\dfrac{z^2}{b^2}}} - 2\left|\frac{z}{b}\right|\right) \tag{3-57}$$

$$\sigma_3 = \sigma_z = \frac{-p_{\max}}{\sqrt{1+z^2/b^2}} \tag{3-58}$$

그림 3-32에 이 3개의 식으로 구한 결과를 표면 아래 $3b$의 거리까지 나타내었다. $0 \le z \le 0.436b$인 경우, $\sigma_1=\sigma_x$, $\tau_{\max}=(\sigma_1-\sigma_3)/2=(\sigma_x-\sigma_z)/2$이며, $z \ge 0.436b$인 경우에 대하여 $\sigma_1=\sigma_y$, $\tau_{\max}=(\sigma_y-\sigma_z)/2$이다. $\tau_{\max}$에 대한 선도는 그림 3-39에 나타내었으며, 최댓값은 $0.300p_{\max}$이고 $z/b=0.786$ 위치에서 발생한다.

Hertz(1881)는 접촉영역에 전단응력이 없는 경우에 대하여 응력장의 수학적 모델을 앞과 같이 제시하였다. 다른 중요한 접촉 응력 문제는 접촉영역에 전단응력을 발생시키는 마찰이 존재하는 **선접촉**(line-of-contact)의 경우이다. 이러한 전단응력은 캠과 롤러에서는 작다. 그러나 납작한 종동부(follower)를 갖는 캠, 바퀴-레일 접촉, 기어 이 문제에서 응력은 Hertzian 응력장보다 높다. 접촉영역에서 수직 및 전단응력이 응력장에 미치는 영향에 대한 연구는 Lundberg(1939)에 의하여 이론적으로 시작되었으며, Mindlin(1949), SmithLiu (1949), Poritsky(1949)에 의하여 각각 독립적으로 연구가 계속되었다.

연습문제

3-1~3-4 다음 그림의 자유물체도를 그려라. 각 지지점에 있어서의 반력의 크기와 방향을 정하라.

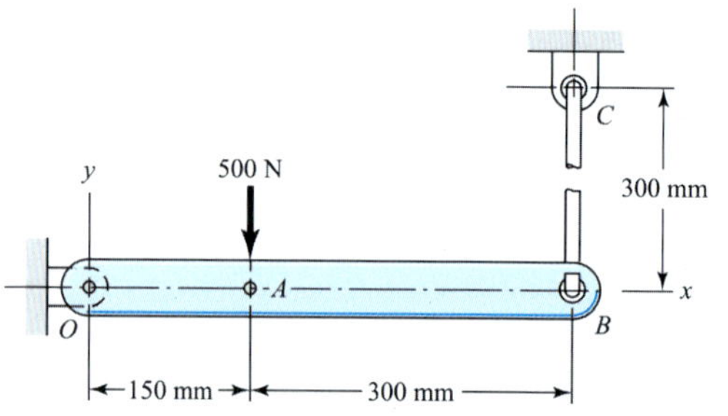

문제 3-1

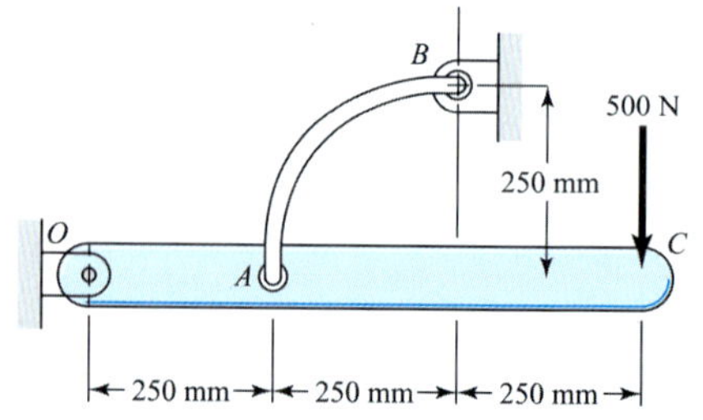

문제 3-2

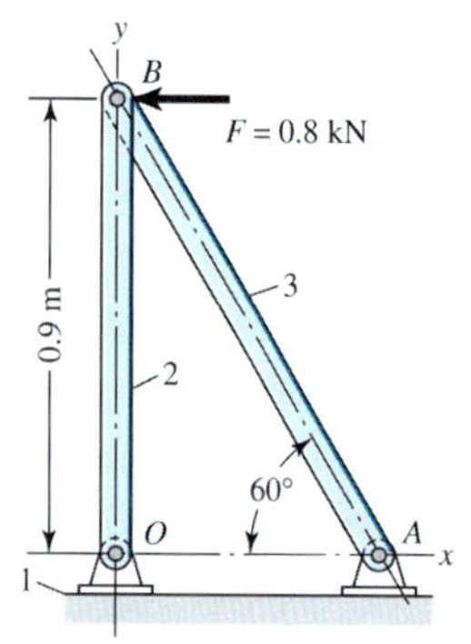

문제 3-3

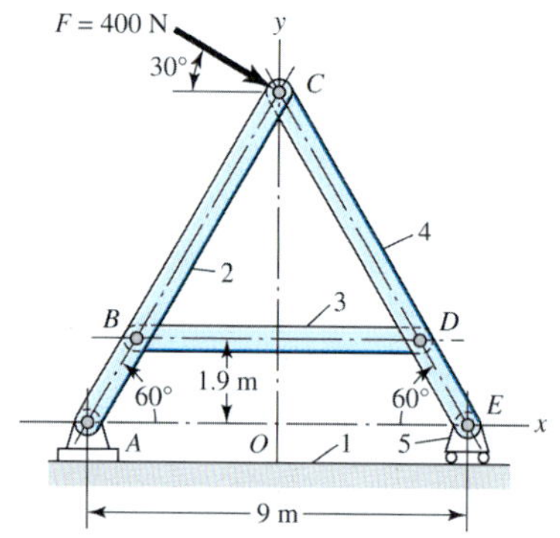

문제 3-4

3-5~3-8 아래 그림의 보에서 각 지지점에 있어서의 반력의 크기를 구하고 전단력 선도와 굽힘 모멘트 선도를 그려라. 그림의 각 포인트에 있어서의 값도 함께 명시하라.

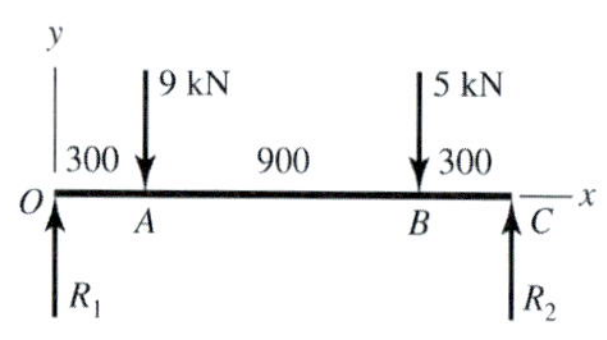

문제 3-5

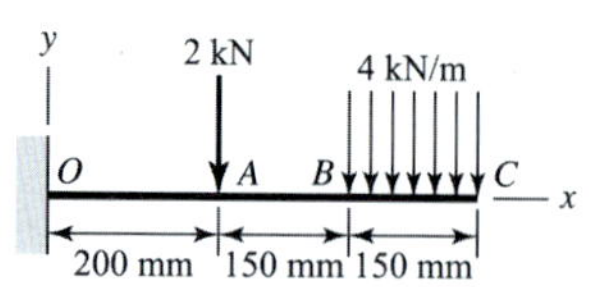

문제 3-6

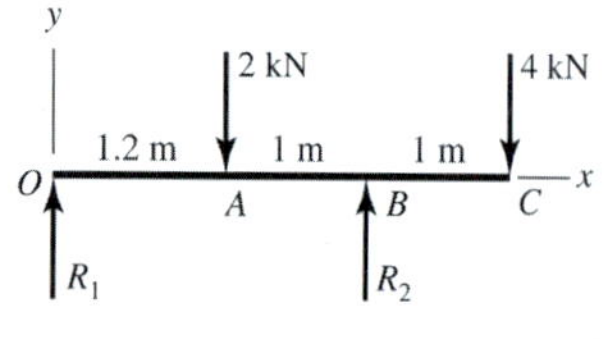

문제 3-7

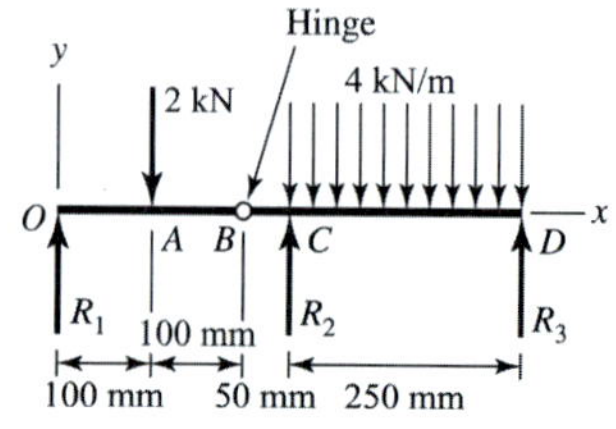

문제 3-8

3-9 아래의 평면 응력 상태에 있어서 Mohr의 응력원을 그리고 주응력 값을 구하라. 그리고 x축으로부터 σ_1까지의 각도를 구하라.

$\sigma_x = 20$ MPa, $\sigma_y = -10$ MPa, $\tau_{xy} = 8$ MPa cw

$\sigma_x = 16$ MPa, $\sigma_y = 9$ MPa, $\tau_{xy} = 5$ MPa ccw

$\sigma_x = 10$ MPa, $\sigma_y = 24$ MPa, $\tau_{xy} = 6$ MPa ccw

$\sigma_x = -12$ MPa, $\sigma_y = 22$ MPa, $\tau_{xy} = 12$ MPa cw

3-10 아래의 각 응력 상태에 있어서 3개의 주응력과 전단응력을 구하라. 3차원 Mohr의 응력원을 그리고 각 점에서의 값을 표기하라.

$\sigma_x = -80$ MPa, $\sigma_y = -30$ MPa, $\tau_{xy} = 20$ MPa cw

$\sigma_x = 30$ MPa, $\sigma_y = -60$ MPa, $\tau_{xy} = 30$ MPa cw

$\sigma_x = 40$ MPa, $\sigma_y = -30$ MPa, $\tau_{xy} = 20$ MPa ccw

$\sigma_x = 50$ MPa, $\sigma_y = -20$ MPa, $\tau_{xy} = 30$ MPa cw

3-11~3-14 아래 그림의 보에서 최대 전단 굽힘응력의 크기과 위치와 최대 전단응력의 크기와 위치를 구하라.

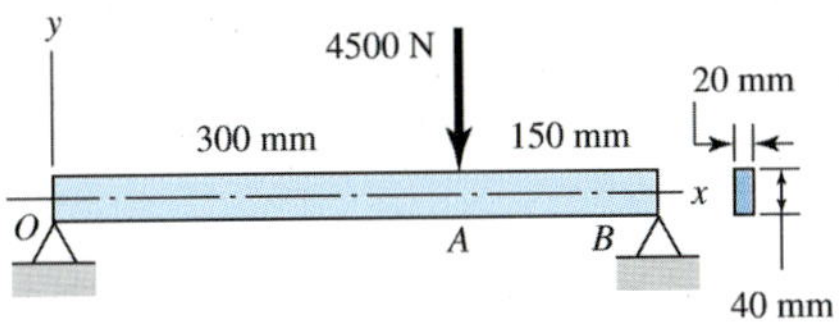

문제 3-11

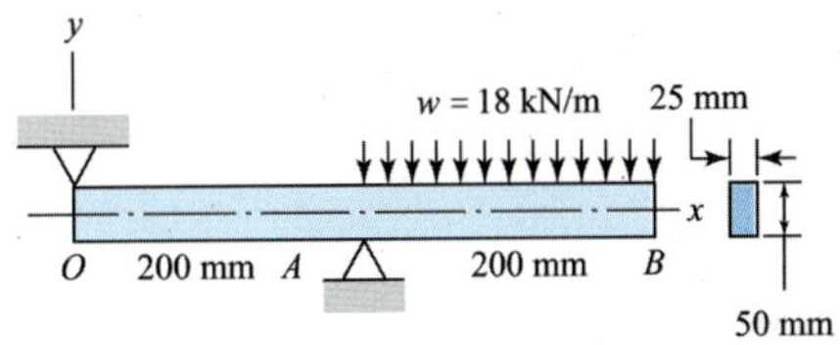

문제 3-12

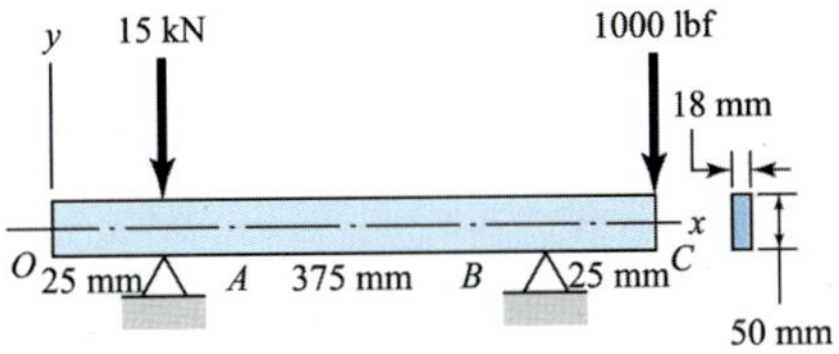

문제 3-13

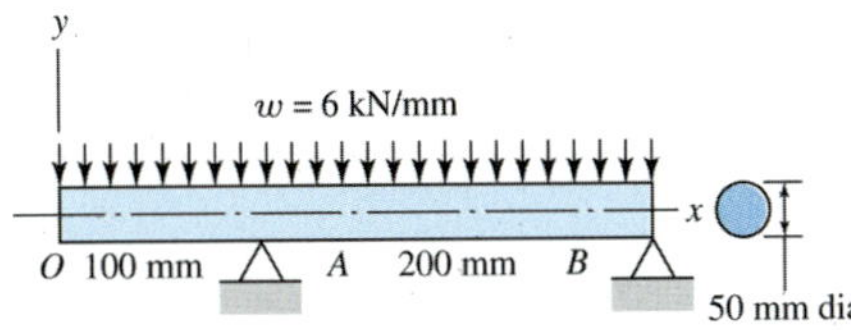

문제 3-14

3-15 아래 그림의 보에서 (a) 최대 인장 및 압축 굽힘응력과 (b) 전단력 V에 의한 최대 전단응력, (c) 보에서의 최대 전단응력을 구하라.

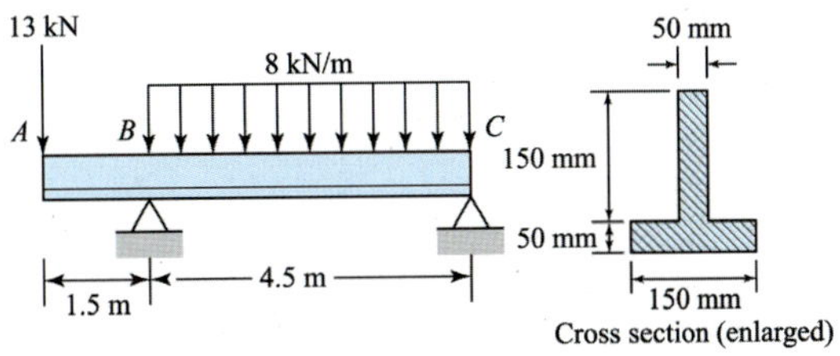

문제 3-15

3-16 최대 허용전단응력이 70 MPa일 때 아래 회전 속도에 대한 40 kW를 전달하기 위한 축의 지름을 구하라.

1) 축의 속도가 2500 rev/min
2) 축의 속도가 250 rev/min

3-17 허용전단응력의 크기가 50 MPa일 때, 2000 rpm으로 회전하는 지름 30 mm의 축이 전달할 수 있는 동력의 크기를 구하라.

4 정적 하중하의 파손

1장에서 강도(strength)는 재료나 기계 부품의 성질 또는 특성이라고 학습하였다. 이 성질은 재료의 고유한 것으로 재료의 처리 또는 기하학적 형상을 만들기 위한 공정, 그리고 제어중이거나 위험한 부위(critical location)에서의 하중 상태에 따라 달라진다.

단일 부품의 강도를 고려하는 것과 함께, 우리는 대량 생산된 부재의 강도가 크기, 가공, 성형, 그리고 조립 등의 변화로 인해 전체 혹은 집합체 내의 다른 것들과 어느 정도 다를 수 있다는 것을 알고 있어야 한다. 즉, 강도는 필연적으로 평균값, 표준편차, 그리고 분포를 갖는 통계적인 값이다.

정하중(static load)이란 부재에 작용하는 정적 힘이나 모멘트이다. 힘이나 모멘트가 정적이기 위해서는 크기, 작용점, 그리고 작용방향 등이 변하지 않아야 한다. 정하중은 인장력, 압축력, 전단력, 굽힘 하중, 비틀림 하중, 또는 이들의 결합 등으로 작용할 수 있다. 정적으로 작용하는 하중이 되기 위해서는 하중과 관련된 그 어떤 것도 변해서는 안된다.

본 장에서는 제품에 요구되는 기능성, 안전성, 신뢰성, 경쟁력, 사용 편의성, 가공성, 그리고 시장성 등의 조건을 만족시키기 위한 재료와 재료 가공, 제작, 그리고 형상에 대한 결정을 할 수 있도록 강도와 정하중 사이의 관계를 고려할 것이다. 얼마나 이를 자세히 연관시킬지는 예제들이 어디에 초점을 두고 있느냐에 달려 있다.

파손(failure)이란 기계요소 혹은 특정 부품이 둘 또는 그 이상으로 분리되거나 영구적으로 변형되어 초기 형상이 파괴되고 그 신뢰성이 저하되는 것, 또는 본래의 의도한 기능을 수행하지 못하게 되는 것을 의미한다. 파손을 고려해야 하는 설계자는 모든 가능성을 염두에 두어야 하지만, 본 장에서는 영구적인 변형이나 분리에 대한 예측 가능성을 중점적으로 다룰 것이다. 강도에 민감한 문제인 경우에는, 임계지점에서의 평균응력과 평균강도를 확실하게 구분함으로써 설계자의 목적을 충분히 달성할 수 있도록 고려해야 한다.

그림 4-1～그림 4-5는 파손된 몇몇 부품의 사진을 나타낸 것이다. 사진은 파손 방지를 위해 정통한 설계자의 필요성을 보여주는 예이다. 파손 방지를 위해서는 1차원, 2차원, 혹은 3차원 응력 상태, 응력 집중의 유무 등을 연성과 취성재료 모두에 대해 고려해야 한다.

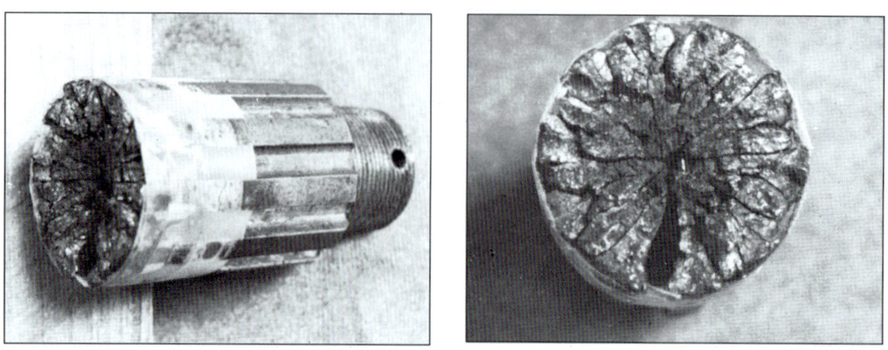

그림 4-1
(a) 부식-피로에 의한 트럭 구동축 스플라인의 파손. 파손된 부품을 하나로 묶어 보여주기 위해 투명 테이프가 사용되었다. (b) 파손 파단면

(a) *(b)*

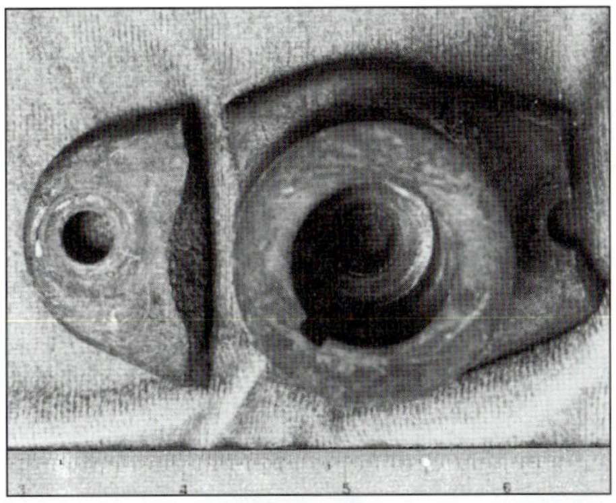

그림 4-2
잔디 깎기 블레이드 드라이버 허브의 충격 파손. 파손된 블레이드는 측량용 배관 표시기에 충격을 주었다.

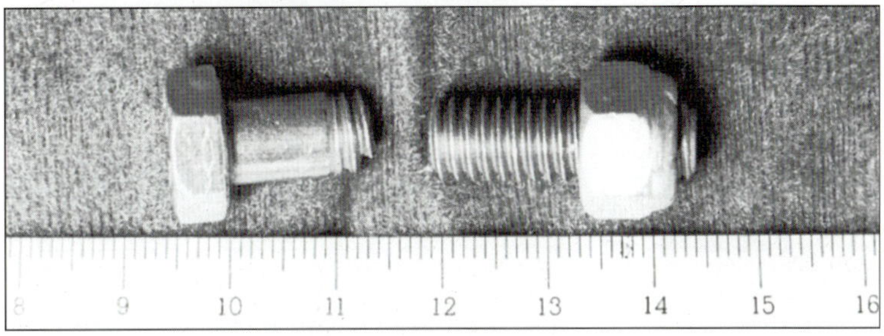

그림 4-3
기중기의 오버헤드 풀리를 고정하는 볼트의 파손. 제작 실수로 인해 틈이 생겼고 이로 인해 볼트에 전체 굽힘 하중이 걸리게 되었다.

(a) (b)

그림 4-4
한 사이클 만에 파손된 체인 시험 도구. 과도한 마모의 원인을 줄이기 위하여 표면 경화시키도록 결정하였다. (a) 파괴를 보여주는 두 조각. 이는 응력 집중으로 인해 발생한 취성 파괴의 대표적인 예이다. (b) 지지 핀 구멍에서의 응력 집중으로 인해 발생한 균열을 보여주기 위해 한쪽 부분을 확대한 그림

4-1 정적 강도

이상적인 기계요소 설계를 위해서는 해당 설계자는 선정된 특정 재료에 대해 강도 시험 결과를 많이 가지고 있어야 한다. 이들 시험은 설계자가 설계하고자 하는 부품과 동일한 열처리, 표면가공 및 크기를 갖는 시편을 고려해야 하며, 실제 사용되는 경우와 동일한 하중 상태 하에서 수행되어야 한다. 즉, 기계 부품이 굽힘 하중을 받는다면 시편 시험도 굽힘 하중 상태에서 수행되어야 하며, 부품이 굽힘 하중과 비틀림 하중을 동시에 받는다면 시편 시험도 굽힘 하중과 비틀림 하중이 동시에 작용하는 상태에서 수행되어야 한다. 만약 열처

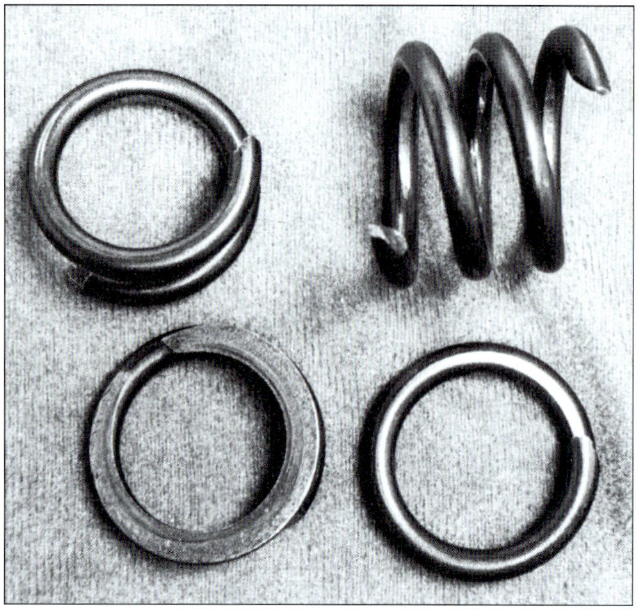

그림 4-5
과회전 엔진의 스프링 서지로 발생한 밸브 스프링의 파손. 파단은 전형적인 45° 전단 파손을 보여준다.

리된 AISI 1040강을 500°C에서 인발한 후 연삭 가공하였다면, 시편도 동일한 방법으로 제작되어야 한다. 이러한 시험은 매우 유용하고 정확한 정보를 제공하기 때문이다. 설계를 위해 이러한 데이터를 확보할 수 있다면, 설계자는 자신이 할 수 있는 최선의 업무를 수행할 수 있다.

만약 부품의 파손이 인간의 생명에 위험을 주거나 대량생산 제품이라면 설계 전에 필요한 광범위한 데이터를 모으는 데 필요한 비용은 정당화될 수 있다. 예를 들어, 냉장고나 가정용품 등은 제작 전에 충분히 시험된 많은 부품들로 구성되어 있으므로 매우 좋은 신뢰성을 가지고 있다. 이런 시험에 드는 비용은 전체 제작된 물량에 비하면 매우 경미하다.

다음과 같은 4가지 경우의 설계 범주를 생각할 수 있다.

1. 부품의 파손이 인명에 위험을 주거나 대량생산 제품이라면 설계과정 중에 정밀한 시험을 한다.
2. 생산량이 비교적 많은 경우에는 몇 가지 완화된 시험을 수행한다.
3. 부품이 소량 생산이라 시험을 전혀 할 수 없거나, 시험을 할 만큼 충분한 시간 없이 빨리 설계를 해야 하는 경우도 있다.
4. 이미 설계, 제작, 그리고 시험이 수행되었음에도 불구하고 만족하지 못하는 경우에는 왜 부품이 만족되지 않았는지를 이해하고 개선하기 위한 방법을 찾기 위한 해석이 요구된다.

대개의 경우, 항복강도, 인장강도, 단면감소율, 연신율만을 이용해서 설계를 수행하게 된다. 이러한 불충분한 데이터를, 어떻게 정적이나 동적 하중, 2차원이나 3차원 응력 상태, 고온이나 저온, 혹은 매우 크거나 작은 부품의 설계 시에 사용할 수 있을까? 이와 같은 혹은 유사한 질문들이 이 장과 뒤에서 다뤄질 것이다. 그러나 실제 설계 상황을 그대로

복사한 유용한 자료가 있다면 얼마나 좋을지 생각해 보라.

4-2 응력 집중

응력 집중(stress concentration, 3-12절 참고)은 매우 국부적인 영향만을 준다. 어떤 경우에는 표면에 생긴 흠집에서 기인하기도 한다. 만약 설계에 사용되는 재료가 연성이고 정적하중이 작용한다면, 설계 하중은 노치의 위험 지점에서 항복을 유발할 것이다. 이러한 항복(yield)은 재료의 변형률 경화와 관련될 수 있으며 위험 노치 지점에서 항복강도를 증가시킬 수 있다. 정적 하중 상태이기 때문에 부품은 더 이상의 항복 없이도 만족스럽게 하중을 전달할 수 있다. 이러한 경우 설계자는 이론적 응력집중계수 K_t를 1로 설정한다.

그 이유는 다음과 같이 설명할 수 있다. 가장 심하게 설정한 시나리오는 그림 4-6에 나타낸 바와 같이 변형경화가 없는 이상화된 재료의 경우라고 할 수 있다. 응력-변형률 곡선은 항복강도(yield strength) S_y까지 선형적으로 증가한다. 그림 A-15-5에 나타난 바와 같은 작은 기둥의 단면적이 $645\ \mathrm{mm}^2$인 필렛 사각 바를 고려해 보자. 만약 항복강도가 280 MPa인 연성재료(ductile matreial)라면 이론적인 **응력집중계수**(stress concentration factor) K_t는 2이다.

- 그림 4-6의 A점에 나타난 바와 같이 90 kN의 하중은 기중에 140 MPa의 인장응력을 발생시킨다. 필렛의 임계지점에서 응력은 280 MPa이며, 이때 응력집중계수는 $K = \sigma_{\max}/\sigma_{\text{nom}} = 280/140 = 2$이다.
- 135 kN의 하중은 B점에서 기둥에 210 MPa의 인장응력을 발생시킨다. 필렛부의 응력은 여전히 280 MPa(D점)이며 응력집중계수는 $K = \sigma_{\max}/\sigma_{\text{nom}} = S_y/\sigma = 280/210 = 1.33$이다.

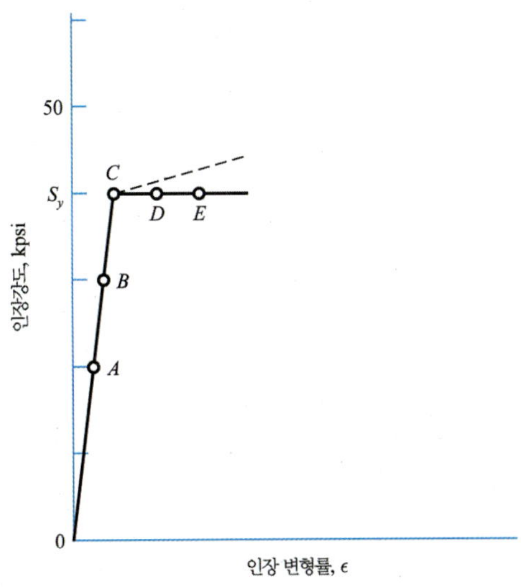

그림 4-6
이상화된 응력-변형률 곡선. 점선은 변형경화 재료를 나타낸다.

- 180 kN의 하중은 기둥에 280 MPa의 인장응력을 발생시킨다(점 C). 필렛의 임계지점에서의 응력(점 E)은 280 MPa이다. 응력집중계수는 $K = \sigma_{\max}/\sigma_{\mathrm{nom}} = S_y/\sigma = 280/280 = 1$이다.

변형경화 재료(strain hardening)의 경우라면, 노치의 임계지점에서 더 높은 S_y값을 갖는다. 기둥의 단면에 작용하는 응력이 280 MPa보다 약간 낮은 정도로 하중이 작용해야, 기둥 전체단면의 일반적인 항복에 의해 파손에 근접했다고 할 수 있다. 그렇기 때문에 설계자는 **탄성적 정하중**을 받는 **연성재료**에 대해 K_t를 적용하지 않고 $K_t = 1$로 설정한다.

정하중이 작용하는 연성재료에 이와 같은 규칙을 적용할 때에는 재료가 사용 환경 하에서 취성파괴에 민감하지 않다는 것을 확인해야 한다. 인장응력과 전단응력에 대한 이론적인 응력집중계수 K_t와 K_{ts}는 일반적으로 다음과 같이 각각 정의된다.

$$\sigma_{\max} = K_t \sigma_{\mathrm{nom}} \tag{a}$$

$$\tau_{\max} = K_{ts} \tau_{\mathrm{nom}} \tag{b}$$

주요 관심사항은 응력집중계수이기 때문에 σ_{nom}이나 τ_{nom}의 정의는 그래프나 컴퓨터 프로그램으로부터 주어져야 하며, 주의할 점은 공칭응력의 값이 하중을 전달하는 단면에 평균적으로 작용하는 값이어야 한다는 점이다.

그림 2-2(b)에서와 같이, 취성재료(brittle material)의 경우 소성영역이 나타나지 않는다. 식 (a) 혹은 (b)에 주어진 응력집중계수는 응력이 증가하는 곳에서 파괴의 발생을 야기하는 단계까지 증가하여 취성재료에 대해 치명적인 파손을 유발한다.

이러한 규칙에 대해 예외적인 경우로는, 제조특성상 미세구조적인 불연속성을 포함하는 재료를 들 수 있다. 이러한 미세구조적 불연속 특성이 일으키는 응력 집중은 설계자가 생각하는 거시적인 관점에서의 집중보다 훨씬 더 심각하다. 예를 들어, 모래로 만든 주조틀에는 모래입자, 공기, 증기로 인한 거품 등 불순물이 다수 포함된다. 주철의 미세 구조물에는 거의 강도가 없는 흑연 부스러기(flakes)가 섞여 들어가는데, 이들은 실제로 응고 과정 동안에 생성되는 균열이라고 할 수 있다. 따라서 주철에 대한 인장시험을 수행하여 얻게 되는 강도는 이와 같은 내부적 응력 집중을 포함한 값이 되며, 이러한 경우에는 K_t와 K_{ts}를 고려할 필요가 없다.

R.E. Peterson은 응력집중계수에 대한 중요한 자료를 발간하였는데, 여기서 그는 응력집중계수에 대한 자신의 연구결과와 다른 연구의 결과들을 종합하여 정리하였다.[1] Peterson은 국부 영역에서 가장 큰 응력의 크기를 측정하기 위해 응력집중계수 K_t와 공칭응력을 곱하는 수식을 개발하였다. 그의 방법은 2차원 판재들(Hartman and Levan, 1951; Wilson and White, 1973)에 대한 광탄성 연구와 Hartman과 Levan이 수행한 제한된 3차

[1] R. E. Peterson, "Design Factors for Stress Concentration," *Machine Design*, vol. 23, no. 2, February 1951; no. 3, March 1951; no. 5, May 1951; no. 6, June 1951; no. 7, July 1951.

원 광탄성 시험 데이터에 기반하고 있다. 각각의 경우에 대한 결과에는 등고선으로 된 그래프(contoured graph)가 포함되어 있다. 인장하중이 작용하는 필렛 가공된 축은 2차원 판재에 대한 연구결과에 기반하고 있다. 추가적인 차트들은 Peterson의 결과에서 찾을 수 있다.[2]

또한 유한요소해석(FEA)은 응력집중계수를 얻기 위한 매우 훌륭한 수단이다. 필렛 가공된 축에 대한 개선된 K_t와 K_{ts} 결과는 Tipton, Sorem과 Rolovic에 의해서 제지되었다.[3]

4-3 파손 이론

4-1절에서 부재의 기능상실이 명백한 몇 가지 예를 언급하였다. 뒤틀림, 영구변형, 균열, 파열 등과 같은 현상은 기계요소를 파손에 이르게 하는 주요 인자들이다. 재료물성측정을 위한 시험기기들은 1700년대에 도입되었으며, 이를 통해 시편들을 단순하중 상태에서 당기고, 구부리고 비틀었다.

만약 파손 기구가 단순하다면, 간단한 테스트가 단서를 줄 수 있다. 무엇이 단순할까? 인장 시험(tension test)은 단축(이것이 단순하다)이며 연신률은 축방향에서 가장 크다. 따라서 변형률은 측정할 수 있으며 응력으로 "파손"을 추측할 수 있다. 한계 응력, 한계 변형률, 한계 에너지 가운데 무엇이 중요한 것인가? 다음 몇몇 절들에 이러한 문제들에 대해 답을 줄 수 있는 파손 이론들이 제시되어 있다.

불행하게도 모든 재료 물성치나 응력 상태에 적용할 수 있는 만능의 파손 이론은 존재하지 않는다. 대신 몇 년에 걸쳐 여러 가지의 가설들이 제시되어 검증되어 왔으며, 이를 통해 현재 설계에 적용되고 있다. 적용된 이후, 우리는 이러한 "적용(practices)"을 모든 설계자가 사용할 수 있는 **이론**이라 정의한다.

비록 특수한 상황에서는 연성으로 분류되는 재료가 취성재료처럼 파손될 수도 있지만, 일반적인 금속 재료의 거동은 연성과 취성으로 구분할 수 있다. 일반적으로 $\varepsilon_f \geq 0.05$인 경우를 연성재료로 구분하며 인장과 압축상태에서 동일한 항복응력을 가지는 것을 확인할 수 있다($S_{yt} = S_{yc} = S_y$). $\varepsilon_f < 0.05$인 경우를 취성재료라 구분하며 이 경우에는 인장과 압축상태에서 동일한 항복응력을 나타내지 않는다. 그리고 일반적으로 최대 인장강도(S_{ut})와 최대 압축 강도(S_{uc})는 별도로 구분한다(S_{ut}는 양의 값을 갖는다). 일반적으로 재료별로 적용하는 파손 이론은 다음과 같다.

---

2 Walter D. Pilkey and Deborah Pilkey, *Peterson's Stress-Concentration Factors*, 3rd ed, John Wiley & Sons, New York, 2008.

3 S. M. Tipton, J. R. Sorem Jr., and R. D. Rolovic, "Updated Stress-Concentration Factors for Filleted Shafts in Bending and Tension," *Trans. ASME, Journal of Mechanical Design*, vol. 118, September 1996, pp. 321–327.

연성재료(항복기준)

- 최대전단응력(MSS), 4-4절
- 변형에너지(DE), 4-5절
- 연성 Coulomb-Mohr(DCM), 4-6절

취성재료(항복 기준)

- 최대수직응력(MNS), 4-8절
- 취성 Coulomb-Mohr(BCM), 4-9절
- 수정 Mohr(MM), 4-9절

만약 각 재료에 보편적으로 적용되는 이론이 있다면 그것이야말로 모든 이들의 관심을 끌게 될 것이다. 그러나, 한 가지 또는 다른 여러 이유에 의해 위에 열거된 이론들은 모두 사용된다. 어떤 경우에, 어떤 특정한 이론을 선택하는지에 대한 이론적 근거는 추후 논의할 것이다. 먼저 각 이론들의 기본 개념에 대해 설명하고 몇 가지 예제에 적용해 보도록 한다.

4-4 연성재료에 대한 최대전단응력 이론

최대전단응력 이론은 구조물의 최대전단응력이, 동일한 재료의 인장 시험에서 시편이 항복할 때의 최대전단응력과 동일하거나 이를 초과할 때, 항복이 시작된다고 예측하는 이론이다. 최대전단응력 이론(이하 MSS)은 *Tresca* 또는 *Guest* 이론이라 부르기도 한다.

많은 이론은 인장 시험으로부터 구한 결과를 기본으로 한다. 연성재료로 제작된 판재가 인장하중을 받을 때, 슬립 라인(slip lines 또는 *Lüder Lines*)은 판재의 축에서 약 45°방향으로 형성된다. 이 슬립 라인은 항복의 시작을 알려주는 것으로 파괴에 이르기까지 하중을 받는다면 파괴 라인 역시 인장축과 약 45°의 각도에서 나타난다. 전단응력은 인장축과 45°에서 최대값을 갖기 때문에, 이것이 파손 기구임을 유추할 수 있다. 다음 절에서 이보다 좀 더 자세한 내용을 다룰 것이다. 그러나, MSS설은 실제로 적용 가능하지만 파손을 보수적으로 예측한다. 그럼에도 불구하고 엔지니어는 본래 보수성을 추구하기 때문에 MSS설을 자주 사용한다.

단순 인장응력은 $\sigma = P/A$이고 최대전단응력은 인장면으로부터 45°의 면에서 발생하며 크기는 $\tau_{\max} = \sigma/2$임을 다시 한 번 기억해 보자. 따라서 항복점에서의 최대전단응력은 $\tau_{\max} = S_y/2$이 된다. 일반적인 응력 상태에서 3개의 주응력이 $\sigma_1 \ge \sigma_2 \ge \sigma_3$라면 최대전단응력은 $\tau_{\max} = (\sigma_1 - \sigma_3)/2$이다(그림 3-10 참고). 따라서 일반적인 응력 상태에서, 최대전단응력 이론은 다음의 조건에서 항복이 발생한다고 예측한다.

$$\tau_{\max} = \frac{\sigma_1 - \sigma_3}{2} \ge \frac{S_y}{2} \quad \text{or} \quad \sigma_1 - \sigma_3 \ge S_y \tag{4-1}$$

이것은 전단항복강도가 다음과 같이 정의됨을 의미한다.

$$S_{sy} = 0.5S_y \tag{4-2}$$

식 (4-2)는 나중에 확인하겠지만 약 15% 낮은(보수적인) 수치이다.

설계자의 편의를 고려하여 식 (4-1)은 안전계수(factor of safety) n을 도입하여 다음과 같이 수정할 수 있다.

$$\tau_{\max} = \frac{S_y}{2n} \quad \text{or} \quad \sigma_1 - \sigma_3 = \frac{S_y}{n} \tag{4-3}$$

평면응력 문제는 설계에서 일반적으로 가정할 수 있는 응력 상태이다. 그러나 실제로는 평면응력이 **3차원 응력** 상태라는 것을 인식하고 있어야 한다. 3-5절에서의 평면응력에 대한 응력변환식은 면내 응력들만으로 구성되어 있으며 식 (3-13)에 주어져 있는 면내 주응력들은 σ_1과 σ_2로 표시되어 있다. 이들은 **평면 해석**상에서의 주응력인 것이 사실이나 실제로는 면외 상에도 3번째 주응력은 존재하며 평면응력 상태에서 이 값은 **항상** 0이다. 따라서 식 (4-1)에서와 같이 3차원 해석에 대한 3개의 주응력의 순서를 $\sigma_1 \geq \sigma_2 \geq \sigma_3$라고 사용할 경우, 3차 주응력이 0으로 정의되기 전까지 기존 면내 주응력을 나타냈던 σ_1과 σ_2를 그대로 사용해서는 안 된다. 평면응력 상태를 위한 MSS 이론을 도식적으로 설명하기 위해 식 (3-13)에 주어진 주응력을 σ_A와 σ_B라 가정하면, 평면응력의 경우에 대해 식 (4-1)을 적용할 때 고려해야 하는 경우의 수는 3가지가 된다.

경우 1: $\sigma_A \geq \sigma_B \geq 0$인 경우에는 $\sigma_1 = \sigma_A$이고 $\sigma_3 = 0$이다. 식 (4-1)은 다음과 같이 간략화된다.

$$\sigma_A \geq S_y \tag{4-4}$$

경우 2: $\sigma_A \geq 0 \geq \sigma_B$인 경우에는 $\sigma_1 = \sigma_A$이고 $\sigma_3 = \sigma_B$이다. 그리고 식 (4-1)은 다음과 같다.

$$\sigma_A - \sigma_B \geq S_y \tag{4-5}$$

경우 3: $0 \geq \sigma_A \geq \sigma_B$인 경우에는 $\sigma_1 = 0$이고 $\sigma_3 = \sigma_B$이다. 그리고 식 (4-1)은 다음과 같이 주어진다.

$$\sigma_B \leq -S_y \tag{4-6}$$

식 (4-4)~(4-6)을 σ_A, σ_B평면에 나타낸 3개의 선으로 그림 4-7에 표시하였다. 나머지 표시되지 않은 선들은 $\sigma_B \geq \sigma_A$인 경우이고 이를 적용하면 나머지 **응력 항복조건**(yield condition)을 완성할 수 있으나 일반적으로 사용되지 않는다. 최대전단응력 이론에서 만일 응력상태가 응력 항복조건의 음영지역 바깥에 위치할 시 항복이 발생한다고 예측할 수 있다. 그림 4-7에서 점 a가 부개의 취약부에서의 응력 상태를 나타낸다고 가정하자. 만일 하중이 증가한다면, 일반적으로 주응력이 원점과 점 a를 지나는 선을 따라 비례적으로 증가한다고 가정한다. 이 선을 **하중선**(load line)이라고 하자. 하중선을 따라 응력 상태가 점 b와 같은 응력항

그림 4-7
평면응력에 관한 최대전단응력 (MSS) 이론의 항복선도. 여기서 σ_A와 σ_B는 0이 아닌 두 개의 주응력이다.

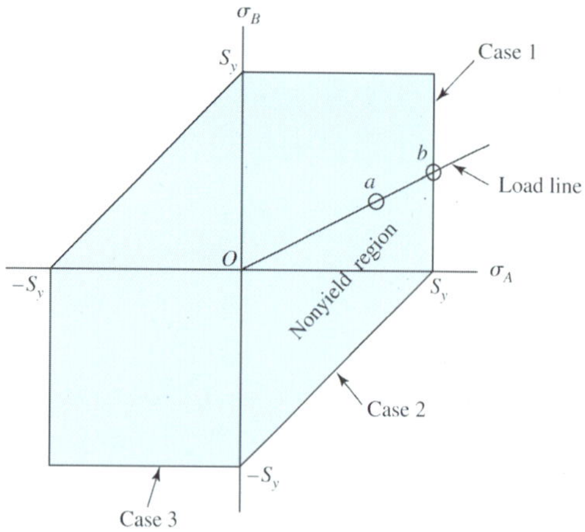

복조건과 마주칠 때까지 증가한다면, MSS이론에 따라 그 요소가 항복에 이르렀다고 할 수 있다. 점 a에서 항복에 대한 안전계수는 강도(점 b까지의 거리)와 응력(점 a까지의 거리)의 비로 나타낼 수 있고 이는 $n = Ob/Oa$와 같다.

만일 설계자가 $\tau_{\max}$를 결정하는 데 있어 조심스럽다면 식 (4-3)의 앞부분인 $\tau_{\max} = S_y/2n$는 설계 목적을 만족시키는 데 있어 충분하다. 평면응력 상태의 경우, 식 (3-14)의 전단응력의 극한값은 언제나 $\tau_{\max}$를 예측하지는 않는다. 그러나 평면상의 하나의 수직응력이 0인 특정한 경우를 고려한다면 σ_x와 τ_{xy}는 값을 가지고 $\sigma_y = 0$이라고 말할 수 있다. 이는 경우 2와 같은 경우로 생각할 수 있으며 이때, 식 (3-14)로 결정된 전단응력(shear stress)은 $\tau_{\max}$와 동일하다. 굽힘 하중으로 인한 수직응력이나 비틀림으로 인한 전단응력이 작용하는 축의 설계문제가 일반적으로 이러한 경우에 속한다.

4-5 연성재료에 대한 변형에너지 이론

변형에너지 이론에서는, 단위 체적당 변형에너지가 동일 재료에 대한 단순 인장 또는 압축 상태에서 항복이 발생할 때의 단위 체적당 변형에너지와 같거나 클 때 항복이 일어나는 것으로 예측한다.

변형에너지(이하 DE)설은 정수압을 받는 연성재료의 항복강도가 단순 인장 시험에서 얻은 항복강도보다 크다는 현사에서 유래되었다. 그러므로 항복은 단순한 인장이나 압축 현상에 의해서만 나타나는 것이 아니라 응력을 받는 부재의 변형과 어느 정도 관계가 있다고 가정하였다. 이론을 개발하기 위해, 그림 4-8a와 같이 σ_1, σ_2 및 σ_3로 표현되는 3차원 응력 상태의 단위 체적을 정의한다. 그림 4-8b의 응력 상태는 그림 4-8a에서와 같이 동일한 주방향으로 작용하는 평균응력 σ_{av}에 기인한 정수 응력 상태이다. σ_{av}는 간단하게 다음과 같이 주어진다.

그림 4-8
(a) 3축 응력을 받는 요소; 응력 요소는 체적 변화와 각변형을 일으킴. (b) 정수 인장 하의 요소는 오직 체적 변화만을 일으킴. (c) 체적 변화 없이 오직 각변형망을 갖는 요소

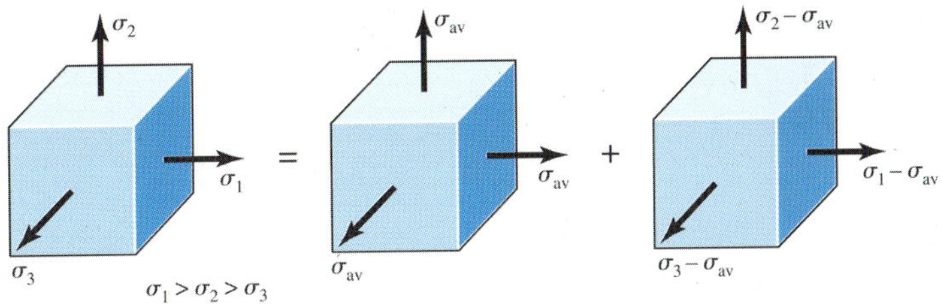

(*a*) Triaxial stresses (*b*) Hydrostatic component (*c*) Distortional component

$$\sigma_{\mathrm{av}} = \frac{\sigma_1 + \sigma_2 + \sigma_3}{3} \tag{a}$$

그러므로 그림 4-8b의 요소는 순수 체적 변화만을 일으키며, 각변형에는 관여하지 않는다. σ_{av}를 σ_1, σ_2 및 σ_3의 성분으로 간주하면, 이 성분은 주응력에서 뺄 수 있으며, 결과적으로 그림 4-8c와 같은 응력 상태를 나타낸다. 이 요소들은 순수 각변형을 유발하지만 체적 변화에는 관여하지 않는다.

단순 인장 하중에 대한 단위 체적당 변형에너지는 $u = \frac{1}{2}\epsilon\sigma$이다. 그림 4-8의 요소에 대한 단위 체적당 변형에너지는 $u = \frac{1}{2}[\epsilon_1\sigma_1 + \epsilon_2\sigma_2 + \epsilon_3\sigma_3]$이다. 식 (3-19)를 주변형률에 대입하면,

$$u = \frac{1}{2E}\left[\sigma_1^2 + \sigma_2^2 + \sigma_3^2 - 2\nu(\sigma_1\sigma_2 + \sigma_2\sigma_3 + \sigma_3\sigma_1)\right] \tag{b}$$

오직 체적 변화 u_v만을 일으키는 변형에너지는 σ_1, σ_2 및 σ_3에 대해 σ_{av}를 대입하여 다음과 같이 얻을 수 있다.

$$u_v = \frac{3\sigma_{\mathrm{av}}^2}{2E}(1 - 2\nu) \tag{c}$$

식 (c)에 식 (a)를 제곱하여 대입하고 정리하면 다음과 같다.

$$u_v = \frac{1 - 2\nu}{6E}(\sigma_1^2 + \sigma_2^2 + \sigma_3^2 + 2\sigma_1\sigma_2 + 2\sigma_2\sigma_3 + 2\sigma_3\sigma_1) \tag{4-7}$$

따라서 변형에너지는 식 (b)에서 식 (4-7)을 빼서 구할 수 있으며 다음과 같다.

$$u_d = u - u_v = \frac{1+\nu}{3E}\left[\frac{(\sigma_1 - \sigma_2)^2 + (\sigma_2 - \sigma_3)^2 + (\sigma_3 - \sigma_1)^2}{2}\right] \tag{4-8}$$

만약 $\sigma_1 = \sigma_2 = \sigma_3$이면 변형 에너지는 0이 된다.

단순 인장 시험의 경우에 항복점에서 변형에너지는 $\sigma_1 = S_y$이고 $\sigma_2 = \sigma_3 = 0$이므로 식 (4-8)로부터 다음과 같이 구해진다.

$$u_d = \frac{1+\nu}{3E}S_y^2 \tag{4-9}$$

식 (4-8)에서 주어진 일반적인 응력 상태에서의 항복은 식 (4-8)이 식 (4-9)와 같거나 클 때 발생한다. 즉,

$$\left[\frac{(\sigma_1-\sigma_2)^2+(\sigma_2-\sigma_3)^2+(\sigma_3-\sigma_1)^2}{2}\right]^{1/2} \geq S_y \tag{4-1}$$

만일 인장응력 σ만이 작용하는 단순한 경우라면 항복은 $\sigma \geq S_y$일 때 발생한다. 그러므로 식 (4-10)의 왼쪽 항은 σ_1, σ_2 및 σ_3에 의해 주어지는 일반적인 응력 상태에 관한 **단일**(single), **등가**(equivalent), 또는 **유효**(effective) 응력으로 생각될 수 있다. 이러한 유효 응력은 이론을 정립한 Dr. R. von Mises의 이름을 따서 **등가응력**(von Mises stress), σ'로 불린다. 이에 따라 식 (4-10)은 다음과 같이 표현될 수 있다.

$$\sigma' \geq S_y \tag{4-11}$$

여기서, von Mises 응력은 다음과 같이 표현된다.

$$\sigma' = \left[\frac{(\sigma_1-\sigma_2)^2+(\sigma_2-\sigma_3)^2+(\sigma_3-\sigma_1)^2}{2}\right]^{1/2} \tag{4-12}$$

평면응력 상태에서 von Mises 응력은 주응력 σ_A, σ_B 그리고 0에 의해 표현될 수 있고 따라서 식 (4-12)로부터 이를 구할 수 있다.

$$\sigma' = (\sigma_A^2 - \sigma_A\sigma_B + \sigma_B^2)^{1/2} \tag{4-13}$$

그림 4-9에 표시한 바와 같이 $\sigma' = S_y$인 경우에 식 (4-13)은 σ_A, σ_B 면에 회전시킨 타원으로 그릴 수 있다. 그림에서 점선은 MSS선을 나타낸 것으로 앞서 언급한 바와 같이 보다 보수적임을 알 수 있다.[4]

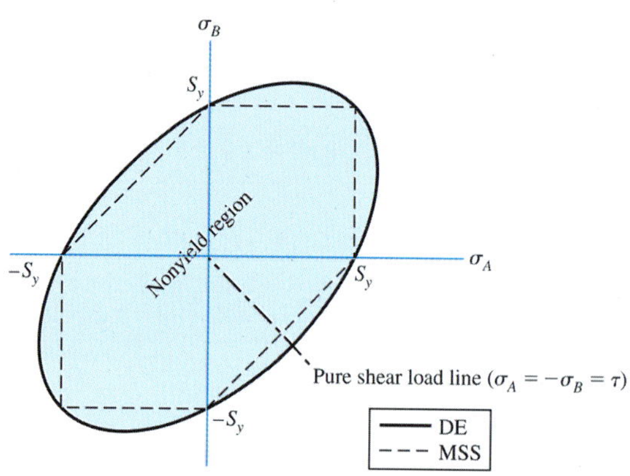

그림 4-9
평면응력 상태에서의 변형 에너지(DE) 이론. $\sigma' = S_y$인 경우, 식 (4-13)으로부터 얻은 점들에 대한 그림.

[4] The three-dimensional equations for DE and MSS can be plotted relative to three-dimensional σ_1, σ_2, σ_3, coordinate axes. The failure surface for DE is a circular cylinder with an axis inclined at 45° from each principal stress axis, whereas the surface for MSS is a hexagon inscribed within the cylinder. See Arthur P. Boresi and Richard J. Schmidt, *Advanced Mechanics of Materials*, 6th ed., John Wiley & Sons, New York, 2003, Sec. 4.4.

그림 4-10
8면체 면

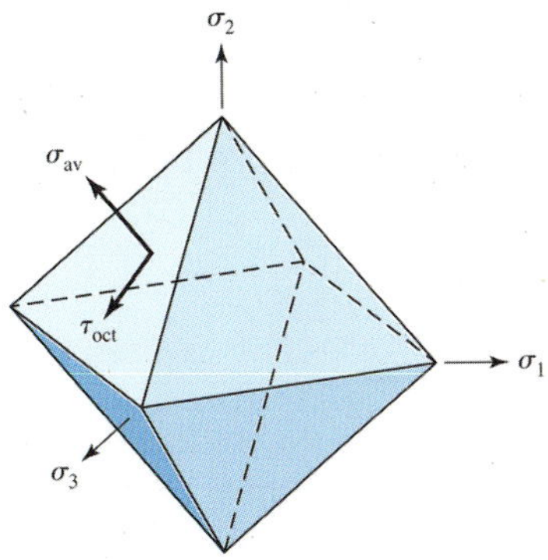

3차원 응력의 xyz 성분을 이용하면 von Mises 응력은 다음과 같이 나타낼 수 있다.

$$\sigma' = \frac{1}{\sqrt{2}}\left[(\sigma_x - \sigma_y)^2 + (\sigma_y - \sigma_z)^2 + (\sigma_z - \sigma_x)^2 + 6(\tau_{xy}^2 + \tau_{yz}^2 + \tau_{zx}^2)\right]^{1/2} \qquad (4\text{-}14)$$

그리고 평면응력 상태에서,

$$\sigma' = (\sigma_x^2 - \sigma_x\sigma_y + \sigma_y^2 + 3\tau_{xy}^2)^{1/2} \qquad (4\text{-}15)$$

변형에너지 이론은 또한 다음과 같이 불린다:

- von Mises 또는 von Mises-Hencky 이론
- 전단 - 에너지 이론
- 8면체 - 전단응력 이론

8면체 전단응력을 이해하면 MSS가 왜 보수적인가에 대한 이유를 파악하는 데 도움이 된다. 각 면에 작용하는 수직응력이 정수 응력 σ_{av}와 동일한 등방형 요소를 고려해 보자. 그러면, 수직응력들이 작용하는 주방향에 대해 대칭적인 8개의 면이 존재한다. 이것은 그림 4-10에 나타낸 것처럼 8면체 형태이다. 이 면들 위의 전단응력은 서로 같으며 **8면체 전단응력(octahedral shear stress)**이라 불린다(그림 4-10에는 한 면에만 응력성분을 표시). 좌표축 변환을 하면 8면체면의 전단응력은 다음과 같이 표기할 수 있다.[5]

$$\tau_{oct} = \frac{1}{3}\left[(\sigma_1 - \sigma_2)^2 + (\sigma_2 - \sigma_3)^2 + (\sigma_3 - \sigma_1)^2\right]^{1/2} \qquad (4\text{-}16)$$

8면체 전단응력 이론의 경우, **파손은 어떤 응력 상태에서의 8면체 전단응력이 간단한 인장 시험 시편의 파손에 대한 8면체 전단응력과 같거나 클 때 발생한다**고 가정한다.

앞서 설명한 바와 같이 인장 시험 결과를 기초로 한 항복은 $\sigma_1 = S_y$이고 $\sigma_2 = \sigma_3 = 0$일 때 발생한다. 이러한 조건 하에서 8면체 전단응력은 식 (4-16)으로부터 다음과 같이 표현할 수 있다.

[5] For a derivation, see Arthur P. Boresi, op. cit., pp. 36-37.

$$\tau_{\text{oct}} = \frac{\sqrt{2}}{3} S_y \tag{4-17}$$

일반적인 응력 상태에서 식 (4-16)이 식 (4-17)과 같거나 클 때, 항복이 발생하는 것으로 예측된다. 따라서 다음의 관계가 성립된다.

$$\left[\frac{(\sigma_1-\sigma_2)^2+(\sigma_2-\sigma_3)^2+(\sigma_3-\sigma_1)^2}{2}\right]^{1/2} \geq S_y \tag{4-18}$$

이것은 식 (4-10)과 동일하며 최대 8면체 전단응력 이론은 변형에너지 이론과 동일하다는 것을 보여준다.

MSS 이론 모델에서는 인장 시편의 45° 표면에 미치는 수직응력의 영향을 무시한다. 그러나 수직응력은 $P/3A$로 표현되는 정수압 응력이 아닌 $P/2A$이다. 바로 이것이 MSS 이론과 DE 이론 사이의 차이점이다.

DE 이론을 설명하는 수직전개 과정이 복잡해서, 실제 계산값과 결과의 효용성을 좀 모호하게 만드는 경향이 있긴 하다. 그러나 유도된 수식들로 인하여, 가장 복잡한 응력 상태에 대해서도 von Mises 응력이라는 단일한 물리량으로 설명할 수 있게 되었으며, 식 (4-11)을 통해서 재료의 항복강도와도 비교할 수 있게 되었다. 이 식은 다음과 같은 설계식으로 표현할 수 있다.

$$\sigma' = \frac{S_y}{n} \tag{4-19}$$

변형에너지 이론은 정수압 응력 아래에서는 파손이 발생하지 않는다고 예측하며, 이는 연성 거동을 보이는 모든 실험 데이터와 잘 일치한다. 따라서, 연성재료에 대해 가장 광범위하게 적용되고 있으며, 다른 특별한 제한이 없는 대부분의 설계 문제에 적합한 방법으로 추천할 수 있다.

마지막으로 주의해야 할 사항은 전단항복강도이다. $\sigma_x = \sigma_y = 0$인 평면응력 상태에서 순수 전단 τ_{xy}의 경우를 고려해 보자; 항복에 대한 식 (4-11)과 식 (4-15)로부터 다음의 관계를 구할 수 있다.

$$(3\tau_{xy}^2)^{1/2} = S_y \quad \text{or} \quad \tau_{xy} = \frac{S_y}{\sqrt{3}} = 0.577 S_y \tag{4-20}$$

그러므로 변형에너지 이론에 의해 예측된 전단항복강도는 다음과 같다.

$$S_{sy} = 0.577 S_y \tag{4-21}$$

이것은 전술한 바와 같이 MSS 이론에 의해 예측된 값보다 약 15% 정도 큰 값이다. 순수 전단인 τ_{xy}의 경우, 식 (3-13)에서의 주응력은 $\sigma_A = -\sigma_B = \tau_{xy}$이다. 이러한 경우의 하중선은 그림 4-9에서와 같이 σ_A, σ_B축으로부터 45° 떨어진 4사분면에 나타난다.

예제 4-1 열간 압연재의 항복강도는 $S_{yt} = S_{yc} = 700$ MPa이고, 파손시의 진변형률은 $\varepsilon_f = 0.55$이다. 이 재료에 대해 다음과 같은 주응력 상태에서의 안전계수를 계산하라.

(a) 490, 490, 0 MPa

(b) 210, 490, 0 MPa

(c) 0, 490, −210 MPa

(d) 0, −210, −490 MPa

(e) 210, 210, 210 MPa

풀이 $\varepsilon_f > 0.05$이고 S_{yc}와 S_{yt}는 같다면 재료는 연성이며 변형에너지(DE) 이론을 적용한다. 최대전단응력(MSS) 이론도 적용될 것이며 DE 이론으로 구한 결과와 비교한다. 여기서 (a)~(d)는 평면응력 상태이다.

(a) 주응력의 크기가 $\sigma_A = \sigma_1 = 490$, $\sigma_B = \sigma_2 = 490$, $\sigma_3 = 0$ MPa인 경우

DE 이론의 경우 식 (4-13)으로부터

$$\sigma' = [490^2 - 490(490) + 490^2]^{1/2} = 490 \text{ MPa}$$

답
$$n = \frac{S_y}{\sigma'} = \frac{700}{490} = 1.43$$

MSS 이론의 경우 식 (4-4)의 경우 1을 사용하면

답
$$n = \frac{S_y}{\sigma_A} = \frac{700}{490} = 1.43$$

(b) 주응력의 크기가 $\sigma_A = \sigma_1 = 490$, $\sigma_B = \sigma_2 = 210$, $\sigma_3 = 0$ MPa인 경우

DE 이론의 경우 $\sigma' = [490^2 - 490(210) + 210^2]^{1/2} = 426$ MPa

답
$$n = \frac{S_y}{\sigma'} = \frac{700}{426} = 1.64$$

MSS 이론의 경우 식 (4-4)의 경우 1을 사용하면

답
$$n = \frac{S_y}{\sigma_A} = \frac{700}{490} = 1.43$$

(c) 주응력의 크기가 $\sigma_A = \sigma_1 = 490$, $\sigma_2 = 0$, $\sigma_B = \sigma_3 = -210$ MPa인 경우

DE 이론의 경우 $\sigma' = [490^2 - 490(-210) + (-210)^2]^{1/2} = 622$ MPa

답
$$n = \frac{S_y}{\sigma'} = \frac{700}{622} = 1.13$$

MSS 이론의 경우 식 (4-5)의 경우 2를 사용하면

답 $$n = \frac{S_y}{\sigma_A - \sigma_B} = \frac{700}{490-(-210)} = 1.00$$

(d) 주응력의 크기가 $\sigma_1 = 0$, $\sigma_A = \sigma_2 = -210$, $\sigma_B = \sigma_3 = -490$ MPa인 경우

DE 이론의 경우 $\sigma' = [(-490)^2 - (-490)(-210) + (-210)^2]^{1/2} = 426$ MPa

답 $$n = \frac{S_y}{\sigma'} = \frac{700}{426} = 1.64$$

MSS 이론의 경우 식 (4-6)의 경우 3을 사용하면

답 $$n = -\frac{S_y}{\sigma_B} = -\frac{700}{-490} = 1.43$$

(e) 주응력의 크기는 $\sigma_1 = 210$, $\sigma_2 = 210$, $\sigma_3 = 210$ MPa

DE 이론의 경우 식 (4-12)로부터

$$\sigma' = \left[\frac{(210-210)^2 + (210-20)^2 + (210-210)^2}{2}\right]^{1/2} = 0 \text{ MPa}$$

답 $$n = \frac{S_y}{\sigma'} = \frac{700}{0} \to \infty$$

MSS 이론의 경우 식 (4-3)으로부터

답 $$n = \frac{S_y}{\sigma_1 - \sigma_3} = \frac{700}{210-210} \to \infty$$

안전계수의 비교를 위해 표로 정리하였다.

	(a)	(b)	(c)	(d)	(e)
DE	1.43	1.64	1.13	1.64	∞
MSS	1.43	1.43	1.00	1.43	∞

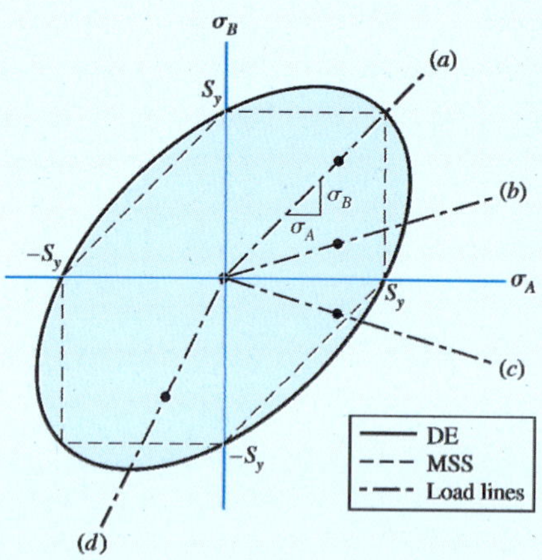

그림 4-11
예제 4-1에 대한 하중선

MSS 이론의 파손 경계선은 DE 이론의 파손 경계선과 접하거나 안에 있기 때문에, 위의 표에서도 볼 수 있듯이 예측된 안전계수는 DE 이론의 결과와 같거나 작다. (e)를 제외한 각각의 경우에 대해, σ_A, σ_B 평면상의 좌표와 하중선을 그림 4-11에 표시하였다. Case (e)는 평면응력 상태가 아니다. Case (a)의 하중선은 두 이론이 일치하는 지점에 위치한 유일한 평면응력 상태를 보여준다. 결과적으로 두 이론의 안전계수는 같다.

4-6 연성재료에 대한 Coulomb - Mohr 이론

모든 재료들이 인장강도와 동일한 압축강도를 갖는 것은 아니다. 예를 들어, 압축이 작용할 때 마그네슘 합금의 항복강도는 인장 상태에 있을 때의 항복강도보다 50% 정도 작다. 또한, 주철의 압축강도는 극한 인장강도보다 3~4배 더 크다. 따라서, 본 절에서는 우선적으로 압축강도와 인장강도가 동일하지 않은 재료들에 대한 파괴를 예측하는 데 사용할 수 있는 이론에 대해 고찰한다.

역사적으로, 1900년에 발표된 파손 예측 이론인 Mohr 이론은 출현 당시 상황과 관련이 있다. 이론이 성립될 당시에는 컴퓨터도 없이 다만 계산자, 컴퍼스, 운형자만을 이용하여 이론을 설명하였다. 이러한 도식적인 과정들은 오늘날에도 여전히 시각화를 위해 유용하게 쓰이고 있다. 만약 재료에 항복이나 파열이 발생한다면, Mohr 이론의 기본적인 개념은 "간단한" 세 가지의 실험인 항복까지의 인장, 압축, 전단에 근거하고 있다. 여기에서 전단항복강도는 실험하는 것보다 S_{sy}로 정의하는 것이 더 용이하다.

실질적인 어려움들은 제쳐두고, Mohr의 가설은 그림 4-12의 축 위의 선 $ABCDE$로써 그려진 파손 경계선을 정의하는 세 개의 원을 구성하기 위해 인장, 압축, 비틀림 전단시험의 결과를 사용했다. 파손 경계선이 직선일 필요는 없다. 응력 상태를 모사하는 세 개의 Mohr 원(그림 3-12 참조)이 하중 증가와 함께 점점 커지다가 그중 하나가 파손 경계선과 접하게 되면 파손이 일어난다는 파손 이론은 많은 논쟁을 불러일으켰다. 과연 파손 경계선은 직선, 원, 혹은 2차 방정식중 어느 형태인가? 당시에는 컴퍼스와 운형자가 파손 경계선을 정의하는 수단이었다.

Coulomb–Mohr 이론 또는 **내부 마찰**(internal friction) 이론으로도 불리우는 이 수정된 Mohr 이론은 그림 4-12에서 경계 BCD가 직선이라고 가정한다. 이 가정에 따르면 단지 인장과 압축강도만이 필요하다. 일반적으로 $\sigma_1 \geq \sigma_2 \geq \sigma_3$인 경우 가장 큰 원은 그림 4-13에 나타낸 바와 같이 σ_1과 σ_3을 연결하는 것이다. 그림 4-13에 나타난 원의 중심은 C_1, C_2 그리고 C_3이다. 삼각형 OB_iC_i는 닮은꼴이다. 그러므로

$$\frac{B_2C_2 - B_1C_1}{OC_2 - OC_1} = \frac{B_3C_3 - B_1C_1}{OC_3 - OC_1}$$

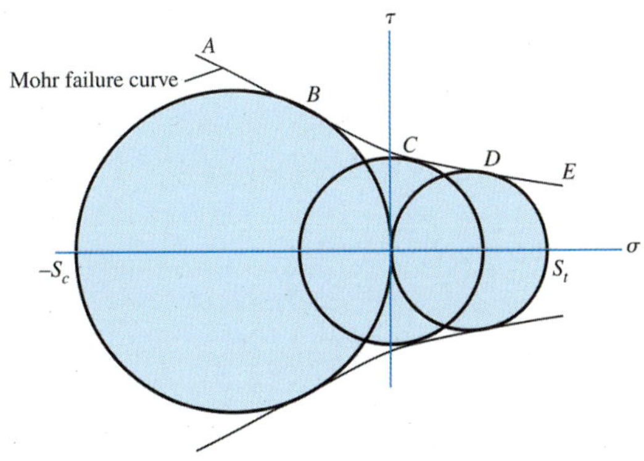

그림 4-12
압축 실험, 전단 실험, 인장 실험에 대한 3가지 Mohr 원. Mohr의 가설에 준해 파손을 정의할 때 사용된다. S_c와 S_t는 각각 압축강도와 인장강도이며, 항복강도난 극한강도가 사용될 수 있다.

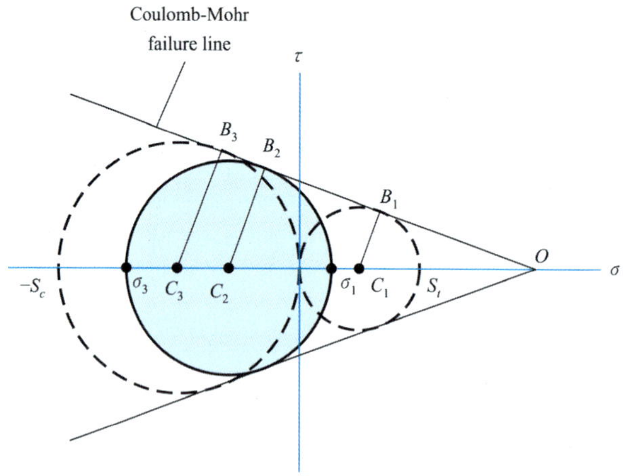

그림 4-13
일반적 응력 상태에서의 가장 큰 Mohr 원

또는,

$$\frac{B_2C_2 - B_1C_1}{C_1C_2} = \frac{B_3C_3 - B_1C_1}{C_1C_3}$$

여기서, $B_1C_1 = S_t/2$, $B_2C_2 = (\sigma_1 - \sigma_3)/2$, 그리고 $B_3C_3 = S_c/2$는 각각 우측, 가운데 그리고 좌측 원의 반지름이다. 원점으로부터 C_1까지의 거리는 $S_t/2$, C_3까지의 거리는 $S_c/2$ 그리고 C_2까지의 거리(양의 방향으로)는 $(\sigma_1 + \sigma_3)/2$이다. 그러므로

$$\frac{\dfrac{\sigma_1 - \sigma_3}{2} - \dfrac{S_t}{2}}{\dfrac{S_t}{2} - \dfrac{\sigma_1 + \sigma_3}{2}} = \frac{\dfrac{S_c}{2} - \dfrac{S_t}{2}}{\dfrac{S_t}{2} + \dfrac{S_c}{2}}$$

각 항에서 2를 소거하고 분모와 분자를 교차로 곱하여 식을 단순화하면 다음과 같다.

$$\frac{\sigma_1}{S_t} - \frac{\sigma_3}{S_c} = 1 \quad \textbf{(4-22)}$$

여기서 인장강도나 극한강도가 모두 사용될 수 있다.

평면응력 상태에 대해서 0이 아닌 두 개의 주응력이 $\sigma_A \geq \sigma_B$일 때 MSS 이론에서 식 (4-4)~(4-6)으로 분류한 것과 같이 3가지 경우로 나눌 수 있다.

경우 1: $\sigma_A \geq \sigma_B \geq 0$인 경우에 $\sigma_1 = \sigma_A$이고 $\sigma_3 = 0$이다. 이 경우, 식 (4-22)는 다음과 같다.

$$\sigma_A \geq S_t \quad \textbf{(4-23)}$$

경우 2: $\sigma_A \geq 0 \geq \sigma_B$인 경우에 $\sigma_1 = \sigma_A$이고 $\sigma_3 = \sigma_B$이다. 이 경우, 식 (4-22)는 다음과 같다.

$$\frac{\sigma_A}{S_t} - \frac{\sigma_B}{S_c} \geq 1 \quad \textbf{(4-24)}$$

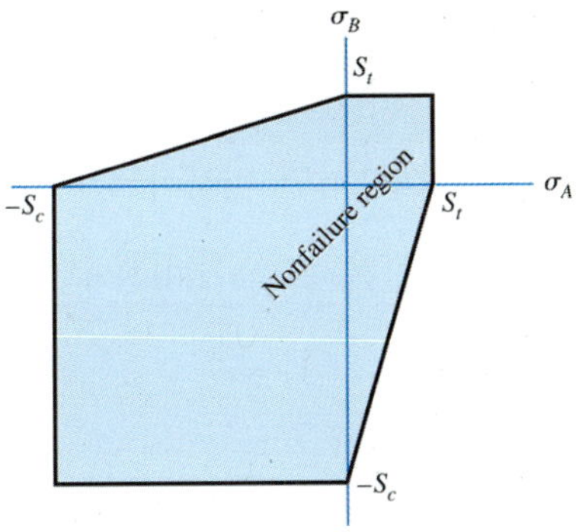

그림 4-14
평면응력 상태에서의 Coulomb-Mohr 이론 파손선도 그림

경우 3: $0 \geq \sigma_A \geq \sigma_B$인 경우에 $\sigma_1 = 0$이고 $\sigma_3 = \sigma_B$이다. 이 경우, 식 (4-22)는 다음과 같다.

$$\sigma_B \leq - S_c \tag{4-25}$$

위의 세 가지 경우와 일반적으로 잘 사용되지 않는 $\sigma_B \geq \sigma_A$인 겨우를 포함하여 그림 4-14에 나타내었다.

설계식에서는 안전계수 n을 고려하여 모든 강도를 n으로 나눈다. 예를 들면 식 (4-22)는 다음과 같은 설계식으로 표현할 수 있다.

$$\frac{\sigma_1}{S_t} - \frac{\sigma_3}{S_c} = \frac{1}{n} \tag{4-26}$$

Coulomb-Mohr 이론에서는 비틀림 전단 강도가 필요하지 않기 때문에 식 (4-22)로부터 비틀림 항복 강도를 유추할 수 있다. 순수 전단력 τ는 $\sigma_1 = -\sigma_3 = \tau$이다. 비틀림 항복 강도는 $\tau_{\max} = S_{sy}$일 때 발생한다. $\sigma_1 = -\sigma_3 = S_{sy}$를 식 (4-22)에 대입하여 식을 단순화하면 다음과 같다.

$$S_{sy} = \frac{S_{yt} S_{yc}}{S_{yt} + S_{yc}} \tag{4-27}$$

예제 4-2 지름이 25 mm인 축이 230 N · m의 정적 토크를 받고 있다. 축은 cast 195-T6 aluminum이며 인장 상태에서 항복 강도는 160 MPa이고 압축 상태에서 항복 강도는 170 MPa이다. 이것이 최종 지름일 경우에 축의 안전계수를 결정하라.

풀이 최대전단응력은 다음과 같다.

$$\tau = \frac{16T}{\pi d^3} = \frac{16(230)}{\pi[25(10^{-3})]^3} = 75(10^6)\ \mathrm{N/m^2} = 75\ \mathrm{MPa}$$

두 개의 0이 아닌 주응력은 75, -75 MPa이므로 $\sigma_1 = 75$, $\sigma_2 = 0$, $\sigma_3 = -75$ MPa이다. 식 (4-26)을 이용하면 다음과 같이 구할 수 있다.

답 $$n = \frac{1}{\sigma_1/S_{yt} - \sigma_3/S_{yc}} = \frac{1}{75/160 - (-75)/170} = 1.0$$

다른 방법으로 식 (4-27)을 이용하면 다음과 같다.

$$S_{sy} = \frac{S_{yt}S_{yc}}{S_{yt} + S_{yc}} = \frac{160(170)}{160 + 170} = 82.4\text{ MPa}$$

그리고 $\tau_{max} = 75\text{ MPa}$이다. 따라서

답 $$n = \frac{S_{sy}}{\tau_{max}} = \frac{82.4}{75} = 1.10$$

4-7 취성재료에 대한 최대수직응력 이론

최대수직응력(Maximum-Normal-Stress, MNS) 이론은 3개의 주응력 중 하나가 강도와 같거나 크면 파손이 일어난다는 이론이다. 일반적인 응력 상태에서 주응력을 $\sigma_1 \geq \sigma_2 \geq \sigma_3$와 같이 나타낸다면 최대수직응력이론은 다음과 같을 때 파손이 일어난다고 예측한다.

$$\sigma_1 \geq S_{ut} \quad \text{or} \quad \sigma_3 \leq -S_{uc} \tag{4-28}$$

여기서, S_{ut}와 S_{uc}는 각각 극한 인장강도와 압축강도로 양수이다.

평면응력 상태에서 주응력이 식 (3-13)과 같이 주어지고 $\sigma_A \geq \sigma_B$라면 식 (4-28)은 다음과 같다.

$$\sigma_A \geq S_{ut} \quad \text{or} \quad \sigma_B \leq -S_{uc} \tag{4-29}$$

식 (4-29)를 그림 4-15에 나타내었다.

이와 같이, 파손 기준 방정식은 설계 방정식으로 바꿀 수 있다. 우리는 $\sigma_A \geq \sigma_B$인

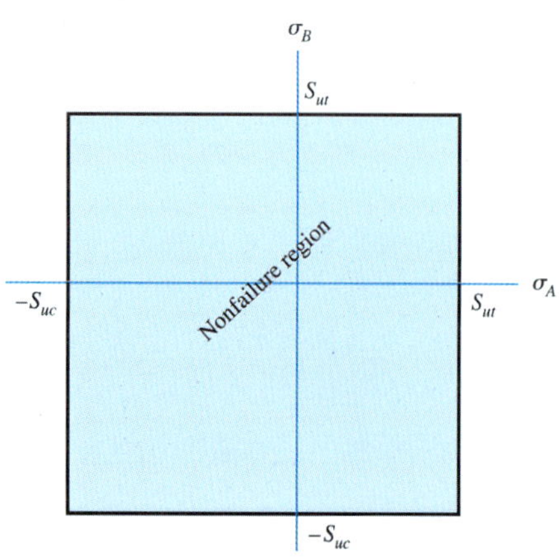

그림 4-15
평면응력 상태에서의 최대수직응력이론 파손선도 그래프.

경우의 하중선에 대해 두 종류의 방정식을 고려할 수 있다.

$$\sigma_A = \frac{S_{ut}}{n} \quad \text{or} \quad \sigma_B = -\frac{S_{uc}}{n} \tag{4-30}$$

최대수직응력이론은 σ_A, σ_B 평면의 제 4사분면에서 일어나는 파손 예측에 대해서는 적합하지 않다. 때문에 이 이론을 사용하는 것을 추천하지 않는다. 역사적으로 어떤 이론이 있었는지 보여주기 위해 이곳에 수록하였다.

4-8 취성재료에 대한 수정 Mohr 이론

취성재료 평가를 위한 수정 Mohr 이론에 대해 알아보자. 수정 Mohr 이론은 각각 Brittle-Coulomb-Mohr(BCM) 이론과 수정 Mohr 이론으로 분류된다. 이들 이론들을 위해 제시된 식들은 평면응력의 경우로 한정하였으며, 안전계수를 도입한 설계식으로도 나타내었다.

Coulomb-Mohr 이론은 앞의 4-6절의 식 (4-23)~(4-25)에서 이미 논의한 바 있다. 취성재료에 대한 설계 방정식을 표현하면 다음과 같다.

Brittle-Coulomb-Mohr

$$\sigma_A = \frac{S_{ut}}{n} \qquad \sigma_A \geq \sigma_B \geq 0 \tag{4-31a}$$

$$\frac{\sigma_A}{S_{ut}} - \frac{\sigma_B}{S_{uc}} = \frac{1}{n} \qquad \sigma_A \geq 0 \geq \sigma_B \tag{4-31b}$$

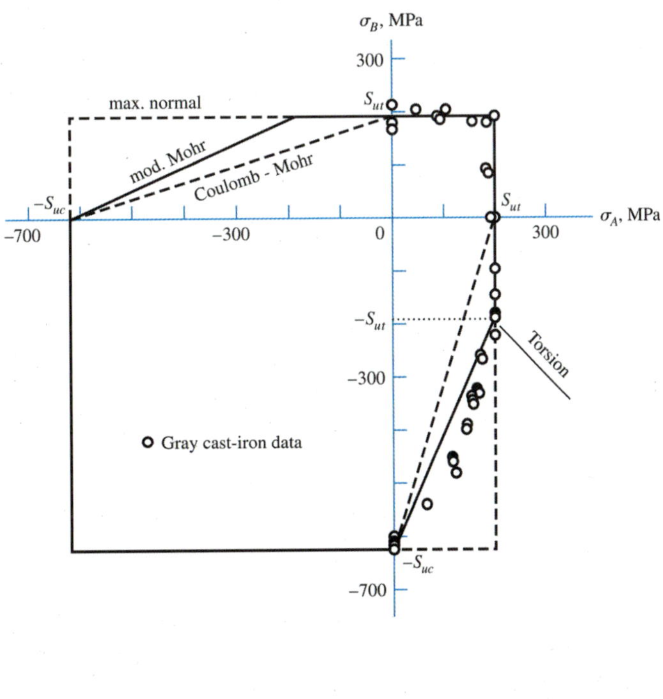

그림 4-16
여러 파손 기준과 비교한 회주철의 양축 파손 데이터 (*Dowling, N.E.*, Mechanical Behavior of Materials, 2ye, 1999, *P.261. Reprinted by Permission of Pearson Education, Inc., Upper Saddle River, New Jersey.*)

$$\sigma_B = -\frac{S_{uc}}{n} \qquad 0 \ge \sigma_A \ge \sigma_B \tag{4-31c}$$

4사분면에서 관찰된 데이터를 기반으로, 수정 Mohr 이론은 그림 4-16에서 2사분면과 4사분면에서의 실선으로 나타낸 바와 같이 4사분면으로 확장할 수 있다.

수정 Mohr

$$\sigma_A = \frac{S_{ut}}{n} \qquad \sigma_A \ge \sigma_B \ge 0$$

$$\sigma_A \ge 0 \ge \sigma_B \quad \text{and} \quad \left|\frac{\sigma_B}{\sigma_A}\right| \le 1 \tag{4-32a}$$

$$\frac{(S_{uc} - S_{ut})\sigma_A}{S_{uc}S_{ut}} - \frac{\sigma_B}{S_{uc}} = \frac{1}{n} \qquad \sigma_A \ge 0 \ge \sigma_B \quad \text{and} \quad \left|\frac{\sigma_B}{\sigma_A}\right| > 1 \tag{4-32b}$$

$$\sigma_B = -\frac{S_{uc}}{n} \qquad 0 \ge \sigma_A \ge \sigma_B \tag{4-32c}$$

실험 데이터는 여전히 확장영역 밖에 존재하고 있다. $\sigma_A \ge 0 \ge \sigma_B$와 $|\sigma_B/\sigma_A| > 1$에 해당하는, 수정 Mohr 이론이 나타내는 선은 데이터의 일부를 더 정확하게 표현할 수 있는 포물선으로 대체할 수 있다.[6] 이러한 비선형 식을 소개하지만, 이 책에서 직접 다루지는 않을 것이다.

[6] J. E. Shigley, C. R. Mischke, R. G. Budynas, *Mechanical Engineering Design*, 7th ed., McGraw-Hill, New York, 2004, p. 275.

연습문제

4-1 연성재료인 열간 압연강은 인장과 압축에서 350 MPa의 항복 강도를 가진다. 변형 에너지 이론과 최대 전단응력 이론을 사용하여 다음 평면 응력 상태에 있어서의 안전계수의 값을 구하라.

(a) $\sigma_x = 100\ \text{MPa},\ \sigma_y = 100\ \text{MPa}$

(b) $\sigma_x = 100\ \text{MPa},\ \sigma_y = 50\ \text{MPa}$

(c) $\sigma_x = 100\ \text{MPa},\ \tau_{xy} = -75\ \text{MPa}$

(d) $\sigma_x = -50\ \text{MPa},\ \sigma_y = -75\ \text{MPa},\ \tau_{xy} = -50\ \text{MPa}$

(e) $\sigma_x = 100\ \text{MPa},\ \sigma_y = 20\ \text{MPa},\ \tau_{xy} = -20\ \text{MPa}$

4-2 식 (3.13)을 이용하여 얻을 수 있는 다음 주응력을 이용하여 위의 문제 4-1을 반복하라.

(a) $\sigma_A = 100\ \text{MPa},\ \sigma_B = 100\ \text{MPa}$

(b) $\sigma_A = 100\ \text{MPa},\ \sigma_B = -100\ \text{MPa}$

(c) $\sigma_A = 100\ \text{MPa},\ \sigma_B = 50\ \text{MPa}$

(d) $\sigma_A = 100\ \text{MPa},\ \sigma_B = -50\ \text{MPa}$

(e) $\sigma_A = -50\ \text{MPa},\ \sigma_B = -100\ \text{MPa}$

4-3 $S_{ut} = 210\ \text{MPa},\ S_{uc} = 630\ \text{MPa}$의 강도를 가지는 취성재료를 고려한다. 취성재료의 Coulomb-Mohr 이론과 수정 Mohr 이론을 사용하여 다음 평면 응력 상태에 있어서의 안전계수의 값을 구하라.

(a) $\sigma_x = 175\ \text{MPa},\ \sigma_y = 105\ \text{MPa}$

(b) $\sigma_x = 105\ \text{MPa},\ \sigma_y = -105\ \text{MPa}$

(c) $\sigma_x = 140\ \text{MPa},\ \tau_{xy} = -70\ \text{MPa}$

(d) $\sigma_x = -105\ \text{MPa},\ \sigma_y = -70\ \text{MPa},\ \tau_{xy} = -105\ \text{MPa}$

(e) $\sigma_x = -84\ \text{MPa},\ \sigma_y = 105\ \text{MPa}$

5 변동 하중으로 인한 피로파손

4장에서는 정적 하중 조건에서의 부품 설계와 해석에 대하여 살펴보았다. 그러나 기계 부품들은 시간에 따라 변화하는 하중 조건에서는 전혀 다른 거동을 보인다. 이 장에서는 변동 하중 조건에서의 부품 파손 및 방지에 대해 다룬다.

5-1 금속피로의 개요

응력-변형률 선도와 관련된 대부분의 재료 물성 측정 실험에서는 시편에 하중이 서서히 가해지며 변형률이 완전히 발달될 수 있는 충분한 시간이 주어진다. 실험은 시편의 파손 시 까지 이어지며, 결국 시편에 응력은 한 번만 가해진다. 이와 같은 실험 결과는 정적 하중 조건에 한하여 적용될 수 있으며 실제로 많은 구조물 및 기계 부재들은 정적 하중 조건에 있는 것으로 가정할 수 있다.

그러나 하중의 크기가 시간에 따라 변하거나 일정한 범위 내에서 반복적으로 변하여 정적 하중 조건으로 가정할 수 없는 경우가 빈번하게 발생한다. 예를 들어, 굽힘 하중을 받는 회전축 표면 위의 한 부위는 축의 회전에 따라 압축과 인장을 번갈아 받는다. 나아가 해당 축에 축방향 하중이 더해지면 축방향 응력 성분은 굽힘에 의한 응력 성분과 중첩되고, 축의 모든 지점에서 크기가 변하는 응력이 항상 발생한다. 이와 같이 기계의 부재에는 여러 종류의 하중이 작용하여 다양한 **반복**(repeated), **교번**(alternate) 또는 **변동**(fluctuating) 응력을 발생시킨다.

종종 반복 또는 변동 하중 조건에서는 실제 부재에 발생하는 최대 응력이 재료의 극한강도 혹은 항복강도보다 낮음에도 불구하고 부재가 파손되는 경우가 있으며, 이러한 파손의 두드러진 특징은 하중이 매우 여러 번 반복하여 작용한다는 것이므로 이를 **피로파손**(fatigue failure)이라고 한다.

기계부품이 정적 하중에 의해 파손되는 경우에는, 응력이 항복강도를 초과하기 때문에 대개 파손 전에 큰 변형이 발생하고 육안으로 이를 미리 감지할 수 있어 파손 발생 전에 부품을 교체하여 이를 방지할 수 있다. 그러나 피로 파손은 눈으로 감지할 수 있는 변형과 같은 경고 없이 갑자기 일어나기 때문에 매우 위험하다.

피로파손은 파면이 평평하고 응력축에 수직하며 네킹 또한 일어나지 않는다는 점에서 취성파괴와 유사하지만, 실제 파괴 특성에 있어서는 정적 취성파괴와 구분되며 세 단계에 걸쳐 일어난다. **제1단계**에서는 반복적인 소성 변형에 의해 하나 이상의 미세균열(micro crack)이 발생하며 이들은 주변의 2~5개의 결정립들로 전파된다. 일반적으로 1단계 균열은 육안으로 관찰할 수 없다. **제2단계**에서는 미세균열이 거시적 균열(macro crack)로 성장하며, 이 과정에 형성되는 파괴 면은 그림 5-1에서 볼 수 있는 것과 같이 물결 모양의 어둡고 밝은 띠 모양을 띠며 **해안 무늬**(beach mark) 또는 **조개껍질 무늬**라 불린다. 반복하중을 받는 동안 균열면의 열림과 닫힘이 반복되며 마찰이 발생한다. **제3단계에서는** 잔여 재료가 더 이상 하중을 견디지 못하고 순간적이고 빠른 파손이 일어난다. 3단계 파괴는 취성, 연성 또는 연성과 취성의 조합형태가 될 수 있다.

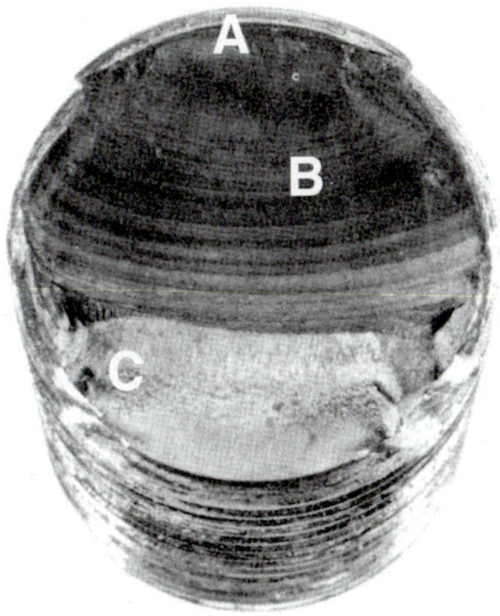

그림 5-1
반복적인 굽힘에 의한 볼트의 피로파손. 파손은 *A* 지점에서 시작되어, *B* 점을 포함한 단면을 가로질러 전파되었으며 이 과정에 물결무늬가 나타났고 이는 *C* 지점의 급속 파괴 발생 전까지 이어졌다.
(From ASM Handbook, Vol. 12: Fractography, 2nd printing, 1992, ASM International, Materials Park, OH 44073-0002, fig 50, p. 120. Reprinted by permission of ASM International®, www.asminternational.org.)

피로파손은 균열의 형성 및 전파에 의해 일어나며, 피로균열은 전형적으로 반복 응력이 최대가 되는 금속의 불연속점에서 발생한다. 불연속점(break point)은 다음과 같은 이유로 발생할 수 있다.

- 응력 집중이 발생되는 급격한 단면의 변화, 키홈, 구멍 등
- 높은 접촉 압력 하에 서로 구르거나 미끄러지는 요소들(베어링, 기어 캠). 접촉면 하부에 높은 접촉 응력이 반복적으로 발생하고 결국 표면 피팅 등이 일어남.
- 부적절한 위치에 형성된 스탬프, 공구 자국, 긁힌 자국, 버(burrs); 엉성한 연결부위 설계; 부적절한 결합; 그 밖의 제작 결함.
- 압연, 단조, 주조, 압출, 인발, 열처리 등에 의해 생성된 금속자체의 성분. 이물질 함유물, 합금 분리, 동공, 단단히 응결된 부위, 결정학적 불연속 점

또한 이상의 균열 발생 및 전파를 가속화하는 조건에는 잔류 인장응력, 높은 온도, 반복적인 온도변화, 부식 환경, 고주기 사이클 등이 있다.

5-2 해석과 설계를 위한 피로파손에 대한 접근법

피로파손 해석에 있어서는 공학과 과학을 종합적으로 고려해야 한다. 종종 과학이 완벽한 해답을 제공하지 못할 수 있지만 항공기는 안전하게 날 수 있어야 한다. 또한 자동차는 높은 신뢰성을 가지고 고장 없이 오래 구동될 수 있어야 할 뿐 아니라 동시에 공장 주주들의 이윤도 고려되어야 한다. 때문에 피로 메커니즘에 대한 완벽한 과학적 설명이 없다 하더라도 엔지니어들은 파괴되지 않는 기기를 설계해야 한다. 어떻게 보면 이는 과학에 대조되는 공학의 진정한 의미를 설명해 주는 한 가지 고전적 예이다. 과학을 이용할 수 없다고 하더라

도 문제를 해결하여 어떤 형태이든 해답을 찾아내는 것이 **공학**(engineering)이다.

이 장에서는 피로파손에 대비한 설계에 대해 구조적으로 접근할 것이며, 정적 파괴에서처럼, 간단한 하중이 작용하는 시편 실험 결과들의 관계를 그려나갈 것이다. 그러나 피로의 복잡한 특성 때문에 더 많은 것들을 고려해야한다. 이 장에서 다뤄질 내용들을 미리 살펴볼 수 있도록 앞으로 이어질 절들을 간단하게 요약하였다.

피로-수명 방법(5-3절~5-4절)

반복 하중이 작용하는 기계요소에 대한 설계 및 해석 시 언제 피로파손이 발생할 것인가를 예측하기 위한 여러 피로-수명 방법들 중 응력-수명 방법에 대해 설명한다. 5-4절 이후에는 응력-수명 방법을 여러 가지 설계에 심화 적용할 것이다.

피로한도와 피로강도(5-5절~5-6절)

강도-수명($S-N$) 선도는 금속의 피로강도(S_f)와 사이클 수명(cycle life)간의 관계를 보여준다. 간단한 하중이 작용하는 표준 실험실 시편 실험을 통해 그 결과를 얻을 수 있다. 주로 사인 곡선형태의 완전 반복 순수 굽힘 하중이 이용되며 실험실 시편은 응력 집중이 일어나지 않도록 다듬어진다.

강과 철의 $S-N$ 선도는 어떤 지점에서 수평이 된다. 이 점에서의 강도를 **피로한도**(S_e')라 하며 10^6과 10^7 사이의 값을 갖는다. S_e'에서 상첨자 프라임 기호는 **실험실 시편**의 피로한도를 나타낸다. 피로한도를 보이지 않는 비철 금속의 경우 특정한 사이클 수에서 피로강도(S_f')를 정의한다.

강도 데이터는 실제 기계요소와는 달리 극도로 제어된 상황에서 얻어진다. 이후에는 실험 시편과 실제 기계요소 사이의 하중과 물리적 조건의 차이를 고려하기 위한 방법을 설명한다.

피로한도 수정계수(5-7절)

수정계수는 표면 상태, 크기, 작용 하중, 온도, 신뢰도, 기타 인자들에 따라 실제 기계요소와 시편 사이의 차이를 반영하기 위해 정의 및 사용된다. 여전히 단순 반복 하중을 고려한다.

응력 집중과 노치 민감도(5-8절)

실제 요소에서는 기하학적인 응력 집중이 발생할 수 있으며, 이로 인해 피로 거동은 정적 응력집중계수와 재료의 피로 손상에 대한 민감도에 좌우된다.

변동응력(5-9절~5-10절)

이 절들은 순수 사인형태의 완전 반복 축, 굽힘 또는 비틀림 응력들이 아닌 변동 하중이 작용하는 경우에 대한 단순 응력 상태 등을 설명한다.

5-3 피로-수명 방법

설계 및 해석에 사용되는 세 가지 주요 피로-수명 방법은 **응력–수명 방법, 변형률–수명 방법 그리고 선형탄성 파괴역학법**이다. 이 방법들은 특정한 하중 범위에서 파괴까지의 사이클 수(N)로 수명을 예측한다. $1 \le N \le 10^3$ 사이클 수명은 일반적으로 **저주기 피로**(low cycle fatigue)로 분류하고 $N > 10^3$인 경우는 **고주기 피로**(high cycle fatigue)로 구분한다.

단지 응력폭만을 이용하는 응력-수명 방법은 다소 부정확할 수 있으나(특히 저주기 피로에서), 설계 적용 범위가 넓고 보충 데이터가 많으며 고주기 피로에 대해 정확하기 때문에 가장 전통적인 방법이다.

변형률-수명 방법은 수명 측정을 위해 응력뿐 아니라 변형률까지 고려하는 방법으로, 국부 지역에서의 소성 변형에 대한 상세한 해석을 포함한다. 이는 특히 저주기 피로에 대해 유용하며, 몇 가지 이상화 과정이 포함되어야 하고 결국 몇몇 불확실한 부분들이 결과에 포함된다.

파괴역학법은 이미 균열이 존재하고 발견되었다고 가정하며, 이후, 응력 강도에 따른 균열의 성장을 예측하는 데 활용된다. 컴퓨터 코드와 주기적 감시 프로그램이 연계된 대형 구조물에 적용될 때는 이 방법이 매우 유용하다.

5-4 응력-수명 방법

가장 폭넓게 사용되는 피로 시험 장치는 R. R. Moore 고속 회전빔 기기이다. 이 기기는 무게를 이용하여 시편에 순수 굽힘 하중을 가한다. 그림 5-2에 나타낸 바와 같이 시편은 매우 조심스럽게 제작되고 연마되어야 하며, 원주방향 스크래치를 방지하기 위하여 축방향으로 마무리 연마를 한다.

재료의 피로강도는 피로 파괴의 통계학적 특성으로 인해 여러 번의 실험을 수행하여 얻어진다. 회전빔 실험의 경우, 일정한 굽힘 하중이 작용하는 조건에서 빔을 회전시켜 빔이 파손되기까지의 회전수(응력 반복수)를 기록한다. 첫 실험은 재료의 인장강도보다 조금 낮은 응력 상태에서 시행된다. 두 번째 실험은 첫 실험에서 이용된 응력보다 낮은 응력에서 수행된다. 이 과정을 반복한 후에 그 결과를 $S-N$ 선도(그림 5-3)에 표시한다. 이

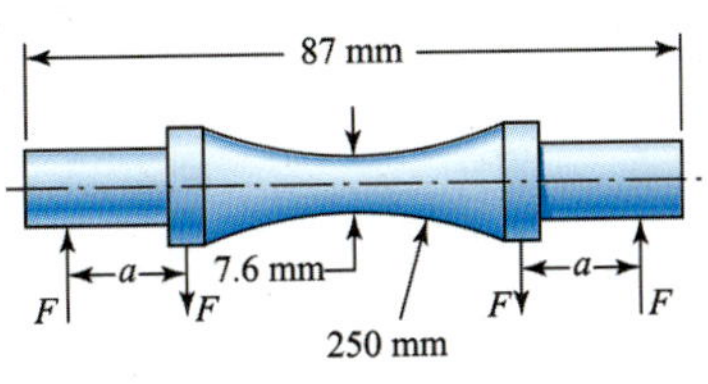

그림 5-2
R. R. Moore 회전빔 기기에 대한 실험 시편 형상. 굽힘모멘트($M = Fa$)는 시편의 곡면부 전체에 걸쳐 일정하다.

그림 5-3
완전 반복 축 피로 실험의 결과로부터 그려진 $S-N$ 선도. 재료: UNS G41300 강, 무차원화; $S_{ut}=810\,\text{MPa}$; 최대 $S_{ut}=105\,\text{MPa}$. (Data from NACA Tech. Note 3866, Decembeer 1960.)

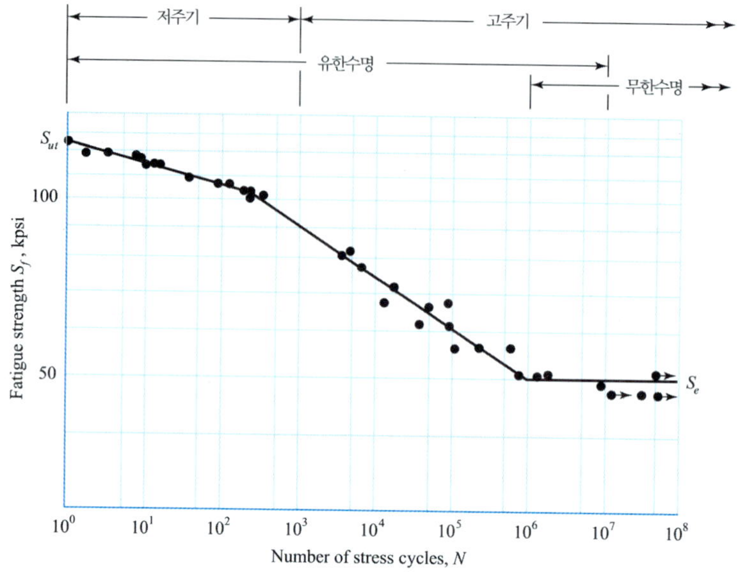

도표는 세미로그나 로그-로그 용지를 이용하여 작성된다. 철 또는 합금의 경우 특정 사이클 이상 응력이 가해지면 그래프는 수평하게 될 것이다. 로그 스케일 종이에 그리면 곡선 변화 부분이 잘 나타나지만 직교 좌표계의 경우 잘 나타나지 않는다. $S-N$ 선도에서 수직축을 **피로강도**(S_f)라 한다. 이 강도 값들에는 항상 대응되는 사이클 수 N이 함께 기술된다.

철의 경우, $S-N$ 선도에 굽어진 부분이 존재하며 해당 부분을 지나서는, 응력 사이클이 계속 반복되어도 파손은 일어나지 않는다. 때문에 굽어진 부분에 대응되는 강도를 **내구한도**(endurance limit, S_e) 또는 피로한도(fatigue limit)라 한다. 비철금속 혹은 합금의 경우에는 그림 5-3에서와 같은 수평 부분이 존재하지 않기 때문에 피로한도가 없다. 그림 5-4는 대표적인 알루미늄 합금의 $S-N$ 선도 분포를 보여준다. 알루미늄은 피로한도를 가지지 않으므로 특정한 사이클 수에서 기록된 피로강도(S_f)를 사용한다. 일반적으로 $N=5(10^8)$에서의 피로강도가 제공된다.

$N=1\sim1000$ 사이클까지의 피로파손에 관한 정보들은 그림 5-3에서 보듯이 **저주기 피로파손**으로 분류되며, 10^3 사이클 이상은 **고주기 피로파손**으로 분류된다.

또한 그림 5-3에서 **무한 수명 영역**과 **유한 수명 영역**을 구분한 바 있으나, 이 구역들의 경계는 몇몇 재료를 제외하고는 명확히 정해지지 않았다. 그림 5-3에서 철에 대한 경계는 10^6과 10^7 사이클 사이에 있다는 것을 알 수 있다.

우리가 피로에 대해 공부하는 주목적은 피로발생 원인을 이해하여 최적화된 방법으로 피로파손을 방지하기 위함이다. 이 책에 기술된 해석적 설계 방법들이 절대적으로 정확한 결과를 제시하는 것은 아니며 그 결과는 단지 피로파손에 대한 설계에서 무엇이 중요하고 무엇이 중요하지 않은지 알려주는 가이드로 인식되어야 한다.

전술한 바와 같이 응력-수명법은 저주기 피로에서는 다소 부정확할 수 있다. 하지만

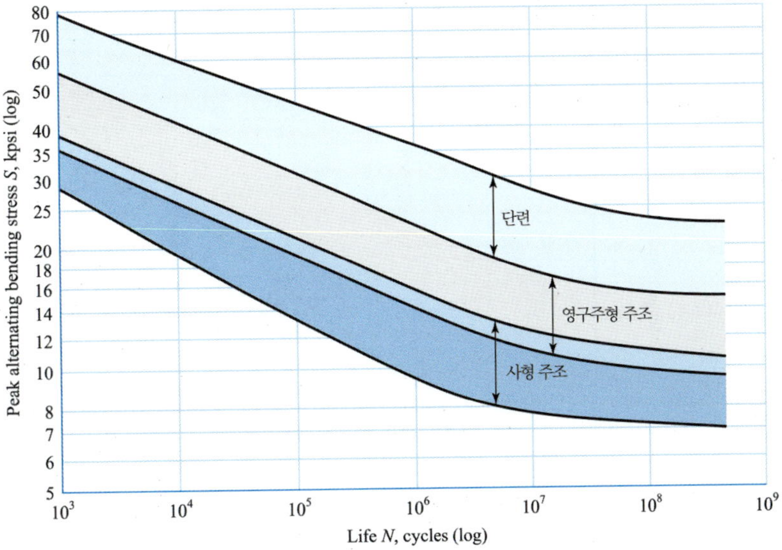

그림 5-4
대표적인 알루미늄 합금의 $S-N$ 분포. 단 $S_{ut}=260$ MPa인 단조 재료는 제외 (From R. C. Juvinall, Engineering Considerations of Stress, Strain and Strength. Copyright 1967 by The McGraw-Hill Companies, Inc. Reprinted by permission.)

이 방법은 수많은 유용한 정보가 축적된 전통적 방법이다. 또한 광범위한 대상에 대해 적용이 용이하고 고주기 피로의 경우 적절한 결과를 얻을 수 있다. 그래서 응력-수명 방법은 이 장에서 계속해서 중요하게 다룰 것이다. 그러나 해당 방법은 국부적인 항복이 발생할 때의 진응력-진변형률 특성을 고려하지 않으므로, 저주기 피로에 적용하고자 할 때는 특별히 주의해야한다.

5-5 피로한도

피로한도 결정을 위한 피로 시험은 비록 오래 걸리는 과정이지만 체계적 방법이다. 일반적으로 피로한도를 구하는 데 있어 변형률 실험보다는 응력 실험이 선호된다.

예비 설계나 파손 해석 시에는 신속한 피로한도의 결정이 요구된다. 문헌을 통해 다양한 재료들에 대한 회전빔 시험 혹은 단순 인장시험 결과들이 제시되며, 그림 5-5와 같이 이 결과들을 도시하면 두 가지 시험 결과 사이의 관계를 알 수 있다. 이 그래프에서는 인장강도가 210 kpsi(1450 MPa) 이하인 강의 경우, 피로한도가 인장강도의 40～60%인 것을 보여준다. $S_{ut}=210$ kpsi(1450 MPa)인 지점부터 데이터의 분산 정도가 증가하지만, $S_e{}'=105$ kpsi(735 MPa)에서의 수평선을 중심으로 그 정도가 어느 정도 일정함을 볼 수 있다.

이제 피로한도를 평가하는 방법에 대해 설명하고자 한다. 많은 문헌에 제시된 데이터들을 통해 평가된 결과는 철저히 준비된 시편의 실제 실험 결과들로부터 평가된 결과와는 큰 차이가 보일 수 있다. 이와 같은 불확실성은 정적 설계에 사용되는 설계계수들보다 더욱 큰 설계계수를 사용함으로써 보정되어야 한다.

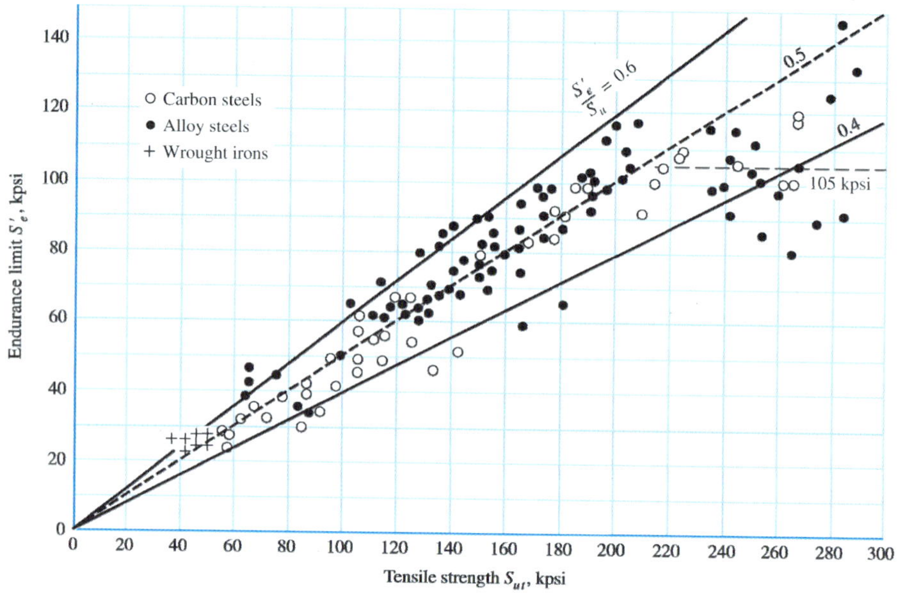

그림 5-5
많은 수의 단조 철과 강에 대한 실제 실험 결과로부터 구한 피로한도와 인장강도 그래프. 0.60, 0.50, 0.40의 S_e'/S_{ut}의 비는 실선 또는 점선으로 나타냈다. $S_e' = 735$ MPa에서 수평 점선을 주목하자. 1470 MPa 보다 큰 인장강도를 갖는 점들은 $S_e' = 735$ MPa의 평균 피로한도와 95 MPa의 표준편차를 갖는다. (Collated from data complied by H. J. Grover, S. A. Gordon, and L. R. Jackson in Fatigue of Metals and Structures, Bureau of Naval Weapons Document NAVWEPS 00-25-534, 1960; and from Fatigue Design Handbook, SAE, 1968, p.42)

강의 경우, 그림 5-5로부터 피로한도를 다음과 같이 평가할 수 있다.

$$S_e' = \begin{cases} 0.5S_{ut} & S_{ut} \le 200\ \text{kpsi}(1400\ \text{MPa}) \\ 100\ \text{kpsi} & S_{ut} > 200\ \text{kpsi} \\ 700\ \text{MPa} & S_{ut} > 1400\ \text{MPa} \end{cases} \tag{5-1}$$

여기서 S_{ut}는 **최소** 인장강도이다. 이 식에서 S_e'의 상첨자 기호는 **회전빔 시편**의 경우를 의미한다. 다양한 하중 상태에 놓인 실제 기계요소에 적용할 수 있는 피로한도 S_e(상첨자 기호 없음)에 대해서도 알아 볼 필요가 있으며, 곧 우리는 두 강도가 꽤 다르다는 것을 배우게 될 것이다.

특정 공정을 통해 미세 구조가 변형된 강들은 S_e'/S_{ut}비 역시 달라진다. 연성이 높은 강은 높은 S_e'/S_{ut}비를 갖는 반면, 취성이 높은 마르텐사이트는 피로를 야기하는 균열에 매우 약하기 때문에 낮은 S_e'/S_{ut}비를 갖는다. 설계 과정에 특정 미세 조직을 얻기 위한 열처리 과정이 포함될 때에는 해당 미세 조직에 대한 실험 데이터를 근간으로 피로한도가 측정되어야 한다. 알루미늄 합금들은 피로한도를 갖고 있지 않다.

5-6 피로강도

그림 5-3에 나타난 바와 같이 저주기 피로 영역은 $N = 1$에서 10^3 정도까지이다. 이 구역에서 피로강도 S_f는 인장강도 S_{ut}보다 다소 작은 정도이다. Mischke는 고주기 피로 영역과 저주기 피로 영역 모두에 적용 가능한 해석적 접근법을 제시한 바 있다. 이 방법에서는

Manson-Coffin 식의 상수와 변형률 경화 지수 m이 사용된다.[1] 엔지니어들은 종종 충분치 않은 정보를 기반으로 일을 수행해야 한다.

그림 5-3에서 강의 고주기 피로 영역은 10^3 부터 $10^6 \sim 10^7$ 정도의 피로한도 수명 N_e까지의 분포를 갖는 것을 볼 수 있다. 이 절의 목적은 간단한 인장실험의 결과와 같은 제한된 정보를 이용하여 고주기 피로 영역에서 $S-N$ 선도를 근사하는 방법을 제시하는 것이다. 경험적으로 고주기 피로 데이터는 파손까지의 응력과 사이클을 로그함수로 변형하여 수정할 수 있다. 이때 탄성 변형률에 대한 식 $E\Delta\varepsilon_e/2 = \sigma_F'(2N)^b$을 다음과 같이 쓸 수 있다.

$$(S_f')_N = \sigma_F'(2N)^b \tag{5-2}$$

10^3 사이클에 대해서는 다음과 같이 쓸 수 있다.

$$(S_f')_{10^3} = \sigma_F'(2\cdot 10^3)^b = f\,S_{ut}$$

이를 f에 대해 풀면 다음과 같이 된다.

$$f = \frac{\sigma_F'}{S_{ut}}(2\cdot 10^3)^b \tag{5-3}$$

식 (2-15)에서 $\varepsilon = \varepsilon_F'$ 로부터 $\sigma_F' = \sigma_0\varepsilon^m$이 됨을 알 수 있다. 이 진응력-진변형률 식을 모른다면 $H_B \le 500$인 강에 대해 SAE에서 제시한 다음의 관계식이 적용될 수 있다.[2]

$$\sigma_F' = S_{ut} + 50\ \text{kpsi} \qquad \text{or} \qquad \sigma_F' = S_{ut} + 345\ \text{MPa} \tag{5-4}$$

b를 찾기 위하여 한계 강도(S_e')와 이에 대응되는 사이클(N_e)을 각각 식 (5-2)에 대입하여 b에 관해 풀면 다음과 같다.

$$b = -\frac{\log(\sigma_F'/S_e')}{\log(2N_e)} \tag{5-5}$$

그러므로 식 $S_f' = \sigma_F'(2N)^b$을 알 수 있다. 예를 들어 $N_e = 10^6$, $S_{ut} = 735\ \text{MPa}$, $S_e' = 366\ \text{MPa}$인 경우는 다음과 같은 결과가 얻어진다.

식 (5-4) $\qquad \sigma_F' = 735 + 345 = 1080\ \text{MPa}$

식 (5-5) $\qquad b = -\dfrac{\log(1080/366)}{\log(2\cdot 10^6)} = -0.0746$

식 (5-3) $\qquad f = \dfrac{1080}{735}(2\cdot 10^3)^{-0.0746} = 0.833$

1 J. E. Shigley, C. R. Mischke, and T. H. Brown, Jr., *Standard Handbook of Machine Design*, 3rd ed., McGraw-Hill, New York, 2004, pp. 29.25–29.27.

2 *Fatigue Design Handbook*, vol. 4, Society of Automotive Engineers, New York, 1958, p. 27.

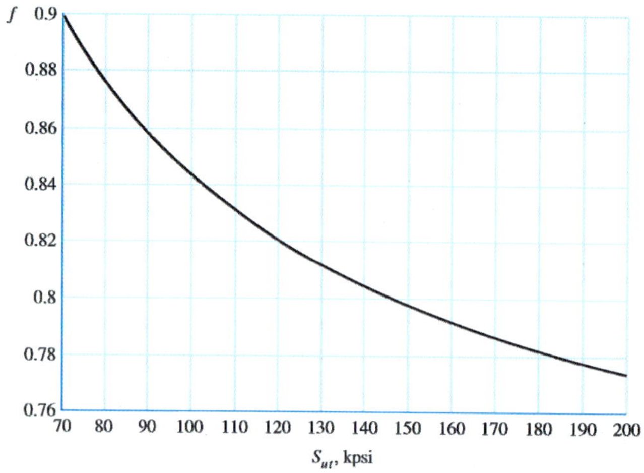

그림 5-6
10^6 사이클에서 $S_e = S_e' = 0.5S_{ut}$인 경우에 대한 10^3 사이클에서의 S_{ut}의 피로강도 성분 f.

그리고 식 (5-2)에 $S_f' = (S_f')_N$를 적용하면 다음과 같다.

$$S_f' = 1080(2N)^{-0.0746} = 1026\,N^{-0.0746} \quad \text{(a)}$$

이상의 f를 구하는 절차는 다양한 극한 강도에 대해서도 반복 수행될 수 있다. 그림 5-6은 $490 \le S_{ut} \le 1400\ \text{MPa}$ 범위에서의 f 값을 도시한 그래프이다. 보수적인 절차가 되도록 $S_{ut} < 350\ \text{MPa}$인 경우에는 $f = 0.9$를 이용한다.

실제 기계적 요소에서, S_e'는 S_e로 감소되며 이 값은 $0.5\,S_{ut}$보다 작다(5-7절 참고). 하지만, 실제 데이터가 유효하지 않다면, 그림 5-6을 이용해 f의 값을 찾는 것을 추천한다. 실제 기계요소에 대해서는 식 (a)를 다음과 같이 쓸 수 있다.

$$S_f = a\,N^b \quad \text{(5-6)}$$

여기서, N은 파손까지의 사이클(cycle) 수이다. a와 b는 각각 10^3 사이클에서의 $(S_f)_{10^3}$과 10^6에서의 S_e로부터 $(S_f)_{10^3} = f\,S_{ut}$의 관계를 이용하여 정의된다. 식 (5-6)에 이 두 점을 대입하면 아래의 식이 얻어진다.

$$a = \frac{(f\,S_{ut})^2}{S_e} \quad \text{(5-7)}$$

$$b = -\frac{1}{3}\log\left(\frac{f\,S_{ut}}{S_e}\right) \quad \text{(5-8)}$$

만약 **완전 반복** 응력 σ_{rev}가 주어지고, 식 (5-6)에서 $S_f = \sigma_{\text{rev}}$로 놓으면 파괴까지의 사이클 수는 다음과 같이 표현될 수 있다.

$$N = \left(\frac{\sigma_{\text{rev}}}{a}\right)^{1/b} \quad \text{(5-9)}$$

식 (5-9) 및 전형적인 $S-N$ 선도는 완전 반복 하중인 경우에만 적용 가능함을 기억하라.

일반적인 변동 하중 상황에서는 실제 변동 응력과 피로손상 측면에서 등가인 가상의 완전 반복 응력을 이용한다.

저주기 피로는 일반적으로 $1 \le N \le 10^3$까지의 범위에서 발생하는 피로파손으로 정의된다(그림 5-3 참고). 그림 5-3과 같은 로그-로그 그래프에서 이 구간의 파손 궤적은 10^3까지 거의 선형적으로 나타난다. 10^3, $f\,S_{ut}$와 1, S_{ut} 사이의 직선은 보수적이며 다음과 같이 얻어진다.

$$S_f \ge S_{ut} N^{(\log f)/3} \qquad 1 \le N \le 10^3 \tag{5-10}$$

예제 5-1 주어진 1050 HR 강에 대하여 다음을 평가하라.

(a) 10^6 사이클에서 회전빔의 피로한도를 구하여라.

(b) 10^4의 파손 사이클에 대응하는 잘 연마된 회전빔 시편의 피로강도를 구하여라.

(c) 완전 반복 응력이 385 MPa일 때 잘 연마된 회전빔의 예상 수명을 결정하라.

풀이 (a) $S_{ut} = 630$ MPa이다. $f \doteq 0.86$. 식 (5-1)로부터

답
$$S_e' = 0.5(630) = 315 \text{ MPa}$$

(b) 그림 5-6으로부터 $S_{ut} = 630$ MPa이다. 식 (5-7)로부터

$$a = \frac{[0.86(630)^2]}{315} = 1084 \text{ MPa}$$

식 (5-8)로부터

$$b = -\frac{1}{3}\log\left[\frac{0.86(630)}{315}\right] = -0.0785$$

그러므로 식 (5-6)은

$$S_f' = 1084\,N^{-0.0785}$$

답 10^4의 파괴 사이클에 대해, $S_f' = 1084(10^4)^{-0.0785} = 526$ MPa

(c) $\sigma_a = 385$ MPa일 때, 식 (5-9)를 이용하면

답
$$N = \left(\frac{385}{1084}\right)^{1/-0.0785} = 53.3(10^4)\text{cycles}$$

이 답들은 예측 값임을 명심해라. 3자리 유효숫자로 표현된 답은 약간 오차가 있을 수 있다.

5-7 피로한도 수정계수

피로한도를 구하기 위해서는 실험실 회전빔 시편을 매우 주의해서 준비하여 잘 제어된 환경에서 실험해야 한다. 실험실에서 얻어진 값들과 실제 기계적, 구조적 요소의 피로한도들은 현실적으로 같을 수 없다. 이런 차이는 다음과 같은 사항을 포함한다.

- 재료 : 조성, 파손의 근거, 가변성
- 제조 : 공정, 열처리, 마모 부식, 표면 상태, 응력 집중
- 환경 : 부식, 온도, 응력 상태, 완화 시간
- 설계 : 크기, 모양, 수명, 응력 상태, 속도, 마모, 갤링(galling)

Marin[3]은 표면 상태, 크기, 하중, 온도, 기타 인자들의 효과를 정량화하기 위한 특성계수를 정의하였다. 이와 같은 계수들을 이용하여 결과 값을 키우거나 줄이는 방법으로 피로한도의 부정확성을 보정할 수 있느냐에 대한 의문이 생길 수 있으나, 이는 4340강 (전기로, 항공기용)에 대한 광범위한 통계적 해석으로 이미 해결된 바 있다. 이 분석에서 곱의 형태를 위해 0.85의 수정계수가 결정되었으며, 더하는 형태에 대해서는 0.40의 수정계수가 결정되었다. 그러므로 Marin식은 다음과 같이 표현된다.

$$S_e = k_a k_b k_c k_d k_e k_f S_e' \tag{5-11}$$

여기서, k_a = 표면 상태 수정계수
k_b = 크기 수정계수
k_c = 하중 수정계수
k_d = 온도 수정계수
k_e = 신뢰성 계수
k_f = 기타 효과 수정계수
S_e' = 회전빔 시편의 피로한도
S_e = 실제 형상과 사용 환경 하에 놓인 기계 부품의 임계 위치에서의 피로한도

요소의 피로한도 실험이 용이하지 아니할 경우, 피로한도에 대한 Marin 계수를 이용하여 구할 수 있다.

표면 계수 k_a

회점빔 시편의 표면은 정밀하게 연마될 뿐 아니라 원주 방향의 스크래치 발생을 막기 위하여 최종적으로 축방향 연마가 이루어진다. 표면 수정계수는 실제 요소의 최종 표면 상태 및 재료의 인장강도에 따라 결정된다. 기계요소에 대한 일반적인 마무리 작업(연삭, 기계가

[3] Joseph Marin, *Mechanical Behavior of Enfineering Materials*, Prenice-Hall, Englewood Cliffs, N.J., 1962, p. 224.

표 5-1
마린(Marin) 표면 수정계수에 대한 매개변수. 식 (5-12)

Surface Finish	Factor a		Exponent
	S_{ut}, kpsi	S_{ut}, MPa	b
연삭	1.34	1.58	-0.085
기계가공 또는 냉간 인발	2.70	4.51	-0.265
열간 압연	14.4	57.7	-0.718
단조	39.9	272.	-0.995

* 데이터 출처: From C. J. Noll and C. Lipson, "Allowable Working Stresses," *Society for Experimental Stress Analysis*, vol. 3, no. 2, 1946 p. 29. Reproduced by O.J. Horger (ed.) *Metals Engineering Design ASME Handbook*, McGraw-Hill, New York. Copyright © 1953 by The McGraw-Hill Companies, Inc. Reprinted by permission.

공 또는 냉간 인발, 열간 압연, 단조)에 대한 정량적 표현을 찾기 위해서, 피로한도와 인장강도 데이터에 대한 데이터 정리가 필요한데, Lipson과 Noll에 의해 자료들이 모아졌으며 Horger에 의하여 다시 정리되었다.[4] 데이터는 아래의 식과 같이 표현될 수 있다.

$$k_a = aS_{ut}^b \tag{5-12}$$

여기서 S_{ut}는 최소인장강도이고, a와 b는 표 5-1에서 찾을 수 있다.

예제 5-2 열간압연강의 최소인장강도는 600MPa이다. K_a를 계산하라.

풀이 표 5-1로부터, $a = 57.7$, $b = -0.718$이다. 따라서 식 (5-19)로부터

답 $k_a = 57.7(600)^{-0.718} = 0.584$

다시 말하지만, 일반적인 시험 데이터들은 산포를 갖기 때문에 이상의 결과는 근삿값임을 주목해야 하며 보정법은 그 사용에 있어서 주의를 기울여야 한다. 예를 들어, 바로 이전 예제의 재료가 단조강이라면, 보정계수(correction factor)로 0.470을 사용해야 하고 이는 강도의 상당한 감소를 야기한다.

크기 계수 k_b

크기 계수는 133개 데이터 세트를 이용하여 구해졌다.[5] 굽힘과 비틀림에 관한 결과들은 다음과 같이 표현된다.

[4] C. J. Noll and C. Lipson, "Allowwable Working Stresses," *Society for Experimental Stress Analysis*, vol. 3, no. 2, 1946, p. 29. repr4oduced by O. J. Horger (ed), *Metals Engineering Design ASME Handbook*, Mc-Graw-Hill, New York, 1953, p. 102.C

[5] Charles R. Mischke, "Prediction of Stochastic Endurance Strength," *Trans. of ASME, Journal of Vibration, Acoustics, Stressw, and Reliability in Design*, vol. 109, no. 1, January 1987, Table 3.

$$k_b = \begin{cases} (a/0.3)^{-0.107} = 0.879d^{-0.107} & 0.11 \le d \le 2 \text{ in} \\ 0.91d^{-0.157} & 2 < d \le 10 \text{ in} \\ (d/7.62)^{-0.107} = 1.24d^{-0.107} & 2.79 \le d \le 51 \text{ mm} \\ 1.51d^{-0.157} & 51 < d \le 254 \text{ mm} \end{cases} \tag{5-13}$$

축하중의 경우에는 크기 효과가 없다. 따라서,

$$k_b = 1 \tag{5-14}$$

그러나 하중 수정계수 k_c는 고려된다.

식 (5-13)을 이용할 때 발생하는 문제는 굽힘을 받는 원형 바가 회전하지 않거나 단면이 원형이 아닌 경우에는 어떻게 해야 하는지이다. 예를 들면, 두께 6 mm, 폭 40 mm인 바의 크기 계수는 얼마인가? 이와 같은 경우에는 **유효 지름**(equivalent diameter) d_e를 도입하여 문제를 해결할 수 있다. 유효 지름은 최대 응력의 95% 이상의 응력이 작용하는 부피가 서로 같다고 간주함으로써 계산할 수 있다.[6] 둘 간의 길이 또한 같다고 한다면 부피를 비교할 때 단지 면적만 고려하면 된다. 회전 원형 단면의 경우 95% 응력 지역은 바깥지름 d와 안지름 $0.95d$를 갖는 링의 면적이 된다. 95% 응력 지역($A_{0.95\sigma}$)을 식으로 나타내면 다음과 같다.

$$A_{0.95\sigma} = \frac{\pi}{4}[d^2 - (0.95d)^2] = 0.0766d^2 \tag{5-15}$$

또한, 이 식은 회전 중공축에도 적용할 수 있다. 회전하지 않는 중실축 혹은 중공축의 경우, 95% 응력 지역은 $0.95d$의 간격을 갖는 두 평행한 현들의 바깥 면적의 두 배이며 정확히 계산하면 다음과 같다.

$$A_{0.95\sigma} = 0.01046d^2 \tag{5-16}$$

유효 지름을 구하기 위해서 식 (5-15)와 식 (5-16)을 같다고 두면 다음과 같이 표현된다.

$$d_e = 0.370d \tag{5-17}$$

이는 비회전 중공 혹은 중실축에 해당하는 유효 크기이다.

$h \times b$인 직사각형 단의 경우 $A_{0.95\sigma} = 0.05bh$이다. 앞과 같은 방법으로 접근하면,

$$d_e = 0.808(hb)^{1/2} \tag{5-18}$$

가 된다. 표 5-2는 비회전 굽힘 하에서 일반적인 구조물의 형상에 대한 $A_{0.95\sigma}$를 나타낸 것이다.

---

[6] See R. Kuguel, "A Relation between Theoretical Stress-Concentration Factor and Fatigue Notch Factor Deduced from the Concept of Highly Stressed Volume," *Proc. ASTM*, vol. 61, 1961, pp. 732-748.

표 5-2
일반적인 비회전 구조물 형상에 대한 $A_{0.95\sigma}$ 면적.

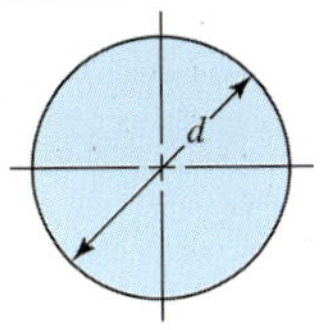	$A_{0.95\sigma} = 0.01046d^2$ $d_e = 0.370d$	
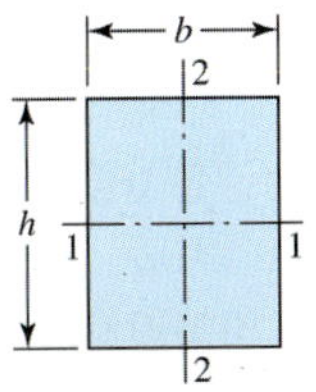	$A_{0.95\sigma} = 0.05hb$ $d_e = 0.808\sqrt{hb}$	
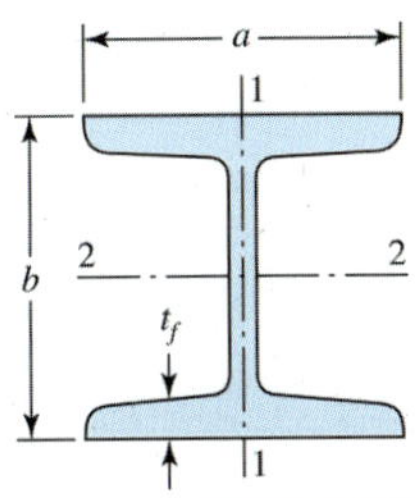	$A_{0.95\sigma} = \begin{cases} 0.10at_f & \\ 0.05ba & t_f > 0.025a \end{cases}$	axis 1-1 axis 1-2
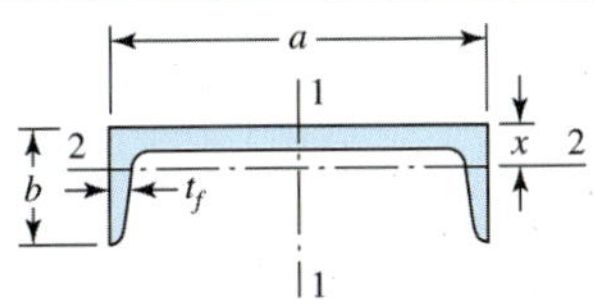	$A_{0.95\sigma} = \begin{cases} 0.05ab \\ 0.052xa + 0.1t_f(b-x) \end{cases}$	axis 1-1 axis 1-2

예제 5-3 굽힘이 가해지는 강재의 축은 지름이 52 mm이다. 축 재료의 평균 인장강도는 690 MPa이다. 축이 다음과 같은 경우 Marin 크기 계수 k_b를 구하여라.

(a) 회전 모드 (b) 비회전 모드

풀이 (a) 식 (5-13)으로부터

답
$$k_b = 1.51d^{-0.157} = 1.51(52)^{-0.157} = 0.812$$

(b) 표 5-2로부터

$$d_e = 0.37d = 0.37(52) = 19.24\text{ mm}$$

식 (5-13)으로부터

답
$$k_b = \left(\frac{19.24}{7.62}\right)^{-0.107} = 0.906$$

하중 계수 k_c

식 (5-1)은 회전 굽힘 하중 조건의 피로 시험을 통해 도출된 결과이다. 만약, 피로 시험이 축하중 혹은 비틀림 하중 하에서 시행되는 경우에는, 피로한도와 S_{ut}의 관계가 다르게 나타난다. 이와 같은 차이를 고려하기 위해서는 회전 굽힘 하중을 이용한 피로 시험 결과를 하중 계수를 이용해 보정해준다.

$$k_c = \begin{cases} 1 & \text{굽힘하중} \\ 0.85 & \text{축하중} \\ 0.59 & \text{비틀림하중} \end{cases} \tag{5-19}$$

온도 계수 k_d

작동 온도가 상온 이하일 경우, 취성파괴의 가능성이 높기 때문에 처음부터 온도 영향이 고려되어야 한다. 반면에, 작동 온도가 상온보다 높을 경우에는 항복 강도가 온도 증가에 따라 빠르게 감소하기 때문에 항복이 처음부터 고려되어야 한다. 또한 높은 온도에서는 재료에 작용하는 응력이 크리프 손상을 발생시킬 수 있음을 기억해야 한다. 마지막으로 높은 온도 영역에서 작동하는 재료는 피로한도가 존재하지 않는다. 감소된 피로 저항성 때문에 파괴 과정은 시간에 의존한다.

제한된 양의 유용한 데이터로부터, 강의 피로강도는 온도가 증가함에 따라 약간 증가하다가 400～700°F 구역에서 다시 감소하기 시작한다는 것을 알 수 있는데, 이는 그림 2-9에 제시된 온도 증가에 따른 강의 인장강도의 변화와 유사함을 알 수 있다. 이런 이유로 상온에서와 같이 고온에서도 피로한도와 인장강는 서로 연관되어 있음을 짐작할 수 있다.[7] 때문에, 유효한 데이터가 확보되기 전까지는 고온에서의 피로한도를 예측하기 위하여 상온에서 얻어진 피로한도와 인장강도 사이의 관계를 활용하는 것은 충분히 논리적인 접근이다. 적어도 이러한 응용은 다양한 재료들의 거동을 비교할 수 있는 표준을 제공할 것이다.

표 5-3은 단지 인장강도 데이터만을 이용하여 그림 2-9로부터 얻어진 것이다. 표는 21개의 다른 탄소강 또는 합금강에 대한 145개의 실험 결과들을 보여준다. 그림 2-9의 데이터들을 4차 방정식으로 곡선 적합하면 다음과 같이 된다.

$$\begin{aligned} k_d = 0.975 + 0.432(10^{-1})T_F - 0.115(10^{-5})T_F^2 \\ + 0.104(10^{-8})T_F^3 - 0.595(10^{-12})T_F^4 \end{aligned} \tag{5-20}$$

여기서 $70 \le T_F \le 1000$°F 이다.

온도를 고려할 경우 두 가지의 문제가 발생한다. 만약 상온에서 회전빔의 피로한도를 안다면, 표 5-3 또는 식 (5-20)으로부터 다음을 사용하라.

[7] 순수한 비틀림 피로 하중만을 사용하라. 비틀림이 굽힘과 같은 다른 응력들과 결합될 때, $k_c = 1$과 결합된 하중은 von Mises 응력을 이용하여 다뤄진다. 참고 : 순수 비틀림의 경우, 변형에너지설로부터 $(k_c)_{\text{torsion}} = 0.577$이다.

표 5-3
강의 인장강도에 미치는 가동 온도의 영향*(S_T =가동 온도에서의 인장강도, S_{RT} =상온에서의 인장강도)

온도, °C	S_T/S_{RT}	온도, °F	S_T/S_{RT}
20	1.000	70	1.000
50	1.010	100	1.008
100	1.020	200	1.020
150	1.025	300	1.024
200	1.020	400	1.018
250	1.000	500	0.995
300	0.975	600	0.963
350	0.943	700	0.927
400	0.900	800	0.872
450	0.843	900	0.797
500	0.768	1000	0.698
550	0.672	1100	0.567
600	0.549		

* 데이터 출처: 그림 2-9.

$$k_d = \frac{S_T}{S_{RT}} \tag{5-21}$$

만약 회전빔의 피로한도가 주어지지 않았다면 식 (5-1)과 표 5-3의 계수로 구한 온도 보정 인장강도를 이용하여 계산하라. 그 다음 $k_d = 1$을 사용하라.

예제 5-4 1035강은 인장강도가 490 MPa이고 230°C에서 이용될 요소에 사용될 것이다. 아래에 대해 Marin 온도 수정계수와 $(S_e')_{230°}$을 구하여라.

(a) 실험에 의한 상온 피로한도가 $(S_e')_{37°\text{C}} = 270$ MPa로 주어졌을 때

(b) 상온에서 인장강도만이 주어졌을 때

풀이 (a) 식 (5-20)에서

$$k_d = 0.9877 + 0.6507(10^{-3})(230) - 0.3414(10^{-5})(230^2) + 0.5621(10^{-8})(230^3) - 6.246(10^{-12})(230^4) = 1.00767$$

그러므로,

답 $$(S_e)_{230°} = k_d(S_e')_{37°} = 1.00767(270) = 272.07 \text{ MPa}$$

(b) 표 5-3에서 선형 보간법을 사용하면

$$(S_T)(S_{RT})_{230°} = 1.02 + (1.0 - 1.02)\frac{230 - 200}{250 - 200} = 1.0197$$

그러므로 230°C에서 인장강도는 다음과 같다.

$$(S_{ut})_{230°} = (S_T/S_{RT})_{230°}(S_{ut})_{37°} = 1.0197(490) = 499.7 \text{ MPa}$$

따라서 식 (5-8)로부터

답 $$(S_e)_{230°} = 0.5(S_{ut})_{230°} = 0.5(499.7) = 249.9 \text{ MPa}$$

각 재료의 실제 실험을 통해 a의 경우에서 더 좋은 결과를 얻었다.

표 5-4
피로한도의 8% 표준 편차에 대한 신뢰성 계수 k_e

신뢰도, %	Transformation Variate z_a	신뢰성 계수 k_e
50	0	1.000
90	1.288	0.897
95	1.645	0.868
99	2.326	0.814
99.9	3.091	0.753
99.99	3.719	0.702
99.999	4.265	0.659
99.9999	4.753	0.620

신뢰성 계수 k_e

여기서는 그림 5-5에 나타난 바와 같이 평균 피로한도가 $S_e'/S_{ut} \approx 0.5$이거나 식 (5-1)에 의해 주어지는 경우 데이터의 분산을 고려하기 위한 내용을 기술하였다. 대부분의 피로강도는 평균값으로 기술된다. Haugen과 Wirching에 의해 만들어진 데이터들은 피로강도의 표준편차가 8%보다 작다는 것을 보여준다.[8] 그러므로 이를 고려한 신뢰성 수정계수는 다음과 같다.

$$k_e = 1 - 0.08 z_a \tag{5-22}$$

여기서, z_a는 $z = \dfrac{x - \mu_x}{\hat{\sigma}_x}$의 식을 통해 정의된다. 표 5-4에 표준 신뢰도들에 대한 신뢰성 계수가 주어져 있다.

기타 효과 계수 k_f

비록 계수 k_f는 기타 많은 효과들로 인한 피로한도의 감소를 고려하기 위하여 도입되었지만, k_f가 항상 구해지는 것은 아니기에, 현실적으로는 다양한 다른 변수들도 고려되어야 함을 상기시켜 주는 역할을 한다.

[8] E. B. Haugen and P. H. Wirsching, "Probabilistic Design," *Machine Design*, vol. 47. no. 12, 1975, pp. 10-14.

그림 5-7
굽힘 또는 비틀림 하 표피 경과된 부분의 파괴. 이 예에서는 파괴가 코어에서 발생한다.

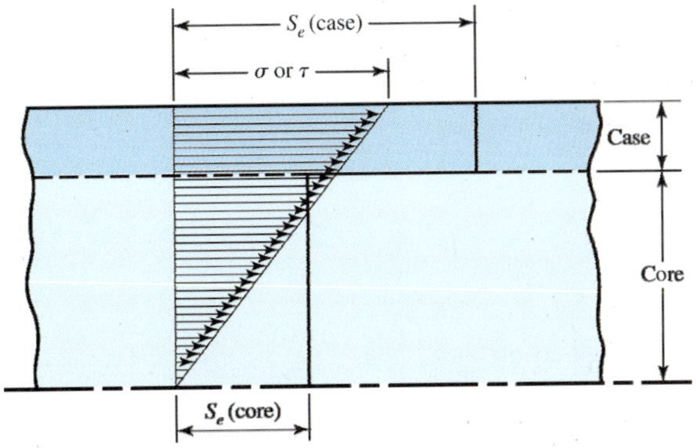

잔류응력(residual stress)은 피로한도를 증가 혹은 감소시킬 수 있다. 일반적으로 재료 표면에서의 잔류 응력이 압축응력이면 피로한도는 증가한다. 피로파손은 인장 파괴 혹은 적어도 인장응력의 영향을 받게 된다. 그래서 인장응력을 줄이는 것은 피로파손의 가능성을 줄이는 것이다. 숏 피닝(shot peening), 타격(hammering), 냉간 압연과 같은 공정은 표면에 압축응력을 생성시키므로 피로한도를 상당히 개선시킨다.

단조된 부품뿐만 아니라 압연되거나 인발된 판재나 바의 피로한도는 공정의 **방향특성**(directional characteristics)에 영향을 받는다. 예를 들면 압연되거나 인발된 요소들의 횡방향의 피로한도는 길이 방향의 피로한도보다 10～20% 정도 작은 값을 갖는다.

표면이 경화된 부품들은 응력 구배에 따라 표면 혹은 최대 코어 반지름에서 파괴가 일어날 것이다. 그림 5-7은 굽힘이나 비틀림 하에서 바의 전형적인 삼각형 응력구배를 보여준다. 이 그림에서 굵은 선은 케이스와 코어의 피로한도(S_e)를 나타낸다. 이 예에서 코어의 피로한도는 설계에 중요한 역할을 한다. 왜냐하면 그림에서 응력 σ나 τ가 코어의 바깥쪽 반지름에서는 코어의 피로한도 보다 크기 때문이다.

부식

기계요소가 부식 환경에서 사용된다면 피로 저항성이 저하된다. 이는 부식 재료의 표면이 움푹 파이거나 거칠어지기 때문이다. 그러나 이 문제는 이미 부식된 시편의 피로한도를 찾는 작업 처럼 단순하지 않다. 그 이유는 부식과 응력이 동시에 발생하기 때문이다. 근본적으로 부식 환경 하에서 반복응력이 가해진다면 언제든 파괴가 발생할 수 있다. 이러한 상황에서는 피로 한도가 존재하지 않는다. 그러므로 설계자가 해결해야할 문제는 피로 수명에 영향을 주는 인자들을 줄이는 것이다. 이때 영향을 주는 인자는 다음과 같다.

- 평균 또는 정적 응력
- 교번 응력
- 전해액 농도
- 전해질에 용융된 산소량
- 재료 물성과 조성

- 온도
- 반복적인 주파수
- 시편 주위의 유량
- 국부적인 틈

전해 도금

크롬, 니켈, 카드뮴 등과 같은 금속 도금은 50% 정도 피로한도를 감소시킨다. 어떤 경우에는 도금에 의한 피로한도의 감소가 매우 심각하여 도금 과정이 생략되어야 한다. 아연 도금은 피로강도에 영향을 주지 않는다. 경합금의 양극 산화는 굽힘 피로한도를 39% 정도 감소시키나 비틀림 피로한도에는 영향을 미치지 않는다.

금속 도장

금속 도장은 재료에 균열을 발생시킬 수 있는 표면 결함의 원인이 된다. 몇몇 실험에서 피로강도가 14% 정도 감소됨을 보였다.

주기적 주파수

어떤 이유에서든 피로 과정이 시간 의존적이라면, 이는 피로 과정이 동시에 주파수(frequency) 의존적임을 뜻한다. 일반적인 상태 하에서 피로파손은 주파수에 독립적이다. 그러나 부식 또는 고온 환경 하에서는 반복 비율이 중요해진다. 반복이 느리고, 온도가 높을수록 균열 진전율은 빨라지고 주어진 응력 하에서 수명은 짧아진다.

마모 부식

마모 부식은 꽉 죄어진 요소들이나 구조들 간의 미세 운동의 결과로 발생한다. 볼트 결합, 베어링 결합, 자동차 허브, 그리고 다른 형태로 꽉 결합된 요소들이 그 예들이다. 이 과정은 표면의 변색, 피팅, 나아가 피로를 포함한다. 마모 계수 k_f는 상대 운동을 하는 재료에 의존적이며 약 $0.24 \sim 0.90$ 정도이다.

5-8 응력 집중과 노치 민감도

3-12절에서 요소에 구멍, 홈, 노치 같이 불규칙 혹은 불연속부가 존재할 때 이론적 응력이 증가한다고 기술하였다. 식 (3-48)에서 응력집중계수 $K_t(K_{ts})$를 정의하였으며 이는 불규칙점이나 결점 때문에 발생하는 최대 응력을 얻고자 할 때 공칭응력과 함께 사용된다. 몇몇 재료들은 노치 등에 민감하지 않으므로 감소된 K_t가 사용될 수 있다. 실제로 이러한 재료들의 피로 해석에서 응력은 다음과 같이 정의한다.

$$\sigma_{\max} = K_f \sigma_0 \quad \text{or} \quad \tau_{\max} = K_{fs} \tau_0 \tag{5-23}$$

여기서 K_f는 감소된 K_t이며 σ_0는 공칭응력이다. 계수 K_f는 일반적으로 **피로응력집중계수**이므로 첨자 f를 쓴다. 그러므로 K_f를 줄어든 노치 민감도로 인해 감소된 응력집중계수로 생각하는 것이 편리하다. 결과적으로 계수는 다음 식으로 정의된다.

$$K_f = \frac{\text{노치 있는 시편의 최대 응력}}{\text{노치 없는 시편의 응력}} \quad \text{(a)}$$

노치 민감도(notch toughness, q)는 다음 식으로 정의된다.

$$q = \frac{K_f - 1}{K_t - 1} \quad \text{or} \quad q_{\text{shear}} = \frac{K_{fs} - 1}{K_{ts} - 1} \quad \text{(5-24)}$$

여기서 q는 0과 1 사이의 값을 갖는다. 식 (5-24)로부터 만약 $q = 0$이면 $K_f = 1$이고 그 재료는 노치에 의해 어떤 영향도 받지 않는다. 반면, $q = 1$이면 $K_f = K_t$이고 재료는 완전한 노치 민감도를 갖는다. 설계나 해석 시 요소의 형상으로부터 먼저 K_t를 구한다. 재료가 정해지면 q를 구하고 다음 식으로부터 K_f를 구할 수 있다.

$$K_f = 1 + q(K_t - 1) \quad \text{or} \quad K_{fs} = 1 + q_{\text{shear}}(K_{ts} - 1) \quad \text{(5-25)}$$

특정 재료의 노치 민감도는 실험적으로 구할 수 있다. 공개된 실험값은 제한되어 있지만, 몇몇의 값들은 강과 알루미늄에 이용 가능하다. 노치 반지름과 극한강도에 대한 함수로써 나타낸 노치 민감도 경향이 그림 5-8과 그림 5-9에 도시되어 있다. 그림 5-8은 반복 굽힘 또는 축 하중에 대한 노치 민감도 경향을, 그림 5-9는 반복 비틀림에 대한 노치 민감도의 경향을 보여준다.

이 그래프들을 이용할 경우 곡선을 도시하는데 쓰인 실제 실험 결과들이 많은 분산을 갖는다는 것을 알아야 한다. 이 분산 때문에 만약 q값에 대한 확신이 없다면 $K_f = K_t$를 사용하는 것이 더 안전하다. 또한, q는 노치 반지름이 큰 재료에 대해 1을 사용해도 큰

그림 5-8
반복 굽힘 또는 반복 축 하중이 작용하는 강과 UNS A92024-T 단조 알루미늄 합금에 대한 노치 민감도 선도. 큰 노치 반지름들의 경우 $r = 0.16$ in (4 mm)에 대응하는 q값들을 사용하라. (From George Sines and J. L. Waisman (eds.), Metal Fatigue, McGraw-Hill, New York. Copyright 1969 by The McGraw-Hill Companies, Inc. Reprinted by permisssion.)

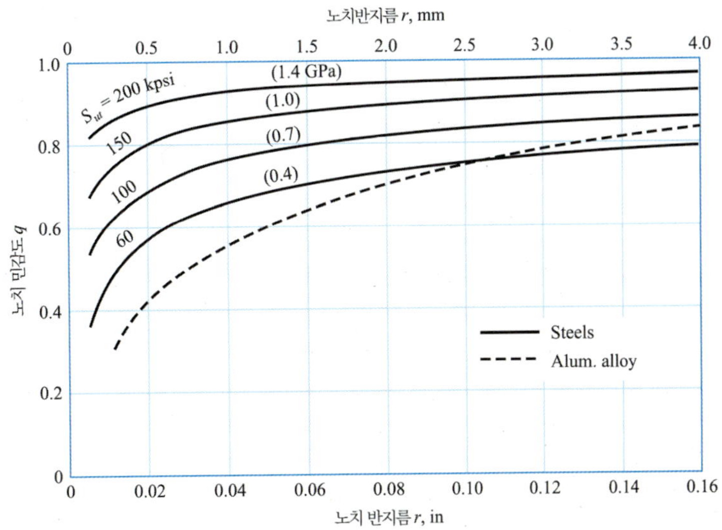

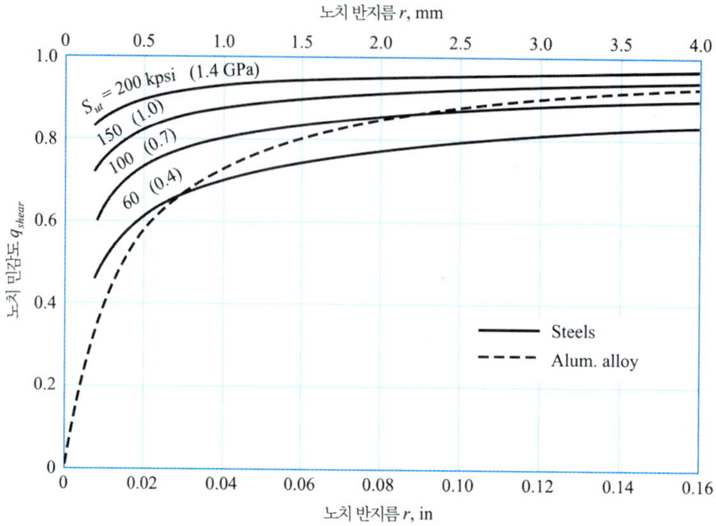

그림 5-9
반복 비틀림 하중이 작용하는 재료에 대한 노치 민감도 선도. 큰 노치 반지름들의 경우 $r = 0.16$ in(4 mm)에 대응하는 q_{Shear} 값들을 사용하라.

차이가 없다.

그림 5-8은 Neuber 식에 기반하고 있다. 이 식은 다음과 같다.

$$K_f = 1 + \frac{K_t - 1}{1 + \sqrt{a/r}} \tag{5-26}$$

여기서 $\sqrt{a}$는 Neuber 상수로 정의되며 재료 상수이다. 식 (5-24)와 (5-26)을 이용하면 다음과 같이 노치 민감도 계산식을 구할 수 있다.

$$q = \frac{1}{1 + \dfrac{\sqrt{a}}{\sqrt{r}}} \tag{5-27}$$

그림 5-8과 그림 5-9와 관련된 아래의 식을 보자.

굽힘 또는 축 하중:

$$\sqrt{a} = 0.246 - 3.08(10^{-3})S_{ut} + 1.51(10^{-5})S_{ut}^2 - 2.67(10^{-8})S_{ut}^3 \tag{5-28a}$$

비틀림:

$$\sqrt{a} = 0.190 - 2.51(10^{-3})S_{ut} + 1.35(10^{-5})S_{ut}^2 - 2.67(10^{-8})S_{ut}^3 \tag{5-28b}$$

위 식은 강에 대해 적용 가능하며 S_{ut}는 kpsi단위이다. 식 (5-28a, b) 및 식 (5-27)을 결합하면 그림 5-8, 그림 5-9와 같다. 그래프에서 곡선 접합식에 의한 결과는 실험 데이터에 대한 근삿값만을 제공한다.

주철의 노치 민감도는 매우 작고 인장강도에 따라 대략 $0 \sim 0.2$ 범위의 값을 갖는다. 안전을 고려하여 모든 종류의 주철에 대해 민감도 $q = 0.20$를 사용하는 게 좋다.

예제 5-5 굽힘 하중이 작용하는 강축의 인장강도가 690 MPa이고 지름 32 mm와 지름 38 mm의 두 축이 필렛 반지름 3 mm인 숄더로 연결되어 있다. 여기서 다음 식이나 그림을 사용하여 K_f를 하여라.

(a) 그림 5-8

(b) 식 (5-26)과 식 (5-28)

풀이 그림 A-15-9에서 $D/d = 38/32 = 1.1875$, $r/d = 3/32 = 0.09375$를 사용하면 K_t가 약 1.65임을 알 수 있다.

(a) 그림 5-8로부터 $S_{ut} = 690$ MPa, $r = 3$ mm일 때, q는 대략 0.84이다. 그러므로 식 (5-25)에서,

답
$$K_f = 1 + q(K_t - 1) \doteq 1 + 0.84(1.65 - 1) = 1.55$$

(b) 식 (5-28a)와 $S_{ut} = 690\text{ MPa} = 100\text{ kpsi}$, $\sqrt{a} = 0.0622\sqrt{\text{in}} = 0.313\sqrt{\text{mm}}$를 이용한다. 이 값들을 $r = 3$ mm와 함께 식 (5-26)에 대입하면 다음과 같다.

답
$$K_f = 1 + \frac{K_t - 1}{1 + \sqrt{a/r}} \doteq 1 + \frac{1.65 - 1}{1 + \dfrac{0.313}{\sqrt{3}}} = 1.55$$

몇몇 설계자들은 S_e를 줄이기 위해 Marin 계수로 $1/K_f$을 사용한다. 단순 하중 및 무한 수명 문제에서 S_e를 K_f로 나누어 줄이는 것과 공칭응력(nominal stress)에 K_f를 곱하는 것은 차이가 없다. 반면에, **유한 수명**의 경우, $S - N$ 그래프가 비선형이기 때문에, 앞의 두 가지 접근법은 다른 결과를 만들어 낸다. 어떤 방법이 더 적합하다는 명확한 근거는 없다. 게다가, 복합적인 하중을 고려할 때, 일반적으로 다중 피로 응력집중계수(multiplied fatigue stress-concentration factor)가 존재 한다(예를 들어 굽힘에 대한 K_f와 비틀림에 대한 K_{fs}). 현재 공칭응력을 수정하는 방법이 가장 현실적인 방법이다. 이 책에서 일관성을 위해, 피로응력집중계수를 공칭응력의 배수로써 사용한다.

예제 5-6 예제 5-5의 스텝축에 대해 완전 보정된 피로한도가 $S_e = 280$ MPa이라 하자. 축이 필렛에서 $(\sigma_{\text{rev}})_{\text{nom}} = 260$ MPa의 완전교번 공칭응력을 받고 있을 때 파괴 사이클 수를 구하라.

풀이 예제 5-5에 의해 $K_f = 1.55$이고 인장강도는 $S_{ut} = 690\text{ MPa} = 100\text{ kpsi}$이다. 최대 교번응력은

$$(\sigma_{\text{rev}})_{\max} = K_f(\sigma_{\text{rev}})_{\text{nom}} = 1.55(260) = 403 \text{ MPa}$$

그림 5-6에 의해 $f = 0.845$이다. 식 (5-7), (5-8) 그리고 (5-9)에 의해

$$a = \frac{(f\,S_{ut})^2}{S_e} = \frac{[0.845(690)]^2}{280} = 1214 \text{ MPa}$$

$$b = -\frac{1}{3}\log\frac{f\,S_{ut}}{S_e} = -\frac{1}{3}\log\left[\frac{0.845(690)}{280}\right] = -0.1062$$

답

$$N = \left(\frac{\sigma_{\text{rev}}}{a}\right)^{1/b} = \left(\frac{403}{1214}\right)^{1/-0.1062} = 32.3(10^3) \text{ cycles}$$

지금까지 예제들은 Marin 식의 각각 계수들과 응력 집중에 대해서만 다루었다. 이제 동시에 많은 수의 계수가 발생하는 경우를 살펴보자.

예제 5-7 열간 압연된 1015강 바는 지름이 25 mm이다. 300°C에서 파괴 사이클이 70,000인 변동 축 하중을 받고 있다. ASTM 최소 물성치와 99%의 신뢰도를 사용하여 70,000 사이클에서 피로한도와 피로강도를 계산하라.

풀이 20°C에서 $S_{ut} = 340$ MPa이다. 회전빔 시편의 피로한도가 상온에 대해 알려지지 않았으므로 먼저 표 5-3을 이용하여 고온에서의 인장강도를 결정한다. 표 5-3으로부터

$$\left(\frac{S_T}{S_{RT}}\right)_{300°} = 0.975$$

300°C에서의 인장강도는 다음과 같다.

$$(S_{ut})_{300°} = (S_t/S_{RT})_{300°}(S_{ut})_{20°} = 0.975(340) = 331.5 \text{ MPa}$$

300°C에서 회전빔 시편의 피로한도는 식 (5-1)로부터 다음과 같이 구해진다.

$$S_e' = 0.5(331.5) = 165.8 \text{ MPa}$$

다음으로 Marin 계수를 결정하자. 기계가공된 표면에 대하여 식 (5-12)와 표 5-1을 이용한다.

$$k_a = a\,S_{ut}^b = 4.51(331.5^{-0.265}) = 0.969$$

축 하중에 대해서는 식 (5-14)로부터 크기 계수 $k_b = 1$, 식 (5-19)로부터 하중 계수 $k_c = 0.85$이다. 인장강도와 피로한도를 수정할 때 온도를 고려하므로 온도 계수 k_d는

1이다. 표 5-5로부터 99% 신뢰도에 대한 $k_e = 0.814$이다. 마지막으로 다른 조건이 주어지지 않았으므로 기타 계수(k_f)는 1이다. 이 요소의 피로한도는 식 (5-11)을 이용해서 다음과 같이 구할 수 있다.

답

$$S_e = k_a k_b k_c k_d k_e k_f S_e' = 0.969(1)(0.85)(1)(0.814)(1)165.8 = 111\ \text{MPa}$$

70,000 사이클에서의 피로강도에 대하여 $S-N$ 식을 정의할 필요가 있다. $S_{ut} = 331.5 < 350\ \text{MPa}$이므로 $f = 0.9$이다. 식 (5-7)로부터

$$a = \frac{(f\,S_{ut})^2}{S_e} = \frac{[0.9(331.5)]^2}{111} = 891\ \text{MPa}$$

$$b = -\frac{1}{3}\log\left(\frac{f\,S_{ut}}{S_e}\right) = -\frac{1}{3}\log\left[\frac{0.9(331.5)}{111}\right] = -0.1431$$

마지막으로 식 (5-6)에서 70,000 사이클의 피로강도에서의 답을 구한다.

답

$$S_f = a\,N^b = 891(70\,000)^{-0.1431} = 180.5\ \text{MPa}$$

예제 5-8 그림 5-10a는 A와 D 지점에서 볼베어링으로 지지되고 있는 회전축이다. 이 축에 6.8 kN 의 비회전력 F가 작용되고 있다. ASTM '최소' 강도를 사용하여 이 요소의 수명을 계산하여라.

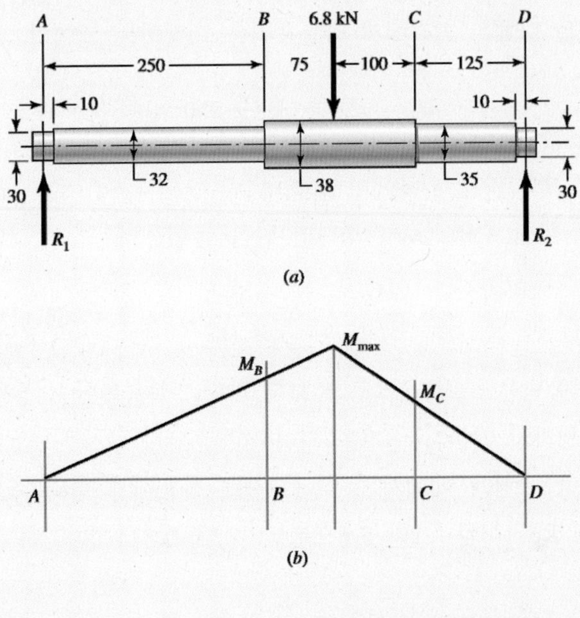

그림 5-10
(a) 모든 차원을 밀리미터 단위로 나타낸 축 그림; 모든 필렛은 3 mm의 반지름을 갖는다. 축은 회전하고 하중은 정적이다. 재료는 AISI 1050 냉간 인발된 강으로부터 가공되었다. (b) 굽힘모멘트 선도.

풀이 그림 5-10b로부터 파괴는 최대 응력점이나 C점보다는 B점에서 발생한다는 것을 알 수 있다. 점 B는 최소 단면을 갖고 C점보다는 높은 굽힘모멘트와 응력집중계수가 있다. 최대 모멘트 지역은 크기가 크고 또한 응력집중계수가 없다.

강도는 위치에 따라 달라지므로 먼저 B점에서 강도를 측정하고 이 강도를 같은 점에서의 응력과 비교함으로써 문제를 해결해야 한다.

$S_{ut} = 690\ \mathrm{MPa}$, $S_y = 580\ \mathrm{MPa}$이므로 피로한도 S_e'는 다음과 같이 계산된다.

$$S_e' = 0.5(690) = 345\ \mathrm{MPa}$$

식 (5-12)와 표 5-1로부터

$$k_a = 4.51(690)^{-0.265} = 0.798$$

식 (5-13)에서

$$k_b = (32/7.62)^{-0.107} = 0.858$$

$k_c = k_d = k_e = k_f = 1$이므로

$$S_e = 0.798(0.858)345 = 236\ \mathrm{MPa}$$

형상 응력집중계수 K_t를 찾기 위해 그림 A-15-9에 $D/d = 38/32 = 1.1875$, $r/d = 3/32 = 0.093\,75$를 대입하면 대략 K_t는 1.65이다. $S_{ut} = 690/6.89 = 100\ \mathrm{kpsi}$를 식 (5-28a)에 대입하면 $\sqrt{a} = 0.0622\sqrt{\mathrm{in}} = 0.313\sqrt{\mathrm{mm}}$이다. 이를 식 (5-26)에 대입하면

$$K_f = 1 + \frac{K_t - 1}{1 + \sqrt{a/r}} = 1 + \frac{1.65 - 1}{1 + 0.313/\sqrt{3}} = 1.55$$

다음 단계는 B점에서 굽힘응력을 측정하는 것이다. 굽힘모멘트는

$$M_B = R_1 x = \frac{225F}{550}250 = \frac{225(6.8)}{550}250 = 695.5\ \mathrm{N \cdot m}$$

점 B의 바로 왼쪽에서 단면계수는 $I/c = \pi d^3/32 = \pi 32^3/32 = 3.217(10^3)\ \mathrm{mm}^3$이다. 무한 수명으로 가정하면 반복 굽힘응력은

$$\sigma_{\mathrm{rev}} = K_f \frac{M_B}{I/c} = 1.55\frac{695.5}{3.217}(10^{-6}) = 335.1(10^6)\ \mathrm{Pa} = 335.1\ \mathrm{MPa}$$

이 응력은 S_e보다 크고 S_y보다 작다. 이는 유한 수명을 갖고 첫 사이클에서 항복이 발생하지 않는다는 것을 의미한다.

유한 수명에 대해서는 식 (5-9)를 사용해야 한다. 인장강도는 $S_{ut} = 690\ \mathrm{MPa} = 100\ \mathrm{kpsi}$이다. 그림 5-6으로부터 $f = 0.844$이다. 식 (5-7)로부터

$$a = \frac{(f\,S_{ut})^2}{S_e} = \frac{[0.844(690)]^2}{236} = 1437\text{ MPa}$$

그리고 식 (5-8)로부터

$$b = -\frac{1}{3}\log\left(\frac{f\,S_{ut}}{S_e}\right) = -\frac{1}{3}\log\left[\frac{0.844(690)}{236}\right] = -0.1308$$

식 (5-9)으로부터

답 $$N = \left(\frac{\sigma_{\text{rev}}}{a}\right)^{1/b} = \left(\frac{335.1}{1437}\right)^{-1/0.1308} = 68(10^3)\text{ 사이클}$$

5-9 변동응력의 특성화

회전하는 기계의 특성으로 인해 종종 사인파 형태의 변동응력이 기계에 발생한다. 그러나 어떤 경우에는 매우 불규칙적인 형태를 보이기도 한다. 힘의 최댓값과 최솟값이 하나인 주기적인 패턴을 보일 경우에는 파형은 중요하지 않고 다만 최대와 최소 쪽에서의 피크(peak)값 만이 주요 변수인 것으로 알려진 바 있다. 따라서 힘 사이클에서 $F_{\max}$와 $F_{\min}$은 힘의 패턴을 특성화하는 데 사용할 수 있다. 또한 기준선의 위 아래에서 변동하는 것은 힘의 형태를 특성화하는 데 있어서 동일하게 유효할 수 있다. 가장 큰 힘을 $F_{\max}$, 가장 작은 힘을 $F_{\min}$라 하면 일정성분과 변동성분으로 다음과 같이 나타낼 수 있다.

$$F_m = \frac{F_{\max} + F_{\min}}{2} \qquad F_a = \left|\frac{F_{\max} - F_{\min}}{2}\right|$$

여기서 F_m은 힘의 평균, F_a는 힘의 진폭을 나타낸다.

그림 5-11은 다양한 응력-시간 선도를 나타낸 것이다. 그림 5-11d에서 보여지는 응력성분들은 다음과 같다.

$\sigma_{\min}$ = 최소응력 σ_m = 평균응력

$\sigma_{\max}$ = 최대응력 σ_r = 응력변위

σ_a = 응직진폭 σ_s = 정적 또는 일정 응력

일정 또는 정적 응력은 평균응력과 같지는 않지만 $\sigma_{\min}$과 $\sigma_{\max}$ 사이의 어떤 값이다. 일정응력은 고정하중이나 예비하중이 요소에 작용할 때 나타나고 하중의 변화와는 독립적이다. 예를 들면, 나선 압축 용수철은 용수철의 초기 길이보다 짧은 공간에서 하중을 받게 된다. 이러한 초기 압축에 의해 발생된 응력을 일정 또는 정적 응력성분이라 한다. 이것은 평균응력과는 다르다.

그림 5-11
응력-시간의 관계들: (a) 고주기파를 가진 편동응력; (b와 c) 비정현(非正弦) 변동응력; (d) 정현(正弦) 변동응력; (e) 반복응력; (f) 완전 반복 정현응력

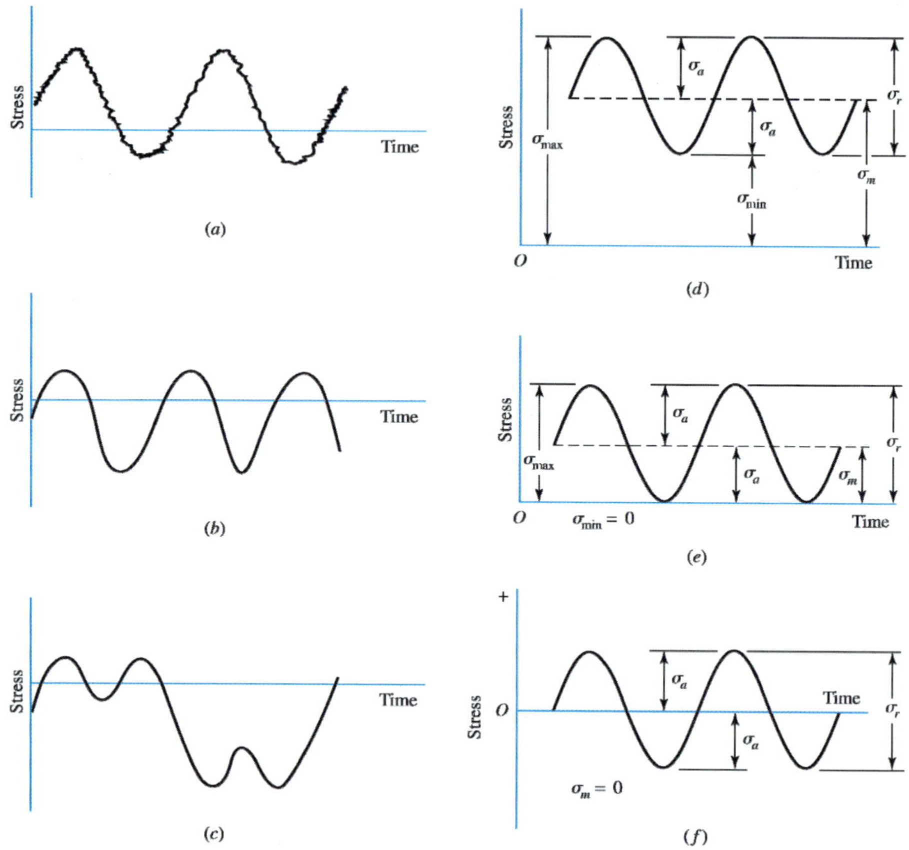

수직응력뿐만 아니라 전단응력성분에도 이러한 첨자를 사용할 경우가 있다. 그림 5-11에서 다음의 관계를 알 수 있다.

$$\sigma_m = \frac{\sigma_{\max} + \sigma_{\min}}{2} \tag{5-29}$$

$$\sigma_a = \left| \frac{\sigma_{\max} - \sigma_{\min}}{2} \right|$$

식 (5-29)에서 더 나아가, **응력 비**는 다음과 같다.

$$R = \frac{\sigma_{\min}}{\sigma_{\max}} \tag{5-30}$$

또한, 다음과 같은 **진폭비**가 정의되어 변동 하중과의 관계 유도에 사용된다.

$$A = \frac{\sigma_a}{\sigma_m} \tag{5-31}$$

식 (5-29)는 σ_a와 σ_m을 응력성분으로 사용한다. 이는 노치가 없고 소성 변형이 없는 한 σ_a와 σ_m은 하중 F_a와 F_m에 의해 발생하는 공칭응력 σ_{ao}와 σ_{mo}와 같고, 노치가 존재할 경우에는 $K_f\sigma_{ao}$와 $K_f\sigma_{mo}$와 같다는 것을 의미한다. 즉, 피로응력집중계수 K_f는 두 성분에 **모두** 적용된다.

일정응력성분이 국부적으로 노치를 소성변형 시킬 만큼 충분히 높은 경우는 설계자들에게 문제가 생길 수 있다. 국부 항복의 첫 번째 주기에서는 소성 변형률과 변형률 경화가 발생한다. 이런 현상은 피로 균열 생성과 성장이 가장 잘 발생할 수 있는 위치에서 일어난다. 이때, 재료의 물성(S_y와 S_{ut})은 새로워지며 정량화가 어렵다. 신중한 엔지니어는 소성 변형률이 발생하지 않도록 재료, 사용 조건, 형상 등을 제어할 것이다. 노치가 존재할 경우 국부적인 또는 일반적인 소성이 발생하는 현상을 정량화할 수 있는 방법에 관한 다양한 검토가 이루어지고 있다. 이를 위해, **공칭평균응력**법과 **잔류응력**법 등의 기법들을 적용하고자 한다.[9] 공칭평균응력법($\sigma_a = K_f \sigma_{ao}$, $\sigma_m = \sigma_{mo}$)이 잔류응력법에 비해 개략적인 결과를 나타내지만 두 방법 모두 근사적인 방법이다.

뚜렷한 항복점을 보이고 탄성-완전소성 거동을 보인다고 가정할 수 있는 연성재료에 관한 Dowling[10] 법에서는 일정 응력성분의 응력집중계수 K_{fm}을 다음과 같이 정량화할 수 있다.

$$
\begin{aligned}
K_{fm} &= K_f & K_f|\sigma_{\max,o}| &< S_y \\
K_{fm} &= \frac{S_y - K_f \sigma_{ao}}{|\sigma_{mo}|} & K_f|\sigma_{\max,o}| &> S_y \\
K_{fm} &= 0 & K_f|\sigma_{\max,o} - \sigma_{\min,o}| &> 2S_y
\end{aligned}
\tag{5-32}
$$

이 책의 목적과 연성재료에서의 피로를 위해 다음과 같은 가정을 하였다.

- 노치에서의 국부적인 소성 변형을 피하고 $\sigma_a = K_f \sigma_{ao}$와 $\sigma_m = K_f \sigma_{mo}$라 한다.
- 노치에서의 소성 변형을 피할 수 없을 경우 식 (5-32)를 사용하거나 보수적으로 $\sigma_a = K_f \sigma_{ao}$, $K_{fm} = 1$, 즉 $\sigma_m = \sigma_{mo}$로 사용한다.

5-10 변동응력에 대한 피로파손 기준

지금까지 변동응력을 받는 부재와 관련된 다양한 응력 성분들을 정의하였는데, 이제는 평균응력과 응력진폭 또는 교번 성분들을 변화시켜 봄으로써 부재의 변동응력에 대한 저항에 대해 공부해보고자 한다. 이와 관련된 실험 결과를 표현하기 위하여 주로 사용되는 세 가지 방법이 있으며 이들을 그림 5-12, 5-13, 5-14에 나타내었다.

그림 5-12는 **수정 Goodman 선도**(modified Goodman diagram)로서 평균응력을 가로축, 다른 모든 응력성분은 세로축에 나타냈으며 인장을 양의 방향으로 나타내었다.

---

[9] R. C. Juvinall, *Stress, Strain, and Strength*, McGraw-Hill, New York, 1967, articles 14.9-14.12; R. C. Juvinall and K. M. Marshek, *Fundamentals of Machine Component Design*, 4th ed., Wiley, New York, 2006, Sec. 8.11; M. E. Dowling, *Mechanical Behavior of Materials*, 3rd ed., Prentice Hall, Upper Saddle River, N.J., 2007, Secs. 10.2-10.6.

[10] Dowling, op. cit., pp. 486-487.

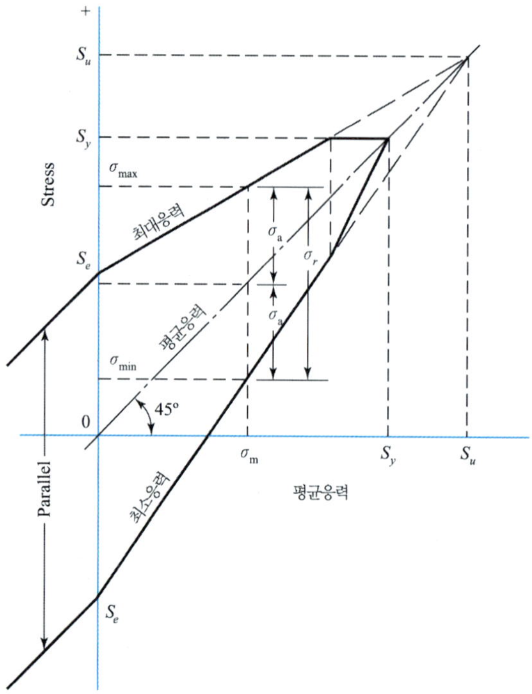

그림 5-12
특정 평균응력에 대한 모든 강도와 모든 응력성분의 한계값을 나타낸 수정 Goodman 선도

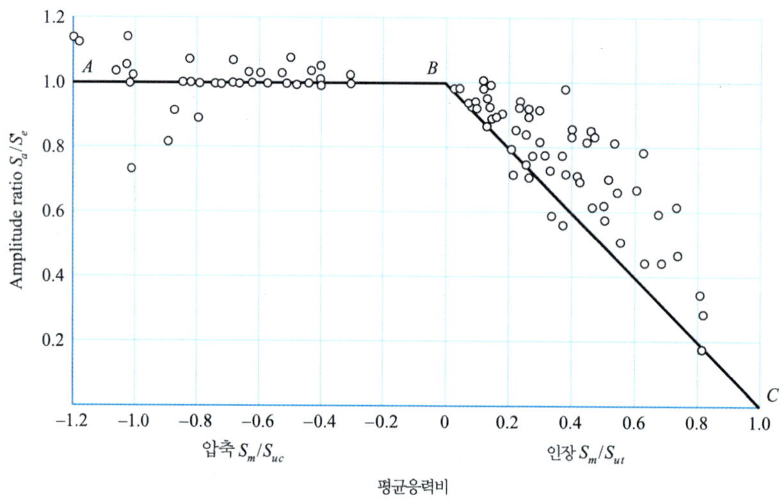

그림 5-13
인장과 압축 영역에서 평균응력에 대한 피로파손 선도. 일정강도성분과 인장강도의 비 S_m/S_{ut}, 일정강도성분과 압축강도의 비 S_m/S_{uc}, 그리고 강도진폭 성분과 내구한도의 비 S_a/S_e'를 이용하여 데이터를 무차원화하면 다양한 강재에 대한 실험 결과를 그림과 같이 나타낼 수 있다. [데이터 출처: Thomas J. Dolan, "Stress Range," Sec. 6.2 in O. J. Horger(ed.), ASME Hand book-Metals Engineering Design, McGraw-Hill, New York, 1953.]

피로한도, 피로강도, 유한 수명 강도 등은 세로축의 원점 위, 아래에 나타냈다. 평균응력 선은 원점으로부터 부품의 인장강도까지 45°선으로 나타냈다. 수정 Goodman 선도는 원점 위, 아래의 S_e(또는 S_y)에 그려진 선으로 구성된다. σ_{max}가 S_y를 초과하면 항복 또한 파손 기준이 되기 때문에 항복 강도도 선도 상에 나타내야 한다.

실험 결과를 표현하는 또 다른 방법을 그림 5-13에 제시하였다. 여기서 가로축은 인장 및 압축강도에 대한 평균응력의 비를 나타내며 인장은 원점을 기준으로 오른쪽, 압축은 왼쪽에 표시하였다. 세로축에는 피로한도에 대한 교번 강도의 비를 나타낸다. 선분 BC는 수정 Goodman 파손 기준을 나타낸다. 압축영역에서 평균응력은 내구한도에 거의 영향을

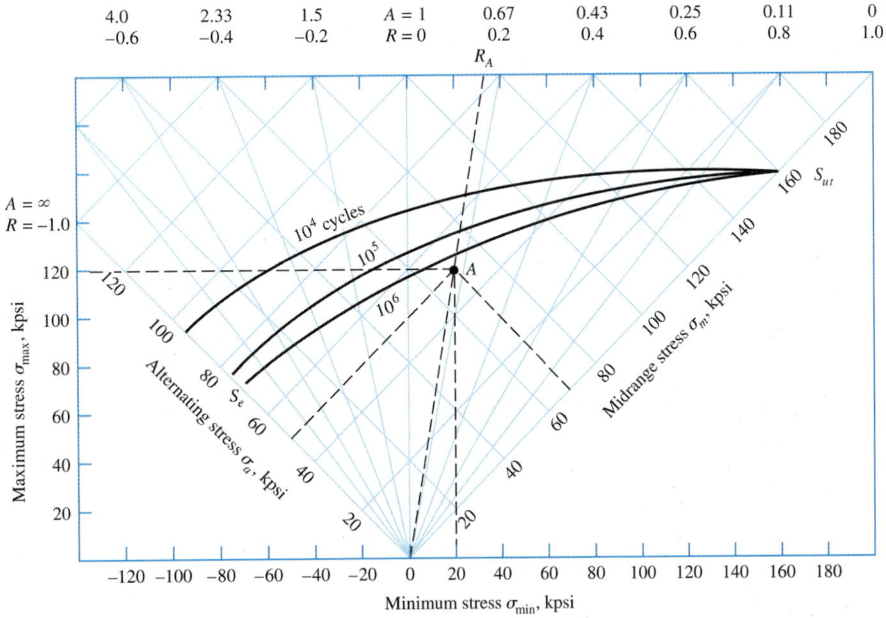

그림 5-14
$S_{ut} = 1100$ MPa, $S_y = 1025$ MPa인 AISI 4340 강의 마스터 피로 선도(maSter fatigue diagram). A에서 응력성분들은 $\sigma_{min} = 140$ MPa, $\sigma_{max} = 840$ MPa, $\sigma_m = 490$ MPa, $\sigma_a = 350$ MPa이다. [출처: Thomas J. Dolan, "Stress Range," Sec. 6.2 in O. J. Horger(ed.), ASME Handbook-Metals Engineering Design, McGraw-Hill, New York, 1953.]

미치지 않는 것을 눈여겨 보기 바란다.

2개의 응력비뿐 아니라 4개의 응력성분 모두를 나타내는 그림 5-14는 매우 독특하면서도 유용한 선도이다. $R = -1 \sim R = 1$의 범위에서 피로한도를 나타내는 곡선은 σ_a축의 S_e에서 시작하여 σ_m축의 S_{ut}에서 끝난다. $N = 10^5$과 10^4 사이클에 대한 일정 수명 곡선도 함께 도시되었다. A점과 같은 그 어떠한 응력 상태도 최소와 최대성분 혹은 평균과 교번응력 성분으로 기술될 수 있다. 만약 이와 같이 응력성분들로 기술된 점이 일정수명 선도 아래쪽에 위치한다면 해당 조건은 안전함을 의미한다.

그림 5-13의 좌측에 나타낸 것과 같이 평균응력이 압축일 때는, $\sigma_a = S_e$이거나 $\sigma_{max} = S_{yc}$일 때 파손이 발생한다. 피로 선도나 다른 파손 기준이 필요 없게 된다.

그림 5-15는 그림 5-13의 강도비를 강도로 대체하고 수정 Goodman 기준 외에도 4가

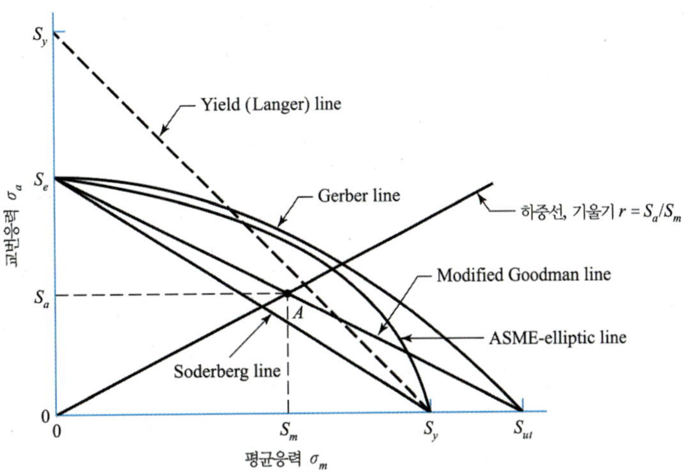

그림 5-15
다양한 파손 기준을 나타내는 피로 선도. 각 기준에 대해 각각의 선 '위' 부분은 파손영역임을 나타낸다. 예를 들어 Goodman 선도에서 점 A는 강도 S_a에 대응하는 σ_m의 극한값으로서 S_m을 나타낸다.

지 파손 기준을 추가하여 다시 그린 것이다. 이러한 선도는 해석 또는 설계를 목적으로 자주 이용되며 사용하기 쉬울 뿐 아니라 결과를 바로 확인할 수 있다.

$\sigma_m - \sigma_a$ 선도에 대한 초기의 관점은 불안전한 σ_m, σ_a의 조합으로부터 안전한 영역을 나눌 수 있는 궤적이 존재한다는 것이었다. 이와 같은 의견은 Gerber의 포물선(1874), Goodman의 직선(1890)[11], Soderberg의 직선(1930) 등으로 계속 제안되었다. 좀 더 많은 데이터가 생성됨에 따라 피로파손 여부는 선으로 딱 잘라 구분할 수 있다기보다는 영역이나 띠 형태로 표시하여 파손확률을 평가하는 것이 더 적합하다는 것이 밝혀졌다. 아래의 이유들을 근거로 Goodman 선도를 파손 기준으로 포함하였다.

- 직선이며 선형이므로 쉽게 계산할 수 있다.
- 모든 문제에 대해 항상 쉽게 그래프로 표현 가능하다.
- 정밀한 피로해석이 가능하다
- 대수학적 해석 결과를 그래프 측정을 통해 점검할 수 있다.

Goodman 선도를 이용한 파손 기준은 결정론적인 것이며 현상적인 것은 아니라는 점에 주의해야 한다. 또한 편중되어 있으며 그 양은 정량화할 수 없다. Goodman 선도는 비보수적이지만 피로파손의 이해를 돕기 위해 유용하게 이용된다.

피로한도 S_e 또는 유한 수명강도 S_f는 그림 5-15의 세로축에 표시된다. 이 값들은 식 (5-11)에 나타낸 Marin 계수를 이용하여 보정될 것이다. 항복강도 S_y 또한 세로축에 나타냄을 주목하라. 이는 피로보다는 첫 번째 사이클에서의 항복이 파손 기준이 될 수도 있음을 상기시켜 준다.

그림 5-15에서 항복강도 S_y와 인장강도 S_{ut}는 평균응력 축 상에 도시된다.

그림 5-15에는 5가지 파손 기준(Soderberg, modified Goodman, Gerber, ASME-elliptic, yielding)이 도시되어있다. Soderberg만 항복선(yield line) 안쪽에 위치하는데 아래쪽으로 편중되어 있다.

수정 Goodman 선도를 기준으로 잡으면, 점 A는 교번강도를 S_a으로 평균 강도를 S_m으로 하는 한계점을 나타낸다. 하중선의 기울기는 $r = S_a / S_m$으로 정의된다.

Soderberg 선도의 식은 다음과 같다.

$$\frac{S_a}{S_e} + \frac{S_m}{S_y} = 1 \tag{5-33}$$

이와 유사하게 수정된 Goodman 선도의 식은 다음과 같다.

$$\frac{S_a}{S_e} + \frac{S_m}{S_{ut}} = 1 \tag{5-34}$$

Gerber 선도의 식은 다음과 같다.

[11] 이는 몇 번의 수정을 거치고 전혀 출판된 적이 없기 때문에 Goodman이 수행한 내용을 확인하기는 힘들다.

$$\frac{S_a}{S_e} + \left(\frac{S_m}{S_{ut}}\right)^2 = 1 \tag{5-35}$$

ASME-elliptic 선도의 식은 다음과 같다.

$$\left(\frac{S_a}{S_e}\right)^2 + \left(\frac{S_m}{S_y}\right)^2 = 1 \tag{5-36}$$

Langer의 첫 번째 사이클 항복 선도는 피로 곡선과 함께 사용된다.

$$S_a + S_m = S_y \tag{5-37}$$

$n\sigma_a$와 $n\sigma_m$는 S_a와 S_m를 대체할 수 있으며, 여기서 n은 설계계수 혹은 안전계수이다. 그러면 Soderberg 기준을 나타내는 식 (5-33)은 다음과 같이 된다.

$$\textbf{Soderberg} \quad \frac{\sigma_a}{S_e} + \frac{\sigma_m}{S_y} = \frac{1}{n} \tag{5-38}$$

수정된 Goodman 선도 식 (5-34)는 다음과 같이 나타낸다.

$$\textbf{mod-Goodman} \quad \frac{\sigma_a}{S_e} + \frac{\sigma_m}{S_{ut}} = \frac{1}{n} \tag{5-39}$$

Gerber 선도 식 (5-35)는 다음과 같이 나타낸다.

$$\textbf{Gerber} \quad \frac{n\sigma_a}{S_e} + \left(\frac{n\sigma_m}{S_{ut}}\right)^2 = 1 \tag{5-40}$$

ASME-elliptic 선도 식 (5-36)은 다음과 같이 나타낸다.

$$\textbf{ASME-elliptic} \quad \left(\frac{n\sigma_a}{S_e}\right)^2 + \left(\frac{n\sigma_m}{S_y}\right)^2 = 1 \tag{5-41}$$

Langer의 첫 번째 사이클 항복 설계 식은 다음과 같다.

$$\textbf{Langer static yield} \quad \sigma_a + \sigma_m = \frac{S_y}{n} \tag{5-42}$$

파손 기준들은 하중선인 $r = S_a/S_m = \sigma_a/\sigma_m$과 함께 사용된다. 중요한 교점들을 표 5-5~5-7에 나타내었다. 각 경우에 대한 피로 안전계수도 표 하단에 나타내었다. 각 표의 첫 번째 행은 피로 기준, 두 번째 행은 정적 Langer 기준, 그리고 세 번째 행은 정적 기준과 피로 기준의 교점과 관련이 있다. 첫 번째 열은 교점의 식을, 두 번째 열은 교점의 좌표를 나타낸다.

해석을 수행하는 전형적인 두 가지 방법이 있다. 첫 번째 방법은 피로가 처음 발생한다는 것을 가정하고 식 (5-38)~(5-41) 중 하나를 n 또는 크기를 결정하기 위해 사용하는 것이다. 가장 흔한 피로가 지배적인 파손 모드이다. 이후 정적 파손을 점검해야 한다. 만약 정적 파손이 지배적이라면 식 (5-42)를 이용하여 해석을 반복한다.

표 5-5
수정 Goodman, Lan-ger 피로 파손 기준선과 하중 작용선과의 교점. 그리고 수정 Goodman과 Langer 피로 파손 기준의 제1사분면상의 교점

교점 식	교점 좌표
$\dfrac{S_a}{S_e}+\dfrac{S_m}{S_{ut}}=1$ 하중선 $r=\dfrac{S_a}{S_m}$	$S_a=\dfrac{rS_eS_{ut}}{rS_{ut}+S_e}$ $S_m=\dfrac{S_a}{r}$
$\dfrac{S_a}{S_y}+\dfrac{S_m}{S_y}=1$ 하중선 $r=\dfrac{S_a}{S_m}$	$S_a=\dfrac{rS_y}{1+r}$ $S_m=\dfrac{S_y}{1+r}$
$\dfrac{S_a}{S_e}+\dfrac{S_m}{S_{ut}}=1$ $\dfrac{S_a}{S_y}+\dfrac{S_m}{S_y}=1$	$S_m=\dfrac{(S_y-S_e)S_{ut}}{S_{ut}-S_e}$ $S_a=S_y-S_m,\ r_{\text{crit}}=S_a/S_m$

피로 안전계수

$$\frac{1}{\dfrac{\sigma_a}{S_e}+\dfrac{\sigma_m}{S_{ut}}}$$

표 5-6
Gerber, Langer 피로 파손 기준선과 하중 작용선과의 교점. 그리고 Gerber와 Langer 피로 파손 기준의 제1사분면상의 교점

교점 식	교점 좌표
$\dfrac{S_a}{S_e}+\left(\dfrac{S_m}{S_{ut}}\right)^2=1$ 하중선 $r=\dfrac{S_a}{S_m}$	$S_a=\dfrac{r^2S_{ut}^2}{2S_e}\left[-1+\sqrt{1+\left(\dfrac{2S_e}{rS_{ut}}\right)^2}\right]$ $S_m=\dfrac{S_a}{r}$
$\dfrac{S_a}{S_y}+\dfrac{S_m}{S_y}=1$ 하중선 $r=\dfrac{S_a}{S_m}$	$S_a=\dfrac{rS_y}{1+r}$ $S_m=\dfrac{S_y}{1+r}$
$\dfrac{S_a}{S_e}+\left(\dfrac{S_m}{S_{ut}}\right)^2=1$ $\dfrac{S_a}{S_y}+\dfrac{S_m}{S_y}=1$	$S_m=\dfrac{S_{ut}^2}{2S_e}\left[1-\sqrt{1+\left(\dfrac{2S_e}{S_{ut}}\right)^2\left(1-\dfrac{S_y}{S_e}\right)}\right]$ $S_a=S_y-S_m,\ r_{\text{crit}}=S_a/S_m$

피로 안전계수

$$n_f=\frac{1}{2}\left(\frac{S_{ut}}{\sigma_m}\right)^2\frac{\sigma_a}{S_e}\left[-1+\sqrt{1+\left(\frac{2\sigma_mS_e}{S_{ut}\sigma_a}\right)^2}\right]\qquad \sigma_m>0$$

또 다른 방법으로, 표를 이용할 수도 있다. 하중선(load line)을 결정하고 어떤 기준을 사용할지 결정하기 위해 하중선이 처음 교차하는 부분을 찾고 이에 해당하는 표의 식을 이용한다. 몇몇 예제를 통해 위의 개념들을 확실하게 이해해 보자.

표 5-7
ASME-elliptic, Lan-ger 피로 파손 기준선과 하중 작용선과의 교점. 그리고 ASME-elliptic과 Langer 피로 파손 기준의 제1사분면상의 교점

교점 식	교점 좌표
$\left(\frac{S_a}{S_e}\right)^2+\left(\frac{S_m}{S_y}\right)^2=1$ 하중선 $r=\frac{S_a}{S_m}$	$S_a=\sqrt{\frac{r^2 S_e^2 S_y^2}{S_e^2+r^2 S_y^2}}$ $S_m=\frac{S_a}{r}$
$\frac{S_a}{S_y}+\frac{S_m}{S_y}=1$ 하중선 $r=\frac{S_a}{S_m}$	$S_a=\frac{r S_y}{1+r}$ $S_m=\frac{S_y}{1+r}$
$\left(\frac{S_a}{S_e}\right)^2+\left(\frac{S_m}{S_y}\right)^2=1$ $\frac{S_a}{S_y}+\frac{S_m}{S_y}=1$	$S_m=0,\ \frac{2 S_y S_e^2}{S_e^2+S_y^2}$ $S_m=S_y-S_a,\ r_{\text{crit}}=S_a/S_m$

피로 안전계수

$$n_f=\sqrt{\frac{1}{(\sigma_a/S_e)^2+(\sigma_m/S_y)^2}}$$

예제 5-9 ANSI 1050 강을 냉간 가공하여 지름이 40 mm인 바를 제작하였다. 이 부품은 0에서 70 kN으로 변하는 반복하중을 견뎌야 한다. 끝단과 필렛 반지름 때문에 10^6 이상에서 피로응력집중계수 K_f는 1.85이다. S_a와 S_m을 구하고 피로와 first cycle yielding을 방지하는 안전계수를 구하여라. 이때 (a) Gerber 선도와 (b) ASME-elliptic 선도를 이용하여라.

풀이 약간의 예비지식을 가지고 시작하자. $S_{ut}=690\ \text{MPa}$, $S_y=580\ \text{MPa}$이다. $F_a=F_m=35\ \text{kN}$이다. Marin 계수는 다음과 같이 정해진다.

$k_a=4.51(690)^{-0.265}=0.798$: 식 (5-12), 표 5-1

$k_b=1$(축 하중, k_c 참고)

$k_c=0.85$: 식 (5-19)

$k_d=k_e=k_f=1$

$S_e=0.798(1)0.850(1)(1)(1)0.5(690)=234\ \text{MPa}$: 식 (5-1), (5-11)

공칭 축방향 응력성분 σ_{ao}와 σ_{mo}는 다음과 같다.

$$\sigma_{ao}=\frac{4F_a}{\pi d^2}=\frac{4(35000)}{\pi 0.04^2}=27.9<\text{Pa}\qquad \sigma_{mo}=\frac{4F_m}{\pi d^2}=\frac{4(35000)}{\pi 0.04^2}=27.9<\text{Pa}$$

두 응력성분 σ_{ao}와 σ_{mo}에 K_f를 적용하면 다음과 같이 나타낼 수 있다.

$$\sigma_a=K_f\sigma_{ao}=1.85(27.9)=51.6\ \text{MPa}=\sigma_m$$

(a) 먼저 안전계수를 계산하자. 표 5-6의 맨 아래 행으로부터 피로 안전계수를 구하면

답 $$n_f = \frac{1}{2}\left(\frac{690}{51.5}\right)^2\left(\frac{51.9}{234}\right)\left\{-1+\sqrt{1+\left[\frac{2(51.6)234}{690(51.6)}\right]^2}\right\} = 4.13$$

식 (5-42)로부터 첫 번째 사이클 항복(first-ccle yield)에 대한 안전계수는 다음과 같다.

답 $$n_y = \frac{S_y}{\sigma_a+\sigma_m} = \frac{580}{51.6+51.6} = 5.62$$

그러므로 피로가 먼저 발생할 것이고 안전계수는 4.13이다. 이는 그림 5-16에서 하중선이 Gerber 선도와 만나는 점 B로 나타난다. 그래프가 실제 스케일로 작성되었다면 $n_f = OB/OA$로 볼 수 있다.

표 5-7의 첫 번째 행과 $r = \sigma_a/\sigma_m = 1$로부터

답 $$S_a = \frac{(1)^2 690^2}{2(234)}\left\{-1+\sqrt{1+\left[\frac{2(234)}{(1)690}\right]^2}\right\} = 211.9\ \text{MPa}$$

답 $$S_m = \frac{S_a}{r} = \frac{211.9}{1} = 211.9\ \text{MPa}$$

앞의 결과를 확인해 보자. $n_f = OB/OA = S_a/\sigma_a = S_m/\sigma_m = 211.9/51.6 = 4.12$로 답이 동일함을 알 수 있다.

그림 5-16
Gerber 선도, Langer 선도, 그리고 하중선이 도시된 설계자의 그래프에 표시된 주요 점인 A, B, C, D

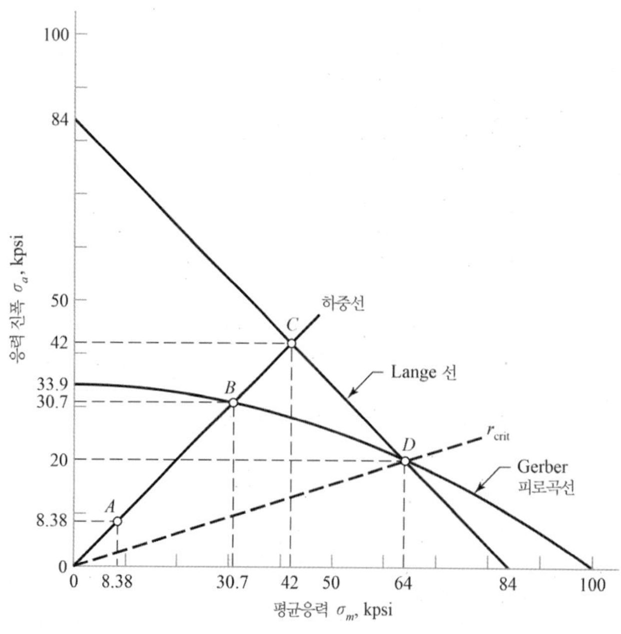

r_{crit}을 계산함으로써 그림 5-16을 작성하지 않고도 피로파손이 먼저 발생한다는 것을 알 수도 있다. 표 5-6의 세 번째 행, 두 번째 열로부터 피로와 첫 번째 항복의 교차점을 구하면 다음과 같다.

$$S_m = \frac{690^2}{2(234)} = \left[1 - \sqrt{1 + \left(\frac{2(234)}{690}\right)^2\left(1 - \frac{580}{234}\right)}\right] = 442 \text{ MPa}$$

$$S_a = S_y - S_m = 580 - 442 = 138 \text{ MPa}$$

그러므로 임계 기울기는

$$r_{\text{crit}} = \frac{S_a}{S_m} = \frac{138}{442} = 0.312$$

이 값은 $r = 1$인 실제 하중선의 기울기보다 작다. 이는 피로가 첫 번째 사이클 항복보다 먼저 발생함을 나타낸다.

(b) ASME-elliptic 선도로 같은 절차를 반복하면, 피로의 경우

답 $$n_f = \sqrt{\frac{1}{(51.6/234)^2 + (51.6/580)^2}} = 4.21$$

이 또한 $n_y = 5.62$보다 작고 피로가 먼저 발생할 것으로 예측된다. 표 5-7의 첫 번째 행, 두 번째 열과 $r = 1$로부터 점 B의 S_a와 S_m 좌표를 구할 수 있다.

답 $$S_a = \sqrt{\frac{(1)^2 234^2 (580)^2}{234^2 + (1)^2 580^2}} = 217 \text{ MPa}, \quad S_m = \frac{S_a}{r} = \frac{217}{1} = 217 \text{ MPa}$$

피로 안전계수를 검증해 보면, $n_f = S_a/\sigma_a = 217/51.6 = 42.1$이다.

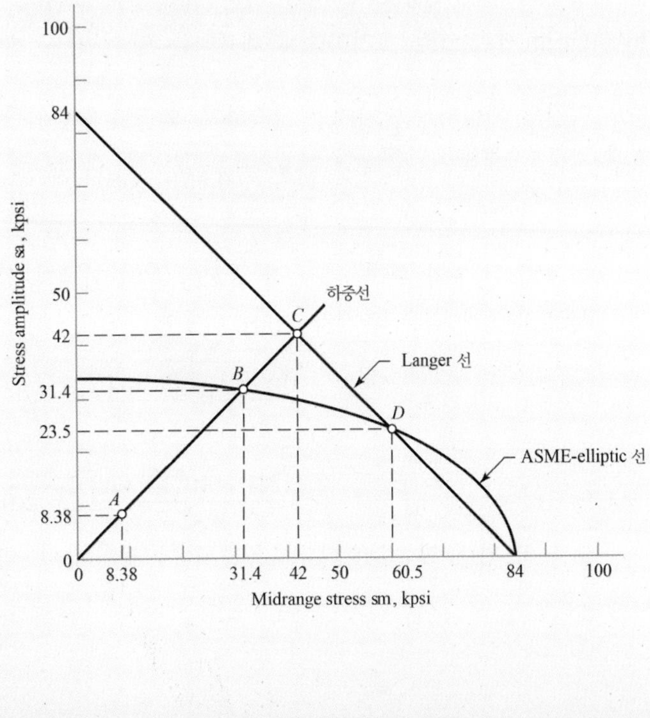

그림 5-17
ASME-elliptic 선도, Langer 선도, 그리고 하중선이 도시된 설계자의 그래프에 표시된 주요 점인 A, B, C, D

전과 같이 r_{crit}을 계산해 보자. 표 5-7의 세 번째 행, 두 번째 열로부터

$$S_a = \frac{2(580)234^2}{234^2 + 580^2} = 162\ \text{MPa},\ \ S_m = S_y - S_a = 580 - 162 = 418\ \text{MPa}$$

$$r_{\text{crit}} = \frac{S_a}{S_m} = \frac{162}{418} = 0.388$$

이 또한 $r = 1$보다 작으므로 $n_f = 4.21$과 같이 피로가 먼저 발생함을 확인할 수 있다. ASME-Gerber과 ASME-elliptic 파손 기준은 서로 매우 비슷하며 서로 바꿔서 사용하기도 한다. ANSI/ASME Standard B106.M-1985에서는 축에 대해 ASME-elliptic를 사용한다.

예제 5-10 판형 캠에 접촉된, 진동하는 평면 종동부를 유지하기 위해 판형 스프링이 사용된다. 종동부의 운동 범위는 50 mm 이내거나 고정되어 있으므로, 굽힘모멘트(힘에 대응되는 요소)와 응력 역시 고정된다. 스프링에 다양한 캠 속도에 맞도록 초기하중이 가해진다. 초기하중은 종동부가 뜨거나 튀지 않도록 하기 위해 증가되어야 한다. 저속에서는 캠과 종동부 표면의 수명을 오래 유지하기 위해 초기하중은 감소되어야 한다. 그림 5-18a에서처럼 스프링은 강으로 제작된 외팔보이고 길이 0.8 m, 폭 50 mm, 두께 6 mm이다. 스프링의 강도는 $S_{ut} = 1000\ \text{MPa}$, $S_y = 880\ \text{MPa}$, $S_e = 195\ \text{MPa}$로 완전 보정되었다. 캠의 전체 운동은 50 mm이다. 설계자는 저속에서 50 mm, 고속에서 125 mm까지 스프링이 휘도록 초기하중을 가하고 싶어한다.

(a) 하중선과 함께 Gerber-Langer 파손 궤적으로 그려라.

(b) 50 mm, 125 mm 초기하중에 대응하는 안전 강도 계수는 얼마인가?

풀이 약간의 예비지식을 가지고 시작하자. 외팔보 단면의 2차 단면 모멘트는 다음과 같다.

$$I = \frac{bh^3}{12} = \frac{0.05(0.006)^3}{2} = 0.9 + 10^{-9}\ \text{m}^4$$

빔 1의 힘 F와 처짐 y는 $F = 3EIy/l^3$의 관계가 있으므로, 응력 (σ)과 처짐 y가 서로 다음과 같은 관계가 있다.

$$\sigma = \frac{Mc}{I} = \frac{0.8Fc}{I} = \frac{0.8(3EIy)}{l^3}\frac{c}{I} = \frac{2.4Ecy}{l^3} = Ky$$

여기서 $K = \dfrac{2.4Ec}{l^3} = \dfrac{2.4(210 \times 10^9)(0.003)}{0.8^3} = 2.95\ \text{GPa/m}$이다.

y, σ의 최대 및 최솟값은 다음과 같이 정의할 수 있다.

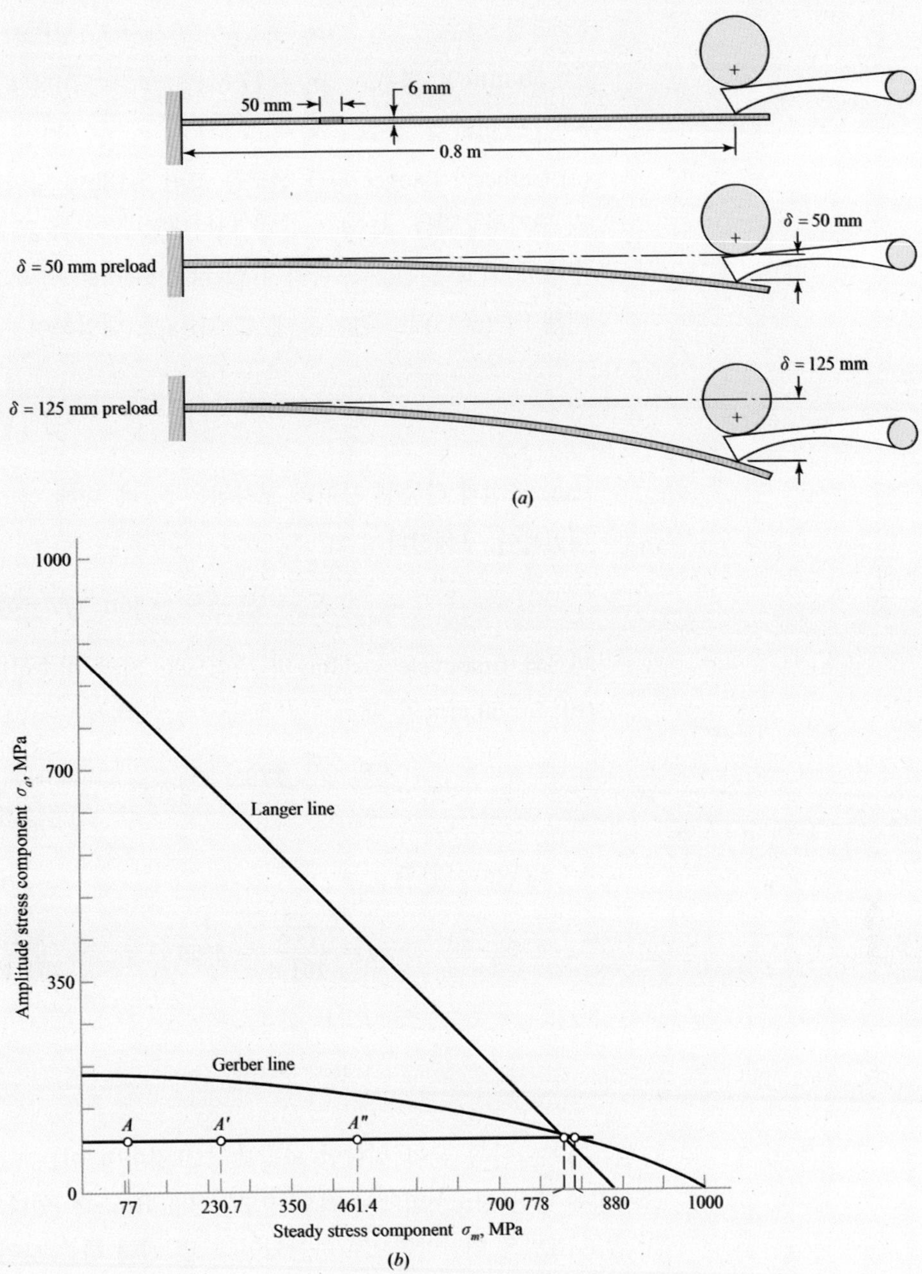

그림 5-18
스프링을 지지하기 위한 캠 종동부 (a) 형상 (b) 예제 5-11에 대한 설계자의 피로 선도

$$y_{\min} = \delta \qquad y_{\max} = 0.05 + \delta$$

$$\sigma_{\min} = K\delta \qquad \sigma_{\max} = K(0.05 + \delta)$$

그러므로 응력성분들은 다음과 같다.

$$\sigma_a = \frac{K(0.05+\delta) - K\delta}{0.05} = K = 76.9\ \text{MPa}$$

$$\sigma_m = \frac{K(0.05+\delta) + K\delta}{0.05} = K(1+40\delta) = 76.9(1+40\delta)$$

$\delta = 0$일 경우, $\sigma_a = \sigma_m = 76.9 = 77\ \text{MPa}$

$\delta = 50\ \text{mm}$일 경우, $\sigma_a = 77\ \text{MPa},\ \sigma_m = 76.9[1 + 40(0.05)] = 230.7\ \text{MPa}$

$\delta = 125\ \text{mm}$일 경우, $\sigma_a = 77\ \text{MPa},\ \sigma_m = 76.9[1 + 40(0.125)] = 461.4\ \text{MPa}$

(a) Gerber와 Langer 평가 선도를 그림 5-18b에 나타내었다. 0, 50, 125 mm의 3가지 초기하중점을 A, A', A''로 나타내었다. σ_a는 77 MPa에서 상수이므로 하중선은 수평이 되고 원점을 포함하지 않는다. Gerber 선과 하중선 사이의 교차점은 S_m에 대해 식 (5-35)로 풀고 S_a에 77 MPa를 대입하여 구해진다:

$$S_m = S_{ut}\sqrt{1 - \frac{S_a}{S_e}} = 1000\sqrt{1 - \frac{77}{195}} = 778\ \text{MPa}$$

Langer 선과 하중선 사이의 교차점은 S_m에 대해 식 (5-37)로 풀고, S_a에 77 MPa로 대입하여 구해진다:

$$S_m = S_y - S_a = 880 - 77 = 803\ \text{MPa}$$

피로와 first-cycle yielding의 위험도는 거의 비슷하다.

(b) $\delta = 50\ \text{mm}$일 때,

답 $$n_f = \frac{S_m}{\sigma_m} = \frac{778}{230.7} = 3.37 \qquad n_y = \frac{803}{230.7} = 3.48$$

$\delta = 125\ \text{mm}$일 때

답 $$n_f = \frac{778}{461.4} = 1.69 \qquad n_y = \frac{803}{461.4} = 1.74$$

예제 5-11 그림 5-19는 한쪽 끝이 원형인 외팔보 스프링이며 이는 다양한 힘을 받고 있다. 25개의 스프링에 대한 경도시험에서 최소 경도는 380 Brinell이었다. 스프링에 응력 집중이 발생하지 않고 표면은 열간압연으로 마감되었다. 몇 번째 하중 사이클에서 파손이 발생할 것인가? 다음을 이용하여 풀어라.

(a) 수정 Goodman 기준

(b) Gerber 기준

그림 5-19

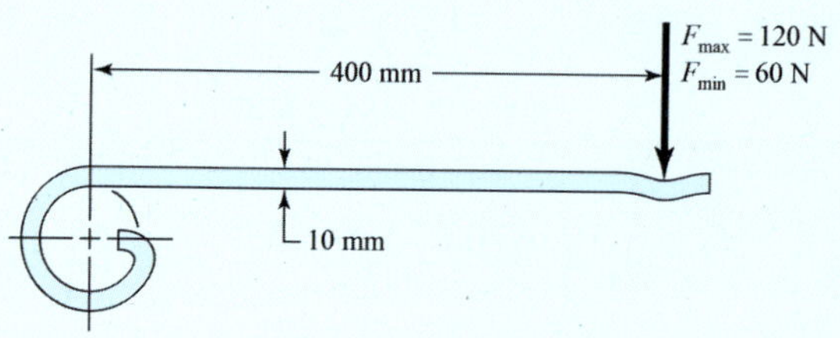

풀이

$$S_{ut} = 3.41(380) = 1295.8 \text{ MPa}$$

$$S_e' = 0.5(1295.8) = 648 \text{ MPa}$$

$$k_a = 57.7(1295.8)^{-0.718} = 0.336$$

굽힘을 받는 회전하지 않는 봉에 대한 식 (5-17)을 사용하면: $d_e = 0.370d = 0.370(10) = 3.7 \text{ mm}$

$$k_b = \left(\frac{3.7}{7.62}\right)^{-0.107} = 1.08$$

$$S_e = 0.336(1.08)(648) = 235 \text{ MPa}$$

$$F_a = \frac{120-60}{2} = 30 \text{ N}, \; F_m = \frac{120+60}{2} = 90 \text{ N},$$

$$\sigma_m = \frac{32 M_m}{\pi d^3} = \frac{32(90)(400)}{\pi(10^3)} = 366.7 \text{ MPa}$$

$$\sigma_a = \frac{32(30)(400)}{\pi(10^3)} = 122.2 \text{ MPa}$$

$$r = \frac{122.2}{366.7} = 0.333$$

(a) 수정 Goodman 기준, 표 5-5

$$n_f = \frac{1}{(122.2/235) + (366.7/1295.8)} = 1.25$$

그림 5-18, $S_{ut} = 1295.8 \text{ MPa}$, $f = 0.78$로부터

식 (5-7): $a = \dfrac{[0.78(1295.8)]^2}{235} = 5573 \text{ MPa}$

식 (5-8): $b = -\dfrac{1}{3}\log\dfrac{0.78(1295.8)}{235} = -0.211\,19$

$$\frac{\sigma_a}{S_f} + \frac{\sigma_m}{S_{ut}} = 1 \quad \Rightarrow \quad S_f = \frac{\sigma_a}{1-(\sigma_m/S_{ut})} = \frac{122.2}{1-(366.7/1295.8)} = 170.4 \text{ MPa}$$

식 (5-9), $\sigma_a = S_f$를 이용하면

답

$$N = \left(\frac{170.4}{5573}\right)^{1/-0.211\,19} = 14\,853\,650 \text{ cycles}$$

(b) Gerber, 표 5-6

$$n_f = \frac{1}{2}\left(\frac{1295.8}{366.7}\right)^2\left(\frac{122.2}{235}\right)\left\{-1 + \sqrt{1 + \left[\frac{2(366.7)(235)}{1295.8(122.2)}\right]^2}\right\} = 1.55$$

답 따라서 무한 수명이 예측된다($N \geq 10^6$ 사이클).

많은 취성재료들의 경우, 제1사분면상의 피로파손 기준은 다음과 같이 표현된 위로 볼록한 형태의 Smith-Dolan 궤적을 따르거나

$$\frac{S_a}{S_e} = \frac{1 - S_m / S_{ut}}{1 + S_m / S_{ut}} \tag{5-43}$$

다음의 설계 식으로 나타낼 수 있다.

$$\frac{n\sigma_a}{S_e} = \frac{1 - n\sigma_m / S_{ut}}{1 + n\sigma_m / S_{ut}} \tag{5-44}$$

기울기 r의 반지름방향 하중선에 대하여 식 (5-43)에서 S_m 대신 S_a/r을 대입하여 S_a에 대하여 정리하면 다음과 같다.

$$S_a = \frac{r S_{ut} + S_e}{2}\left[-1 + \sqrt{1 + \frac{4r S_{ut} S_e}{(r S_{ut} + S_e)^2}}\right] \tag{5-45}$$

취성재료의 피로 선도는 연성재료의 피로 선도와 큰 차이를 보이는데, 그 이유는;

- 항복강도를 가지고 있지 않기 때문에 항복이 발생하지 않는다.
- 특히, 압축 인장강도가 인장강도를 몇 배 초과한다.
- 제1사분면의 피로파손 궤적은 Smith-Dolan과 같이 위로 볼록하고 또한 Goodman 선도와 같이 평평하다. 취성재료는 평균응력에 더 민감하지만, 압축 평균응력은 오히려 이롭다.
- 취성피로에 대한 의미 있는 일반적 원칙을 찾아내기 위한 연구가 충분치 않으므로 제1사분면과 제2사분면의 일부만을 이용한다.

설계자가 가장 많이 사용하는 영역은 $-S_{ut} \le \sigma_m \le S_{ut}$인 범위이다. 제1사분면상의 이러한 궤적은 Goodman, Smith-Dolan 또는 그 사이에 있다. 제2사분면에서는 $-S_{ut}$, S_{ut}와 0, S_e 사이의 직선으로 나타내며 다음 식으로 표현된다.

$$S_a = S_e + \left(\frac{S_e}{S_{ut}} - 1\right) S_m \qquad -S_{ut} \le S_m \le 0 \text{ (for cast iron)} \tag{5-46}$$

언급된 피로한도는 $k_a k_b S_e'$이며 k_c, k_d, k_e, k_f는 만들어져야 한다. 축방향 하중과 비틀림 하중에 대한 평균 k_c는 0.9이다.

예제 5-12 Grade 30 회주철이 하중 F를 받고 있으며, 그림 5-20a에 나타낸 것과 같이 25 mm × 10 mm 단면 연결부와 중앙에 지름 6 mm의 구멍으로 이루어져 있다. 표면은 기계가공되었다. 구멍 근처에 대해 다음 조건 하에서 파손을 방지할 수 있는 안전계수는 얼마인가?

(a) 정적 인장 하중 $F = 4500$ N

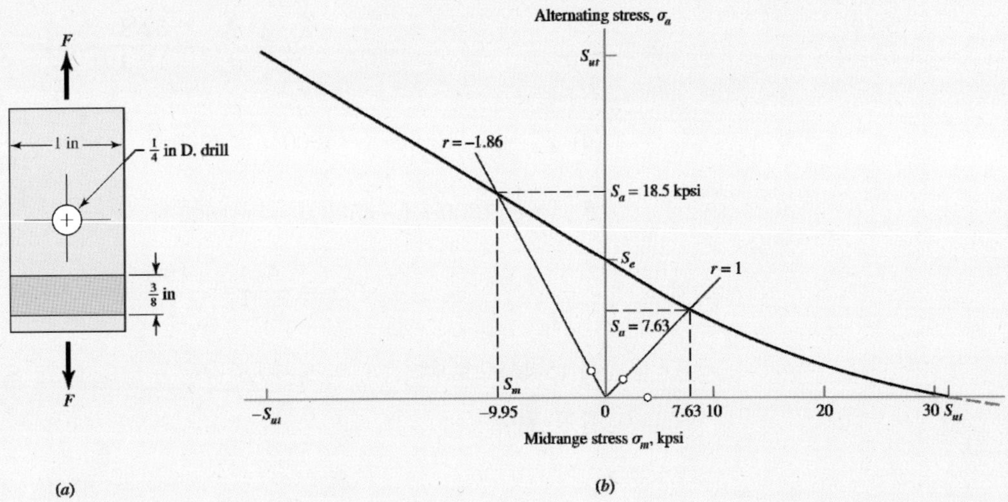

그림 5-20
축방향 피로를 받는 Grade 30 회주철 부분 (a) 기하학적 형상, (b) 예제 5-13에 대한 설계자의 피로 선도

(b) 반복적으로 작용하는 하중 4500 N

(c) 하중이 −4500 N과 1300 N 사이에서 1축 방향으로 변동함.

Smith-Dolan 파괴 선도를 이용하라.

풀이 몇몇 선행 작업이 필요하다. $S_{ut} = 214$ MPa, $S_{uc} = 752$ MPa, $k_a k_b S_e' = 97$ MPa이다. 축방향 하중에 대해서 k_c는 0.9이므로, $S_e = (k_a k S_e')k_c = 97(0.9) = 87.3$ MPa이다. $A = t(w-d) = 0.01(0.025-0.006) = 190\times10^{-6}\ \text{m}^2$, $d/w = 6/25 = 0.24$, 그리고 $K_t = 2.45$이다. 주철에 대한 노치 민감도는 0.20이다. 그러므로

$$K_f = 1 + q(K_t - 1) = 1 + 0.20(2.45 - 1) = 1.29$$

(a) $\sigma_a = \dfrac{K_f F_a}{A} = \dfrac{1.29(0)}{A} = 0 \qquad \sigma_m = \dfrac{K_f F_m}{A} = \dfrac{1.29(4500)}{190\times10^{-6}} = 30.6\ \text{MPa}$

그리고

답
$$n = \frac{S_{ut}}{\sigma_m} = \frac{214}{30.6} = 6.99$$

(b)
$$F_a = F_m = \frac{F}{2} = \frac{4500}{2} = 2250\ \text{N}$$

$$\sigma_a = \sigma_m = \frac{K_f F_a}{A} = \frac{1.29(2250)}{190\times10^{-6}} = 15.3\ \text{MPa}$$

$$r = \frac{\sigma_a}{\sigma_m} = 1$$

식 (5-45)로부터

$$S_a = \frac{(1)31 + 12.6}{2}\left[-1 + \sqrt{1 + \frac{4(1)214(87.3)}{[(1)214 + 87.3]^2}}\right] = 52.8\ \text{MPa}$$

답

$$n = \frac{S_a}{\sigma_a} = \frac{52.8}{15.3} = 3.45$$

(c) $F_a = \frac{1}{2}|1300 - (-4500)| = 2900\ \text{N}$ $\sigma_a = \frac{1.29(2900)}{190 \times 10^{-6}} = 19.7\ \text{MPa}$

$F_m = \frac{1}{2}[1300 + (-4500)| = -1600\ \text{N}$ $\sigma_m = \frac{1.29(-1600)}{190 \times 10^{-6}} = -10.9\ \text{MPa}$

$$r = \frac{\sigma_a}{\sigma_m} = \frac{19.7}{-10.9} = -1.81$$

식 (5-46)으로부터, $S_a = S_e + (S_e/S_{ut} - 1)S_m$ 이고 $S_m = S_a/r$ 이다. 따라서 다음과 같이 된다.

$$S_a = \frac{S_e}{1 - \frac{1}{r}\left(\frac{S_e}{S_{ut}} - 1\right)} = \frac{87.3}{1 - \frac{1}{-1.81}\left(\frac{87.3}{214} - 1\right)} = 129.7\ \text{MPa}$$

답

$$n = \frac{S_a}{\sigma_a} = \frac{129.7}{19.7} = 6.58$$

그림 5-20b는 작성된 설계자의 피로 선도의 일부분을 나타낸 것이다.

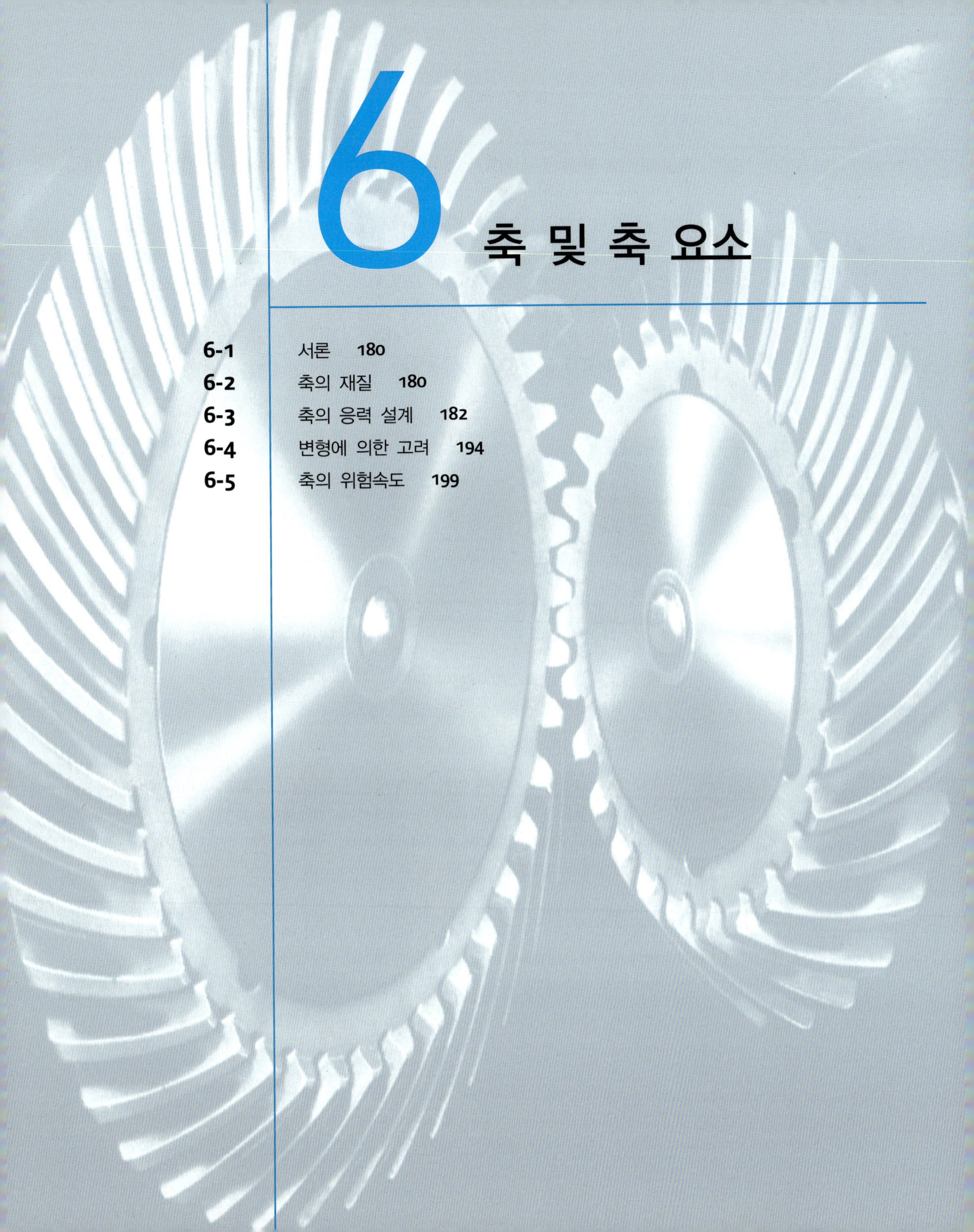

6 축 및 축 요소

6-1 서론

축(shaft)이란 회전하는 부재로서, 일반적으로 원형단면을 가지며 동력 혹은 움직임(motion)을 전달하는 데 사용된다. 축은 기어, 풀리, 플라이휠, 크랭크, 스프라켓 등과 같은 기계요소들의 회전축이나 진동축으로 사용되며, 이들의 운동 형태를 조절한다.

앞 장에서 소개한 기본적인 방법들은 축에도 그대로 적용될 수 있으며 축에 대해 특별히 언급해야 할 차이점은 없다. 그러나 많은 기계설계에서 축이 보편적으로 사용되기에 축과 축 설계에 대해 보다 상세하게 다루는 것은 많은 도움이 될 것이다. 축의 전체 설계는 축을 이루는 각 요소들의 상호 의존적 설계들로 구성된다. 14장에서 동력전달에 관한 사례해석을 포함하여 전체적인 설계 과정을 다룰 것이다. 이 장에서는 축에 대한 상세한 내용을 다루며 다음의 내용을 포함한다.

- 재료 선정
- 형상 배치
- 응력과 강도
  - 정적 강도
  - 피로 강도
- 처짐과 강성
  - 굽힘 처짐
  - 비틀림 변형
  - 베어링과 축지지 요소에서의 처짐각
  - 짧은 축의 횡방향 하중에 의한 전단 변형
- 고유진동수에 의한 진동

축의 크기 결정법을 선정에 있어, 축의 국부적 형상만으로 해당 위치에 대한 응력해석이 가능하다는 것을 인지할 필요가 있다. 따라서 축 전체의 형상 정보가 필요하지는 않다. 실제 설계 시에는 취약부의 위치 파악이 가능하며, 해당 부분이 강도 조건을 만족하도록 치수를 결정하게 된다. 다음으로 축지지 요소들을 고려한 축의 나머지 부분의 치수를 결정한다.

전체 축의 형상이 결정되기 전까지는 처짐과 처짐각 해석이 수행될 수 없다. 처짐량은 축의 전체 형상을 고려해야 하는 반면, 관심 부위에서의 응력은 해당 부위의 **국부적 형상**만 고려하면 된다. 때문에 축 설계 시에는 먼저 응력과 강도의 영향을 고려하여 초기 축 치수값을 설정하고, 이어서 처짐과 처짐각에 대한 해석을 수행할 수 있다.

6-2 축의 재질

변형은 강도보다는 탄성 계수로 표현되는 강성의 영향을 받으며, 기본적으로 모든 강들은 일정한 강성 값을 갖는다. 이러한 이유로 강성은 재료의 선정과는 무관하며, 오직 결정된 형상에 의해서 조절된다.

작용 응력을 견딜 수 있는 강도 설계를 위해서는 적절한 재료 및 후처리 공정에 대한 선택이 요구된다. 많은 축이 ANSI 1020-1050 강과 같은 저탄소, 냉간 인발 혹은 열간 압연강으로 제작된다.

열처리와 합금 성분 추가로 항상 충분한 강도 개선을 이룰 수 있는 것은 아니다. 나아가, 강도 증가 시 피로 파손이 다소 감소하지만 이는 내구 한도에서의 역효과 및 노치 민감도의 증가가 고강도의 이점을 상쇄하기 이전까지로 한정된다. 바람직한 방법은 설계 계산을 수행 시 처음에는 저가인 저탄소강이나 중탄소강을 기반으로 시작하는 것이다. 만약 변형보다 강도가 더 지배적인 인자라면 고강도 재료가 고려되어야 하며, 이를 통해 과도한 변형을 방지할 수 있는 수준에서 축 크기도 감소시킬 수 있다. 재료와 재료 가공에 소요되는 비용은 더 작은 축 지름의 필요성을 고려하여 검토되어야 한다. 검토가 끝나면, 열처리를 위한 ANSI 1340-50, 3140-50, 4140, 4340, 5140, 8650 계열과 같은 전형적인 합금강이 사용된다.

축이 베어링 표면과 접하는 저널로 사용되는 경우를 제외하고는 일반적으로 축에 표면 경화를 시행할 필요는 없다. 표면 경화를 위한 전형적인 재료로는 ANSI 1020, 4320, 4820, 8620 등과 같은 침탄 등급 재료가 있다.

냉간 인발강은 일반적으로 지름이 약 3인치 이하인 경우에 사용된다. 부품들의 조정이 필요하지 않은 영역에서는 봉의 공칭 지름은 기계 가공되지 않을 수 있다. 열간 압연강은 전체적으로 가공되어야 한다. 상당히 많은 양의 절삭공정을 통해 제작되는 큰 축들은 잔류 응력이 뒤틀림을 야기하는 경향이 있다. 만약 동심도(concentricity)가 중요하다면 초기에는 대략적으로 기계가공을 한 후 잔류 응력을 제거하고 강도를 증가시키기 위해서 열처리를 해야 할 필요가 있다. 그리고 최종 치수에 맞도록 가공을 마무리한다.

재료 선정에 있어 생산량이 가장 주요한 인자이다. 생산량이 적은경우에는 선삭(turning)이 가장 흔히 사용되는 형상 가공 공정이다. 경제성 측면에서는 절삭되는 재료가 가장 적어야 할 것이다. 생산량이 많은 경우에는 열간 혹은 냉간 성형, 주조와 같은 체적이 보존되는 형상 제조 공정이 주로 사용될 것이며, 축 자체에 최소 재료가 사용되는 것이 설계 목표가 될 수 있다. 생산량이 많다면 주철이 적용될 수 있으며 기어들은 축과 함께 주조한다.

축의 물성은 냉간 가공, 냉간 성형, 필릿 형상 압연, 열처리(담금질 환경, 교반, 뜨임 양생) 등의 이력에 따라 국부적으로 달라진다.

몇몇 환경의 경우에는 스테인리스 강이 적합할 것이다.

6-3 축의 응력 설계

취약 위치

축의 모든 지점에 대해 응력을 평가할 필요는 없다. 다만, 잠재적인 취약부에 대해서만 평가가 이루어진다. 일반적으로 굽힘모멘트가 크고 토크가 작용하며 응력 집중이 존재하는 영역의 바깥 면이 취약부가 된다. 축을 따라 다양한 위치를 직접 비교하면 설계의 기초가 될 몇몇 취약 위치를 식별할 수 있다.

대부분의 축은 축의 한 부분을 통해 토크를 전달한다. 일반적으로 토크는 하나의 기어를 통해 축으로 전달되고 또 다른 기어를 통해 축에서 나간다. 축에 대해 자유물체도를 그리면 축의 각 위치별 토크값을 결정할 수 있다. 토크는 일반적으로 정상상태 운전 동안 비교적 일정하다. 비틀림에 의한 전단응력은 바깥 표면에서 최대가 된다.

축에서의 굽힘모멘트는 전단력 선도 및 굽힘모멘트 선도를 통해 결정할 수 있다. 대부분의 축 문제들은 두 평면에 대해 힘을 발생시키는 기어 혹은 풀리와 연관되어 있기 때문에 전단력 선도와 굽힘모멘트 선도 역시 두 평면에 대해 작성되어야 한다. 최종 합 모멘트(resultant moment)는 축의 관심 위치에서의 모멘트 벡터의 합으로 구해진다. 축이 회전하고 있기 때문에 모멘트 벡터의 각은 중요하지 않다. 정적 굽힘모멘트는 회전축에 완전 반복 모멘트를 발생시켜 특정 응력 요소의 경우 축의 매 회전마다 압축과 인장을 번갈아 받게 된다. 굽힘모멘트에 의한 수직응력은 바깥 표면에서 최대가 될 것이다. 축의 끝단에 베어링이 존재하는 경우, 해당 영역은 굽힘모멘트가 작아 베어링 근처의 응력은 일반적으로 중요하지 않다.

헬리컬 기어나 테이퍼 롤러 베어링 등을 통하여 전달되는 축방향 응력은 대부분 굽힘응력에 비해 거의 무시할 수 있을 만큼 작을 것이다. 또한 축방향 응력은 거의 일정하기 때문에 피로에도 거의 기여하지 않는다. 따라서 축에 굽힘모멘트가 작용할 때 기어와 베어링에 의해 발생된 축방향 응력은 일반적으로 무시된다. 하지만 축방향 하중이 다른 방식으로 축에 작용된다면, 하중 크기도 확인하지 않고 무조건 무시할 수 있다는 것은 아니다.

축 응력

굽힘응력, 비틀림 응력, 축방향 응력에는 평균응력 성분과 교번응력 성분 모두가 있을 수 있다. 해석 시에는 다른 형태의 응력들을 이용하여 본미세스(von mises) 교번응력과 본미세스(von mises) 평균응력을 구하는 것으로도 충분하다. 때로는 축 설계용 식을 도입하는 것이 편리하며, 굽힘모멘트와 비틀림 모멘트가 지배적인 취약부에서 축 하중은 상대적으로 매우 작기 때문에 식 도입 시 축방향 하중은 고려하지 않는다. 굽힘과 비틀림에 의한 변동응력은 다음과 같이 표현된다.

$$\sigma_a = K_f \frac{M_a c}{I} \qquad \sigma_m = K_f \frac{M_m c}{I} \tag{6-1}$$

$$\tau_a = K_{fs} \frac{T_a c}{J} \qquad \tau_m = K_{fs} \frac{T_m c}{J} \tag{6-2}$$

여기서 M_m과 M_a은 평균 및 교번 굽힘모멘트, T_m과 T_a은 평균 및 교번 토크, K_f과 K_{fs}는 각각 굽힘과 비틀림에 대한 피로응력집중계수를 의미한다.

원형 단면의 중실축으로 가정하면, 형상 변수를 이용하여 다음과 같이 다시 표현할 수 있다.

$$\sigma_a = K_f \frac{32\,M_a}{\pi\,d^3} \qquad \sigma_m = K_f \frac{32\,M_m}{\pi\,d^3} \tag{6-3}$$

$$\tau_a = K_{fs} \frac{16\,T_a}{\pi\,d^3} \qquad \tau_m = K_{fs} \frac{16\,T_m}{\pi\,d^3} \tag{6-4}$$

변형에너지 파손 이론에 따라 이 응력들을 조합하고 축방향 하중을 무시하면, 회전하는 원형 중실축의 교번 von Mises 응력을 다음과 같이 표현할 수 있다.

$$\sigma_a' = (\sigma_a^2 + 3\tau_a^2)^{1/2} = \left[\left(\frac{32\,K_f M_a}{\pi\,d^3}\right)^2 + 3\left(\frac{16\,K_{fs}\,T_a}{\pi\,d^3}\right)^2\right]^{1/2} \tag{6-5}$$

$$\sigma_m' = (\sigma_m^2 + 3\,\tau_m^2)^{1/2} = \left[\left(\frac{32\,K_f M_m}{\pi\,d^3}\right)^2 + 3\left(\frac{16\,K_{fs}\,T_m}{\pi\,d^3}\right)^2\right]^{1/2} \tag{6-6}$$

연성재료의 경우 국부적인 불연속부에서 어느 정도 항복을 수용할 수 있기 때문에 종종 평균응력 성분에 대해 응력집중계수를 적용하지 않을 수 있음에 유의하여야 한다.

이와 같은 등가 교번 및 평균 응력은 수정 Goodman 선도(그림 5-15) 상의 적절한 파손 선도를 이용하여 평가될 수 있다. 예를 들어, 수정 Goodman 선도에 대한 피로 파손 기준식(5-46)은 다음과 같다.

$$\frac{1}{n} = \frac{\sigma_a'}{S_e} + \frac{\sigma_m'}{S_{ut}}$$

σ_a'과 σ_m'를 식 (6-5)와 (6-6)으로 대체하면 다음과 같이 표현된다.

$$\frac{1}{n} = \frac{16}{\pi\,d^3}\left\{\frac{1}{S_e}[4(K_f M_a)^2 + 3(K_{fs}\,T_a)^2]^{1/2} + \frac{1}{S_{ut}}[4(K_f M_m)^2 + 3(K_{fs}\,T_m)^2]^{1/2}\right\}$$

설계를 목적으로 이를 지름에 대해 다시 정리하면 다음과 같이 표현된다.

$$d = \left(\frac{16n}{\pi}\left\{\frac{1}{S_e}[4(K_f M_a)^2 + 3(K_{fs}\,T_a)^2]^{1/2} + \frac{1}{S_{ut}}[4(K_f M_m)^2 + 3(K_{fs}\,T_m)^2]^{1/2}\right\}\right)^{1/3}$$

식 (6-5)와 (6-6)에 주어진 von Mises 응력을 식 (5-38)~(5-41)의 기타 파손 기준식들에 대입하면 모든 파손 기준에 대해 유사한 식을 얻을 수 있다. 이상의 방법으로 유도된 흔히 사용되는 파손곡선에 대한 최종 식들을 요약하면 다음과 같다. 각 식을 구분하기 위해 적용된 파손 이론과 피로파손 선도 이름을 활용하여 각 식의 이름을 나타내었다. 예를 들어,

DE-Gerber는 변형에너지 이론으로 등가 응력을 구하고 피로 파손 기준으로 Gerber 선도를 사용하였음을 의미한다.

DE-Goodman

$$\frac{1}{n}=\frac{16}{\pi d^3}\left\{\frac{1}{S_e}[4(K_f M_a)^2+3(K_{fs}T_a)^2]^{1/2}+\frac{1}{S_{ut}}[4(K_f M_m)^2+3(K_{fs}T_m)^2]^{1/2}\right\} \quad (6\text{-}7)$$

$$d=\left(\frac{16n}{\pi}\left\{\frac{1}{S_e}[4(K_f M_a)^2+3(K_{fs}T_a)^2]^{1/2}+\frac{1}{S_{ut}}[4(K_f M_m)^2+3(K_{fs}T_m)^2]^{1/2}\right\}\right)^{1/3} \quad (6\text{-}8)$$

DE-Gerber

$$\frac{1}{n}=\frac{8A}{\pi d^3 S_e}\left\{1+\left[1+\left(\frac{2BS_e}{AS_{ut}}\right)^2\right]^{1/2}\right\} \quad (6\text{-}9)$$

$$d=\left(\frac{8nA}{\pi S_e}\left\{1+\left[1+\left(\frac{2BS_e}{AS_{ut}}\right)^2\right]^{1/2}\right\}\right)^{1/3} \quad (6\text{-}10)$$

여기서,

$$A=\sqrt{4(K_f M_a)^2+3(K_{fs}T_a)^2}$$

$$B=\sqrt{4(K_f M_m)^2+3(K_{fs}T_m)^2}$$

DE-ASME Elliptic

$$\frac{1}{n}=\frac{16}{\pi d^3}\left[4\left(\frac{K_f M_a}{S_e}\right)^2+3\left(\frac{K_{fs}T_a}{S_e}\right)^2+4\left(\frac{K_f M_m}{S_y}\right)^2+3\left(\frac{K_{fs}T_m}{S_y}\right)^2\right]^{1/2} \quad (6\text{-}11)$$

$$d=\left\{\frac{16n}{\pi}\left[4\left(\frac{K_f M_a}{S_e}\right)^2+3\left(\frac{K_{fs}T_a}{S_e}\right)^2+4\left(\frac{K_f M_m}{S_y}\right)^2+3\left(\frac{K_{fs}T_m}{S_y}\right)^2\right]^{1/2}\right\}^{1/3} \quad (6\text{-}12)$$

DE-Soderberg

$$\frac{1}{n}=\frac{16}{\pi d^3}\left\{\frac{1}{S_e}[4(K_f M_a)^2+3(K_{fs}T_a)^2]^{1/2}+\frac{1}{S_{yt}}[4(K_f M_m)^2+3(K_{fs}T_m)^2]^{1/2}\right\} \quad (6\text{-}13)$$

$$d=\left(\frac{16n}{\pi}\left\{\frac{1}{S_e}[4(K_f M_a)^2+3(K_{fs}T_a)^2]^{1/2}+\frac{1}{S_{yt}}[4(K_f M_m)^2+3(K_{fs}T_m)^2]^{1/2}\right\}\right)^{1/3} \quad (6\text{-}14)$$

일정한 굽힘 및 비틀림을 받는 회전축의 경우, 굽힘응력은 완전히 반복되고 비틀림은 일정하다. 이와 같은 경우를 고려하기 위해 식 (6-7)~(6-14)의 M_m과 T_a에 0을 대입하면 식들이 단순하게 표현된다.

지름이 결정된 후 안전계수를 검토하는 상황이라면 위의 식들을 사용하는 대신 식 (6-5)와 식 (6-6)을 이용하여 교번응력과 평균응력을 구하여 이를 식 (5-45)~(5-48)의 파손 기준 식에 대입하여 직접 안전계수 n을 결정해도 됨을 기억하라. 그러나 설계 상황에서 지름에 대해 미리 정리된 식을 가지고 있으면 크게 도움이 된다.

첫 번째 하중 사이클에서의 정적파손 여부를 검토하는 것은 필수 과정이다. 그림 5-15에 나타난 바와 같이 Soderberg 파손 선도는 항상 보수적으로 Langer의 항복 선도 내에 위치하고 있기 때문에 Soderberg 기준은 기본적으로 항복을 방지하고 있다. ASME Elliptic 또한 항복을 고려하지만, 전체 영역에 대해 보수적이지는 않다. 이는 그림 5-15에서 선도가 교차하는 것을 통해 알 수 있다. Gerber와 수정 Goodman 기준도 항복 방지를 보장하지 못하며 항복 발생 여부를 별도로 평가해야 한다. 이를 위해 von Mises 최대 응력이 계산된다.

$$\sigma_m' = \left[(\sigma_m + \sigma_a)^2 + 3(\tau_m + \tau_a)^2\right]^{1/2}$$
$$= \left[\left(\frac{32\,K_f(M_m + M_a)}{\pi d^3}\right)^2 + 3\left(\frac{16\,K_{fs}(T_m + T_a)}{\pi d^3}\right)^2\right]^{1/2} \tag{6-15}$$

항복 발생 여부 확인을 위해, von Mises 최대 응력을 항복 강도와 다음과 같이 비교한다.

$$n_y = \frac{S_y}{\sigma_{\max}'} \tag{6-16}$$

빠르고, 보수적인 평가를 위해, σ_a'과 σ_m'을 단순히 더하여 $\sigma_{\max}'$를 얻을 수 있다. $(\sigma_a' + \sigma_m')$은 항상 $\sigma_{\max}'$보다 크거나 같기에 보수적이다.

예제 6-1 기계가공된 축 숄더에서 작은 지름 d는 28 mm이고, 큰 지름 D는 42 mm이며, 필릿 반지름은 2.8 mm이다. 굽힘모멘트는 142.4 N·m이고, 비틀림 모멘트는 124.3 N·m로 일정하다. 열처리된 강으로 제작된 축의 인장강도 $S_{ut} = 735$ MPa이고 항복강도 $S_y = 574$ MPa이다. 목표 신뢰도는 0.99이다.

(a) 이 절에서 기술한 각 피로 파손 기준을 사용하여 피로에 대한 안전계수를 결정하라.

(b) 항복에 대한 안전계수를 결정하라.

풀이 (a) $D/d = 42/28 = 1.5$, $r/d = 2.8/28 = 0.10$, $K_t = 1.68$(그림 A-15-9), $K_{ts} = 1.42$(그림 A-15-8), $q = 0.85$(그림 5-8), $q_{\text{shear}} = 0.92$(그림 5-9)

식 (5-25)로부터,

$$K_f = 1 + 0.85(1.68 - 1) = 1.58$$
$$K_{fs} = 1 + 0.92(1.42 - 1) = 1.39$$

식 (5-1): $S_e' = 0.5(735) = 367.5\ \text{MPa}$

식 (5-12): $k_a = 4.51(735)^{-0.262} = 0.787$

식 (5-13): $k_b = \left(\frac{28}{7.62}\right)^{-0.107} = 0.870$

$k_c = k_d = k_f = 1$

표 5-4: $k_e = 0.814$

$S_e = 0.787(0.870)0.814(367.5) = 205\ \text{MPa}$

회전축에 대해 일정 굽힘모멘트는 완전 반복 굽힘응력을 발생시킨다.

$$M_a = 142.4\ \text{N}\cdot\text{m} \qquad T_m = 124.3\ \text{N}\cdot\text{m} \qquad M_m = T_a = 0$$

DE-Goodman 기준에 대한 식 (6-7)을 적용하면

$$\frac{1}{n} = \frac{16}{\pi(0.028)^3}\left\{\frac{[4(1.58\cdot 142.4)^2]^{1/2}}{205\times 10^6} + \frac{[3(1.39\cdot 124.3)^2]^{1/2}}{735\times 10^6}\right\} = 0.615$$

답 $n = 1.62$ DE-Goodman

유사한 방법으로 다른 파손 기준에 대한 식 (6-9), (6-11), (6-13)을 적용하면

답 $n = 1.87$ DE-Gerber

답 $n = 1.88$ DE-ASME Elliptic

답 $n = 1.56$ DE-Soderberg

비교를 위해 직접 응력을 계산하고 피로 파손 기준에 적용한다. 식 (6-5)와 (6-6)으로부터,

$$\sigma_a' = \left[\left(\frac{32\cdot 1.58\cdot 142.4}{\pi(0.028)^3}\right)^2\right]^{1/2} = 104.4\ \text{MPa}$$

$$\sigma_m' = \left[3\left(\frac{16\cdot 1.39\cdot 124.3}{\pi(0.028)^3}\right)^2\right]^{1/2} = 69.4\ \text{MPa}$$

예를 들어, Goodman 파손 기준을 적용하면, 식 (5-46)으로부터

$$\frac{1}{n} = \frac{\sigma_a'}{S_e} + \frac{\sigma_m'}{S_{ut}} = \frac{104.4}{205} + \frac{69.4}{735} = 0.604 \qquad n = 1.62$$

이는 앞의 결과와 일치한다. 다른 파손 기준에 대해서도 동일한 과정을 사용할 수 있다.

(b) 항복에 대한 안전계수를 구하기 위해 식 (6-15)를 사용하여 등가 von Mises 최대 응력을 구한다.

$$\sigma'_{\max} = \left[\left(\frac{32(1.58)(142.4)}{\pi(0.028)^3}\right)^2 + 3\left(\frac{16(1.39)(124.3)}{\pi(0.028)^3}\right)^2\right]^{1/2} = 125.34\ \mathrm{MPa}$$

답

$$n_y = \frac{S_y}{\sigma'_{\max}} = \frac{574}{125.4} = 4.58$$

비교를 위해 $\sigma'_{\max}$ 대신 $(\sigma'_a + \sigma'_m)$을 이용하여 빠르고 매우 보수적으로 항복 여부를 확인할 수 있다. 이는 이미 σ'_a과 σ'_m이 결정되어 있다면, $\sigma'_{\max}$를 계산하는 데 소요되는 추가 시간을 절약할 수 있다. 예를 들어,

$$n_y = \frac{S_y}{\sigma'_a + \sigma'_m} = \frac{574}{104.4 + 69.4} = 3.3$$

$n_y = 4.58$과 비교하면 매우 보수적이다.

응력 집중 평가

피로 평가를 위한 응력 해석 과정은 응력 집중에 크게 영향을 받는다. 숄더와 키홈에 대한 응력 집중은 크기 사양에 크게 영향을 받으나 이는 설계 과정의 초반부에는 알려져 있지 않다. 다행히도 이러한 요소들은 대개 표준 비율을 따르기 때문에 축 설계 초기 단계에 응력집중계수를 평가하는 것이 가능하다. 이러한 응력 집중은 상세 사항을 알게 되면 계속적인 반복과정 동안 미세 조정될 것이다.

베어링과 기어 지지를 위한 숄더는 특정 베어링 혹은 기어에 대한 카탈로그의 추천 사항과 일치해야 한다. 베어링 카탈로그를 보면 일반적인 베어링이 D/d의 비로 1.2~1.5를 필요로 한다는 것을 알 수 있다. 일단 가장 나쁜 경우인 1.5를 가정할 수 있다. 유사하게 숄더에서의 필릿 반지름은 짝을 이루는 요소의 필릿 반지름과의 간섭을 피할 수 있도록 크기가 결정되어야 한다. 일반적인 베어링의 경우 r/d값은 보통 0.02~0.06 범위에 있는 반면, 필릿 반지름과 보어 지름의 비 값은 상당한 넓은 폭으로 변동이 가능하다. 응력 집중 차트(그림 A-15-8과 A-15-9)를 살펴보면 이 범위에서 굽힘과 비틀림에 대한 응력 집중이 크게 증가할 수 있음을 알 수 있다. 예를 들어, 굽힘에서 $D/d = 1.5$일 때, $r/d = 0.02$에서 $K_t = 2.7$이며 $r/d = 0.05$에서는 $K_t = 2.1$로 감소한다. 그리고 $r/d = 0.1$에서는 $K_t = 1.7$로 더욱 감소한다. 이는 이 영역이 약간의 주의를 통해 큰 차이를 야기할 수 있는 영역임을 의미한다. 다행히도 대부분의 경우에 베어링 근처에서의 굽힘모멘트는 매우 작음을 전단력 선도 및 굽힘모멘트 선도를 통해 알 수 있으며 이는 반력에 의한 굽힘모멘트가 작기 때문이다.

베어링 숄더부가 취약부로 판명된 경우에는 설계자는 필릿 반지름이 완만한 베어링을 선정할 계획을 세우거나 그림 6-1a에서와 같이 숄더의 베이스로 완화시킴으로써 축에 더

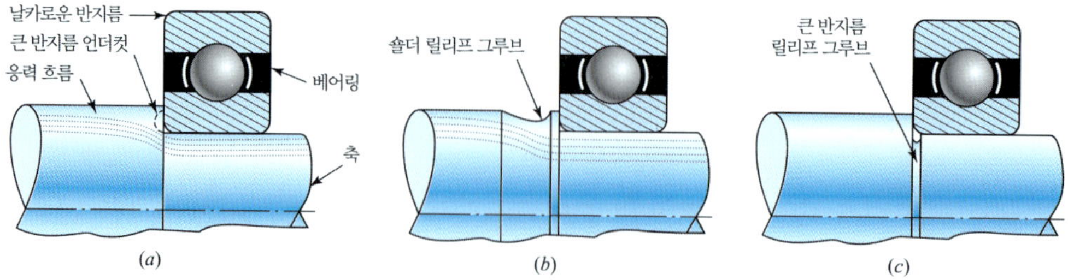

그림 6-1
반지름이 예리한 베어링 지지 숄더에서의 응력 집중 저감 기술. (a) 숄더에 반지름이 큰 언더컷 가공, (b) 숄더 후단에 반지름이 큰 릴리프 그루브 가공, (c) 지름이 작은 쪽에 반지름이 큰 릴리프 그루브 가공

큰 필릿 반지름을 반영할 수 있도록 해야 한다. 이는 응력 흐름 선도로 표현된 바와 같이 굽힘응력이 작용하지 않는 사각 지대를 숄더 영역에 생성시키는 데 효과적이다. 그림 6-1b에 나타낸 바와 같은 숄더 릴리프 그루브도 비슷한 역할을 한다. 또 다른 방법은 그림 6-1c에 나타낸 바와 같이 축의 작은 지름 쪽에 반지름이 큰 릴리프 그루브를 가공하는 것이다. 이로 인해 단면적이 감소하는 단점이 있지만 숄더 전체에 대해 연삭이나 선삭 작업을 해야 하는 것을 방지하기 위해 숄더 앞에 릴리프 그루브를 가공하는 것이 효과적인 경우에 종종 사용된다.

표준 숄더 필릿에 대한 최초 계산에서 응력집중계수 K_t값을 구하기 위해서는 r/d값을 결정해야 한다. 가장 나쁜 경우의 값(가장 보수적인)을 고려하면 숄더에 대한 응력집중계수 선도로부터 $r/d = 0.02$이고 $D/d = 1.5$인 경우 K_t값이 굽힘에 대해 2.7, 비틀림에 대해 2.2, 축 하중에 대해 3.0임을 알 수 있다.

키홈은 하중 전달 부품이 위치한 취약부 근처에서 응력 집중을 야기할 수 있다. 엔드밀로 가공된 키홈에서의 응력 집중은 그루브 바닥에서의 반지름 r과 축 지름 d 사이의 비에 따라 결정된다. 설계 초기 단계에서는 실제 축의 치수가 정해지지 않아도 일반적인 값 $r/d = 0.02$를 이용하여 키홈에 대한 응력집중계수를 구할 수 있다. 이 경우, 키가 적절한 위치에 있다는 가정 하에 굽힘에 대한 $K_t = 2.14$, 비틀림에 대한 $K_{ts} = 3.0$이 된다.

그림 A-15-16과 A-15-17은 멈춤링에 대해 사용되는 평저 그루브(flat-bottomed groove)의 응력집중계수를 나타낸 것이다. 판매자의 카탈로그에서 일반적인 멈춤링의 사양을 살펴보면 그루브 폭은 일반적으로 그루브 깊이보다 약간 크고 그루브 바닥의 반지름은 그루브 폭의 약 1/10 정도임을 알 수 있다. 그림 A-15-16과 A-15-17로부터 일반적인 멈춤링 치수에 대한 응력집중계수는 굽힘과 축 하중에 대해 약 5, 비틀림에 대해 3임을 알 수 있다. 다행히도 반지름이 감소하면 노치 민감도도 일반적으로 감소하기에 피로응력집중계수 K_f도 감소하게 된다.

표 6-1은 축 설계를 위한 최초 계산 시 적용할 수 있는 대표적인 응력집중계수값을 요약해 보여준다. 다른 형상에 대해서도 유사한 접근이 가능하다. 유의해야 할 점은 응력집중계수는 실제 특정 치수가 아닌 형상비에 의존하여 무차원화 된다는 것이다. 결과적으로 적절한 형상비를 예측한 후 최초 계산에 필요한 응력집중계수를 얻을 수 있다. 이 값들이 초기 설계를 위해 사용될 수 있으며, 지름이 결정된 후에는 실제 값이 적용될 수 있다.

표 6-1
초기 설계를 위한 응력집중계수 (K_t와 K_{ts}). (주의사항: 이 값들은 실제 축의 치수가 결정되지 않았을 때에만 사용된다. 실제 치수가 있을 때에는 이 값들을 사용해서는 안 된다.

	굽힘하중	비틀림 하중	축하중
Shoulder fillet-sharp ($r/d=0.02$)	2.7	2.2	3.0
Shoulder fillet-well rounded ($r/d=0.1$)	1.7	1.5	1.9
End-mill keyseat ($r/d=0.02$)	2.14	3.0	-
Sled runner keyseat	1.7	-	-
Retaining ring groove	5.0	3.0	5.0

표에 값이 없는 경우는 손쉽게 구할 수 없다.

예제 6-2

이 예제는 더 큰 사례 해석의 한 부분이다. 전체 사례 해석에 대한 내용은 14장을 참고하라.

두 개의 감속기어박스 설계를 위한 일반 배치안과 두 개의 스퍼 기어가 장착된 중간축의 축방향 치수안이 그림 6-2와 같이 제시되었다. 기어와 베어링은 숄더와 멈춤링에 의해 특정 위치에 고정된다. 기어는 키를 통해 토크를 전달한다. 기어는 그림에 나타난 바와 같이 지정되어 있으며 다음과 같은 접선방향 및 반지름방향 하중을 축으로 전달할 수 있도록 한다.

$$W_{23}^t = 2400\text{ N} \qquad W_{54}^t = -10\,800\text{ N}$$
$$W_{23}^r = -870\text{ N} \qquad W_{54}^r = -3900\text{ N}$$

여기서, 상첨자 t와 r은 각각 접선 및 반지름방향을 의미한다. 그리고 하첨자 23과 54는 각각 기어 2와 5(그림에는 나타내지 않음)가 기어 3과 4에 가하는 힘을 의미한다.

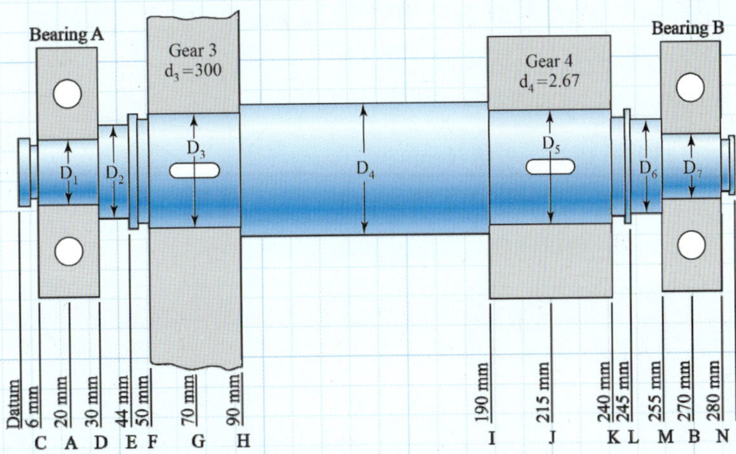

그림 6-2
예제 6-2에 대한 축 배치(단위: mm)

다음 설계 단계는 적합한 재료를 선정하고 축 각 부분의 지름을 결정하는 것이다. 이때 축이 피로 및 정적 응력을 충분히 지지할 수 있도록 하여 무한 수명이 되도록 하며 최소 안전계수 1.5를 고려한다.

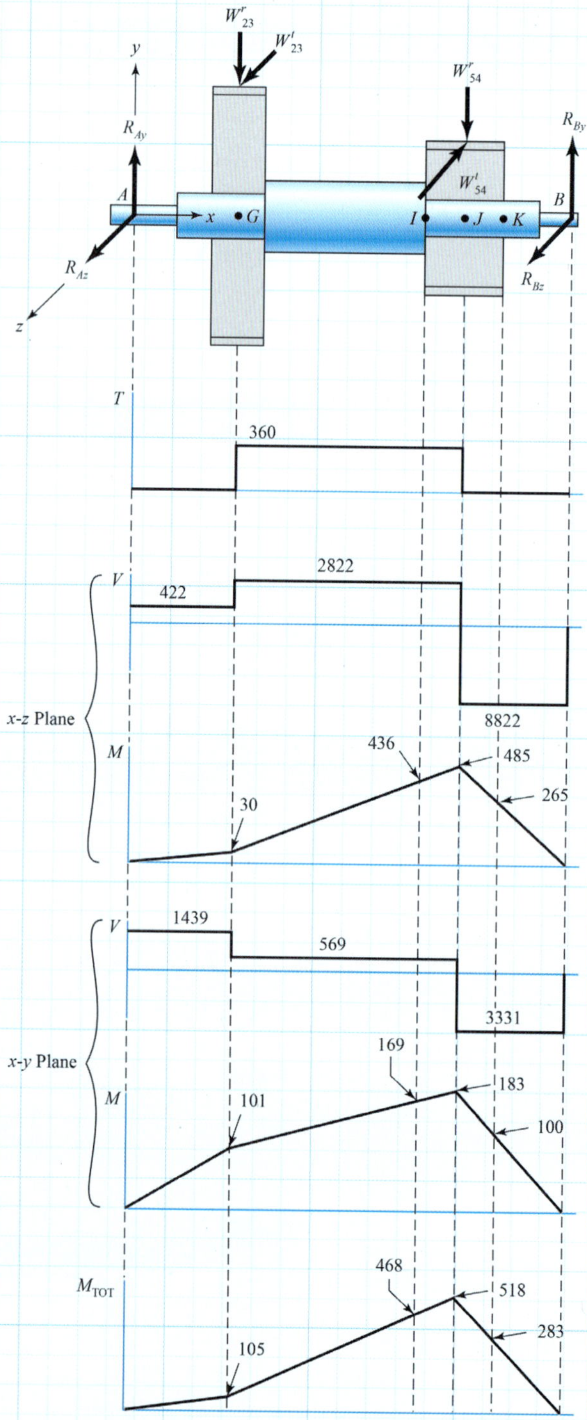

풀이 베어링에서의 반력을 구하기 위해 자유물체도 해석을 수행한다.

$$R_{Az} = 422\text{ N}$$

$$R_{Ay} = 1439\text{ N}$$

$$R_{Bz} = 8822\text{ N}$$

$$R_{By} = 3331\text{ N}$$

$\sum M_x$로부터, 기어 사이의 축에 작용하는 토크를 결정한다.

$$\begin{aligned} T &= W_{23}^t(d_3/2) \\ &= 2400(0.3/2) \\ &= 360\text{ N}\cdot\text{m} \end{aligned}$$

두 평면에 대해 전단력 선도 및 굽힘모멘트 선도를 작성한다.
두 직교 평면에 대한 값의 벡터 합을 이용하여 합 모멘트를 구한다. 예를 들어, J점에서는

$\sqrt{485^2 + 183^2} = 518\text{ N}\cdot\text{m}$

굽힘모멘트가 큰 I 지점부터 고려하면, 숄더에서 응력 집중이 발생하며 토크도 작용하고 있다.

I에서, $M_a = 468\text{ N}\cdot\text{m}$,

$T_m = 360\text{ N}\cdot\text{m}$, $M_m = T_a = 0$

I에서 기어에 대해 완만한 필릿 반지름을 가정한다.

표 6-1로부터 $K_t = 1.7$, $K_{ts} = 1.5$이다. 빠르고 보수적인 초기 평가를 위해 $K_f = K_t$, $K_{fs} = K_{ts}$로 가정한다.

저렴한 1020 CD강을 선정한다. 이 강의 $S_{ut} = 469$ MPa이다. S_e를 계산하면

식 (5-12) $\qquad k_a = a\,S_{ut}^b = 4.51(469)^{-0.265} = 0.883$

$k_b = 0.9$로 가정하고 지름 d가 결정되면 재확인한다.

$$k_c = k_d = k_e = 1$$

식 (5-11) $\qquad S_e = (0.883)(0.9)(0.5)(469) = 186\ \text{MPa}$

I 지점에서 숄더의 작은 지름을 최초 정의하기 위해 식 (6-8)의 DE-Goodman 기준을 사용한다. 이 기준은 간단하면서도 보수적이기 때문에 최초 설계에 유용하다. 식 (6-8)에 $M_m = T_a = 0$을 대입하면 다음과 같이 계산된다.

$$d = \left\{ \frac{16n}{\pi} \left(\frac{2(K_f M_a)}{S_e} + \frac{\left[3(K_{fs} T_m)^2\right]^{1/2}}{S_{ut}} \right) \right\}^{1/3}$$

$$d = \left\{ \frac{16(1.5)}{\pi} \left(\frac{2(1.7)(468)}{186 \times 10^6} + \frac{\{3\,[\,(1.5)(360)]^2\,\}^{1/2}}{469 \times 10^6} \right) \right\}^{1/3}$$

$$d = 0.0432\ \text{m} = 43.2\ \text{mm}$$

모든 값들이 보수적일 것이기에 43.2 mm보다 작은 바로 다음 표준 치수($d = 42$ mm)로 선정하고 이를 확인한다.

숄더에서 지지부에 대한 일반적인 D/d값은 1.2이므로 $D = 1.2 \times 42 = 50.4$ mm가 된다. 50 mm를 이용하자. 공칭 지름이 50 mm인 냉간 인발 축이 사용될 수 있다. 예측값들의 적용 가능 여부를 확인한다.

$$D/d = 50/42 = 1.19$$

필릿 반지름을 $r = d/10 \cong 4$ mm로 가정하면, $r/d = 0.1$

$K_t = 1.6$ (그림 A-15-9), $q = 0.82$ (그림 5-8)

식 (5-25) $\qquad K_f = 1 + 0.82(1.6 - 1) = 1.49$

$K_{ts} = 1.35$ (그림 A-15-8), $q_s = 0.95$ (그림 5-9)

$K_{fs} = 1 + 0.95(1.35 - 1) = 1.33$

$k_a = 0.883$ (변화 없음)

식 (5-13) $\qquad k_b = \left(\dfrac{42}{7.62} \right)^{-0.107} = 0.833$

$S_e = (0.883)(0.833)(0.5)(469) = 172\ \text{MPa}$

식 (6-5) $\sigma_a' = \dfrac{32 K_f M_a}{\pi d^3} = \dfrac{32(1.49)(468)}{\pi(0.042)^3} = 96\ \text{MPa}$

식 (6-6) $\tau_m' = \left[3\left(\dfrac{16 K_{fs} T_m}{\pi d^3}\right)^2\right]^{1/2} = \dfrac{\sqrt{3}\,(16)(1.33)(360)}{\pi(0.042)^3} = 57\ \text{MPa}$

Goodman 기준을 이용하면,

$$\frac{1}{n_f} = \frac{\sigma_a'}{S_e} + \frac{\sigma_m'}{S_{ut}} = \frac{96}{172} + \frac{57}{469} = 0.68$$

$$n_f = 1.47$$

식 (6-7)을 이용하여 직접 계산하였음에 유의한다.
항복 여부를 평가하면,

$$n_y = \frac{S_y}{\sigma_{\max}'} > \frac{S_y}{\sigma_a' + \sigma_m'} = \frac{393}{96+57} = 2.57$$

또한 키홈의 끝단(I점의 바로 오른쪽)과 K점의 그루브에서 이 지름 값을 확인한다. 굽힘모멘트 선도로부터 키홈의 끝단에서의 $M = 433\ \text{N}\cdot\text{m}$이다.

키홈 바닥에서의 반지름을 표준값 $r/d = 0.02$, $r = 0.02$, $d = 0.02(42) = 0.84$ mm로 가정하면,

$K_t = 2.14$ (그림 A-15-18), $q = 0.65$ (그림 5-8)

$K_f = 1 + 0.65(2.14 - 1) = 1.74$

$K_{ts} = 3.0$ (그림 A-15-19), $q = 0.9$ (그림 5-9)

$K_{fs} = 1 + 0.9(3 - 1) = 2.8$

$\sigma_a' = \dfrac{32 K_f M_a}{\pi d^3}\ \dfrac{32(1.74)(443)}{\pi(0.042)^3} = 106\ \text{MPa}$

$\sigma_a' = \sqrt{3}\,(16)\dfrac{K_{fs} T_m}{\pi d^3} = \dfrac{\sqrt{3}\,(16)(2.8)(443)}{\pi(0.042)^3} = 148\ \text{MPa}$

$\dfrac{1}{n_f} = \dfrac{\sigma_a'}{S_e} + \dfrac{\sigma_m'}{S_{ut}} = \dfrac{106}{172} + \dfrac{148}{469} = 0.93$

$n_f = 1.08$

따라서 키홈이 숄더보다 더욱 취약한 것을 알 수 있다. 이때 설계자는 지름을 증가시키거나, 강도가 더 큰 재료를 선택할 수 있다. 변형 평가 결과 지름이 더 큰 축을 사용하지 않아도 된다면, 강도가 더 큰 재료를 이용하도록 하자. 매우 강도가 낮은 재료부터 시작하여, 강도를 시키며 치수가 더 큰 축 사용을 피할 수 있다. $S_{ut} = 690\ \text{MPa}$인 1050 CD 강을 적용하여 평가해 보면,

S_{ut}에 의해 영향을 받는 계수들을 재계산한다. 즉 $k_a \to S_e$; $q \to K_f \to \sigma_a'$

$$k_a = 4.51(690)^{-0.262} = 0.797, \quad S_e = 0.797(0.833)(0.5)(690) = 229 \text{ MPa}$$

$$q = 0.72, \quad K_f = 1 + 0.72(2.14 - 1) = 1.82$$

$$\sigma_a' = \frac{32(1.82)(443)}{\pi(0.042)^3} = 110.8 \text{ MPa}$$

$$\frac{1}{n_f} = \frac{110.8}{229} + \frac{148}{690} = 0.7$$

$$n_f = 1.43$$

Goodman 기준은 보수적이므로 요구되었던 안전계수 1.5와 매우 가까운 이 값은 수용 가능하다고 판단된다.

평저 그루브에 대한 K_t는 일반적으로 매우 높기 때문에, K점의 그루브에서의 타당성을 확인한다. 토크 선도로부터 그루브에는 토크가 작용하지 않음을 알 수 있다. 굽힘모멘트 선도로부터, $M_a = 283 \text{ N}\cdot\text{m}$, $M_m = T_a = T_m = 0$이다. 해당 위치가 취약부가 될 수 있다면, 빠른 평가를 위해 표 6-1로부터 $K_f = K_t = 5.0$를 사용한다.

$$\sigma_a = \frac{32 K_f M_a}{\pi d^3} = \frac{32(5)(283)}{\pi(0.042)^3} = 194.5 \text{ MPa}$$

$$n_f = \frac{S_e}{\sigma_a} = \frac{229}{194.5} = 1.18$$

이는 작은 값이다. 보다 정확한 K_f값을 구하기 위해 특정 멈춤링에 대한 값을 살펴보기로 한다. 웹사이트 www.globalspec.com에 접속하여 멈춤링 사양을 검색해 보면 지름이 42 mm인 축의 멈춤링에 적합한 그루브 사양을 다음과 같이 얻을 수 있다: 폭 $a = 1.73 \text{ mm}$, 깊이 $t = 1.22 \text{ mm}$, 그루브 바닥에서 모서리 반지름 $r = 0.25 \text{ mm}$. 그림 A-15-16으로부터 $r/t = 0.25/1.22 = 0.205$이고, $a/t = 1.73/1.22 = 1.42$이다.

$$K_t = 4.3, \quad q = 0.65 \text{ (그림 5-20)}$$

$$K_f = 1 + 0.65(4.3 - 1) = 3.15$$

$$\sigma_a = \frac{32 K_f M_a}{\pi d^3} = \frac{32(3.15)(283)}{\pi(0.042)^3} = 122.6 \text{ MPa}$$

$$n_f = \frac{S_e}{\sigma_a} = \frac{229}{122.6} = 1.87$$

M점이 취약부인지 여부를 빠르게 확인한다. 굽힘모멘트만이 작용하고, 그 값이 작지만 지름이 작고 베어링에 요구되는 필릿이 날카로우므로 응력 집중이 크다. 굽힘모멘트 선도로부터 $M_a = 113 \text{ N}\cdot\text{m}$, $M_m = T_m = T_a = 0$이다.

표 6.1로부터 $K_t = 2.7$이다. $d = 25\text{ mm}$이며 필릿 반지름 r을 일반적인 베어링에 맞도록 고려하면

$$r/d = 0.02,\quad r = 0.02(25) = 0.5$$

$$q = 0.7 \text{ (그림 5-8)}$$

$$K_f = 1 + (0.7)(2.7 - 1) = 2.19$$

$$\sigma_a = \frac{32 K_f M_a}{\pi d^3} = \frac{32(2.19)(113)}{\pi(0.025)^3} = 161\text{ MPa}$$

$$n_f = \frac{S_e}{\sigma_a} = \frac{229}{161} = 1.42$$

만족스러운 결과이다. 베어링 선정 후 재확인하기에 충분히 가깝다.

취약부에 대해 결정된 지름 값들을 이용하여 다른 부분의 예비 지름 값들도 결정한다. 이때 베어링과 기어 지지를 위한 숄더는 평균 높이로 고려한다.

$$D_1 = D_7 = 25\text{ mm}$$

$$D_2 = D_6 = 35\text{ mm}$$

$$D_3 = D_5 = 42\text{ mm}$$

$$D_4 = 50\text{ mm}$$

축의 외족 끝단에서의 굽힘모멘트는 매우 작으므로 D_1, D_2, D_3는 더 줄일 수 있다. 그러나 무게가 중요한 사항이 아니라면 더 적은 재료를 쓴다고 해서 그다지 이점이 있는 것은 아니다. 또한 변형을 작게 유지할 수 있도록 추가적인 강성이 필요할 것이다.

6-4 변형에 의한 고려

축의 한 지점에서의 변형량을 계산하기 위해서는, 축 전체에 대한 기하학적 정보가 요구된다. 따라서 응력을 고려하여 취약점의 치수를 먼저 결정한 후 나머지 모든 부분에 대한 치수들을 설정한 후에 변형에 대한 해석을 하는 것이 좋다. 기어나 베어링이 위치한 곳에 대해서는 꼭 허용 변형(변위 or 기울기)을 초과하지 않는지 체크하여야 한다. 허용변형이란 다양한 인자에 의하여 결정되며, 카탈로그에서 제공되는 해당 베어링이나 기어의 허용 변형 값을 고려하여야 한다. 축 중앙에서의 허용 기울기와 횡변형에 대한 대략적인 값을 표 6-2에 정리하였다. 스퍼기어에 대한 횡변형 허용값은 기어 이의 크기를 나타내는 지름 피치($P =$ 기어 잇수/피치지름)에 따라 다르다.

여러 지점에서 변형이 관찰되는 축의 변형 분석에는 특이함수를 이용한 적분법이나

표 6-2
기울기와 횡 처짐에 대한 전형적 최대 범위

기울기	
경사 롤러	0.0005–0.0012 rad
원통 롤러	0.0008–0.0012 rad
깊은 홈 볼	0.001–0.003 rad
구면 볼	0.026–0.052 rad
자동 조심 볼	0.026–0.052 rad
언크라운 평기어	< 0.0005 rad
횡 처짐	
평기어 with $P < 10$ teeth/in	0.25 mm
평기어 with $11 < P < 19$	0.125 mm
평기어 with $20 < P < 50$	0.075 mm

수치적분법이 적합하다. 단이 진 축의 경우에는, 모멘트(M) 및 단면 2차 모멘트(I)와 같은 축의 성질이 위치에 따라 변화되므로 적분과정이 복잡해진다. 다행인 것은 키홈, 필릿, 그루브와 같은 국부적인 기하형상 변화는 변형크기에 큰 영향을 주지 않으므로 무시할 수 있고 심한 형상의 변화만 고려하면 된다. 다중 평면상의 하중이 작용하는 축의 경우에는, 3차원해석을 하든지, 또는 각 평면에서 구한 변형값을 벡터 합성하여 최종 변형값을 결정할 수 있다. 특히 여러 지점에서의 변형크기를 구할 때, 컴퓨터 소프트웨어(예: 유한요소법)을 사용하면 편하다. 예제 6-3은 컴퓨터 소프트웨어를 이용하여 다중 평면상의 하중이 작용하는 축의 변형을 구하는 예제이다.

예제 6-3

참고로 14장에서는 이 예제보다 더 종합적인 예제를 다룬다.

예제 6-2에서 허용응력을 기준으로 계산한 축의 지름 결과는 다음과 같다.

$$D_1 = D_7 = 25 \text{ mm}$$

$$D_2 = D_6 = 35 \text{ mm}$$

$$D_3 = D_5 = 40 \text{ mm}$$

$$D_4 = 50 \text{ mm}$$

기어와 베어링에서의 변형과 기울기값이 적합한지 체크하고, 적합하지 않다면 필요한 기하형상을 제시하라.

풀이 두 직교 평면에서 축을 모델링한 후, 각 결과를 벡터 합성한다. 축의 재료는 강(steel, $E = 210\ \mathrm{GPa}$)이다. 수평(xz) 평면에 접선방향의 기어하중을 적용하고, 수직(xy) 평면에 반지름방향 기어하중을 적용한다. 프로그램을 사용하여 베어링 반력을 구하고, 적분을 이용하여 전단력, 모멘트, 기울기와 처짐을 각각 구한다(그림 6-3 참조).

변형크기는 각 평면에서의 값을 벡터합성 $\delta = \sqrt{\delta_{xz}^2 + \delta_{xy}^2}$ 으로 구하며, 표 6-3에 정리하였다.

표 6-3의 값이 적절한지는, 선택된 베어링이나 기어에 따라 다르다. 여기서 계산된 값은 표 6-2에 제시된 값보다 작다. 오른쪽 베어링에서의 하중이 상대적으로 크기 때문에 원통 베어링을 사용할 수 있다.

일단 베어링을 선정한 다음, 해당 베어링의 규격에 적합한지를 확인하면 된다. 기어 기울기나 처짐은 표 6-2 값을 잘 만족한다. 축의 강성이 감소된다면, 처짐이 허용값보다 작은지 검사하여야 한다.

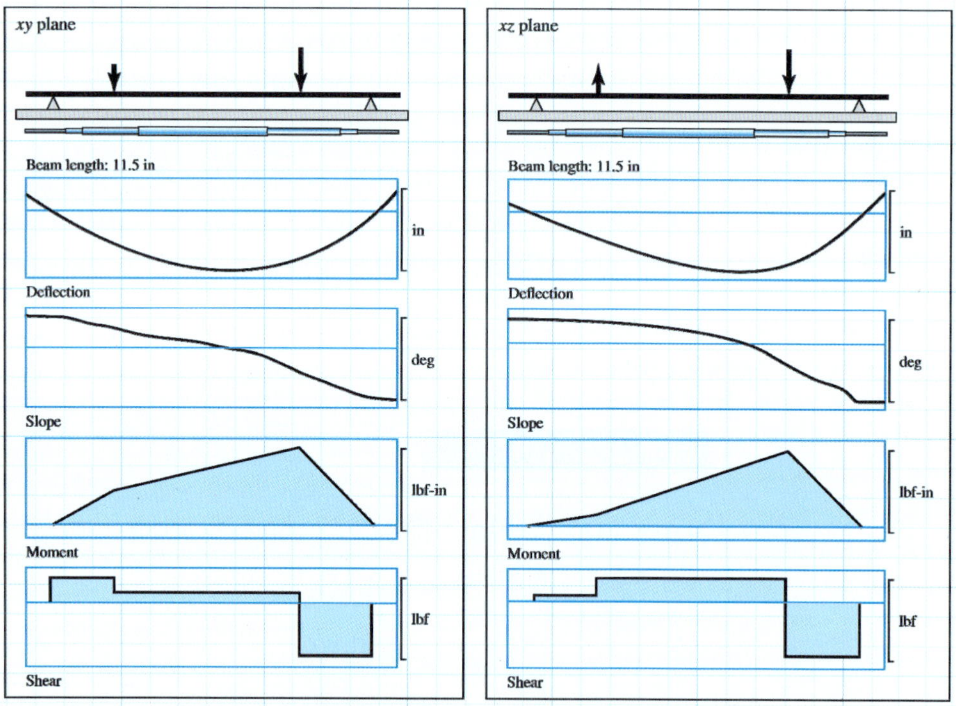

그림 6-3
전단력 선도, 모멘트 선도, 기울기와 처짐에 대한 결과 그래프

표 6-3
중요 위치에서의 기울기(회전각)와 처짐

중요 위치	수평(xz) 평면	수직(xy) 평면	계
왼쪽 베어링 기울기	0.02263 deg	0.01770 deg	0.02872 deg 0.000501 rad
오른쪽 베어링 기울기	0.05711 deg	0.02599 deg	0.06274 deg 0.001095 rad
왼쪽 기어 기울기	0.02067 deg	0.01162 deg	0.02371 deg 0.000414 rad
오른쪽 기어 기울기	0.02155 deg	0.01149 deg	0.02442 deg 0.000426 rad
왼쪽 기어 처짐	0.0007568 in	0.0005153 in	0.0009155 in
오른쪽 기어 처짐	0.0015870 in	0.0007535 in	0.0017567 in

여러 지점의 변형값을 계산한 후 그 중 한 값이라도 허용치보다 크다면 축의 지름을 늘려주어야 한다. I가 지름의 4승에 비례하므로 지름을 다음 식으로 수정한다.

$$d_{\text{new}} = d_{\text{old}} \left| \frac{n_d y_{\text{old}}}{y_{\text{all}}} \right|^{1/4} \tag{6-17}$$

여기서 y_{all}은 허용 처짐이고, n_d는 설계계수이다. 같은 요령으로, 어떤 위치에서의 기울기가 허용값보다 크다면, 지름은 다음 식으로 다시 계산할 수 있다.

$$d_{\text{new}} = d_{\text{old}} \left| \frac{n_d (dy/dx)_{\text{old}}}{(\text{slope})_{\text{all}}} \right|^{1/4} \tag{6-18}$$

여기서, $(\text{slope})_{\text{all}}$은 허용 기울기이다. 따라서, 최대 $d_{\text{new}}/d_{\text{old}}$의 비율을 구하고, 모든 지름에 이 비율을 곱한다. 대개의 경우 양 끝단 저널의 크기는 그 영향이 작기 때문에 무시해도 좋다. 이 방법의 최대 장점은 변형값 계산을 한 번만 완료하면 구속조건을 느슨하게 만들 수 있지만 매번 처짐에 대한 계산을 하지 않아도 지름을 모두 확인할 수 있다는 것이다.

예제 6-4 예제 6-3에서, 우측 베어링에서의 기울기가 원통 롤러베어링에 대한 한계값에 가깝다는 것을 알았다. 이 기울기를 0.0005 라디안으로 줄이기 위하여 필요한 지름을 결정하라.

풀이 식 (6-17)을 우측 베어링에서의 처짐에 적용하면,

$$d_{\text{new}} = d_{\text{old}} \left| \frac{n_d \,\text{slope}_{\text{old}}}{\text{slope}_{\text{all}}} \right|^{1/4} = 25 \left| \frac{(1)(0.001095)}{(0.0005)} \right|^{1/4} = 30.4\text{ mm}$$

모든 지름에 곱할 비율을 계산한다.

$$\frac{d_{\text{new}}}{d_{\text{old}}} = \frac{30.4}{25} = 1.216$$

따라서, 축의 커진 지름은 다음과 같이 계산된다.

$$D_1 = D_7 = 30.4\text{ mm}$$
$$D_2 = D_6 = 42.6\text{ mm}$$
$$D_3 = D_5 = 49.4\text{ mm}$$
$$D_4 = 60.8\text{ mm}$$

이 지름크기를 사용하여 예제 6-3(보의 처짐)의 해석을 반복해 보면, 우측 베어링에서 지름이 0.0125 mm로 계산되며 처짐값은 이전의 값보다 더 작아지게 된다.

빔에 한 지점에 가해지는 전단 하중은 전단 처짐을 발생시키며 이는 굽힘 처짐에 중첩된다. 보통 그 크기가 굽힘 처짐의 1퍼센트 미만이기 때문에 자주 무시되지만, 축의 종횡비(길이/지름)가 10보다 작은 짧은 축의 경우에는 이를 무시할 수 없다. 각주의 문헌을 참고하라.[1]

계단모양으로 단면적이 변화되는 축의 전체 비틀림 각은 식 (6-19)로 구한다.

$$\theta = \sum \theta_i = \sum \frac{T_i l_i}{G_i J_i} \tag{6-19}$$

만일, 동일한 재료이고 비틀림 모멘트가 일정하다면, 식 (6-20)으로 구한다.

$$\theta = \frac{T}{G} \sum \frac{l_i}{J_i} \tag{6-20}$$

실험적 경험에 의하면 보통 실제 비틀림 각은 식 (6-19), (6-20)를 통해 구해진 값보다 크므로 위의 식은 추정치를 구할때에만 사용한다.[2]

비틀림 강성을 $k_i = T_i/\theta_i$로 정의한다면, 일정한 비틀림 모멘트를 받는 축의 비틀림각은 $\theta = T\sum(1/k_i)$로 계산한다. 축의 비틀림 강성은 아래의 관계를 만족한다.

$$\frac{1}{k} = \sum \frac{1}{k_i} \tag{6-21}$$

---

[1] C. R. Mischke, "Tabular Method for Transverse Shear Deflection," Sec. 17.3 in Joseph E. Shigley, Charles R. Mischke, and Thomas H. Brown, Jr. (eds.), *Standard Handbook of Machine Design*, 3rd ed., McGraw-Hill, New York, 2004.

[2] R. Bruce Hopkins, *Design Analysis of Shafts and Beams*, McGraw-Hill, New York, 1970, pp. 93-99.

6-5 축의 위험속도

회전하는 축의 편심은 원심력에 의한 변형을 일으키며 이는 축의 휨 강성 EI에 의하여 지지된다. 작은 변형은 별 문제를 일으키지 않지만, **위험 속도**(특정 속도에서 축이 불안정해져 상한치 없이 변형이 증가하게 됨)는 문제를 일으킬 수 있다. 다행히 축의 동적 처짐(dynamic deflection)의 값 대신, 정적(static) 처짐 곡선만으로 최저 위험속도를 추정할 수 있다. 이는 처짐 곡선이 미분방정식의 경계조건 (베어링 위치에서 축의 모멘트와 처짐 값이 모두 0)을 만족시키고, 축 에너지는 처짐 곡선 형상의 정확도에 크게 민감하지 않기 때문이다. 설계자는 최저 위험속도가 사용속도의 최소 2배가 되도록 설계한다.

축은 자체 질량으로 인한 위험속도를 갖는데, 축에 기어와 같은 추가 요소들이 부착되는 경우에는 위험속도가 작아진다. 기하학적 형상이 간단하고 축의 지름이 일정한 단순지지(simply supported)축의 위험속도는 아래와 같이 표현된다.[3]

$$\omega_1 = \left(\frac{\pi}{l}\right)^2 \sqrt{\frac{EI}{m}} = \left(\frac{\pi}{l}\right)^2 \sqrt{\frac{gEI}{A\gamma}} \tag{6-22}$$

여기서 m은 단위 길이당 질량, A는 단면적, γ는 비중량이다. 축을 여러 질량의 합으로 생각하면 Rayleigh의 식은 다음과 같다.[4]

$$\omega_1 = \sqrt{\frac{g\sum w_i y_i}{\sum w_i y_i^2}} \tag{6-23}$$

여기서 w_i는 i번째 위치에 해당하는 무게, y_i는 i번째 위치에서 축의 처짐이다. 식 (6-23)은, 축을 여러 개로 나누어 각 부분의 질량이 그림 6-4와 같이 해당 부분의 중앙에 위치한다고 가정하면, 식 (6-22) 대신 사용할 수 있다. 보통, Rayleigh 식에 의한 위험속도 계산은 실제 고유 진동수 값보다 과장된 결과가 얻어진다.

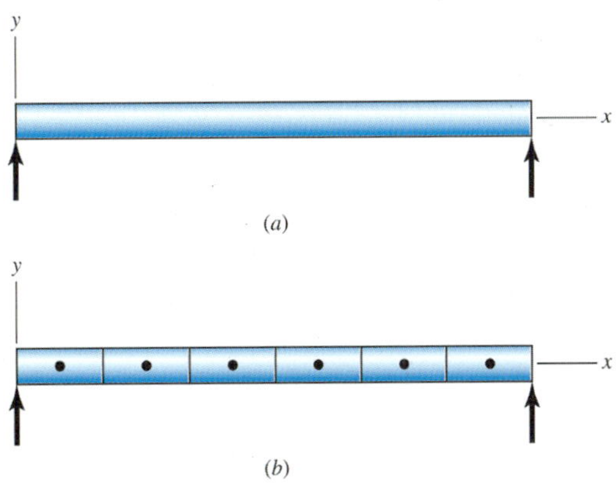

그림 6-4
(a) 지름이 일정한 축; (b) 여러 개의 질량으로 나누어 모델링한 축

[3] William T. Thomson and Marie Dillon Dahleh, *Theory of Vibration with Applications*, Prentice Hall, 5th ed., 1998, p. 273.

[4] Thomson, op. cit., p. 357.

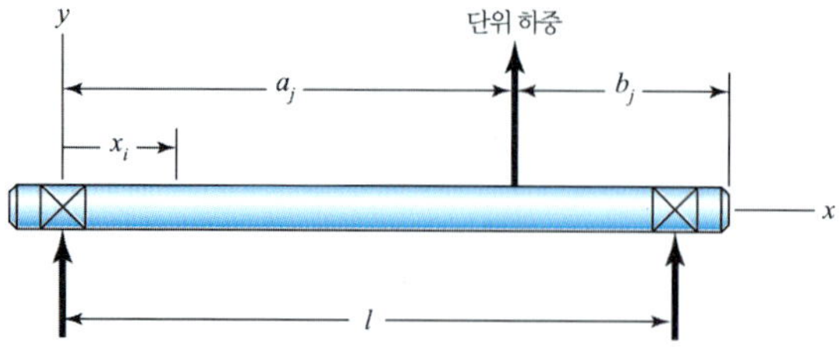

그림 6-5
영향계수 δ_{ij}는 j에 작용하는 단위하중에 의한 i의 처짐이다.

축이 탄성체라는 가정 하에 **영향 계수**(influence coefficient)를 사용하기로 한다. 영향계수는 축의 j번째 위치에 작용하는 단위 하중에 의한 i번째 위치에서의 횡방향 처짐이다.

$$\delta_{ij} = \begin{cases} \dfrac{b_j x_i}{6EIl}(l^2 - b_j^2 - x_i^2) & x_i \le a_i \\ \dfrac{a_j(l - x_i)}{6EIl}(2lx_i - a_j^2 - x_i^2) & x_i > a_i \end{cases} \tag{6-24}$$

그림 6-5의 3가지 하중에 대한 영향계수는 아래와 같이 표시될 것이다.

i \ j	1	2	3
1	δ_{11}	δ_{12}	δ_{13}
2	δ_{21}	δ_{22}	δ_{23}
3	δ_{31}	δ_{32}	δ_{33}

Maxwell의 상반정리(reciprocity theorem)[5]는 δ_{11}, δ_{22}, δ_{33}으로 연결되는 주 대각선을 경계로 하는 대칭(즉 $\delta_{ij} = \delta_{ji}$)을 나타낸다. 따라서, 이 대칭성을 이용하면 영향계수를 구하는 작업이 단순해진다. 영향 계수로부터 식 (6-23)의 처짐 y_1, y_2, y_3는 다음과 같이 구한다.

$$\begin{aligned} y_1 &= F_1\delta_{11} + F_2\delta_{12} + F_3\delta_{13} \\ y_2 &= F_1\delta_{21} + F_2\delta_{22} + F_3\delta_{23} \\ y_3 &= F_1\delta_{31} + F_2\delta_{32} + F_3\delta_{33} \end{aligned} \tag{6-25}$$

힘 F_i는 축에 장착된 무게 w_i나 원심력 $m_i\omega^2 y_i$에 의하여 발생된다. 식 (6-25)를 관성력으로 다시 표현하면 다음과 같다.

$$\begin{aligned} y_1 &= m_1\omega^2 y_1\delta_{11} + m_2\omega^2 y_2\delta_{12} + m_3\omega^2 y_3\delta_{13} \\ y_2 &= m_1\omega^2 y_1\delta_{21} + m_2\omega^2 y_2\delta_{22} + m_3\omega^2 y_3\delta_{23} \\ y_3 &= m_1\omega^2 y_1\delta_{31} + m_2\omega^2 y_2\delta_{32} + m_3\omega^2 y_3\delta_{33} \end{aligned}$$

위 식을 다음과 같이 다시 정리할 수 있다.

[5] Thomson, op. cit., p. 167.

$$(m_1\delta_{11} - 1/\omega^2)y_1 + (m_2\delta_{12})y_2 + (m_3\delta_{13})y_3 = 0$$
$$(m_1\delta_{21})y_1 + (m_2\delta_{22} - 1/\omega^2)y_2 + (m_3\delta_{23})y_3 = 0 \tag{a}$$
$$(m_1\delta_{31})y_1 + (m_2\delta_{32})y_2 + (m_3\delta_{33} - 1/\omega^2)y_3 = 0$$

식 (a)에서 $y_1 = y_2 = y_3 = 0$의 쓸모없는 해를 버리고 식 (a)를 만족하는 y_1, y_2, y_3의 해는 아래 식으로 구한다 (고유값 문제).

$$\begin{vmatrix} (m_1\delta_{11} - 1/\omega^2) & m_2\delta_{12} & m_3\delta_{13} \\ m_1\delta_{21} & (m_2\delta_{22} - 1/\omega^2) & m_3\delta_{23} \\ m_1\delta_{31} & m_2\delta_{32} & (m_3\delta_{33} - 1/\omega^2) \end{vmatrix} = 0 \tag{6-26}$$

위 식은 0이 아닌 처짐이 3개의 ω값에서만 존재함을 의미한다.

행렬식을 전개하면 다음 식과 같다.

$$\left(\frac{1}{\omega^2}\right)^3 - (m_1\delta_{11} + m_2\delta_{22} + m_3\delta_{33})\left(\frac{1}{\omega^2}\right)^2 + \cdots = 0 \tag{6-27}$$

식 (6-27)의 3가지 해는 $1/\omega_1^2$, $1/\omega_2^2$, $1/\omega_3^2$로 표시되므로,

$$\left(\frac{1}{\omega^2} - \frac{1}{\omega_1^2}\right)\left(\frac{1}{\omega^2} - \frac{1}{\omega_2^2}\right)\left(\frac{1}{\omega^2} - \frac{1}{\omega_3^2}\right) = 0$$

또는 아래와 같이 표현될 수 있다.

$$\left(\frac{1}{\omega^2}\right)^3 - \left(\frac{1}{\omega_1^2} + \frac{1}{\omega_2^2} + \frac{1}{\omega_3^2}\right)\left(\frac{1}{\omega^2}\right)^2 + \cdots = 0 \tag{6-28}$$

식 (6-27)과 식 (6-28)을 비교하면 다음의 관계를 찾을 수 있다.

$$\frac{1}{\omega_1^2} + \frac{1}{\omega_2^2} + \frac{1}{\omega_3^2} = m_1\delta_{11} + m_2\delta_{22} + m_3\delta_{33} \tag{6-29}$$

만약 m_1이라는 단일 질량만 있다면, 위험속도는 $1/\omega^2 = m_1\delta_{11}$으로부터 얻을 수 있고 이 위험속도를 ω_{11}이라 한다. 마찬가지로 m_2 또는 m_3만 작용할 때 $1/\omega_{22}^2 = m_2\omega_{22}$, $1/\omega_{33}^2 = m_3\delta_{33}$의 관계를 정의할 수 있다. 따라서 식 (6-29)를 다시 쓰면,

$$\frac{1}{\omega_1^2} + \frac{1}{\omega_2^2} + \frac{1}{\omega_3^2} = \frac{1}{\omega_{11}^2} + \frac{1}{\omega_{22}^2} + \frac{1}{\omega_{33}^2} \tag{6-30}$$

일반적으로 $\omega_1 < \omega_2 < \omega_3$임으로 $1/\omega_1^2 \gg 1/\omega_2^2$ 및 $1/\omega_3^2$이 되어 기본 고유진동수, 즉 위험속도 ω_1은 다음과 같이 구할 수 있다.

$$\frac{1}{\omega_1^2} \doteq \frac{1}{\omega_{11}^2} + \frac{1}{\omega_{22}^2} + \frac{1}{\omega_{33}^2} \tag{6-31}$$

이 개념은 n개로 나뉜 축에 적용될 수 있다:

$$\frac{1}{\omega_1^2} \doteq \sum_{1=1}^{n} \frac{1}{\omega_{ii}^2} \tag{6-32}$$

위 식은 Dunkerley 식이라고 한다. 고차항을 무시하였기 때문에 이를 통해 얻어지는 1차 위험속도는 실제보다 항상 낮게 계산된다.

식 (6-32)는 축에 장착된 무게만 고려하고 작용하는 하중이 나타나 있지 않다. 따라서 하중을 고려하는 경우에는 작용하는 하중들을 고려하기 편한 임의의 위치에 작용하는 등가하중으로 취급하여 위험속도를 구한다. 축의 중앙(아래 첨자 c로 표시)에 위치한 지점 1에 작용하는 등가하중은 다음과 같이 구할 수 있다.

$$\omega_{11}^2 = \frac{1}{m_1\delta_{11}} = \frac{g}{m_1\delta_{11}} = \frac{g}{m_{1c}\delta_{cc}}$$

또는

$$w_{1c} = w_1 \frac{\delta_{11}}{\delta_{cc}} \tag{6-33}$$

예제 6-5 그림 6-6의 축은 지름 25 mm, 베어링 사이의 간격 775 mm로 단순 지지되어 있으며 무게 175 N, 275 N의 기어가 장착되어 있다.

(a) 영향계수를 구하라.

(b) $\sum wy$, $\sum wy^2$을 구하고 Rayleigh 식 (6-23)을 이용하여 1차 위험속도를 구하라.

(c) 영향계수로부터 ω_{11}과 ω_{22}를 구하라.

(d) Dunkerley 식 (6-32)을 이용하여 1차 위험속도를 계산하라.

(e) 등가하중을 이용하여 1차 위험속도를 구하라.

(f) 축 자체의 위험속도를 계산하라. 축의 특성을 고려한 위험속도를 Dunkerley 식을 이용하여 구하라.

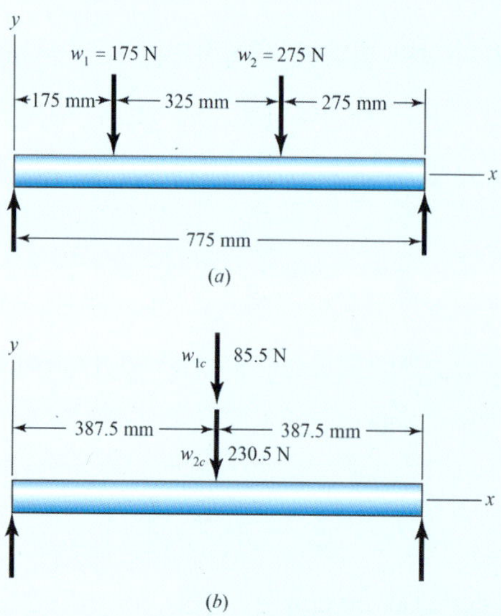

그림 6-6
(a) 예제 6-5의 축, (b) 등가하중이 축의 중앙에 작용하는 경우

풀이 (a) $I = \frac{\pi d^4}{64} = \frac{\pi (25)^4}{64} = 19\,175 \text{ mm}^4$

$$6EIl = 6(207\,000)(19\,175)775 = 18.5 \times 10^{12} \text{ N} \cdot \text{mm}^3$$

식 (6-24)에서

$$\delta_{11} = \frac{600(175)(775^2 - 600^2 - 175^2)}{18.5 \times 10^{12}} = 0.001\,19 \text{ mm/N}$$

$$\delta_{22} = \frac{275(500)(775^2 - 275^2 - 500^2)}{18.5 \times 10^{12}} = 0.002\,04 \text{ mm/N}$$

$$\delta_{12} = \delta_{21} = \frac{275(175)(775^2 - 275^2 - 175^2)}{18.5 \times 10^{12}} = 0.001\,29 \text{ mm/N}$$

답

	j	
i	1	2
1	0.001 19	0.001 29
2	0.001 29	0.002 04

$$y_1 = w_1\delta_{11} + w_w\delta_{12}\, 175(0.001\,19) + 275(0.001\,29) = 0.56 \text{ mm}$$

$$y_1 = w_1\delta_{11} + w_w\delta_{12}\, 175(0.001\,19) + 275(0.001\,29) = 0.56 \text{ mm}$$

(b) $\sum w_i y_i = 175(0.56) + 275(0.79) = 315.3 \text{ N} \cdot \text{m}$

답 $\sum w_i y_i^2 = 175(0.56)^2 + 275(0.79)^2 = 226.5 \text{ N} \cdot \text{mm}^2$

답 $\omega = \sqrt{\frac{9810(315.3)}{226.5}} = 117 \text{ rad/s}$

(c)

답 $\frac{1}{\omega_{11}^2} = \frac{w_1}{g}\delta_{11}$

$$\omega_{11} = \sqrt{\frac{g}{w_1\delta_{11}}} = \sqrt{\frac{9810}{175(0.001\,19)}} = 217 \text{ rad/s}$$

답 $\omega_{22} = \sqrt{\frac{g}{w_2\delta_{22}}} = \sqrt{\frac{9810}{275(0.002\,04)}} = 132 \text{ rad/s}$

(d) $\frac{1}{\omega_1^2} \doteq \sum \frac{1}{\omega_{ii}^2} = \frac{1}{217^2} + \frac{1}{132^2} = 7.863(10^{-5})$

답 $$\omega_1 \doteq \sqrt{\frac{1}{7.863(10^{-5})}} = 113\,\mathrm{rad/s}$$

이 결과는 예상한 대로 (b)의 값보다 작다.

(e) 식 (6-24)에서

$$\delta_{cc} = \frac{b_{cc}x_{cc}(l^2 - b_{cc}^2 - x_{cc}^2)}{6EIl} = \frac{387.5(387.5)(775^2 - 387.5^2 - 387.5^2)}{18.5 \times 10^{12}}$$
$$= 0.002\,44\,\mathrm{mm/N}$$

식 (6-33)에서

답 $$\omega = \sqrt{\frac{g}{\delta_{cc}\sum w_{ic}}} = \sqrt{\frac{9810}{0.002\,44(85.3 + 229.9)}} = 112.9\,\mathrm{rad/s}$$

이 결과는 (d)의 결과와 반올림 오차범위 내에서 일치한다.

(f) 축의 재질이 $E = 207\,000\,\mathrm{N/mm^2}$, $\gamma = 76.6 \times 10^{-6}\,\mathrm{N/mm^3}$, 단면적이 $A = \pi.(25^2)/4 = 491\,\mathrm{mm^2}$일 때 식 (6-22)에서 축 자체만의 위험속도를 구하라.

답 $$\omega_s = \left(\frac{\pi}{l}\right)^2 \sqrt{\frac{gEI}{A\gamma}} = \left(\frac{\pi}{775}\right)^2 \sqrt{\frac{9810(207\,000)19\,175}{491(76.6 \times 10^{-6})}}$$
$$= 529\,\mathrm{rad/s}$$

문항 (d)의 식 (1)에서, Dunkerley 식의 우측 항에 $1/\omega_s^2$을 추가하면 축의 특성을 고려한 위험속도를 구할 수 있다.

답 $$\frac{1}{\omega_1^2} \doteq \frac{1}{529^2} + 7.863(10^{-5}) = 8.22(10^{-5})$$
$$\omega_1 \doteq 110\,\mathrm{rad/s}$$

이 결과는 (d)에서 구한 값보다 약간 작다.
위에서 볼 수 있듯이 축 자체의 위험속도 ω_s는 Dunkerley 식에서 한 개의 질량 효과를 더 고려한 결과가 된다. 축에 의한 항은 합($\sum$) 안에 넣지 않고 앞에 별도로 표시한다.

답 $$\frac{1}{\omega_1^2} \doteq \frac{1}{\omega_s^2} + \sum_{i=1}^{n} \frac{1}{\omega_{ii}^2} \tag{6-34}$$

일반적으로 축은 계단형 원통형상을 하기 때문에, 영향계수를 수치해석으로 구한다.

7 나사, 결합요소, 비영구적 이음에 대한 설계

나선형의 산이 있는 나사는 의심의 여지없이 매우 중요한 기계적 발명이었다. 나사는 (1) 동력전달이나 큰 힘을 발휘하기 위한 목적으로 회전운동을 직선운동으로 바꾸는 운동용 나사이거나, (2) 비영구적 이음의 결합용 요소이다.

부품을 이음/결합하는 전형적 기법으로는 볼트, 너트, 작은 나사, 멈춤나사, 리벳, 핀, 키, 용접, 접착제 등이 있다. 이음 주제는 기계설계에서 가장 흥미로운 분야 중 하나이다. 현대의 생산자들에게 중요 설계목표 중 하나는 결합의 수를 줄이는 것이다. 예를 들어, 보잉 747 제트기에는 결합요소가 무려 250만 개나 포함된다. 심지어 그 중 몇 가지 요소들은 개당 가격도 매우 비싸기 때문에, 항공기 제조사와 관련업체는 가격 절감을 위하여 결합요소에 대한 꾸준한 연구 및 검토를 수행하고 있다.

부품 이음 및 결합법은 양질의 공학설계에서 매우 중요하기 때문에, 다양한 사용/설계 조건 하에서 결합/이음요소의 성능에 대하여 철저한 이해가 필요하다.

7-1 나사산의 표준과 정의

그림 7-1은 나사산과 관련된 몇 가지 용어들을 설명한다.

- **피치**(p)는 나사 축방향으로 측정한 인접 나사산 간의 거리이다. 미국단위계에서 피치는 나사축선 1인치 내 포함된 나사산 수의 역수로 표시된다.
- **바깥지름**(major diameter, d)은 나사의 최대지름이다.
- 골지름(minor or root diameter, d_r)은 나사의 **최소지름**이다.
- 피치지름(pitch diameter, d_p)은 바깥지름과 골지름 사이의 값이다.
- **리드**(l)는 너트가 1회전하였을 때 나사의 축방향으로 너트가 이동하는 거리이다.

그림 7-1과 같은 한줄 나사에서는 리드와 피치가 동일하다.

여러 줄 나사는 두 줄 이상의 나사산이 상호 인접한 제품이다(연필둘레에 둘 이상의 줄이 나란히 감겨있는 것을 상상해본다). 두 줄 나사의 리드는 피치의 2배이며, 세줄 나사의 리드는 피치의 3배이다. 표준의 볼트, 너트 등은 보통 한 줄 나사이다. 또한 특별한 언급이 없는 한 모든 나사는 오른손 법칙을 따른다; 볼트를 시계방향으로 조이면 볼트는 너트 방향

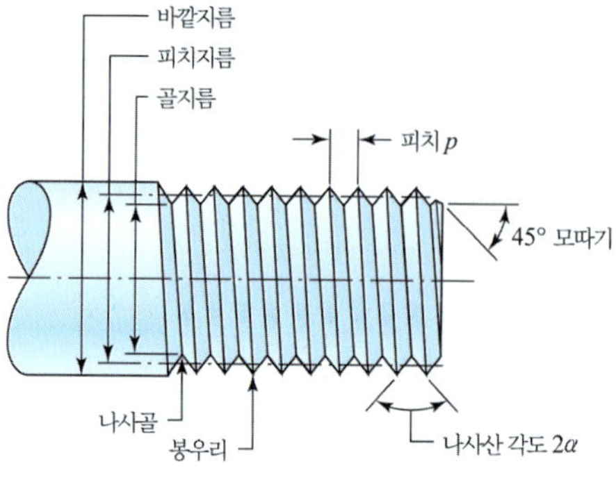

그림 7-1
나사산의 용어. 나사산을 명확히 표현하기 위하여 v자(날카롭게) 표시됨. 봉우리/골부분은 실제 가공중 편평 또는 둥글게 된다.

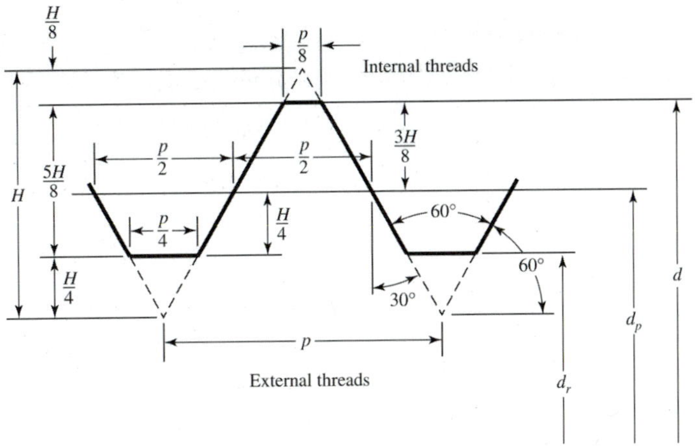

그림 7-2
미터계 M형, MJ형의 나사산 형상. $D(d)$ =암(수)나사의 기본 바깥지름, $D_1(d_1)$ =암(수)나사의 기본 골지름, $D_2(d_2)$ =암(수)나사의 기본 피치지름, p =피치, $H=\frac{\sqrt{3}}{2}p$.

으로 움직인다.

그림 7-2는 미터계의 M 또는 MJ형 윤곽이다. M형상은 인치계를 대신하며 60° 대칭 나사산으로 ISO 68 형상이다. 한편, MJ형은 수나사의 골부분이 둥그런 형상이며 상대적으로 큰 골지름을 갖는다. 이런 형은 특히 높은 피로강도가 요구되는 경우에 유용하다.

표 7-1, 7-2는 나사산이 있는 부품을 선택 또는 설계할 때 유용하다. 미터계에서는 피치값을, 유니파이계에서는 1인치당 나사산 수를 기준으로 나사산의 크기가 결정된다. 지름이 1/4인치 미만인 나사는 표 7-2에서 번호로 표시된다. 예를 들어, 표 7-2의 8번 나사는 공칭 바깥지름이 0.1640인치이다.

나사산을 갖는 나사의 강도와 해당 나사의 피치지름과 골지름의 평균값을 지름으로 하는 나사선이 없는 봉의 강도가 같다는 것이 많은 인장 실험을 통해 확인되었다. 그와 같은 나사산이 없는 봉의 단면적을 나사의 인장-응력 면적 A_t라 하며, 위의 두 표에 포함되어 있다.

유니파이나사계열 중 UN계와 UNR계가 흔히 사용되며, UNR계는 골반지름을 이용한다. UNR계 나사산은 응력집중계수를 줄여 피로강도가 우수하다. 유니파이 나사는 공칭 바깥지름, 1인치당 나사산의 수, 나사계열로 표시된다. (예: 5/8 in-18 UNRF 또는 0.625 in-18 UNRF).

한편, 미터계의 나사는 지름과 피치값을 밀리미터단위로 표시한다. M12×1.75 는 공칭 바깥지름이 12 mm이고, 피치가 1.75 mm인 나사를 말한다. 지름 앞의 M문자는 미터계임을 뜻한다.

그림 7-3a, b에 보인 사각(4각)나사와 사다리꼴(애크미)나사는 동력을 전달할 때 사용된다. 인치계 사다리꼴나사산 중 선호되는 피치값을 표 7-3에 정리하였다. 그러나 사다리꼴나사에서는 표준크기에 대한 필요성이 그리 크지 않기 때문에 해당 값 외의 피치값들도 흔히 사용된다.

표 7-1
미터(보통 또는 가는)나사의 지름 및 면적(치수단위는 밀리미터)*

공칭 바깥지름 d mm	거친나사 피치 p mm	거친나사 인장응력 면적 A_t mm^2	거친나사 골지름 면적 A_r mm^2	세목나사 피치 p mm	세목나사 인장응력 면적 A_t mm^2	세목나사 골지름 면적 A_r mm^2
1.6	0.35	1.27	1.07			
2	0.40	2.07	1.79			
2.5	0.45	3.39	2.98			
3	0.5	5.03	4.47			
3.5	0.6	6.78	6.00			
4	0.7	8.78	7.75			
5	0.8	14.2	12.7			
6	1	20.1	17.9			
8	1.25	36.6	32.8	1	39.2	36.0
10	1.5	58.0	52.3	1.25	61.2	56.3
12	1.75	84.3	76.3	1.25	92.1	86.0
14	2	115	104	1.5	125	116
16	2	157	144	1.5	167	157
20	2.5	245	225	1.5	272	259
24	3	353	324	2	384	365
30	3.5	561	519	2	621	596
36	4	817	759	2	915	884
42	4.5	1120	1050	2	1260	1230
48	5	1470	1380	2	1670	1630
56	5.5	2030	1910	2	2300	2250
64	6	2680	2520	2	3030	2980
72	6	3460	3280	2	3860	3800
80	6	4340	4140	1.5	4850	4800
90	6	5590	5360	2	6100	6020
100	6	6990	6740	2	7560	7470
110				2	9180	9080

* ANSI B1.1-1974와 B18.3.1-1978에 의한 표임. 골지름은 $d_r = d - 1.226869p$, 피치지름은 $d_m = d - 0.649519p$이며 바깥지름과 피치의 함수이다. [역자주: 인장응력면적(A_t)은 d_r과 d_m의 평균값을 사용하며, $A_t = \pi/4\left(\dfrac{d_r + d_m}{2}\right)^2 = \pi/4(d - 0.938194p)^2$이 된다(연습문제 7-2 참조)].

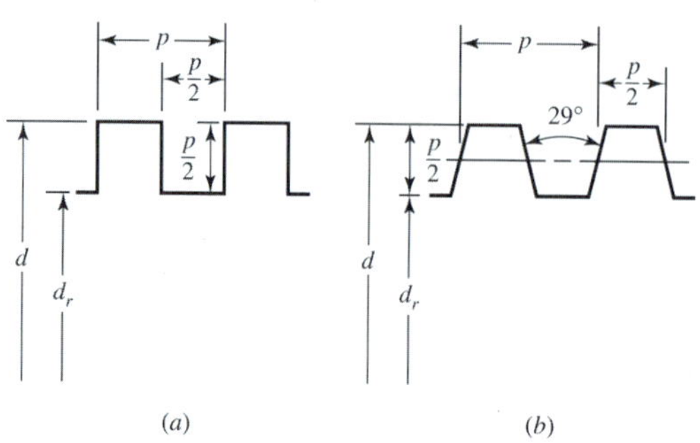

그림 7-3
(a) 사각나사산, (b) 사다리꼴 나사산[역자주: 나사산각은 미터계가 30°, 인치계는 29°이며, 그림 7-7a에서 전체각 30°가 2α로 표시된다.]

표 7-2
유니파이나사(UNC와 UNF)의 지름 및 면적[역자주: C는 보통나사, F는 가는나사를 의미함]

크기 번호	공칭 바깥지름 in	거친나사-UNC 인치당 나사산 N	거친나사-UNC 인장응력 면적 A_t in^2	거친나사-UNC 골지름 면적 A_r in^2	세목나사-UNF 인치당 나사산 N	세목나사-UNF 인장응력 면적 A_t in^2	세목나사-UNF 골지름 면적 A_r in^2
0	0.0600				80	0.001 80	0.001 51
1	0.0730	64	0.002 63	0.002 18	72	0.002 78	0.002 37
2	0.0860	56	0.003 70	0.003 10	64	0.003 94	0.003 39
3	0.0990	48	0.004 87	0.004 06	56	0.005 23	0.004 51
4	0.1120	40	0.006 04	0.004 96	48	0.006 61	0.005 66
5	0.1250	40	0.007 96	0.006 72	44	0.008 80	0.007 16
6	0.1380	32	0.009 09	0.007 45	40	0.010 15	0.008 74
8	0.1640	32	0.014 0	0.011 96	36	0.014 74	0.012 85
10	0.1900	24	0.017 5	0.014 50	32	0.020 0	0.017 5
12	0.2160	24	0.024 2	0.020 6	28	0.025 8	0.022 6
$\frac{1}{4}$	0.2500	20	0.031 8	0.026 9	28	0.036 4	0.032 6
$\frac{5}{16}$	0.3125	18	0.052 4	0.045 4	24	0.058 0	0.052 4
$\frac{3}{8}$	0.3750	16	0.077 5	0.067 8	24	0.087 8	0.080 9
$\frac{7}{16}$	0.4375	14	0.106 3	0.093 3	20	0.118 7	0.109 0
$\frac{1}{2}$	0.5000	13	0.141 9	0.125 7	20	0.159 9	0.148 6
$\frac{9}{16}$	0.5625	12	0.182	0.162	18	0.203	0.189
$\frac{5}{8}$	0.6250	11	0.226	0.202	18	0.256	0.240
$\frac{3}{4}$	0.7500	10	0.334	0.302	16	0.373	0.351
$\frac{7}{8}$	0.8750	9	0.462	0.419	14	0.509	0.480
1	1.0000	8	0.606	0.551	12	0.663	0.625
$1\frac{1}{4}$	1.2500	7	0.969	0.890	12	1.073	1.024
$1\frac{1}{2}$	1.5000	6	1.405	1.294	12	1.581	1.521

* ANSI B1.1-1974에 의한 표임. 골지름은 $d_r = d - 1.299038p$, 피치지름은 $d_m = d - 0.649519p$이다.

표 7-3
사다리꼴나사에서 선호되는 피치

d, in	$\frac{1}{4}$	$\frac{5}{16}$	$\frac{3}{8}$	$\frac{1}{2}$	$\frac{5}{8}$	$\frac{3}{4}$	$\frac{7}{8}$	1	$1\frac{1}{4}$	$1\frac{1}{2}$	$1\frac{3}{4}$	2	$2\frac{1}{2}$	3
p, in	$\frac{1}{16}$	$\frac{1}{14}$	$\frac{1}{12}$	$\frac{1}{10}$	$\frac{1}{8}$	$\frac{1}{6}$	$\frac{1}{6}$	$\frac{1}{5}$	$\frac{1}{5}$	$\frac{1}{4}$	$\frac{1}{4}$	$\frac{1}{4}$	$\frac{1}{3}$	$\frac{1}{2}$

7-2 운동용 나사의 역학

운동용 나사(power screw)는 주로 기계장치(기구)에서 회전운동을 직선운동으로 변환하여 동력을 전달하기 위해 사용된다. 선반의 리드나사, 바이스, 프레스 잭의 나사 등을 예로 들 수 있다. 그림 7-4에 외부동력으로 구동되는 잭에 적용된 운동용 나사를 나타내었다. 해당 잭은 웜, 웜기어, 나사, 너트, 베어링으로 구성되어 있음을 확인할 수 있다.

그림 7-5는 축 압축 하중 F를 받는 평균지름 d_m, 피치 p, 리드각 λ, 비틀림각 ψ 인 운동용 나사의 개략도이다.

한 줄 사각나사에서 축 하중을 들어 올리거나 또는 내리는 데 필요한 토크 계산을 위한 수식을 유도해보고자 한다. 한 줄의 나사산을 펴놓았다고 상상해 보자. 삼각형 밑변은 나사산 평균지름을 지름으로 하는 원통의 원주가 되고, 높이는 리드가 되며 직각삼각형 빗면이 나사산의 한 변이 된다. 그림 7-4, 7-5에 표시된 각 λ는 나사의 리드각이다. 나사면에 작용한 모든 축 하중의 합을 F라 표시한다. 하중을 들어올리기 위한 힘 P_R은 그림 7-6a에서 우측방향으로, 하중을 낮추기 위한 힘 P_L은 좌측방향으로 작용한다. 마찰력은 수직하중(N)

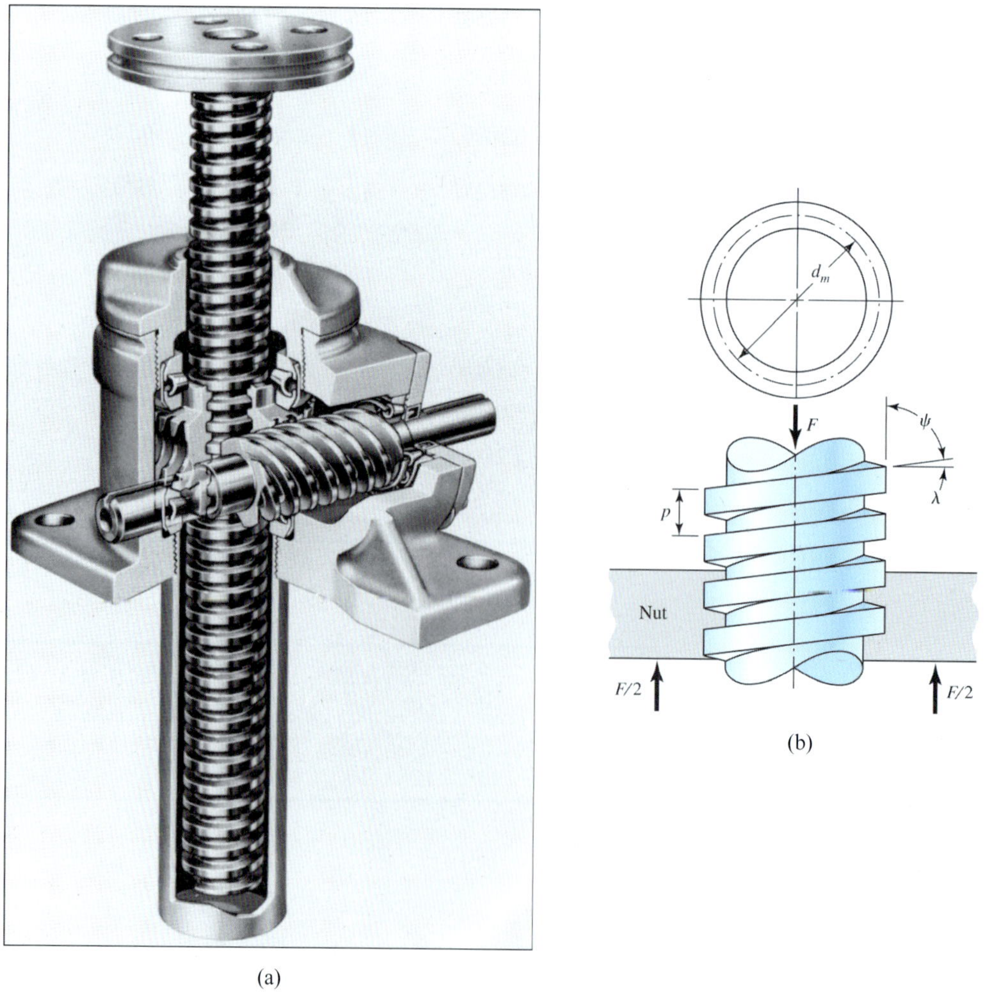

그림 7-4
(a) 웜기어를 사용한 나사 잭 (Joyce-Dayton Corp., Dayton, Ohio의 허락 하에 인용.), (b) 운동용 나사의 일부분

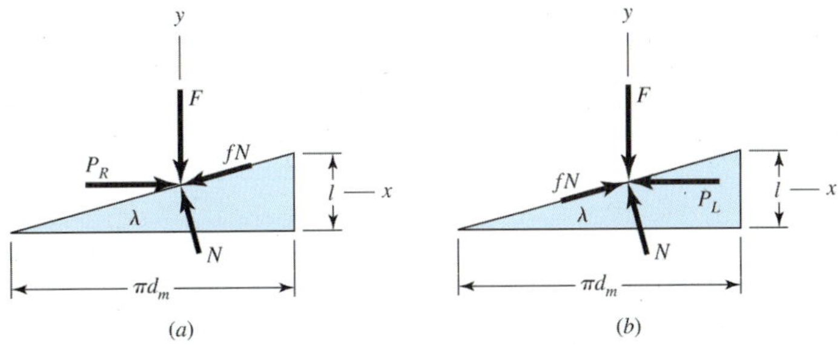

그림 7-5
자유물체도 (a) 하중 들어올림,
(b) 하중 내림

과 마찰계수(f)의 곱이며 항상 운동을 방해하는 방향으로 작용한다. 힘의 평형을 통해, 하중을 들어올리는 경우 아래의 식 (a)로 표현된다.

$$\sum F_x = P_R - N\sin\lambda - fN\cos\lambda = 0 \quad \text{(a)}$$
$$\sum F_y = -F - fN\sin\lambda + N\cos\lambda = 0$$

유사하게, 하중을 낮출 때는 식 (b)로 표현된다[그림 7-6(b) 참조].

$$\sum F_x = -P_L - N\sin\lambda - fN\cos\lambda = 0 \quad \text{(b)}$$
$$\sum F_y = -F + fN\sin\lambda + N\cos\lambda = 0$$

식 (a), (b)에서 N을 소거한 후 P에 관하여 식을 정리하면, 하중을 들어 올리거나, 낮추는 경우에 각각 식 (c), (d)가 얻어진다.

$$P_R = \frac{F(\sin\lambda + f\cos\lambda)}{\cos\lambda - f\sin\lambda} \quad \text{(c)}$$

$$P_L = \frac{F(f\cos\lambda - \sin\lambda)}{\cos\lambda + f\sin\lambda} \quad \text{(d)}$$

식 (c), (d)의 분자, 분모를 $\cos\lambda$로 나누고, 식 $\tan\lambda = l/\pi d_m$(그림 7-6 참조)을 대입하면, 식 (c), (d)는 각각 식 (e), (f)가 된다.

$$P_R = \frac{F[(l/\pi d_m) + f]}{1 - (fl/\pi d_m)} \quad \text{(e)}$$

$$P_L = \frac{F[(f - (l/\pi d_m)]}{1 + (fl/\pi d_m)} \quad \text{(f)}$$

토크는 하중(P_R 또는 P_L)과 평균반지름 $d_m/2$의 곱이므로, 하중을 들어 올리는 경우의 토크(T_R)는 식 (7-1)이 된다.

$$T_R = \frac{Fd_m}{2}\left(\frac{1 + \pi f d_m}{\pi d_m - fl}\right) \quad \text{(7-1)}$$

T_R은 나사산의 마찰을 극복하고 동시에 하중을 들어올리는 데 필요한 토크이다. 한편, T_L은 하중을 낮출 때 일부 마찰을 극복하는 데 요구되는 토크로 식 (7-2)와 같다.

$$T_L = \frac{Fd_m}{2}\left(\frac{\pi f d_m - l}{\pi d_m + fl}\right) \tag{7-2}$$

상대적으로 리드가 크거나 마찰계수가 작은 경우에는 외력 없이 나사가 스스로 회전하며 하중을 낮춰버릴 수 있다. 이때 식 (7-2)의 T_L은 음수가 된다. 이는 하중에 의해 나사가 풀리지 않도록 외부에서 반대 방향으로 토크를 걸어주어야 한다는 뜻이다. 식 (7-2)의 T_L 값이 양수일 때 나사는 스스로 풀리지 않으며 이를 **자립 조건**이라 한다. 즉, 사각 나사의 자립조건은 다음과 같다.

$$\pi f d_m > l$$

양변을 πd_m으로 나눈 후 $l/\pi d_m = \tan\lambda$을 대입하면 식 (7-3)이 된다.

$$f > \tan\lambda \tag{7-3}$$

위의 식을 통해 나사산의 마찰계수가 리드각(λ)의 탄젠트 값 이상이면 나사가 자립을 유지함을 알 수 있다.

운동용 나사를 평가하는 데 있어 효율을 살펴보는 것도 하나의 유용한 방법이다. 식 (7-1)에서 $f = 0$을 대입하면 토크는 식 (g)가 된다.

$$T_0 = \frac{Fl}{2\pi} \tag{g}$$

식 (g)에서의 T_0는 나사산 마찰이 없는 경우 하중을 들어 올릴 때 필요한 토크이다. 따라서, 운동용 나사의 효율은 식 (7-4)와 같이 표현된다.

$$e = \frac{T_0}{T_R} = \frac{Fl}{2\pi T_R} \tag{7-4}$$

위의 식 (7-4)는 나사산 수직 하중의 방향이 나사 축 방향과 동일한 사각나사로부터 유도되었다. 나사산 각이 2α로 표시되는 비사각나사(예: 사다리꼴나사, 삼각나사)에서는 나사산 수직하중이 축으로 부터 α만큼 기울어져 있다(그림 7-7a 참조). 비 사각나사산에서는 기울어진 각(나사산각의 반각 α)이 쐐기 역할을 하여 마찰력이 증가하며 이를 식 (7-1)의 마찰계수 f를 $\cos\alpha$로 나누는 것으로 나타낸다. 따라서, 비 사각나사를 사용하여 하중을 들어 올릴 때 요구되는 토크는 식 (7-5)와 같다. 유도과정에서 나사산 각에 비하여 작은 리드각의 크기는 무시되었으므로, 식 (7-5)는 근사식이다.

$$T_R = \frac{Fd_m}{2}\left(\frac{l + \pi f d_m \sec\alpha}{\pi d_m - fl\sec\alpha}\right) \tag{7-5}$$

그림 7-6
(a) 나사산에 수직한 하중이 각 α로 인하여 증가됨, (b) 스러스트 칼라의 마찰지름 d_c

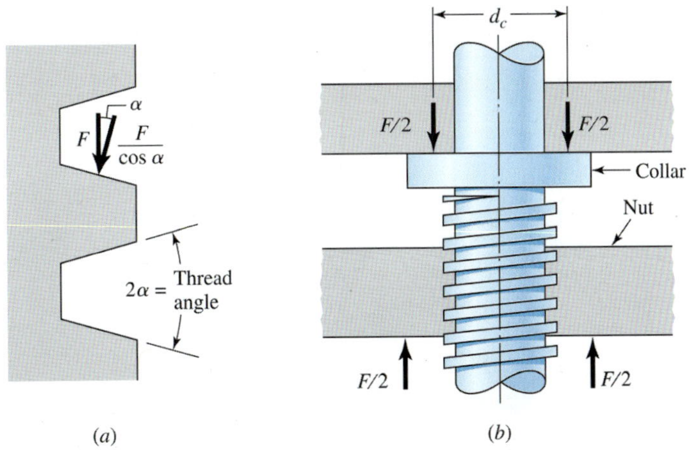

사다리꼴나사는 웨지 효과로 인한 마찰 증가로 인해 운동용 나사로써 사각나사보다 효율이 낮지만, 가공이 쉽고, 마모 보완용으로써 분할너트를 사용할 수 있기 때문에 자주 선호된다.

나사에 축 하중이 작용하는 경우에는 회전부와 정지부 사이에 스러스트 베어링 또는 칼라 베어링이 사용되어야 한다. 그림 7-6b는 전형적인 축방향 칼라를 보여주며 수직 하중은 평균 칼라 지름 d_c에 집중되는 것으로 간주되었다. f_c가 칼라부의 마찰계수일 때, 요구되는 토크는 아래와 같다.

$$T_c = \frac{F f_c d_c}{2} \tag{7-6}$$

운동용 나사에서 공칭몸통응력과 나사산의 변수들을 연관지어 다음과 같이 설명할 수 있다.

나사의 비틀림에 의한 최대 공칭전단응력(τ)은 다음과 같이 표현된다.

$$\tau = \frac{16\,T}{\pi\,d_r^3} \tag{7-7}$$

축 하중 F에 의한 나사 몸통의 축응력(σ)은 다음과 같다.

$$\sigma = \frac{F}{A} = \frac{4F}{\pi\,d_r^2} \tag{7-8}$$

나사축을 짧은 기둥으로 고려하는 식(J. Johnson)은 다음과 같다.

$$\left(\frac{F}{A}\right)_{\text{crit}} = S_y - \left(\frac{S_y}{2\pi}\,\frac{l}{k}\right)^2 \frac{1}{CE} \tag{7-9}$$

한편, 운동 나사의 공칭나사산응력도 나사산 변수들과 다음과 같이 관계된다. 그림 7-7의 베어링 응력(σ_B)은 다음과 같이 표시된다.

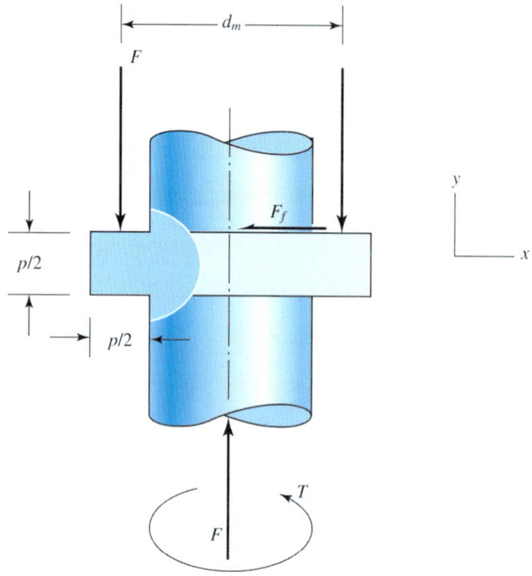

그림 7-7
나사 뿌리면에서 굽힘과 횡방향 전단을 구하는 사각나사의 기하형상.

$$\sigma_B = -\frac{F}{\pi d_m n_t p/2} = -\frac{2F}{\pi d_m n_t p} \tag{7-10}$$

여기서 n_t는 맞물린 나사산수이다. 나사산 뿌리단면 상단부분에서 발생되는 굽힘응력(σ_b)은 다음과 같이 구해진다.

$$Z = \frac{I}{c} = \frac{(\pi d_r n_t)(p/2)^2}{6} = \frac{\pi}{24} d_r n_t p^2,\ \ M = \frac{Fp}{4} \text{에서,}$$

$$\sigma_b = \frac{M}{Z} = \frac{Fp}{4} \frac{24}{\pi d_r n_t p^2} = \frac{6F}{\pi d_r n_t p} \tag{7-11}$$

하중(F)으로 인한 횡방향 전단응력은 나사산 뿌리단면 중앙에서

$$\sigma_b = \frac{M}{Z} = \frac{Fp}{4} \frac{24}{\pi d_r n_t p^2} = \frac{6F}{\pi d_r n_t p} \tag{7-12}$$

이며, 뿌리의 상단에서는 0이다. 나사산 뿌리 '단면' 상단부에서의 von Mises 응력(σ')은 수직응력과 전단응력을 정의함으로써 구할 수 있다. 그림 7-7에 명시된 축을 기준으로 아래 식들을 찾아 식 (4-14)에 대입한다.

$$\sigma_x = \frac{6F}{\pi d_r n_t p} \qquad \tau_{xy} = 0$$

$$\sigma_y = -\frac{4F}{\pi d_r^2} \qquad \tau_{yz} = \frac{16T}{\pi d_r^3}$$

$$\sigma_z = 0 \qquad \tau_{zx} = 0$$

나사산형상의 해석은 복잡할 수 있다. 인장응력면적은 실험을 통해 정의되었다는 것을 기억하자. 하중을 들어올리는 운동용 나사는 압축 상태이며, 나사산 피치는 탄성 변형에 의하여

짧아진다. 반면, 결합된 너트는 인장상태이므로 너트 나사산 피치는 길어진다. 결합되어 맞물린 나사산들에는 하중이 균일하게 작용하지 않는다. 실험에 의하면 첫 번째 나사산은 하중의 38%, 두 번째는 25%, 세 번째는 18%의 하중을 받으며, 일곱 번째는 하중을 전혀 받지 않는 것으로 나타났다. 앞에 제시된 식들을 가지고 나사산의 응력을 분석할 때 F 대신 $0.38F$를, n_t 대신 1을 대입하면 나사-너트 결합상태에서 나사산의 최대응력을 구할 수 있을 것이다.

예제 7-1 바깥지름 32 mm, 피치 4 mm, 두 줄 사각나사가 그림 7-4(a)처럼 사용되고 있다. 마찰계수 $f=0.08$, $d_c=40$ mm, 나사당 $F=6.4$ kN이다.

(a) 나사산높이, 폭, 피치지름, 골지름, 리드를 구하라.
(b) 하중을 들어올릴 때와 낮출 때 필요한 토크를 각각 구하라.
(c) 하중을 들어올릴 때 효율을 구하라.
(d) 볼트의 비틀림 전단응력, 압축응력을 구하라.
(e) 베어링응력을 구하라.
(f) 나사산 뿌리단면의 상단 지점에서 굽힘응력을 구하라.
(g) 나사산 뿌리단면에서 von Mises 응력을 구하라.
(h) 나사산 뿌리단면에서 최대전단응력을 구하라.

풀이 (a) 그림 7-3a에서 나사산높이와 폭은 모두 피치의 반값인 2 mm이다.

$$d_m = d - p/2 = 32 - 4/2 = 30\ \text{mm}$$

답

$$d_r = d - p = 32 - 4 = 28\ \text{mm}$$

$$l = np = 2(4) = 8\ \text{mm}$$

(b) 식 (7-1)과 (7-6)을 합하여, 하중을 들어올릴 때 필요한 토크 T_R을 구한다.

$$T_R = \frac{Fd_m}{2}\left(\frac{l+\pi f d_m}{\pi d_m - f l}\right) + \frac{Ff_c d_c}{2} = \frac{6.4(30)}{2}\left[\frac{8+\pi(0.08)(30)}{\pi(30)-0.08(8)}\right] + \frac{6.4(0.08)40}{2}$$

답

$$= 15.94 + 10.24 = 26.18\ \text{N}\cdot\text{m}$$

식 (7-2)과 (7-6)을 합하여, 하중을 낮출 때 필요한 토크 T_L을 구한다.

$$T_L = \frac{Fd_m}{2}\left(\frac{\pi f d_m - l}{\pi d_m + f l}\right) + \frac{Ff_c d_c}{2} = \frac{6.4(30)}{2}\left[\frac{\pi(0.08)(30)-8}{\pi(30)+0.08(8)}\right] + \frac{6.4(0.08)40}{2}$$

$$= -0.466 + 10.24 = 9.77\ \text{N}\cdot\text{m}$$

T_L의 첫 항에서 음의 부호는 나사 자체만으로는 자립되지 않음을 의미하며, 칼라부마찰만 극복된다면 하중작용으로 나사가 회전하여 풀림을 의미한다. 따라서, 하중이 가해질 때 나사를 회전시킬 토크는 칼라마찰만을 극복하는 데 필요한 하중보다 작은 하중이면 된다.

(c) (b) 문항 답(26.18)을 식 (7-4)의 T_R위치에 대입하여 기구의 효율을 계산한다.

답 $$e = \frac{Fl}{2\pi T_R} = \frac{6.4(8)}{2\pi(26.18)} = 0.311$$

(d) 비틀림모멘트 T_R에 의한 볼트(몸통) 전단응력(τ)을 구한다.

답 $$\tau = \frac{16T_R}{\pi d_r^3} = \frac{16(26.18)(10^3)}{\pi(28^3)} = 6.07\ \text{MPa}$$

축방향 압축응력(σ)을 구한다.

답 $$\sigma = -\frac{4F}{\pi d_r^2} = -\frac{4(6.4)10^3}{\pi(28^2)} = -10.39\ \text{MPa}$$

[볼트의 최대전단응력은 $\tau_{\max} = \sqrt{(\sigma/2)^2 + \tau^2} = 8\ \text{MPa}$]

(e) 한 개의 나사산이 $0.38F$ 하중을 받을 때, 베어링응력을 구한다.

답 $$\sigma_B = -\frac{2(0.38F)}{\pi d_m(1)p} = -\frac{2(0.38)(6.4)10^3}{\pi(30)(1)(4)} = 12.9\ \text{MPa}$$

(f) 한 개의 나사산이 $0.38F$ 하중을 받을 때, 골부분의 굽힘응력을 구한다.

답 $$\sigma_b = \frac{6(0.38F)}{\pi d_r(1)p} = \frac{6(0.38)(6.4)10^3}{\pi(28)(1)4} = 41.5\ \text{MPa}$$

(g) 나사산뿌리 단면의 상·하부에 횡방향 전단응력은 0이지만, 토크에 의한 원주방향 전단응력값(6.07 MPa =문항(d)의 답)이 존재한다. 그림 7-7의 3차원 직각좌표계에서 6개의 응력성분을 구한다.

$$\sigma_x = 41.5\ \text{MPa} \qquad \tau_{xy} = 0$$
$$\sigma_y = -10.39\ \text{MPa} \qquad \tau_{yz} = 6.07\ \text{MPa}$$
$$\sigma_z = 0 \qquad \tau_{zx} = 0$$

식 (4-14)에 6개의 응력성분값을 대입하여 직접 von Mises 응력값(σ')을 구한다.

답 $$\sigma' = \frac{1}{\sqrt{2}}\{(41.5-0)^2 + [0-(-10.39)]^2 + (-10.39-41.5)^2 + 6(6.07)^2\}^{1/2}$$
$$= 48.7\ \text{MPa}$$

또는, 6개의 응력성분값으로부터 주응력값($\sigma_1 \sigma_2$, σ_3)을 먼저 결정한 후 식 (4-12)를 사용하여 von Mises 응력을 구할 수도 있다. 이런 절차를 따르면 주응력값뿐 아니라, 최대전단응력도 구할 수 있다. 3차방정식 식 (3-15)를 풀어서 3개의 주응력을 구할 수도 있지만, 면에 전단응력이 없음을 고려한다면 σ_x 자체가 주응력 중 하나가 된다. 나머지 2개의 주응력은 평면응력에서의 식 (3-13)으로 구한다.

$$\frac{-10.39}{2} \pm \sqrt{\left(\frac{-10.39}{2}\right)^2 + 6.07^2} = 2.79,\ -13.18\ \text{MPa}$$

σ_1, σ_2, σ_3의 크기순으로 구한 41.5, 2.79, −13.18 MPa을 식 (5-12)에 대입한다.

$$\sigma' = \left\{\frac{[41.5-2.79]^2 + [2.79-(-13.18)]^2 + [-13.18-41.5]^2}{2}\right\}^{1/2}$$

답 $$= 48.7\ \text{MPa}$$

(h) 최대전단응력 식 (3-16)의 $\tau_{\max} = \tau_{1/3}$을 이용하여 구한다.

답 $$\tau_{\max} = \frac{\sigma_1 - \sigma_3}{2} = \frac{41.5-(-13.18)}{2} = 27.3\ \text{MPa}$$

Ham과 Ryan[1]은 나사산의 마찰계수가 축 하중 및 회전 속도와 거의 무관하다는 것을 보였으며, 마찰계수는 재료에 따라 크게 달라지지 않으나, 청동과 강을 짝지어 사용하는 경우에 마찰이 가장 작다고 보고하였다. 운동용 나사의 미끄럼 마찰계수는 약 0.10∼0.15이다.

표 7-4는 나사산에 비정상적인 마모가 발생하는 것을 방지하기 위한 베어링 압력을 보여준다. 표 7-5는 흔히 사용되는 재료 쌍의 미끄럼 마찰계수이다. 표 7-6은 흔히 사용되는 재료 쌍에 대한 정지 마찰 및 운동 마찰계수를 보여준다.

표 7-4
나사산 베어링 압력 *Pb*(H. A. Rothbart, Mechanical Design and Systems Handbook, 2판, McGraw-Hill, 2006판에서 인용)

나사 재료	너트 재료	안전 베어링 압력 P_b, MPa	비고
강	청동	17.2-24.1	Low speed
강	청동 주철	11.0-17.2 6.9-17.2	≤50 mm/s ≤40 mm/s
강	청동 주철	5.5-9.7 4.1-6.9	100-200 mm/s 100-200 mm/s
강	청동	1.0-1.7	≥250 mm/s

1 Ham and Ryan, An Experimental Investigation fo the Friction of Screw-threads, Bulletin 247, Univ. of Illinois Experiment Station, 1932.

표 7-5 나사산에서의 마찰계수 f.(H. A. Rothbart and T. H. Brown, Jr., Mechanical Design and Systems Handbook, 2판, McGraw-Hill, 2006판에서 인용)

나사 재료	너트 재료			
	강	청동	황동	주철
강, 건조	0.15-0.25	0.15-0.23	0.15-0.19	0.15-0.25
강, 윤활	0.11-0.17	0.10-0.16	0.10-0.15	0.11-0.17
청동	0.08-0.12	0.04-0.06	-	0.06-0.09

표 7-6 스러스트칼라에서의 마찰계수(H. A. Rothbart and T. H. Brown, Jr., Mechanical Design and Systems Handbook, 2판, McGraw-Hill, 2006판에서 인용)

조합	운동 중	운동 시작 시
연강과 주철	0.12	0.17
경강과 주철	0.09	0.15
연강과 청동	0.08	0.10
경강과 청동	0.06	0.08

7-3 나사산이 있는 결합요소

그림 7-8은 표준 육각 볼트를 보여준다. 응력 집중은 필릿, 나사산의 시작부분, 너트가 있을 때 너트의 나사산 뿌리부 필릿에서 발생한다. 와셔면의 지름은 육각 평면의 폭과 같다. d가 공칭지름일 때 인치계 볼트의 나사산길이는 아래와 같다.

$$L_T = \begin{cases} 2d + \dfrac{1}{4}\text{in} & L \le 6\text{in} \\ 2d + \dfrac{1}{2}\text{in} & L > 6\text{in} \end{cases} \tag{7-13}$$

미터계 볼트의 경우는

$$L_T = \begin{cases} 2d + 6 & L \le 125 \quad d \le 48 \\ 2d + 12 & 125 < L \le 200 \\ 2d + 25 & L > 200 \end{cases} \tag{7-14}$$

이며, 단위는 밀리미터이다. 이상적인 볼트의 길이는 보트가 너트에 조여진 후 한 두 개의 나사산만 너트 밖으로 나오는 경우이다. 볼트구멍에는 드릴가공 후 버(bur)나 날카로운 테두리가 남기도 하는데, 이런 것들이 필릿 부분과 맛물려 응력 집중을 증대시키기도 한다. 이런 현상을 방지하기 위하여 항상 볼트 헤드 아래에 와셔를 사용해야 한다. 종종 너트

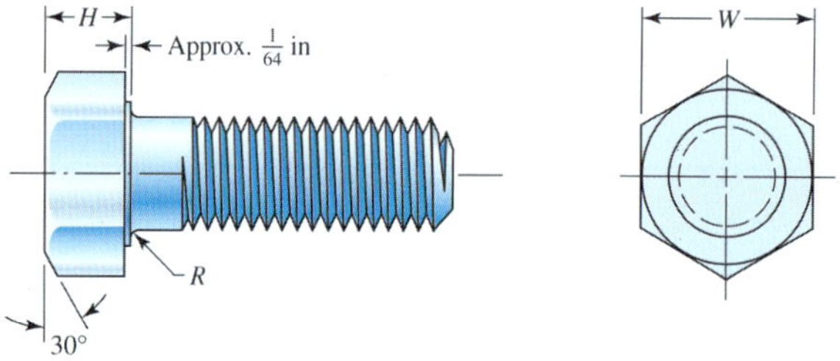

그림 7-8 6각볼트. 와셔면, 머리아래필릿, 나사산의 시작, 양끝에서의 모따기 등을 잘 보기 바란다. 볼트길이는 머리 아래부터 측정된다.

아래에도 와셔를 사용한다.

볼트의 주된 목적은 둘 이상의 부품을 포개 조이는 것이다. 이와 같은 조임은 볼트에 인장 하중을 가한다. 보통 너트는 볼트가 탄성 한도에 거의 도달할 때까지 조여진다. 너트가 풀리지 않는다면 볼트에 걸린 하중은 초기 인장력 또는 조임 하중으로 유지된다. 조임 시, 가능한 볼트머리는 정지된 상태로 유지한 채 너트를 돌린다. 이렇게 하면 볼트 축은 나사산 마찰에 의한 토크를 받지 않는다.

육각 작은 머리 나사(hexagon-head cap screw)의 헤드는 육각 볼트의 헤드보다 약간 더 얇다. 육각 작은 머리 나사는 육각 볼트와 동일하게 사용되기도 하며, 또한 조임 부의 한쪽 면에만 나사산이 있는 경우에 사용되기도 한다. 흔히 사용되는 또 다른 형태의 육각 작은 머리 나사 세 가지를 그림 7-9에 제시하였다.

그림 7-10은 기계 나사(machine-screw)의 다양한 헤드 형태를 보여준다. 인치계 기계 나사는 보통 No.0부터 3/8 in까지 사용 가능하다.

그림 7-11에서 몇 가지 육각 너트를 볼 수 있다. 너트의 재료는 볼트 재료를 고려하여 신중히 선택한다. 죄는 동안 너트의 첫 나사산이 전체하중을 지탱하게 되며, 항복(소성 변형) 및 냉간 가공으로 인한 재료의 경화가 나타난다. 결국 하중은 약 세 개 정도의 너트 나사산에 분배된다. 때문에, 한 번 사용되었던 너트를 다음에 재사용하는 것은 위험한 일이다.

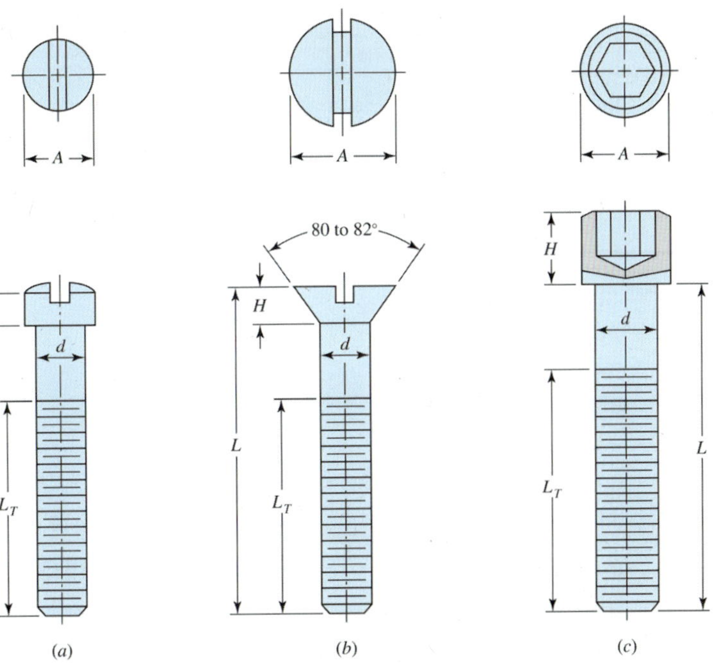

그림 7-9
전형적인 작은 나사머리. (a) 홈머리, (b) 편평한 머리, (c) 오각 홈붙이머리. 작은나사는 그림 7-8과 유사한 육각머리, 또는 다양한 형상으로 제작된다.

그림 7-10
작은 나사의 머리형태

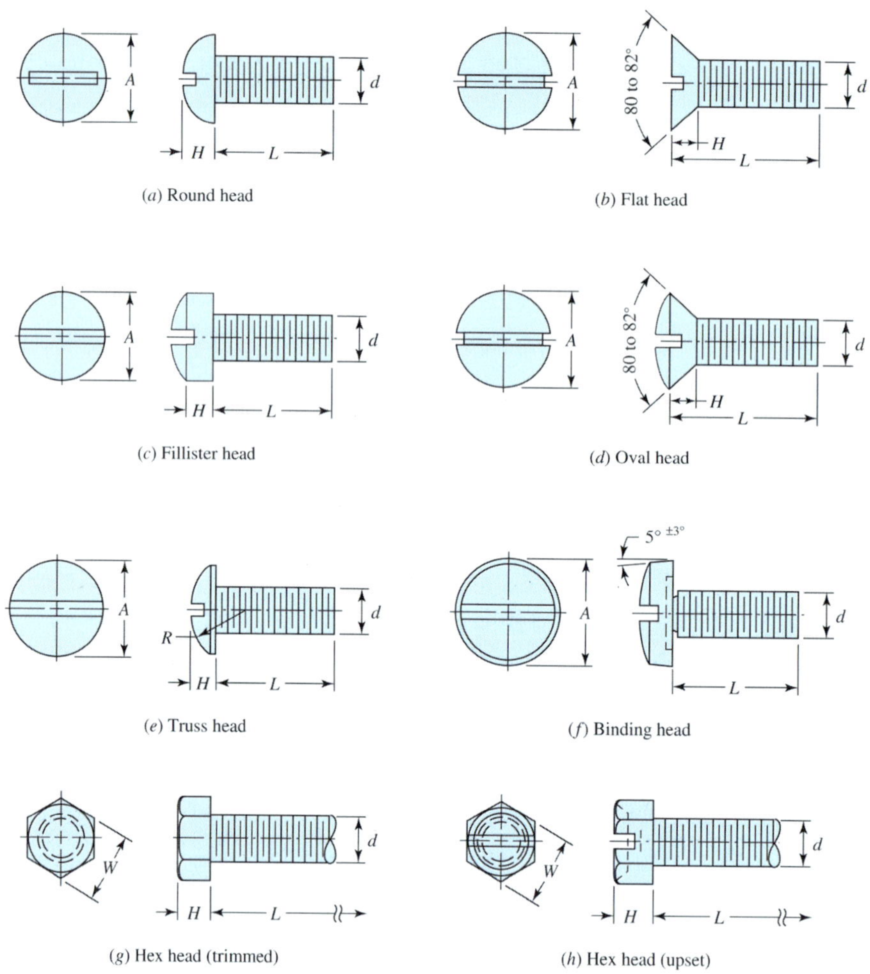

그림 7-11
6각너트. (a) 끝면, (b) 워셔면 있는 일반 너트, (c) 양쪽 모따기된 일반 너트, (d) 워셔면 있는 잼 너트, (e) 양쪽 모따기된 잼 너트

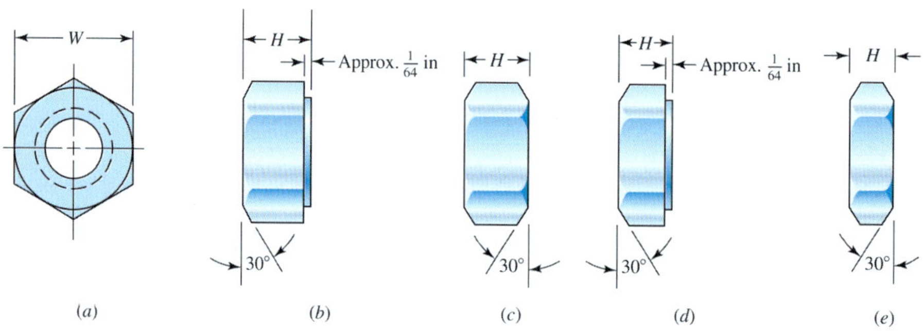

7-4 이음에서, 결합요소의 강성

인장, 전단, 휨 등의 각종 외부 하중을 잘 견디면서도 부품을 파손하지 않고도 조립품의 분해가 가능하도록 하려면 강화 강으로 만든 와셔를 사용한 볼트 이음을 사용하는 것이 좋다. 그러나 이런 볼트 이음은 숙련된 전문가에 의해 적절하게 설계 및 조립되지 않으면 위험을 야기할 수 있다.

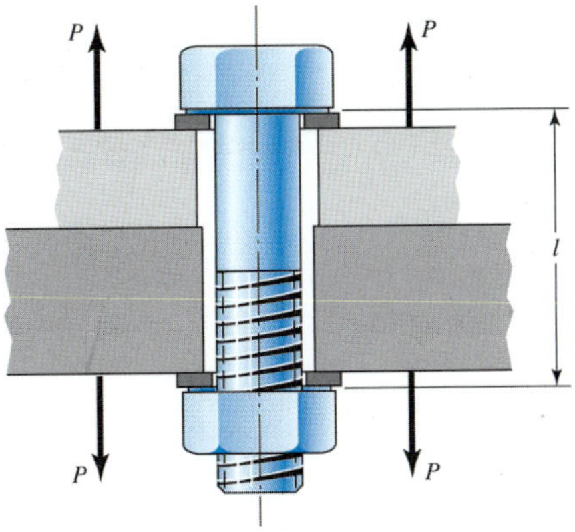

그림 7-12
하중 P에 의하여 인장력을 받는 볼트 연결이음. 화셔 2개가 사용되어 있다.

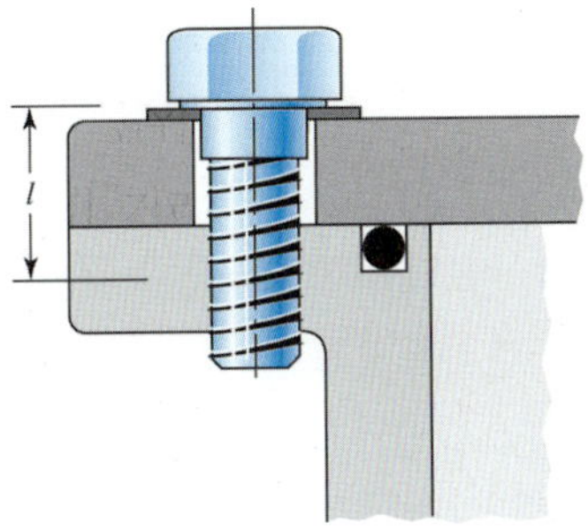

그림 7-13
원통형 압력용기의 단면. 6각 작은나사가 원통뚜껑과 몸통을 결합한다. O-링 밀봉장치가 사용되어 있다. l_G'는 연결부위 유효 그립의 길이이다(표 7-7 참조).

인장력을 받는 볼트 이음의 단면을 그림 7-12에 제시하였다. 볼트구멍에 틈새가 있다는 것과 볼트 산이 이음 부재 속에 어떻게 되어 있는지를 주의하여 보기 바란다.

볼트의 목적은 두 개 이상의 부분을 결합하는 것이다. 너트를 돌리면 부재를 압축하여 조이는 힘이 발생되며 동시에 볼트는 인장 하중을 받는다. 이 인장력을 볼트 초기인장력(예하중)이라 한다. 이 하중은 외부하중(P)의 작용 여부와 관계없이 너트가 조여짐으로써 발생한다. 볼트를 이용한 부품 간의 조임 결합은 볼트에는 인장 하중을 부재에는 압축 하중을 가하게 된다.

그림 7-13은 인장하중을 받는 또 다른 형태의 결합을 보여준다. 해당 이음은 한쪽 부재에 박히는 작은 나사를 사용하였으며 너트를 사용하지 않는다는 문제가 있다. 이런 문제를 피하기 위해 스터드(stud)를 사용할 수 있다. 스터드는 양 쪽 끝 모두에 나사산을 갖는다. 스터드의 한쪽을 하부 부재에 나사 박음한 후, 반대편 끝에 상부 부재를 위치시켜 강화된 와셔와 너트를 사용하여 조임으로써 결합이 이루어진다. 하부의 결합은 영구 결합이지만, 상부의 너트와 와셔를 풀어 부품의 해체가 가능하다. 때문에, 하부 부재의 나사산 영역은 부품의 분해/재결합 후에도 손상되지 않는다.

볼트와 같은 탄성 부재의 스프링 상수는 하중(F)을 하중에 의한 변형량으로 나누어 줌으로써 계산할 수 있다. 두 개의 스프링이 직렬로 연결될 때 전체 스프링 상수를 구하는 방법을 이용하여, 어떤 볼트 이음에서든 조임 이음의 강성 상수(stiffness constant)를 구할 수 있다. 연결 이음에서 길이(L_G)는 조임 부재의 전체 두께가 된다. 그림 7-12에서 조임 길이는 양쪽 부재 두께와 양쪽 와셔 두께의 합이다. 그림 7-13에서 유효 조임 길이는 표

7-7에 정리되었다.

조임 영역에서 볼트나 나사의 국소 영역에 대한 강성 상수는 나사산이 없는 부분과 있는 부분의 강성 상수의 조합으로 결정된다. 즉, 볼트의 강성 상수는 직렬로 연결된 두 스프링의 강성과 동등하게 된다.

$$\frac{1}{k} = \frac{1}{k_1} + \frac{1}{k_2} \quad \text{or} \quad k = \frac{k_1 k_2}{k_1 + k_2} \tag{7-15}$$

스프링 상수가 AE/l로 정의되므로, 볼트의 나사산이 있는 부분과 없는 부분의 강성상수는 각각 다음과 같다.

$$k_t = \frac{A_t E}{l_t} \qquad k_d = \frac{A_d E}{l_d} \tag{7-16}$$

여기서 A_t = 인장응력면적(표 7-1, 7-2)

l_t = 전체길이 중 나사산이 있는 부분의 길이

A_d = 결합이음의 바깥지름면적

I_d = 전체길이 중 나사산이 없는 부분의 길이

식 (7-15)에 대입하면,

$$k_b = \frac{A_d A_t E}{A_d l_t + A_t l_d} \tag{7-17}$$

이며, 여기서 k_b는 이음 부에 위치한 볼트나 나사에 대한 유효 강성 값이다. 그림 7-14와 같이 짧은 결합이음에서는 나사산이 없는 부분이 작으므로 식 (7-16)의 첫 번째 항이 k_b를 구하는 데 사용된다. 반면, 긴 결합이음에서는 나사산이 있는 부분이 상대적으로 짧기 때문에, 식 (7-16)의 두 번째 항을 사용하여 k_b를 구할 수 있다. 표 7-7에 절차를 정리하였다.

7-5 이음에서, 부재의 강성

조립된 이음이 외부 인장하중을 받을 때 어떤 일이 발생되는지 판단하기 위하여 결합요소의 강성 뿐 아니라 부재의 강성 또한 알아야 한다. 결합 이음에 사용된 두 개 이상의 부재는 직렬 연결된 압축 스프링으로 간주할 수 있고 부재 전체에 대한 강성상수는 다음과 같다.

$$\frac{1}{k_m} = \frac{1}{k_1} + \frac{1}{k_2} + \frac{1}{k_3} + \cdots + \frac{1}{k_i} \tag{7-18}$$

부재에 연질의 개스킷이 포함된다면 개스킷의 강성(k_g)은 다른 부재의 강성(k_p)보다 상대적으로 매우 작으므로 다른 부재의 강성은 무시되며 개스킷의 강성(k_g)이 부재 전체의 강성 상수(k_m)가 된다.

표 7-7
결합요소의 강성을 구하는 절차

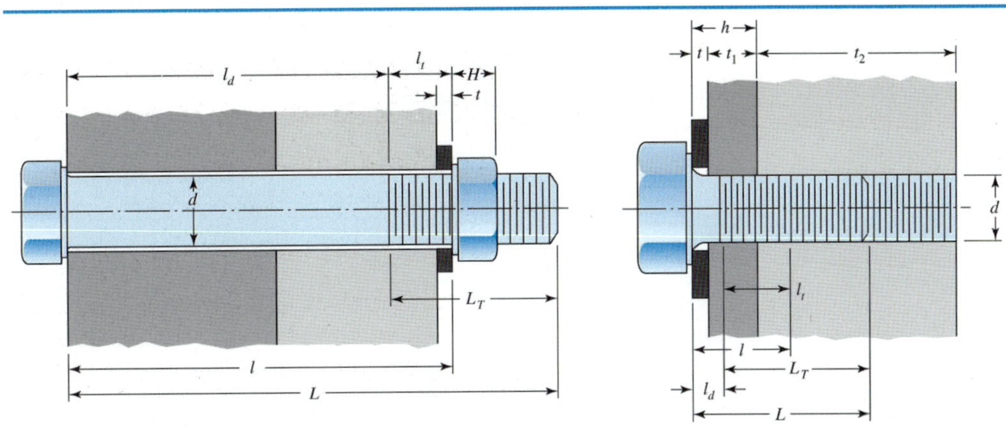

(a) (b)

주어진 결합요소의 지름 d와 피치 p(mm 혹은 inch당 나사산 수)

워셔 두께: t

너트 두께[Fig. (a) only]: H

그립 길이:

For Fig. (a): l =볼트면과 너트면 사이의 조여진 재료의 전체 길이

For Fib. (b): $$I=\begin{cases} h+t_2/2, & t_2<d \\ h+d/2, & t_2\geq d \end{cases}$$

결합요소 길이:

For Fig. (a): $L>l+H$

For Fig. (b): $L>h+1.5d$

나사산부 길이 L_T: 인치 단위:

$$L_T=\begin{cases} 2d+\dfrac{1}{4}\text{in} & L\leq 6\text{in} \\ 2d+\dfrac{1}{2}\text{in} & L>6\text{in} \end{cases}$$

Metric 단위:

$$L_T=\begin{cases} 2d+6\text{mm}, & L\leq 125\text{mm},\ d\leq 48\text{mm} \\ 2d+12\text{mm}, & 125<L\leq 200\text{mm} \\ 2d+25\text{mm}, & L>200\text{mm} \end{cases}$$

그립 중 비나사산부 길이: $l_d=L-L_T$

그립 중 나사산부 길이: $l_t=l-l_d$

비나사산부 면적: $A_d=\pi d^2/4$

나사산부 면적: A_t

결합요소 강성: $$k_b=\frac{A_dA_tE}{A_dl_t+A_tl_d}$$

* 길이의 끝자리가 정수가 아닌 결합요소를 구하지 못할 수 있다. 공급자 카탈로그 확인이 필요함.

개스킷이 없을 때 실험으로 측정하지 않고는 부재강성을 구하는 것이 다소 어렵다. 이는 볼트머리와 너트 사이에 걸쳐 압축력이 분포되어 그 면적이 균일하지 않기 때문이다.

Ito[2]는 초음파기법을 사용하여 부재 계면의 압력분포를 측정하였으며, 압력은 볼트반지름의 1.5배 영역까지 높게 유지되다가 볼트에서 멀어질수록 감소함을 확인하였다. 그에

[2] Y. Ito, J. Toyoda, and S. Nagata, "Interface Pressure Distribution in a Bolt-Flange Assembly," ASME paper no. 77-WA/DE-11, 1977.

그림 7-14
속이 빈 원뿔의 절두체로 표현되는 탄성 특성을 가진 부재의 압축. 여기서 l은 그립 길이를 나타낸다.

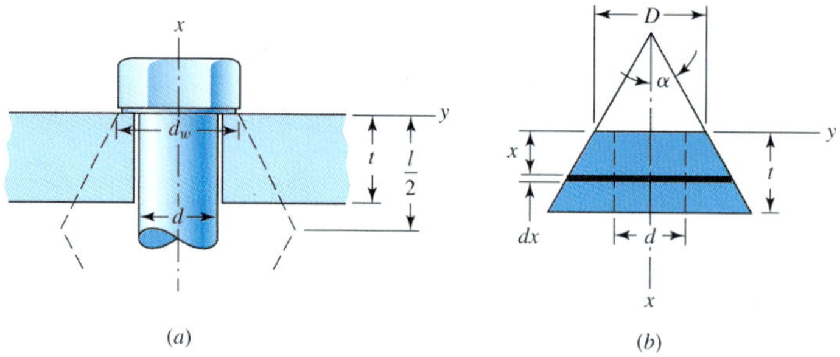

따라, Ito는 다양한 원추각에 대하여 Rotscher의 압력-원추 기법을 적용하여 강성을 계산하고자 하였다. 실제 기법은 복잡하기 때문에 이 책에서는 정해진 한 개의 원추 가에 대하여 단순화된 해석을 수행한다.

그림 7-14는 일반적인 원추 형상을 보여준다. Little[3]은 원추 반각 $\alpha = 45°$인 조건에서는, 조임 강성이 과대평가 된다고 보고하였다. 하중이 와셔면의 고리 부분에만 국한된다면, 45°보다 작은 원추 반각이 적절하다. Osgood[4]은 원추 반각의 범위를 25°와 33° 사이로 기술하였다. 이 책에서는 불가능한 경우를 제외하고는 30°의 원추반각을 이용하고자 한다.

그림 7-14b에서 압축하중 P를 받는 두께가 dx인 원추요소의 수축은 아래와 같이 표현된다.

$$d\delta = \frac{P\,dx}{EA} \tag{a}$$

요소의 면적은

$$A = \pi(r_o^2 - r_i^2) = \pi\left[\left(x\tan\alpha + \frac{D}{2}\right)^2 - \left(\frac{d}{2}\right)^2\right] \tag{b}$$
$$= \pi\left(x\tan\alpha + \frac{D+d}{2}\right)\left(x\tan\alpha + \frac{D-d}{2}\right)$$

이며, 이를 식 (a)에 대입하여 적분하면 아래와 같이 전체 수축량을 얻는다.

$$\delta = \frac{P}{\pi E}\int_0^t \frac{dx}{[x\tan\alpha + (D+d)/2][x\tan\alpha + (D-d)/2]} \tag{c}$$

$$\delta = \frac{P}{\pi E d\tan\alpha}\ln\frac{(2t\tan\alpha + D-d)(D+d)}{(2t\tan\alpha + D+d)(D-d)} \tag{d}$$

이 원추대의 강성은 혹은 스프링 상수는

$$k = \frac{P}{\delta} = \frac{\pi E d\tan\alpha}{\ln\dfrac{(2t\tan\alpha + D-d)(D+d)}{(2t\tan\alpha + D+d)(D-d)}} \tag{7-19}$$

[3] R. E. Little, "Bolted Joints: How Much Give?," *Machine Design*, Nov.9, 1967.
[4] C. C. Osgood, "Saving Weight on Bolted Joints," *Machine Design*, Oct.25, 1979.

이며, 각도 $\alpha = 30°$를 대입하면 다음의 식이 얻어진다.

$$k = \frac{0.5774\pi Ed}{\ln \dfrac{(1.155t + D - d)(D + d)}{(1.155t + D + d)(D - d)}} \tag{7-20}$$

식 (7-19), (7-20)은 이음의 각 원추대에 대하여 각각 계산되어야 한다. 각 강성 값을 조합하여 식 (7-18)에 적용함으로써 부재의 강성상수(k_m)을 구한다.

이음에서 두 부재의 탄성 계수(E)가 같다면, 이는 직렬 연결된 두 개의 동일한 스프링으로 간주할 수 있다. 식 (7-18)에서 $k_m = k/2$, 조임 길이는 $l = 2t$, 와셔면의 지름이 d_w일 때, 부재의 강성상수(k_m)는 아래와 같다.

$$k_m = \frac{\pi Ed \tan\alpha}{2\ln \dfrac{(l \tan\alpha + d_w - d)(d_w + d)}{(l \tan\alpha + d_w + d)(d_w - d)}} \tag{7-21}$$

표준 육각 볼트 및 작은 나사의 경우, 와셔면의 지름은 결합요소의 지름보다 약 50% 더 크므로 $d_w = 1.5d$와 원추반각 30°를 식 (7-21)에 대입하면 k_m은 아래와 같다.

$$k_m = \frac{0.5774\pi Ed}{2\ln\left(5\,\dfrac{0.5774l + 0.5d}{0.5774l + 2.5d}\right)} \tag{7-22}$$

이 절에서 제시된 여러 식들에 대해, 컴퓨터 프로그래밍을 활용하면 시간을 절약할 수 있다.

식 (7-21)을 무차원수인 k_m/Ed에 관해 정리하면 다음과 같다.

$$\frac{k_m}{Ed} = \frac{\pi \tan\alpha}{2\ln\left[\dfrac{(l \tan\alpha + d_w - d)(d_w + d)}{(l \tan\alpha + d_w + d)(d_w - d)}\right]}$$

강화된 강, 주철 또는 알루미늄에 대해서는 원추 반각 $\alpha = 30°$를 사용할 것을 권장한다. Wileman, Choudury, Green[5]은 이 문제에 대하여 유한요소해석을 수행하였다. 그림 7-16에 해석결과가 요약되어 있는데, 봉의 세장비(d/l)가 0.4인 경우 각 $\alpha = 30°$를 대입한 수식결과와 일치한다. 또한, 지수 식 형태의 곡선맞춤이 제안되었다.

$$\frac{k_m}{Ed} = A \exp(Bd/l) \tag{7-23}$$

여기서 상수 A와 B는 표 7-8에 정의되었다. 식 (7-23)은 부재의 강성(k_m)을 간단히 계산하는 방법을 보여주는데, 주의할 점은 표준 와셔면과 부재가 동일 재료여야 한다는 점이다. 동일 재료가 아닌 경우 이 문제를 해결하는 기본적인 방법을 식 (7-20)에서 설명하고 있다.

[5] J. Wileman, M. Choudury, and I. Green, "Computation of Member stiffness in Bolted Connection," *Trans. ASME, J. Mech. Design*, vol. 113, December 1991, pp. 432-437.

그림 7-15
볼트이음에서 부재의 세장비 대비 강성에 대한 무차원수 그래프. 여러 연구결과의 상대적인 정확성을 유한요소해석 결과와 비교하고 있다.

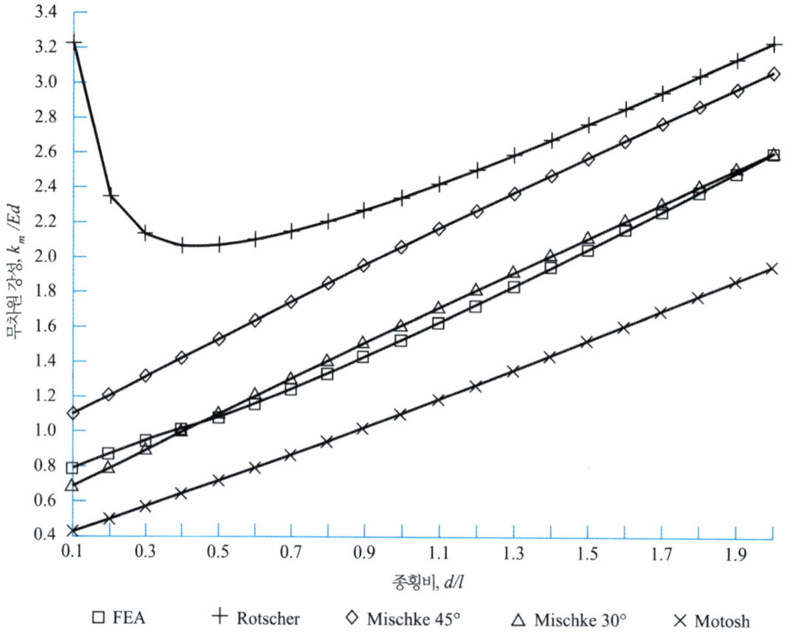

표 7-8
부재의 재료에 따른 강성의 변수값(출처: J. Wileman, M. Choudury, and I. Green, "Computation of Member Stiffness in Bolted Connections," Trans. ASME, J. Mech. Design, vol. 113, December 1991, pp. 432-437.

Material Used	Poisson Ratio	Elastic GPa	Modulus Mpsi	A	B
Steel	0.291	207	30.0	0.787	15
Aluminum	0.334	71	10.3	0.796	70
Copper	0.326	119	17.3	0.795	68
Gray cast iron	0.211	100	14.5	0.778	71
General expression				0.789	52

예제 7-2 두 개의 판(그림 7-16a 참조)을 $\frac{1}{2}$in − 20 UNF × $1\frac{1}{2}$in SAE 5등급 볼트와 표준 $\frac{1}{2}$N 스틸 평워셔를 사용하여 죄었다.

(a) 상판은 스틸이며 하판은 회주철이라고 가정하고, 부재의 강성(k_m)을 결정하라.

(b) 상하판이 모두 스틸일 때, 원뿔대 개념을 사용하여 부재의 강성(k_m)을 결정하라.

(c) 상하판이 모두 스틸이라고 가정하고, 식 (7-23)으로부터 부재의 강성(k_m)을 결정한 후 (b) 문항의 답과 비교하라.

(d) 볼트의 강성(k_b)을 결정하라.

풀이 표준 $\frac{1}{2}$N 평워셔의 두께는 0.095인치이다.

(a) 그림 7-16b에서처럼, 원추대는 이음전체 반 정도의 위치까지 뻗어 있다.

$$\frac{1}{2}(0.5+0.75+0.095)=0.6725 \text{ in}$$

그림 7-16
치수는 인치단위

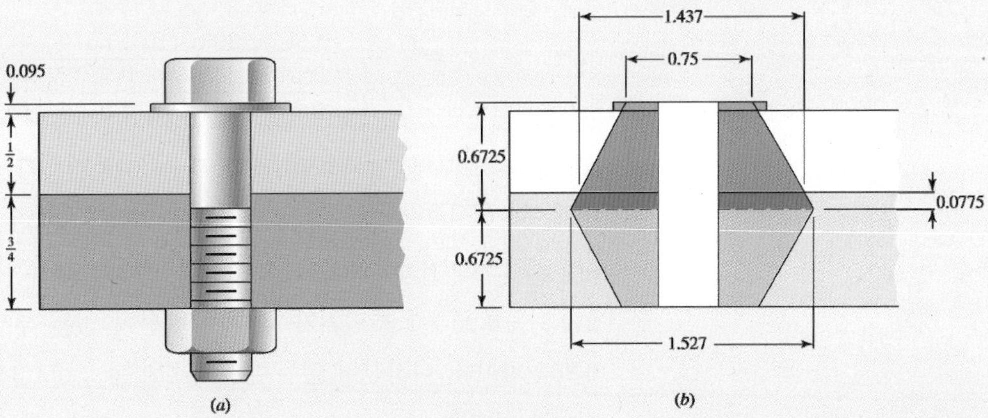

이음의 경계 위치와 점선 사이의 거리는 $0.6725-0.5-0.095=0.0775$ 인치이다. 따라서 상부 원추대는 스틸워셔, 스틸판, 그리고 0.0775 인치 두께의 주철로 구성된다. 와셔와 상판이 모두 스틸(탄성 계수 30×10^6 psi)이므로, 상부 전체를 0.595 인치 두께[역자주: $0.6725-0.0775=0.595$ 인치]의 스틸 원추대로 가정한다. 한편, 이음의 계면에서 원추대 바깥지름은 $0.75+2(0.595)\tan 30°=1.437$ 인치이다. 전체 조인트의 중간위치에서의 바깥지름은 $0.75+2(0.6725)\tan 30°=1.527$ 인치이다. 식 (7-20)을 사용하여 스틸의 강성은,

$$k_1=\frac{0.5774\pi(30)(10^6)0.5}{\ln\left\{\dfrac{[1.155(0.595)+0.75-0.5](0.75+0.5)}{[1.155(0.595)+0.75+0.5](0.75-0.5)}\right\}}=30.80(10^6)\ \text{lbf/in}$$

상부 주철 원추대에 대하여

$$k_2=\frac{0.5774\pi(14.5)(10^6)0.5}{\ln\left\{\dfrac{[1.155(0.0775)+1.437-0.5](1.437+0.5)}{[1.155(0.0775)+1.437+0.5](1.437-0.5)}\right\}}=285.5(10^6)\ \text{lbf/in}$$

하주 주철 원추대에 대하여

$$k_3=\frac{0.5774\pi(14.5)(10^6)0.5}{\ln\left\{\dfrac{[1.155(0.6725)+0.75-0.5](0.75+0.5)}{[1.155(0.6725)+0.75+0.5](0.75-0.5)}\right\}}=14.15(10^6)\ \text{lbf/in}$$

3개의 원추대가 직렬연결이며, 식 (7-18)을 사용하면 다음과 같다.

$$\frac{1}{k_m}=\frac{1}{30.8(10^6)}+\frac{1}{285.5(10^6)}+\frac{1}{14.15(10^6)}$$

답　강성은 $9.378(10^6)$ lbf/in 이다.

(b) 전체 조인트를 스틸로 가정한다. 식 (7-22)과 길이 $l=20(0.6725)=1.345$ 인치를 사용하여 강성을 계산한다.

답
$$k_m = \frac{0.577\pi(30.0)(10^6)0.5}{2\ln\left\{5\left[\frac{0.5774(1.345)+0.5(0.5)}{0.5774(1.345)+2.5(0.5)}\right]\right\}} = 14.64(10^6)\ \text{lbf/in}$$

(c) 표 7-8로부터, $A = 0.787\,15$, $B = 0.628\,73$이다. 식 (7-23)을 사용한다. 이때, 식 (7-22)와 식 (7-23) 결과의 차이는 2퍼센트 이내이다.

(d) 표 7-7의 절차를 따라서, 1.5인치 볼트의 나사산이 있는 부분의 길이는 $L_T = 2(0.5)+0.25 = 1.25$인치가 된다. 나사산이 없는 부분의 길이는 $l_d = 1.5 - 1.25 = 0.25$인치이다. 나사산이 없는 부분의 길이는 $l_t = 1.345 - 0.25 = 1.095$인치이다. 바깥지름 면적은 $A_d = (\pi/4)(0.5^2) = 0.196\,3$제곱인치이며 표 7-2로부터, 인장응력 면적은 $A_t = 0.159\,9$제곱인치이다. 따라서 식 (7-17)을 이용하여 강성을 다음과 같이 구한다.

답
$$k_b = \frac{0.196\,3(0.159\,9)30(10^6)}{0.196\,3(1.095)+0.159\,9(0.25)} = 3.69(10^6)\ \text{lbf/in}$$

7-6 볼트의 강도

볼트의 표준명세에는 볼트의 강도 값이 SAE, ASTM 최소기준, **최소보증강도**(또는 **최소보증하중**) 및 **최소인장강도 등으로** 명시된다. **보증하중**은 영구변형 없이 볼트가 견딜 수 있는 최대하중을 말한다. 보증강도는 보증하중을 인장응력면적으로 나눈 값이며 결과적으로 비례한도와 거의 비슷하다. 표 7-9, 7-10, 7-11에 강(steel) 볼트에 대한 최소 강도 규격을 제시하였다. 평균보증강도, 평균인장강도 및 이와 관련된 표준편차는 명세코드에 제시되지 않으므로, 설계자가 신뢰성 설계를 수행하기 위해서는 해당 값들을 실험을 통해 확인할 필요가 있다.

그림 7-9에는 SAE 명세사항이, 그림 7-10에는 ASTM 명세사항이, 그림 7-11에는 미터계 명세사항이 제시되었다. 미국에서 제조되는 볼트의 머리에는 등급표시와 제조자의 회사로고가 찍혀 있다. 이런 마크가 있다면 그 볼트는 명세를 만족시킨다는 것을 의미한다.

축피로하중에 의한 볼트의 파손은 볼트헤드 하부의 필릿, 나사선이 없어지는 곳, 너트와 처음 접하는 나사산에서 발생한다. 볼트헤드 하부에 표준숄더 부위가 있는 경우에는 응력집중계수가 2.1에서 2.3 사이이며, 이 필릿은 와셔에 의하여 흠이 생기거나 긁혀지지 않도록 보호된다. 만일 나사산 끝단이 15° 이하의 원추반각을 갖는다면 너트에 제일 먼저 결합되는 부분은 더 큰 응력을 받게 된다. 볼트의 규격은 너트의 워셔 면에 가해지는 하중 검사를 거쳐 정해지는데, 이 부위가 볼트에서 가장 취약한 부분이다(워셔 긁힘에 대한 방지, 15° 이하의 원추 반각 에 대한 조건 충족 시). 볼트 이음의 피로파손 기록을 보면 15퍼센트는 볼트 헤드에서, 20퍼센트는 나사선 끝단에서, 65퍼센트는 설계자 작업이 집중된 곳에서

표 7-9
강 볼트에 대한 SAE 명세

SAE 등급 번호	포함크기 범위, in	최소 보증강도,* kpsi	최소 인장강도,* kpsi	최소 항복강도,* kpsi	재료	헤드 표시
1	$\frac{1}{4}-\frac{1}{12}$	33	60	36	저/중 탄소	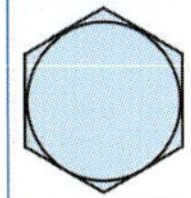
2	$\frac{1}{4}-\frac{3}{4}$ $\frac{7}{8}-\frac{1}{12}$	55 33	74 60	57 36	저/중 탄소	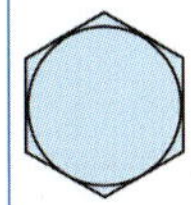
4	$\frac{1}{4}-\frac{1}{12}$	65	115	100	중 탄소, 냉간 인발	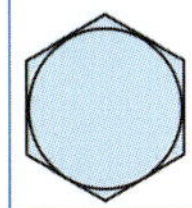
5	$\frac{1}{4}-1$ $\frac{1}{18}-\frac{1}{12}$	85 74	120 105	92 81	중 탄소, Q&T	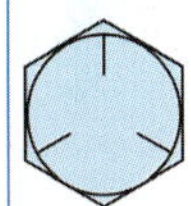
5.2	$\frac{1}{4}-1$	85	120	92	저 탄소 마텐자이트, Q&T	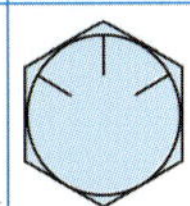
7	$\frac{1}{4}-\frac{1}{12}$	105	133	115	중 탄소 합금, Q&T	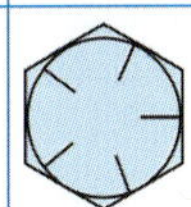
8	$\frac{1}{4}-\frac{1}{12}$	120	150	130	중 탄소 합금, Q&T	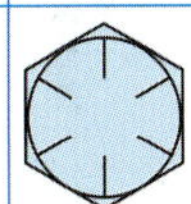
8.2	$\frac{1}{4}-1$	120	150	130	저 탄소 마텐자이트, Q&T	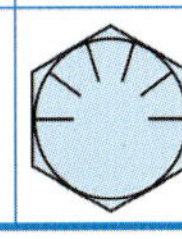

* 최소강도는 결합요소강도의 99% 이상 값이다.

발생되었는데, 이는 위에서 언급한 기준들에 충분한 주의를 기울이지 않았기 때문이다. 만약, 너트의 워셔 면이 가장 취약한 부분이 아닌 경우에는 해당 부분에 대해 크게 주의를 기울일 필요는 없다.

너트의 등급은 짝을 이룰 볼트의 등급에 따라 결정된다. 너트의 사용 목적은 볼트에 걸리는 하중을 균일하게 너트로 분배하는 것인데, 이는 너트 나사산들의 변형(처짐)을 통해 이루어진다. 때문에 너트의 등급을 볼트의 등급과 일치시켜야 한다.

표 7-10
강 볼트에 대한 ASTM 명세사항

ASTM 지정 번호	포함크기 범위, in	최소 보증강도,* kpsi	최소 인장강도,* kpsi	최소 항복강도,* kpsi	재료	헤드 표시
A307	$\frac{1}{4}-\frac{1}{12}$	33	60	36	저 탄소	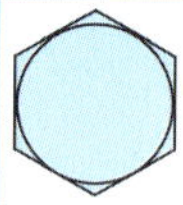
A325, type 1	$\frac{1}{2}-1$ $\frac{1}{18}-\frac{1}{12}$	85 74	120 105	92 81	중 탄소, Q&T	
A325, type 2	$\frac{1}{2}-1$ $\frac{1}{18}-\frac{1}{12}$	85 74	120 105	92 81	저 탄소, 마텐자이트, Q&T	
A325, type 3	$\frac{1}{2}-1$ $\frac{1}{18}-\frac{1}{12}$	85 74	120 105	92 81	웨더링 강, Q&T	
A354, grade BC	$\frac{1}{4}-\frac{2}{12}$ $2\frac{3}{4}-4$	105 95	125 115	109 99	합금 강, Q&T	
A354, grade BD	$\frac{1}{4}-4$	120	150	130	합금 강, Q&T	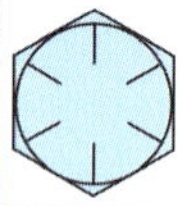
A449	$\frac{1}{4}-1$ $1\frac{1}{8}-\frac{1}{12}$ $1\frac{3}{4}-3$	85 74 55	120 105 90	92 81 58	중 탄소, Q&T	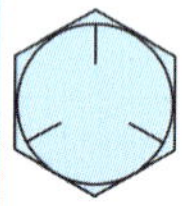
A490, type 1	$\frac{1}{2}-\frac{1}{12}$	120	150	130	합금 강, Q&T	
A490, type 3	$\frac{1}{2}-\frac{1}{12}$	120	150	130	웨더링 강, Q&T	

* 최소강도는 결합요소강도의 99% 이상 값이다.

표 7-11
강 볼트, 나사, 스터드*에 대한 미터계 기계적 특성

Property Class	포함 크기 범위	최소 보증강도,* MPa	최소 인장강도,* MPa	최소 항복강도,* MPa	재료	헤드 표시
4.6	M5–M36	225	400	240	저/중 탄소	4.6
4.8	M1.6–M16	310	420	340	저/중 탄소	4.8
5.8	M5–M24	380	520	420	저/중 탄소	5.8
8.8	M16–M36	600	830	660	중 탄소, Q&T	8.8
9.8	M1.6–M16	650	900	720	중 탄소, Q&T	9.8
10.9	M5–M36	830	1040	940	저 탄소 마텐자이트, Q&T	10.9
12.9	M1.6–M36	970	1220	1100	합금, Q&T	12.9

* 볼트/작은 나사에 대한 나사산 길이는 표 7-7의 미터계 규격과 동일함.
† 최소강도는 결합요소강도의 99% 이상 값이다.

7-7 이음에서, 인장방향의 외력으로 인한 식

그림 7-12처럼 볼트이음에 외부 인장하중(P)이 작용하면 어떤 일이 발생되는지 살펴보고자 한다. 물론, 외부 인장하중은 너트를 적절히 조여 주는 과정을 통해 볼트에 초기인장력이 가해진 후 작용하는 것이라 가정한다. 용어 정의는 다음과 같다.

F_i = 볼트의 초기인장력(부재의 초기압축력)의 크기

P_{total} = 이음에 가해지는 총 외부인장하중

P = 볼트 당 가해지는 외부인장하중

P_b = 외력 P 중 볼트가 분담하는 하중

P_m = 외력 P 중 부재가 분담하는 하중

$F_b = P_b + F_i$ = 볼트에 발생되는 합력
$F_m = P_m - F_i$ = 부재에 발생되는 합력
C = 외부하중 P 중 볼트가 받는 비율
$1 - C$ = 외부하중 P 중 부재가 받는 비율
N = 이음에서 볼트의 수

N개의 볼트가 총 외부하중을 균등하게 받는다면,

$$P = P_{\text{total}}/N \tag{a}$$

외부 인장하중 P는 이음을 늘리게 되는데 해당 신장량을 δ라 하자. 특정 변형량을 힘으로 나누어 스프링상수 k를 구할 수 있는 것과 같이 이음에서의 신장량(δ)을 강성(stiffness)과 연관지어 생각해 볼 수 있다. 따라서 다음의 관계식이 성립된다.

$$\delta = \frac{P_b}{k_b} \quad \text{and} \quad \delta = \frac{P_m}{k_m} \tag{b}$$

$$P_m = P_b \frac{k_m}{k_b} \tag{c}$$

식 $P = P_b + P_m$, (b), (c)로부터 아래의 관계가 얻어진다.

$$P_b = \frac{k_b P}{k_b + k_m} = CP \tag{d}$$

$$P_m = P - P_b = (1 - C)P \tag{e}$$

$$C = \frac{k_b}{k_b + k_m} \tag{f}$$

여기서, C는 이음의 강성상수(stiffness constant)이다. 볼트에 발생되는 합력은

$$F_b = P_b + F_i = CP + F_i \qquad F_m < 0 \tag{7-24}$$

이며, 이음부재에 발생되는 합력은 아래와 같다.

$$F_m = P_m - F_i = (1 - C)P - F_i \qquad F_m < 0 \tag{7-25}$$

식에 포함된 부등호 조건에서 알 수 있는 것처럼 위의 두 식은 부재에 압축 하중이 존재한다는 조건하에 유효하다.

표 7-12는 몇 가지 강성 계산 결과를 보여주며 이는 와셔 없이 두 개의 강 부재를 강 볼트로 조인 경우에 대한 것이다. C와 $1 - C$는 식 (7-24)와 식 (7-25)에서 볼 수 있는 것과 같이 P의 계수이며, 각각 볼트와 부재에 걸리는 하중의 비를 나타낸다. 모든 경우에 부재가 약 80%의 하중을 지지하는데, 이러한 사실은 피로하중이 존재하는 경우 더욱 중요해진다. 또한 조임 길이가 길어질수록 외력 중 부재가 받는 하중비율($1 - C$)이 더 증가한다는 사실도 기억하길 바란다.

표 7-12
볼트/부재의 강성계산결과. $\frac{1}{2}$in-13 NC 강 볼트로 강 부재를 조인 경우. $C=\frac{k_b}{k_b+k_m}$

	강성, M lbf/in			
볼트 그립, in	k_b	k_m	C	$1-C$
2	2.57	12.69	0.168	0.832
3	1.79	11.33	0.136	0.864
4	1.37	10.63	0.114	0.886

7-8 볼트토크와 볼트인장력의 관계

이음의 해석에 있어 볼트의 초기인장력이 고려되어야 함을 앞 절에서 설명하였으며, 이번 절에서는 부재가 조립되는 과정 중에 초기하중이 실제로 발생될 수 있도록 하는 방법을 알아보고자 한다. 체결 후 볼트의 길이를 정확히 측정할 수 있다면, $\delta=F_i l/AE$ 식을 통해 초기인장력을 계산할 수 있다. 즉, 볼트가 특정 δ 만큼 신장되도록 너트를 조임으로써 원하는 초기인장력을 가해줄 수 있다.

그러나 나사산 끝 부분이 보통 구멍 속에 있기 때문에 볼트의 늘어난 길이를 정확히 측정하는 것은 거의 불가능하다. 때문에 볼트의 특정 초기인장력을 발생시키기 위하여 렌치 토크가 이용되며 구체적으로는 토크 렌치 이용하여 조이기, 공기압-충격 렌치 이용하여 조이기 또는 너트 회전법 등이 있다.

토크 렌치에는 토크 지시계가 장착되어있어 적절한 토크 값 조절이 가능하다.

공기압-충격 렌치는 적정 토크 값 도달 시 공기압 조절을 통해 자동으로 렌치의 조임을 멈춘다.

너트 회전법을 설명하기 위해서는 먼저 '꼭 맞는 조임'을 정의할 필요가 있다. 꼭 맞는 조임이란 충격렌치를 사용하여 몇 번의 충격으로 얻어지기도 하며, 보통의 렌치로는 충분한 힘을 얻어진다. 꼭 맞는 조임 상태에 도달한 이후 가해지는 추가적인 회전은 볼트에 유용한 인장력을 발생시킨다. 꼭 맞는 조임 상태에 달성 후 계산된 양 만큼 추가 회전을 가해 적정 초기인장력을 발생시키는 방법이 너트 회전법이다. 예를 들면, 큰 하중을 받는 육각 볼트의 경우 너트 회전법은 꼭 맞는 조임 상태에서 180° 이상 너트를 더 회전시킴을 의미한다. 승용차의 바퀴 너트에서 적절한 너트 회전양 또한 약 180°이다. 연습문제 7-15~7-17에서 해당 기법을 더 다룬다.

마찰계수가 다양하게 변화하지만, 식 (7-5), (7-6)으로부터 볼트에 적정 초기인장력을 발생시키기 위한 토크를 계산할 수 있다.

$$T=\frac{F_i d_m}{2}\left(\frac{l+\pi f d_m \sec\alpha}{\pi d_m - f l \sec\alpha}\right)+\frac{F_i f_c d_c}{2} \qquad \text{(a)}$$

$\tan\lambda=l/\pi d_m$이므로 분자, 분모를 πd_m으로 나누면 식 (b)가 된다.

$$T = \frac{F_i d_m}{2}\left(\frac{\tan\lambda + f\sec\alpha}{1 - f\tan\lambda\sec\alpha}\right) + \frac{F_i f_c d_c}{2} \tag{b}$$

육각 너트의 와셔지름은 편평한 부분의 폭으로, 공칭크기(바깥지름 d)의 약 1.5배이다. 따라서 평균 칼라지름은 $d_c = (d + 1.5d)/2 = 1.25d$가 된다. 이를 식 (b)에 대입하여 정리하면 아래의 식이 얻어진다.

$$T = \left[\left(\frac{d_m}{2d}\right)\left(\frac{\tan\lambda + f\sec\alpha}{1 - f\tan\lambda\sec\alpha}\right) + 0.625 f_c\right] F_i d \tag{c}$$

대괄호 안의 값을 아래와 같이 토크계수 K로 정의하면

$$K = \left(\frac{d_m}{2d}\right)\left(\frac{\tan\lambda + f\sec\alpha}{1 - f\tan\lambda\sec\alpha}\right) + 0.625 f_c \tag{7-26}$$

식 (c)를 아래와 같이 쓸 수 있다.

$$T = KF_i d \tag{7-27}$$

마찰계수는 표면거칠기, 정밀도, 윤활 정도에 의존하는데, f와 f_c의 평균값은 보통 0.15이다. 식 (7-26)에 대해 한 가지 흥미로운 사실이 있는데, 이는 $f = f_c = 0.15$이면 볼트의 크기나 나사산의 두께등과 상관없이 $K \approx 0.20$이 된다는 것이다.

Blake와 Kurtz는 막대한 양의 볼트 조임 시험을 수행하여 그 결과를 발표하였으며 해당 결과들을 통해 토크계수의 분포 및 볼트 초기인장력에 대해 많은 것들을 배울 수 있다. Blake와 Kurtz는 윤활 및 비윤활 조건에서 800 lbf·in의 토크가 가해질 때 1/2 in − 20 UNF 볼트의 초기인장력을 측정하였다. 이 조건은 M12×1.25볼트가 90 N·m 토크를 받는 것과 유사하다. 두 경우에 대한 통계학적 분석을 SI단위계로 변환하여 표 7-13과 7-14에 정리하였다.

두 경우 모두 나사에 대한 평균 초기인장력은 34 kN으로 동일하다. 무윤활 볼트의 경우 표준편차가 4.9 kN, 윤활 볼트의 경우 표준편차가 3 kN이다. 식 (7-27)로부터 평균 초기인장력이 34 kN으로 동일한 두 샘플의 토크 계수는 $K = 0.208$이다.

결합요소를 많이 생산하는 Bowman회사에서 제공한 추천 값을 표 7-15에 제시하였으며, 이 책에서는 해당 값들을 이용할 것이다. 볼트상태가 명시되어 있지 않는 경우에는 $K = 0.2$를 사용한다.

표 7-13
볼트 초기인장력값의 분포(비윤활볼트, 20번의 실험결과)

23.6,	27.6,	28.0,	29.4,	30.3,	30.7,	32.9,	33.8,	33.8,	33.8,
34.7,	35.6,	35.6,	37.4,	37.8,	37.8,	39.2,	40.0,	40.5,	42.7

Mean value $\overline{F_i} = 34.3$ kN. Standard deviation, $\hat{\sigma} = 4.91$ kN.

표 7-14
90 N·m으로 토크되며, 윤활된 볼트에 대한 초기인장력분포(10번의 시험결과)

30.3,	32.5,	32.5,	32.9,	32.9,	33.8,	34.3,	34.7,	37.4,	40.5

Mean value, $\overline{F_i} = 34.18$ kN. Standard deviation, $\hat{\sigma} = 2.88$ kN.

표 7-15
식 (7-27)과 관련한 토크계수 K

Bolt Condition	K
Nonplated, black finish	0.30
Zinc-plated	0.20
Lubricated	0.18
Cadmium-plated	0.16
With Bowman Anti-Seize	0.12

예제 7-3 SAE 5등급인 $\frac{3}{4}$ 인치−16 UNF×$2\frac{1}{2}$ 볼트가 이음에 사용되는 6 kip의 인장하중을 받는다. 볼트 초기인장력은 $F_i = 25$ kip이다. 볼트와 부재의 강성은 각각 $k_b = 6.50$, $k_m = 13.8$ Mlb/in이다.

(a) 초기인장력만의 상태와 외력(P)까지 추가된 상태에서 볼트에 발생되는 각각의 응력값을 구하라. 계산된 두 응력값을 볼트의 SAE 최소보증강도와 비교하라.

(b) 식 (7-27)을 사용하여 초기인장력을 발생시키는 데 필요한 토크를 구하라.

(c) 식 (7-26)과 $f = f_c = 0.15$를 사용하여, 초기인장력을 발생시키는 데 필요한 토크를 구하라.

풀이 표 7-2로부터, $A_t = 0.373$ in^{2}이다.

(a) 볼트의 초기인장력에 대한 응력은 다음과 같이 구한다.

답
$$\sigma_i = \frac{F_i}{A_t} = \frac{25}{0.373} = 67.02 \text{ kpsi}$$

강성상수는 $C = \dfrac{k_b}{k_b + k_m} = \dfrac{6.5}{6.5 + 13.8} = 0.320$

이므로, 식 (7-24)에서 외부하중이 추가된 상태에서의 볼트응력은 다음과 같다.

답
$$\sigma_b = \frac{F_b}{A_t} = \frac{CP + F_i}{A_t} = C\frac{P}{A_t} + \sigma_i$$
$$= 0.320\frac{6}{0.373} + 67.02 = 72.17 \text{ kpsi}$$

표 7-9에서 볼트의 SAE 최소보증강도 $S_p = 85$ kpsi이다. 따라서, 볼트의 초기인장력 상태와 사용하중상태에서의 응력은 보증강도보다 각각 21%, 15%만큼 작다.

(b) 식 (7-27)에서 초기인장력을 얻기 위하여 필요한 토크는 다음과 같다.

답
$$T = KF_i d = 0.2(25)(10^3)(0.75) = 3750 \text{ lbf·in}$$

(c) 표 7-2의 골지름 면적으로부터 골지름을 구한다.

$d_r = \sqrt{4A_R/\pi} = \sqrt{4(0.35)/\pi} = 0.6685$ 인치이므로, 평균지름은

$d_m = (0.75 + 0.6685)/2 = 0.7093$ 인치이다. 리드각은

$$\lambda = \tan^{-1}\frac{1}{\pi d_m} = \tan^{-1}\frac{1}{\pi d_m N} = \tan^{-1}\frac{1}{\pi(0.7093)(16)} = 1.6066°$$

이며, $\alpha = 30°$일 때 식 (7-26)은 다음과 같다.

$$T = \left\{\left[\frac{0.7093}{2(0.75)}\right]\left[\frac{\tan 1.6066° + 0.15(\sec 30°)}{1 - 0.15(\tan 1.6066°)(\sec 30°)}\right] + 0.625(0.15)\right\}25(10^3)(0.75)$$

$$= 3551 \text{ lbf}\cdot\text{in}$$

(355 lbf·in)은 (b)문항의 답(3750 lbf·in)보다 5.3%가 작다.

7-9 초기하중이 있는 이음에 정적 인장하중이 가해질 때

식 (7-24)와 (7-25)는 초기인장력이 있는 볼트 결합에서의 합력을 나타낸다. 예제 7-3에서와 같이 볼트의 인장응력은 다음과 같이 계산될 수 있다.

$$\sigma_b = \frac{F_b}{A_t} = \frac{CP + F_i}{A_t} \tag{a}$$

따라서, 보증강도를 초과하는 정적응력에 대한 항복 안전계수는 다음과 같이 계산된다.

$$n_p = \frac{S_p}{\sigma_b} = \frac{S_p}{(CP + F_i)/A_t} \tag{b}$$

또는,

$$n_p = \frac{S_p A_t}{CP + F_i} \tag{7-28}$$

볼트에는 통상적으로 보증강도와 유사한 하중이 가해지므로, 항복안전계수는 1에서 크게 벗어나지 않는다. 항복에 대하여 종종 사용되는 또 다른 지표로 하중 계수가 있다. 이는 초과하중 방지를 목적으로 외부하중 P에만 적용된다. 이 하중 계수 n_L을 식 (a)의 하중 P에 적용하고, 이를 보증강도와 같다고 놓으면, 다음 식이 얻어진다.

$$\frac{Cn_L P + F_i}{A_t} = S_p \tag{c}$$

하중 계수에 대하여 다시 정리하면 아래의 식과 같다.

$$n_L = \frac{S_p A_t - F_i}{CP} \tag{7-29}$$

또한, 외부하중이 이음을 분리시키는 데 필요한 하중보다 작아야 안전한 이음이라 할 수 있다. 결합된 부재 간에 분리가 발생하면, 전체 외부하중이 볼트에만 부과된다. 이음분리를 야기한 외력을 P_0라 하면, 분리 시 부재에 걸리는 합력은 $F_m = 0$이 되므로, 식 (7-25)로부터 다음의 식이 얻어진다.

$$(1-C)P_0 - F_i = 0 \tag{d}$$

이음 분리를 억제하는 안전계수는 다음과 같이 표현된다.

$$n_0 = \frac{P_0}{P} \tag{e}$$

식 (e)를 이용하여 식 (d)의 P_0를 $n_0 P$로 대체하면,

$$n_0 = \frac{F_i}{P(1-C)} \tag{7-30}$$

가 되며, 이는 이음 부재 간 분리에 대한 하중 계수가 된다.

그림 7-17은 양질의 볼트 재료에 대한 응력-변형률선도를 보여준다. 명확한 항복 지점이 나타나지 않으며 곡선은 파손 지점(인장강도에 해당)까지 부드럽게 상승한다. 이를 통해 볼트는 초기인장력이 아무리 크다 한들 하중 지지능력을 유지할 수 있음을 알려준다. 이와 같은 원리로 이음 강도가 결정되며 볼트는 꽉 조여진 상태를 유지할 수 있다. 초기인장력은 이음에 근육과 같은 존재이며, 그 크기는 볼트의 강도에 의해 결정된다. 볼트의 강도가 초기인장력을 발생시키는 데 최대한 사용되지 않는다면 이는 돈을 낭비하는 것이며 이음도 약해진다.

양질의 볼트에는 소성영역에 도달할 정도의 초기인장력을 가해 더 큰 강도를 보장할 수 있다. 조임 과정에 가해진 볼트 토크 중 일부는 비틀림을 발생시켜 주 인장응력을 증가시킨다. 그러나 이 비틀림은 볼트 헤드와 너트 간의 마찰에만 관여된다. 즉, 시간이 경과됨에 따라 비틀림은 완화되고 볼트에 작용되는 인장력을 다소 감소한다. 일반적으로 볼트는 조임

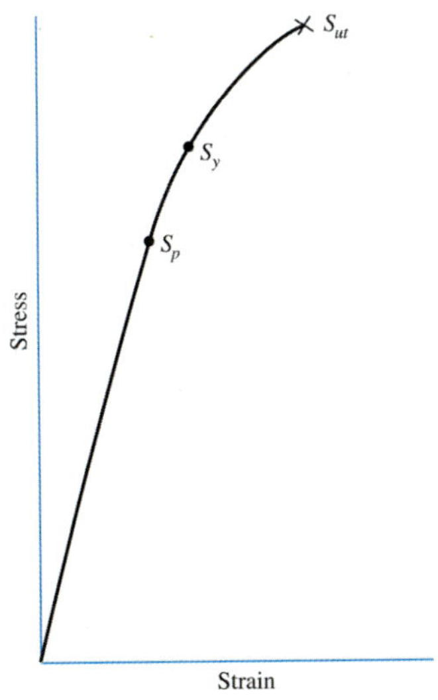

그림 7-17
볼트의 보증강도, 항복강도, 인장강도를 나타내는 볼트 재료의 전형적인 응력-변형률 선도

과정 중 파괴되지 않는 한 그 후에는 전혀 파손되지 않는다.

무엇보다, 렌치 토크 값은 초기인장력에 대한 정확한 척도가 아니므로 크게 신뢰하지 않는 것이 좋다. 되도록 볼트의 실제 신장량을 사용하는 것이 좋으며, 특히 피로하중이 작용될 때는 더욱 그러하다. 높은 신뢰도가 요구되는 설계에서는 실제 볼트 신장량을 기준하여 초기 인장력 값을 결정해야한다. RB & W회사에 따르면, 비 영구적 이음의 SAE 5등급 볼트에서는 60 kpsi의 초기인장력이 추천되며, 구조이음에 사용되는 A325볼트(SAE 5와 동급)는 보증 하중(또는 지름 1인치 이하에서는 85 kpsi)까지 조여주어야 한다. Bowman은 보증강도의 75%까지 초기인장력을 추천하는데, 이는 재활용 볼트에 대한 RB & W 회사의 권장 값과 거의 일치한다. 정하중 및 피로하중 조건에서 추천되는 초기인장력은 다음과 같다.

$$F_i = \begin{cases} 0.75F_p & \text{비영구이음, 재활용 결합요소에 대하여} \\ 0.90F_p & \text{영구이음에 대하여} \end{cases} \tag{7-31}$$

여기서 F_p는 보증하중이며 아래의 식으로 구한다.

$$F_p = A_t S_p \tag{7-32}$$

여기서 S_p는 표 7-9~7-11에서 얻어지는 보증강도이다. 다른 재료에 대해서는 추정치로써 $S_p = 0.85S_y$를 사용한다. 나사산이 있는 결합요소에는 되도록 연성재료 사용을 피하는 것이 좋다. 구조용 연결에서 고강도강 볼트에 효율적인 조임 기법이 사용된다면 항복 지점까지 조여 주는 것이 좋다.

초기인장력에 대한 RB & W 회사 추천 방식이 이 책에서 다룬 방식과 잘 일치됨을 알 수 있다. 이 책의 목적은 독자에게 식 (7-30)을 잘 활용하여 상황에 따라 구체적으로 대처할 수 있는 통찰력을 제공하는 것이다.

예제 7-4 그림 7-18은 주철(등급 25)로 만든 압력용기의 단면이다. 총 N개의 볼트가 내압으로 인한 부재분리력인 36 kip를 지탱하고 있다.

(a) k_b, k_m, C값을 구하라.

(b) 이음의 분리된 후 볼트를 재사용하며 하중 계수가 2일 때, 필요한 볼트 수를 결정하라.

(c) 문항 (b)에서 계산한 볼트의 수에 근거하여, 과하중에 대한 하중 계수, 항복안전계수, 이음분리에 대한 하중 계수를 구하라.

풀이 (a) 그림은 $L_G = 150$인치, 너트의 두께는 $\frac{35}{64}$인치이다. 너트 밖으로 2개의 나사산을 여유로 하여 $\frac{2}{11}$인치를 더하면 볼트 길이는 다음과 같다.

$$L = \frac{35}{64} + 1.50 + \frac{2}{11} = 2.229 \text{ in}$$

그림 7-18

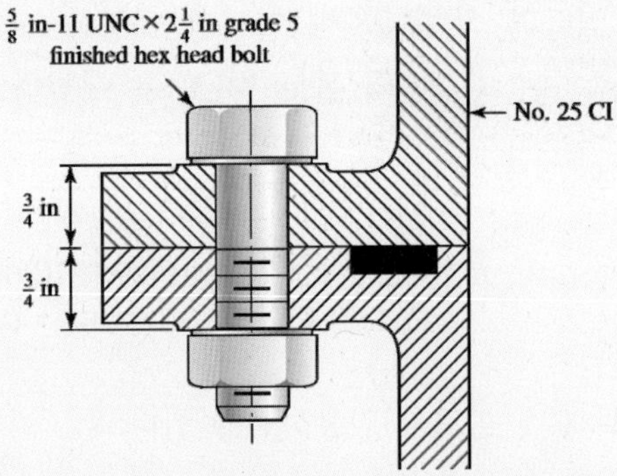

계산된 볼트길이가 2.229인치 이상으므로 $2\frac{1}{4}$ 인치를 선택한다. 식 (7-13)에서 나사산의 길이(L_T)는 $2(0.625)+0.25=1.5$ 인치이다. 따라서, 그립에서 나사산이 없는 길이(l_d)는 $2.25-1.50=0.75$ 인치이며, 나사산이 있는 길이(l_t)는 $1.5-0.75=0.75$ 인치이다. 표 7-2에서 $A_t=0.226\ \text{in}^2$, 바깥지름 면적 $A_d=\pi(0.625)2/4=0.3068\ \text{in}^2$을 대입하여 볼트의 강성을 구한다.

답
$$k_b=\frac{A_dA_tE}{A_dl_t+A_tl_d}=\frac{0.3068(0.226)(30)}{0.3068(0.75)+0.226(0.75)}$$
$$=5.21\ \text{Mlbf/in}$$

주철(번호 25번)의 탄성 계수를 14 Mpsi로 읽는다. 부재의 강성(k_m)을 식 (7-22)로부터 구한다.

답
$$k_m=\frac{0.5774\pi Ed}{2\ln\left(5\dfrac{0.5774l+0.5d}{0.5774l+2.5d}\right)}=\frac{0.5774\pi(14)(0.625)}{2\ln\left[5\dfrac{0.5774(1.5)+0.5(0.625)}{0.5774(1.5)+2.5(0.625)}\right]}$$
$$=8.95\ \text{Mlbf/in}$$

표 7-8(주철)에서 $A=0.77871$, $B=0.61616$을 식 (7-23)에 대입하여 k_m을 구한다.

$$k_m=EdA\exp(Bd/l)$$
$$=14(0.625)(0.778\,71)\exp[0.616\,16(0.625)/1.5]$$
$$=8.81\ \text{Mlbf/in}$$

이 값(8.81)은 첫 번째 계산값(8.95)과의 차이가 겨우 1.6%(즉, 거의 동일한 값)이다. k_m에 대한 첫 번째 계산값을 사용하여 강성상수 C를 구한다.

답
$$C=\frac{k_b}{k_+k_m}=\frac{5.21}{5.21+8.95}=0.368$$

(b) 표 7-9에서 $S_p=85\ \text{kpsi}$이다. 식 (7-31), (7-32)을 사용하여 바람직한 초기인장력의 크기를 구한다.

$$F_i=0.75A_tS_p=0.75(0.226)(85)=14.4\ \text{kip}$$

N개 볼트가 있다면 식 (7-28)에 볼트당 하중을 P/N으로 대체한 후 하중 계수 $(n=2)$를 만족하는 최소한의 볼트 수(N)을 구한다.

$$n_L = \frac{S_p A_t - F_i}{C(P_{\text{total}}/N)} \tag{1}$$

$$N = \frac{C n_L P_{\text{total}}}{S_p A_t - F_i} = \frac{0.368(2)(36)}{85(0.226) - 14.4} = 5.52$$

답 따라서, 정수로 6개 볼트를 사용하여야 한다.

(c) 계산된 5.52 대신 6개의 볼트를 사용할 때, 실제 하중 계수는

답
$$n_L = \frac{85(0.226) - 14.4}{0.368(36/6)} = 2.18$$

식 (7-28)을 사용하면, 항복안전계수는 다음과 같다.

답
$$n_p = \frac{S_p A_t}{C(P_{\text{total}}/N) + F_i} = \frac{85(0.226)}{0.368(36/6) + 14.4} = 1.16$$

식 (7-30)을 사용하면, 이음분리에 대한 하중 계수는 다음과 같다.

답
$$n_0 = \frac{F_i}{(P_{\text{total}}/N)(1-C)} = \frac{14.4}{(36/6)(1-0.368)} = 3.80$$

7-10 전단을 받는 볼트 또는 리벳 이음[6]

전단을 받는 리벳 또는 볼트 결합이음 또한 동일한 설계/해석과정을 절차를 거친다.

그림 7-19a에는 전단을 받는 리벳이음을 나타내고 있다. 이제 이 결합이음이 파손되는 다양한 경우들에 대하여 살펴보자.

그림 7-19b에는 리벳 또는 리벳 이음된 부재의 굽힘에 의한 파손을 나타낸다. F가 전단력이고 t가 이음부재의 총 두께일 때, 굽힘 모멘트는 대략 $M = Ft/2$이 된다. 응력 집중을 무시한다면, 이음부재나 리벳의 굽힘응력은 다음과 같다.

$$\sigma = \frac{M}{I/c} \tag{7-33}$$

여기서 I/c는 작용 응력을 구하고자 하는 리벳 혹은 가장 취약한 부재에서의 단면계수이다. 이 방법을 통해 계산되는 응력은 추정 값이 될 것이다. 왜냐하면, 실제 리벳의 하중 분포나,

[6] 보일러, 교량, 건물처럼 중요한 구조에서 볼트(또는 리벳)이음에 대한 설계작업은 설계안전코드에 준하여 수행된다. 예를 들면, AISC 핸드북(*American Institute of Steel Construction*), Boiler Construction Code, 또는 ASME(American Society of Mechanical Engineers)가 있다.

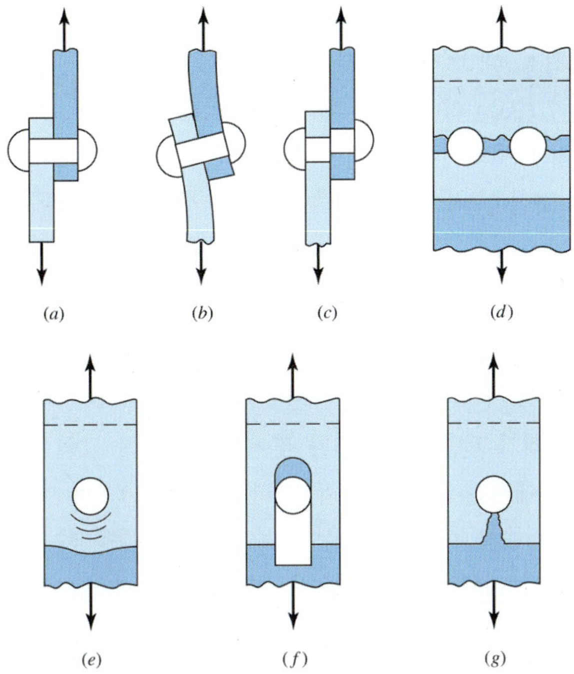

그림 7-19

볼트(또는 리벳)이음에 전단하중 작용시 파손형태. (a) 전단하중, (b) 리벳굽힘, (c) 리벳전단, (d) 부재의 인장파손, (e) 리벳이 부재를(또는 멤버가 부재를) 견딤(압축), (f) 판끝의 전단 찢어짐, (g) 판끝의 인장 찢어짐.

리벳과 부재의 상대적 변형 정도를 모르기 때문이다. 때문에 위 식을 굽힘응력을 추정하는데 사용할 수는 있지만 실제 설계에는 거의 사용하지 않는다. 대신, 안전계수를 크게 함으로써 그 영향을 보정한다.

그림 7-19c는 순수전단에 의한 리벳의 파손을 보여준다. 리벳에 발생되는 응력은 아래와 같이 표현된다.

$$\tau = \frac{F}{A} \tag{7-34}$$

여기서 A는 이음에 속한 모든 리벳의 단면적을 의미한다. 구조설계에서는 고온 구동 리벳이 팽창하여 구멍을 거의 다 채운다 할지라도, 구멍의 지름보다는 리벳의 공칭지름을 사용하는 것이 표준 관례이다.

그림 7-19d는 이음연결된 부재의 순수인장에 의한 파손을 보여준다. 인장응력은

$$\sigma = \frac{F}{A} \tag{7-35}$$

이며, A는 리벳의 전체 면적을 뺀 판의 최소 면적을 의미한다. 피로 하중을 받는 연성 및 취성재료, 정적 하중을 받는 취성재료에 대해서는 반드시 응력 집중효과를 고려해야 한다. 초기인장하중이 부과된 볼트 이음은 부재를 압축하는데, 해당 압축 영역(볼트 이음 근처)에 리벳이 적용되는 경우에는 부재의 압축에 의해 응력 집중이 완화되기도 한다. 그러나 초기인장하중이 유지되어 응력 집중을 완화한다는 확실한 보증이 없다면, 응력집중효과가 온전히 존재한다고 가정하고 설계에 임하는 것이 안전하다. 일반적으로 구조물 설계는 정하중 및 연성재료에 관한 것이기 때문에, 응력 집중에 대해서는 잘 고려하지 않는다.

볼트가 포함된 경우에 대해서 식 (7-35) 활용 시 리벳면적 뿐 아니라 볼트 구멍의 면적까지 뺀 최소 판 면적을 활용해야 함을 기억하라.

그림 7-19e는 리벳 또는 판의 압착에 의한 파손을 보여준다. 이때 응력을 베어링응력이라 하는데, 리벳의 원통 표면에 작용하는 하중 분포로 인해 실제 계산은 매우 복잡하다. 때문에 리벳접촉면적의 전체 투영면적에 힘이 균일하게 분포된다고 가정한다.

$$\sigma = -\frac{F}{A} \tag{7-36}$$

여기서, 단일 리벳의 투영면적 $A = td$, t는 가장 얇은 판의 두께, d는 리벳 혹은 볼트의 지름이다.

가장자리가 전단 파손되거나 찢어지는 경우를 그림 7-19f, g에 각각 표시하였다. 실제 구조물 설계에서는 가장자리로부터 리벳 지름의 1.5배 이상 여유를 두고 리벳을 위치시킴으로 이런 파손을 피한다. 더욱이, 볼트이음의 경우에는 외관을 고려하여 그보다 간격을 더 크게 두기 때문에 이런 파손은 일반적으로 잘 고려되지 않는다.

리벳이음에서는 모든 리벳이 리벳 및 구성 부재에서의 전단및 압축 하중을 서로 분담한다. 볼트 이음에서는 클램핑 마찰로 인한 전단이 존재하나, 압축(bearing)은 존재하지 않는다. 만약 특정 볼트가 초기인장하중을 잃는다면, 한 개의 볼트가 전단과 압축지지 하중을 전담하다가, 점차 항복이 진행되면서 다른 결합 요소들에 전단과 압축지지 하중이 분배된다. 결국, 모든 볼트들이 이에 참여하게 되는데 이는 초기인장하중 손실이 이루어졌을 때의 볼트 이음에 대한 해석의 기초가 된다. 일반적인 해석과정은 다음을 포함한다.

- 볼트에서의 지지(모든 볼트가 관련됨)
- 부재에서의 지지(모든 구멍이 관련됨)
- 볼트의 전단(모든 볼트가 결국 관련됨)
- 전단에서, 나사산이 있는 부분과 없는 부분의 구분
- 부재의 가장자리의 전단 및 찢어짐(해당 영역 볼트 관련됨)
- 볼트 구멍에 걸친, 부재의 인장항복
- 부재의 용량 검사

예제 7-5 그림 7-20의 볼트연결이음은 SAE 등급 5인 볼트를 사용하며, 부재는 온간압역한 AISI 1018 강이다. 인장전단하중 4000 lb가 이음에 가해질 때, 발생할 수 있는 모든 파손 모드에 대한 안전계수를 계산하라.

풀이 부재: $S_y = 32\ \text{kpsi}$

볼트: $S_y = 92\ \text{kpsi}$, $S_{sy} = (0.577)92 = 5308\ \text{kpsi}$

| 그림 7-20

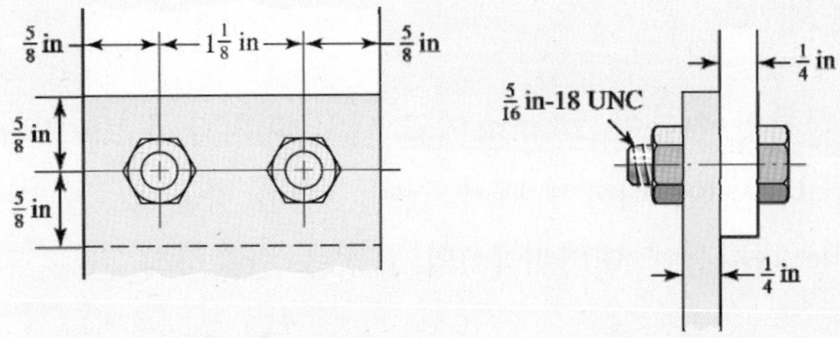

볼트의 전단 모드:

$$A_s = 2\left[\frac{\pi(0.375)^2}{4}\right] = 0.221\ \text{in}^2$$

답 $$\tau = \frac{F_s}{A_s} = \frac{4}{0.221} = 18.1\ \text{kpsi}$$

$$n = \frac{S_{sy}}{\tau} = \frac{83.08}{18.1} = 2.93$$

볼트의 베어링 모드:

$$A_b = 2(0.25)(0.375) = 0.188\ \text{in}^2$$

$$\sigma_b = \frac{-4}{0.188} = -21.3\ \text{kpsi}$$

답 $$n = \frac{S_y}{|\sigma_b|} = \frac{92}{|-21.3|} = 4.32$$

부재의 베어링 모드:

답 $$n = \frac{S_{yc}}{\sigma_b} = \frac{32}{|-21.3|} = 1.50$$

부재의 인장 모드:

$$A_t = (2.375 - 0.75)(1/4) = 0.406\ \text{in}^2$$

$$\sigma_t = \frac{4}{0.406} = 9.85\ \text{kpsi}$$

답 $$n = \frac{S_y}{A_t} = \frac{32}{9.85} = 3.25$$

연습문제

7-1 운동용 나사의 지름이 25 mm이고 나사 피치가 5 mm이다.

(a) 사각 나사선에 대하여 나사 깊이, 너비, 평균 및 골 지름, 리드를 구하라.

(b) Acme 나사선에 대하여 (a)의 과정을 반복하라.

7-2 표 7-1의 각주에 있는 정보를 사용하여 인장응력 면적이 다음과 같음을 증명하라.

$$A_t = \frac{\pi}{4}(d - 0.938194p)^2$$

7-3 칼라 마찰이 0인 경우, 사각 나사의 효율이 다음의 식으로 주어짐을 증명하라.

$$e = \tan\lambda \frac{1 - f\tan\lambda}{\tan\lambda + f}$$

7-4 한 줄 운동용 나사의 지름이 25 mm이고, 피치는 5 mm이다. 나사의 수직 하중은 최대 5 kN에 도달한다. 칼라의 마찰계수는 0.06, 스레드의 마찰 계수는 0.09이며, 칼라의 마찰 지름은 45 mm이다. 하중을 "들어 올릴 때"와 "낮출 때"의 효율과 토크를 구하라.

7-5 그림에 표시된 기계는 인장 시험에는 사용할 수 있지만 압축 시험에는 사용할 수 없다. 그 이유는 무엇인가? 두 나사가 같은 핸드 방향을 가질 수 있는가?

| 문제 7-5

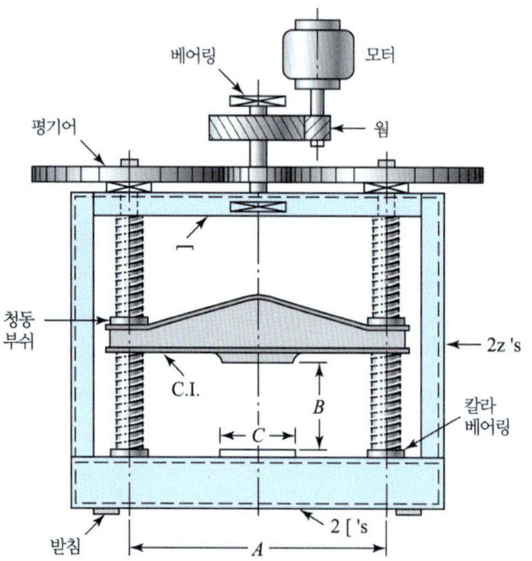

7-6 문제 7-5의 그림에 표시된 기계의 정격 부하는 5000 lbf이다. 트윈 스크류는 Acme 나사선을 갖으며 지름 2 in, 피치 14 in이다. 마찰 계수는 나사선의 경우 0.05이고 칼라 베어링의 경우 0.08이다. 칼라 지름은 3.5 in이다. 기어의 효율은 95%이며 속도 비는 60 : 1이다. 모터 축의 슬립 클러치가 과부하를 방지한다. 전부하(full-laod) 모터 속도는 1720 rpm이다.

(a) 모터가 켜졌을 때, 프레스 헤드의 속도는 얼마인가?

(b) 모터의 정격 마력(horsepower rating)은 얼마인가?

7-7 아래 그림에 제시된 것과 유사한 스크류 클램프는 냉간 연신된 AISI 1006 강으로 제조된 지름 38 in의 핸들을 갖는다. 전체 길이는 4.25 in이다. 나사는 UNC이며 전체 길이는 8 in이다. 거리 A는 3 in이다. 해당 클램프 수용 가능한 부품의 최대 높이는 6 in이다.

(a) 핸들에 영구적인 굽힘을 유발하는 나사 토크를 구하라.

(b) 칼라 마찰을 무시할 수 있고 나사산의 마찰계수가 0.15일 때 (a)의 답에 대한 클램핑 하중을 구하라.

(c) 나사에 버클을 유발하는 클램핑 하중을 구하라.

(d) 점검해야 할 또 다른 스트레스 또는 파손이 있는가?

| 문제 7-7

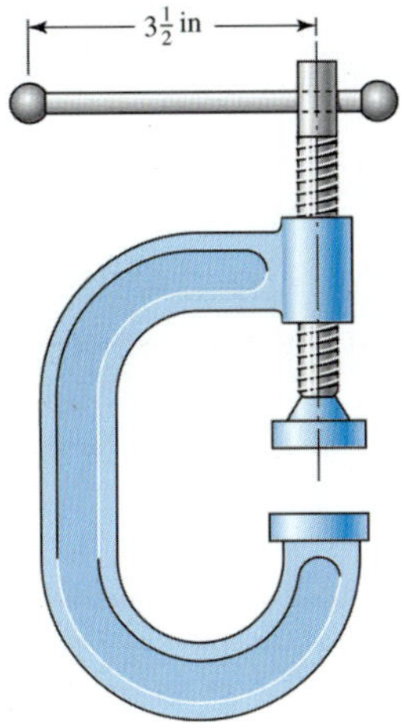

7-8 문제 7-7의 그림에 표시된 C-클램프는 $\frac{3}{4}$ in-6 Acme 나사선을 사용한다. 나사선과 칼라의 마찰계수는 0.15이다. 앤빌 스트라이커의 스위블 조인트 칼라는 마찰 지름이 1 in이다. 나사 중심선으로부터의 반지름이 $3\frac{1}{2}$ in인 핸들의 한 지점에 최대 하중 8 lbf가 작용할 때 클램핑 하중을 구하라.

7-9 피치가 14 in인, 1.5 in-두 줄 사각-나사선 운동용 나사를 구동하는 데 요구되는 전력을 구하라. 너트는 2 in/s의 속도로 움직이고 $F = 2.2$ kips의 하중을 전달한다. 나사선의 마찰계수는 0.10, 칼라의 마찰계수는 0.15이다. 칼라의 마찰 지름은 2.25 in이다.

7-10 회전 속도가 1 rev/s인 한 줄 사각-나사선 운동형 나사에 3 kW의 전력이 공급된다. 나사의 지름은 40 mm, 피치는 8 mm이다. 나사선의 마찰계수는 0.14, 칼라의 마찰계수는 0.09이다. 칼라의 마찰 반지름은 50 mm이다. 축 방향 저항력 및 나사-칼라 통합 효율을 구하라.

7-11 $M14 \times 2$ 육각 볼트와 한 개의 너트가 15 mm 강판 두 개를 함께 조이는 데 사용된다.

(a) 볼트의 적합한 길이를 결정하라. 단, 반올림하여 5 mm 단위로 결정하라.

(b) 볼트 강성(stiffness)을 결정하라.

(c) 부재들의 강성(stiffness)을 결정하라.

7-12 너트 아래에 하나의 14 R 메트릴 와셔가 추가된 경우에 대하여 문제 7-11을 반복하라.

7-13 강판 중 하나에 너트를 제거하기 위한 나사 구멍이 있는 경우에 대하여 문제 7-11을 반복하라.

7-14 2-in 강철 판과 1-in 주철 판이 하나의 볼트와 너트로 결합된다. 12 in-13 UNC 볼트가 사용된다.

(a) 적합한 볼트의 길이를 결정하라. 단, 반올림하여 in 단위로 구하라.
(b) 볼트 강성을 결정하라.
(c) 부재들의 강성을 결정하라.

7-15 볼트 머리 아래에 N American Standard 평 와셔가 추가되고 너트 아래에도 동일한 또 하나의 와셔가 추가된 경우에 대하여 문제 7-14를 반복하라.

7-16 주철 판에 너트 제거용 나사 구멍이 있는 경우에 대하여 문제 7-14를 반복하라.

7-17 각각의 두께가 2 in인 동일한 두 개의 알루미늄 플레이트가 하나의 볼트와 너트로 결합된다. 볼트 머리 아래와 너트 아래에 각각 와셔가 사용된다.

- 워셔 특성: 강철; ID = 0.531 in; OD = 1.062 in; 두께= 0.095 in
- 너트 특성: 강철; 높이= $\frac{7}{16}$ in
- 볼트 특성: $\frac{1}{2}$ in-13 UNC grade 8
- 플레이트 특성: 알루미늄; $E = 10.3$ Mpsi; $S_u = 47$ kpsi; $S_y = 25$ kpsi

(a) 볼트의 적합한 길이를 결정하라. 단, 반올림하여 in 단위로 구하라.
(b) 볼트의 강성을 결정하라.
(c) 부재들의 강성을 결정하라.

7-18 볼트 머리 아래에는 워셔가 사용되지 않고, 너트 아래에 두 개의 워셔가 포개져 사용되는 경우에 대하여 문제 7-17을 반복하라.

7-19 30 mm 두께의 AISI 1020 강판을 2개의 10 mm 두께 2024-T3 알루미늄 판 사이에 끼워 볼트와 너트로 압축한다. 와셔는 사용되지 않는다. 사용된 볼트는 M10×1.5, 속성 클래스 5.8이다.

(a) 볼트의 적합한 길이를 결정하라. 단, 반올림하여 5 mm 단위로 구하라.
(b) 볼트의 강성을 결정하라.
(c) 부재들의 강성을 결정하라.

7-20 아래쪽 알루미늄 판이 20 mm 두께로 교체된 경우에 대하여 문제 7-19를 반복하라.

7-21 아래쪽 알루미늄 판에 너트 제거용 나사 구멍이 있는 경우에 대하여 문제 7-19를 반복하라.

7-22 두 개의 20 mm 강판이 볼트와 너트로 함께 조여진다. 이음 강성 상수 C가 0.2와 0.3 사이의 값을 갖도록 하는 볼트를 구체적으로 결정하라.

7-23 2-in 강철 판과 1-in 주철 판을 하나의 볼트와 너트로 조이고자 한다. 이음 강성 상수 C가 0.2와 0.3 사이의 값을 갖도록 하는 볼트를 구체적으로 결정하라.

7-24 두께가 $\frac{1}{2}$ in인 플랜지가 달린 알루미늄 브래킷을 $\frac{3}{4}$ in 두께의 강철 기둥에 고정하고자 한다. 작은 나사(cap screw)가 브래킷 플랜지의 구멍을 통과하고 강철 기둥 벽의 나사 구멍에 조여진다. 이음 강성 상수 C가 0.2와 0.3 사이의 값을 갖도록 하는 나사를 구체적으로 결정하라.

7-25 M14×2 육각 볼트를 이용하여 두께가 20 mm인 두 개의 강철판을 조인다. 전체적엔 부재 강성을 식 (7-20), (7-22), (7-23)들을 활용하여 구하고 서로 비교하라.

7-26 ID $\frac{3}{4}$ in, 길이 10 in인 강철 튜브를 갖는 $\frac{3}{4}$ in-16 UNF 시리즈 SAE 5등급 볼트가, 너트를 꼭 맞게 조인 후 3분의 1 바퀴를 추가로 조이는 방식으로 볼트와 너트의 워셔 사이에 고정되어 있다. 강철 관의 OD는 워셔의 표면 지름 d_w와 같다. $1.5d = 1.5(0.75) = 1.125\text{ in} = \text{OD}$

| 문제 7-26

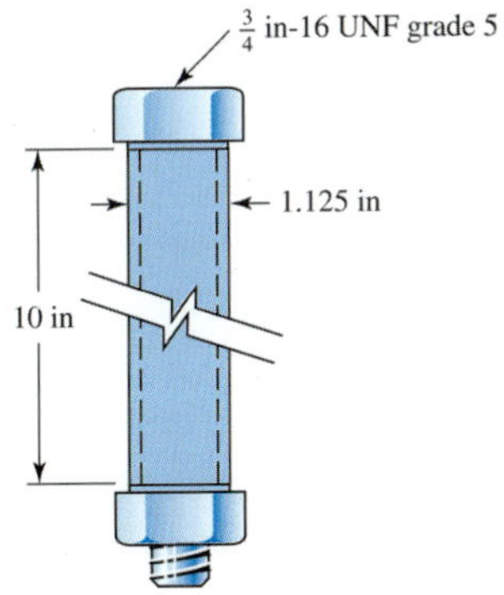

(a) 볼트의 강성, 튜브의 강성, 이음 강성 상수 C를 구하라.

(b) 너트를 3분의 1 바퀴 추가로 조일 때, 볼트에 작용하는 초기 인장력은 얼마인가?

7-27 문제 7-26에 대한 경험을 토대로 그 답을 일반화하여 아래의 너트 방정식을 유도하라.

N_t =꼭 맞는 조임 후 너트 회전수

θ =너트의 회전 각도

N =인치당 나사선 수

F_i =초기 하중

k_b, k_m =볼트와 부재의 강성

위의 식을 이용하여 토크 렌치와 꼭 맞는 조임 후 너트 회전수 사이의 관계를 유도하라. ("스너그 꽉 조임"은 와셔면과 부재의 돌기를 평평하게하기 위해 초기하중의 절반 정도로 이음이 조여졌음을 의미한다. 그런 다음 너트를 느슨하게 풀어준 후 다시 손으로 단단히 조여 주고, 이어서 위의 식에서 표현된 회전 수만큼 다시 너트를 조여준다. 이 방식이 적절히 수행되면 토크 렌칭 방식만큼의 경쟁력을 갖는다.)

7-28 6개의 볼트로 구성된 볼트 조임 조립체에 대하여, 각 볼트의 강성은 $k_b = 3$ Mlbf/in이고 볼트당 부재 강성은 $k_m = 12$ Mlbf/in이다. 80 kips의 외부 하중이 전체 이음에 가해지며 해당 하중은 모든 볼트에 균등하게 작용한다고 가정한다. 나사전조법에 의한 $\frac{1}{2}$ in-13 UNC 8등급 볼트를 사용하기로 결정되었고, 보증 하중의 75% 정도의 초기 하중이 가해진다.

(a) 항복 안전계수를 구하라.

(b) 과부하 안전계수를 구하라.

(c) 이음 분리에 기초한 안전계수를 구하라.

7-29 문제 7-29의 볼트 조임 조립체 설치 시, 조립체의 파손 없이 볼트에 초기 하중을 가해 주기 위해 정비사가 적용할 수 있는 토크의 범위를 찾는 것이 바람직하다. 토크 계수는 $K = 2$로 가정한다.

(a) 볼트의 보증 강도를 초과하지 않는 최대 초기 하중을 구하라.

(b) 이음의 분리가 발생하지 않도록 하는 최소 초기 하중을 구하라.

(c) 위의 (a), (b)에서 찾은 값들의 중간 값으로 초기 하중을 가해 주기 위해 요구되는 토크를 lbf·ft 단위로 구하라.

7-30 8개의 볼트로 구성된 볼트 조임 조립체에 대하여, 각 볼트의 강성은 $k_b = 1.0$ MN/mm이고 볼트당 부재 강성은 $k_m = 12$ MN/mm이다. 해당 이음은 유지 보수를 위하여 때때로 분해가 요구되며 그에 따라 초기 하중이 가해져야 한다. 외부 하중이 모든 볼트에 균등하게 가해진다고 가정한다. 나사전조법에 의한 M6×1class 5.8 볼트를 사용하기로 결정되었다.

(a) 볼트의 보증 강도를 초과하지 않으면서 전체 조립체에 가해질 수 있는 최대 외부 하중 $P_{\max}$를 구하라.

(b) 부재가 압축에서 벗어나지 않도록 하면서 조립체에 가해질 수 있는 최대 외부 하중 $P_{\max}$를 구하라.

7-31 볼트 조임 조립체에 대하여, 각 볼트의 강성은 $k_b = 4$ Mlbf/in이고 볼트당 부재 강성은 $k_m = 12$ Mlbf/in이다. 해당 이음은 유지 보수를 위하여 때때로 분해가 요구되며 그에 따라 초기 하중이 가해져야 한다. $P_{\max} = 80$ kips 및 $P_{\min} = 20$ kips인 변동 외부 하중이 전체 이음에 가해진다. 하중이 모든 볼트에 균등하게 분배된다고 가정한다. 나사전조법에 의한 $\frac{1}{2}$ in-13 UNC 8등급 볼트를 사용하기로 결정되었다.

(a) 볼트의 항복을 방지하기 위해 요구되는 최소 볼트 개수를 구하라.

(b) 이음의 분리를 방지하기 위해 요구되는 최소 볼트 개수를 구하라.

7-32 그림에서 보는 것처럼 외부 굽힘 모멘트에 저항하기 위해 여러 개의 볼트가 원을 따라 배치된 볼트-원 구조가 종종 사용된다. 외부 굽힘 모멘트가 12 kpi이고 볼트-원의 지름은 8 in이다. 굽힘에 대한 중립 축은 볼트 원의 횡방향 지름에 해당한다. 이때, 검토되어야 할 부분은 가장 큰 외부 하중이 작용하게 되는 볼트임을 알 수 있다.

(a) 볼트-원을 따라 선형 하중이 가해지는 것으로 가정하고 볼트의 효과를 검토한다. 이때, 선형 하중의 크기 F_b'는 $F_b' = F_{b,\max}' R \sin\theta$의 관계식으로부터 중립축으로부터의 거리에 따라 선형적으로 변한다. 특정 볼트에 가해지는 하중은 해당 볼트와 관련된 원호 상의 선형 하중에 의한 효과로 볼 수 있다. 그림에 제시된 12개의 볼트로 구성된 볼트-원을 고려하면, 각 볼트의 하중은 중심각이 30° 각 원호로 분산된다고 가정할 수 있다. 이와 같은 조건에서, 최대 볼트 하중은 얼마인가?

(b) 강도 $F_{b,\max}$와 각 볼트와 연관된 원호 길이의 곱이 최대 하중이라 보고 최대 볼트 하중을 구하라.

(c) 각 볼트에 가해지는 하중을 $F = F_{\max} \sin\theta$로 표현하고, 각 하중에 의한 굽힘 모멘트의 총 합을 구함으로써 최대 볼트 하중을 구하라. 이상의 세 가지 접근 방식을 통한 결과들을 서로 비교하고 어떤 방식이 가장 적합한지 결정하라.

| 문제 7-32

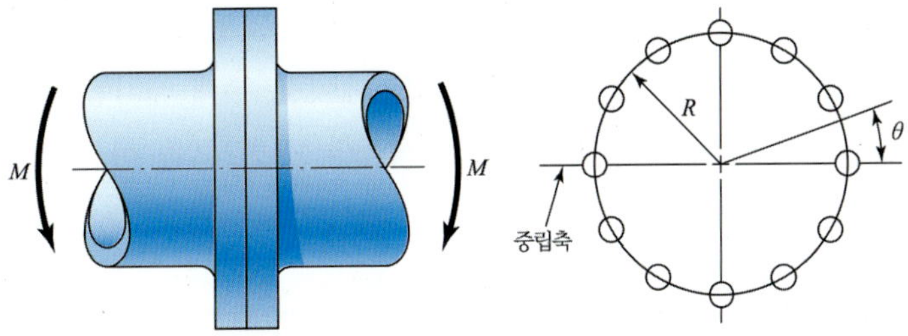

7-33 그림은 강철 천장 들보에 볼트로 고정되고 18 kN의 중력 하중을 지지하는 주철 베어링 블록을 보여준다. 사용된 볼트는 굵은 나사선 M24 ISO 8.8이며, 볼트 머리와 너트 아래에 4.6 mm 두께의 강철 와셔가 사용된다. 들보 플랜지의 두께는 $A = 20$ mm이고 베어링 블록의 탄성 계수는 135 GPa이다.

| 문제 7-33

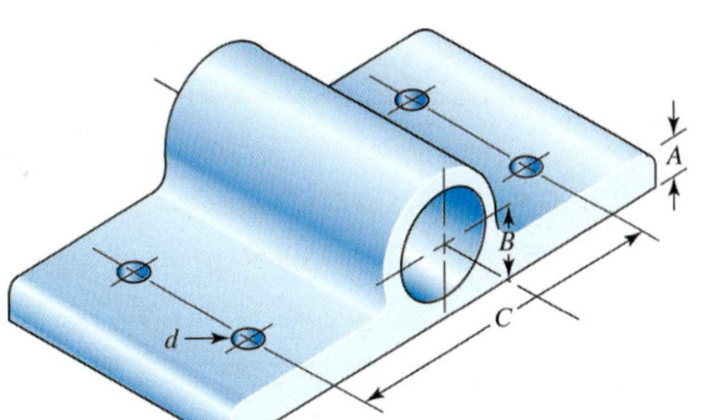

(a) 조립 중 패스너(fastener)에 윤활유가 공급되고 이음이 영구적일 때 렌치 토크를 구하라.

(b) 항복, 과부하 및 이음 분리를 방지하기 위한 안전계수들을 구하라.

7-34 그림에 표시된 거꾸로 된 강철 A-프레임은 ISO 8.8등급 볼트를 사용하여 기계 실 천장의 강철 빔에 볼트로 고정된다. 이 프레임은 그림과 같이 40 kN의 반지름방향 하중을 지지한다. 총 볼트 그립은 48 mm이며, 이는 강철 빔, A-프레임 다리 및 강철 와셔의 두께를 포함한다. 볼트는 M20×2.5 크기이다.

문제 7-34

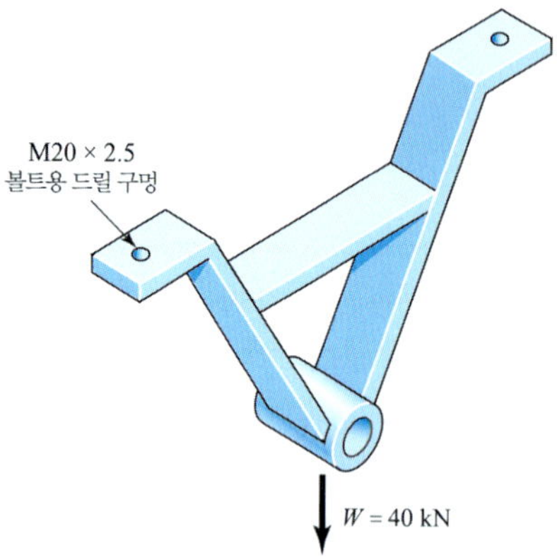

(a) 연결부가 영구적이며 패스너에 윤활유가 공급되는 경우 요구되는 조임 토크를 구하라.
(b) 항복, 과부하 및 이음 분리를 방지하기 위한 안전계수들을 구하라.

7-35 그림은 SAE 5등급 볼트를 사용하는 볼트 조립식 포갬 이음을 보여준다. 부재는 냉간 압연 AISI 1020 강이다. 볼트 전단, 볼트 베어링, 부재 베어링 및 부재 인장의 4가지 파손 모드들에 대하여 최소 안전계수 2를 적용할 수 있도록 하는 안전 인장 전단 하중를 구하라.

문제 7-35

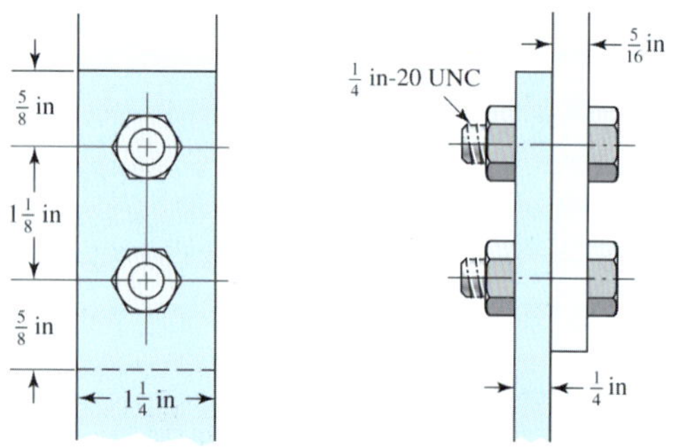

7-36 그림은 ISO 클래스 5.8볼트를 사용하는 볼트 조립식 포갬 이음을 보여준다. 부재는 냉간 압연 SAE 1040 강이다. 볼트 전단, 볼트 베어링, 부재 베어링 및 부재 인장의 4가지 파손 모드들에 대하여 최소 안전계수 2.5를 적용할 수 있도록 하는 안전 인장 전단 하중을 구하라.

문제 7-36

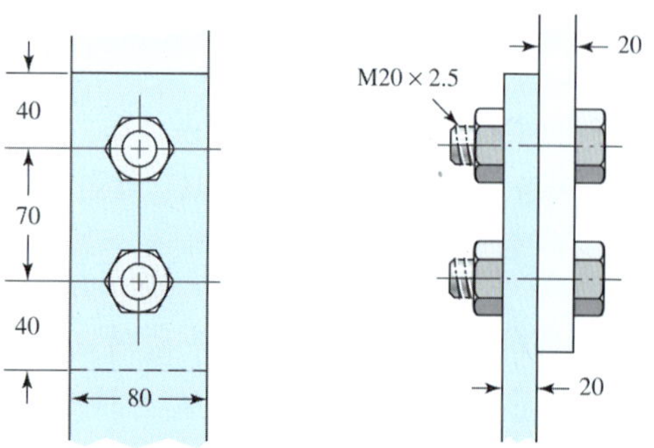

8 용접 및 영구적 이음에 대한 설계

오늘날의 제조 산업에서는 용접, 경납땜(브레이징), 연납땜, 접착제 이음 등과 같은 영구 이음 공정이 널리 사용된다. 여러 요소를 조립하여 무언가를 제작하기 위해서는 기본 설계 단계에서 이상의 공정들에 대한 고려가 이루어져야한다. 특히 이음부의 두께가 얇아야하는 경우에는 이상의 이음 공정을 이용하여 공정비용을 줄일 수 있다. 볼트, 볼트용 구멍, 조립에 드는 비용 등을 생각해 보라. 또한 이상의 공정은 매우 신속한 부품의 조립을 가능하게 해준다.

리벳 이음법은 압연강판을 서로 영구 이음하는 주된 영구 이음수단이었다. 하지만 근래에는 리벳 이음법는 잘 활용되지 않는다. 리벳이음 사용이 감소한 첫 번째 원인은 초기인장하중을 조절할 수 있는 고강도강 볼트의 개발이다. 둘째는 가격 및 이음 형상에 있어 더 유리한 다양한 용접기술들의 발전이다.

8-1 용접기호

용접공정은 특정 형상으로 미리 절단된 금속 부재들을 서로 용접하여 이루어진다. 용접공정은 미국용접학회(AWS)에서 표준화한 용접기호(그림 8-1)를 사용하여 작업도면에 정확히 명시되어야 한다. 기호 상의 화살표는 용접될 부분을 명시한다. 용접기호에는 다음의 다양한 정보들이 포함된다.

- 기선
- 지시선, 화살표
- 기본 용접기호(그림 8-2 참조)
- 치수표시 및 관련자료
- 보조기호

그림 8-1
미국용접학회의 표준용접기호
(각 기호의 위치를 보여줌)

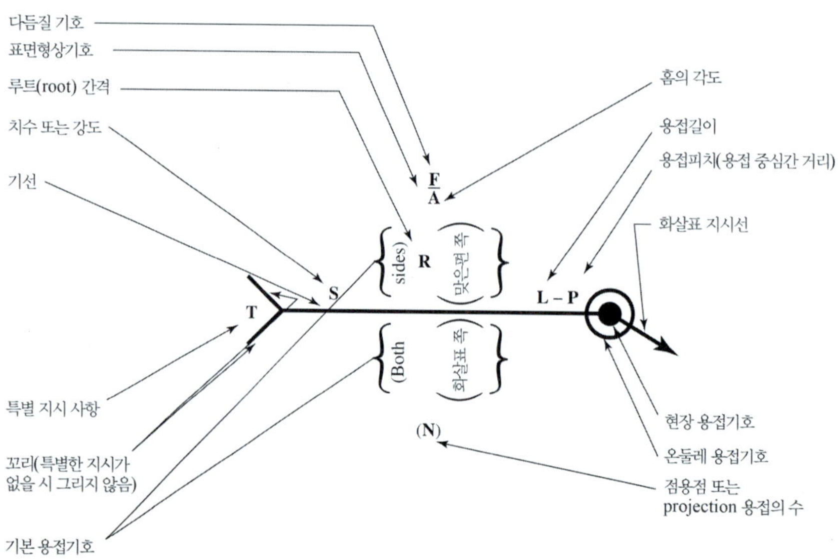

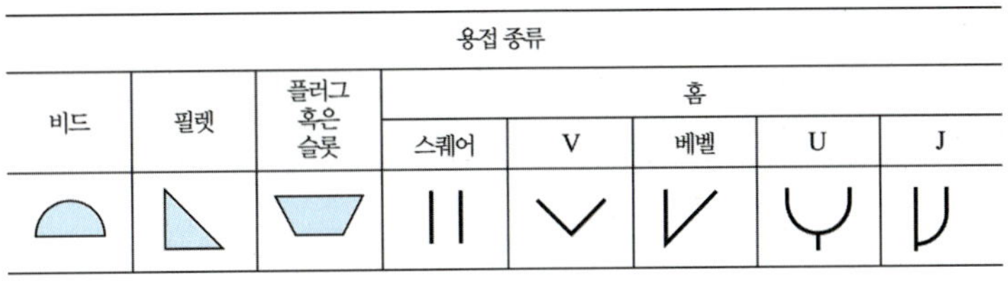

그림 8-2
아크용접 및 가스용접 기호.

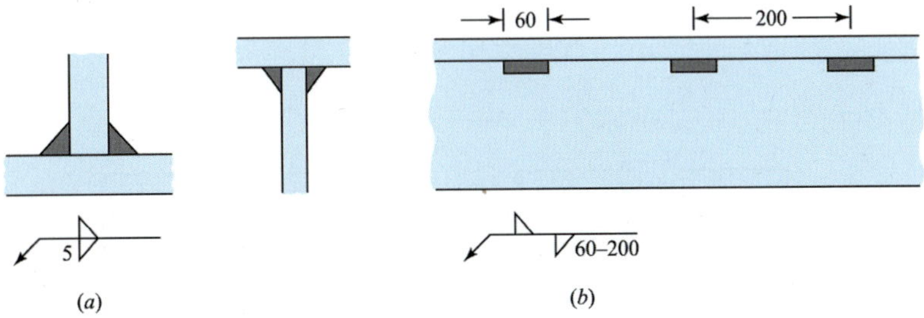

그림 8-3
필렛용접.
(a) 숫자는 다리길이를 나타냄; 양쪽이 동일한 경우 화살표는 한쪽의 용접부만 가리켜야 함, (b) 60 mm 폭의 용접이 200 mm의 중심간격을 두고 간헐적으로 진행됨을 나타내는 용접기호.

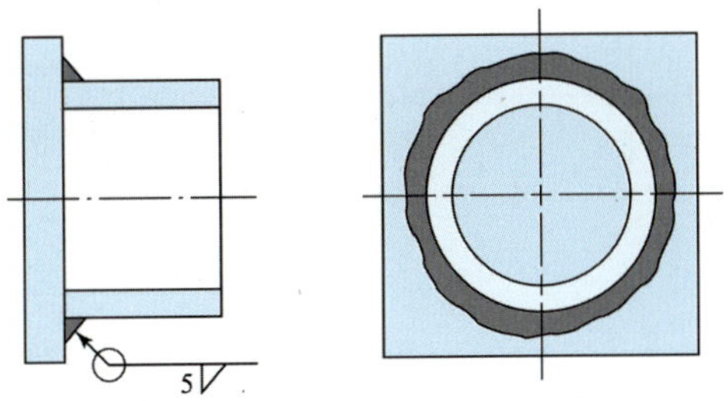

그림 8-4
용접기호상의 원 표시는 용접이 전체 둘레를 따라 진행됨을 나타냄.

- 다듬질방법기호
- 꼬리
- 특별지시사항

용접이음의 '화살표쪽'은 화살표가 가리키는 선, 변, 면적 또는 부재를 의미한다. 화살표쪽의 반대는 '맞은편쪽'이라고 한다.

그림 8-3~8-6에는 설계자들이 선호하는 몇 가지 용접 방법을 제시하였다. 일반적으로 필릿용접이 많이 사용되며 맞대기용접은 압력용기를 설계할 때 사용된다. 용접될 부품들은 용접을 위한 여유 공간이 충분히 확보되도록 배치되어야 한다. 만일 불충분한 여유공간 또는 특정 단면형상으로 인하여 이상한 이음이 될 수밖에 없다면, 설계자는 더 좋은 방법이 없는지 다시 검토하여야 한다.

용접작업 동안 열이 가해지기 때문에 용접부위의 금속모재에는 금속학적 변형이 발생한다. 또한, 용접작업 동안의 구속 또는 용접 순서의 차이에 따라 잔류응력이 발생할 수 있다. 보통 이러한 잔류응력은 크기가 작아 무시할 수 있으며 용접 후 간단한 열처리를 통하여 잔류응력을 감소시킬 수 있다. 용접될 부재가 두껍다면 부재를 예열하는 것이 도움이 된다. 용접 부위에 높은 신뢰도가 요구된다면 검사 프로그램을 도입하여 공정을 개선하여야 한다.

그림 8-5
맞대기 또는 홈용접. (a) 평면형 평행맞대기 이음용접, (b) V형 60° 그루브(홈)각도의 맞대기 이음용접, 루트간격 2 mm, (c) 양쪽면 V, (d) 45° 한면베벨 맞대기 이음용접.

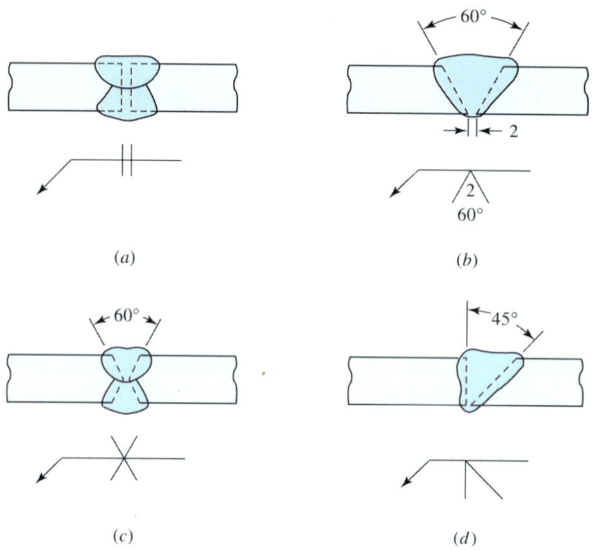

그림 8-6
특수한 홈용접. (a) 두꺼운 판에서 형 용접이음(필릿용접), (b) 두꺼운 판에서 U 또는 J 용접, (c) 모서리 용접(고강도를 얻기 위하여 내부 비드용접 가능하지만, 큰 하중 하에서는 사용금지), (d) 얇은 금속판이 작은 하중을 받을 때, 가장자리 용접.

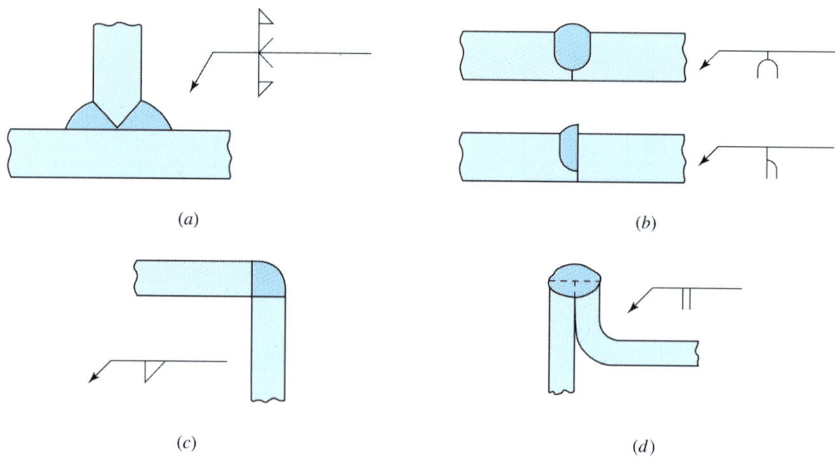

8-2 맞대기용접과 필릿용접

그림 8-7a는 인장하중(F)을 받는 단일 V-홈 용접을 나타낸다. 인장 또는 압축 하중에 의한 평균 수직응력은 다음과 같다.

$$\sigma = \frac{F}{hl} \tag{8-1}$$

h는 용접 목두께, l은 용접 길이이다. h에는 용접 덧붙임 길이는 포함되지 않는다. 덧붙임의 존재가 유용하기도 하지만, 크기가 일정하지 않으면 용접계면(A점)에 응력 집중을 발생시킬 수 있다. 피로하중이 가해진다면 덧붙임 부분을 제거하는 것이 좋다.

맞대기용접에서 전단하중(그림 8-7b)으로 인한 평균응력은 다음과 같다.

$$\tau = \frac{F}{hl} \tag{8-2}$$

그림 8-7
전형적인 맞대기이음

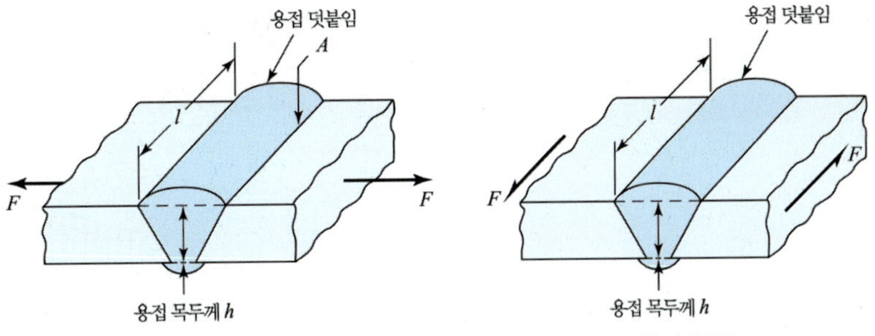

그림 8-8
횡필릿용접

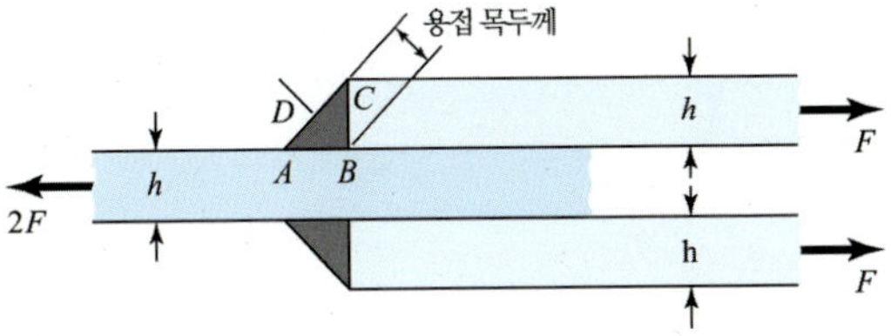

그림 8-9
그림 8-8의 자유물체도

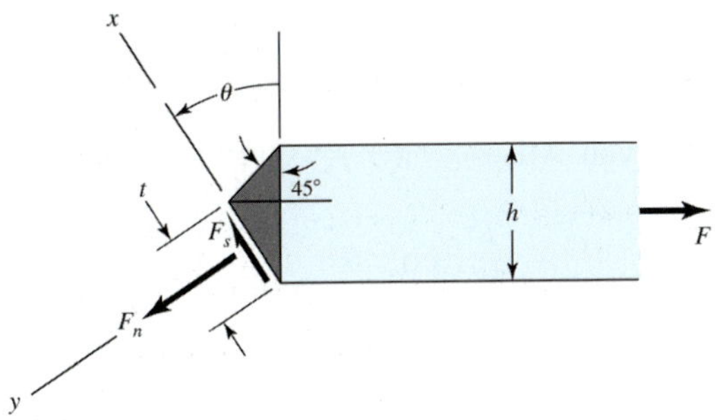

그림 8-8은 전형적인 횡 필릿용접의 예이다. 그림 8-8에서의 용접이음부위를 확대하여 그린 자유 물체도를 그림 8-9에 표시하였다. 각 θ에 대하여 각 용접 부위에 작용하는 하중은 수직력(F_n)과 전단력(F_s)으로 구성된다. 외력 F와의 평형을 고려하여 각 힘은 다음과 같이 표현할 수 있다.

$$F_s = F\sin\theta \tag{a}$$

$$F_n = F\cos\theta \tag{b}$$

그림 8-9의 삼각형에서 사인(sine)법칙을 적용하면

$$\frac{t}{\sin 45°} = \frac{h}{\sin(180° - 45° - \theta)} = \frac{h}{\sin(135° - \theta)} = \frac{\sqrt{2}\,h}{\cos\theta + \sin\theta}$$

이며, 목단면길이 t에 관하여 정리하면 다음과 같다.

$$t = \frac{h}{\cos\theta + \sin\theta} \tag{c}$$

용접부에서 각 θ에 대한 공칭응력 τ와 σ는 각각 (d), (e)와 같다.

$$\tau = \frac{F_s}{A} = \frac{F\sin\theta(\cos\theta + \sin\theta)}{hl} = \frac{F}{hl}(\sin\theta\cos\theta + \sin^2\theta) \tag{d}$$

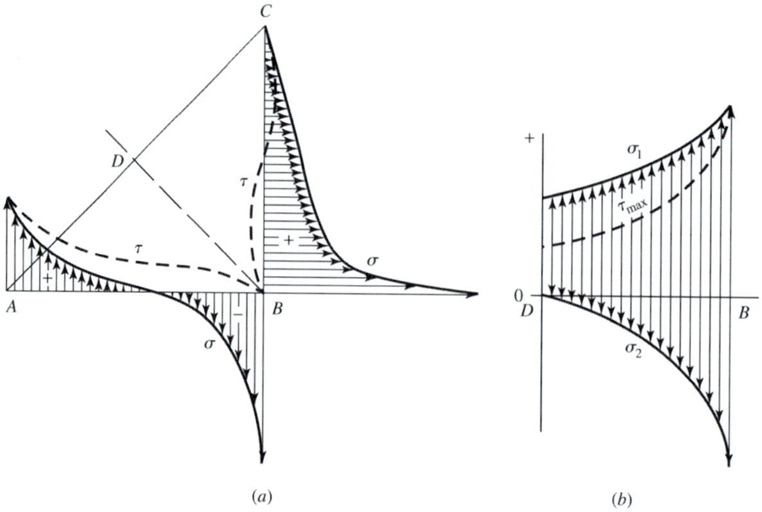

그림 8-10
필릿용접에서의 응력분포. (a) Norris가 보고한 용접변상의 응력분포, (b) Salakian이 보고한 주응력과 최대전단응력분포

$$\sigma = \frac{F_n}{A} = \frac{F\cos\theta(\cos\theta + \sin\theta)}{hl} = \frac{F}{hl}(\cos^2\theta + \sin\theta\cos\theta) \tag{e}$$

각 θ에 대한 von Mises응력(σ')은 다음과 같다.

$$\sigma' = (\sigma^2 + 3\tau^2)^{1/2} = \frac{F}{hl}[(\cos^2\theta + \sin\theta\cos\theta)^2 + 3(\sin^2\theta + \sin\theta\cos\theta)^2]^{1/2} \tag{f}$$

최대 von Mises응력은 $\theta = 62.5°$에서 발생되며 그 크기는 $\sigma' = 2.16F/(hl)$이다. 이때, 전단 및 수직응력은 각각 $\tau = 1.196F/(hl)$, $\sigma = 0.623F/(hl)$이다.

한편, 최대전단응력은 식 (d)를 θ에 대하여 미분하여 0이 되도록 하는 해를 구하여 계산할 수 있다. 결과는 $\theta = 67.5°$에서 $\tau_{\max} = 1.207F/(hl)$, $\sigma = 0.5F/(hl)$이 된다.

식 (d), (f)의 결과를 평가하는데 유용한 실험 및 해석 결과가 있다. 그림 8-8에 제시된 횡필릿용접은 대칭하중이 작용하며 광탄성기법을 쉽게 적용할 수 있다. Norris는 해당 기법을 통해 AB 및 BC선을 따라 응력분포를 측정하였으며[1], 그림 8-10a에 그 결과를 개략적으로 표시하였다. 그래프의 수평축 상에서는 A와 B점에서, 수직축 상에서는 B점에서 응력 집중을 확인할 수 있다. Norris는 A 및 B점에서 응력 값을 정확히 측정할 수 없다고 기술하였다.

Salakian[2]은 필릿용접 목부분에서의 응력분포에 대한 자료를 제시하였다(그림 8-10b). 이 결과가 흥미로운 이유는 설계에서 사용되는 것이 바로 목응력이기 때문이다. 그림 8-10b에서도 점 B에서의 응력 집중을 확인할 수 있다. 그림 8-10a는 용접금속(용재) 및 모재에 함께 적용되지만, 그림 8-10b는 용재에만 적용된다.

[1] C. H. Norris, "Photoelastic Investigation of Stress Distribution in Transverse Filler Welds," *Welding J.*, vol. 24, 1945, p. 557s.

[2] A. G. Salakian and G. E. Claussen, "Stress Distribution in Fillet Welds: A Review of the Literature," *Welding J.*, vol. 16, May 1937, pp. 1-24.

식 (a)~(f)의 결과는 우리에게도 꽤 익숙해 보인다. 횡필릿용접에 대한 광탄성 및 유한요소해석 결과는 재료역학 또는 탄성학적 해석 결과보다는 그림 8-10에 가깝다. 실제 응력을 정확히 계산할 수 있는 이론적 해석방법은 존재하지 않는다. 필릿 부분의 형상을 이상적으로 가정할 수 있다 하더라도 이 교재의 방법을 적용하기에는 무리가 있다. 또한, 편심에 의하여 한 쪽으로 굽힘이 발생될 수도 있다. 이와 같이 확실히 정립된 이론적 해석 기법이 존재하지 않더라도 어쨌든 설계자는 용접이음을 설계해야 하며 또한 그 결과는 안전해야한다. 이를 위해 사용되어온 방법을 설명하고자 한다. 이 방법은 실험에 의하여 안전성이 입증되었으며 단순하고 안전한 해석모델을 사용한다. 자세한 사항은 다음과 같다.

- 외력으로 인하여 용접 목 부분에 전단력이 발생된다. 목 부분에 발생되는 수직응력을 무시하며 그로 인해 전단응력은 안전한 계산을 위한 충분히 큰 값이 된다.
- 발생되는 중요 응력에 대하여 변형에너지 이론을 적용한다.
- 코드에 의한 전형적 사례로 제한한다.

이 모델에서, 용접해석에 대한 기본근거는

$$\tau = \frac{F}{0.707hl} = \frac{1.414F}{hl} \tag{8-3}$$

이며, 이는 전체 외력(F)이 최소 목단면적의 전단응력에 의하여만 지지되는 것으로 가정한 결과이다. 여기서는 최대전단응력이 1.17배$(= 1.414/1.207)$만큼 증가되어 있음을 눈여겨보기 바란다. 그림 8-11의 평행 필릿에서는 그림 8-8처럼 각 용접부분이 하중(F)을 받고 있다. 그러나 그림 8-11에서 최대 전단응력은 최소 목단면에서 발생되며 그 크기는 식 (8-3)으로 표현된다.

두 개 이상의 하중이 동시에 작용될 때는 다음 절차를 따른다.

- 외력에 의한 주전단응력을 검토한다.
- 비틀림(및 굽힘모멘트)에 의한 2차 전단응력을 검토한다.
- 모재의 강도를 평가한다.
- 용재의 강도를 평가한다.
- 모재에 허용하중 크기를 결정한다.
- 용재에 허용하중 크기를 결정한다.

그림 8-11
평행필릿용접

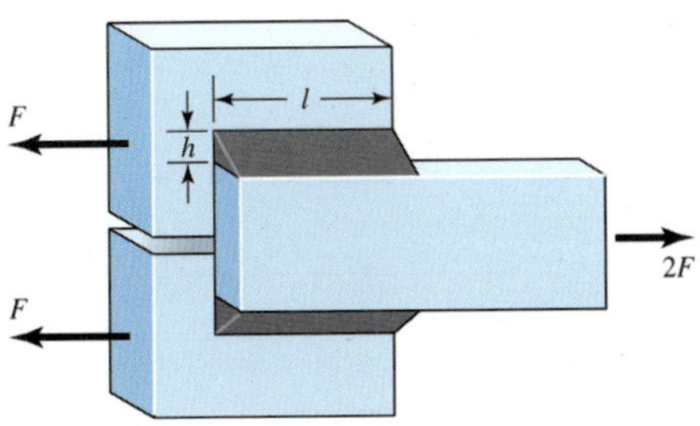

8-3 비틀림을 받는 용접이음에서의 응력

그림 8-12는 외팔보가 길이가 l인 두 개의 필릿 용접으로 기둥에 결합되어 있는 것을 보여준다. 외팔보의 지지반력은 항상 전단력(V)과 모멘트(M)로 구성된다. 전단력은 용접부에 주전단(primary shear)응력(τ')을 발생시키며 그 크기는 다음과 같다.

$$\tau' = \frac{V}{A} \tag{8-4}$$

여기서, A는 용접 전체의 목단면적이다.

지지부에서의 모멘트는 2차 전단(secondary shear) 또는 비틀림을 발생시키며, 그로 인한 응력(τ'')은 다음과 같다.

$$\tau'' = \frac{Mr}{J} \tag{8-5}$$

여기서 r은 용접 전체의 도심으로부터 용접부의 관심 위치까지의 거리이다. J는 용접 전체의 도심에 대한 용접부의 극단면 2차 모멘트이다.

그림 8-13은 두 개의 용접부를 보여준다. 직사각형은 용접 목단면을 의미한다. 1번 용접 및 2번 용접의 용접 목두께는 각각 $t_1 = 0.707h_1$, $t_2 = 0.707h_2$이며, h_1과 h_2는 각 용접부의 크기를 의미한다. 식 (8-4)에 사용될 전체 목단면적은 다음과 같다.

$$A = A_1 + A_2 = t_1 d + t_2 b \tag{a}$$

그림 8-13에서 1번 용접부의 도심(G_1)을 통과하는 x축에 대한 단면 2차 모멘트는

$$I_x = \frac{t_1 d^3}{12}$$

이다. 유사하게, 도심(G_1)을 통과하는 y축에 평행한 축에 대한 극 단면 2차 모멘트는

$$I_y = \frac{d t_1^3}{12}$$

그림 8-12
용접부에 비틀림을 발생시키는 상하 대칭 이음. 전단응력(τ)는 최종벡터 합성 응력.

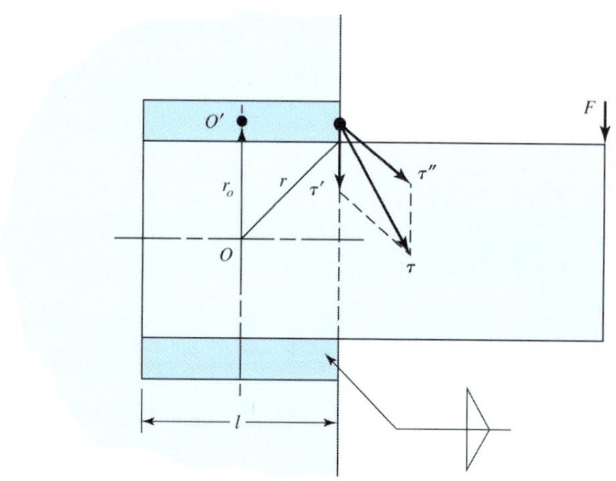

그림 8-13

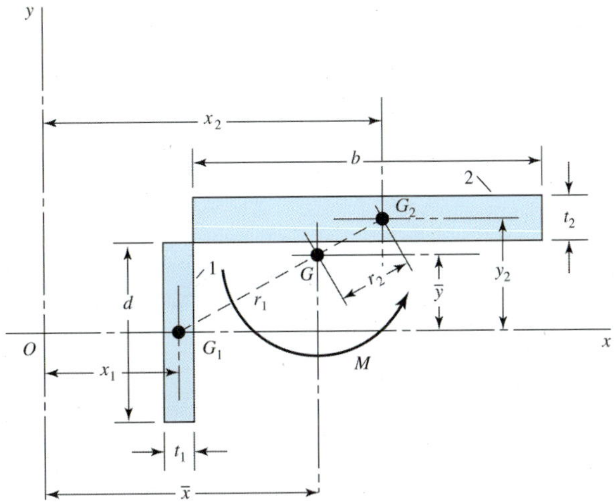

따라서, 1번 용접부의 도심에 대한 극 단면 2차 모멘트는

$$J_{G1} = I_x + I_y = \frac{t_1 d^3}{12} + \frac{dt_1^3}{12} \quad \text{(b)}$$

이다. 같은 요령으로, 2번 용접부의 도심에 대하여는 아래와 같다.

$$J_{G2} = \frac{bt_2^3}{12} + \frac{t_2 b^3}{12} \quad \text{(c)}$$

한편, 전체 용접부에 대한 도심(centroid)위치는 다음과 같이 구한다.

$$\bar{x} = \frac{A_1 x_1 + A_2 x_2}{A} \qquad \bar{y} = \frac{A_1 y_1 + A_2 y_2}{A}$$

그림 8-13에서, 전체도심(G)으로부터 각각의 도심까지 거리(G_1, G_2)를 구한다.

$$r_1 = [(\bar{x} - x_1)^2 + \bar{y}^2]^{1/2} \qquad r_2 = [(y_2 - \bar{y})^2 + (x_2 - \bar{x})^2]^{1/2}$$

평행축의 정리를 이용하면, 용접 전체에 대한 극 단면 2차 모멘트는

$$J = (J_{G1} + A_1 r_1^2) + (J_{G2} + A_2 r_2^2) \quad \text{(d)}$$

이다. 이 값은 식 (8-5)에 적용된다. 거리(r)와 모멘트 M은 G를 기준으로 계산된다.

이와는 반대로, 허용전단응력의 크기가 주어지고 용접의 허용크기를 결정하는 문제가 있다. 용접크기를 일단 추정한 후 수렴할 때까지 반복계산을 하여 용접크기를 확정한다.

식 (b)와 (c)에서 t_1, t_2는 각 용접부의 폭으로 그 크기가 작으므로 t_1^3과 t_2^3는 무시할 수 있다. 그 결과로 남게 되는 $t_1 d^3/12$와 $t_2 b^3/12$항은 각 용접부의 폭에 선형으로 비례하게 된다. 폭(t_1, t_2)을 1로 가정하면 각 필릿 용접부분이 선으로 간주할 수 있다. 따라서 계산된 단면 2차 모멘트는 단위폭당 극 단면 2차 모멘트가 된다. 용접크기를 선으로 가정하면 용접크기에 관계없이 J_u 값이 동일하게 된다. 필릿 용접의 목두께가 $0.707h$이므로 J와 J_u 사이의 관계는 다음과 같다.

$$J = 0.707hJ_u \tag{8-6}$$

여기서, J_u는 단위 면적에 대한 기존의 방법으로 구한다. 그림 8-12에서 나타낸 경우와 같이 그룹 용접의 경우에는 반드시 J_u 환산 공식을 이용해야 한다. 표 8-1은 자주 사용되는 필릿용접들에 대한 목단면적값과 단위폭당 극 단면 2차 모멘트값을 보여준다.

표 8-1
필릿용접의 비틀림특성*

용접	용접 목면적	G의 위치	단위폭당 극단면 2차 모멘트
1. 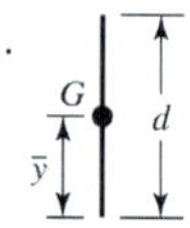	$A = 0.707hd$	$\bar{x} = 0$ $\bar{y} = d/2$	$J_u = d^3/12$
2. 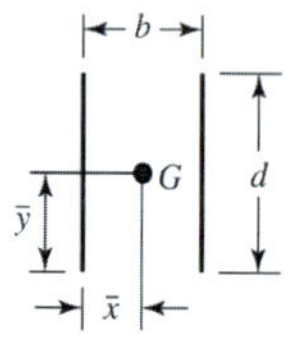	$A = 1.414hd$	$\bar{x} = b/2$ $\bar{y} = d/2$	$J_u = \dfrac{d(3b^2 + d^2)}{6}$
3. 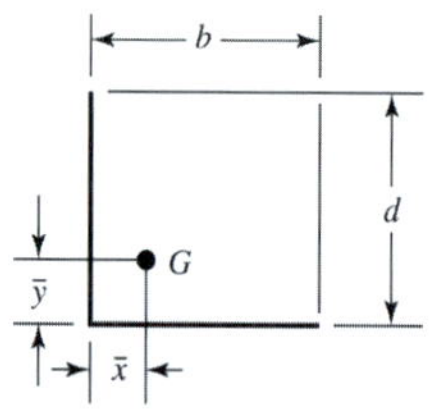	$A = 0.707h(b+d)$	$\bar{x} = \dfrac{b^2}{2(b+d)}$ $\bar{y} = \dfrac{d^2}{2(b+d)}$	$J_u = \dfrac{(b+d)^4 - 6b^2d^2}{12(b+d)}$
4. 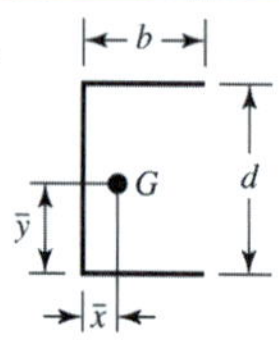	$A = 0.707h(2b+d)$	$\bar{x} = \dfrac{b^2}{2b+d}$ $\bar{y} = d/2$	$J_u = \dfrac{8b^3 + 6bd^2 + d^3}{12} - \dfrac{b^4}{2b+d}$
5. 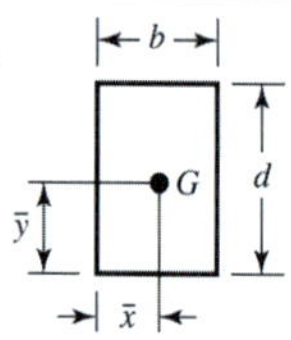	$A = 1.414h(b+d)$	$\bar{x} = b/2$ $\bar{y} = d/2$	$J_u = \dfrac{(b+d)^3}{6}$
6. 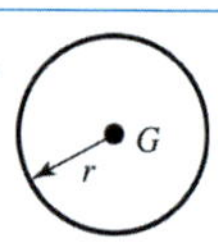	$A = 1.414\pi hr$		$J_u = 2\pi r^3$

* G는 용접부의 도심, h는 용접크기, 비틀림 모멘트는 용접부 평면에 작용됨. 모든 용접은 단위두께.

예제 8-1 50 kN의 하중이 그림 8-14에 보인 것처럼 용접부에서 200 mm 강채널에 전달된다. 용접부 위에서의 최대응력을 결정하라.

풀이[3] (a) 각 용접부의 끝과 모서리를 문자로 표시한다(그림 8-15 참조). 때로는 각 용접위치를 문자 대신 숫자로 표시하는 것이 더 편리할 수도 있다.

(b) 주전단응력의 크기를 결정한다. 그림 8-14에서처럼, 각 판은 6 mm 필릿용접에 의하여 채널에 용접된다. 대칭을 이용하여 하중을 반으로 나누고, 단일 판만 고려한다(그림 8-15). 표 8-1에 4번째 경우로부터, 목단면은

$$A = 0.707(6)[2(56) + 190] = 1280\ \text{mm}^2$$

이며, 주전단응력은 다음과 같다.

$$\tau' = \frac{V}{A} = \frac{25(10)^3}{1280} = 19.5\ \text{MPa}$$

(c) 문자(A, B, C, D)로 표시된 각 모서리에 τ'응력을 비례에 맞춰 그렸다(그림 8-16 참조).

(d) 용접패턴의 도심위치(그림 8-15, 8-16의 O점)를 결정한다. 표 8-1의 4번째 경우의 식에 대입한다.

$$\bar{x} = \frac{(56)^2}{2(56) + 190} = 10.4\ \text{mm}$$

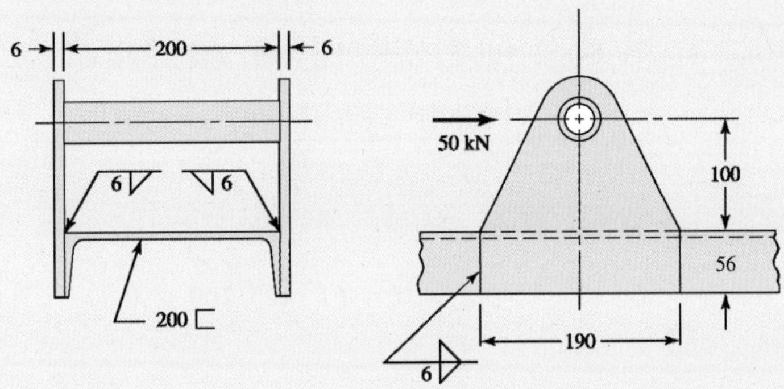

그림 8-14
치수는 밀리미터단위.

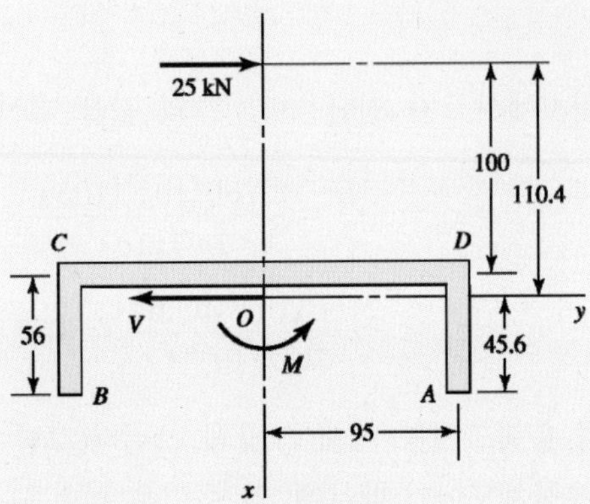

그림 8-15
용접기하형상. 모든 치수는 밀리미터단위. V와 M은 용접에 의하여 판에 가해지는 하중을 의미.

[3] 상세한 풀이절차는 플로리다대학의 George Piotrowski교수가 작성함.

그림 8-16
옆판 하나에 대한 자유물체도

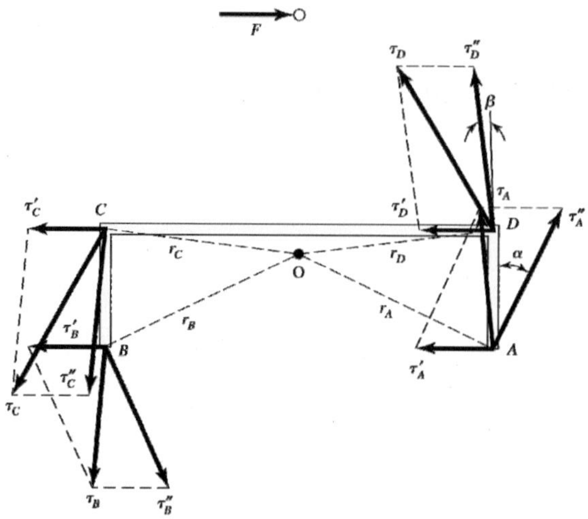

(e) 도심에서 각 모서리까지의 거리를 계산한다(그림 8-16 참조).

$$r_A = r_B = [(190/2)^2 + (56 - 10.4)^2]^{1/2} = 105 \text{ mm}$$

$$r_C = r_D = [(190/2)^2 + (10.4)^2]^{1/2} = 95.6 \text{ mm}$$

그림에서 도식적으로 측정하여 거리를 구할 수도 있다.

(f) 표 8-1의 4번째 식을 이용하여 J를 구한다.

$$J = 0.707(6)\left[\frac{8(56)^3 + 6(56)(190)^2 + (190)^3}{12} - \frac{(56)^4}{2(56) + 190}\right] = 7.07(10)^6 \text{ mm}^4$$

(g) 모멘트(M)를 구한다.

$$M = Fl = 25(100 + 10.4) = 2760 \text{ N}\cdot\text{m}$$

(h) 각 모서리위치에서 2차 전단응력(τ'')의 값을 계산한다.

$$\tau_A'' = \tau_B'' = \frac{Mr}{J} = \frac{2760(10)^3(105)}{7.07(10)^6} = 41.0 \text{ MPa}$$

$$\tau_C'' = \tau_D'' = \frac{2760(10)^3(95.6)}{7.07(10)^6} = 37.3 \text{ MPa}$$

(i) 각 위치에서 응력크기를 비례에 맞게 그린다(그림 8-16 참조). 그림 8-16은 한쪽판에 대한 자유물체도이기 때문에, 각 응력은 평형을 유지하기 위하여 채널이 판에 어떤 역할을 하는지를 나타내고 있다.

(j) 각 위치에서 발생되는 두 개의 응력성분(τ'와 τ'')을 벡터합성한다.

$$\alpha = \tan^{-1}(45.6/95) = 25.64°$$

$$\tau_A = \tau_B = \sqrt{(19.5 - 41.0 \sin 25.64°)^2 + (41.0 \cos 25.64°)^2} = 37.0 \text{ MPa}$$

$$\beta = \tan^{-1}(10.4/95) = 6.25°$$

$$\tau_C = \tau_D = \sqrt{(19.5 + 37.3 \sin 6.25°)^2 + (37.3 \cos 6.25°)^2} = 43.9 \text{ MPa}$$

(k) 가장 큰 응력을 받는 지점을 표시한다.

답 $$\tau_{\max} = \tau_C = \tau_D = 43.9 \text{ MPa}$$

8-4 굽힘을 받는 용접이음에서의 응력

그림 8-17a는 상하부가 필릿 용접된 외팔보를 보여준다. 자유물체도를 그려본다면 용접부에는 전단반력(V)과 모멘트반력(M)이 발생됨을 볼 수 있을 것이다. 용접부에 발생되는 주 전단응력의 크기는 다음과 같다.

$$\tau' = \frac{V}{A} \tag{a}$$

여기서, A는 전체 목단면적이다.

모멘트 M은 용접 부위에 수평 방향의 전단응력을 발생시킨다. 그림 8-17b의 두 용접부를 선으로 가정하면, 단면에 대한 단위 2차 모멘트를 다음과 같이 구할 수 있다.

$$I_u = \frac{bd^2}{2} \tag{b}$$

용접 목단면적에 대한 단면 2차 모멘트 I는

$$I = 0.707hI_u = 0.707h\frac{bd^2}{2} \tag{c}$$

이므로, 공칭 목전단응력은 아래와 같이 표시된다.

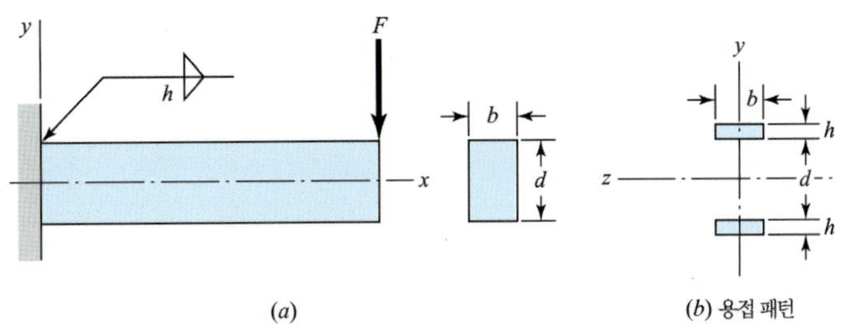

그림 8-17
상·하 모서리 영역이 용접된 직사각형 단면의 외팔보

$$\tau'' = \frac{Mc}{I} = \frac{Md/2}{0.707hbd^2/2} = \frac{1.414M}{bdh} \qquad \text{(d)}$$

이상의 모델에 따르면 계수는 1.414로 계산된다. 8-2절에서는 변형에너지 이론의 경우 1.196, 최대전단응력 이론의 경우 1.207이었다. 해당 모델은 보수적이라 할 수 있는데, 이는 단순히 1.414라는 값이 1.196 또는 1.207보다 크기 때문이 아니라, 이 모델의 유효성을 입증하기 위해 수행된 별도의 실험에서 해당 값이 충분히 크다는 것이 입증되었기 때문이다.

식 (d)의 단면 2차 모멘트는 두 용접부 사이의 거리(d)를 기준으로 한다. 직사각형 단면을 갖는 두 용접부의 도심 간 거리는 약 $(d+h)$가 된다. 이는 앞의 결과와 비교하여 단면 2차 모멘트를 약간 증가시키지만 응력은 약간 감소시킨다. 따라서 용접부를 선으로 가정하는 것이 보다 더 보수적인 계산임을 알 수 있다. 또한, 용접부를 선으로 가정하는 것은 표 8-2를 적용하는 것을 수월하게 한다.

식 (a)로 계산한 수직의 주전단과 식 (d)로 계산한 수평의 2차 전단응력을 벡터합성하면 아래와 같다.

$$\tau = (\tau'^2 + \tau''^2)^{1/2} \qquad \text{(e)}$$

표 8-2
필릿용접의 굽힘특성*

용접	용접 목면적	G의 위치	단위폭당 극단면 2차 모멘트
1. 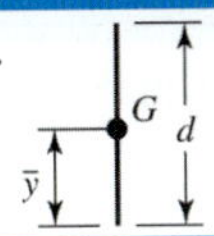	$A = 0.707hd$	$\bar{x} = 0$ $\bar{y} = d/2$	$I_u = \dfrac{d^3}{12}$
2. 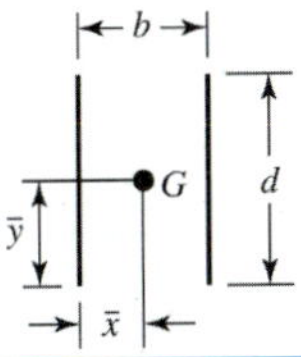	$A = 1.414hd$	$\bar{x} = b/2$ $\bar{y} = d/2$	$I_u = \dfrac{d^3}{6}$
3. 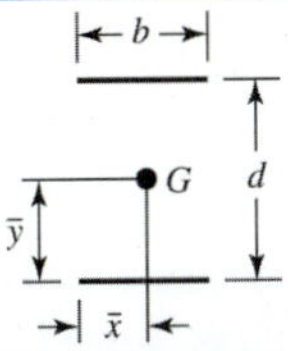	$A = 1.414hd$	$\bar{x} = b/2$ $\bar{y} = d/2$	$I_u = \dfrac{bd^2}{2}$
4. 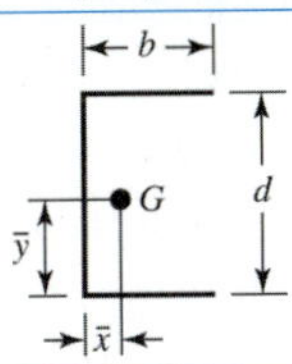	$A = 0.707h(2b+d)$	$\bar{x} = \dfrac{b^2}{2b+d}$ $\bar{y} = d/2$	$I_u = \dfrac{d^2}{12}(6b+d)$
5. 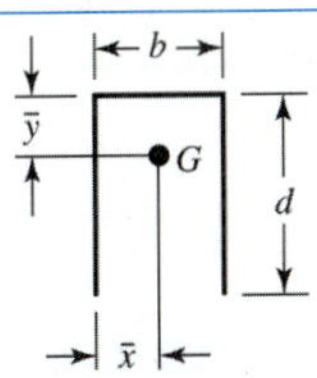	$A = 0.707h(b+2d)$	$\bar{x} = b/2$ $\bar{y} = \dfrac{d^2}{b+2d}$	$I_u = \dfrac{2d^3}{3} - 2d^2\bar{y} + (b+2d)\bar{y}^2$
6. 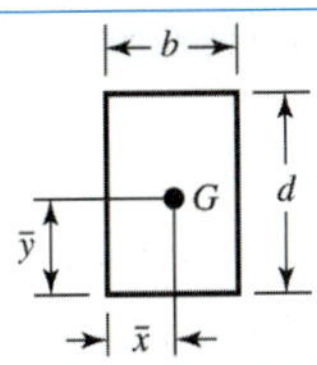	$A = 1.414h(b+d)$	$\bar{x} = b/2$ $\bar{y} = d/2$	$I_u = \dfrac{d^2}{6}(3b+d)$
7. 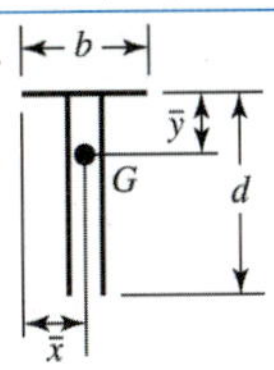	$A = 0.707h(b+2d)$	$\bar{x} = b/2$ $\bar{y} = \dfrac{d^2}{b+2d}$	$I_u = \dfrac{2d^3}{3} - 2d^2\bar{y} + (b+2d)\bar{y}^2$
8. 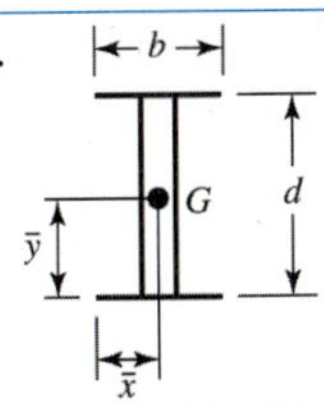	$A = 1.414h(b+d)$	$\bar{x} = b/2$ $\bar{y} = d/2$	$I_u = \dfrac{d^2}{6}(3b+d)$
9. 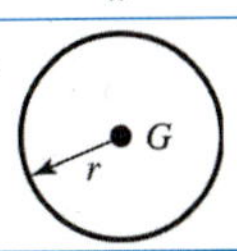	$A = 1.414\pi hr$		$I_u = \pi r^3$

* I_u는 용접부의 도심인 G점을 통과하는 수평축에 관한 단면 2차 모멘트임. h는 용접크기, 굽힘모멘트 작용면은 본 책 평면과 수직하며, y축과 평행함. 모든 용접은 동일 크기.

표 8-3
용재의 최소 특성

AWS 전극 번호*	인장강도 kpsi (MPa)	항복강도 kpsi (MPa)	연신율
E60xx	62 (427)	50 (345)	17-25
E70xx	70 (482)	57 (393)	22
E80xx	80 (551)	67 (462)	19
E90xx	90 (620)	77 (531)	14-17
E100xx	100 (689)	87 (600)	13-16
E120xx	120 (827)	107 (737)	14

* 전극에 대한 미국 용접 협회(AWS) 사양 코드 번호 시스템. 이 시스템은 4~5자리 번호 체계에 접두어 E를 붙여 사용하며 처음 2~3자리 숫자는 대략적인 인장강도를 나타낸다. 마지막 숫자는 전류 공급과 같은 용접 기술의 변수가 포함된다. 그 다음부터 마지막 문자는 용접 위치를 의미한다. AWS에 요청함으로써 전체 사양 정보를 얻을 수 있다.

표 8-4
AISC 코드에서 용재에 대한 허용 응력

하중의 종류	용접 방식	허용 능력	n*
Tension	Butt	$0.60S_y$	1.67
Bearing	Butt	$0.90S_y$	1.11
Bending	Butt	$0.60\text{-}0.66S_y$	1.52-1.67
Simple compression	Butt	$0.60S_y$	1.67
Shear	Butt or fillet	$0.30S_{ut}$ †	

* 안전 계수 n은 변형에너지 이론으로 계산되었다.
† 모재의 전단응력은 모재의 $0.4S_y$를 초과할 수 없다.

표 8-5
피로응력집중계수(K_{fs}).

용접 종류	K_{fs}
덧붙임 맞대기 용접	1.2
횡 필렛용접의 토우(toe)	1.5
수평필렛용접의 끝	2.7
날카로운 모서리가 있는 T-맞대기 이음	2.0

8-5 용접이음의 강도

용접봉과 모재금속 간의 특성 일치는 속도, 작업자 조건, 완성된 이음의 외관처럼 중요하지는 않다.

용접부품을 설계할 때 강이 선호되는데 이는 강이 가공성 등을 저하시킬 수는 있지만 빠르고 경제적 용접이 가능하기 때문이다. 적절한 조건 하에서는 모든 강이 용접될 수 있지만 G10140~G10230 사이의 UNS강이 가장 우수한 결과를 제공한다. 이런 강은 열간압연 후 410~480 MPa 정도의 인장강도를 갖는다.

만약 다른 설계자가 선택하는 설계변수 값을 알 수 있다면, 안전계수 및 허용 응력 값을 더 자신 있게 선정할 수 있을 것이다. 이러한 이유로 설계자들에게 가장 흔히 사용되는 규격은 건물 설계에 사용되는 미국ASIC코드이다.[4] 허용응력은 재료의 극한강도보다는 항복 강도를 기준으로 정해지는데, 해당 코드는 약 230~340 MPa의 항복강도를 갖는 ASTM 구조강 사용을 허용한다. 하중이 동일한 경우 모재와 용재에 동일한 응력이 발생하는 것을 허용하며, ASTM 구조 강의 $S_y = 0.5S_u$이다. 인장상태 안전계수는 $n = 1/0.60 = 1.67$이다. 변형에너지 파손이론에 의하면, 전단조건 안전계수는 $n = 0.577/0.40 = 1.44$이다.

용접 재료는 종종 현존하는 재료 중 강도가 가장 높은 재료가 된다. 하나의 AISI 1010 강 봉을 1018강에 용접하는 경우, 용재는 1010강과 1018강 그리고 실제 용접봉 재료들 간의 혼합물이 된다. 또한, 냉간-인발 봉의 용접 부는 열간-압연 특성을 갖게 된다. 일반적으로 용재는 고강도이기 때문에 모재금속에 발생되는 응력이 안전한지 검토하여야 한다.

AISC, AWS 코드는 피로하중 조건의 교량에 대한 허용응력을 기술하고 있다. 설계자는 이런 코드를 쉽게 참조할 수 있지만, 해당 코드가 실제 이 교재 5장에서 논의된 피로파손 지식과 일치하는지는 확신할 수 없다. 물론 코드에서 명시된 강에 대하여 실제 응력은 허용응력을 초과할 수 없다. 이를 어길 경우 설계자는 법적책임을 질 수 있다. 일반적으로 코드는 실제 안전 여유를 잘 명시하지 않는다.

표 8-3에 나열되어 있는 피로응력집중계수의 사용을 추천한다. 이 계수를 용재뿐 아니라 모재에도 사용되어야 한다. 표 8-4는 정하중과 최소 필릿 크기를 보여준다.

---

[4] 문서사본을 얻으려면, ASIC 400N, Michigan Ave. Chicago, IL 60611로 편지쓰거나, 인터넷 주소 www.aisc.org로 검색할 수 있다.

표 8-6
허용 정하중과 최소 필릿용접크기.

	용접금속의 강도 레벨 (EXX)						
	60*	70*	80	90*	100	110*	120
	필렛용접 혹은 부분용입도랑용접의 허용전단응력, MPa(1,000 psi)						
$\tau =$	124	145	165	186	207	228	248
	필렛용접의 허용분포하중, N/mm						
$^{\dagger}f =$	$87.67h$	$102.52h$	$116.66h$	$131.5h$	$146.35h$	$161.2h$	$175.34h$
Leg Size h mm	필렛용접 크기별 허용분포하중, N/mm						
25	2192	2563	2916	3288	3659	4030	4383
22	1929	2255	2566	2893	3220	3546	3857
20	1753	2050	2333	2630	2927	3224	3506
16	1403	1640	1866	2104	2342	2579	2805
12	1052	1230	1400	1578	1756	1934	2104
11	964	1127	1283	1447	1610	1773	1927
10	877	1025	1167	1315	1463	1612	1753
8	701	820	933	1052	1171	1290	1403
6	526	615	700	789	878	967	1052
5	438	513	583	1058	732	806	877
3	263	308	350	395	439	484	536
2	175	205	233	263	293	322	351

*Fillet welds actually tested by the joint AISC-AWS Task Committee.
$^{\dagger}f = 0.707h\ \tau_{all}$.

이음중 두꺼운 부재의 재료 두께		용접 크기
*To 6 incl.		3
Over 6	To 12	5
Over 12	To 20	6
†Over 20	To 38	8
Over 38	To 58	10
Over 58	To 150	12
Over 150		16

Not to exceed the thickness of the thinner part.
*Minimum size for bridge application does not go below 5 mm
†For minimum fillet weld size, schedule does not go above 8 mm fillet weld for every 20 mm material.

Source: From Omer W. Blodgett (ed.), *Stress Allowables Affect Weldment Design*, D412, The James F. Lincoln Arc Welding Foundation, Cleveland, May 1991, p. 3. Reprinted by permission of Lincoln Electric Company.

연습문제

8-1~8-4 제시된 그림 및 표는 은 수직 지지대에 용접되어 일정한 장력을 받는 두께 h의 수평 스틸 바 및 관련 수치들을 보여준다. 용접부의 목 부위에 허용전단응력(τ_{allow})을 야기하는 하중을 구하라.

연습문제	b	d	h	τ_{allow}
8-1	50 mm	50 mm	5 mm	140 MPa
8-2	50 mm	50 mm	8 mm	140 MPa
8-3	50 mm	30 mm	5 mm	140 MPa
8-4	100 mm	50 mm	8 mm	140 MPa

| 문제 8-1~8-4

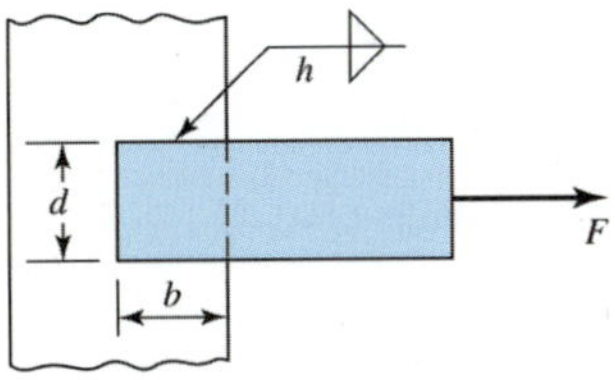

8-5~8-8 문제 8-1~8-4의 용접 부에 대한 용접 봉 정보가 아래 표에 명시되어 있다. 각 용접 봉 금속에 대한 용접 부위의 허용 하중은 얼마인가?

연습문제	참고문제	전극
8-5	8-1	E7010
8-6	8-2	E6010
8-7	8-3	E7010
8-8	8-4	E6010

8-9~8-12 문제 8-1~8-4에서 결합된 부재들의 정보가 아래 표에 명시되어 있다. 부재 금속이 용접물에 통합되어있기 때문에 용접 부위에 허용되는 하중은 얼마인가?

연습문제	참고문제	바	수직 지지대
8-9	8-1	1018 CD	1018 HR
8-10	8-2	1020 CD	1020 CD
8-11	8-3	1035 HR	1035 CD
8-12	8-4	1035 HR	1020 CD

8-13~8-16 그림과 같이 두께 h의 강철 막대가 수직 지지대에 용접된다. 힘으로 인한 용접 부위의 전단응력은 얼마인가?

연습문제	b	d	h	F
8-13	50 mm	50 mm	5 mm	100 kN
8-14	50 mm	50 mm	8 mm	140 kN
8-15	50 mm	30 mm	5 mm	100 kN
8-16	100 mm	50 mm	8 mm	140 kN

| 문제 8-13~8-16

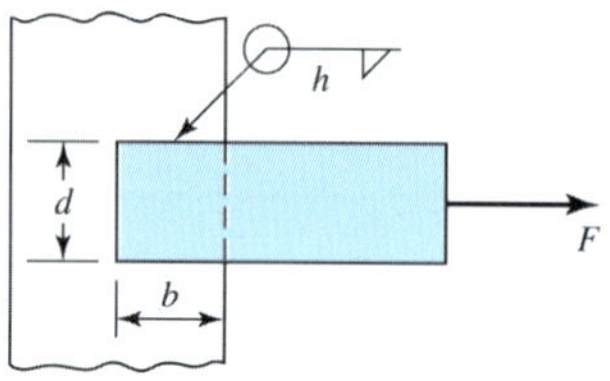

8-17~8-20 보로 사용되는 두께 h의 강철 봉은 그림과 같이 두 개의 필렛 용접을 통해 수직 지지대에 용접된다.

(a) 용접 부위의 허용전단응력이 τ_{allow}인 경우 안전 굽힘하중를 구하라.

(b) 파트 (a)에서 굽힘 하중이 허용전단응력으로 간단히 표현됨을 알았다. 용접 봉이 E7010이고, 바가 열간 압연 1020이며, 지지대가 열간 압연 1015일 때 허용 하중을 구하라.

연습문제	b	c	d	h	τ_{alllw}
8-17	50 mm	150 mm	50 mm	5 mm	140 MPa
8-18	50 mm	150 mm	50 mm	8 mm	140 MPa
8-19	50 mm	150 mm	30 mm	5 mm	140 MPa
8-20	100 mm	150 mm	50 mm	8 mm	140 MPa

| 문제 8-17~8-20

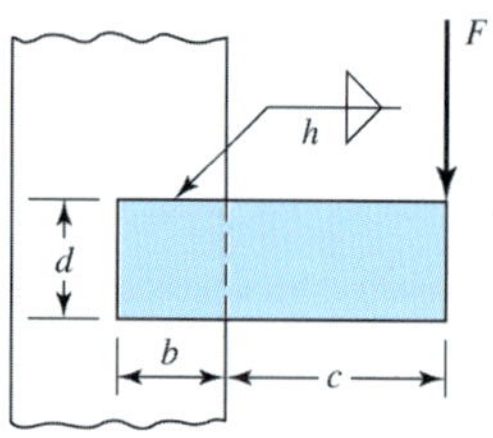

8-21~8-24 그림은 문제 8-17~8-20의 경우와 같은 용접 부위를 보여준다. 단, 두 개가 아닌 네 개의 용접 부위가 있다는 점만 다르다. 용접 부위의 허용전단응력이 τ_{allow}인 경우 안전 굽힘 하중을 구하라.

연습문제	b	c	d	h	τ_{allw}
8-21	50 mm	150 mm	50 mm	5 mm	140 MPa
8-22	50 mm	150 mm	50 mm	8 mm	140 MPa
8-23	50 mm	150 mm	30 mm	5 mm	140 MPa
8-24	100 mm	150 mm	50 mm	8 mm	140 MPa

| 문제 8-21~8-24

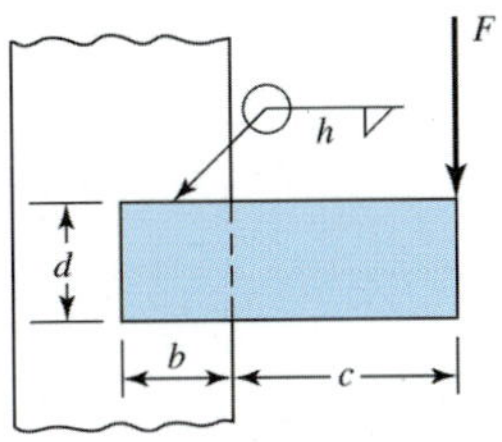

8-25~8-28 그림에 도시된 용접 부위는 교번 하중을 받는다. 열간 압연된 강철 막대는 두께 h를 가지며 AISI 1010 강철이다. 수직 지지대 역시 AISI 1010 HR 강철이다. 용접 봉은 아래 표에 제시되었다. 3개의 필렛 용접이 사용되는 경우 바의 피로 하중을 예측하라.

연습문제	b	d	h	전극
8-25	50 mm	50 mm	5 mm	E6010
8-26	50 mm	50 mm	8 mm	E6010
8-27	50 mm	30 mm	5 mm	E7010
8-28	100 mm	50 mm	8 mm	E7010

| 문제 8-25~8-28

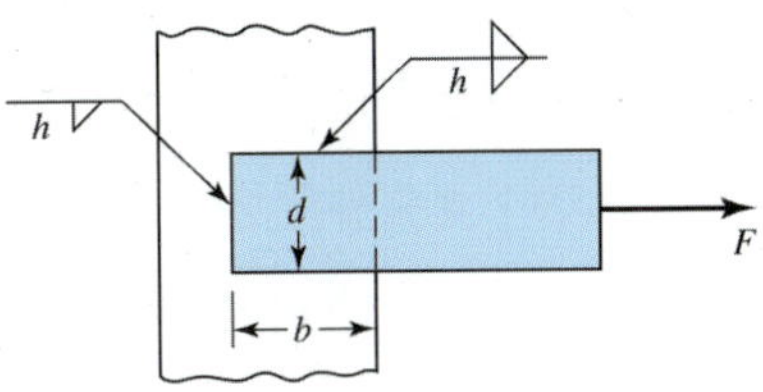

8-29 그림에 도시된 용접 구조물의 허용전단응력은 140 MPa이다. 용접 부위에 해당 스트레스를 유발하는 하중을 예측하라.

| 문제 8-29

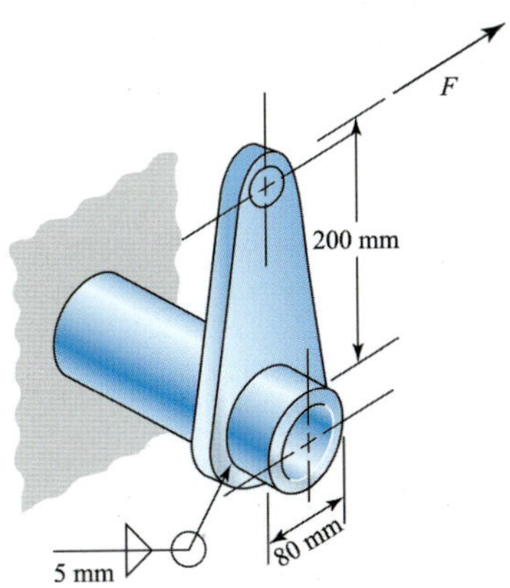

8-30~8-31 두께 h의 철근이 굽힘 힘을 받는다. 수직 지지대는 수평 용접부가 b_1, b_2의 길이를 갖는 경사진 구조이다. 최대 허용전단응력이 τ_{allow}인 경우를 구하라.

연습문제	b_1	b_2	c	d	h	τ_{alllw}
8-30	50 mm	100 mm	150 mm	100 mm	8 mm	140 MPa
8-31	30 mm	50 mm	150 mm	50 mm	5 mm	140 MPa

문제 8-30~8-31

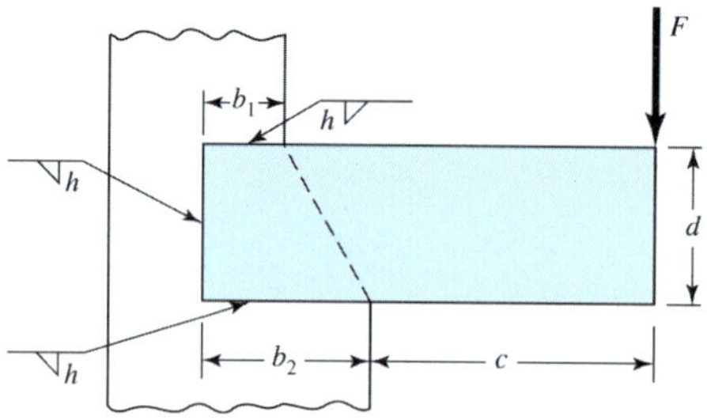

8-32 비틀림 용접 디자인에서 일반적인 패턴의 상대적 효율성을 계층적으로 인식하는 것이 유용하다. 예를 들어, 표 8-1에 나와있는 용접 패턴들을 바람직한 순으로 순위를 매길 수 있다. 사용 가능한 공간이 $a \times a$ 정사각형이라 가정한다. 아래에 제시된, J 값에 정비례하고 용접 금속의 부피에 반비례하는 공식적인 성능 지수(figure of merit, fom)를 사용하라. 좀 더 간편하게 상수를 생략하고 ′을 활용할 수 있다. 표 8-1의 여섯 가지 패턴을 효율이 높은 쪽에서 낮은 쪽으로 순위 매겨라.

$$\text{fom} = \frac{J}{\text{vol}} = \frac{0.707\,hJu}{(h^2/2)\ell} = 1.414\frac{Ju}{h\ell}$$

8-33 구부림이 가해지는 용접 패턴에 사용할 수 있는 공간이 $a \times a$이다. 표 8-2의 패턴들을 굽힘 하중을 견디기 위한 용접 금속 배치의 효율성을 기준으로 계층적으로 순위 매겨라. 공식적인 성능 지수는 아래 제시한 바와 같이 비례하고 용접 금속의 부피에 반비례한다.

$$\text{fom} = \frac{I}{\text{vol}} = \frac{0.707\,hIu}{(h^2/2)\ell} = 1.414\frac{Iu}{h\ell}$$

8-34 그림에 제시된 부착물은 12 kN의 정적 굽힘 하중을 전달한다. 부착물의 길이는 225 mm이다. 용접 조건(용접 패턴, 용접봉 번호, 용접 형태, 용접 길이 및 다리 크기)을 구체적으로 결정하라.

문제 8-34

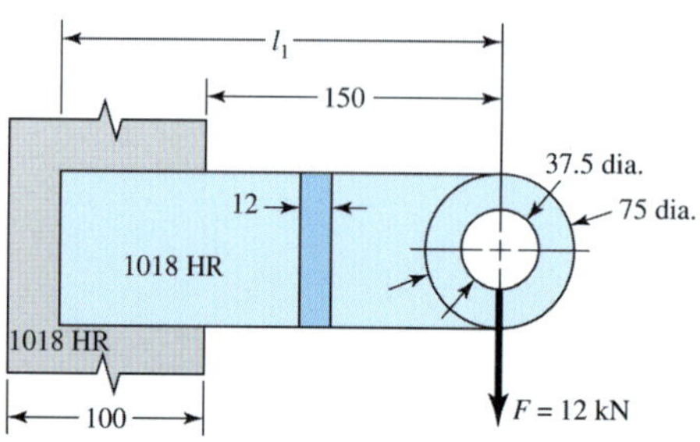

8-35 문제 8-35의 부착물의 길이가 결정되지 않았다고 가정한다. 정적 힘은 12 kN이다. 용접 조건을 구체적으로 결정하라(용접 패턴, 용접봉 번호, 용접 형태, 용접 길이 및 다리 크기). 부착 길이를 명시하라.

8-36 굽힘에 저항하는 관절의 필렛 용접은 비틀림에 저항하는 것보다 더 간단 할 수 있다는 점에서 흥미롭다. 문제 8-33에서는 용접 금속을 가능한 한 용접-비드 중심으로부터 멀리 배치하고, X축에 평행한 방향으로 분포시키는 것이 목표라는 것을 알다. 또한 직사각형 단면을 가진 내장 형 캔틸레버 끝단의 상단 및 하단에 배치하면 각 요소가 이상적인 위치에 있는 평행 용접 비드가 된다. 이 문제의 목적은 전체 용접 비드 및 중단 된 용접-비드 패턴에 대해 고찰하는 것이다. 그림 8-17의 경우에 대하여, $F = 40$ kN이며, 빔 길이는 250 mm, $b = 200$ mm, $d = 200$ mm이다. 두 번째로 중단된 용접의 경우, 상단과 하단 용접에 $b_1 = 50$ mm의 중심 간격을 고려한다. 허용전단응력 $\tau_{\text{all}} = 88$ Mpa에 대하여 두 경우를 조사하라. τ, σ 및 $\tau_{\max}$에 대해 무엇을 알 수 있는가? fom′을 비교하라.

8-37 두 개의 서로 다른 용접 패턴을 비교할 때 굽힘이나 비틀림에 대한 저항과 증착 금속의 체적을 조사하는 것이 유용하다. 용접 금속 체적으로 나눈 면적의 2차 모멘트로 정의되는 유효성의 측정은 유용하다. 만약 150-mm 200-mm의 단면을 갖는 캔틸레버가 용접부로부터 250 mm 지점에 정적인 굽힘 하중 40 kN을 받고 있고 허용전단응력이 88 MPa이라면, 수평 용접과 수직 용접을 비교하라. 수평 용접 길이는 150 mm로, 수직 용접 비드의 길이는 200 mm로 한다.

8-38~8-40 지름이 50-mm인 강철 바가 아래 도시된 하중을 받는다. 용접 목의 최대전단응력의 크기와 작용 위치를 구하라.

연습문제	F	T
8-38	0	2 kN · m
8-39	8 kN	0
8-40	8 kN	2 kN · m

| 문제 8-38~8-40

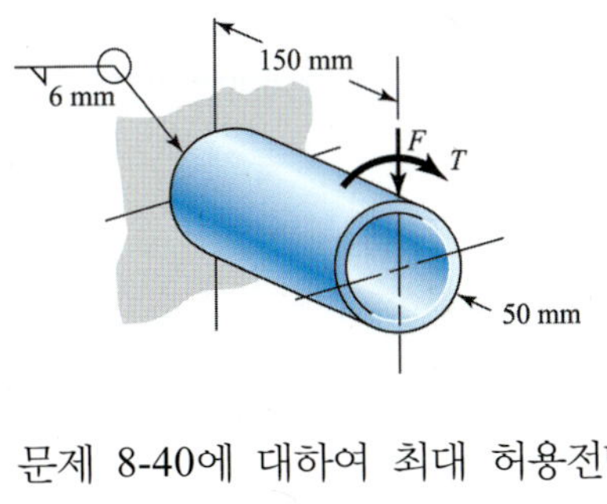

8-41 문제 8-40에 대하여 최대 허용전단응력이 120 MPa인 경우 용접 크기를 결정하라.

8-42 그림에 표시된 정보를 토대로 용접 금속 목에 가해지는 최대 전단응력을 구하라.

| 문제 8-42

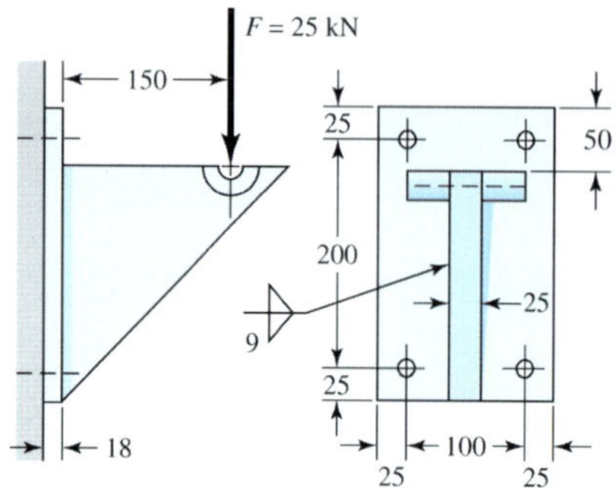

8-43 그림은 정적인 힘 F가 가해지는 용접된 강철 브래킷을 보여준다. 용접 목의 허용전단응력이 120 MPa인 경우 안전계수를 추정하라.

| 문제 8-43

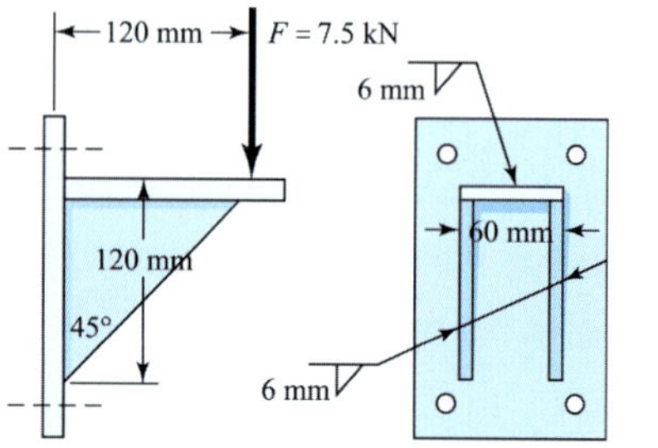

8-44 그림은 판형 강철 브래킷을 보여준다. 이를 나사로 지지대에 고정하는 대신 용접이 이용되었다. 용접 금속의 전단응력이 6 MPa로 제한되는 경우, 브래킷이 지지할 전체 하중 W를 추정하라. 상단 플랜지의 치수는 마운팅 플랜지와 동일하다.

| 문제 8-44

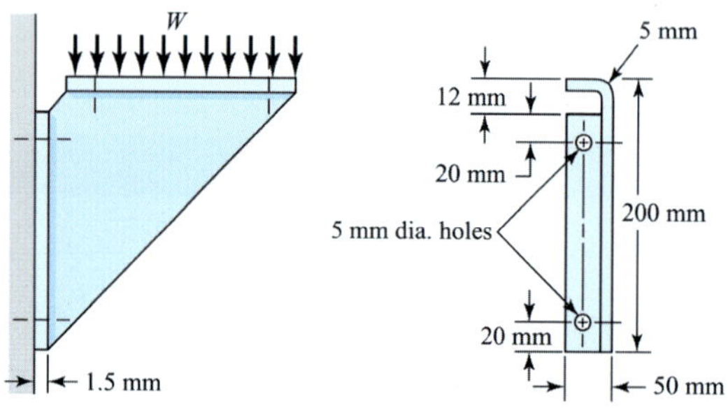

8-45 브레이싱이 없으면 렌치나 공구 손잡이에 약 400 N만 가할 수 있다. 그림에 표시된 레버는 $t = 12$ mm, $w = 50$ mm이다. A지점 관 부분에 레버를 고정하기 위한 필렛 용접의 크기를 결정하고자 한다. 두 부분 모두 강철로 되어있고 용접 목의 전단응력은 20 MPa을 초과할 수 없다. 안전한 용접 크기를 찾아라.

| 문제 8-45

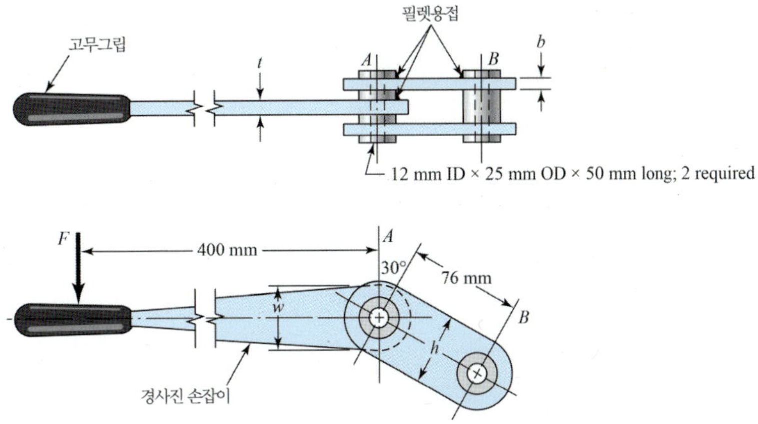

8-46 E6010 용접 봉을 사용하고 설계 인자가 2인 경우 그림에 표시된 용접부의 안전 정하중 F를 계산하라. 부재는 1015 열간 압연 강재이다. 재래식 분석법을 사용하라.

| 문제 8-46

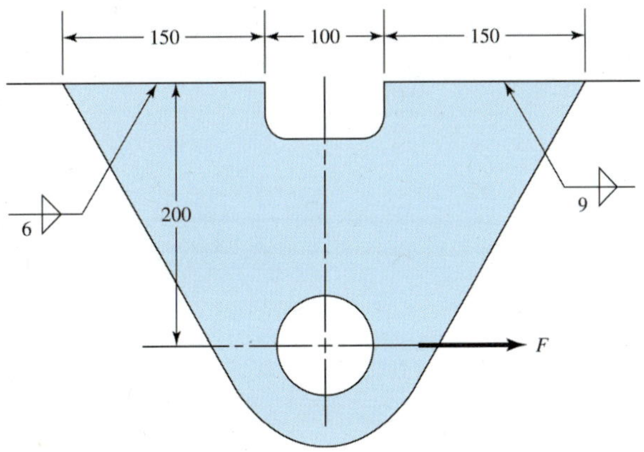

9 기계적 스프링

설계자가 견고성을 추구할 경우, 기능이 보장되는 정도의 작은 변형은 허용된다. 때로는 유연성이 필요할 때가 있는데, 많은 경우 이 유연성은 형상을 정교하게 통제할 수 있는 금속 물체에 의해 만들어진다. 유연성을 가지고 있는 도구는 힘이나 토크를 제어하는 용도로 사용할 수 있으며, 에너지를 저장 또는 방출하는 또 다른 용도로도 사용될 수 있다. 유연성 때문에 일시적인 뒤틀림이 발생할 수 있지만 즉시 그 기능을 회복할 수 있다. 이러한 기능을 가지고 있는 스프링은 집중적으로 연구되었으며, 다양한 응용분야에 맞추어 독창적인 스프링들이 만들어졌다. 이 장에서는 흔히 사용되는 스프링의 종류와 그 사용에 필요한 변수들 사이의 관계, 그리고 그 설계에 대하여 다룬다.

일반적으로 스프링은 와이어 스프링, 판 스프링 그리고 특수한 형상의 스프링이 있으며, 그 분류 속에는 또 다양한 변형들이 있다. 와이어 스프링에는 원형 또는 사각형 단면을 가진 와이어로 만들어진 헬리컬 스프링이 있으며, 인장, 압축 및 비틀림 하중에 대해 저항 또는 변형하도록 되어 있다. 판 스프링에는 외팔보와 타원형 모양, 모터나 시계류에 사용되는 감긴 형태의 동력 스프링, 그리고 Belleville 스프링이라 불리는 판 스프링 워셔가 있다.

9-1 헬리컬 스프링에 작용하는 응력

그림 9-1a에서는 원형 단면 와이어로 만든 헬리컬 압축스프링(helical compression spring)에 축방향 힘 F가 작용하고 있는 것을 보여준다. 여기서 D는 **코일의 평균지름**(mean coil diameter)이며, d는 **와이어의 지름**(wire diameter)이다. 이제 스프링을 임의의 위치(그림 9-1b)에서 절단하여 그 부분을 제거하고, 제거된 부분의 효과를 순수한 내부 반작용으로 대체하였다고 가정하자. 그림에서 나타낸 바와 같이, 잘린 부분에는 평형상태에서 직접적인 전단력 F와 비틀림 모멘트 $T = FD/2$가 작용할 것이다.

와이어에 작용하는 최대 응력은 직접적인 전단응력(식 (3-23)) $V = F$와 비틀림 전단응력(식 (3-37))을 중첩하여 구할 수 있다. 그 결과는 스프링의 가장 **안쪽 부분**에서 다음과 같다.

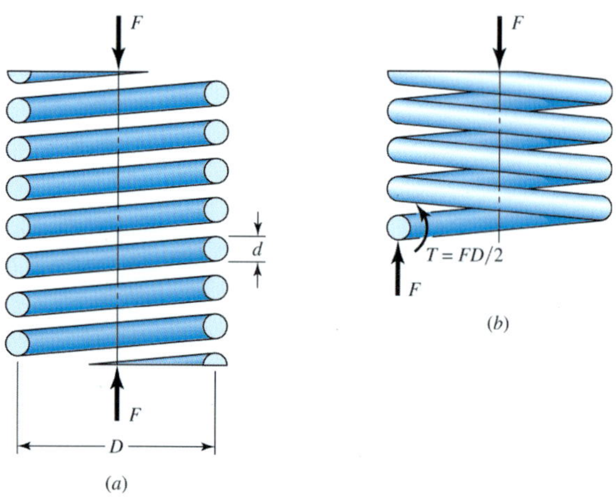

그림 9-1
(a) 축방향 힘이 작용하고 있는 헬리컬 스프링, (b) 와이어에 직접적인 전단과 비틀림 전단이 작용하는 상태를 보여주는 자유물체도

$$\tau_{\max} = \frac{Tr}{J} + \frac{F}{A} \tag{a}$$

위 식에 $\tau_{\max} = \tau$, $T = FD/2$, $r = d/2$, $J = \pi d^4/32$, 그리고 $A = \pi d^2/4$을 대입하면 다음을 얻는다.

$$\tau = \frac{8FD}{\pi d^3} + \frac{4F}{\pi d^2} \tag{b}$$

코일 곡률의 척도인 **스프링 지수**(spring index), C를 다음과 같이 정의한다.

$$C = \frac{D}{d} \tag{9-1}$$

선호하는 C의 값은 4～12[1]다. 이러한 관계를 이용하여 식 (b)를 다시 정리하면 다음과 같다.

$$\tau = K_s \frac{8FD}{\pi d^3} \tag{9-2}$$

여기서, K_s는 **전단응력 수정계수**(shear stress-correction factor)이며, 다음 식과 같이 정의한다.

$$K_s = \frac{2C+1}{2C} \tag{9-3}$$

사각형 단면의 와이어는 공간적 제한으로 불가피한 경우를 제외하고는 바람직하지 못하다. 특수한 단면 형상의 와이어로 만든 스프링은 원형 단면의 스프링만큼 대량생산되지 않는다. 공간이 매우 제한되어 있다면 원형단면 와이어 스프링을 포개어 사용하는 것을 먼저 고려하여야 한다. 이렇게 하면 특수한 단면을 가진 스프링을 사용하는 것보다 강도뿐만 아니라 경제적인 장점도 갖게 된다.

9-2 곡률효과

식 (9-2)는 와이어가 직선일 경우를 기초로 한 것이다. 그러나 와이어의 곡률이 존재하면 스프링의 안쪽에 작용하는 응력을 증가시키는 반면, 바깥쪽의 응력은 약간 감소시킨다. 이러한 곡률 응력은 피로와 관련하여 근본적인 중요성을 갖는데, 그 이유는 하중의 크기가 국부적인 항복을 발생시키기에는 매우 작기 때문이다. 정적 하중이 작용하는 경우에는, 이러한 곡률 응력은 보통 무시할 수 있는데, 그 이유는 하중이 처음 작용했을 때 변형경화가 발생하기 때문이다.

[1] *Design Handbook: Engineering Guide to Spring Design*, Associated Spring-Barnes Group Inc., Bristol, CT, 1987.

불행하게도 곡률 계수(curvature factor)를 찾으려면 간접적인 방법이 필요하다. 그것은 발표된 식들이 모두 직접적인 전단의 효과도 함께 포함하고 있기 때문이다. 식 (9-2)의 K_s를 곡률과 직접적인 전단을 함께 보정하는 또 다른 계수 K로 대체한다고 해보자. 그러면 이 계수는 다음 두 가지 식에 의해 주어진다.

$$K_W = \frac{4C-1}{4C-4} + \frac{0.615}{C} \tag{9-4}$$

$$K_B = \frac{4C+2}{4C-3} \tag{9-5}$$

위 식 중 첫 번째 것은 *Wahl factor*이며, 두 번째 것은 *Bergsträsser factor*[2]이다. 이 두 식의 결과의 차이는 1% 미만이므로 식 (9-6)이 선호된다. 이제 곡률 수정계수는 직접적인 전단의 효과를 제거하여 구할 수 있다. 식 (9-5)와 식 (9-3)을 사용하면, 곡률 수정계수는 다음과 같이 구할 수 있다.

$$K_c = \frac{K_B}{K_s} = \frac{2C(4C+2)}{(4C-3)(2C+1)} \tag{9-6}$$

이제 K_s, K_B 또는 K_W 그리고 K_c는 가장 취약한 위치에서 특정 응력을 평가하기 위해 Tr/J에 단순히 곱해주는 응력 수정계수이다. 이것들 중 그 어느 것도 응력집중계수는 아니다. 이 책에서는 최대전단응력을 예측하기 위해 다음 식을 사용할 것이다.

$$\tau = K_B \frac{8FD}{\pi d^3} \tag{9-7}$$

9-3 헬리컬 스프링의 처짐

변형과 힘 사이의 관계는 Castigliano's theorem을 사용하면 매우 쉽게 구할 수 있다. 헬리컬 스프링의 전체 변형에너지(strain energy)는 비틀림과 전단의 두 가지 요소로 구성되어 있다. 변형에너지는 다음과 같이 구할 수 있다.

$$U = \frac{T^2 l}{2GJ} + \frac{F^2 l}{2AG} \tag{a}$$

여기서 $T = FD/2$, $l = \pi DN$, $J = \pi d^4/32$, 그리고 $A = \pi d^2/4$을 대입하면 다음과 같은 결과를 얻는다.

$$U = \frac{4F^2 D^3 N}{d^4 G} + \frac{2F^2 DN}{d^2 G} \tag{b}$$

[2] Cyril Samó nov, "Some Aspects of Design of Helical Compression Springs," *Int. Symp. Design and Synthesis*, Tokyo, 1984.

여기서 $N = N_a$ =유효감김수. 그리고 Castigliano's theorem, 식 (4-26)을 사용하여 전체 처짐 y를 다음과 같이 구할 수 있다.

$$y = \frac{\delta U}{\delta F} = \frac{8FD^3N}{d^4G} + \frac{4FDN}{d^2G} \tag{c}$$

그런데 $C = D/d$이므로, 식 (c)를 다시 정리하면 다음과 같다.

$$y = \frac{8FD^3N}{d^4G}\left(1 + \frac{1}{2C^2}\right) = \frac{8FD^3N}{d^4G} \tag{9-8}$$

스프링의 크기(scale)라고도 불리는 스프링 상수(spring rate) $k = F/y$는 다음과 같다.

$$k = \frac{d^4G}{8D^3N} \tag{9-9}$$

9-4 압축스프링

압축스프링(compression spring)에 일반적으로 사용되는 끝부분은 4가지 종류의 **보통형 끝**(plain ends)을 가진 스프링은 끝부분이 나선형을 유지하고 있다. 그 끝은 마치 긴 스프링을 잘라 작은 조각으로 만든 것과 같다. **직각**(squared, closed)의 보통형 끝을 가진 스프링은 스프링의 나선형 끝을 나선각이 영(zero)이 되도록 변형시킨 것이다. 중요한 용도로 쓰이는 스프링은 반드시 직각형으로 만들고 연삭작업을 하여야 하중의 전달을 양호하게 할 수 있다.

표 9-1에서는 스프링 끝부분의 종류가 코일의 개수와 스프링의 길이[3]에 어떻게 영향을 주는가를 보여준다. 이것은 스프링 제작자가 스프링 끝을 어떻게 가공하였는가에 따라 달라

그림 9-2
압축스프링의 끝부분 형상. (a) 보통형, (b) 직각형, (c) 직각 연마형, (d) 보통 연마형

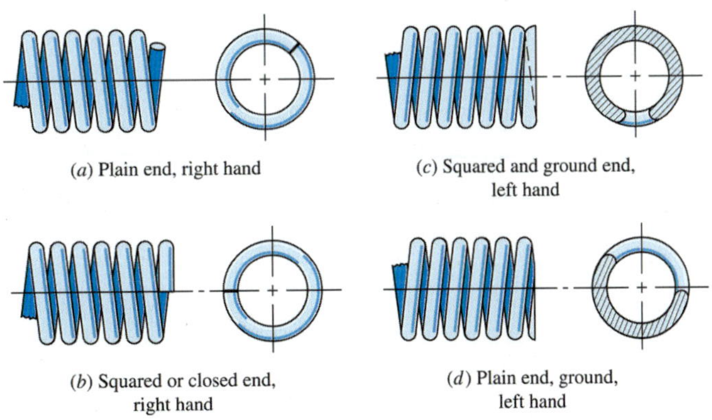

[3] 이러한 관계에 대한 깊은 논의와 전개는 다음을 참고하시오. Cyril Samonov, "Computer-Aided Design of Helical Compression Spring," ASME paper No. 80-DET-69, 1980.

표 9-1
압축스프링의 치수 관련식. (N_a =유효감김수)(출처: *Design Handbook*, 1987, p.32.)

Term	Plain	Type of Spring Ends Plain and Ground	Quared or Closed	quared and Ground
End coils, N_e	0	1	2	2
Total coils, N_t	N_a	N_a+1	N_a+2	N_a+2
Free length, L_0	pN_a+d	$p(N_a+1)$	pN_a+3d	pN_a+2d
Solid length, L_s	$d(N_t+1)$	dN_t	$d(N_t+1)$	dN_t
Pitch, p	$(L_0-d)/N_a$	$L_0(N_a+1)$	$(L_0-3d)/N_a$	$(L_0-2d)/N_a$

표 9-2
헬리컬 압축스프링*의 끝부분 상태 사수 α

끝부분 조건	상수 α
평행한 두 개의 평면에 연결된 경우	0.5
한쪽 끝은 평면에 연결되고, 반대쪽 끝은 힌지로 연결된 경우	0.707
양쪽 끝단이 힌지로 연결된 경우	1
한쪽 끝은 고정되어 있고, 나머지 끝은 자유단인 경우	2

* 평면에 의해 지지되는 끝부분은 직각 연마형이어야 함.

진다. Forys[4]는 직각 연마형 끝은 다음과 같은 밀착높이 L_s를 갖는다고 지적하였다.

$$L_s=(N_t-a)d$$

여기서 a는 변하는 값인데, 평균 0.75이다. 따라서 표 9-1에 나와 있는 dN_t의 도입은 과장된 것일 수도 있다. 이러한 편차를 확인하는 방법은 특정 스프링 제작사의 스프링을 취하여 그 밀착높이를 측정하는 것이다. 또 다른 방법으로는 밀착 상태에서 와이어 지름의 개수를 세는 것이다.

9-5 안정성

4장에서 하중이 과도하게 커지면 기둥은 좌굴하게 된다는 것을 배웠다. 마찬가지로 압축코일스프링도 처짐(또는 휨)이 과도하게 커지면 좌굴한다. 임계 지점은 다음의 식으로 주어진다.

$$y_{\text{cr}}=L_0C_1'\left[1-\left(\frac{C_2'}{\lambda_{\text{eff}}^2}\right)^{1/2}\right] \tag{9-10}$$

여기서 y_{cr}은 불안정상태의 시작과 관련된 처짐을 의미한다. 이 식은 Samónov[5]에 따르면

[4] Edward L. Forys, "Accurate Spring Heights," *Machine Design*, vol. 56, no. 2, January 26, 1984.

Wahl[6]이 인용하였고, Haringx[7]에 의해 실험적으로 증명되었다고 한다. 식 (9-10)의 eff는 **유효 세장비**(effective slenderness ratio)이며, 다음의 식으로 주어진다.

$$\lambda_{\text{eff}} = \frac{\alpha L_0}{D} \tag{9-11}$$

C_1'과 C_2'은 다음과 같은 식으로 정의되는 탄성상수(elastic constants)이다.

$$C_1' = \frac{E}{2(E-G)}$$

$$C_2' = \frac{2\pi^2(E-G)}{2G+E}$$

식 (9-11)에는 **끝부분 상태에 따라 정해지는 상수**(end-condition constant) α가 포함되어 있다. 이 값은 스프링의 끝이 어떻게 지지되어 있는가에 따라 달라진다. 표 9-2에는 일반적인 끝부분 상태에 대한 α값이 주어져 있다. 이 값이 기둥의 끝부분 상태와 얼마나 유사한지 주의해 보라.

절대적 안정상태는 식 (9-10)의 항 $C_2/\lambda_{\text{eff}}^2$이 1보다 클 때 나타난다. 즉 절대적 안정상태에 대한 조건은 다음 식과 같이 주어진다.

$$L_0 < \frac{\pi D}{\alpha}\left[\frac{2(E-G)}{2G+E}\right]^{1/2} \tag{9-12}$$

철의 경우 이 식은 다음과 같다.

$$L_0 < 2.63\frac{D}{\alpha} \tag{9-13}$$

직각 연마형 끝을 가진 스프링의 경우에는 $\alpha = 0.5$이며, 따라서 $L_0 < 5.26D$이다.

9-6 스프링 재료

스프링은 요구되는 재료의 치수, 스프링 상수 및 특성에 따라 열간 또는 냉간 가공공정을 거쳐 제작된다. 일반적으로 미리 열처리된 와이어는 $D/d < 4$이거나 $d > 6\ \text{mm}$인 경우에는 사용해서는 안 된다. 스프링을 감을 때에는 굽힘에 의해 잔류응력이 유도되는데, 이것의 방향은 코일스프링 내의 비틀림 작용응력의 방향에 수직하다. 스프링을 감은 후에 연성 열처리(mild thermal treatment)를 하여 잔류응력을 제거하는 것은 스프링 제작시에 아주 흔한 일이다.

---

5 Cyril Samonov "Computer-Aided Design," op. cit.

6 A. M. Wahl, *Mechanical Springs*, 2d edl., McGraw-Hill, New York, 1963.

7 J. A. Haringx, "On Highly Compressible Helical Springs and Rubber Rods and Their Application for Vibration-Free Mountings," I and II, *Philips Res. Rep.*, vol. 3, December 1948, pp. 401-449, and vol. 4, February 1949, pp. 49-80.

표 9-3
고탄소 스프링강 및 고합금 스프링강(출처: Harald C. R. Carlson, "Selection and Application of Spring Materials," *Mechanical Engineering*, vol. 78, 1956, pp. 331-334.)

재료	제원	상세 내용
음악 와이어, 0.80–0.95C	UNS G10850 AISI 1085 ASTM A228-51	소형 스프링 소재로 널리 사용되며, 우수한 인장 강도를 가지고 있으며, 다른 스프링 소재에 비해 반복 하중 조건에 높은 응력에 견딜 수 있다. 지름은 0.12 mm에서 3 mm가 사용됨. 120도 이상이나 0도 이하 환경에서 사용하지 말 것.
오일 템퍼 와이어, 0.60–0.70C	UNS G10650 AISI 1065 ASTM 229-41	코일 스프링 재료로 많이 사용됨. 음악 와이어를 사용할 경우 가격이 비싸거나 지름이 큰 경우 사용. 충격에 약함. 지름은 3 mm에서 12 mm가 사용 가능함. 180도 이상 또는 0도 이하에서는 사용하지 말 것.
경강와이어, 0.60–0.70C	UNS G10660 AISI 1066 ASTM A227-47	가장 저렴한 일반적인 목적의 스프링 소재이며, 정밀도, 수명, 굽힘 변형이 중요하지 응용분야에 사용됨. 지름은 0.8mm에서 12 mm까지 가능함. 120도 이상 0도 이하에서 사용하지 말 것.
크롬-바나디움	UNS G61500 AISI 6150 ASTM 231-41	가장 많이 사용되는 합금 스프링 재료이며, 고탄소강 스프링이 사용되는 경우보다 더 높은 응력이 발생되는 환경이나 피로하중에 대한 저항성이 크고 높은 내구성을 필요로하는 응용분야에 사용됨. 충격에 강하며, 항공기 엔진 밸브 스프링에 널리 사용됨. 220도까지 사용가능함. 지름은 0.8 mm에서 12 mm로 사용가능함.
크롬-실리콘	UNS G92540 AISI 9254	크롬-실리콘 합금은 긴 수명을 필요로 하고, 충격하중에 약한 높은 응력을 받는 스프링 재료에 적합함. 로크웰 경도 c50에서 c53까지 보이며, 재료는 250도까지 사용 가능함. 지름은 0.8 mm에서 12 mm까지 사용가능함.

매우 다양한 종류의 스프링 재료가 존재하는데, 이에는 보통 탄소강, 합금강과 내식성 강뿐만 아니라 비철금속 재료인 인청동(phosphor bronze), 스프링 황동, 베릴륨 구리 그리고 다양한 니켈 합금이 포함된다. 가장 일반적으로 사용되는 철에 대한 설명은 표 9-3에 나와 있다.

스프링 재료는 그 인장강도를 측정하여 비교할 수 있다. 이 같은 와이어의 치수에 따라서 상당히 달라지므로 와이어의 치수가 알려지기 전까지는 명기할 수 없다. 물론 재료와 그 가공방법도 인장강도에 영향을 준다. 인장강도와 와이어의 지름 사이의 관계에 대한 그래프를 log-log 스케일로 나타내면 몇몇 재료에서는 거의 직선을 나타냄이 알려져 있다. 이 직선을 다음과 같은 식으로 나타내고,

$$S_{ut} = \frac{A}{d^m} \tag{9-14}$$

그 직선의 절편 A와 기울기 m이 알려져 있으면 인장강도의 최솟값을 추정할 수 있다. 표 9-4에는 이 상수들을 최신의 자료로부터 작업하여 나타났으며, 강도의 단위는 kpsi나 MPa이다. 식 (9-14)에서 d를 밀리미터로 사용하면 A는 $\mathrm{MPa \cdot mm}^m$이 되며, d를 인치로 사용하면 A는 $\mathrm{kpsi \cdot in}^m$이 된다.

표 9-4
일반적인 스프링 와이어의 최소 인장강도를 추정하기 위한 $S_{ut}=A/d^m$의 상수 A와 m(출처: *Design Handbook*, 1987, p. 19. Courtesy of Associated Spring.)

재료	ASTM No.	지수 m	지름, in	A, kpsi · in^m	Diameter, mm	A, Mpa	와이어의 상대적 비용
음악 와이어*	A228	0.145	0.004–0.256	201	0.10–6.5	2211	2.6
OQ&T 와이어†	A229	0.187	0.020–0.500	147	0.5–12.7	1855	1.3
경강 와이어‡	A227	0.190	0.028–0.500	140	0.7–12.7	1783	1.0
크롬-바나디움 와이어§	A232	0.168	0.032–0.437	169	0.8–11.1	2005	3.1
크롬-실리콘 와이어‖	A401	0.108	0.063–0.375	202	1.6–9.5	1974	4.0
302 스테인레스 와이어#	A313	0.146	0.013–0.10	169	0.3–2.5	1867	7.6–11
		0.263	0.10–0.20	128	2.5–5	2065	
		0.478	0.20–0.40	90	5–10	2911	
인-청동 와이어**	B159	0	0.004–0.022	145	0.1–0.6	1000	8.0
		0.028	0.022–0.075	121	0.6–2	913	
		0.064	0.075–0.30	110	2–7.5	932	

* 표면이 매끄럽고, 결함이 없으며, 광택 처리함.
† 플레이팅 전에 제거되어야 하는 열처리로 인한 스케일이 존재함.
‡ 표면이 매끄럽고, 밝음.
§ 어닐링을 통해 aircraft-quality의 템퍼드된 와이어를 얻을 수 있음.
‖ 로크웰 경도 C49로 템퍼드됨. 템퍼드되지 않은 와이어도 가능.
\# Type 302 스테인레스강.
** 템퍼 CA510.

스프링을 설계하고 성능을 분석하기 위해서는 비틀림 항복강도가 필요하지만, 스프링 재료는 보통 인장강도만을 시험한다. 그 이유는 그렇게 하는 것이 쉽고 경제적이기 때문이다. 비틀림 항복강도에 대한 매우 대략적인 추정은 인장 항복강도가 인장강도의 60~90%라는 가정으로부터 얻을 수 있다. 비틀림 에너지 이론(distortion-energy theory)을 적용하면 비틀림 항복강도($S_{sy}=0.577S_s$)를 얻을 수 있다. 철에 대해서는 다음과 같은 결과를 얻는다.

$$0.35S_{ut} \le S_{sy} \le 0.52S_{ut} \tag{9-15}$$

표 9-5에는 스프링의 최대 허용전단응력 3번째 세로행에 나와 있다. 음악 와이어와 경강 스프링 와이어는 위 영역 중 아래 부분인 $S_{sy}=0.455S_{ut}$를 갖는다. 밸브스프링 와이어, $Cr-Va$, $Cr-Si$ 그리고(여기에는 표시하지 않았지만) 기타 담금질과 불림 처리한 탄소강과 저합금강 와이어는 $S_{sy} \ge 0.50S_{ut}$를 가진다.

많은 비철금속은 (여기에는 표시하지 않았지만) $S_{sy} \ge 0.35S_{ut}$를 가진다. 이러한 관점에서 Joerres[8]는 정적인 사용역역에서 표 9-6의 최대 허용 비틀림 응력을 사용한다. 비틀림

[8] Robert E. Joerres, “Springs,” Chap. 6 in Joseph E. Shigley, Charles R. Mischke, and Thomas H. Brown, Jr. (eds.), *Standard Handbook of Machine Design*, 3rd ed., McGraw-Hill, New York, 2004.

항복에 대한 정보가 알려져 있는 특정 재료에 대해서는 이 표를 지침으로 사용하면 된다. Joerres는 표 9-6에서 세팅 정보를 제공하는데, 즉 냉간 가공작업에 의해 강도가 증가($S_{sy} \geq 0.65S_{ut}$)하지만 스프링 제작자에게는 부가적인 작업으로 인한 비용의 상승도 가져온다. 때때로 이러한 부가적인 작업은 조립과정에서 제작자가 수행한다. 탄소강 스프링의 상관관계에 따르면 스프링 와이어의 인장 항복강도는 $0.75S_{ut}$로부터 추정할 수 있다. 변형에너지 이론에 기초하여 전단 항복강도를 추정하면 $S_{sy} = 0.577(0.75)S_{ut} = 0.433S_{ut} \doteq 0.45S_{ut}$가 된다. Samónov는 허용응력에 대해 논의하면서 고인장 스프링강에 대해 다음과 같은 식을 제시했는데, 이는 Joerres가 경화 합금강에 대해 제시한 값과 유사하다.

$$S_{sy} = \tau_{\text{all}} = 0.56S_{ut} \tag{9-16}$$

그는 식 (9-3)을 응력 수정계수 없이 사용할 때, 허용응력에 대한 이 값은 독일의 표준 초안(Draft Standard) 2089에 의해 정해져 있다고 지적했다.

표 9-5
몇몇 스프링 와이어의 기계적 특성

소재	탄성한계, S_{ut} 대비 강도 비율, 인장	비틀림	지름 d, in	E Mpsi	E GPa	G Mpsi	G GPa
음악 와이어 A228	65–75	45–60	< 0.032	29.5	203.4	12.0	82.7
			0.033–0.063	29.0	200	11.85	81.7
			0.064–0.125	28.5	196.5	11.75	81.0
			> 0.125	28.0	193	11.6	80.0
경강 스프링 A227	60–70	45–55	< 0.032	28.8	198.6	11.7	80.7
			0.033–0.063	28.7	197.9	11.6	80.0
			0.064–0.125	28.6	197.2	11.5	79.3
			> 0.125	28.5	196.5	11.4	78.6
오일 템퍼드 A239	85–90	45–50		28.5	196.5	11.2	77.2
밸브 스프링 A230	85–90	50–60		29.5	203.4	11.2	77.2
크롬-바나디움 A231	88–93	65–75		29.5	203.4	11.2	77.2
A232	88–93			29.5	203.4	11.2	77.2
크롬-시릴콘 A401	85–93	65–75		29.5	203.4	11.2	77.2
Stainless steel A313*	65–75	45–55		28	193	10	69.0
17-7PH	75–80	55–60		29.5	208.4	11	75.8
414	65–70	42–55		29	200	11.2	77.2
420	65–75	45–55		29	200	11.2	77.2
431	72–76	50–55		30	206	11.5	79.3
인-청동 B159	75–80	45–50		15	103.4	6	41.4
베릴리움-구리 B197	70	50		17	117.2	6.5	44.8
	75	50–55		19	131	7.3	50.3
인코넬 합금 X-750	65–70	40–45		31	213.7	11.2	77.2

* 302, 304와 316을 역시 포함함.
참고: 허용 비틀림 응력 설계 수치에 대해 표 10-6을 참조

표 9-6
정적인 사용의 경우 헬리컬 압축스프링의 최대 허용 비틀림 응력(출처: Robert E. Joerres, "Springs," Chap. 6 in Joseph E. Shigley, Charles R. Mischke, and Thomas H. Brown, Jr. (eds.), *Standard Handbook of Machine Design*, 3rd ed., McGraw-Hill, New York, 2004.)

재료	Maximum Percent of Tensile Strength 세팅 제거 전 인장 강도 최대 백분율 (includes K_w or K_B)	세팅 제거 후 인장 강도 최대 백분율 (includes K_s)
음악 와이어와 냉간인발 탄소강	45	60–70
가공경화와 템퍼드 탄소강과 저합금강	50	65–75
오스테 나이트계 스테인레스강	35	55–65
비철합금	35	55–65

예제 9-1 음악 와이어 16번으로 만들어진 헬리컬 압축스프링이 있다. 스프링의 바깥지름은 11 mm다. 스프링의 끝은 직각형이며, 전체감김수는 $12\frac{1}{2}$이다.

(a) 와이어의 비틀림 항복강도를 추정하라.

(b) 항복강도에 해당하는 정적 부하를 추정하라.

(c) 스프링 상수를 추정하라.

(d) 문항 (b)의 부하에 의해 발생하게 될 처짐을 추정하라.

(e) 스프링의 밀착높이를 추정하라.

(f) 스프링을 압축하여 밀착상태로 만들고 풀어줄 때, 자유길이에 영구변형이 전혀 발생하지 않도록 하기 위해서 스프링의 길이는 얼마이어야 하는가?

(g) 스프링의 길이가 문항 (f)에서 구한 값이라면 좌굴이 가능한가?

(h) 스프링 코일의 피치(pitch)는 얼마인가?

풀이 (a) 와이어의 지름은 $d = 0.94\text{mm}$다. $A = 2211\ \text{MPa}\cdot\text{mm}^m$이며, $m = 0.145$이다. 그러므로 식 (9-14)로부터 다음 값을 얻는다.

$$S_{ut} = \frac{A}{d^m} = \frac{2211}{0.94^{0.145}} = 2231\ \text{MPa}$$

그리고 표 9-6으로부터 다음 값을 구할 수 있다.

답
$$S_{sy} = 0.45 S_{ut} = 0.45(2231) = 1004\ \text{MPa}$$

(b) 스프링의 평균 코일지름 $D = 11 - 0.94 = 10.06\ \text{mm}$이며, 스프링 지수 $C = 10.06/0.94 = 10.7$이다. 그리고 식 (9-6)으로부터 다음을 얻을 수 있다.

$$K_B = \frac{4C+2}{4C-3} = \frac{4(10.7)+2}{4(10.7)-3} = 1.126$$

식 (9-7)에서 K_s와 τ를 각각 K_B와 S_{ys}로 대체하고, F에 대하여 풀어보면 다음과 같다.

답
$$F = \frac{\pi d^3 S_{sy}}{8K_B D} = \frac{\pi(0.94^3)1004}{8(1.126)10.06} = 31\ \text{N}$$

(c) 표 9-1로부터 $N_a = 12.5 - 2 = 10.5$회전이다. 표 9-5로부터 $G = 81\,700\ \text{MPa}$이므로 스프링 상수는 식 (9-9)로부터 다음과 같이 구해진다.

답
$$k = \frac{d^4 G}{8D^3 N_a} = \frac{0.94^4(81\,700)}{8(10.06^3)10.5} = 0.9\ \text{N/mm}$$

답 (d) $$y = \frac{F}{k} = \frac{31}{0.9} = 34.4\ \text{mm}$$

(e) 표 9-1로부터

답 $$L_s = (N_t + 1)d = (12.5 + 1)0.94 = 12.7\ \text{mm}$$

답 (f) $$L_0 = y + L_s = 34.4 + 12.7 = 47.1\ \text{mm}$$

(g) 좌굴을 피하기 위해 식 (9-13)으로부터 다음과 같은 관계를 얻을 수 있다.

$$L_0 < 2.63\frac{D}{\alpha} = 2.63\frac{10.06}{0.5} = 52.9\ \text{mm}$$

수학적으로 자유길이 47.1 mm는 52.9 mm보다 작으므로 좌굴이 발생할 것 같지는 않다. 그러나 스프링의 끝부분을 어떻게 가공하는가에 따라 0.5에 얼마나 가까운가가 달라진다. 이것을 검토하여야 하며, 내부용 막대나 외부용 튜브 또는 구멍이 필요할 수도 있다.

(h) 마지막으로 스프링 몸체 코일의 피치를 다음과 같이 구할 수 있다.

답 $$p = \frac{L_0 - 3d}{N_a} = \frac{47.1 - 3(0.94)}{10.5} = 4.4\ \text{mm}$$

9-7 정적 하중을 고려한 헬리컬 압축스프링 설계

스프링 지수는 $4 \le C \le 12$가 선호되어 사용된다. 이 영역 중에서 작은 스프링 지수를 가진 것은 (표면 균열의 위험성 때문에) 성형하기에 어렵고, 큰 스프링 지수를 가진 것은 개별적으로 포장해야 할 만큼 엉키는 경향을 보인다. 이것이 설계 평가에서 첫 번째 항목이 될 수 있다. 유효감김수는 $3 \le N_a \le 15$가 추천되는 영역이다. 스프링이 거의 밀착하게 되었을 경우에도 선형성을 유지하기 위해서는 (피치의 불완전성에 기인하여) 코일들이 점진적으로 가까워지는 것을 피해야 한다. 헬리컬 코일스프링의 힘-처짐 특성은 이상적으로는 선형이다. 실제적으로는 거의 선형에 가깝지만, 힘-처짐 곡선의 각 끝부분에서는 그렇지 못하다. 스프링 힘은 매우 작은 변형에 대해서, 그리고 거의 근접하게 되었을 때에는 재현할 수 없다. 코일들이 접촉하기 시작하여 유효감김수가 줄어듦에 따라 비선형적 거동이 시작된다.

설계자는 스프링의 작동영역을 하중이 작용하지 않을 때 ($F = 0$)와 스프링이 밀착되었을 때 ($F = F_s$) 사이의 곡선 중앙부 75%로 제한한다. 따라서 최대 작동력은 $F_{\max} \le \frac{7}{8}F_s$로 제한되어야 한다. Fractional overrun to closure ξ을 다음과 같이 정의할 수 있다.

$$F_s = (1+\xi)F_{\max} \tag{9-17}$$

위의 식은 다시 다음과 같이 정리할 수 있다.

$$F_s = (1+\xi)F_{\max} = (1+\xi)\left(\frac{7}{8}\right)F_s$$

위의 식으로부터 $\xi = 1/7 = 0.143 \doteqdot 0.15$을 구할 수 있다. 따라서 $\xi \geq 0.15$이 추천되는 값이다.

스프링의 관계식과 재료특성에 덧붙여서 몇 가지 설계 권고사항이 있는데 다음과 같다.

$$4 \leq C \leq 12 \tag{9-18}$$

$$3 \leq N_a \leq 15 \tag{9-19}$$

$$\xi \geq 0.15 \tag{9-20}$$

$$n_s \geq 1.2 \tag{9-21}$$

여기서 n_s는 밀착높이에서의 안전계수다.

대량생산 스프링의 설계를 고려할 때에는 성능계수(figure of merit)는 스프링을 제작하는 와이어의 비용이 될 수 있다. fom(성능계수)은 상대적 재료비, 비중 그리고 부피에 비례할 것이다.

$$\text{fom} = -(\text{상대적 재료비})\frac{\gamma \pi^2 d^2 N_t D}{4} \tag{9-22}$$

강철끼리 비교할 때에는 비중 γ를 생략할 수도 있다.

스프링을 설계하는 것은 창의적 설계 과정이다. 결정해야 할 것이 많이 있으며, 가능한 해결방향이나 해결안도 많이 있다. 과거에는 표, 계산도표 그리고 "스프링 설계 계산자"등이 스프링 설계문제를 단순화하기 위해 많이 사용되었다. 오늘날에는 설계자가 서로 다른 많은 형태로(직접 프로그래밍, 표 계산 소프트웨어, MATLAB 등) 프로그램을 만들 수 있게 되었다. 상용 프로그램[9]도 등장하였다. 프로그래머들이 존재하는 것만큼 많은 수의 스프링 설계 프로그램을 만드는 방법이 있다. 여기서는 한 가지 가능한 설계방법을 제안한다.

설계전략

직관적으로 경강 와이어를 첫 번째 선택(상대적 재료= 1.0)으로 하는 결정을 한다. 와이어의 치수는 d로 한다. 모든 결정을 한 후에는 변수들에 대한 세로행을 만든다. d, D, C, OD 또는 ID, N_a, L_s, L_0, $(L_0)_{cr}$, n_s, 그리고 fom. 사용가능한 와이어의 치수 종류를

[9] 예를 들어 프로그램 *Advanced Spring Design*을 참고하시오. 이것은 Spring Manufacturers Institute (SMI), www.smihq.org와 Universal Technical Systems, Inc. (UTS), www.uts.com에서 공동 개발하였음.

확대하면서, 변수들의 표를 훑어보고 검토하여 설계 추천내용을 적용할 수 있다. 적합하지 않은 와이어의 치수 종류를 제외시킨 후 가장 큰 성능계수(fom)를 갖는 설계를 선택한다. 이렇게 하면 단속적인 설계변수 d와 동질적 및 이질적 구속조건들이 혼재되어 있을지라도 최적의 설계를 찾을 수 있다. 표의 세로행 값들은 그림 9-3에 나타낸 순서도를 이용하여 만들 수 있다. 그것은 막대 둘레에서 또는 구멍에서 작동하는 감김 상태 그대로의 상태와 세팅 스프링의 상태를 설명하는데 일반적으로 충분하다. 감긴 상태 그대로의 스프링에서는 제어방정식을 다음과 같이 스프링 지수에 대해 풀어야 한다. 식 (9-3), $\tau = S_{sy}/n_s$, $C = D/d$, 식 (9-6)에서 K_B, 그리고 식 (9-17)로부터 다음의 식을 얻는다.

$$\frac{S_{sy}}{n_s} = K_B \frac{8F_s D}{\pi d^3} = \frac{4C+2}{4C-3}\left[\frac{8(1+\xi)F_{\max}C}{\pi d^2}\right] \tag{a}$$

여기서 α와 β를 다음과 같이 정한다.

$$\alpha = \frac{S_{sy}}{n_s} \tag{b}$$

$$\beta = \frac{8(1+\xi)F_{\max}}{\pi d^2} \tag{c}$$

식 (b)와 (c)에 대입하여 단순화하면 C에 대한 2차방정식이 만들어진다. 두 개의 해 중에서 더 큰 값이 스프링 지수가 된다.

$$C = \frac{2\alpha-\beta}{4\beta} + \sqrt{\left(\frac{2\alpha-\beta}{4\beta}\right)^2 - \frac{3\alpha}{4\beta}} \tag{9-23}$$

예제 9-2 음악 와이어로 만들어진 헬리컬 압축스프링 50.8 mm로 압축된 후 89 N의 하중을 지지하고 있다. 조립 고려사항 때문에 밀착높이는 25.4 mm를 초과할 수 없으며, 자유길이는 101.6 mm보다 길어서는 안된다. 이러한 스프링을 설계하라.

풀이 초기 결정사항은 다음과 같다.

- 음악 와이어 A228: 표 9-4로부터 $A = 2211\ \text{MPa}\cdot\text{mm}^m$; $m = 0.145$; 표 9-5로부터 $E = 196.5$ GPa, $G = 81$ GPa($d > 1.61$ mm로 예상됨)
- 양 끝은 직각 연마형
- 기능: $F_{\max} = 89$ N, $y_{\max} = 50.8$ mm
- 안전: 밀착높이에서의 설계 안전계수 $(n_s)_d = 1.2$를 사용한다.
- Robust linearity: $\xi = 0.15$
- 감긴 상태 그대로의 스프링을 사용한다(저렴함), 표 9-6으로부터 $S_{sy} = 0.45S_{ut}$.

그림 9-3
정적 하중에 대한 헬리컬 코일 압축스프링 설계 순서도

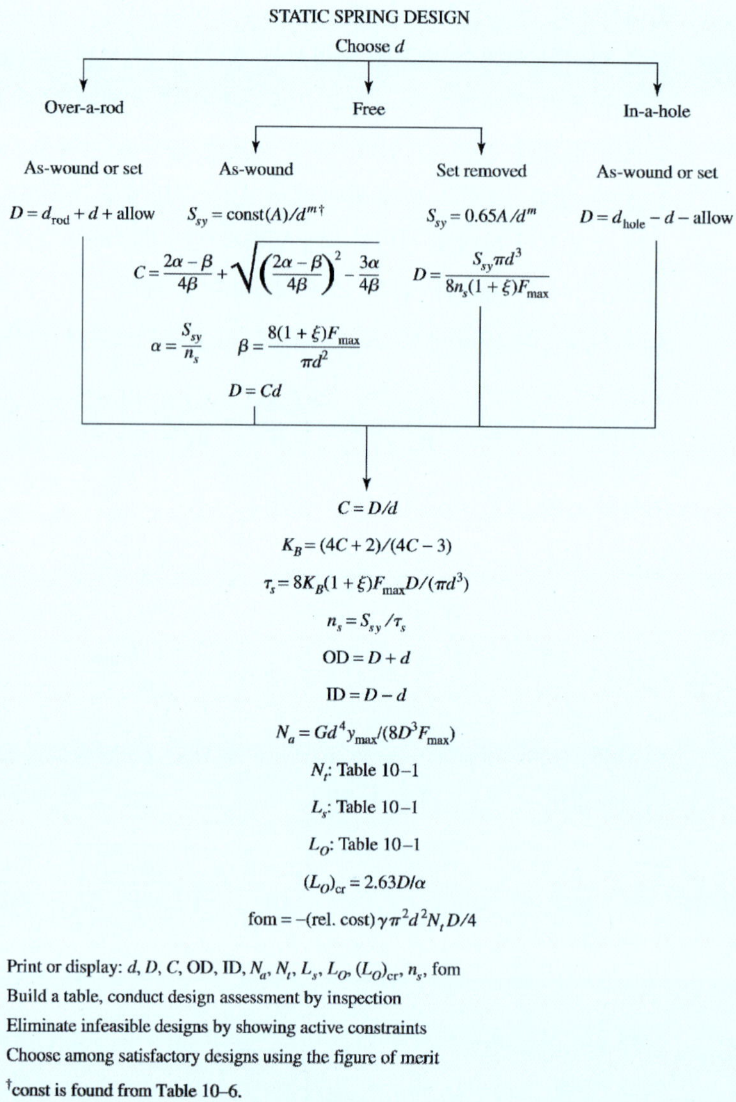

- 결정 변수: $d = 2.03$ mm, 음악 와이어 게이지 #30, 그림 9-3과 표 9-6으로부터

$$S_{sy} = 0.45\frac{2211}{2.03^{0.145}} = 897.9\ \text{MPa}$$

그림 9-3 또는 식 (9-23)으로부터

$$\alpha = \frac{S_{sy}}{n_s} = \frac{897.9}{1.2} = 748.3\ \text{MPa}$$

$$\beta = \frac{8(1+\xi)F_{\max}}{\pi d^2} = \frac{8(1+0.15)89}{\pi(2.03^2)} = 63.2\ \text{MPa}$$

$$C = \frac{2(748.3) - 63.2}{4(63.2)} + \sqrt{\left[\frac{2(748.3) - 63.2}{4(63.2)}\right]^2 - \frac{3(748.3)}{4(63.2)}} = 10.5$$

그림 9-3에서 계속하여,

$$D = Cd = 10.5(2.03) = 21.3\ \text{mm}$$

$$K_B = \frac{4(10.5)+2}{4(10.5)-3} = 1.128$$

$$\tau_s = 1.128\frac{8(1+0.15)89(21.3)}{\pi(2.03)^3} = 748\ \text{MPa}$$

$$n_s = \frac{897.9}{748} = 1.2$$

$$\text{OD} = 21.3 + 2.03 = 23.3\ \text{mm}$$

$$N_a = \frac{2.03^4(81\,000)50.8}{8(21.3)^3 89} = 10.16\ \text{turns}$$

$$N_t = 10.16 + 2 = 12.16$$

$$L_s = 2.03(12.16) = 24.3\ \text{mm}$$

$$L_0 = 24.3 + (1+0.15)50.8 = 82.7\ \text{mm}$$

$$(L)_{\text{cr}} = 2.63(21.3/0.5) = 112\ \text{mm}$$

$$\text{fom} = -2.6\frac{\pi^2(2.03)^2 12.16(21.3)}{4(25.4)^3} = -0.417$$

지름이 다른 와이어를 선택하여 위의 과정을 반복하여 표를 만든다(spreadsheet 프로그램을 사용하면 편리하다).

d	0.063	0.067	0.071	0.075	0.080	0.085	0.090	0.095
D	0.391	0.479	0.578	0.688	0.843	1.017	1.211	1.427
C	6.205	7.153	8.143	9.178	10.53	11.96	13.46	15.02
OD	0.454	0.546	0.649	0.763	0.923	1.102	1.301	1.522
N_a	39.1	26.9	19.3	14.2	10.1	7.3	5.4	4.1
L_s	2.587	1.936	1.513	1.219	0.964	0.790	0.668	0.581
L_0	4.887	4.236	3.813	3.519	3.264	3.090	2.968	2.881
$(L_0)_{cr}$	2.06	2.52	3.04	3.62	4.43	5.35	6.37	7.51
n_s	1.2	1.2	1.2	1.2	1.2	1.2	1.2	1.2
fom	-0.409	-0.399	-0.398	-0.404	-0.417	-0.438	-0.467	-0.505

이제는 표를 점검하여 타당성 평가를 수행하여야 한다. 제한조건 $3 \le N_a \le 15$ 때문에 지름 1.9 mm 미만의 와이어는 제외된다. 제한조건 $4 \le C \le 12$ 때문에 지름 2.1 mm보다 큰 와이어는 제외된다. 제한조건 $L_s \le 1$ 때문에 지름 0.203 mm 미만의 와이어는 제외된다. 제한조건 $L_0 \le 4$ 때문에 지름 1.8 mm 미만의 와이어는 제외된

다. 좌굴기준 때문에, 자유길이가 $(L_0)_{cr}$보다 긴 스프링을 제외하는데, 이것은 지름 1.9 mm 미만인 와이어를 제외하는 것을 의미한다. 안전계수 $(n_s)_d$에 대한 기준값 없이 와이어를 택할 수 있다. 결과적으로 적절한 것으로는 와이어 지름 2.03 mm와 2.1 mm의 두 가지 스프링만 남는다. 성능계수(fom)를 비교하여 와이어 지름 2.03 mm의 설계로 결정한다.

스프링을 설계할 때 우리의 명세에 맞게 하였는가? 반드시 그럴 필요는 없다. 실제로 수천 개의 음악 와이어 압축스프링을 재고로 가지고 있는 제작자들이 있다. 그들의 카탈로그를 살펴보면 유사한 것을 여러 개 찾을 수 있다. 그 특성으로 최대 처짐과 최대 부하가 나타나 있다. 스프링의 손상없이 밀착상태가 될 수 있는지 확인해야 한다. 그렇지 않은 경우가 자주 있다. 스프링 상수는 단지 유사할 수도 있다. 최소한도 이런 경우에는 스프링 몇 개를 주문해서 테스트를 해볼 수 있다. 그 결정은 흔히 특수 주문과 유사한 것을 수용하는 것과의 경제성에 따라 이루어진다.

스프링 설계는 고정된 형식의 접근이 아니며 반복적인 작업을 요구한다. 예제 9-2에서는 와이어 지름을 첫 번째로 선택함으로써 정적 부하 상태에서의 스프링 설계에 대한 반복적인 접근방법을 제시하고 있다. 지름의 선택은 오히려 임의로 이루어질 수 있다.

예제 9-3 그림 9-3의 인장스프링의 끝은 둥근 훅(full-twisted loop ends)으로 되어 있다. 재료는 AISI 1065 OQ&T 와이어다. 이 스프링은 코일수 84이며, 예부하 80 N이 작용하고 있다.

(a) 스프링의 닫힘길이를 구하라.

(b) 예부하에서 상응하는 스프링 내의 비틀림 응력을 구하라.

(c) 스프링 상수를 구하라.

(d) 영구변형을 야기하는 하중의 크기는 얼마인가?

(e) 질문 (d)에서 구한 하중이 상응하는 스프링 변형은 얼마인가?

| 그림 9-4

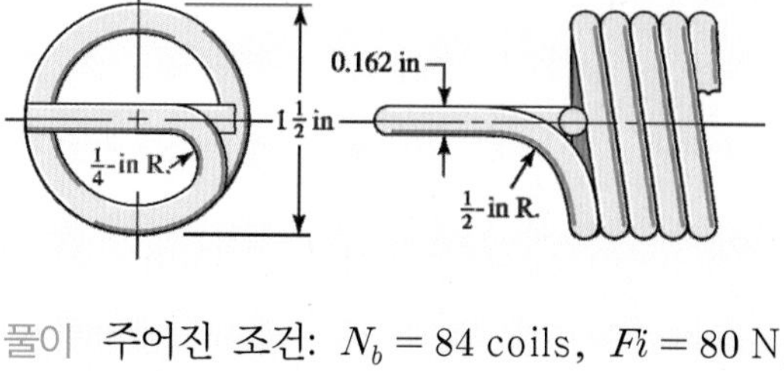

풀이 주어진 조건: $N_b = 84$ coils, $Fi = 80$ N, OQ&T steel, OD $= 38$ mm, $d = 4$ mm, $D = 38 - 4 = 34$ mm

(a) 식 (9-39):

답
$$L_0 = 2(D-d)+(N_b+1)d$$
$$= 2(34-4)+(84+1)(4) = 400 \text{ mm}$$

또는 $2d + L_0 = 2(4) + 400 = 408 \text{ mm}$ 전체

(b)
$$C = \frac{D}{d} = \frac{34}{4} = 8.5$$
$$K_B = \frac{4(8.5)+2}{4(8.5)-3} = 1.161$$

답
$$\tau_i = K_B\left[\frac{8F_iD}{\pi d^3}\right] = 1.161\left[\frac{8(80)(34)}{\pi(4)^3}\right] = 125.7 \text{ MPa}$$

(c) 표 9-5로부터: $G = 79.3 \text{ GPa}$ and $E = 196.5 \text{ GPa}$

$$N_a = N_b + \frac{G}{E} = 84 + \frac{79.3}{196.5} = 84.4 \text{ turns}$$

답
$$k = \frac{d^4 G}{8D^3 N_a} = \frac{(4)^4(79\,300)}{8(34)^3(84.4)} = 0.765 \text{ N/mm}$$

(d) 표 9-4로부터:

$$A = 1855 \text{ MPa}\cdot\text{mm}^m, \ m = 0.187$$
$$S_{ut} = \frac{1855}{(4)^{0.187}} = 1431.4 \text{ MPa}$$
$$S_y = 0.75(1431.4) = 1073.6 \text{ MPa}$$
$$S_{sy} = 0.75(1431.4) = 715.7 \text{ MPa}$$

몸체

$$F = \frac{\pi d^3 S_{sy}}{\pi K_B D} = \frac{\pi(4)^3(715.7)}{8(1.161)(34)} = 455.7 \text{ N}$$

훅 B점의 비틀림 응력

$$C_2 = \frac{2r_2}{d} = \frac{2(6+4/2)}{4} = 4$$
$$(K)_B = \frac{4C_2-1}{4C_2-4} = \frac{4(4)-1}{4(4)-4} = 1.25$$
$$F = \frac{\pi(4)^3(715.7)}{8(1.25)(34)} = 423.2 \text{ N}$$

훅 A점의 수직응력

$$C_1 = \frac{2r_1}{d} = \frac{34}{4} = 8.5$$

$$(K)_A = \frac{4C_1^2 - C_1 - 1}{4C_1(C_1 - 1)} = \frac{4(8.5)^2 - 8.5 - 1}{4(8.5)(8.5 - 1)} = 1.096$$

$$S_{yt} = \sigma = F\left[\frac{16(K)_A D}{\pi d^3} + \frac{4}{\pi d^2}\right]$$

$$F = \frac{1073.6}{[16(1.096)(34)]/[\pi(4)^3] + \{4/[\pi(4)^2]\}} = 352.6\ \mathrm{N}$$

답 $= \min(455.7,\ 423.2,\ 352.6) = 352.6\ \mathrm{N}$

(e) 식 (9-48)로부터:

답 $y = \dfrac{F - F_i}{k} = \dfrac{352.6 - 80}{0.765} = 356.3\ \mathrm{mm}$

9-8 헬리컬 스프링의 임계 진동수

수영장 한 끝의 요동에 의해 파도가 만들어지면, 이 파도는 수영장의 길이방향으로 이동하고 다시 반대쪽으로 반사되어 돌아오고, 결국 감쇠될 때까지 이 왕복운동이 지속된다. 헬리컬 스프링에서도 이와 동일한 효과가 발생하는데, 이를 스프링 서지(spring surge)라 부른다. 스프링 한 끝은 편평한 면에 지지되어 있고 다른 한 면이 요동친다면, 수영장의 파도와 정확히 동일하게 한 끝에서 다른 끝으로 왕복 운동하는 압축파가 만들어진다.

스프링 제작자들은 자동차의 밸브 스프링 서지를 느린 동작 동영상으로 촬영하였다. 이 영상을 보면 스프링이 끝면과의 접촉을 실제적으로 벗어날 정도로 도약하는 매우 강렬한 서징을 하고 있다는 것을 알 수 있다. 그림 9-5에서는 그러한 서징에 의한 파손 사진을 보여주고 있다.

헬리컬 스프링이 빠르게 반복되는 운동이 요구되는 곳에 사용된다면, 설계자는 고유진동수가 작용하는 힘의 진동수에 근접하지 않도록 스프링의 실제 치수를 결정하여야 한다. 그렇지 않으면 공진이 발생하고, 스프링 재료의 내부적 감쇠효과는 매우 작기 때문에 손상을 입힐 수 있는 응력이 발생한다.

스프링의 병진 진동에 대한 식은 다음과 같은 파동에 관한 식이다.

$$\frac{\delta^2 u}{\delta x^2} = \frac{W}{kgl^2}\frac{\delta^2 u}{\delta t^2} \tag{9-24}$$

여기서 k = 스프링 상수
g = 중력가속도
l = 스프링 길이
W = 스프링 무게

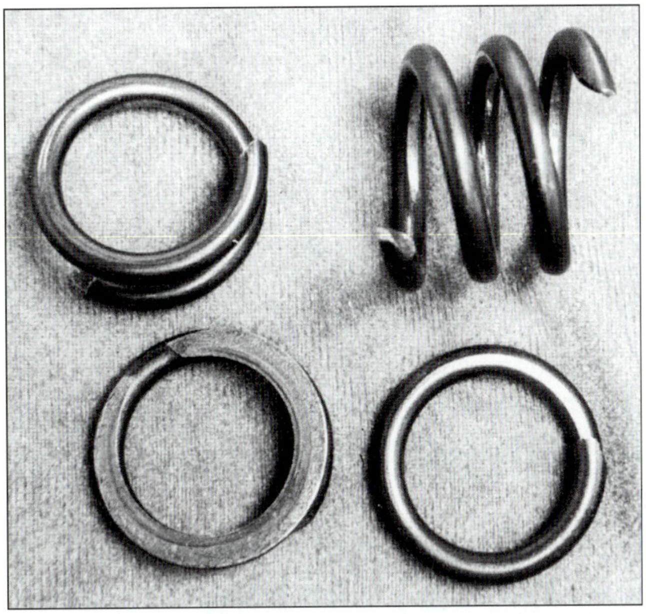

그림 9-5
엔진의 밸브 스프링 파손. 파손은 순수 비틀림 하중과 관련된 최대 주응력과 45°를 이루는 선을 따라 발생한다.

x = 스프링 길이 방향 좌표
u = 거리 x에서 임의의 입자의 운동

이 방정식의 해는 조화함수(harmonic)인데, 주어진 물리적 특성과 스프링의 좌면 조건에 따라 달라진다. 두 개의 편평하고 평행한 판 사이에 위치하고 있는 스프링에 대한 조화(harmonic) **고유진동수**는 radians per second 단위로 다음과 같이 주어진다.

$$\omega = m\pi\sqrt{\frac{kg}{W}} \qquad m = 1,\ 2,\ 3,\ \cdots$$

여기서 기본주파수는 $m = 1$에서 구할 수 있으며, 2차 조화파는 $m = 2$에서 구할 수 있다. 일반적으로 진동수는 cycles per second 단위에 관심이 많으므로, $\omega = 2\pi f$를 이용하여 기본진동수를 hertz로 표시하면 다음과 같다.

$$f = \frac{1}{2}\sqrt{\frac{kg}{W}} \tag{9-25}$$

이때 스프링 좌면은 판과 접촉하고 있다고 가정한다.

Wolford와 Smith[10]는 스프링의 한 끝이 평판에 지지되어 있고, 다른 한 끝이 자유로울 경우에 진동수는 다음과 같음을 보였다.

$$f = \frac{1}{4}\sqrt{\frac{kg}{W}} \tag{9-26}$$

10 J. C. Wolford and G. M. Smith, "Surge of Helical Springs," *Mech. Eng. News*, vol. 13, no. 1, February 1976, pp. 4–9.

여기서 스프링의 한 끝에 평판에 지지되어 있으며, 다른 한 끝은 자유롭다. 그들은 또한 스프링의 한 끝이 평판에 지지되어 있으며, 다른 한 끝은 sine 파 운동이 주어지면 식 (9-25)를 적용할 수 있다고 지적하였다.

헬리컬 스프링의 유효부분의 무게는 다음과 같다.

$$W = AL\gamma = \frac{\pi d^2}{4}(\pi D N_a)(\gamma) = \frac{\pi^2 d^2 D N_a \gamma}{4} \tag{9-27}$$

여기서 γ는 비중이다.

조화파(harmonics)를 동반하는 공진을 방지하기 위해서는, 기본 임계 진동수가 스프링에 가해지는 힘이나 운동의 진동수보다 15~20배 정도 커야 한다. 진동수가 충분히 크지 않을 경우에는 k를 증가하거나, W를 감소하도록 스프링을 재설계하여야 한다.

9-9 헬리컬 압축스프링의 피로하중

스프링은 거의 항상 피로하중에 노출되어 있다. 많은 경우에 요구수명의 사이클 수는 자물쇠 스프링이나 토글스위치 스프링처럼 수천 회 정도로 작을 수도 있다. 그러나 자동차 밸브 스프링은 파손되지 않고 수백만 번의 작동에 견딜 수 있어야 한다. 즉 무한 수명에 맞춰 설계되어야 한다.

동적 부하를 받는 스프링의 피로강도를 향상시키기 위해 숏 피닝(shot peening) 공정을 적용할 수 있다. 이 방법으로 비틀림 피로강도가 20% 이상 향상될 수 있다. 쇠구슬(shot)의 치수는 대략 0.4 mm이므로, 와이어 지름과 피치는 스프링 표면을 완전하게 처리할 수 있도록 고려되어야 한다.

스프링강의 비틀림 내구한도에 대한 가장 양호한 데이터는 Zimmerli[11]가 보고한 것이다. 그는 내구한도에 관련된 놀라운 사실을 발견하였는데, 스프링 치수, 재료 그리고 인장강도는 10 mm 미만의 치수를 갖는 스프링강의 내구한도(무한수명의 경우에만)에는 전혀 영향을 미치지 않는다는 것이다. 우리는 이미 높은 인장강도에서는 내구한도가 일정하게 유지되는 것을 보았는데(그림 5-17), 이에 대한 이유는 분명하지 않다. Zimmerli는 그 이유가 원래 표면이 서로 거의 동일하기 때문이거나, 시험하는 동안 소성 변형으로 인해 표면이 동일하게 되었기 때문일 것이라고 추측하였다. 피닝하지 않은 스프링에 대해서는 최소 비틀림 응력 138 MPa부터 최대 620 MPa까지, 피닝한 스프링에 대해서는 138 MPa부터 930 MPa까지 시험하였다. 그에 상응하는 무한 수명에 대한 내구강도는 다음과 같다.

[11] F. P. Zimmerli, "Human Failures in Spring Applications," *The Mainspring*, no. 17, Associated Spring Corporation, Bristol, Conn., August-September 1957.

피닝 안함:

$$S_{sa} = 241 \text{ MPa} \qquad S_{sm} = 379 \text{ MPa} \tag{9-28}$$

피닝 함:

$$S_{sa} = 398 \text{ MPa} \qquad S_{sm} = 534 \text{ MPa} \tag{9-29}$$

예를 들어, $S_{su} = 1480$ MPa인 피닝 안한 스프링에 대해 Gerber의 수직좌표 절편은 식 (5-42)로부터 다음과 같이 구할 수 있다.

$$S_{se} = \frac{S_{sa}}{1-\left(\dfrac{S_{sm}}{S_{su}}\right)^2} = \frac{241}{1-\left(\dfrac{379}{1480}\right)^2} = 257.9 \text{ MPa}$$

Goodman의 파손 기준을 따랐다면 절편은 331.1 MPa이었을 것이다. S_{su}가 변화하기 때문에 각각의 가능한 와이어 치수에 따라 이 값들이 변화되었을 것이다.

비틀림 피로에 대한 또 다른 연구[12]에 의하면, 비틀림 전단응력을 받고 있는 노치가 없으며 연마된 실린더 모양의 시편에 대해, 파손없이 견딜 수 있는 최대 반복응력은 일정하며, 사이클의 평균응력과는 무관하다는 것이 밝혀졌다. 이때 최대 응력은 금속의 비틀림 항복강도보다 작다고 가정한다. 노치가 존재하고 급격한 단면 변화가 있으면, 이것은 맞지 않는다. 그런데 스프링은 노치가 없으며 표면은 매우 부드러운 경우가 많다. 이 파손 기준은 비틀림 피로에 대한 Sines 파손 기준(Sines failure criterion)이라 알려져 있다.

설계자의 비틀림 피로 다이어그램에 특정 파손 기준을 작성할 때에 파단 시의 비틀림 강도 S_{su}가 필요하다. 식 (5-54)을 적용하면 다음과 같다.

$$S_{su} = 0.67 S_{ut} \tag{9-30}$$

축이나 기타 많은 기계부품들의 경우에 완전한 교번응력(reversed stresses) 형태의 피로하중은 아주 흔한 일이다. 반면 헬리컬 스프링은 인장과 압축스프링으로 동시에 사용되는 일은 없다. 실제로 스프링은 보통 예하중을 주어 조립하고, 작업부하는 그에 더하여 작용한다. 따라서 그림 5-23d의 응력-시간 다이어그램은 헬리컬 스프링에 나타나는 일상적인 상태를 표현하고 있다. 따라서 가장 불리한 상태는 예하중이 존재하지 않는 상태, 즉 $\tau_{\min} = 0$인 경우에 나타날 것이다.

이제 다음과 같이 정의한다.

$$F_a = \frac{F_{\max} - F_{\min}}{2} \tag{9-31a}$$

$$F_m = \frac{F_{\max} + F_{\min}}{2} \tag{9-31b}$$

[12] Oscar J. Horger (ed.), *Metals Engineering: Design Handbook*, McGraw-Hill, New York, 1953, p. 84.

여기서 축방향 스프링 힘 F가 작용하는 경우에는 아래첨자의 의미는 그림 5-23d의 그것과 동일하다. 전단응력 진폭은 다음과 같다.

$$\tau_a = K_B \frac{8F_a D}{\pi d^3} \tag{9-32}$$

여기서 K_B는 식 (9-5)에서 얻는 Bergstr sser factor로서, 직접 전단과 곡률효과를 모두 보정해 준다. 9-2절에서 언급한 바와 같이 원한다면 Wahl factor K_W를 대신 사용해도 된다.

평균 전단응력은 다음과 같다.

$$\tau_m = K_B \frac{8F_m D}{\pi d^3} \tag{9-33}$$

예제 9-4 음악 와이어로 만든 감긴 상태 그대로의 헬리컬 압축스프링은 와이어 치수 2.3 mm, 바깥 코일지름 14 mm, 자유길이 98 mm, 유효코일수 21, 그리고 양쪽 좌면은 직각 연마형이다. 스프링은 피닝하지 않았다. 이 스프링은 22 N 의 예하중 상태로 조립되고, 사용시 최대하중 156 N 의 힘이 작용한다.

(a) 비틀림 Gerber 피로파손 기준을 Zimmerli 데이터와 함께 이용하여 피로파손에 대한 안전계수를 계산하라.

(b) Sines 비틀림 피로 기준(정상(steady) 응력요소는 영향을 주지 않음)을 Zimmerli 데이터와 함께 이용하여 (a)를 다시 계산하라.

(c) 비틀림 Goodman 파손 기준을 Zimmerli 데이터와 함께 이용하여 (a)를 다시 계산하라.

(d) 스프링의 임계 진동수를 계산하라.

풀이 평균 코일지름 $D = 14 - 23 = 11.7\text{ mm}$이다. 스프링 지수는 $C = D/d = 11.7/2.3 = 5.09$이다. 그러면 K_B는 다음과 같다.

$$K_B = \frac{4C+2}{4C-3} = \frac{4(5.09)+2}{4(5.09)-3} = 1.288$$

식 (9-31)로부터

$$F_a = \frac{156-22}{2} = 67\text{ N} \qquad F_m = \frac{156+22}{2} = 89\text{ N}$$

교번 전단응력 요소는 식 (9-32)로부터 구할 수 있다.

$$\tau_a = K_B \frac{8F_a D}{\pi d^3} = (1.288)\frac{8(67)11.7}{\pi(2.3)^3} = 211.3\text{ MPa}$$

식 (9-33)으로부터 평균 전단응력 요소는 다음과 같다.

$$\tau_m = K_B \frac{8F_m D}{\pi d^3} = (1.288)\frac{8(89)11.7}{\pi(2.3)^3} = 280.7\ \text{MPa}$$

표 9-4로부터 $A = 2211\ \text{MPa}\cdot\text{mm}^m$, $m = 0.145$를 구할 수 있다. 극한인장강도는 식 (9-14)로부터 다음과 같이 계산할 수 있다.

$$S_{ut} = \frac{A}{d^m} = \frac{2211}{2.3^{0.145}} = 1959\ \text{MPa}$$

또한 전단 극한강도는 다음과 같이 계산할 수 있다.

$$S_{su} = 0.67S_{ut} = 0.67(1959) = 1312\ \text{MPa}$$

하중선의 기울기는 $r = \tau_a/\tau_m = 211.3/280.7 = 0.75$이다.

(a) Zimmerli 데이터를 적용하면 Gerber 수직축의 절편, 식 (9-28)은 다음과 같다.

$$S_{se} = \frac{S_{sa}}{1-(S_{sm}/S_{su})^2} = \frac{241}{1-(379/1312)^2} = 263\ \text{MPa}$$

강도의 진폭요소 S_{sa}는 표 5-7로부터 다음과 같이 구할 수 있다.

$$S_{sa} = \frac{r^2 S_{su}^2}{2S_{se}}\left[-1+\sqrt{1+\left(\frac{2S_{se}}{rS_{su}}\right)^2}\right]$$

$$= \frac{0.75^2 1312^2}{2(263)}\left\{-1+\sqrt{1+\left[\frac{2(263)}{0.75(1312)}\right]^2}\right\} = 246.5\ \text{MPa}$$

피로 안전계수 n_f는 다음과 같다.

답 $$n_f = \frac{S_{sa}}{\tau_a} = \frac{246.5}{211.3} = 1.17$$

(b) Sines 파손 기준에서는 S_{sm}을 무시하므로, $S_{sa} = 241\ \text{MPa}$과 함께 Zimmerli 데이터를 적용하면 다음과 같다.

답 $$n_f = \frac{S_{sa}}{\tau_a} = \frac{241}{211.3} = 1.14$$

(c) Goodman 파손 기준에 대한 수직축 절편 S_{se}는 Zimmerli 데이터를 적용하면 다음과 같다.

$$S_{se} = \frac{S_{sa}}{1-(S_{sm}/S_{su})} = \frac{241}{1-(379/1312)} = 338.9\ \text{MPa}$$

Goodman 기준에 대한 강도의 진폭요소 S_{sa}는 표 5-6으로부터 다음과 같이 구해진다.

$$S_{sa} = \frac{rS_{se}S_{su}}{rS_{su} + S_{se}} = \frac{0.75(338.9)1312}{0.75(1312) + 338.9} = 252\ \text{MPa}$$

피로 안전계수는 다음과 같다.

답 $$n_f = \frac{S_{sa}}{\tau_a} = \frac{252}{211.3} = 1.19$$

(d) 식 (9-9)와 표 9-5를 사용하면 스프링 상수는 다음과 같다.

$$k = \frac{d^4G}{8D^3N_a} = \frac{2.3^4(81\ 000)}{8(11.7)^3 21} = 8.4\ \text{N/mm}$$

식 (9-27)로부터 기본파의 진동수는 다음과 같다.

$$W = \frac{\pi^2(2.3)^2 11.7(21)82 \times 10^{-6}}{4} = 0.26\ \text{N}$$

식 (9-25)로부터 기본파의 진동수는 다음과 같다.

답 $$f_n = \frac{1}{2}\left[\frac{8400(9.81)}{0.26}\right]^{1/2} = 281\ \text{Hz}$$

운전 진동수 또는 여기 진동수가 $281/20 = 14.1$ Hz 이상이면, 그 스프링은 재설계해야 할 수도 있다.

예제 9-4에서 피로 안전계수를 계산하기 위해 세 가지 접근방법을 사용하였다. 이 결과는 작은 것으로부터 큰 것의 순서로 정리하면, 1.18 (Sines), 1.21 (Gerber), 그리고 1.23 (Goodman)이다. Zimmerli 데이터를 활용하면 그 결과는 서로 매우 근접하여 있지만, Sines 기준이 항상 가장 보수적이며, Goodman이 가장 덜하다. 5장에서 했던 것처럼 강도의 특성을 활용하여 피로 분석을 수행하면, 다른 결과를 얻었을 것인데, 즉 Goodman 기준이 Gerber 기준보다는 더 보수적이었을 것이다. 이 방법 중의 어느 하나를 사용하는 설계자나 설계 소프트웨어를 대하게 될 경우를 생각하라. 이것이 여기서 그것들을 모두 다루는 이유다. 어느 기준이 맞는가? 기억해야 할 것은 우리는 여기서 **대략적인 계산**을 하는 것이고, 단지 시험만이 사실을 **통계적**으로 보여줄 것이다.

9-10 피로하중을 고려한 헬리컬 압축스프링 설계

문제 정의로부터 시작한다. 정적 스프링을 동적 스프링과 비교하기 위해 예제 9-2의 스프링을 동적 운전상황에 대해 설계한다.

예제 9-5 끝단의 처짐은 12~50 mm까지 변화하며, 5 Hz에서 20~80 N까지 변화하는 동적 하중에 저항하는 무한 수명을 가진 음악 와이어 헬리컬 압축스프링이 필요하다. 조립을 고려하여 밀착높이는 25 mm를 초과할 수 없으며, 자유길이는 100 mm를 넘을 수 없다. 스프링 제작자는 다음과 같은 와이어 치수를 재고로 확보하고 있다: 1.7, 1.8, 2.0, 2.15, 2.3, 2.4, 2.6, 2.8 mm

풀이 초기 결정사항은 다음과 같다.

- 재료 및 조건: 음악 와이어, $A = 2211\ \text{MPa}\cdot\text{mm}^m$, $m = 0.145$, $G = 81\ \text{GPa}$; 상대 원가 2.6.
- 표면처리: 피닝 안함
- 끝부분 처리: 직각 연마형
- Robust linearity: $\xi = 0.15$
- 세팅: 감은 상태 그대로
- 피로 안전계수: $n_f = 1.5$(Sines-Zimmerli 피로파손 기준)
- 기능: $F_{\min} = 20\ \text{N}$, $F_{\max} = 80\ \text{N}$, $y_{\min} = 12\ \text{mm}$, $y_{\max} = 50\ \text{mm}$, 스프링은 자유롭게 작동함(막대나 구멍 없음).
- 결정해야 할 변수: 와이어 치수 d

식 (9-22)에 따르면 성능계수(fom)는 스프링을 구성하는 와이어의 부피가 될 것이다. 설계전략은 우선 와이어 치수 d를 정하고, 표를 작성하여 점검하고 최고의 성능계수(fom)를 만족하는 스프링을 선택하는 것이다.

풀이 $d = 2.8\ \text{mm}$로 정하자. 그러면 다음과 같다.

$$F_a = \frac{80-20}{2} = 30\ \text{N} \qquad F_m = \frac{80+20}{2} = 50\ \text{N}$$

$$k = \frac{F_{\max}}{y_{\max}} = \frac{80}{50} = 1.6\ \text{N/mm}$$

$$S_{ut} = \frac{2211}{2.8^{0.145}} = 1904\ \text{MPa}$$

$$S_{su} = 0.67(1904) = 1276\ \text{MPa}$$

$$S_{sy} = 0.45(1904) = 857\ \text{MPa}$$

Sines 평가기준을 적용하면 식 (9-28)로부터 $S_{se} = S_{sa} = 241$ MPa이다. 식 (9-23)을 사용하면 S_{26}, n_s 그리고 $(1+\xi)F_{\max}$ 대신 각각 S_{se}, n_f 그리고 F_a를 사용하면 C를 결정할 수 있다. 따라서

$$\alpha = \frac{S_{se}}{n_f} = \frac{241}{1.5} = 9.7 \text{ MPa}$$

$$\beta = \frac{8F_a}{\pi d^2} = \frac{8(30)}{\pi(2.8^2)} = 9.7 \text{ MPa}$$

$$C = \frac{2(161) - 9.7}{4(9.7)} + \sqrt{\left[\frac{2(161) - 9.7}{4(9.7)}\right]^2 - \frac{3(161)}{4(9.7)}} = 15.3$$

$$D = Cd = 15.3(2.8) = 42.8 \text{ mm}$$

$$F_s = (1+\xi)F_{\max} = (1+0.15)80 = 92 \text{ N}$$

$$N_a = \frac{d^4 G}{8D^3 k} = \frac{2.8^4(81000)}{8(42.8)^3 1.6} = 4.96 \text{ turns}$$

$$N_t = N_a + 2 = 4.96 + 2 = 6.96 \text{ turns}$$

$$L_s = dN_t = 2.8(6.96) = 19.5 \text{ mm}$$

$$L_0 = L_s + \frac{F_s}{k} = 19.5 + 92/1.6 = 77 \text{ mm}$$

$$\text{ID} = 42.8 - 2.8 = 40 \text{ mm}$$

$$\text{OD} = 42.8 + 2.8 = 45.6 \text{ mm}$$

$$y_s = L_0 - L_s = 77 - 19.5 = 57.5 \text{ mm}$$

$$(L_0)_{\text{cr}} < \frac{2.63D}{\alpha} = 2.63\frac{(42.8)}{0.5} = 225 \text{ mm}$$

$$K_B = \frac{4(15.3) + 2}{4(15.3) - 3} = 1.09$$

$$W = \frac{\pi^2 d^2 D N_a \gamma}{4} = \frac{\pi^2 2.8^2 (42.8) 4.96 (82 \times 10^{-6})}{4} = 0.34 \text{ N}$$

$$f_n = 0.5\sqrt{\frac{9.81k}{W}} = 0.5\sqrt{9.81\frac{(1600)}{0.34}} = 107 \text{ Hz}$$

$$\tau_a = K_B \frac{8F_a D}{\pi d^3} = 1.09\frac{8(30)42.8}{\pi 2.8^3} = 162 \text{ MPa}$$

$$\tau_m = \tau_a \frac{F_m}{F_a} = 162(50)/30 = 270 \text{ MPa}$$

$$\tau_s = \tau_a \frac{F_s}{F_a} = 162(92)/30 = 497 \text{ MPa}$$

$$n_f = \frac{S_{sa}}{\tau_a} = 241/162 = 1.5$$

$$n_s = \frac{S_{sy}}{\tau_s} = 857/497 = 1.7$$

$$\text{fom} = -(\text{상대 재료비})\pi^2 d^2 N_t D/4$$
$$= -2.6\pi^2(2.8)^2 6.96(42.8)/[4(25)^3] = -1.01$$

결과를 검토해 보면, $4 \le C \le 12$인 영역을 제외하고는 모든 조건들을 만족한다. 다른 가능한 와이어 치수를 사용하여 그 과정을 반복하여 다음과 같은 표를 작성한다:

d:	1.7	1.8	2.0	2.15	2.3	2.4	2.6	2.8
D	9.5	10.6	15.4	18.7	22.5	26.4	34.8	42.8
ID	6.3	7.2	11.9	15.0	18.6	22.6	32.1	40
OD	9.9	10.9	16.1	19.4	23.2	27.5	37.4	45.6
C	5.6	5.9	7.7	8.7	9.8	11.0	13.4	15.3
N_a	105.2	84.7	37.0	25.21	17.61	12.73	7.13	4.96
L_s	194.3	161.5	81.5	59.9	45.8	36.1	24.3	19.5
L_0	270.3	234.1	145.6	121.7	106.0	95.3	82.3	77
$(L_0)_{cr}$	42.6	47.6	80.8	90.7	110.1	131.8	182.8	225
n_f	1.5	1.5	1.5	1.5	1.5	1.5	1.5	1.5
n_s	1.82	1.81	1.78	1.77	1.75	1.74	1.71	1.7
f_n	86.7	88.9	96.0	98.8	101.0	102.8	105.6	107
fom	-1.17	-1.12	-0.98	-0.95	-0.93	-0.93	-0.96	-1.01

문제와 관련된 부등식 구속조건은 다음과 같다.

$$L_s \le 25\ \text{mm}$$
$$L_0 \le 100\ \text{mm}$$
$$f_s \ge 5(20) = 100\ \text{Hz}$$

일반적인 구속조건은 다음과 같다.

$$3 \le N_a \le 15$$
$$4 \le C \le 12$$
$$(L_0)_{cr} > L_0$$

주어진 제한조건을 만족시키는 지름을 갖는 와이어는 없다는 것을 알게 된다. 지름 2.6 mm의 와이어가 모든 요구사항을 만족시키는 가장 근접한 것이다. $C = 13.4$라는 값은 심각하게 어긋난 값이 아니므로 수용할 수 있다. 그러나 L_s에 대한 엄격한 구속조건은 확인할 필요가 있다. 조립조건을 완화시켜 밀착높이 24.3 mm를 받아들이면 해결안은 존재한다. 이 해결안을 수용할 수 없다면 지름 2.8 mm의 와이어를 사용하면서 $C = 15.3$이라는 값을 받아들여야 한다. 이때 스프링을 개별적으로 조립해야 하며, 사용 시 스프링을 지지하기 위한 방안을 고려해야 할 수도 있다.

9-11 인장스프링

인장스프링(extension spring)은 인장하중을 전달한다는 점에서 압축스프링과 다르다. 또한 인장스프링은 지지점으로부터 스프링의 몸체로 하중을 전달하는 어떤 수단이 필요하며, 스프링몸체는 초기 인장부하가 주어진 상태로 감겨있다. 하중전달은 나사플러그나 회전고리를 통해 이루어진다. 이것들은 모두 최종 제품의 가격을 상승시키므로, 보통 그림 9-6의 방법 중 한 가지를 사용한다.

인장스프링 몸체의 응력은 압축스프링의 응력과 동일하게 다룬다. 후크가 달린 스프링을 설계할 때에는, 후크에 작용하는 굽힘과 비틀림을 포함시켜 해석하여야 한다. 그림 9-7a와 b에는 끝부분을 설계하는 일반적인 방법이 소개되어 있다. A에는 굽힘과 축방향 하중에 의한 최대 인장응력이 다음과 같이 발생한다.

$$\sigma_A = F\left[(K)_A \frac{16D}{\pi d^3} + \frac{4}{\pi d^2}\right] \tag{9-34}$$

여기서 $(K)_A$는 곡률에 대한 굽힘응력 수정계수이며 다음과 같이 주어진다.

$$(K)_A = \frac{4C_1^2 - C_1 - 1}{4C_1(C_1 - 1)} \qquad C_1 = \frac{2r_1}{d} \tag{9-35}$$

점 B에서의 최대 비틀림 응력은 다음과 같다.

$$\tau_B = (K)_B \frac{8FD}{\pi d^3} \tag{9-36}$$

여기서 $(K)_B$는 곡률에 대한 응력 수정계수이며, 다음과 같이 주어진다.

$$(K)_B = \frac{4C_2 - 1}{4C_2 - 4} \qquad C_2 = \frac{2r_2}{d} \tag{9-37}$$

그림 9-7c와 d에서는 코일지름을 감소시켜 개선된 설계를 보여주고 있다.

인장스프링은 서로 접촉하고 있는 코일로 만들어지므로 **밀착 감김**(close-wound)이라고 부른다. 스프링 제작자들은 자유길이를 더욱 정확하게 유지하기 위해 밀착 감김 스프링

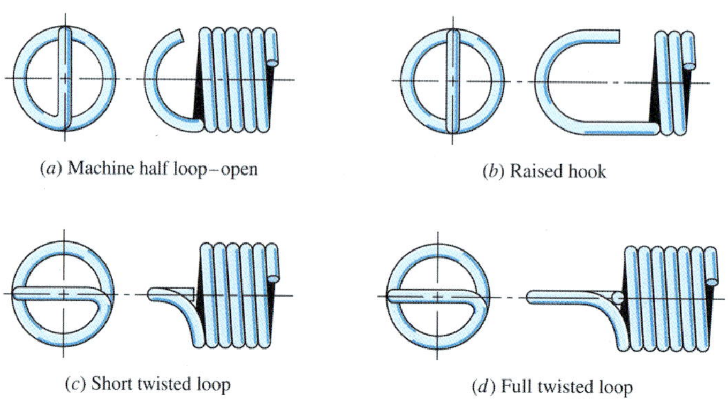

그림 9-6 인장스프링에 사용되는 끝부분의 종류. (Associated Springs의 허락 하에 인용)

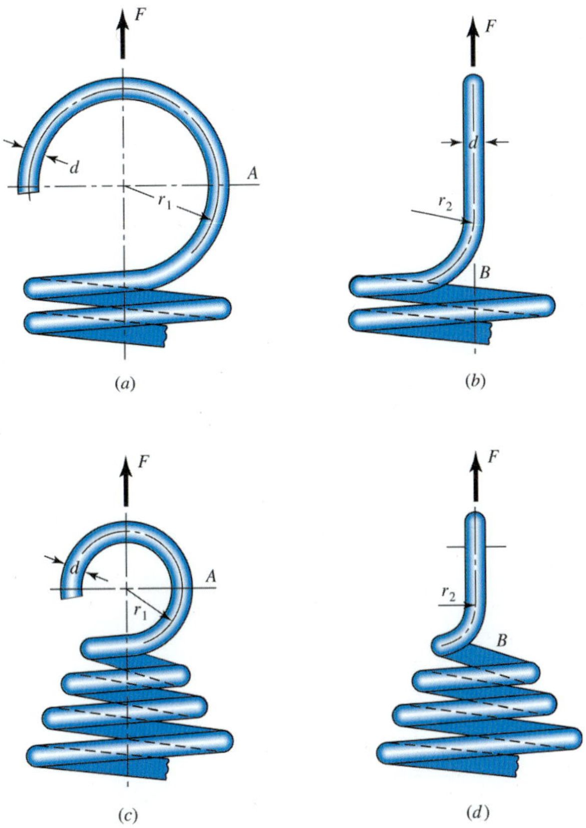

그림 9-7
인장스프링의 끝부분. (a) 일반적인 설계; A에서의 응력은 축방향 하중과 굽힘모멘트의 합에 기인한다. (b) (a)의 측면도; B에서의 응력은 주로 비틀림이다. (c) 개선된 설계; A에서의 응력은 축방향 하중과 굽힘 모멘트의 합에 기인한다. (d) (c)의 측면도; B에서의 응력은 주로 비틀림이다.

참고: 반경 r_1은 코일 끝부분 (후크)에 발생하는 굽힘에 대한 곡률반경임.
반경 r_2는 코일 끝부분 (후크)에 발생하는 비틀림에 대한 곡률반경임.

에 어느 정도 초기 인장 만들기를 선호한다. 관련된 하중-변형 곡선은 그림 9-8a에 나와 있으며, 여기서 y는 자유길이 L_0를 초과하는 인장이며, F_i는 스프링이 변형되기 전에 극복해야 되는 스프링 내의 초기 인장이다. 하중-변형 관계는 다음과 같다.

$$F = F_i + ky \tag{9-38}$$

여기서 k는 스프링 상수이다. 자유길이 L_0는 그림 9-7b와 같이 끝부분의 루프나 후크 안쪽에서 측정하며 다음과 같이 표현된다.

$$L_0 = 2(D-d) + (N_b+1)d = (2C-1+N_b)d \tag{9-39}$$

여기서 D는 평균 코일지름, N_b는 몸체 코일의 수, 그리고 C는 스프링 지수이다. 그림 9-8b의 보통 비틀림 루프에서는, 스프링 상수 k를 결정할 때 루프의 처짐을 고려하여, 식 (9-9)의 헬리컬 유효감김수 N_a와 동등한 수를 다음과 같이 정의한다.

$$N_a = N_b + \frac{G}{E} \tag{9-40}$$

여기서 G와 E는 각각 전단 탄성 계수와 인장 탄성 계수이다.

인장스프링에서 초기 인장은 와이어를 맨드릴 위에 감으면서 와이어에 비틀림이 발생

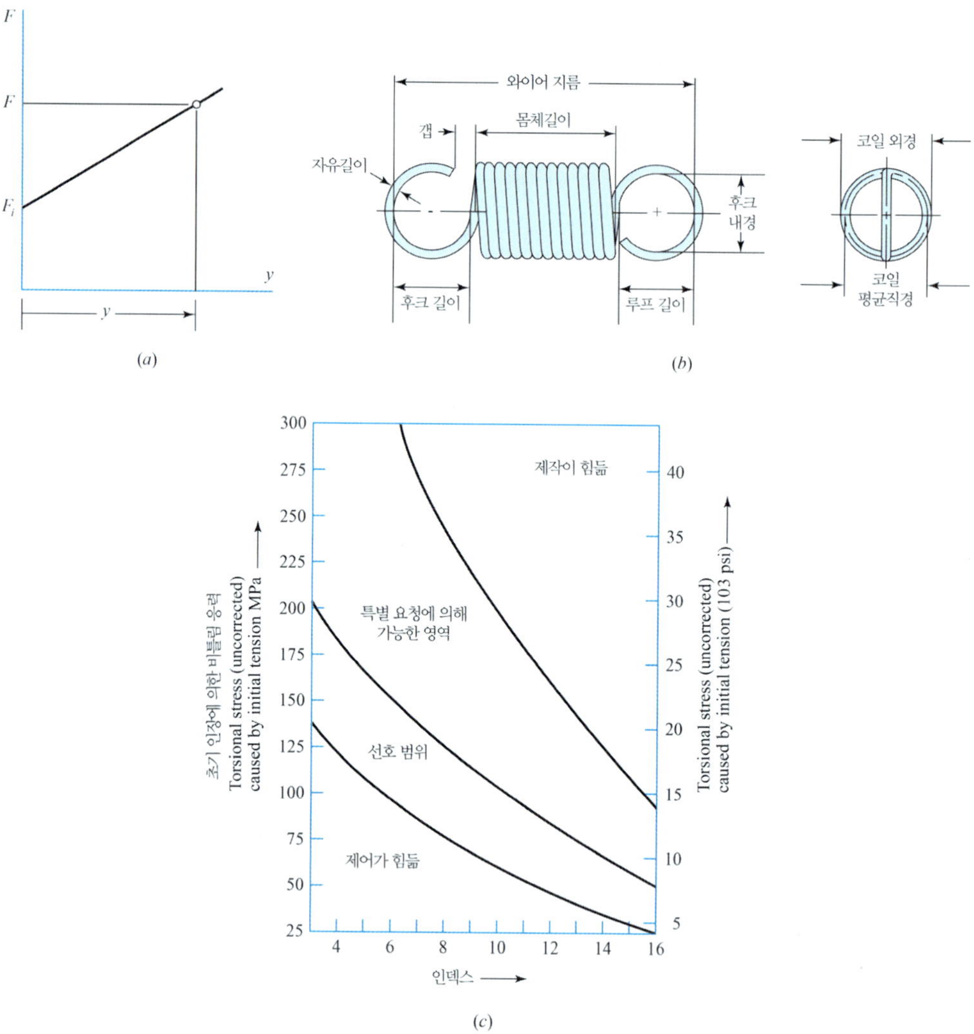

그림 9-8
(a) 인장스프링의 위치에 따른 힘 F와 인장 y 사이의 관계; (b) 인장스프링의 형태; (c) 헬리컬 인장스프링의 스프링 지수 C의 함수로 나타낸, 초기 인장의 기인한 비틀림 응력

하여 만들어진다. 스프링이 완성되어 맨드릴을 제거하면, 스프링은 더 이상 짧아질 수 없기 때문에 초기 인장은 그 안에 남아 있게 된다. 스프링 제작자들이 일반적으로 포함시키는 초기 인장의 양은 그림 9-8c에 나타나 있다. 선호하는 범위는 수정하지 않은 비틀림 응력 (uncorrected torsional stress) τ_i의 항으로 다음과 같이 나타낼 수 있다.

$$\tau_i = \frac{231}{\exp(0.105C)} \pm 6.9\left(4 - \frac{C-3}{6.5}\right)\text{MPa} \tag{9-41}$$

여기서 C는 스프링 지수다.

표 9-7에는 인장스프링의 정적 응용에 대한 최대 허용 수정 응력의 지침이 나타나 있다.

표 9-7
정적 응용의 헬리컬 인장스프링에 대한 최대 허용응력(수정된 K_W 또는 K_B).
(출처: Design Handbook, 1987, p.52. Associated Spring의 허락 하에 인용)

재료	인장 강도 비율 비틀림 몸체	비틀림 끝부분	굽힘 끝부분
페이튼팅 (patenting) 열처리된 냉간인발 또는 가공경화와 템퍼드된 탄소강과 저합금강	45-50	40	75
오스테 나이트계 스테인레스강과 비철합금	35	30	55

본 정보는 다음과 같은 조건에 기초함: 세트 제거되지 않은 경우와 저온 열처리 공정. 높은 초기 인장을 요구하는 스프링의 경우, 끝부분과 동일한 인장강도 비율을 사용하시오.

예제 9-6 경강(hard-drawn steel) 와이어 인장스프링이 와이어 지름 0.9 mm, 바깥 코일지름 6.3 mm, 후크 반지름 $r_1 = 2.7$ mm, $r_2 = 2.3$ mm, 그리고 초기 인장 5 N의 치수를 갖고 있다. 몸체의 감김수는 12.17이다. 주어진 정보로부터 다음을 구하라.

(a) 스프링의 물리적 변수를 결정하라.
(b) 초기 예하중 응력 상태를 점검하라.
(c) 정적 하중 23 N 하에서 안전계수를 결정하라.

풀이 (a)

$$D = \text{OD} - d = 6.3 - 0.9 = 5.4 \text{ mm}$$

$$C = \frac{D}{d} = \frac{5.4}{0.9} = 6.0$$

$$D_B = \frac{4C+2}{4C-3} = 1.24$$

식 (9-40)과 표 9-5:

$$N_a = N_b + G/E = 12.17 + 79/198 = 12.57 \text{ 감김수}$$

식 (9-9): $$K = \frac{d^4 G}{8D^3 N_a} = \frac{0.9^4 (79\,000)}{8(5.4^3)12.57} = 3.27 \text{ N/mm}$$

식 (9-39): $$L_0 = (2C - 1 + N_b)d = [2(6.0) - 1 + 12.17]0.9 = 20.9 \text{ mm}$$

사용 하중 하에서의 처짐은 다음과 같다.

$$y_{\max} = \frac{F_{mzx} - F_i}{k} = \frac{23-5}{3.27} = 5.5 \text{ mm}$$

여기서 스프링 길이는 $L = L_0 + y = 20.9 + 5.5 = 26.4$ mm가 된다.

(b) 수정되지 않은 초기 응력은 수정계수 없는 식 (9-3)에 의해 다음과 같이 주어진다.

$$(\tau_i)_{\text{uncorr}} = \frac{9F_iD}{\pi d^3} = \frac{8(5)(5.4)}{\pi(0.9^3)} = 94.3\ \text{MPa}$$

선호하는 영역은 식 (9-41)로 주어지며, 이 경우에는 다음과 같다.

$$(\tau_i)_{\text{pref}} = \frac{231}{\exp(0.105C)} \pm 6.9\left(4 - \frac{C-3}{6.5}\right)$$
$$= \frac{231}{\exp[0.105(6.0)]} \pm 6.9\left(4 - \frac{6.0-3}{6.5}\right)$$
$$= 123 \pm 24.4 = 147.4,\ 98.6\ \text{MPa}$$

답 따라서 초기 인장 94.3 MPa는 선호 영역에 포함되어 있다.

(c) 경강 와이어에 대해 표 9-4으로부터 $m = 0.190$ 그리고 $A = 1783\ \text{MPa}\cdot\text{mm}^m$이다. 식 (9-14)로부터 다음을 얻을 수 있다.

$$S_{ut} = \frac{A}{d_m} = \frac{1783}{0.9^{0.190}} = 1819\ \text{MPa}$$

스프링 몸체의 비틀림 전단에 대해, 표 9-7로부터 다음을 구할 수 있다.

$$S_{sy} = 0.45S_{ut} = 0.45(1819) = 818.6\ \text{MPa}$$

운전부하 시 전단응력은 다음과 같다.

$$\tau_{\max} = \frac{8K_BF_{\max}D}{\pi d^3} = \frac{8(1.24)23(5.4)}{\pi(0.9)^3} = 583\ \text{MPa}$$

따라서 안전계수는 다음과 같다.

답
$$n = \frac{S_{sy}}{\tau_{\max}} = \frac{818.6}{538} = 1.52$$

A에서 후크 끝부분 굽힘에 대해

$$C_1 = 2r_1/d = 2(2.7)/0.9 = 6$$

식 (9-35)로부터

$$(K)_A = \frac{4C_1^2 - C_1 - 1}{4C_1(C_1-1)} = \frac{4(6^2)-6-1}{4(6)(6-1)} = 1.14$$

식 (9-34)로부터

$$\sigma_A = F_{\max}\left[(K)_A\frac{16D}{\pi d^3} + \frac{4}{\pi d^2}\right]$$
$$= 23\left[1.14\frac{16(5.4)}{\pi(0.9)^3} + \frac{4}{\pi(0.9^2)}\right] = 1025.8\ \text{MPa}$$

항복강도는 표 9-7로부터 다음과 같이 주어진다.

$$S_y = 0.75S_{ut} = 0.75(1819) = 1364.3\ \text{MPa}$$

A에서 후크 끝부분 굽힘에 대한 안전계수는 다음과 같다.

답 $$n_A = \frac{S_y}{\sigma_A} = \frac{1364.3}{1025.8} = 1.33$$

B에서 후크 끝부분 비틀림에 대해, 식 (9-37)로부터 다음을 얻는다.

$$C_2 = 2r_2/d = 2(2.3)/0.9 = 5.1$$

$$(K)_B = \frac{4C_2 - 1}{4C_2 - 4} = \frac{4(5.1) - 1}{4(5.1) - 4} = 1.18$$

그에 따른 응력은 식 (9-36)으로부터 다음과 같이 주어진다.

$$\tau_B = (K)_B \frac{8F_{\max}D}{\pi d^3} = 1.18 \frac{8(23)5.4}{\pi(0.9^3)} = 511.9\ \text{MPa}$$

항복강도에 대한 표 9-7을 사용하면, b에서 후크 끝부분 비틀림에 대한 안전계수는 다음과 같다.

답 $$N_b = \frac{(S_{sy})_B}{\tau_B} = \frac{0.4(1819)}{511.9} = 1.42$$

후크 끝부분의 굽힘에 의한 항복이 가장 먼저 발생한다.

다음에는 피로에 관한 문제를 살펴보자.

예제 9-7 예제 9-6의 헬리컬 코일 인장스프링이 6.5~20 N의 동적 하중을 받고 있다. Gerber 파손 기준을 사용하여 다음의 경우에 대하여 안전계수를 계산하라. (a) 코일 피로, (b) 코일 항복, (c) 그림 9-7a의 점 A에서 후크 끝부분의 굽힘 피로, (d) 그림 9-7b의 점 B에서 후크 끝부분의 비틀림 피로

풀이 주어진 값들은 예제 9-6의 것과 동일하다: $d = 0.9$ mm, $S_{ut} = 1819$ MPa, $D = 5.4$ mm, $r_1 = 2.7$ mm, $C = 6$, $K_B = 1.24$, $(K)_A = 1.14$, $(K)_B = 1.18$, $N_b = 12.17$ turns, $L_0 = 20.9$ mm, $k = 3.27$ N/mm, $F_i = 5$ N, and $(\tau_i)_{\text{uncorr}} = 94.3$ MPa. 따라서

$$F_a = (F_{\max} - F_{\min})/2 = (20 - 6.5)/2 = 6.75\ \text{N}$$

$$F_m = (F_{\max} + F_{\min})/2 = (20 + 6.5)/2 = 13.25 \text{ N}$$

예제 9-6의 강도값으로부터 $S_{ut} = 1819$ MPa, $S_y = 1364.3$ MPa, 그리고 $S_{sy} = 818.6$ MPa를 알 수 있다. 극한전단강도는 식 (9-30)으로부터 다음과 같이 구해진다.

$$S_{su} = 0.67 S_{ut} = 0.67(1819) = 1218.7 \text{ MPa}$$

(a) 몸체 코일 피로:

$$\tau_a = \frac{9K_B F_a D}{\pi d^3} = \frac{8(1.24)6.75(5.4)}{\pi(0.9^3)} = 157.9 \text{ MPa}$$

$$\tau_m = \frac{F_m}{F_a}\tau_a = \frac{13.25}{6.75}157.9 = 310 \text{ MPa}$$

식 (9-28)의 Zimmerli 데이터를 이용하면 다음과 같다.

$$S_{se} = \frac{S_{sa}}{1 - \left(\dfrac{S_{sm}}{S_{su}}\right)^2} = \frac{241}{1 - \left(\dfrac{379}{1218.7}\right)^2} = 266.8 \text{ MPa}$$

표 9-7로부터 전단에 대한 Gerber 피로 기준은 다음과 같다.

답
$$(n_f)_{\text{body}} = \frac{1}{2}\left(\frac{S_{su}}{\tau_m}\right)^2 \frac{\tau_a}{S_{se}}\left[-1 + \sqrt{1 + \left(2\frac{\tau_m}{S_{su}}\frac{S_{se}}{\tau_a}\right)^2}\,\right]$$
$$= \frac{1}{2}\left(\frac{1218.7}{310}\right)^2 \frac{157.9}{266.8}\left[-1 + \sqrt{2\frac{310}{1218.7}\frac{266.8}{157.9}\Big)^2}\,\right] = 1.46$$

(b) 코일 몸체에 대한 하중선은 $S_{sm} = \tau_i$에서 시작하고, 기울기는 $r = \tau_a/(\tau_m - \tau_i)$이다. 항복선과의 교차점은 $(S_{sa})_y = [r/(r+1)](S_{sy} - \tau_i)$에 의해 주어진다는 것을 알 수 있다. 결국 $\tau_i = (F_i/F_a)\tau_a = (5/6.75)157.9 = 117$ MPa, $r = 157.9/(310 - 7) = 0.82$이며,

$$(S_{sa})_y = \frac{0.82}{0.82 + 1}(818.6 - 117) = 316 \text{ MPa}$$

따라서

답
$$(n_y)_{\text{body}} = \frac{(S_{sa})_y}{\tau_a} = \frac{316}{157.9} = 2.0$$

(c) 후크 끝부분 굽힘 피로: 식 (9-34)와 (9-35)를 사용하면 다음과 같다.

$$\sigma_a = F_a\left[(K)_A \frac{16D}{\pi d^3} + \frac{4}{\pi d^2}\right]$$
$$= 6.75\left[1.14\frac{16(5.4)}{\pi(0.9^3)} + \frac{4}{\pi(0.9^2)}\right] = 301 \text{ MPa}$$

$$\sigma_m = \frac{F_m}{F_a}\sigma_a = \frac{13.25}{6.75}301 = 590.9\,\text{MPa}$$

변형에너지 이론을 이용하여 인장 내구한도를 구하면 다음과 같다.

$$S_e = S_{se}/0.577 = 266.8/0.577 = 462.4\,\text{MPa}$$

인장에 대한 Gerber 기준을 사용하면 다음과 같다.

답
$$(n_f)_A = \frac{1}{2}\left(\frac{S_{ut}}{\sigma_m}\right)^2 \frac{\sigma_a}{S_e}\left[-1 + \sqrt{1 + \left(2\frac{\sigma_m}{S_{ut}}\frac{S_e}{\sigma_a}\right)^2}\,\right]$$
$$= \frac{1}{2}\left(\frac{1819}{590.9}\right)^2 \frac{301}{462.4}\left[-1 + \sqrt{1 + \left(2\frac{590.9}{1819}\frac{462.4}{301}\right)^2}\,\right] = 1.27$$

(d) 후크 끝부분 비틀림 피로: 식 (9-36)으로부터 다음을 얻는다.

$$(\tau_a)_B = (K)_B\frac{8F_aD}{\pi d^3} = 1.18\frac{8(6.75)(5.4)}{\pi(0.9^3)} = 150.2\,\text{MPa}$$

$$(\tau_m)_B = \frac{F_m}{F_a}(\tau_a)_B = \frac{13.25}{6.75}150.2 = 294.8\,\text{MPa}$$

다시 Gerber 기준을 사용하면 다음을 얻는다.

답
$$(n_f)_B = \frac{1}{2}\left(\frac{S_{su}}{\tau_m}\right)^2 \frac{\tau_a}{S_{se}}\left[-1 + \sqrt{1 + \left(2\frac{\tau_m}{S_{su}}\frac{S_{se}}{\tau_a}\right)^2}\,\right]$$
$$= \frac{1}{2}\left(\frac{1218.7}{294.8}\right)^2 \frac{150.2}{266.8}\left[-1 + \sqrt{1 + \left(2\frac{294.8}{1218.7}\frac{266.8}{150.2}\right)^2}\,\right] = 1.53$$

예제 9-6과 9-7에서의 해석은 인장스프링이 압축스프링과 어떻게 다른가를 보여주는 것이다. 후크 끝부분은 보통 굽힘을 받고 있는 가장 약한 부품이다. 또한 피로 파손에 의해 하중의 작용 하에 있는 인장스프링잉 분리되는가를 판단하여야 한다. 날아가는 조각, **분실된 하중** 그리고 기계정지는 기계의 기능 뿐 아니라 사람의 안전을 위협한다. 이러한 이유 때문에 압축스프링의 경우보다 인장스프링의 설계에서 더 높은 안전계수가 사용된다.

예제 9-7에서는 압축스프링의 비틀림과 변형이론에 기초하고 있는 Zimmerli 데이터를 이용하여 굽힘 상태에 있는 후크의 내구한도를 계산하였다. 다른 대안으로는 응력비 $R = \tau_{\min}/\tau_{\max} = 0$에 기초한 표 9-8을 이용하는 것이다. 이 경우에 $\tau_a = \tau_m = \tau_{\max}/2$이다. 표 9-8의 강도값에 대해 굽힘에는 S_r, 비틀림에는 S_{sr}로 표시한다. 예를 들어 비틀림에 대해서 $S_{sa} = S_{sm} = S_{sr}/2$, 그리고 Gerber 수직축 교차점은 식 (5-42)에 의해 다음과 같이 주어진다.

$$S_{se} = \frac{S_{sa}}{1-(S_{sm}/S_{su})^2} = \frac{S_{sr}/2}{1-\left(\dfrac{S_{sr}/2}{S_{su}}\right)^2} \tag{9-42}$$

표 9-8
반복하중 하에서 ASTM A228과 302 Type의 스테인리스 스틸 헬리컬 인장스프링의 최대 허용 응력 (출처: Design Handbook, 1987, p.52. Associated Spring의 허락 하에 인용)

싸이클 수	인장강도 백분율 비틀림 몸체	끝부분	굽힘 끝부분
10^5	36	34	51
10^6	33	30	47
10^7	30	28	45

이 자료는 다음 조건을 기초로 하고 있음: 숏 피닝 안함, 서지 없음, 저온 열처리 함. 응력비=0.

따라서 예제 9-7에서 굽힘 내구한도에 대한 값은 표 9-8로부터 다음과 같이 추정할 수 있다.

$$S_r = 0.45 S_{ut} = 0.45(1819) = 818.6 \text{ MPa}$$

그리고 내구한도는 식 (9-42)로부터 다음과 같이 구할 수 있다.

$$S_e = \frac{S_r/2}{1-[S_r/(2S_{ut})]^2} = \frac{818.6/2}{1-\left(\frac{181.6/2}{1819}\right)^2} = 431 \text{ MPa}$$

그리고 예제 9-7에서 462.4 MPa 대신 이 값을 사용하면 $(n_f)_A = 1.03$이며, 5%의 감소를 얻게 된다.

9-12 헬리컬 코일 비틀림 스프링

헬리컬 코일 스프링의 끝부분이 비틀림에 노출되어 있으면, 그 스프링을 **비틀림 스프링**(torsion spring)이라 부른다. 이 스프링은 켈리컬 코일 인장스프링과 마찬가지로 보통 밀착 감김이지만, 초기 인장은 무시할 만하다. 그림 9-9에 나타낸 바와 같이 단일몸체와 이중몸체의 두 가지 종류가 있다. 그림에서 보는 바와 같이 편리한 방법으로 코일 몸체에 비틀림을 전할 수 있도록 만들어진 다양한 끝부분 형상을 갖고 있다. 끝부분은 비틀림이 작용하도록 하기 위해, 코일 축으로부터 어느 정도 떨어진 위치에서 힘이 작용하도록 한다. 가장 흔히 사용되며 가장 저렴한 끝부분은 직선 비틀림 끝이다. 코일 사이의 마찰을 완전히 피하기 위해, 스프링은 몸체의 코일이 서로 약간 분리될 수 있는 피치를 갖도록 감겨진다. 헬리컬 코일 비틀림 스프링은 일반적으로 끝부분을 만들 수 없을 때 지지를 위해 막대와 함께 사용되는데, 이를 통해 정렬을 유지하고, 필요에 따라 좌굴저항을 만들어낼 수 있다.

비틀림 스프링의 와이어는 헬리컬 코일 압축스프링과 인장스프링에 비틀림이 발생하는 것과는 반대로 굽힘 상태가 발생한다. 스프링은 사용 시 더욱 단단히 감기도록 설계되어 있다. 작용하는 토크가 증가하면 코일의 안지름은 감소한다. 코일이 핀이나 막대와 간섭을 일으키지 않도록 주의하여야 한다. 코일에 굽힘 모드가 발생하면 사각형 단면의 와이어를

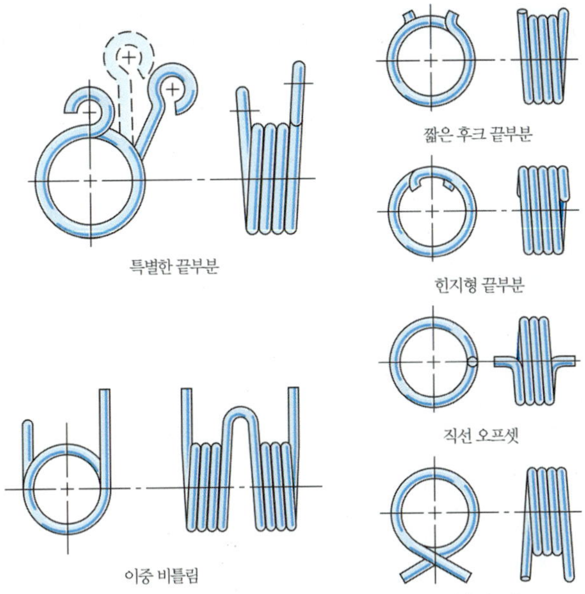

그림 9-9
비틀림 스프링(Associated Spring의 허락 하에 인용)

생각하게 되지만 비용, 재료의 등급, 그리고 입수 가능성 때문에 사용이 제한된다.

비틀림 스프링은 집 주변에서는 옷핀, 창문 가리개, 짐승 덫 등에서 흔히 접할 수 있다. 또한 눈에는 띄지 않으나 균형을 잡아주는 기구, 래칫(역회전 방지용 톱니바퀴), 그리고 기타 기계부품에 사용된다. 제작자의 재고로부터 즉시 구매할 수 있는 재고스프링이 많이 있다. 이렇게 선택하여 사용자 설계나 소량생산의 비용에 따른 불이익을 피하면, 소규모 프로젝트의 경우에도 규모의 경제에 의한 이익을 위할 수 있다.

끝부분 위치

비틀림 스프링을 규정할 때에 끝부분은 서로 상대적으로 위치가 규정되어 있어야 한다. 그러한 상대적 위치에 대한 상용 공차는 표 9-9에 나와 있다. 다른 끝에 대한 한쪽 끝의 초기 무부하 상태의 위치를 표현하는 가장 단순한 방법은 그림 9-9에 나타낸 것처럼 코일 몸체에 존재하는 부분감김수 $N_p = \beta/360°$를 정의하는 각도 β를 사용하는 것이다. 그림 9-9의 전문용어는 분석을 목적으로 사용할 수 있다. 스프링 제작자는 끝부분 사잇각 α를 자주 사용한다.

몸체의 감김수 N_b는 자유 스프링 몸체의 감김수를 센 것이다. 몸체의 감김수는 초기 위치각 B와 다음과 같은 관계를 갖고 있다.

$$N_b = \text{integer} + \frac{\beta}{360°} = \text{interger} + N_p$$

여기서 N_p는 부분 감김수를 나타낸다. 위의 식에서 N_b는 정수가 아닌 숫자, 예를 들어 특정 스프링 설계 시 가능성 중의 하나로 연속적으로 1의 차이를 갖는 5.3, 6.3, 7.3, …과 같은 단속적인 값을 취한다는 것을 의미한다. 이것은 추후 논의하기로 한다.

표 9-9
헬리컬 코일 비틀림 스프링의 끝부분 공차(D/d의 값이 16까지 포함됨)
(출처: Design Handbook, 1987, p.52. Associated Spring의 허락 하에 인용)

총 코일수	공차: ±도*
3개까지	8
3-10개	10
10-20개	15
20-30개	20
30개 이상	25

* 요청시 더 작은 공차가 가능함.

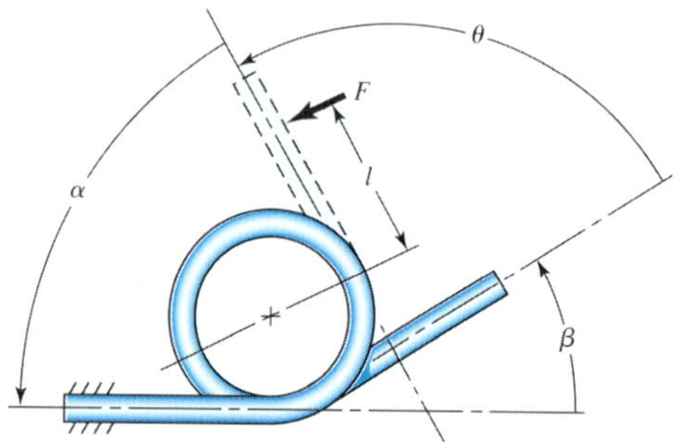

그림 9-10
자유 끝부분 위치각 β. 회전 좌표 θ는 곱 Fl에 비례한다. 끝부분 사잇각 α. 운동하는 끝부분의 모든 위치에 대해서 $\theta+\alpha=\sum=$ 상수이다.

굽힘응력

비틀림 스프링은 비틀림보다는 코일 내부에 유도된 굽힘을 가지고 있다. 이것은 코일을 감는 동안 형성된 잔류응력이 사용 중에 나타나는 작용응력과는 방향은 동일하지만 반대부호를 갖는다는 것을 의미한다. 변형경화는 하중이 항상 스프링의 감는 방향으로 작용한다면 작용응력과 반대방향인 잔류응력 속에 갇혀 버린다. 비틀림 스프링은 감겨있는 와이어의 항복강도를 초과하는 굽힘에서도 작동할 수 있다.

굽힘응력은 다음과 같은 형태로 나타낸 굽은 보 이론으로부터 구할 수 있다.

$$\sigma = K\frac{Mc}{I}$$

여기서 K는 응력 수정계수이다. K의 값은 와이어의 단면 형상과 구하고자 하는 응력이 안쪽 또는 바깥쪽 어느 곳에 위치하는가에 따라 달라진다. Wahl은 둥근 와이어에 대해 K의 값을 해석적으로 구하였다.

$$K_i = \frac{4C^2 - C - 1}{4C(C-1)} \qquad K_o = \frac{4C^2 + C - 1}{4C(C+1)} \tag{9-43}$$

여기서 C는 스프링 지수이며, 아래첨자 i와 o는 각각 안쪽과 바깥쪽을 의미한다. K_o는 항상 1보다 작다는 사실 때문에, 응력을 계산할 때는 K_i를 사용하여야 한다. 굽힘모멘트는 $M=Fr$이고, 단면계수는 $I/c = d^3/32$일 때, 굽힘응력식은 다음과 같이 표현된다.

$$\sigma = K_i\frac{32Fr}{\pi d^3} \tag{9-44}$$

이 식은 둥근 와이어 비틀림 스프링의 굽힘응력을 제공한다.

처짐과 스프링 상수

비틀림 스프링에서는 각처짐(angular deflection)을 radian이나 감김수(revolution, turn)로 나타낼 수 있다. 감김수 단위가 포함된 항은 prime sign(′)을 사용할 것이다. 스프링 상수 k'는 torque/revolution 단위(lbf·in/rev 또는 N·mm/rev)로 표현되며, 모멘트는 radian보다는 감김수로 표현된 각도 θ'에 비례한다. 스프링 상수는 선형적이라면 다음과 같이 표현할 수 있다.

$$k' = \frac{M_1}{\theta_1'} = \frac{M_2}{\theta_2'} = \frac{M_2 - M_1}{\theta_2' - \theta_1'} \tag{9-45}$$

여기서 모멘트 M은 Fl이나 Fr로 나타낼 수 있다.

외팔보 끝부분의 처짐각은 끝부분에서 보면 y/l rad이다.

$$\theta_e = \frac{y}{l} = \frac{Fl^2}{3EI} = \frac{Fl^2}{3E(\pi d^4/64)} = \frac{64Ml}{3\pi d^4 E} \tag{9-46}$$

끝부분이 직선 끝인 비틀림 스프링에서는 식 (9-46)과 같은 끝부분 수정이 몸체-코일 처짐에 더해져야 한다. 굽힘에서의 변형에너지는 식 (4-23)으로부터 다음과 같이 나타낼 수 있다.

$$U = \int \frac{M^2 dx}{2EI}$$

비틀림 스프링에서는 $M = Fl = Fr$이며, 몸체-코일 와이어의 길이에 대해 적분을 수행해야 한다. 힘 F는 거리 $r\theta$를 변형시키는데, θ는 radian으로 나타낸 코일 몸체의 각처짐을 나타낸다. Castigliano's theorem을 적용하면 다음과 같다.

$$r\theta = \frac{\partial U}{\partial F} = \int_0^{\pi DN_b} \frac{\partial}{\partial F}\left(\frac{F^2 r^2 dx}{2EI}\right) = \int_0^{\pi DN_b} \frac{Fr^2 dx}{EI}$$

둥근 와이어에 대하여 $I = \pi d^4/64$를 대입하고, θ에 대하여 나타내면 다음과 같다.

$$\theta = \frac{64FrDN_b}{d^4 E} = \frac{64MDN_b}{d^4 E}$$

radian으로 나타낸 전체 각처짐은 식 (9-46)을 각각의 끝부분 길이 l_1과 l_2에 더해주면 다음과 같이 구할 수 있다:

$$\theta_t = \frac{64MDN_b}{d^4 E} + \frac{64Ml_1}{3\pi d^4 E} + \frac{64Ml_2}{3\pi d^4 E} = \frac{64MD}{d^4 E}\left(N_b + \frac{l_1 + l_2}{3\pi D}\right) \tag{9-47}$$

유효감김수 N_a는 다음과 같이 나타낼 수 있다.

$$N_a = N_b + \frac{l_1 + l_2}{3\pi D} \tag{9-48}$$

스프링 상수 k를 torque/radian으로 나타내면 다음과 같다.

$$k = \frac{Fr}{\theta_t} = \frac{M}{\theta_t} = \frac{d^4 E}{64DN_a} \tag{9-49}$$

스프링 상수는 단위 감김수당 토크(torque/turn)로 나타낼 수도 있다. 이에 대한 표현은 식 (9-49)에 $2\pi\ \mathrm{rad/turn}$을 곱해서 구할 수 있다. 따라서 스프링 상수 k'(torque/turn)는 다음과 같다.

$$k' = \frac{2\pi d^4 E}{64DN_a} = \frac{d^4 E}{10.2DN_a} \tag{9-50}$$

시험결과에 의하면 코일과 막대 사이의 마찰효과 때문에 상수 10.2를 10.8로 증가시켜야 한다. 위의 식은 다음과 같이 되며, 단위는 torqueyturn이다.

$$k' = \frac{d^4 E}{10.8DN_a} \tag{9-51}$$

식 (9-51)이 더 나은 결과값을 제공한다. 또한 식 (9-47)은 다음과 같이 나타낼 수 있다.

$$\theta_t' = \frac{108MD}{d^4 E}\left(N_b + \frac{l_1 + l_2}{3\pi D}\right) \tag{9-52}$$

비틀림 스프링은 흔히 둥근 막대나 핀 둘레에 사용된다. 비틀림 스프링에 하중이 작용하면 스프링이 감기면서, 코일 몸체의 안쪽 지름이 감소하게 된다. 코일의 안쪽 지름이 핀의 지름과 같거나 작게 되는 일이 절대 일어나지 않도록 하여야 하는데, 그런 경우에는 스프링이 그 기능을 상실하게 된다. 코일의 나선형 지름 D'은 다음과 같다.

$$D' = \frac{N_b D}{N_b + \theta_c'} \tag{9-53}$$

여기서 θ_c'은 코일 몸체의 각처짐을 감김수로 나타낸 것이며, 다음과 같다.

$$\theta_c' = \frac{10.8MDN_b}{d^4 E} \tag{9-54}$$

새로운 안쪽 지름 $D_i' = D - d$는 다음과 같이 몸체 코일과 지름 ; D_p인 핀 사이의 지름방향 틈새 Δ를 만들어 낸다.

$$\Delta = D' - d - D_p = \frac{N_b D}{N_b + \theta_c'} - d - D_p \tag{9-55}$$

식 (9-55)을 N_b에 대해 표현하면 다음과 같다.

$$N_b = \frac{\theta_c'(\Delta + d + D_p)}{D - \Delta - d - D_p} \tag{9-56}$$

이 값은 막대의 지름방향 틈새에 상당하는 몸체의 감김수를 나타낸다. 이 각은 필요한 잔여 부분감김수와 일치하지 않을 수도 있다. 따라서 지름방향 틈새는 초과될 수는 있지만 동일하지는 않다.

정적 강도

표 9-6의 첫 번째 세로행을 0.577(변형에너지 이론으로부터)로 나누면 다음과 같다.

$$S_y = \begin{cases} 0.78S_{ut} & \text{음악 와이어 및 냉간인발 탄소강} \\ 0.87S_{ut} & \text{OQ\&T 탄소강 및 저합금강} \\ 0.61S_{ut} & \text{오스테나이트 스테인리스 강 및 비철합금} \end{cases} \tag{9-57}$$

피로강도

스프링 와이어는 굽힘 상태에 있기 때문에 Sines 식은 적용할 수 없다. Sines 모델은 순수한 비틀림이 존재할 때 사용된다. Zimmerli의 결과는 압축스프링(와이어는 순수 비틀림 상태)에 대한 것이므로, 표 9-10에 나와 있는 Associated Spring에서 제공한 반복 굽힘응력 $(R=0)$ 값들을 사용할 것이다. 식 (9-40)에서와 마찬가지로 Gerber 피로파손 기준을 Associated Spring$(R=0)$의 피로강도 S_r과 연계하여 사용할 것이다:

$$S_e = \frac{S_r/2}{1 - \left(\dfrac{S_r/2}{S_{ut}}\right)^2} \tag{9-58}$$

S_r과 S_e의 값은 치수, 표면상태와 하중의 종류에 대해서는 수정되었지만, 온도나 기타 영향에 대해서는 그렇지 못하다. 이제 Gerber의 피로 기준을 정의한다. 강도 진폭 요소는 표 5-7에 의해 다음과 같이 주어진다.

$$S_a = \frac{r^2 S_{ut}^2}{2S_e}\left[-1 + \sqrt{1 + \left(\frac{2S_e}{rS_{ut}}\right)^2}\,\right] \tag{9-59}$$

표 9-10
주기적인 하중이 작용할 경우의 S_{ut}에 대한 백분율로 나타낸 헬리컬 비틀림 스프링에 대한 최대 권장 굽힘응력(수정 K_B) (출제: Associated Spring의 허락 하에 인용)

	ASTM A228과 Type 302 스테인레스강		ASTM A230과 A232	
피로수명 (싸이클)	숏피닝이 되지 않은 경우	숏피닝이 된 경우*	숏피닝이 되지 않은 경우	숏피닝이 된 경우*
105	53	62	55	64
106	50	60	53	62

이 자료는 다음 조건을 기초로 하고 있음, 스프링은 잔류응력 없음.
* 항상 가능한 것은 아님.

여기서 하중선의 기울기는 $r = M_a/M_m$이다. 하중선은 설계자의 피로 다이어그램의 원점을 관통하는 반지름방향이다. 피로파손에 대한 안전계수는 다음과 같다.

$$n_f = \frac{S_a}{\sigma_a} \tag{9-60}$$

또는 표 5-7을 사용하여 n_f를 직접 구할 수도 있다:

$$n_f = \frac{1}{2}\frac{\sigma_a}{S_e}\left(\frac{S_{ut}}{\sigma_m}\right)^2\left[-1+\sqrt{1+\left(2\frac{\sigma_m}{S_{ut}}\frac{S_e}{\sigma_a}\right)^2}\right] \tag{9-61}$$

예제 9-8 그림 9-11과 같은 재고품 스프링이 있다. 이것은 지름 1.8-mm의 음악 와이어로 만들어졌으며, 몸체 감김수는 $4\frac{1}{4}$이며, straight torsion end를 갖고 있다. 그리고 지름 10 mm의 핀을 감싸서 작동하고 있다. 코일 바깥지름은 15 mm이다.

(a) 최대 작용 토크와 그에 따른 정적 하중에 대한 회전을 구하라.

(b) 스프링에 (a)의 토크가 작용할 때 코일 안쪽 지름과 핀 사이의 지름방향 틈새를 계산하라.

(c) 작용모멘트가 ;$M_{\min} = 0.1$부터 $M_{\max} = 0.5$ N·m 사이에서 변화할 때 피로 안전계수 nf를 계산하라.

풀이 (a) 표 9-4의 음악 와이어에 대해서 $A = 2211$ MPa·mm^{m}이며 $m = 0.145$이다.

$$S_{ut} = \frac{A}{d^m} = \frac{2210}{(1.8)^{0.145}} = 2029 \text{ MPa}$$

따라서 식 (9-57)을 이용하면 다음과 같다.

$$S_y = 0.78S_{ut} = 0.78(2029) = 1582 \text{ MPa}$$

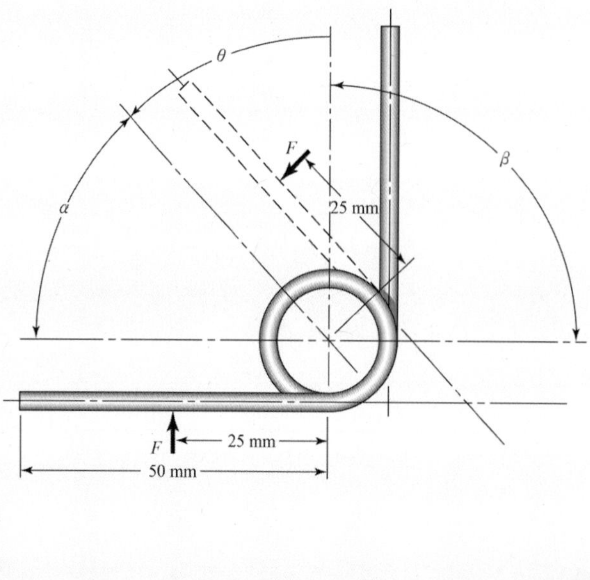

그림 9-11
각 α, β 그리고 θ는 코일 축으로 이동한 straight-end 중심선 사이의 각이다. 코일의 바깥 지름은 15 mm다.

코일 평균지름은 $D = 15 - 1.8 = 13.2$ mm이다. 그리고 스프링 지수 $C = D/d = 13.2/1.8 = 7.33$이다. 식 (9-43)으로부터 굽힘응력 수정계수 K_i는 다음과 같다.

$$K_i = \frac{4(7.33)^2 - 7.33 - 1}{4(7.33)(7.33 - 1)} = 1.113$$

식 (9-44)에 σ 대신 S_y를 대입하고, 최대 토크 Fr에 대해 정리하면 다음과 같다.

$$M_{\max} = (Fr)_{\max} = \frac{\pi d^3 S_y}{32K_i} = \frac{\pi(1.8)^3 1583}{32(1.113)} = 814\ \text{N}\cdot\text{mm}$$

안전계수는 사용되지 않았음에 유의하라. 다음에 식 (9-54)와 표 9-5로부터 코일 몸체의 감김수 θ_c'는 다음과 같다.

$$\theta_c' = \frac{10.8MDN_b}{d^4 E} = \frac{10.8(814)13.2(4.25)}{1.8^4(196\,000)} = 0.24\ \text{turn}$$

답 $$(\theta_c')_{\text{deg}} = 0.24(360°) = 86.4°$$

유효감김수 N_a는 식 (9-48)로부터 다음과 같다.

$$N_a = N_b + \frac{l_1 + l_2}{3\pi D} = 4.25 + \frac{25 + 25}{3\pi(13.2)} = 4.65\ \text{turns}$$

전체 스프링에 대한 스프링 상수는 식 (9-51)로부터 다음과 같이 구할 수 있다.

$$k' = \frac{1.8^4(196\,000)}{10.8(13.2)4.65} = 3104\ \text{N}\cdot\text{mm}$$

전체 스프링에 대한 감김수 θ'은 다음과 같다.

$$\theta' = \frac{M}{k'} = \frac{814}{3104} = 0.26\ \text{turn}$$

답 $$(\theta_s')_{\text{deg}} = 0.26(360°) = 93.6°$$

(b) 하중이 작용하지 않을 때에는 코일 평균지름은 13.2 mm이다. 식 (9-53)으로부터 다음과 같다.

$$D' = \frac{N_b D}{N_b + \theta_c'} = \frac{4.25(13.2)}{4.25 + 0.24} = 12.5\ \text{mm}$$

하중이 작용할 때 스프링 코일의 안쪽과 핀 사이의 지름방향 틈새는 다음과 같다.

답 $$\Delta = D' - d - D_p = 12.5 - 1.8 - 10 = 0.7\ \text{mm}$$

(c) 피로:

$$M_a = (M_{\max} - M_{\min})/2 = (500 - 100)/2 = 200\ \mathrm{N \cdot mm}$$
$$M_m = (M_{\max} + M_{\min})/2 = (500 + 100)/2 = 300\ \mathrm{N \cdot mm}$$
$$r = \frac{M_a}{M_m} = \frac{2}{3}$$
$$\sigma_a = K_i \frac{32M_a}{\pi d^3} = 1.113\frac{32(200)}{\pi 1.8^3} = 388.8\ \mathrm{MPa}$$
$$\sigma_m = \frac{M_m}{M_a}\sigma_a = \frac{3}{2}(388.8) = 583.2\ \mathrm{MPa}$$

표 9-10으로부터 $S_r = 0.50S_{ut} = 0.50(2029) = 1014.5\ \mathrm{MPa}$이다. 그러면

$$S_e = \frac{1014.5/2}{1-\left(\dfrac{1014.5/2}{2029}\right)^2} = 541\ \mathrm{MPa}$$

강도의 진폭 요소 S_a는 식 (9-59)로부터 다음과 같다.

피로 안전계수는 다음과 같다.

$$S_a = \frac{(2/3)^2 2029^2}{2(541)}\left[-1+\sqrt{1+\left(\frac{2}{2/3}\,\frac{541}{2029}\right)^2}\,\right] = 474.4\ \mathrm{MPa}$$

피로 안전계수는 다음과 같다.

답 $$n_f = \frac{S_a}{\sigma_a} = \frac{474.4}{388.8} = 1.22$$

연습문제

9-1 선호되는 스프링 지수(C)값 범위에 있어서, Bergsträsser factor (K_B)와 Wahl factor (K_W)의 최대/최소 % 차이를 구하라.

9-2 2.5 mm 지름을 가진 음악 와이어(music wire)로 만들어진 헬리컬 압축 스프링이 있다. 스프링의 바깥지름은 31 mm이고, 코일 수는 14개이며, 보통 연마형 끝(plain, ground ends)을 가지고 있다.

(a) 스프링이 밀착높이로 압축될 때, 비틀림 응력이 항복 응력을 초과하지 않게 하기 위해서는 스프링의 자유높이를 설계하라.

(b) 스프링을 밀착높이까지 압축시킬 때 필요한 하중을 구하라.

(c) 스프링 상수를 구하라.

(d) 압축시 스프링에 좌굴이 발생할 가능성이 있는지 판단하라.

9-3 지름이 5 mm인 오일 템퍼 와이어(oil-tempered wire)로 만들어진 헬리컬 압축 스프링이 있다. 직각의 보통형 끝을 가진 스프링의 코일 평균 지름은 50 mm이고, 코일 수는 12개이며, 자유높이는 125 mm이다.

(a) 밀착높이를 구하라.

(b) 밀착높이까지 스프링을 압축시키는 데 필요한 하중을 구하라.

(c) 스프링이 밀착높이까지 압축될 때, 스프링의 항복 강도에 대한 안전계수를 구하라.

9-4~9-14 아래 표는 직각 연마형 끝을 가진 헬리컬 압축 스프링에 대한 정보를 제공하고 있다. 각 스프링에 대해서, 스프링이 밀착 높이까지 압축되었을 때 안전한지 판단하시오. 만약 안전하지 않다면, 밀착 높이에서의 안전계수(n_s)를 1.2로 둘 때, 최대 자유높이를 구하라.

연습문제	d, mm	OD, mm	L_0, mm	N_t	재료
9-4	0.15	0.9	16	40	A228 music wire
9-5	0.3	3.0	20.6	15.1	B159 phosphor-bronze
9-6	1.0	6.0	19.1	10.4	A313 stainless steel
9-7	3.5	50	74.6	5.25	A227 hard-drawn steel
9-8	3.7	25	95.3	13.0	A229 OQ&T steel
9-9	4.9	76	228.6	8.0	A232 chrome-vanadium
	d, mm	OD, mm	L_0, mm	N_t	재료
9-10	0.25	0.95	12.1	38	A313 stainless steel
9-11	1.2	6.5	15.7	10.2	A228 music wire
9-12	3.5	50.6	75.5	5.5	A229 OQ&T spring steel
9-13	3.8	31.4	71.4	12.8	B159 phosphor-bronze
9-14	4.5	69.2	215.6	8.2	A232 chrome-vanadium

9-15 아래 그림은 탄소강 스프링을 나타낸다.

(a) 피치와 밀착 높이 그리고 유효감김수를 구하라.

(b) 재료가 A227 HD steel일 때, 스프링 상수를 구하라.

(c) 스프링을 밀착 높이까지 압축할때 필요한 하중(F_s)을 구하라.

(d) 하중 F_s에 의해 스프링에 발생하는 전단응력을 구하라.

문제 9-15

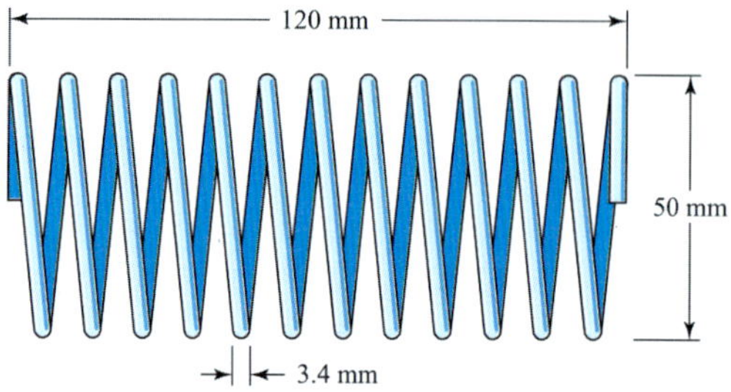

9-16 압축 스프링은 12 mm 지름을 가진 지지봉(rod)에 맞도록 설계된다. 지지봉과 스프링 사이에 간극을 주기 위해, 스프링 안쪽 지름은 15 mm로 하고, 스프링 지수는 10으로 한다. 스프링은 자유 높이 125 mm로부터 75 mm만큼의 압축 행정(stroke)으로 밀착 높이에 도달하게 된다. 스프링은 직각 연마형 끝을 가지고 있으며, 피닝이 되지 않아야 하며, 냉간 인발된 와이로 만들어져야 한다.

(a) 적합한 와이어 지름을 구하라.

(b) 적합한 총 코일수를 구하라.

(c) 스프링 상수를 구하라.

(d) 밀착 높이까지 압축될 때, 안전계수를 구하라.

(e) 스프링이 자유 높이에서 밀착 높이로 반복적으로 압축이 될 때, 피로 안전계수를 구하라.

9-17 헬리컬 압축 스프링은 25 mm의 압축 행정(stroke)으로 600 N ~1.2 kN까지 변화하는 동적하중을 받는다. 반복 싸이클 수가 작아서 피로하중은 큰 문제가 되지는 않는다. 스프링의 바깥지름은 52 mm 지름의 구멍에 2 mm의 간극을 가지도록 한다. 피닝이 되지 않은 오일 템퍼(unpeened oil-tempered) 와이어를 사용하고, 직각 연마형 끝을 가진 스프링을 설계한다.

(a) 스프링 지수를 7로 할 때, 적합한 와이어 지름을 구하라.

(b) 적합한 코일 평균 지름을 구하라.

(c) 요구되는 스프링 상수를 구하라.

(d) 적합한 총 코일 수를 구하라.

(e) 스프링이 밀착 높이까지 압축될 때, 스프링이 파손되지 않기 위해 요구되는 자유 높이를 구하라.

9-18 정적 하중 90 N으로 12 mm만큼 인장이 되도록 경강(hard-drawn steel) 와이어 인장 스프링을 설계하려고 한다. 굽힘에 대한 안전계수(n_y)는 1.5로 한다. 인장 스프링의 양 끝은 후크 반지름 $r_1 = D/2$, $r_2 = 2d$인 full-coil end 후크로 되어 있다. (D: 평균 코일 지름,

d: 와이어 지름) 자유 높이는 75 mm 이하로 설계되어야 하며, 몸체 감김수는 30보다 적어야 한다. 인장 스프링을 설계하라.

9-19 무한한 수명을 가지는 헬리컬 코일 인장 스프링을 설계하려고 한다. 인장 스프링은 full-end loop 후크를 가지며, 40 N ~ 80 N의 동적 하중을 받으며 6 mm만큼 늘어난다. 스프링은 스테인리스 강(stainless steel)으로 만들어진다. 스프링 코일의 바깥지름은 25 mm보다 작아야 하며, 자유 높이는 62 mm보다 작아야 한다. 피로 안전계수(n_f)를 2로 할 때, 인장 스프링을 설계하라.

9-20 아래 그림과 같이 쥐덫은 2개의 비틀림 스프링으로 구성되어 있다. 와이어 지름은 2 mm이며, 설치된 스프링의 바깥지름은 12 mm이고, 각 스프링의 감김수는 11이다. 덫을 설치하기 위해서는 36 N의 하중이 필요하다.

(a) 설치가 되기 전의 비틀림 스프링 두 끝 부분이 이루는 각을 구하라. (그림 9-10 참조)

(b) 설치가 되었을때, 비틀림 스프링이 받는 최대 응력을 구하라.

| 문제 9-20

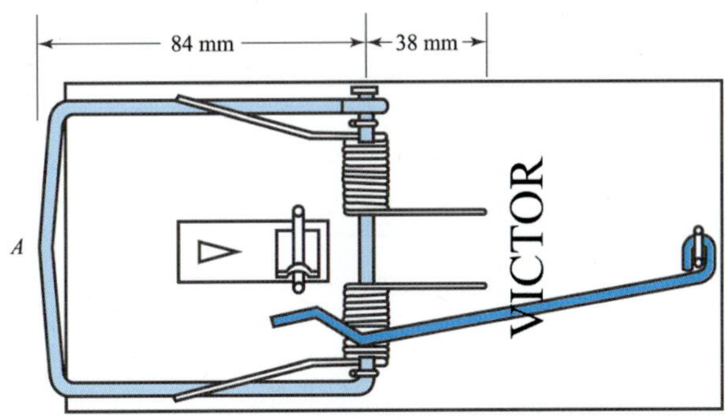

10 구름베어링

구름–접촉 베어링, **반저항**(antifriction) **베어링**, **구름베어링** 등의 용어는 모두 미끄럼접촉보다는 구름접촉 요소를 통하여 주부하를 전달하는 베어링 종류를 표현하는 데 쓰인다. 구름베어링에서 초기(정지)마찰은 운동마찰보다 두 배 정도이지만, 미끄럼베어링의 초기마찰에 비하면 무시할 정도이다. 하중, 속도 그리고 윤활제의 작동 점도는 구름베어링의 마찰특성에 영향을 준다. 구름베어링을 "반저항(antifriction) 베어링"이라고 표현하는 것은 잘못된 것이지만, 산업계 전반에 걸쳐 일반적으로 사용되고 있다.

기계설계자의 관점에서 보면, 베어링이라 규정한 것은 이미 설계되어 있기 때문에, 반저항 베어링에 대한 연구는 다른 주제의 연구와 비교해 볼 때 여러 가지 점에서 차이가 있다. 반저항 베어링 설계 전문가는 구름베어링을 구성하는 일련의 부품을 설계하는 문제에 직면해 있다. 이 요소들은 주어진 치수의 공간에 맞도록 설계되어야 한다. 이들은 또한 특정한 특성을 가진 부하를 견딜 수 있도록 설계되어야 한다. 그리고 마지막으로 이 요소들은 특정한 조건 하에서 작동할 때 만족할 만한 수명을 갖도록 설계되어야 한다. 따라서 베어링 전문가는 피로하중, 마찰, 열, 부식저항, 역학 문제, 재료특성, 윤활, 기계가공 공차, 조립, 사용 및 비용과 같은 문제를 고려하여야 한다. 베어링 전문가는 이러한 모든 요소를 고려하면서 그들의 판단에 따라, 정의된 문제에 대한 훌륭한 해결안이라는 절충안에 도달하게 된다.

10-1 베어링의 종류

베어링은 순수한 반지름방향 하중, 순수한 축방향 하중 또는 두 가지 하중의 조합을 감당하도록 제작된다. 볼베어링의 명칭은 베어링의 네 가지 핵심적인 부품과 함께 그림 10-1에 나타나 있다. 그것은 외륜, 내륜, 볼 또는 구름요소, 그리고 분리자(seperator)이다. 저렴한

그림 10-1
볼베어링의 명칭(*General motors corp.*의 허락 하에 인용)

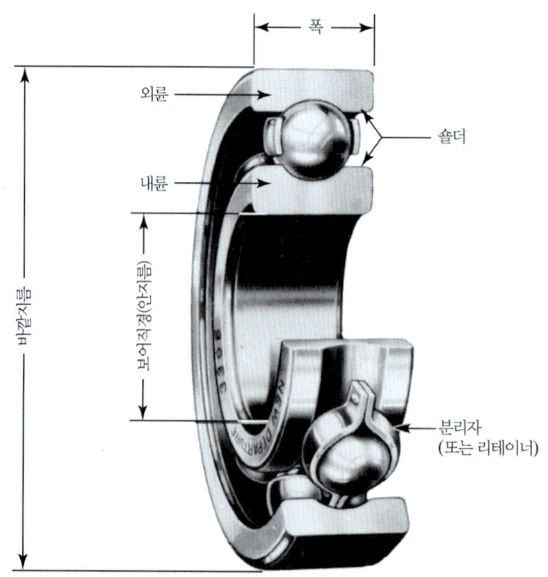

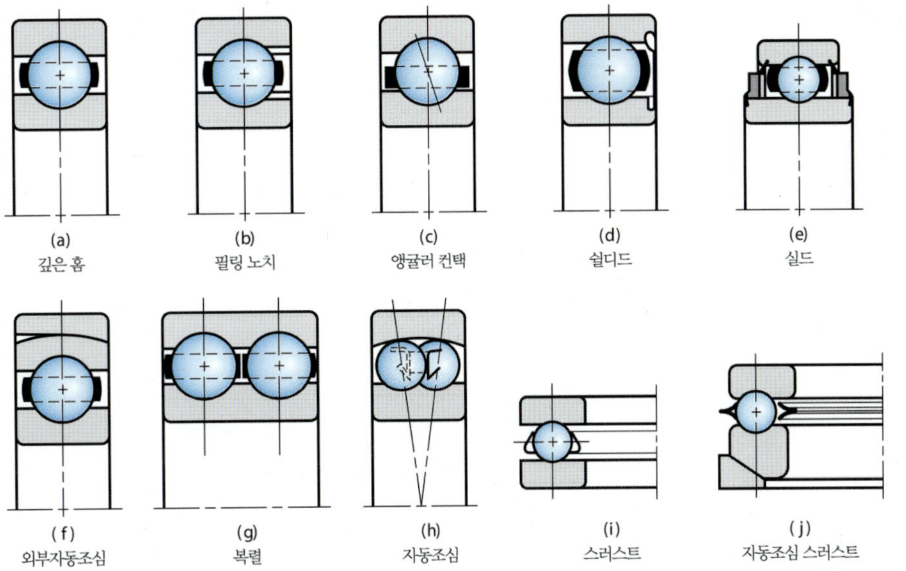

그림 10-2
다양한 종류의 볼베어링

베어링에는 가끔 분리자가 빠져있는데, 이것은 요소들을 분리시켜 마찰접촉이 발생하지 않도록 하는 중요한 역할을 담당하는 것이다.

생산되고 있는 다양한 표준 베어링 중 몇 가지를 그림 10-2에 나타냈다. 단열 깊은 홈볼베어링(single-row deep-groove vall bearing)은 반지름방향 부하뿐만 아니라 축방향 부하도 어느 정도 지탱한다. 볼들은 내륜을 중심에서 벗어난 위치로 이동시킨 후 홈에 장착한다. 볼들은 장착 후 서로 사이를 분리시킨 후 분리자를 삽입한다. 내륜과 외륜에 삽입노치(filling notch)(그림 10-2b)를 만들면 더 많은 수의 볼을 삽입할 수 있으므로 부하능력이 향상된다. 그러나 축방향 부하가 작용할 경우에는 노치의 모서리에 볼이 충돌하므로 축방향 부하능력이 감소된다. 앵귤라 콘택트 볼베어링(angular contact ball bearing)(그림 10-2c)은 더 큰 축방향 부하능력을 갖고 있다.

이 모든 베어링은 한쪽이나 양쪽에 보호판을 장착할 수 있다. 이 보호판은 완전하게 밀봉하는 것이 아니라, 단지 먼지로부터 보호하는 수단이다. 다양한 베어링이 한쪽이나 양쪽에 밀봉을 하여 제작된다. 양쪽을 밀봉하여 제작하면, 베어링의 윤활은 공장에서 이루어진다. 밀봉된 베어링은 전체 수명 동안 윤활이 될 것으로 예측하지만, 때때로 재윤활이 필요하다.

단열 베어링은 축의 처짐에 의한 작은 양의 정렬오차에는 견딜수 있으나, 이것이 심각한 상황에서는 자동조심형 베어링을 사용해야 한다. 복열 베어링은 반지름방향과 축방향 하중이 큰 경우에 사용할 수 있도록 다양한 종류와 치수로 만들어진다. 때때로 동일한 이유로 두 개의 단열 베어링을 함께 사용하기도 하지만, 복열 베어링이 일반적으로 부품수도 적고 공간도 적게 차지한다. 단일방향 스러스트 볼베어링(그림 10-2i)도 여러 가지 종류와 치수로 만들어진다.

다양한 표준 롤러 베어링 중 몇 가지를 그림 10-3에 나타냈다. 원통 롤러 베어링(straignt roller bearing)(그림 10-3a)은 접촉면적이 크기 때문에 동일한 크기의 볼베어링

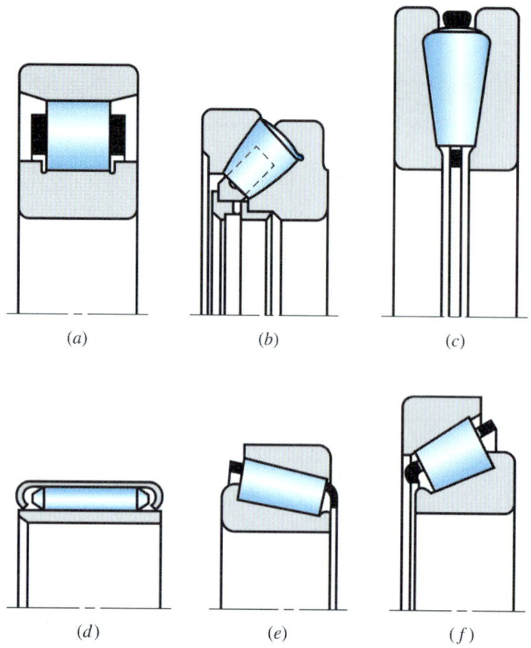

그림 10-3
(*a*) 원통 롤러, (*b*) 스러스트 스페리컬, (*c*) 스러스트 테이퍼, (*d*) 니들, (*e*) 테이퍼롤러, (*f*) 큰 각도 테이퍼롤러(*The Timken Company*의 허락 하에 인용)

보다 더 큰 반지름방향 부하를 견딜 수 있다. 그러나 그것은 내외륜과 롤러의 거의 완벽한 기하를 요구하는 단점을 갖고 있다. 약간의 정렬오차만으로도 롤러는 비스듬해지고 정렬선을 벗어난다. 이런 이유 때문에 리테이너(retainer)는 두꺼워야 한다. 물론 원통 롤러 베어링은 축방향 하중은 지탱하지 못한다.

헬리컬 롤러는 직사각형 재료를 롤러 사이에서 압연한 후 경화, 연삭을 하여 제작된다. 타고난 유연성으로 인해 상당한 정렬오차를 감당할 수 있다. 필요하다면 분리된 내외륜 대신에 축과 하우징이 내외륜을 대신할 수 있다. 이것은 반지름방향 공간이 제한되어 있을 경우에 특히 중요하다.

스페리컬 롤러 스러스트 베어링(spherical-roller thurst bearing)(그림 10-3b)은 부하가 크고 정렬오차가 발행하는 곳에 유용하다. 스페리컬 요소들은 부하가 증가함에 따라 접촉면적이 증가하는 장점을 갖고 있다.

니들베어링(needle bearing)(그림 1-3d)은 반지름방향 공간이 제한되어 있는 경우에 매우 유용하다. 이것은 분리자가 있으면 매우 큰 부하능력을 가지는데, 분리자 없이도 사용할 수 있다. 또한 내외륜과 함께 또는 없이도 설치할 수 있다.

원추 롤러 베어링(tapered roller bearing)(그림 10-3e, f)은 볼베어링과 원통 롤러 베어링의 장점을 합한 형태이다. 그것은 축방향이나 반지름방향 하중 또는 이 두 가지 하중의 조합에 적합하며, 게다가 원통 롤러 베어링이 갖는 고하중 지지능력을 갖고 있다. 원추 롤러 베어링은 롤러의 표면과 내외륜의 모든 요소가 베어링 축의 한 점에서 교차하도록 설계되어 있다.

여기서 설명한 베어링은 선택할 수 있는 많은 것 중의 단지 일부에 불과하다. 많은 특수목적용 베어링이 제작되며, 또한 특정 등급의 기계류를 위해 베어링은 제작되기도 한다. 이러한 베어링 중 대표적인 것은 다음과 같다.

- 고정밀도를 가지며, 스테인리스 스틸과 고온용 재료로도 만들어지는 정밀기계용 베어링
- 분리자가 없고, 때로 스탬핑 가공으로 만든 금속판재 내외륜으로 구성된 비정밀 베어링
- 회전이나 직선운동 또는 두 가지 운동이 모두 가능한 볼 부싱(ball bushing)
- 유연한 롤러로 만들어진 베어링

10-2 베어링의 수명

구름베어링의 볼이나 롤러가 구를 때에는, 내륜, 구름요소 그리고 외륜에 접촉 응력이 발생한다. 접촉요소의 축방향 곡률이 반지름방향의 곡률과 다르기 때문에, 3장에서 언급한 Hertz식에서 보다 이러한 응력들을 나타내는 식이 더 포함되어 있다. 베어링이 청결하며 적절히 윤활되고 있으며, 녹이나 먼지의 유입에 대해 밀봉되어 있으며, 이러한 상태가 유지되며, 적정 온도에서 작동한다면, 파손의 유일한 원인은 금속 피로다. 금속 피로는 수백만 번의 응력을 성공적으로 견뎌냈다는 것을 의미하기 때문에, 정량적인 수명을 나타내는 척도가 필요하다. 일반적으로 수명을 나타내는 척도는 다음과 같다.

- 최초의 명백한 피로의 증거가 나타날 때까지의 내륜의 회전수(외륜은 정지 상태)
- 최초의 명백한 피로의 증거가 나타날 때까지의 표준 각속도에서의 사용시간

일반적으로 사용하는 용어는 **베어링 수명**(bearing life)이며, 이것은 위에서 언급한 척도 중 하나를 적용할 수 있다. 모든 피로에서 그렇듯이, 위에서 정의한 수명은 확률적 변수(stochastic variable)이며, 그렇기 때문에 분포를 갖고 있으며, 그와 연관된 통계학적 파라미터를 갖고 있다. 각각의 베어링에 대한 수명을 나타내는 척도는 파손 평가기준이 발생한 때까지 베어링이 작동한 총 회전수(또는 일정한 속도에서의 시간)로 정의된다. 이상적인 조건에서 피로파손은 하중이 작용하는 표면에 발생한 부스러짐(spalling)에 의해 발생한다. 미국 베어링 제작자 협회(ABMA) 표준에서는 파손이 판단기준은 최초로 발생한 피로의 징후라고 정의한다. Timken사 연구실에서 사용하는 피로의 판단기준은 면적 0.01 in^2의 부스러짐(spalling)이나 구멍 파임(pitting)이다. Timken사는 이러한 피로점을 지나서도 베어링의 유용한 수명은 상당히 연장될 수 있다는 것을 관찰을 통해 알고 있다. 이것은 구름베어링에서 피로파손에 대한 운전 측면의 정의이다.

정격수명(rating life)은 ABMA에서 승인하고 대부분의 제작자들이 사용하는 용어이다. 공칭으로 동일한 보리나 롤러 베어링 그룹의 정격수명은 베어링 그룹의 90%가 파손기준이 발생하기 전에 도달 또는 초과하는 회전수(또는 동일한 속도에서 시간)로 정의된다. **최소수명**(minimum life), L_{10} *life*, B_{10} *life* 등의 용어도 정격수명과 동의어로 사용된다. 정격수명은 베어링 그룹의 회전수-파손 분포에서 10 백분위수(percentile)의 위치에 존재한다.

수명 중앙값(median life)은 베어링 그룹 중 50 백분위수의 수명이다. **평균수명**(average life)이란 용어는 혼란을 야기하면서 수명 중앙값의 동의어로 사용되어 왔다. 많은 그룹의 베어링을 시험해 보면, 수명 중앙값은 L_{10} 수명의 4~5배 사이에 존재한다.

개별 베어링 제작자들은 베어링 부하의 정격값들이 보고된 특정 정격수명을 선택한다. 가장 일반적으로 사용되는 정격수명은 10^6 회전수이다. Timken사에서는 예외적으로 정격수명을 500 rev/min에서 3000 hours으로 하고 있는데, 이것은 $90(10^6)$ 회전수에 해당한다. 이러한 수준의 정격수명은 오늘날의 베어링에서는 실제적으로 매우 낮은 값이지만, 정격수명은 임의의 기준점이므로 전통적인 값이 일반적으로 유지되어 왔다.

10-3 정격 신뢰도에서의 베어링 부하 수명

공칭으로 동일한 베어링 그룹들을 서로 다른 하중에서 수명-파손기준의 관계에 대해 시험하면, 그림 10-4와 같은 log-log 그래프를 얻게 된다. 그래프의 한 점을 얻기 위해서는 하중 F_1과 그룹 1의 정격수명 $(L_{10})_1$을 log로 변환하여 나타내야 한다. 이 점뿐 아니라 다른 모든 점과 관련된 신뢰도는 0.90이다. 따라서 신뢰도 0.90에서의 하중-수명 곡선을 얻게 된다. 다음과 같은 형태의 회귀분석 방정식을 사용하면

$$F/L^{1/a} = \text{상수} \tag{10-1}$$

다양한 종류의 베어링에 대해 수많은 시험을 하여 다음과 같은 결과를 얻었다.

- $a = 3$: 볼베어링
- $a = 10/3$: 롤러 베어링(원통 롤러와 원추 롤러)

카탈로그 정격하중(catalog load rating)은 베어링 제작자가 정한 정격수명(rating life)에서 베어링 그룹 중 10%가 파손되는 반지름방향 부하로 정의한다. 카탈로그 정격하중을 C_{10}으로 표시한다. 카탈로그 부하용량은 제조사의 정격수명이 10^6 회전수인 경우, **기본**

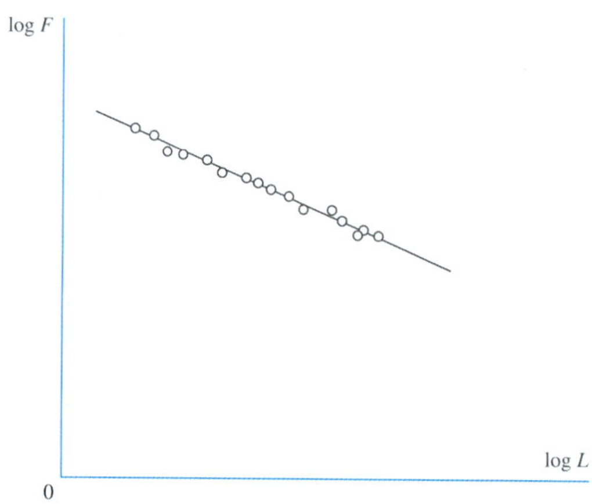

그림 10-4
베어링의 대표적인
하중-수명곡선(log-log)

동정격 하중(basic dynamic load rating) 또는 간단히 기본정격하중(basic load rating)이라 한다. 이렇게 짧은 수명에서 파손을 야기하는 데 필요한 반지름방향 부하는 비현실적으로 클 것이다. 따라서 기본정격하중은 참조용 값으로 생각해야 하며, 베어링에서 도달하고자 하는 실제 부하는 아니다.

주어진 응용에서 베어링을 선택할 때에는, 원하는 부하와 수명 요구조건을 카탈로그 정격수명에 대응하는 카탈로그 정격하중과 연결시키는 것이 필요하다. 식 (10-1)로부터 다음과 같이 쓸 수 있다.

$$F_1 L_1^{1/a} = F_2 L_2^{1/a} \tag{10-2}$$

여기서 아래첨자 1과 2는 부하와 수명 조건의 어느 집단을 의미한다. 이 식에서 F_1과 L_1을 카탈로그 정격하중과 정격수명으로 F_2와 L_2를 응용에서 요구하는 부하와 수명으로 연결하면 식 (10-2)를 다음과 같이 쓸 수 있다.

$$F_R L_R^{1/a} = F_D L_D^{1/a} \tag{a}$$

여기서 L_R과 L_D의 단위는 회전수이며, 아래첨자 R과 D는 정격(rated)과 요구(desired)의 약자이다.

때때로 수명을 주어진 속도에서의 시간으로 표현하는 것이 편리하다. 따라서 회전수로 나타낸 임의의 수명 L은 다음과 같이 표현할 수 있다.

$$L = 60\mathcal{L}n \tag{b}$$

여기서 $\mathcal{L}$의 단위는 hours, n의 단위는 rev/min이며, 60 min/h는 적절한 변환인자다.

식 (b)를 식 (a)에 대입하면 다음과 같다.

$$F_R(\mathcal{L}_R n_R 60)^{1/a} = F_D(\mathcal{L}_D n_D 60)^{1/a} \tag{c}$$

카탈로그 정격하중, 1bf 또는 kN
정격수명, hours
정격속도, rev/min
요구되는 속도, rev/min
요구되는 수명, hours
요구되는 반지름방향 부하, 1bf 또는 kN

식 (c)를 F_R에 대해 풀고, 이것이 카탈로그 정격하중 C_{10}의 다른 표현인 것을 생각하면, 카탈로그 정격하중을 요구되는 부하, 요구되는 수명 및 카탈로그 정격수명의 함수로 표현할 수 있다.

$$C_{10} = F_R = F_D\left(\frac{L_D}{L_R}\right)^{1/a} = F_D\left(\frac{\mathcal{L}_D n_D 60}{\mathcal{L}_R n_R 60}\right)^{1/a} \tag{10-3}$$

때때로 $x_D = L_D/L_R$을 **정격수명**의 무차원 **배수**(dimensionless multiple of rating life)로 정의하면 편리하다.

예제 10-1 SKF사에서는 자사의 베어링 수명 등급을 100만 회전으로 정하고 있다. 2 kN의 하중이 작용하며, 1725 rev/min으로 회전하는 베어링이 신뢰도 90%의 수명 5000 h을 갖도록 하려면, SKF 카탈로그에서 어떤 카탈로그 정격하중(catalog rating)을 선택하여야 하는가?

풀이 정격수명은 $L_{10} = L_R + \mathcal{L}_R n_R 60 = 10^6$ revolutions이다. 식 (10-3)으로부터 다음과 같이 구할 수 있다.

답 카탈로그 정격하중 $C_{10} = F_D = \left(\dfrac{\mathcal{L}_D n_D 60}{\mathcal{L}_R n_R 60}\right)^{1/a} = 2\left[\dfrac{5000(1725)60}{10^6}\right]^{1/3} = 16.1\text{ kN}$

10-4 베어링 존속: 신뢰성과 수명

일정한 크기의 하중에서 수명을 나타내는 척도는 비스듬히 기울어져 있다. 이러한 분포에 적합한 분포곡선에는 대수정규분포(lognormal)와 Weibull 분포가 있다. 그 중에서 Weibull 분포(Weibull distribution)는 기울기의 정도를 변화시켜 조절할 수 있기 때문에 가장 일반적으로 널리 사용된다. 수명을 나타내는 척도가 $x = L/L_{10}$과 같이 무차원 형태로 표현되면, 신뢰도는 다음과 같이 나타낼 수 있다.

$$R = \exp\left[-\left(\frac{x - x_0}{\theta - x_0}\right)^b\right] \tag{10-4}$$

여기서 R = 신뢰도

x = 수명을 나타내는 척도로써의 무차원 확률변수, L/L_{10}

x_0 = 확률변수의 보장된 값 또는 '최소값'

θ = 확률변수의 63.2121 백분위수에 해당하는 특성 매개변수

b = 기울기를 제어하는 형상 매개변수

Weibull 분포에서 3가지 분포 매개변수 x_0, θ 그리고 b가 있으므로, 일련의 데이터에 일치시킬 수 있는 강력한 능력이 있다. 또한 식 (10-4)에서는 누적분포함수에 대한 양함수(explicit) 표현이 가능하다.

$$F = 1 - R = 1 - \exp\left[-\left(\frac{x - x_0}{\theta - x_0}\right)^b\right] \tag{10-5}$$

예제 10-2 Weibull 매개변수 $x_0 = 0.20$, $(\theta - x_0) = 4.439$, $b = 1.483$인 02-30 mm 계열의 깊은 홈 볼베어링의 분포 특성을 구하라. 평균, 중앙값, 10 백분위수, 표준편차 그리고 변동계수를 구하라.

풀이 무차원 평균수명 μ_x은 다음과 같다.

답
$$\mu_x = x_0 + (\theta - x_0)\Gamma\left(1 + \frac{1}{b}\right) = 0.02 + 4.439\Gamma\left(1 + \frac{1}{1.483}\right) = 4.033$$

무차원 중앙값 수명 $x_{0.50}$은 다음과 같다(이때 $R = 0.5$).

답
$$x_{0.50} = x_0 + (\theta_0 - x_0)\left(\ln\frac{1}{R}\right)^{1/b} = 0.02 + 4.439\left(\ln\frac{1}{0.5}\right)^{1/1.483}$$
$$= 3.487$$

무차원 수명 x의 10 백분위수 $x_{0.10}$은 다음과 같다.

답
$$x_{0.10} = 0.02 + 4.439\left(\ln\frac{1}{0.90}\right)^{1/1.483} = 1 \text{ (원래 1이 되어야 함)}$$

무차원 수명의 표준편차 $\hat{\sigma}_x$는 다음과 같다.

답
$$\hat{\sigma}_x = (\theta - x_0)\left[\Gamma\left(1 + \frac{2}{b}\right) - \Gamma^2\left(1 + \frac{1}{b}\right)\right]^{1/2}$$
$$= 4.439\left[\Gamma\left(1 + \frac{2}{1.483}\right) - \Gamma^2\left(1 + \frac{1}{1.483}\right)\right]^{1/2} = 2.753$$

무차원 수명의 변동계수 C_x는 다음과 같다.

답
$$C_x = \frac{\hat{\sigma}_x}{\mu_x} = \frac{2.753}{4.033} = 0.683$$

10-5 하중, 수명 그리고 신뢰도 사이의 관계

이것은 설계자의 문제다. 요구되는 하중은 제조사의 시험 하중이나 카탈로그에 표시된 것이 아니다. 요구되는 속도는 제조사의 시험 속도와는 다르며, 신뢰도에 대한 기대는 카탈로그에 나타나 있는 0.90보다 훨씬 크다. 그림 10-5가 그 상황을 설명하고 있다. 카탈로그 정보는 점 A로 표시되어 있는데, 그의 좌표는 C_{10} and $x_{10} = L_{10}/L_{10} = 1$의 log 값이며, 신뢰도 선 0.90 위의 점이다. 설계 위치는 점 D이며, 그 좌표는 F_D와 x_D의 log 값이며, 신뢰도 선 $R = R_D$ 위의 점이다. 설계자는 점 D로부터 점 B를 거쳐 점 A로 이동하여야 한다.

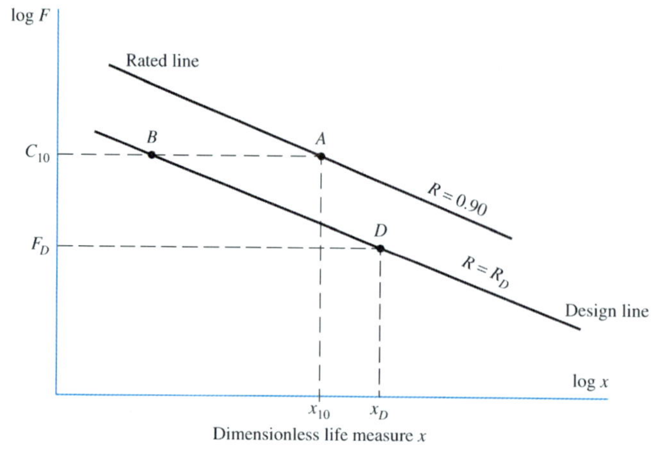

그림 10-5
일정한 신뢰도 선, 점 A는 $x = L/L_{10} = 1$에서의 카탈로그 정격하중 C_{10}을 나타낸다. 점 B는 하중 C_{10}의 작용 하에서 목표 신뢰도 선 R_D 위에 위치한다. 점 D는 설계하중 F_D의 작용 하에서 설계수명 $x_D = L_D/L_{10}$을 나타내는 요구 신뢰도 선 위의 점이다.

일정한 신뢰도 선 (BD)를 따라 식 (10-2)를 적용하면 다음과 같다.

$$F_B x_B^{1/a} = F_D x_D^{1/a}$$

위 식으로부터

$$F_B = F_D \left(\frac{x_D}{x_B} \right)^{1/a} \tag{a}$$

일정한 하중 선 (AB)를 따라 식 (10-4)를 적용하면 다음과 같다.

$$R_D = \exp\left[-\left(\frac{x_B - x_0}{\theta - x_0} \right)^b \right]$$

위의 식을 x_B에 대해 풀면 다음과 같다.

$$x_B = x_0 + (\theta - x_0)\left(\ln \frac{1}{R_D} \right)^{1/b}$$

위의 식을 식 (a)에 대입하면 다음과 같다.

$$F_B = F_D \left(\frac{x_D}{x_B} \right)^{1/a} = F_D \left[\frac{x_D}{x_0 + (\theta - x_0)(\ln 1/R_D)^{1/b}} \right]^{1/a}$$

그러나 $F_B = C_{10}$이며, 적용계수(application factor) a_f를 포함시키면, 다음과 같이 나타낼 수 있다.

$$C_{10} = a_f F_D \left[\frac{x_D}{x_0 + (\theta - x_0)(\ln 1/R_D)^{1/b}} \right]^{1/a} \tag{10-6}$$

적용계수는 안전계수의 역할을 하는데, 과부하, 동적 부하 및 불확실성을 고려하여 설계 부하를 증가시키도록 한다. 특정한 종류의 응용분야에 대한 대표적인 부하 적용계수를 간략히 다룰 것이다.

식 (10-6)은 다음과 유의하면 약간 단순하게 표현할 수 있다.

$$\ln\frac{1}{R_D}=\ln\frac{1}{1-p_f}=\ln(1+p_f+\cdots)\doteq p_f=1-R_D$$

여기서 p_f는 파손확률이다. 식 (10-6)을 다음과 같이 표현할 수 있다.

$$C_{10}\doteq a_f F_D\left[\frac{x_D}{x_0+(\theta-x_0)(1-R_D)^{1/b}}\right]^{1/a} \qquad R\geq 0.90 \tag{10-7}$$

식 (10-6)이나 식 (10-7)은 요구되는 부하, 수명 및 신뢰성이 주어진 설계 상황을 90% 신뢰도의 정격수명에 기초한 카탈로그 정격부하로 바꾸는 데 사용할 수 있다. $R_D=0.90$일 때 분모는 1이 되며, 위의 식은 식 (10-3)으로 간략하게 된다. Weibull 매개변수는 보통 제조사 카탈로그에 나와 있다. 대표적인 값은 이 장의 끝에 수록된 문제 앞에 수록되어 있다.

예제 10-3 볼베어링에 작용하는 설계부하는 1840 N이며, 적용계수는 1.2가 적당하다. 축의 회전속도는 300 rev/min이며, 수명은 신뢰도 0.99에서 30 kh이다. 정격수명 10^6 회전을 기초로 하는 제조사 카탈로그에서 깊은 홈 볼베어링에 대하여 찾으면, 카탈로그에 나와 있는 C_{10}의 값은 얼마인가? Weibull 매개변수 $x_0=0.02$, $(\theta-x_0)=4.439$ 그리고 $b=1.483$이다.

풀이

$$x_D=\frac{L}{L_{10}}=\frac{60L_D n_D}{60L_R n_R}=\frac{60(30\,000)300}{10^6}=540$$

따라서 설계수명은 L_{10} 수명의 540배이다. 볼베어링의 경우 $a=3$이다. 식 (10-7)로부터 다음과 같은 값을 얻는다.

답

$$C_{10}=(1.2)(1.84)=\left[\frac{540}{0.02+4.439(1-0.99)^{1/1.483}}\right]^{1/3}=29.7\text{ kN}$$

축은 일반적으로 두 개의 베어링에 의해 지지되어 있다. 그런데 흔히 이 베어링들은 서로 다르다. 한 쌍의 베어링이 장착된 축의 베어링 신뢰도(Bearing Reliability)가 R이라면, R은 각각의 베어링 신뢰도 R_A 및 R_B와 다음과 같은 관계를 갖는다.

$$R=R_A R_B$$

우선 신뢰도의 곱 $R_A R_B$가 R과 같다면, 일반적으로 R_A 및 R_B는 R보다 크다. 베어링 중 어느 하나 또는 두 개 모두에 파손이 발생하면 축의 운전을 정지시켜야 하므로, 베어링 A 또는 B, 또는 두 개 모두는 파손을 야기할 수 있다. 다음으로 베어링의 치수를 결정할 때에는 R_A 및 R_B를 신뢰도 목표치의 제곱근, 즉 $\sqrt{R}$과 같게 하여 시작할 수 있다. 예제

10-3에서 한 쌍의 베어링 중 하나가 사용되었다면, 신뢰도 목표치는 $\sqrt{0.99}$ 또는 0.995가 되었을 것이다. 선택된 베어링은 신뢰도 특성에 있어 단속적(discrete)이므로, 선정과정에서 '반올림'을 하여 전체 신뢰도는 목표치 R을 초과하게 된다. 세 번째로 $R_A > \sqrt{R}$일 경우에, 베어링 B에서 끝수를 잘라 버려도 $R_A R_B$는 여전히 목표치 R을 초과하도록 하는 것이 가능할 수도 있다.

10-6 반지름방향 하중과 축방향 하중의 조합

볼베어링은 반지름방향과 축방향의 하중을 지탱할 수 있다. 더욱 이 하중들은 결합되어 함께 작용할 수도 있다. F_a와 F_r은 각각 축방향과 반지름방향 하중이며, F_e는 반지름방향과 축방향 하중이 결합되어 작용할 때와 동일한 손상을 가져오는 **반지름방향 등가하중**(equivalent radial load)이다. 회전계수 V는 내륜이 회전할 때에는 $V = 1$, 외륜이 회전할 때에는 $V = 1.2$로 정의한다. 이제 두 개의 무차원 항을 만들 수 있는데, F_e / VF_r과 F_e / VF_r이다. 이 두 개의 무차원 항은 그림 10-6에 나타낸 바와 같은데, 그 데이터는 두 개의 직선을 이용해 양호하게 근사시킬 수 있는 부드러운 곡선과 일치한다. 가로축 좌표 e는 두 직선의 교차점으로 정의한다. 그림 10-6에 나타낸 두 직선의 방정식은 다음과 같다.

$$\frac{F_a}{VF_r} \le e \text{일 때,} \quad \frac{F_e}{VF_r} = 1 \tag{10-8a}$$

$$\frac{F_a}{VF_r} > e \text{일 때,} \quad \frac{F_e}{VF_r} = X + Y\frac{F_a}{VF_r} \tag{10-8b}$$

여기서 X는 세로축 절편이며, Y는 $F_a / VF_r > e$인 경우의 직선 기울기를 나타낸다. 식

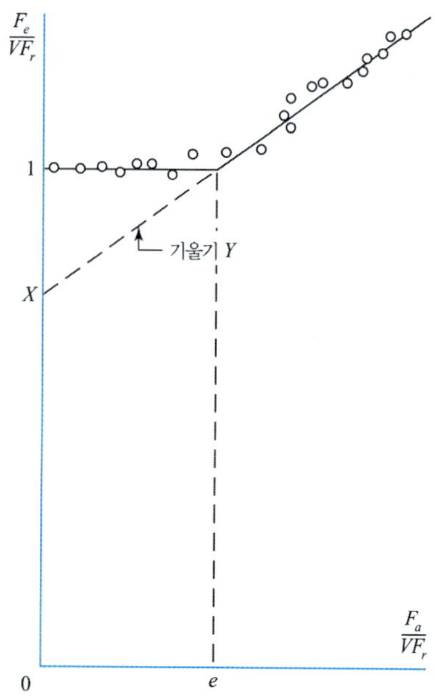

그림 10-6
무차원 항 $F_a/(VF_r)$과 $F_a/(VF_r)$, 그리고 데이터를 나타내는 직선 사이의 관계

표 10-1
볼베어링의 등가하중 계수

		$F_a/(VF_r) \le e$		$F_a/(VF_r) > e$	
F_a/C_0	e	X_1	Y_1	X_2	Y_2
0.014*	0.19	1.00	0	0.56	2.30
0.021	0.21	1.00	0	0.56	2.15
0.028	0.22	1.00	0	0.56	1.99
0.042	0.24	1.00	0	0.56	1.85
0.056	0.26	1.00	0	0.56	1.71
0.070	0.27	1.00	0	0.56	1.63
0.084	0.28	1.00	0	0.56	1.55
0.110	0.30	1.00	0	0.56	1.45
0.17	0.34	1.00	0	0.56	1.31
0.28	0.38	1.00	0	0.56	1.15
0.42	0.42	1.00	0	0.56	1.04
0.56	0.44	1.00	0	0.56	1.00

* Use 0.014 if $F_a/C_0 < 0.014$.

(10-8a)와 (10-8b)를 하나의 방정식으로 나타내는 것이 일반적이다.

$$F_e = X_i VF_r + Y_i F_a \tag{10-9}$$

여기서 $F_a/(VF_r) \le e$일 때에는 $i = 1$이며, $F_a/(VF_r) > e$일 때에는 $i = 2$이다. 계수 X와 Y는 특정 베어링의 기하와 구성에 따라 달라진다. 표 10-1에는 X_1, Y_1, X_2 그리고 Y_2의 대표적인 값을 e의 함수로 나타냈으며, e는 다시 F_a/C_0의 함수이다. 이때 C_0는 카탈로그 기본 정정격 하중을 나타낸다. **기본 정정격 하중**(basic static load rating)은 내외륜과 구름요소 사이의 임의의 위치에서 구름요소 지름의 0.0001배의 총 영구변형을 야기하는 하중이다. 기본 정정격 하중 C_0는 기본 동정격 하중(basic dynamic load rating) C_0과 함께 대부분의 베어링 제작사의 출판물에 표로 만들어져 있다(예를 들어 표 10-2 참조).

이 식들에서 회전 계수 V는 회전하는 링의 조건을 수정하기 위한 것이다. 외륜이 회전할 때의 계수 1.2는 단순히 이러한 조건 하에서는 피로수명이 감소한다는 사실에 기인한다. 자동 조심형 베어링은 예외적으로 모든 링의 회전에 있어서 $V = 1$이다.

원통 또는 실린더 롤러 베어링은 축방향 하중을 지탱하지 못하거나, 하더라도 매우 적은 하중만을 감당하므로 계수 Y는 항상 영(zero)이다.

AMBA에서는 베어링의 표준 외곽치수를 제정하였는데, 여기에서 베어링 구멍, 바깥지름(OD), 폭 그리고 축과 하우징 어깨부분의 필렛(fillet) 치수를 정의한다. 기본체계에서는 미터법의 모든 볼베어링과 원통 롤러 베어링을 포함하고 있다. 그 체계는 매우 유연한데, 주어진 베어링 구멍에 대해서 폭과 바깥지름에 대한 분류가 존재한다. 또한 선택된 바깥지름도 그러한 유연성을 가지고 있는데, 특정한 바깥지름에 대해서 서로 다른 치수의 구멍과 폭을 갖는 다양한 베어링을 찾을 수 있다.

ABMA 기본체계가 그림 10-7에 나타나 있다. 베어링은 **치수–계열 코드**(dimension-

표 10-2
02-계열 단열 깊은 홈 볼베어링과 앵귤라 볼베어링의 치수와 정격하중

Bore, mm	OD, mm	Width, mm	Fillet Radius, mm	Shoulder Diameter, mm d_S	d_H	Load Ratings, kN Deep Groove C_{10}	C_0	Angular Contact C_{10}	C_0
10	30	9	0.6	12.5	27	5.07	2.24	4.94	2.12
12	32	10	0.6	14.5	28	6.89	3.10	7.02	3.05
15	35	11	0.6	17.5	31	7.80	3.55	8.06	3.65
17	40	12	0.6	19.5	34	9.56	4.50	9.95	4.75
20	47	14	1.0	25	41	12.7	6.20	13.3	6.55
25	52	15	1.0	30	47	14.0	6.95	14.8	7.65
30	62	16	1.0	35	55	19.5	10.0	20.3	11.0
35	72	17	1.0	41	65	25.5	13.7	27.0	15.0
40	80	18	1.0	46	72	30.7	16.6	31.9	18.6
45	85	19	1.0	52	77	33.2	18.6	35.8	21.2
50	90	20	1.0	56	82	35.1	19.6	37.7	22.8
55	100	21	1.5	63	90	43.6	25.0	46.2	28.5
60	110	22	1.5	70	99	47.5	28.0	55.9	35.5
65	120	23	1.5	74	109	55.9	34.0	63.7	41.5
70	125	24	1.5	79	114	61.8	37.5	68.9	45.5
75	130	25	1.5	86	119	66.3	40.5	71.5	49.0
80	140	26	2.0	93	127	70.2	45.0	80.6	55.0
85	150	28	2.0	99	136	83.2	53.0	90.4	63.0
90	160	30	2.0	104	146	95.6	62.0	106	73.5
95	170	32	2.0	110	156	108	69.5	121	85.0

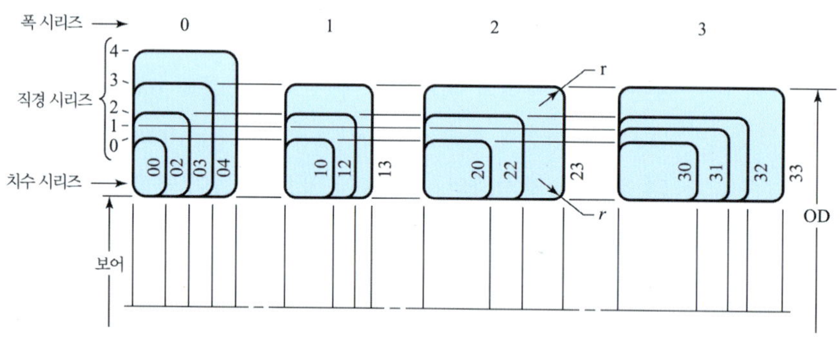

그림 10-7
외곽 치수에 대한 ABMA 기본 체계, 이 값들은 볼베어링, 원통 롤러 베어링, 스페리컬 롤러 베어링에 적용할 수 있으나, 인치 계열의 볼베어링이나 원추 롤러 베어링에는 적용할 수 없다. 모서리의 형상은 지정되지 않았으며, 둥글게 또는 모따기 가공을 할 수 있다. 그러나 그것은 표준 규격에 명시된 필렛반지름을 보장할 만큼 작아야 한다.

series code)라고 불리는 2자리 숫자를 사용하여 구분한다. 코드에서 첫 번째 숫자는 폭 계열(width series) 0, 1, 2, 3, 4, 5 그리고 6에서 기인한다. 두 번째 숫자는 (바깥) 지름 계열(diameter series) 8, 9, 0, 1, 2, 3 그리고 4에서 따온 것이다. 그림 10-7에서는 특정한 치수의 구멍을 가질 수 있는 다양한 베어링을 보여주고 있다. 치수-계열 코드는 치수를 직접적으로 나타내지 않으므로 표를 참조하여야 한다. 여기에 사용된 02-계열을 통하여 어떤 베어링을 얻을 수 있는지 예를 들었다(표 10-2 참조).

표에 나와 있는 하우징과 축의 어깨지름은 언제나 베어링에 대한 적절한 지지를 보장하고, 최대 축방향 하중(그림 10-8)을 지탱하는 것이 가능하도록 사용하여야 한다. 표 10-3에

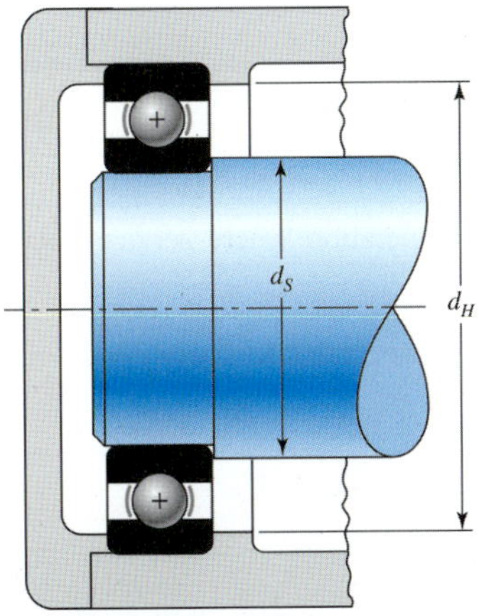

그림 10-8
축의 지름 d_s와 하우징의 어깨지름 d_H는 베어링의 양호한 지지를 확실하게 하도록 적절해야 한다.

표 10-3
원통 롤러 베어링의 치수와 기본 정격하중

02-시리즈					03-시리즈			
	OD,	Width,	Load Ratings, kN		OD,	Width,	Load Ratings, kN	
mm	mm	mm	C_{10}	C_0	mm	mm	C_{10}	C_0
25	52	15	16.8	8.8	62	17	28.6	15.0
30	62	16	22.4	12.0	72	19	36.9	20.0
35	72	17	31.9	17.6	80	21	44.6	27.1
40	80	18	41.8	24.0	90	23	56.1	32.5
45	85	19	44.0	25.5	100	25	72.1	45.4
50	90	20	45.7	27.5	110	27	88.0	52.0
55	100	21	56.1	34.0	120	29	102	67.2
60	110	22	64.4	43.1	130	31	123	76.5
65	120	23	76.5	51.2	140	33	138	85.0
70	125	24	79.2	51.2	150	35	151	102
75	130	25	93.1	63.2	160	37	183	125
80	140	26	106	69.4	170	39	190	125
85	150	28	119	78.3	180	41	212	149
90	160	30	142	100	190	43	242	160
95	170	32	165	112	200	45	264	189
100	180	34	183	125	215	47	303	220
110	200	38	229	167	240	50	391	304
120	215	40	260	183	260	55	457	340
130	230	40	270	193	280	58	539	408
140	250	42	319	240	300	62	682	454
150	270	45	446	260	320	65	781	502

서는 몇 가지 원통 롤러 베어링에 대한 치수와 정격하중을 나타냈다.

설계자의 베어링 선정을 돕기 위해서 대부분의 제작자 핸드북에는 많은 등급의 기계류에 대한 베어링 수명 데이터와 함께 하중 적용계수가 포함되어 있다. 그러한 정보들은 꾸준한 경험을 통해 축적된 것이다. 설계초보자는 충분한 경험을 쌓아서 언제 그것으로부터 벗어나도 되는가를 알기 전까지는 이 정보를 사용하여야 한다. 표 10-4에는 몇 가지 등급의 기계에 대한 베어링 수명에 대한 권고치가 표시되어 있다. 표 10-5의 하중 적용계수는 안전

표 10-4 다양한 등급의 기계에 대한 베어링 수명 권고치

Type of Application	Life, kh
Instruments and apparatus for infrequent use	Up to 0.5
Aircraft engines	0.5–2
Machines for short or intermittent operation where service interruption is of minor importance	4–8
Machines for intermittent service where reliable operation is of great importance	8–.14
Machines for 8-h service that are not always fully utilized	14–20
Machines for 8-h service that are fully utilized	20–30
Machines for continuous 24-h service	50–60
Machines for continuous 24-h service where reliability is of extreme importance	100–200

표 10-5 하중 적용계수

Type of Application	Load Factor
Precision gearing	1.0–.1.1
Commercial gearing	1.1–.1.3
Applications with poor bearing seals	1.2
Machinery with no impact	1.0–.1.2
Machinery with light impact	1.2–.1.5
Machinery with moderate impact	1.5–.3.0

계수와 동일한 목적으로 사용된다. 베어링을 선정하기 전에 이 값을 사용해서 등가하중을 증가시키도록 해야 한다.

예제 10-4 SKF 6210 앵귤라 콘택트 볼베어링이 바깥 링이 정지된 상태에서 축방향 하중 $F_a = 1780\ \mathrm{N}$, 반지름방향 하중 $F_r = 2225\ \mathrm{N}$을 받고 있다. 기본 정정격 하중 $C_0 = 19800\ \mathrm{N}$, 기본 정격 하중 $C_{10} = 35150\ \mathrm{N}$이다. 속도 $720\ \mathrm{rev/min}$에서 베어링 수명 L_{10}을 계산하라.

풀이 $V = 1$이며 $F_a/C_0 = 1780/19800 = 0.090$이다. 표 10-1에서 e의 값을 보간법(interpolation)으로 구한다.

F_a/C_0	e	
0.084	0.28	여기로부터 $e = 0.285$
0.090	e	
0.110	0.30	

$F_a/(VF_r) = 1780/[(1)2225] = 0.8 > 0.285$이다. 따라서 Y_2를 보간법으로 구한다.

F_a/C_0	Y_2	
0.084	1.55	여기로부터 $Y = 1.527$
0.090	Y_2	
0.110	1.45	

식 (10-9)로부터

$$F_e = X_2 V F_r + Y_2 F_a = 0.56(1)2225 + 1.527(1780) = 3964 \text{ N}$$

$LD = L_{10}$과 $FD = Fe$을 이용하여, 식 (10-3)을 L_{10}에 대해 풀면 다음과 같다.

답

$$L_{10} = \frac{60 L_R n_R}{60 n_D}\left(\frac{C_{10}}{f_e}\right)^a = \frac{10^6}{60(720)}\left(\frac{35150}{3964}\right)^3 = 161\,395 \text{ h}$$

지금까지 반지름방향 정상 하중(steady radial load)과 축방향 정상 하중(steady thrust load)을 조합하여 반지름방향 정상 등가하중(equivalent steady radial load) F_e로 만드는 방법에 대해 공부하였다. 이때 F_e는 반지름방향과 축방향 하중의 조합이 가하는 것과 동일한, 일회전당 손상을 만들어 낸다.

10-7 볼베어링과 원통 롤러 베어링의 선정

우리는 이제 볼베어링과 롤러 베어링에 관한 정보를 충분히 가지고 있으므로, 실제로 작용하는 하중과 동일한 손상을 만들어내는 반지름방향 정상 등가하중을 구할 수 있다. 이제 그것을 활용해 보자.

예제 10-5 그림 10-9에서는 idle 롤러와 쌍을 이루며, 기어에 의해 구동되는 압연 롤러를 나타내고 있다. 롤러는 롤러의 길이에 수직방향 힘 5.25 N/mm가 작용하고, 가공하는 재료에는 잡아당기는 힘 4.2 N/mm가 작용하도록 설계되었다. 롤러의 속도는 300 rev/min, 설계수명은 30 kh을 요구한다. 적용계수는 1.2를 사용하여, 위치 O와 A에 장착할 02-계열의 앵귤라 콘택트 볼베어링 한 쌍을 표 10-2에서 선정하라. 양쪽 위치에 동일한 치수의 베어링을 사용하고, 조합된 신뢰도는 최소한도 0.92여야 한다.

그림 10-9
단위는 mm

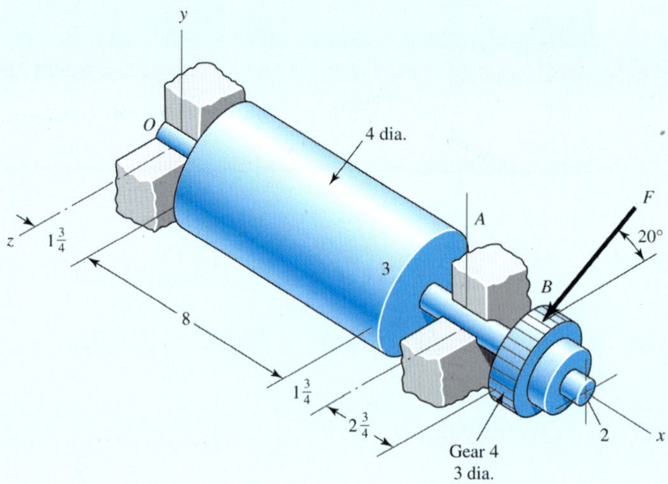

풀이 위 그림과 같이 집중 하중으로 가정한다.

$$P_z = 200(4.2) = 840\ \text{N}$$

$$P_y = 200(5.25) = 1050\ \text{N}$$

$$T = 840(50) = 42\ 000\ \text{N}\cdot\text{mm}$$

$$\sum T^x = -42\ 000 + 38F\cos 20° = 0$$

$$F = \frac{42\ 000}{38(0.940)} = 1176.2\ \text{N}$$

$$\sum M_O^z = 145P_y + 290R_A^y - 360F\sin 20° = 0;$$

따라서

$$145(1050) + 290R_A^y - 360(1176.2)(0.342) = 0$$

$$R_A^y = -25.6\ \text{N}$$

$$\sum M_O^y = -145P_a - 290R_A^z - 360F\cos 20° = 0;$$

따라서

$$-145(840) - 290R_A^z - 360(1176.2)(0.940) = 0$$

$$R_A^z = -1792\ \text{N};$$

$$R_A = [(-1792)^2 + (-25.6)^2]^{1/2} = 1792\ \text{N}$$

$$\sum F^z = R_O^z + P_z + R_A^z + F\cos 20° = 0$$

$$R_O^z + 840 - 1792 + 1176.2(0.940) = 0$$

$$R_O^z = -153.3\ \text{N}$$

$$\sum F^y = R_O^y + P^y + R_A^y - F\sin 20° = 0$$

$$R_O^y + 1050 - 25.6 - 1176.2(0.342) = 0$$

$$R_O^y = -622 \text{ N}$$

$$R_O = [(-153.3)^2 + (-622)^2]^{1/2} = 640.6 \text{ N}$$

따라서 A에서의 반작용을 위주로 고려하여야 한다.

신뢰도 목표: $\sqrt{0.92} = 0.96$

$$F_D = 1.2(1792) = 2150.4 \text{ N}$$

$$x_D = 30\,000(300)(60/10^6) = 540$$

$$C_{10} = 2150.4\left\{\frac{540}{0.02 + 4.439[\ln(1/0.96)]^{1/1.483}}\right\}^{1/3} = 21.59 \text{ kN}$$

앵귤라 콘택트 볼베어링 02-35가 적합하다.

답 결정: 위치 A와 O에 앵귤라 콘택트 볼베어링 02-35 mm를 사용하기로 결정한다. 결합된 신뢰도를 확인하자.

10-8 원추 롤러 베어링의 선정

원추 롤러 베어링(Tapered Roller Bearing)은 그것을 복잡하게 만드는 일련의 특징을 갖고 있다. 원추 롤러, 볼, 그리고 원통 롤러 베어링의 차이에 대해 논의한 바와 같이, 기본원리는 동일하지만 상세한 부분에서는 차이가 있다.

베어링 공급자는 자신들의 카탈로그와 공학 지침서를 통해 풍부한 공학적 정보와 상세한 내용을 제공하는데, 인쇄물로 또는 온라인으로 제공한다. 설계자는 공급자의 상세한 특징에 익숙해질 것을 강력하게 추천한다. 그것은 보통 여기서 제시하는 것과 유사한 접근방법을 활용하는 것이 될 것이나 온도나 윤활과 같은 것에 대한 다양한 수정계수를 포함할 수도 있다. 많은 공급자들이 베어링 선정을 돕기 위한 온라인 S/W 도구를 제공할 것이다. 엔지니어는 그러한 S/W 도구에 활용된 이론에 대한 일반적인 이해를 통해 항상 이득을 얻을 것이다. 여기서 우리의 목표는 용어를 소개하고, 앞서 공부한 기본원리와의 일치를 보여주고, 실례를 통해 자신감을 길러주는 것이다. 마지막으로 문제를 통해서 체험을 강화해야 한다.

원추 롤러 베어링은 네 개의 부품으로 구성되어 있다.

- 콘(내륜)
- 컵(외륜)
- 원추 롤러
- 케이지[스페이서(공간유지용)-리테이너]

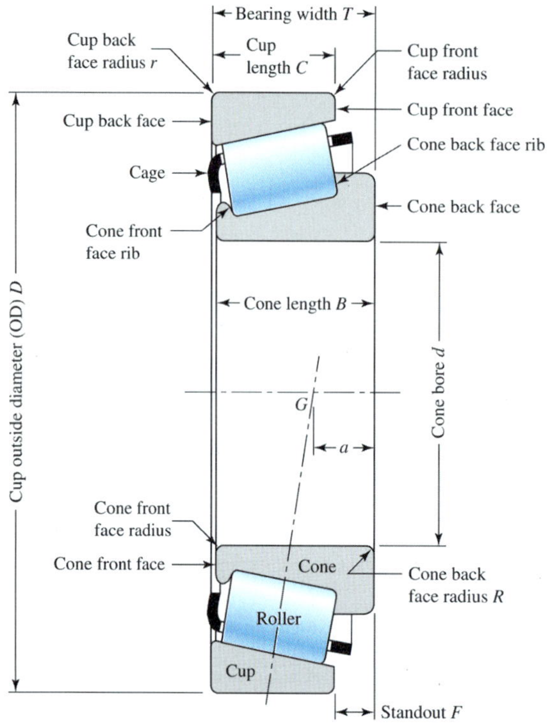

그림 10-10
원추 롤러 베어링의 각부 명칭. 점 G는 유효하중점의 위치이며, 이 점은 반지름방향 베어링 하중을 계산할 때 사용한다. (*The Timken Company*의 허락하에 인용)

베어링 조립품은 두 개의 분리 가능한 부분으로 구성되어 있다. (1) 콘 조립품: 콘, 롤러 그리고 케이지, (2) 컵. 베어링은 단열, 복열, 네(four)열 그리고 축방향 베어링으로 만들어질 수 있다. 또한 스페이서(spacer)와 밀봉과 같은 보조부품이 사용되기도 한다. 그림 10-13에서는 원추 롤러 베어링에서 사용되는 각부 명칭을 보이고 있으며, 점 G는 반지름방향과 축방향 하중 성분이 관통하여 작용하는 점이다.

원추 롤러 베어링은 반지름방향 하중이나 축방향 하중, 또는 두 가지 하중의 조합을 지탱할 수 있다. 그러나 외부에서 축방향 하중이 작용하지 않더라도, 테이퍼 때문에 베어링 내부에는 축방향 반력이 만들어진다. 레이스(race)와 롤러가 분리되는 것을 막기 위해, 이 축방향 힘은 크기가 같고 반대방향으로 작용하는 힘으로 저지되어야 한다. 이러한 힘을 만들어 내는 한 가지 방법은 축에 항상 최소한도 두 개의 원추 롤러 베어링을 사용하는 것이다.

두 개의 베어링은 콘의 뒷면이 서로 마주보도록 설치(**직접적 설치**, direct mounting)하거나, 콘의 앞면이 서로 마주보도록 설치(**간접적 설치**, indirect mounting)할 수 있다.

그림 10-11에서 직접적(b)으로 그리고 간접적(a)으로 설치된 한 쌍의 원추 롤러 베어링을 보여주는데, 축 위에 나타낸 A_0와 B_0는 베어링의 반작용점의 위치를 나타낸다. 축을 보(beam)로 생각하면 반작용점 사이의 폭은 a_e(유효 거리, effective spread)이다. 반지름방향 하중은 축 중심선에 수직하게, 축방향 하중은 축 중심선을 따라, A_0와 B_0를 관통하여 작용한다. 직접적 설치 시의 기하학적 거리(geometric spread) a_g는 간접적 설치의 경우보다 더 크다. 간접적 설치 때에는 베어링들이 직접적 설치 때보다 서로 더 가까이 위치한

그림 10-11
직접적 설치(direct mounting)와 간접적 설치(indirect mounting)이 비교.(*The Timken Company*의 허락 하에 인용)

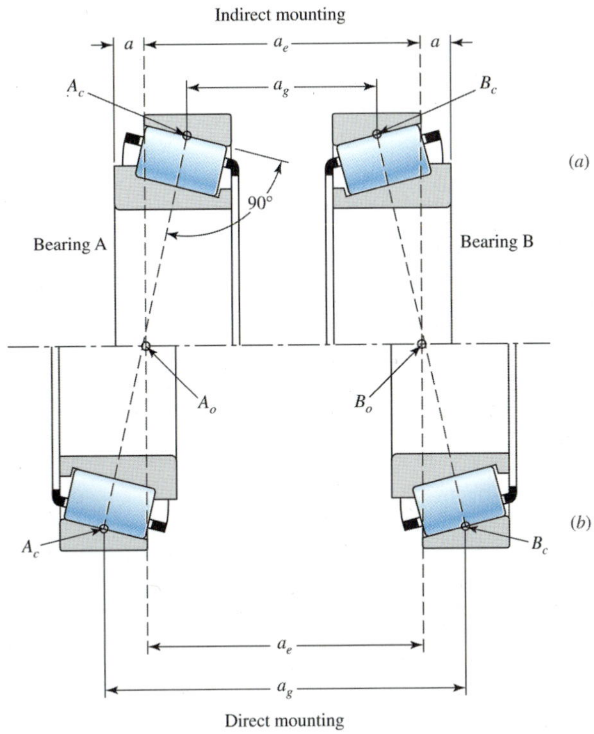

다. 그러나 시스템의 안정성은 동일하다(a_e는 두 경우에 동일함). 따라서 직접적 설치에는 적절한 공간이 필요하며, 간접적 설치는 공간이 좁을 경우 적용되지만, 시스템 안정성은 동일하다.

원추 롤러 베어링의 카탈로그 데이터에는 통상적인 정격하중과 기하학적 정보 외에 유효 하중점(effective force center)의 위치가 포함될 것이다. 그림 10-12에는 Timken 카탈로그에서 발췌한 두 쪽을 예로 나타냈다.

원추 롤러 베어링에 작용하는 반지름방향 하중은 축방향 반력을 만들어낼 것이다. **하중영역**(load zone)은 롤러의 절반 정도를 포함하며, 대략 180°의 각도로 경계를 이루고 있다.

180°의 하중영역을 가진 반지름방향 하중에 의해 유도된 축방향 하중을 기호 F_i을 사용하여 나타내며, Timken 사에서는 다음과 같은 식으로 계산한다.

$$F_i = \frac{0.47F_r}{K} \tag{10-15}$$

여기서 K 계수는 기하에 따르는 값이며, 축방향 정격하중에 대한 반지름방향 정격하중의 비(比)를 나타낸다. 베어링 초기 선정과정에서 K 계수의 값으로 레이디얼 베어링에 대해서는 대략 1.5의 값을, 경사가 심한(steep) 볼베어링에 대해서는 0.75의 값을 사용한다. 사용 가능한 베어링이 결정되고 나면, 각 베어링에 대한 정확한 K 계수는 베어링 카탈로그에서 찾을 수 있다.

그림 10-12

단열 직각구멍(straight bore) 롤러 베어링에 대한 Timken 사 카탈로그(*The Timken Company*의 허락 하에 인용)

SINGLE-ROW STRAIGHT BORE

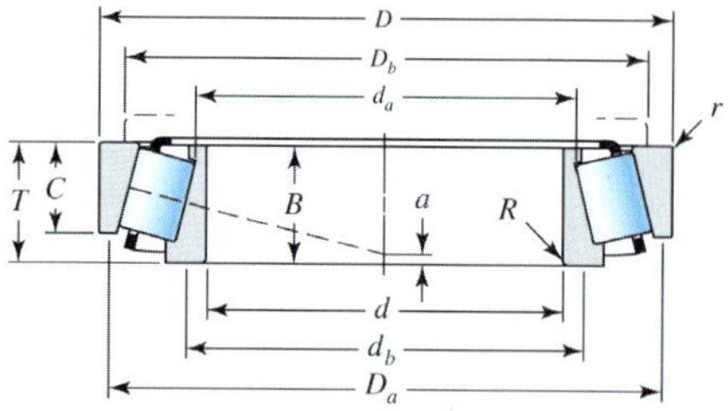

bore	outside diameter	width	rating at 500 rpm for 3000 hours L_{10} one-row radial	rating at 500 rpm for 3000 hours L_{10} thrust	factor	eff. load center	part numbers cone	part numbers cup	cone: max shaft fillet radius	cone: width	cone: backing shoulder diameters	cone: backing shoulder diameters	cup: max housing fillet radius	cup: width	cup: backing shoulder diameters	cup: backing shoulder diameters
d	D	T	N lbf	N lbf	K	a②			R①	B	d_b	d_a	r①	C	D_b	D_a
25.000 0.9843	**52.000** 2.0472	**16.250** 0.6398	**8190** 1840	**5260** 1180	**1.56**	**−3.6** −0.14	**◆30205**	**◆30205**	**1.0** 0.04	**15.000** 0.5906	**30.5** 1.20	**29.0** 1.14	**1.0** 0.04	**13.000** 0.5118	**46.0** 1.81	**48.5** 1.91
25.000 0.9843	**52.000** 2.0472	**19.250** 0.7579	**9520** 2140	**9510** 2140	**1.00**	**−3.0** −0.12	**◆32205-B**	**◆32205-B**	**1.0** 0.04	**18.000** 0.7087	**34.0** 1.34	**31.0** 1.22	**1.0** 0.04	**15.000** 0.5906	**43.5** 1.71	**49.5** 1.95
25.000 0.9843	**52.000** 2.0472	**22.000** 0.8661	**13200** 2980	**7960** 1790	**1.66**	**−7.6** −0.30	**◆33205**	**◆33205**	**1.0** 0.04	**22.000** 0.8661	**34.0** 1.34	**30.5** 1.20	**1.0** 0.04	**18.000** 0.7087	**44.5** 1.75	**49.0** 1.93
25.000 0.9843	**62.000** 2.4409	**18.250** 0.7185	**13000** 2930	**6680** 1500	**1.95**	**−5.1** −0.20	**◆30305**	**◆30305**	**1.5** 0.06	**17.000** 0.6693	**32.5** 1.28	**30.0** 1.18	**1.5** 0.06	**15.000** 0.5906	**55.0** 2.17	**57.0** 2.24
25.000 0.9843	**62.000** 2.4409	**25.250** 0.9941	**17400** 3910	**8930** 2010	**1.95**	**−9.7** −0.38	**◆32305**	**◆32305**	**1.5** 0.06	**24.000** 0.9449	**35.0** 1.38	**31.5** 1.24	**1.5** 0.06	**20.000** 0.7874	**54.0** 2.13	**57.0** 2.24
25.159 0.9905	**50.005** 1.9687	**13.495** 0.5313	**6990** 1570	**4810** 1080	**1.45**	**−2.8** −0.11	**07096**	**07196**	**1.5** 0.06	**14.260** 0.5614	**31.5** 1.24	**29.5** 1.16	**1.0** 0.04	**9.525** 0.3750	**44.5** 1.75	**47.0** 1.85
25.400 1.0000	**50.005** 1.9687	**13.495** 0.5313	**6990** 1570	**4810** 1080	**1.45**	**−2.8** −0.11	**07100**	**07196**	**1.0** 0.04	**14.260** 0.5614	**30.5** 1.20	**29.5** 1.16	**1.0** 0.04	**9.525** 0.3750	**44.5** 1.75	**47.0** 1.85
25.400 1.0000	**50.005** 1.9687	**13.495** 0.5313	**6990** 1570	**4810** 1080	**1.45**	**−2.8** −0.11	**07100-S**	**07196**	**1.5** 0.06	**14.260** 0.5614	**31.5** 1.24	**29.5** 1.16	**1.0** 0.04	**9.525** 0.3750	**44.5** 1.75	**47.0** 1.85
25.400 1.0000	**50.292** 1.9800	**14.224** 0.5600	**7210** 1620	**4620** 1040	**1.56**	**−3.3** −0.13	**L44642**	**L44610**	**3.5** 0.14	**14.732** 0.5800	**36.0** 1.42	**29.5** 1.16	**1.3** 0.05	**10.668** 0.4200	**44.5** 1.75	**47.0** 1.85
25.400 1.0000	**50.292** 1.9800	**14.224** 0.5600	**7210** 1620	**4620** 1040	**1.56**	**−3.3** −0.13	**L44643**	**L44610**	**1.3** 0.05	**14.732** 0.5800	**31.5** 1.24	**29.5** 1.16	**1.3** 0.05	**10.668** 0.4200	**44.5** 1.75	**47.0** 1.85
25.400 1.0000	**51.994** 2.0470	**15.011** 0.5910	**6990** 1570	**4810** 1080	**1.45**	**−2.8** −0.11	**07100**	**07204**	**1.0** 0.04	**14.260** 0.5614	**30.5** 1.20	**29.5** 1.16	**1.3** 0.05	**12.700** 0.5000	**45.0** 1.77	**48.0** 1.89
25.400 1.0000	**56.896** 2.2400	**19.368** 0.7625	**10900** 2450	**5740** 1290	**1.90**	**−6.9** −0.27	**1780**	**1729**	**0.8** 0.03	**19.837** 0.7810	**30.5** 1.20	**30.0** 1.18	**1.3** 0.05	**15.875** 0.6250	**49.0** 1.93	**51.0** 2.01
25.400 1.0000	**57.150** 2.2500	**19.431** 0.7650	**11700** 2620	**10900** 2450	**1.07**	**−3.0** −0.12	**M84548**	**M84510**	**1.5** 0.06	**19.431** 0.7650	**36.0** 1.42	**33.0** 1.30	**1.5** 0.06	**14.732** 0.5800	**48.5** 1.91	**54.0** 2.13
25.400 1.0000	**58.738** 2.3125	**19.050** 0.7500	**11600** 2610	**6560** 1470	**1.77**	**−5.8** −0.23	**1986**	**1932**	**1.3** 0.05	**19.355** 0.7620	**32.5** 1.28	**30.5** 1.20	**1.3** 0.05	**15.080** 0.5937	**52.0** 2.05	**54.0** 2.13
25.400 1.0000	**59.530** 2.3437	**23.368** 0.9200	**13900** 3140	**13000** 2930	**1.07**	**−5.1** −0.20	**M84249**	**M84210**	**0.8** 0.03	**23.114** 0.9100	**36.0** 1.42	**32.5** 1.27	**1.5** 0.06	**18.288** 0.7200	**49.5** 1.95	**56.0** 2.20
25.400 1.0000	**60.325** 2.3750	**19.842** 0.7812	**11000** 2480	**6550** 1470	**1.69**	**−5.1** −0.20	**15578**	**15523**	**1.3** 0.05	**17.462** 0.6875	**32.5** 1.28	**30.5** 1.20	**1.5** 0.06	**15.875** 0.6250	**51.0** 2.01	**54.0** 2.13
25.400 1.0000	**61.912** 2.4375	**19.050** 0.7500	**12100** 2730	**7280** 1640	**1.67**	**−5.8** −0.23	**15101**	**15243**	**0.8** 0.03	**20.638** 0.8125	**32.5** 1.28	**31.5** 1.24	**2.0** 0.08	**14.288** 0.5625	**54.0** 2.13	**58.0** 2.28
25.400 1.0000	**62.000** 2.4409	**19.050** 0.7500	**12100** 2730	**7280** 1640	**1.67**	**−5.8** −0.23	**15100**	**15245**	**3.5** 0.14	**20.638** 0.8125	**38.0** 1.50	**31.5** 1.24	**1.3** 0.05	**14.288** 0.5625	**55.0** 2.17	**58.0** 2.28
25.400 1.0000	**62.000** 2.4409	**19.050** 0.7500	**12100** 2730	**7280** 1640	**1.67**	**−5.8** −0.23	**15101**	**15245**	**0.8** 0.03	**20.638** 0.8125	**32.5** 1.28	**31.5** 1.24	**1.3** 0.05	**14.288** 0.5625	**55.0** 2.17	**58.0** 2.28

그림 10-12(계속)

SINGLE-ROW STRAIGHT BORE

bore	outside diameter	width	rating at 500 rpm for 3000 hours L_{10}: one-row radial	rating at 500 rpm for 3000 hours L_{10}: thrust	factor	eff. load center	part numbers: cone	part numbers: cup	cone: max shaft fillet radius	cone: width	cone: backing shoulder diameters		cup: max housing fillet radius	cup: width	cup: backing shoulder diameters	
d	D	T	N lbf	N lbf	K	a②			R①	B	d_b	d_a	r①	C	D_b	D_a
25.400 1.0000	**62.000** 2.4409	**19.050** 0.7500	**12100** 2730	**7280** 1640	**1.67**	**−5.8** −0.23	**15102**	**15245**	**1.5** 0.06	**20.638** 0.8125	**34.0** 1.34	**31.5** 1.24	**1.3** 0.05	**14.288** 0.5625	**55.0** 2.17	**58.0** 2.28
25.400 1.0000	**62.000** 2.4409	**20.638** 0.8125	**12100** 2730	**7280** 1640	**1.67**	**−5.8** −0.23	**15101**	**15244**	**0.8** 0.03	**20.638** 0.8125	**32.5** 1.28	**31.5** 1.24	**1.3** 0.05	**15.875** 0.6250	**55.0** 2.17	**58.0** 2.28
25.400 1.0000	**63.500** 2.5000	**20.638** 0.8125	**12100** 2730	**7280** 1640	**1.67**	**−5.8** −0.23	**15101**	**15250**	**0.8** 0.03	**20.638** 0.8125	**32.5** 1.28	**31.5** 1.24	**1.3** 0.05	**15.875** 0.6250	**56.0** 2.20	**59.0** 2.32
25.400 1.0000	**63.500** 2.5000	**20.638** 0.8125	**12100** 2730	**7280** 1640	**1.67**	**−5.8** −0.23	**15101**	**15250X**	**0.8** 0.03	**20.638** 0.8125	**32.5** 1.28	**31.5** 1.24	**1.5** 0.06	**15.875** 0.6250	**55.0** 2.17	**59.0** 2.32
25.400 1.0000	**64.292** 2.5312	**21.433** 0.8438	**14500** 3250	**13500** 3040	**1.07**	**−3.3** −0.13	**M86643**	**M86610**	**1.5** 0.06	**21.433** 0.8438	**38.0** 1.50	**36.5** 1.44	**1.5** 0.06	**16.670** 0.6563	**54.0** 2.13	**61.0** 2.40
25.400 1.0000	**65.088** 2.5625	**22.225** 0.8750	**13100** 2950	**16400** 3690	**0.80**	**−2.3** −0.09	**23100**	**23256**	**1.5** 0.06	**21.463** 0.8450	**39.0** 1.54	**34.5** 1.36	**1.5** 0.06	**15.875** 0.6250	**53.0** 2.09	**63.0** 2.48
25.400 1.0000	**66.421** 2.6150	**23.812** 0.9375	**18400** 4140	**8000** 1800	**2.30**	**−9.4** −0.37	**2687**	**2631**	**1.3** 0.05	**25.433** 1.0013	**33.5** 1.32	**31.5** 1.24	**1.3** 0.05	**19.050** 0.7500	**58.0** 2.28	**60.0** 2.36
25.400 1.0000	**68.262** 2.6875	**22.225** 0.8750	**15300** 3440	**10900** 2450	**1.40**	**−5.1** −0.20	**02473**	**02420**	**0.8** 0.03	**22.225** 0.8750	**34.5** 1.36	**33.5** 1.32	**1.5** 0.06	**17.462** 0.6875	**59.0** 2.32	**63.0** 2.48
25.400 1.0000	**72.233** 2.8438	**25.400** 1.0000	**18400** 4140	**17200** 3870	**1.07**	**−4.6** −0.18	**HM88630**	**HM88610**	**0.8** 0.03	**25.400** 1.0000	**39.5** 1.56	**39.5** 1.56	**2.3** 0.09	**19.842** 0.7812	**60.0** 2.36	**69.0** 2.72
25.400 1.0000	**72.626** 2.8593	**30.162** 1.1875	**22700** 5110	**13000** 2910	**1.76**	**−10.2** −0.40	**3189**	**3120**	**0.8** 0.03	**29.997** 1.1810	**35.5** 1.40	**35.0** 1.38	**3.3** 0.13	**23.812** 0.9375	**61.0** 2.40	**67.0** 2.64
26.157 1.0298	**62.000** 2.4409	**19.050** 0.7500	**12100** 2730	**7280** 1640	**1.67**	**−5.8** −0.23	**15103**	**15245**	**0.8** 0.03	**20.638** 0.8125	**33.0** 1.30	**32.5** 1.28	**1.3** 0.05	**14.288** 0.5625	**55.0** 2.17	**58.0** 2.28
26.162 1.0300	**63.100** 2.4843	**23.812** 0.9375	**18400** 4140	**8000** 1800	**2.30**	**−9.4** −0.37	**2682**	**2630**	**1.5** 0.06	**25.433** 1.0013	**34.5** 1.36	**32.0** 1.26	**0.8** 0.03	**19.050** 0.7500	**57.0** 2.24	**59.0** 2.32
26.162 1.0300	**66.421** 2.6150	**23.812** 0.9375	**18400** 4140	**8000** 1800	**2.30**	**−9.4** −0.37	**2682**	**2631**	**1.5** 0.06	**25.433** 1.0013	**34.5** 1.36	**32.0** 1.26	**1.3** 0.05	**19.050** 0.7500	**58.0** 2.28	**60.0** 2.36
26.975 1.0620	**58.738** 2.3125	**19.050** 0.7500	**11600** 2610	**6560** 1470	**1.77**	**−5.8** −0.23	**1987**	**1932**	**0.8** 0.03	**19.355** 0.7620	**32.5** 1.28	**31.5** 1.24	**1.3** 0.05	**15.080** 0.5937	**52.0** 2.05	**54.0** 2.13
† **26.988** † 1.0625	**50.292** 1.9800	**14.224** 0.5600	**7210** 1620	**4620** 1040	**1.56**	**−3.3** −0.13	**L44649**	**L44610**	**3.5** 0.14	**14.732** 0.5800	**37.5** 1.48	**31.0** 1.22	**1.3** 0.05	**10.668** 0.4200	**44.5** 1.75	**47.0** 1.85
† **26.988** † 1.0625	**60.325** 2.3750	**19.842** 0.7812	**11000** 2480	**6550** 1470	**1.69**	**−5.1** −0.20	**15580**	**15523**	**3.5** 0.14	**17.462** 0.6875	**38.5** 1.52	**32.0** 1.26	**1.5** 0.06	**15.875** 0.6250	**51.0** 2.01	**54.0** 2.13
† **26.988** † 1.0625	**62.000** 2.4409	**19.050** 0.7500	**12100** 2730	**7280** 1640	**1.67**	**−5.8** −0.23	**15106**	**15245**	**0.8** 0.03	**20.638** 0.8125	**33.5** 1.32	**33.0** 1.30	**1.3** 0.05	**14.288** 0.5625	**55.0** 2.17	**58.0** 2.28
† **26.988** † 1.0625	**66.421** 2.6150	**23.812** 0.9375	**18400** 4140	**8000** 1800	**2.30**	**−9.4** −0.37	**2688**	**2631**	**1.5** 0.06	**25.433** 1.0013	**35.0** 1.38	**33.0** 1.30	**1.3** 0.05	**19.050** 0.7500	**58.0** 2.28	**60.0** 2.36
28.575 1.1250	**56.896** 2.2400	**19.845** 0.7813	**11600** 2610	**6560** 1470	**1.77**	**−5.8** −0.23	**1985**	**1930**	**0.8** 0.03	**19.355** 0.7620	**34.0** 1.34	**33.5** 1.32	**0.8** 0.03	**15.875** 0.6250	**51.0** 2.01	**54.0** 2.11
28.575 1.1250	**57.150** 2.2500	**17.462** 0.6875	**11000** 2480	**6550** 1470	**1.69**	**−5.1** −0.20	**15590**	**15520**	**3.5** 0.14	**17.462** 0.6875	**39.5** 1.56	**33.5** 1.32	**1.5** 0.06	**13.495** 0.5313	**51.0** 2.01	**53.0** 2.09
28.575 1.1250	**58.738** 2.3125	**19.050** 0.7500	**11600** 2610	**6560** 1470	**1.77**	**−5.8** −0.23	**1985**	**1932**	**0.8** 0.03	**19.355** 0.7620	**34.0** 1.34	**33.5** 1.32	**1.3** 0.05	**15.080** 0.5937	**52.0** 2.05	**54.0** 2.13
28.575 1.1250	**58.738** 2.3125	**19.050** 0.7500	**11600** 2610	**6560** 1470	**1.77**	**−5.8** −0.23	**1988**	**1932**	**3.5** 0.14	**19.355** 0.7620	**39.5** 1.56	**33.5** 1.32	**1.3** 0.05	**15.080** 0.5937	**52.0** 2.05	**54.0** 2.13
28.575 1.1250	**60.325** 2.3750	**19.842** 0.7812	**11000** 2480	**6550** 1470	**1.69**	**−5.1** −0.20	**15590**	**15523**	**3.5** 0.14	**17.462** 0.6875	**39.5** 1.56	**33.5** 1.32	**1.5** 0.06	**15.875** 0.6250	**51.0** 2.01	**54.0** 2.13
28.575 1.1250	**60.325** 2.3750	**19.845** 0.7813	**11600** 2610	**6560** 1470	**1.77**	**−5.8** −0.23	**1985**	**1931**	**0.5** 0.03	**19.355** 0.7620	**34.0** 1.34	**33.5** 1.32	**1.3** 0.05	**15.875** 0.6250	**52.0** 2.05	**55.0** 2.17

① These maximum fillet radii will be cleared by the bearing corners.
② Minus value indicates center is inside cone backface.
† For standard class **ONLY**, the maximum metric size is a whole mm value.
* For "J" part tolerances—see metric tolerances, page 73, and fitting practice, page 65.
◆ ISO cone and cup combinations are designated with a common part number and should be purchased as an assembly.
For ISO bearing tolerances—see metric tolerances, page 73, and fitting practice, page 65.

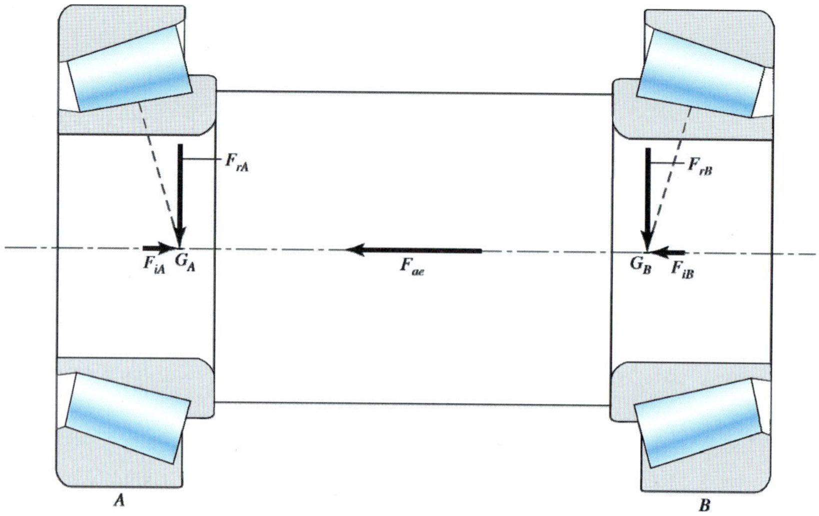

그림 10-13
반지름방향, 유도된 축방향 및 외부 축방향 하중이 작용하는 원추 롤러 베어링의 직접적 설치

그림 10-13에서는 직접적 설치된 원추 롤러 베어링에 의해 지지되고 있는 축을 보이고 있다. 힘 벡터는 축에 작용하는 것을 나타낸 것이다. 반지름방향 하중 F_{rA}와 F_{rB}는 유효 하중점 G_A와 G_B에 작용하며, 베어링에 의해 지지된다. 원추 롤러 베어링에 작용하는 반지름방향 하중에 의해 유도된 하중 F_{iA}와 F_{iB} 또한 표시하였다. 헬리컬 기어의 축방향 하중과 같이, 추가로 외부에서 축에 작용하는 축방향 하중 F_{ae}가 있을 수도 있다. 베어링에는 반지름방향과 축방향 하중이 모두 작용하므로, 반지름방향 등가하중을 결정해야 한다. 식 (10-9)를 따르면 $F_e = XVF_r + Y_{Fa}$인데, Timken 사에서는 모든 경우에 $X = 0.4$와 $V = 1$을 사용하고, Y에 대해서는 특정 베어링의 K 계수를 사용할 것을 권하고 있다. 이때 다음과 같은 식을 얻게 된다.

$$F_e = 0.4F_r + KF_a \tag{a}$$

축방향 하중 F_a는 베어링이 지지해야 하는 순수 축방향 하중인데, 이것은 다른 베어링과 외부 축방향 하중에 의해 유도된 축방향 하중의 조합에 의한 것이다. 그러나 베어링들 중 하나만이 순수 축방향 하중을 지지할 것이다. 그런데 그 하중은 베어링이 설치된 방향, 유도된 하중의 상대적 크기, 외부 하중의 방향 및 축 또는 하우징 중 어느 것이 움직이는 부품이냐 하는 것에 따라 달라진다. Timken사에서는 각각의 배치와 외부 하중에 대한 부호 규약을 포함하는 표를 사용해서 처리한다. 수평으로 왼쪽과 오른쪽에 설치된 베어링은 그에 따른 부호규약과 일치하도록 해야 한다. 여기서 동등한 결과를 가져오는 방법을 소개한다. 그 뒤에 깔려 있는 논리를 시각화하고 이해하는 데에 더 도움이 된다.

우선 어느 베어링이 외부의 축방향 하중에 의해 압착되는지를 시각적으로 결정하고, 베어링 A라 이름을 붙인다. 다른 베어링은 베어링 B라 부르기로 한다. 예를 들어 그림 10-16에서 보는 바와 같이, 외부의 축방향 하중 F_{ae}는 왼쪽 베어링의 콘(내륜)에 대해 축을 왼쪽으로 밀어 롤러와 컵(외륜)을 압착한다. 반면 그것은 오른쪽 베어링으로부터 컵(내륜)을 당겨 분리시키는 데에 도움을 주고 있다. 따라서 왼쪽 베어링을 베어링 A라 부르기로 한다.

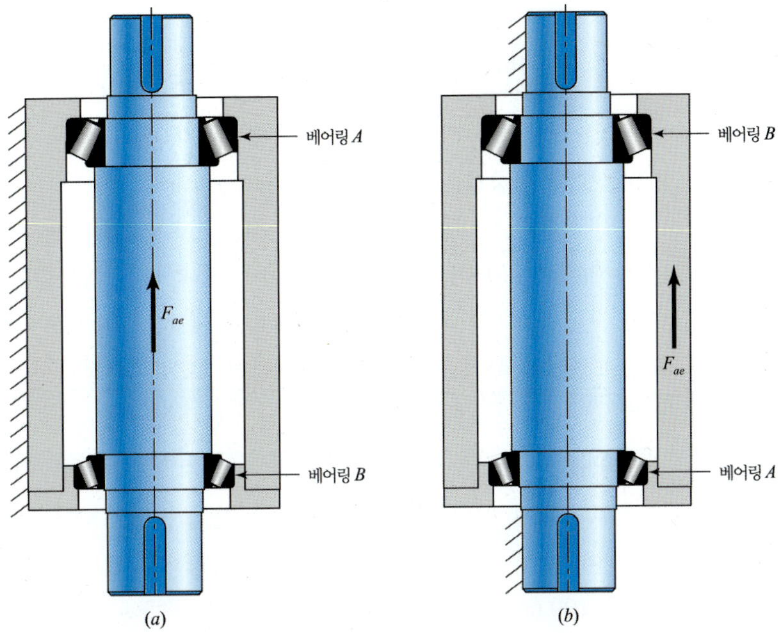

그림 10-14
어느 베어링이 외부의 축방향 하중을 지지하는가를 결정하는 예. 각각의 경우에 압축되는 베어링에 베어링 A라는 이름을 붙인다. (a) 회전축에 외부의 축방향 하중이 작용함, (b) 회전 실린더에 외부의 축방향 하중이 작용함.

만일 F_{ae}의 방향이 반대로 되어 있다면, 오른쪽 베어링을 베어링 A라 불렀을 것이다. 외부의 축방향 하중에 의해 압착되는 베어링에 이름을 붙이는 이러한 접근방법은 어느 베어링이 직접적 또는 간접적 설치인가와는 무관하게, 외부의 축방향 하중을 지지하는 것이 축 또는 하우징인가와는 무관하게, 그리고 조립의 배열방향과는 무관하게 적용할 수 있다.

예를 명확히 하기 위해 그림 10-14에서 베어링이 직접적 설치된 수직 축과 실린더를 고려한다. 그림 10-14a에서 외부의 축방향 하중이 위쪽으로 회전축에 작용하여 상부의 베어링을 압착하므로, 이 베어링을 베어링 A라 불러야 한다. 반면 그림 10-14b에서는 축은 정지하고 있으며 바깥쪽에서 회전하는 실린더에 위쪽 방향으로 외부 하중이 작용한다. 이 경우에는 아래쪽의 베어링이 압착되므로, 베어링 A라 불러야 한다. 외주의 축방향 하중이 전혀 작용하지 않으면, 어느 베어링이든 베어링 A라 부를 수 있다.

다음으로 어느 베어링이 순수 축방향 하중을 실제로 지지하는가를 결정하여야 한다. 외부의 축방향 하중 F_{ae}는, 베어링 B로부터 유도된 축방향 하중 F_{iB}와 함께 A 방향으로 작용하므로, 일반적으로 베어링 A가 축방향 하중을 지지하리라 예상하였을 것이다. 그러나 베어링 A로부터 유도된 축방향 하중 F_{iA}가 외부의 축방향 하중과 베어링 B로부터 유도된 축방향 하중의 조합보다 크게 된다면, 베어링 B가 순수 축방향 하중을 지지하게 될 것이다. 축방향 하중을 지지하는 베어링에 대해 식 (a)를 사용할 것이다. Timken 사에서는 음의 순수 축방향 하중 때문에 원래의 반지름방향 하중을 줄이기보다는 다른 베어링을 사용할 것을 원한다. 그 결과는 아래와 같은 식으로 표현되며, 유도된 축방향 하중은 식 (10-15)와 같이 정의하였다.

$$\text{If}\quad F_{iA} \le (F_{iB} + F_{ae}) \qquad \begin{cases} F_{eA} = 0.4F_{rA} + K_A(F_{iB} + F_{ae}) & \text{(10-16a)} \\ F_{eB} = F_{rB} & \text{(10-16b)} \end{cases}$$

$$\text{If}\quad F_{iA} > (F_{iB} + F_{ae}) \quad \begin{cases} F_{eB} = 0.4F_{rB} + K_B(F_{iA} - F_{ae}) & \text{(10-17a)} \\ F_{eA} = F_{rA} & \text{(10-17b)} \end{cases}$$

어느 경우에든지 등가 반지름방향 하중이 원래의 반지름방향 하중보다 작으면, 원래의 반지름방향 하중을 사용하여야 한다.

일단 등가 반지름방향 하중이 결정되면, 이 값을 사용하여 카탈로그 정격하중을 찾아야 한다. 이때 식 (10-3), (10-6) 또는 (10-7) 중 하나를 활용한다. Timken 사는 두 개의 매개변수를 가진 Weibull 모델을 사용하는데, 이때 $x_0 = 0$, $\theta = 4.48$ 그리고 $b = 3/2$이다. K_A와 K_B는 선정된 특정 베어링에 따라 달라지므로, 선정과정을 반복해야 할 수도 있다.

예제 10-6 그림 10-15a에 나타낸 축에는 헬리컬 기어가 설치되어 있으며, 그 피치원에는 접선방향 힘 3980 N, 반지름방향 힘 1770 N, 축방향 힘 1690 N이 작용하고 있다. 기어의 피치원 지름은 200 mm이다. 축은 800 rev/min의 속도로 회전하며, 직접적 설치(direct-mounted)된 베어링 사이의 폭(유효 거리)은 150 mm이다. 설계수명은 5000 h이며, 적용계수는 이 적당하다. 베어링 한 쌍의 신뢰도는 0.99가 되도록 적절한 단열 원추 롤러 베어링(Timken 사 제품)을 선택하라.

풀이 그림 10-15b에 따르면 xz 평면 내의 반작용력은 다음과 같다.

$$R_{zA} = \frac{3980(50)}{150} = 1327\ \text{N}$$

$$R_{zB} = \frac{3980(100)}{150} = 2653\ \text{N}$$

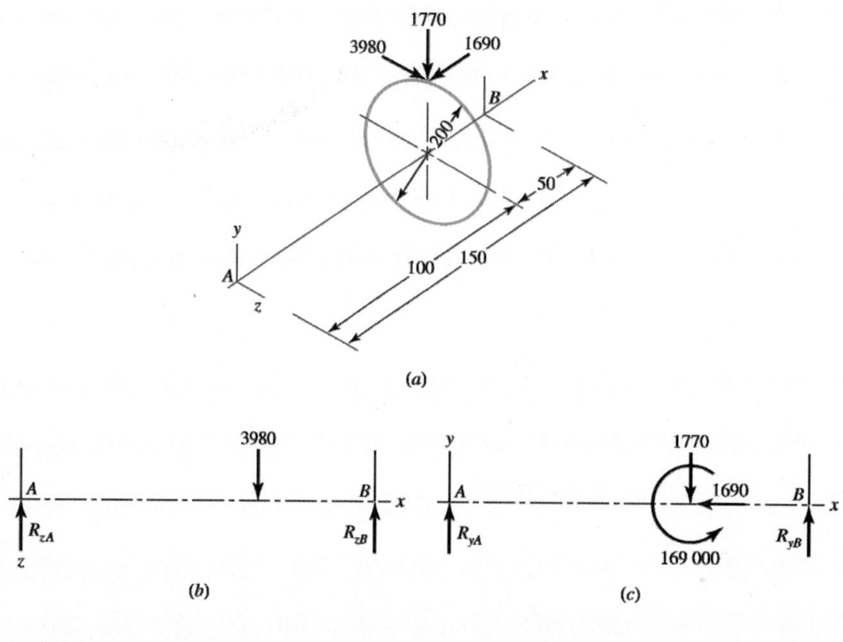

그림 10-15 헬리컬 기어와 축의 기본적인 기하. 길이는 mm, 하중은 N, 모멘트는 N·mm이다. (a) 축방향, 반지름방향 및 접선방향 힘의 개략도(척도 맞지 않음). (b) xz 평면 내의 힘. (c) xy 평면 내의 힘.

그림 10-15c에 따르면 xy 평면 내의 반작용력은 다음과 같다.

$$R_{yA} = \frac{1770(50)}{150} + \frac{169\,000}{150} = 1716.7 = 1717\text{ N}$$

$$R_{yB} = \frac{1770(100)}{150} - \frac{169\,000}{150} = 53.3\text{ N}$$

반지름방향 하중 F_{rA}와 F_{rB}는 각각 R_{yA}와 R_{zA} 그리고 R_{yB}와 R_{zB}의 벡터합이다.

$$F_{rA} = (R_{zA}^2 + R_{yA}^2)^{1/2} = (1327^2 + 1717^2)^{1/2} = 2170\text{ N}$$

$$F_{rB} = (R_{zB}^2 + R_{yB}^2)^{1/2} = (2653^2 + 53.3^2)^{1/2} = 2654\text{ N}$$

시도 1: 베어링은 직접적 설치되었으며, 축에는 외부의 축방향 하중이 작용하므로, 압착되는 베어링을 그림 10-15a에서와 같이 베어링 A라 부른다. 각각의 베어링에 대해 초기 추정값 $K = 1.5$를 사용한다.

$$F_{iA} = \frac{0.47F_{rA}}{K_A} = \frac{0.47(2170)}{1.5} = 680\text{ N}$$

$$F_{iB} = \frac{0.47F_{rB}}{K_B} = \frac{0.47(2654)}{1.5} = 832\text{ N}$$

F_{iA}는 $F_{iB} + F_{ae}$보다 명백히 작기 때문에, 베어링 A는 순수 축방향 하중을 담당하며, 식 (10-16)을 적용할 수 있다. 따라서 동적 등가하중은 다음과 같다.

$$F_{eA} = 0.4F_{rA} + K_A(F_{iB} + F_{ae}) = 0.4(2170) + 1.5(832 + 1690) = 4651\text{ N}$$

$$F_{eB} = F_{rB} = 2654\text{ N}$$

정격수명의 무차원배수는 다음과 같다.

$$x_D = \frac{L_D}{L_R} = \frac{\mathcal{L}_D n_D 60}{L_R} = \frac{(5000)(800)(60)}{90(10^6)} = 2.67$$

각 베어링에 대한 신뢰도 R_D를 추정하면 $\sqrt{0.99} = 0.995$이다. 베어링 A에 대해 식 (10-7)로부터, 카탈로그 기본 동정격 하중 C_{10}은 다음의 값보다 크거나 같아야 한다.

$$C_{10} = (1)(4651)\left[\frac{2.67}{(4.48)(1-0.995)^{2/3}}\right]^{3/10} = 11486\text{ N}$$

그림 10-12로부터 임시로 TS 15100 외륜과 15245 내륜을 선정하면, $K_A = 1.67$, $C_{10} = 12100\text{ N}$이다. 베어링 B에 대해 식 (10-17)로부터, 카탈로그 기본 동정격 하중 C_{10}은 다음의 값보다 크거나 같아야 한다.

$$C_{10} = (1)2654\left[\frac{2.67}{(4.48)(1-0.995)^{2/3}}\right]^{3/10} = 6554\text{ N}$$

임시로 베어링 A와 동일한 베어링을 선정하면, $K_B = 1.67$, $C_{10} = 12100\text{ N}$이다.

시도 2: 임시로 선정한 베어링에서 $K_A = K_B = 1.67$을 사용하여 선정과정을 반복한다.

$$F_{iA} = \frac{0.47F_{rA}}{K_A} = \frac{0.47(2170)}{1.67} = 611\text{ N}$$

$$F_{iB} = \frac{0.47F_{rB}}{K_B} = \frac{0.47(2654)}{1.67} = 747\text{ N}$$

F_{iA}는 여전히 $F_{iB} + F_{ae}$보다 작으므로, 식 (10-16)을 아직도 적용할 수 있다.

$$F_{eA} = 0.4F_{rA} + K_A(F_{iB} + F_{ae}) = 0.4(2170) + 1.67(747 + 1690) = 4938\text{ N}$$

$$F_{eB} = F_{rB} = 2654\text{ N}$$

베어링 A에 대해, 식 (10-7)로부터 수정된 카탈로그 값 C_{10}은 다음 값보다 크거나 같아야 한다.

$$C_{10} = (1)(4938)\left[\frac{2.67}{(4.48)(1-0.995)^{2/3}}\right]^{3/10} = 12195\text{ N}$$

카탈로그 값이 베어링 A에 대해 임시로 선정한 값보다 약간 크지만, 베어링 B의 신뢰도가 0.995를 초과하므로 그대로 사용하기로 한다. 다음 절에서는 베어링 A와 B의 조합 신뢰도가 목표 신뢰도 0.99를 초과하는 것을 정량적으로 보일 것이다. 베어링 B에 대해 $F_{eB} = F_{rB} = 2654\text{N}$이다. 식 (10-7)로부터 다음과 같이 구할 수 있다.

$$C_{10} = (1)2654\left[\frac{2.67}{(4.48)(1-0.995)^{2/3}}\right]^{3/10} = 6554\text{ N}$$

베어링 A와 B 모두에 대해 내륜과 외륜을 각각 15100과 15245로 선정한다. 그림 10-14로부터 유효 하중점은 $a = -5.8\text{ mm}$에 위치하고 있다. 즉 내륜의 뒷면으로부터 내륜 방향으로 5.8 mm 들어와 있다. 따라서 어깨-어깨 치수는 $150 - 2(5.8) = 138.4\text{ mm}$이어야 한다. 카탈로그 정격하중을 찾기 위해 식 (10-7)을 반복할 때에 괄호 [ ] 안의 내용은 동일하므로 매번 다시 입력할 필요가 없음을 유의하여야 한다.

10-9 선정된 구름베어링에 대한 설계 평가

여러 기계요소설계 교재에서는 기계요소가 하나씩 개별적으로 다루어지고 있다. 이렇게 하면 독자는 설계를 평가할 때 바로 그 부품만을, 여기서는 구름베어링만을 평가하는 것으로 오해하기 쉽다. 직접적으로 인접한 요소들(축 저널과 하우징 구멍)은 성능에 직접적인 영향을 미친다. 멀리 떨어져 있는 요소들(베어링에 가해지는 하중을 만들어 내는 기어) 또한 영향을 준다. "주변에 있는 어떤 것을 잡아당겨 보라. 그러면 다른 모든 것이 그것에 붙어 있는 것을 보게 될 것이다"라고 누군가 얘기한 것과 일치한다. 이 말은 기계장치에 들어 있는 것에도 직관적으로 명백하게 들어맞는다. 이 모든 것들이 설계의 필연적인 반복 특성(예: 감속기 설계)을 나타내는 것이다. 출력, 속도 및 감속비가 규정되면 기어 세트(gear sets)는 치수, 기하, 예상 위치, 축에 작용하는 힘과 모멘트의 결정, 베어링의 임시적 선정, 밀봉의 결정 등이 대략 결정된다. 그러면 전체적으로 그 자신을 분명하게 드러내기 시작한다. 하우징과 윤활 계획 및 냉각 문제가 더욱 분명해지고, 축의 돌출 문제와 커플링의 조화 문제가 드러난다. 이제 각각의 요소들을 다시 검토하고, 다른 모든 것들에 대해 훨씬 더 많이 알기 위해 반복 작업을 해야 할 때가 되었다. 이렇게 필요한 반복 작업을 마치고 나면, 베어링에 대한 설계평가를 위해 무엇이 필요한가를 알게 될 것이다. 설계평가를 하는 동안 일시적일지라도 잘못된 선택은 피해야 한다. 궁극적으로 완성된 설계가 만족스럽게 될 수 있도록 그 모든 것을 해야 한다는 것을 마음에 새겨 두어야 한다.

구름베어링에 대한 설계평가의 주요 특징으로는 최소한 다음을 포함시켜야 한다.

- 작용하는 하중과 예상 수명에 대한 베어링의 신뢰도
- 축과 하우징에 대한 만족스러운 지지
- 저널 부분의 표면거칠기, 지름 및 공차의 적합성
- 하우징 부분의 표면거칠기, 지름 및 공차의 적합성
- 제작자가 추천하는 윤활유의 종류: 작동온도를 만족스럽게 유지하기 위한 윤활유의 경로와 양
- 필요한 경우, 예부하의 준비

우리는 구름베어링에 초점을 맞추고 있으므로 어깨지지부(shouldering) 외에도 베어링의 신뢰도를 정량적으로 검토할 수 있다. 기타 정량적인 처리는 축과 하우징에 대한 재료, 표면거칠기, 지름 및 공차가 알려지기까지 기다려야 한다.

베어링의 신뢰도

선택된 베어링의 기본 동정격 하중 C_{10}의 항을 이용하여, 식 (10-6)을 신뢰도 R_D에 대해 표현하면 다음과 같다.

$$R = \exp\left(-\left\{\frac{x_D\left(\dfrac{a_f F_D}{C_{10}}\right)^a - x_0}{\theta - x_0}\right\}^b\right) \quad (10\text{-}18)$$

마찬가지로 식 (10-7)을 R_D에 대해 표현하면 다음과 같다.

$$R \doteq 1 - \left\{\frac{x_D\left(\dfrac{a_f F_D}{C_{10}}\right)^a - x_0}{\theta - x_0}\right\}^b \qquad R \geq 0.90 \quad (10\text{-}19)$$

예제 10-7 예제 10-3에서 $x_D = L_D / L_{10} = 540$, 신뢰도 99%에 대한 최소 요구 정격하중 $C_{10} = 29.7$ kN이다. 표 10-2의 02-40 mm 깊은 홈 볼베어링이 그러한 요구를 만족시킬 것이다. 사용 시의 구멍이 70 mm 이상일 때에(즉, 02-70 mm 깊은 홈 볼베어링을 선정할 때), 최종 신뢰도는 얼마인가?

풀이 표 10-2의 02-70 mm 깊은 홈 볼베어링에 대해 $C_{10} = 61.8$ kN이다. 예제 10-3의 $a_f = 1.2$, $F_D = 1840$ N, $x_0 = 0.02$, $(\theta - x_0) = 4.439$ 및 $b = 1.483$을 이용하여 식 (10-19)에 적용하면 다음과 같다.

답

$$R \doteq 1 - \left\{\frac{\left[540\left[\dfrac{1.2(1840)}{61\,800}\right]^2 - 0.02\right]}{4.439}\right\}^{1.483} = 0.999\,962$$

예상대로 이 값은 예제 10-3의 0.99보다 훨씬 크다.

원추 롤러 베어링이나 2개의 매개변수를 가진 Weibull 분포를 가진 다른 베어링에 대해서, 식 (10-18)은 $x_0 = 0$, $\theta = 4.48$, $b = \dfrac{3}{2}$일 때 다음과 같이 표현된다.

$$\begin{aligned} R &= \exp\left\{-\left[\frac{x_D}{\theta\left[C_{10}/a_f F_D\right]^a}\right]^b\right\} \\ &= \exp\left\{-\left[\frac{x_D}{4.48\left[C_{10}/(a_f F_D)\right]}\right]^{3/2}\right\} \end{aligned} \quad (10\text{-}20)$$

그리고 식 (10-19)는 다음과 같이 표현된다.

$$R \doteq 1 - \left\{\frac{x_D}{\theta\left[C_{10}/a_f F_D\right]^a}\right\}^b = 1 - \left\{\frac{x_D}{4.48\left[C_{10}/(a_f F_D)\right]^{10/3}}\right\}^{3/2} \quad (10\text{-}21)$$

예제 10-8 예제 10-6에서 베어링과 A와 B(내륜 15100, 외륜 15245)의 기본 동정격 하중 $C_{10} =$ 12,100 N이다. 베어링과 A와 B의 쌍에 대한 신뢰도는 얼마인가?

풀이 요구수명 x_D는 $5000(800)60/[90(10)^6] = 2.67$ 정격수명이다. 베어링 A에 대하여 식 (10-21)을 사용하면, 다음과 같은 결과를 얻는다. 이때 예제 10-8로부터 $F_D = F_{eA} = 4938$ N 그리고 $a_f = 1$이다.

$$R_A \doteq 1 - \left\{ \frac{2.67}{4.48[12\,100/(1 \times 4938)]^{10/3}} \right\}^{3/2} = 0.994\,791$$

이 값은 예상한 대로 0.995보다 작은 값이다. 베어링 B에 대해 식 (10-21)을 사용하면, 다음과 같은 결과를 얻는다. 이때 $F_D = F_{eB} = 2654$ N이다.

$$R_B \doteq 1 - \left\{ \frac{2.67}{4.48[12\,100/(1 \times 2654)]^{10/3}} \right\}^{3/2} = 0.999\,766$$

답 베어링 쌍의 신뢰도는 다음과 같다.

$$R = R_A R_B = 0.994\,791(0.999\,766) = 0.994\,558$$

이 값은 전체 신뢰도 목표 0.99보다 큰 값이다. 두 개의 베어링이 단순성 또는 예비품 수의 감소 또는 다른 조건에 대해 동일하게 만들어지고, 부하는 동일하지 않은 경우에는, 두 개의 베어링은 더 작게 만들고도 신뢰도 목표는 만족시킬 수 있다. 부하가 전혀 다른 경우에는, 두 개 중 더 큰 부하가 작용하는 베어링은 전체 목표보다 약간 더 큰 신뢰도 목표를 달성할 수 있도록 선택할 수 있다.

순수한 축방향 부하가 작용할 경우에 대하여 다음 예제를 통해 알아본다.

예제 10-9 그림 10-9에 나타낸 바와 같이 8000 N의 외부 축방향 힘 F_{ae}를 지탱하는 두 개의 원추 롤러 베어링이 직접적으로 설치된 구속 하우징을 생각해보자. 축의 속도는 950 rev/min이고, 요구수명은 10 000 h이며, 예상 축의 지름은 약 1 in이다. 신뢰도 목표값은 0.95이다. 적용계수는 대략 $a_f = 1$이다.

(a) A에 적합한 원추 롤러 베어링을 선정하라.

(b) B에 적합한 원추 롤러 베어링을 선정하라.

(c) 신뢰도 R_A, R_B 그리고 R을 구하라.

풀이 (a) 확인 결과 왼쪽 베어링이 축방향 하중을 지지하므로 베어링 A라고 이름 붙인 것은 적절하다. A에서 베어링의 반작용은 다음과 같다.

그림 10-16
예제 10-11의 구속 하우징

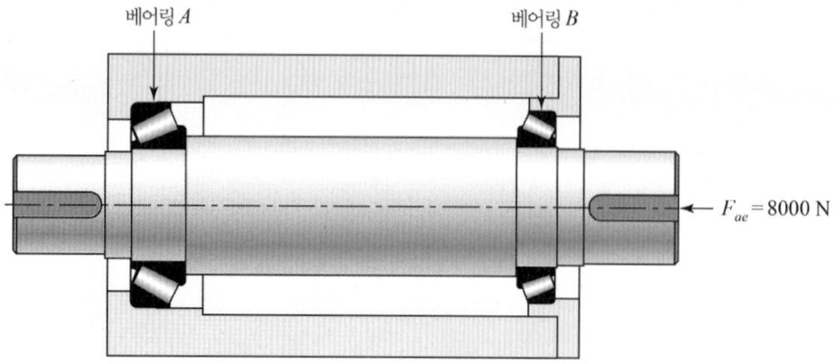

$$F_{rA} = F_{rB} = 0$$
$$F_{aA} = F_{ae} = 8{,}000 \text{ N}$$

베어링 B에는 하중이 작용하지 않으므로, $R = R_A = 0.95$로부터 시작한다.

반지름반향 하중이 없으므로 유도된 축방향 하중도 없다. 식 (10-16)을 적용하면 다음과 같다.

$$F_{eA} = 0.4F_{rA} + K_A(F_{iB} + F_{ae}) = K_A F_{ae}$$

$K_A = 1$로 하면, C_{10}을 다음과 같이 구할 수 있다.

$$F_{eA} = (1)8{,}000 = 8{,}000 \text{ N}$$
$$F_{eB} = F_{rB} = 0$$

정격수명의 무차원 배수는 다음과 같다.

$$x_D = \frac{L_D}{L_R} = \frac{\mathcal{L}_D n 60}{L_R} = \frac{(10\,100)(950)(60)}{90(10^6)} = 6.333$$

따라서 식 (10-7)로부터 베어링 A에 대한 C_{10}를 구할 수 있다.

$$C_{10} = a_f F_{eA}\left[\frac{x_D}{4.48(1-R_D)^{2/3}}\right]^{3/10}$$
$$= (1)8{,}000\left[\frac{6.33}{4.48(1-0.95)^{2/3}}\right]^{3/10} = 16\,159 \text{ N}$$

답 그림 10-12에서 1-in 구멍(25.4-mm) 크기의 한 가지 가능성을 보여준다. 내륜: HM88630, 외륜: HM88610, 축방향 부하용량: $(C_{10})_a = 17\,200$ N.

답 (b) 베어링 B에는 하중이 전혀 작용하지 않으므로, 볼이나 롤러 베어링을 포함하여 동일한 구멍 크기의 베어링 중 가장 저렴한 것이면 된다.

(c) 베어링 A의 실제 신뢰도는 식 (10-21)로부터 다음과 같이 구할 수 있다.

답

$$R_A \doteq 1 - \left\{ \frac{x_D}{4.48\left[C_{10}/a_f F_D\right]^{10/3}} \right\}^{3/2}$$

$$\doteq 1 - \left\{ \frac{6.333}{0.85\left[17\,200/(1 \times 8000)\right]^{10/3}} \right\}^{3/2} = 0.963$$

이 값은 예상대로 0.95보다 큰 값이다. 베어링 B에 대해서는 다음과 같다.

답

$$R_B \doteq 1 - \left\{ \frac{6.333}{0.85(17\,200/0)^{10/3}} \right\}^{3/2} = 1 - 0 = 1$$

이 값은 예상한 대로다. 베어링 A와 B의 쌍으로서의 복합 신뢰도는 다음과 같다.

답

$$R = R_A R_B = 0.963(1) = 0.963$$

이 값은 예상대로 신뢰도 목표값 0.95보다 큰 값이다.

끼워맞춤의 문제

표 10-2(그리고 그림 10-8)에서는 단열 02-계열의 깊은 홈형 볼베어링과 앵귤라 콘택트 볼 베어링의 정격하중을 나타내고 있다. 또한 여기에서는 내륜 축 자리(shift seat)의 어깨지름(shoulder diameter)값, d_S와 외륜의 어깨지름(shoulder diameter)값, d_H를 추천하고 있다. 축의 어깨지름은 d_S보다는 클 수 있지만, 틈새(annulus)를 방해할 만큼 커서는 안 된다. 축의 중심선과 중심이 일치하고 수직을 유지하는 것은 중요하며, 그 끝에서 어깨지름은 d_S보다 같거나 커야 한다. 하우징의 어깨지름은 하우징의 구멍 축과 동심도와 직각도를 유지하기 위해 d_H보다 같거나 작아야 한다. 축이나 하우징의 어깨 형상특성은 베어링의 틈새를 통하여 윤활제가 자유롭게 통과하는 것을 간섭해서는 안 된다.

원추 롤러 베어링(그림 10-12)에서는 컵의 하우징 어깨지름이 D_b보다 같거나 작아야 한다. 콘을 위한 축 어깨지름은 d_b보다 같거나 커야 한다. 또한 베어링의 틈새 중 어느 하나라도 막아서 윤활제의 자유로운 흐름을 방해해서는 안 된다. 감속기에 일반적인 비말윤활(splash lubrication)에서는 윤활제가 하우징의 덮개(천장) 부분으로 뿌려지면 리브를 타고 내려와 베어링으로 향한다. 직접적 설치에서 원추 롤러 베어링은 펌프를 이용해 오일을 바깥에서 안으로 밀어 넣는다. 바깥으로 향하는 오일 통로가 마련되어 있어야 하고, 오일은 베어링 펌프작용의 결과로 오일 통으로 되돌아간다. 간접적 설치에서 오일은 안쪽 틈새로 향하고, 베어링은 펌핑작용을 통해 오일을 바깥쪽으로 밀어 보낸다. 바깥쪽으로부터 오일 통으로 향하는 오일 통로가 마련되어 있어야 한다.

연습문제

각 베어링 제조사는 베어링 재료, 후처리, 그리고 제작공정에 관련해서 각기 다른 결정을 내리기때문에, 베어링 수명분포에 대한 제작사의 경험은 다르다. 연습문제를 계산할 때, 아래 표 11-6에 정리되어 있는 2곳의 제작사에서의 경험에 기반한 데이터들을 사용하시오.

제작사, (정격수명, 회전수), Weibull 매개변수 정격 수명

Manufacturer	Rating Life, Revolutions	Weibull Parameters Rating Lives		
		x_O	θ	b
1	$90(10^6)$	0	4.48	1.5
2	$1(10^6)$	0.02	4.459	1.483

10-1 설계 요구 수명 25 kh을 가지며, 반지름방향 하중 2.5 kN을 지지하며 내륜이 350 rev/min으로 회전하는 볼 베어링을 선택하려고 한다. 하중 적용계수 1.2, 신뢰도 0.9에 대해서 무차원 배수(x_D)와 정격하중(C_{10})를 구하라. 그리고, 표 10-2에서 적합한 02 시리즈 깊은 홈 볼 베어링을 선택하고, 선택한 베어링 사용시의 신뢰도를 구하라.

10-2 02 시리즈 앵귤라 컨택 볼 베어링을 사용하여, 반지름방향 하중이 2745 N을 지지하며, 내륜이 480 rev/min 속도로 회전한다. 요구 수명은 50 kh이며, 하중 적용계수는 1.4이다. 신뢰도 0.9에 대해서 무차원 배수(x_D)와 카탈로그 정격하중(C_{10})을 구하시오. 그리고, 표 10-2에서 적합한 베어링을 선택하고, 선택된 베어링 사용시의 신뢰도를 구하라.

10-3 문제 10-2에서의 요구 수명과 회전 속도에 대해서, 03 시리즈 원통형 롤러 베어링을 사용하려고 한다. 반지름방향 하중 7342 N을 지지하는 경우에 대해서 카탈로그 정격하중(C_{10})을 구하시오. 그리고, 표 10-3에서 적합한 베어링을 선택하고, 선택된 베어링 사용시의 신뢰도를 구하라.

10-4 원통 롤러 베어링은 반지름방향 하중 20 kN을 지지하고 있다. 950 rev/min으로 회전시 요구 수명은 8000 h이고, 신뢰도는 0.95이다. 생산자 2의 카탈로그에서 베어링을 선택하는 경우, 기본정격하중(C_{10})을 구하라.

10-5~10-10 다음 표에 제시된 반지름방향 하중 및 설계 요구 수명 및 신뢰도 조건에 대해서 볼 베어링을 사용하는 경우에 대해서 기본정격하중을 구하라.

해당 문제번호	반지름방향 하중	설계 수명	요구되는 신뢰도
10-5	2 kN	10^9 rev	90%
10-6	8 kN	5 kh, 900 rev/min	90%
10-7	4 kN	8 kh, 500 rev/min	90%
10-8	3 kN	5 yrs, 40 h/week, 400 rev/min	95%
10-9	9 kN	10^8 rev	99%
10-10	8 kN	5 kh, 900 rev/min	96%

10-11 02 시리즈 단열 깊은 홈 볼 베어링의 보어(bore) 지름은 65 mm이다. (표 10-1과 10-2 참조) 볼 베어링은 3 kN의 축방향 하중과 7 kN의 반지름방향 하중을 동시에 받고 있다. 외륜이 500 rev/min으로 회전할 때

(a) 베어링이 받고 있는 등가 반지름방향 하중을 구하라.

(b) 베어링이 수명 10 kh에 대해서 신뢰도 95%로 주어진 하중을 지지하는지 여부를 확인하라.

10-12 02 시리즈 단열 깊은 홈 볼 베어링의 내경(bore size)은 30 mm이다. (표 10-1과 10-2 참조) 볼 베어링은 2 kN의 축방향 하중과 5 kN의 반지름방향 하중을 동시에 받고 있다. 내륜이 400 rev/min으로 회전할 때

(a) 베어링이 받고 있는 등가 반지름방향 하중을 구하라.

(b) 신뢰도 99%로 하중을 지지하는 데 있어 베어링의 수명(회전수)을 예측하라.

10-13~10-17 02 시리즈 단열 깊은 홈 볼 베어링은 표 10-2로부터 선택될 수 있다. 필요에 따라 표 10-1이 사용될 수도 있다. 아래 표에서 주어진 설계 조건에 대해서 필요한 최소 내경(bore size)을 표 10-2로부터 찾아라.

해당 문제번호	반지름방향 하중	축방향 하중	설계 수명	회전하는 링	요구되는 신뢰도
10-13	8 kN	0 kN	10^9 rev	내륜	90%
10-14	8 kN	2 kN	10 kh, 400 rev/min	내륜	99%
10-15	8 kN	3 kN	10^8 rev	외륜	90%
10-16	10 kN	5 kN	12 kh, 300 rev/min	내륜	95%
10-174	9 kN	3 kN	10^8 rev	외륜	99%

10-18 다음 그림과 같은 축-기어 시스템에서 O 위치에서는 앵귤라 컨택 볼 베어링을 사용하고, B 위치에서는 직선 원통 롤러 베어링을 사용하려고 한다. 각각을 표 10-2와 표 10-3으로부터 선정하라. 기어 A에 작용하는 하중 F_A는 2670 N이며, 축은 480 rev/min으로 회전한다. O 위치에서의 지지 반력 $R_O = 1722j + 2078N$이고, B 위치에서의 지지 반력 $R_B =$

$1406j - 7187N$이다. 베어링 하중 적용계수는 1.4이고, 요구 수명은 50 kh이며, 신뢰도는 0.9이다.

문제 10-18

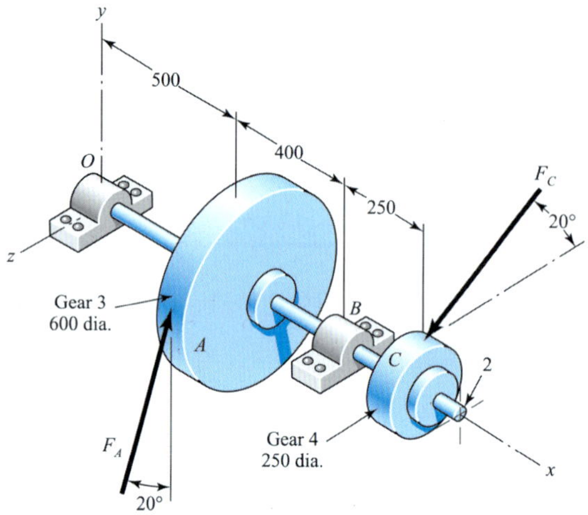

10-19 다음 그림에서 O와 C 위치에서의 베어링이 지지하는 반력을 구하라. 베어링은 앵귤라 컨택 볼 베어링이며, 요구 수명은 40 kh이며 내경은 200 rev/min으로 회전한다. 하중 적용계수는 1.2이며, 신뢰도는 0.95이다. 표 10-2로부터 적합한 베어링을 각 베어링에 대해서 결정하라.

문제 10-19

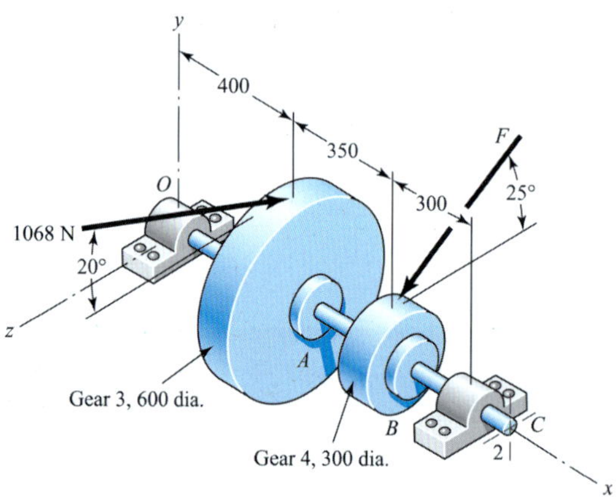

10-20 반지름방향 하중 18 kN을 지지하는 베어링을 2000 rev/min으로 테스트하였다. 신뢰도 90%에 대한 수명은 115 h으로 측정되었으며, 신뢰도 20%에 대해서는 600 h으로 수명이 측정되었다. 기본정격하중이 39.6 kN일 때, Weibull 형상 매개변수 b와 특성 매개변수 를 구하라. 제조업체는 볼 베어링의 정격 수명을 106회전수로 둔다.

10-38 내경이 30 mm인 02 시리즈 앵귤라 컨택 볼 베어링은 반지름방향 하중 18 kN을 지지하며, 이미 200,000회 회전동안 사용되었다. 이 후 베어링 지지 반지름방향 하중이 30 kN으로 바뀌는 경우의 잔여 베어링 수명(회전수)을 구하라.

11 기어–일반

이 장에서는 스퍼 기어, 헬리컬 기어, 베벨 기어, 웜 기어 등의 네 가지 기본적인 기어에 대한 기하학, 기구학적인 관계식 그리고 전달력에 대하여 다룬다. 서로 맞물리는 기어 사이에 작용하는 힘은 축의 운동과 동력 전달을 일으키고 또한 축과 베어링의 힘과 모멘트를 발생시킨다.

11-1 기어의 종류

그림 11-1의 **스퍼 기어**(spur gear)는 회전축과 이가 평행하며 서로 평행한 두 축 사이에 동력을 전달한다. 스퍼 기어는 가장 간단하기 때문에 치형의 기본적인 기구학적 관계식 유도에 사용된다.

그림 11-2의 **헬리컬 기어**(helical gear)는 회전축에 대하여 경사진 이를 갖는다. 헬리컬 기어는 스퍼 기어와 같은 용도로 사용되며 이가 점차적으로 맞물리기 때문에 소음이 작다. 헬리컬 기어의 경사진 이는 스퍼 기어에는 발생하지 않는 스러스트(thrust) 하중과 굽힘 우력(bending couples)을 발생시킨다.

그림 11-3의 **베벨 기어**(bevel gear)는 원추 형상의 이를 가지며 주로 서로 교차하는 두 축 간의 동력을 전달하는 데 사용된다. 그림에 나와 있는 베벨 기어는 **직선 베벨 기어**이다. **스파이럴**(spiral) **베벨 기어**는 이가 직선이 아니며 원호의 형상을 갖는다. **하이포이드**

그림 11-1
평행한 축 사이의 동력전달에 사용하는 스퍼 기어

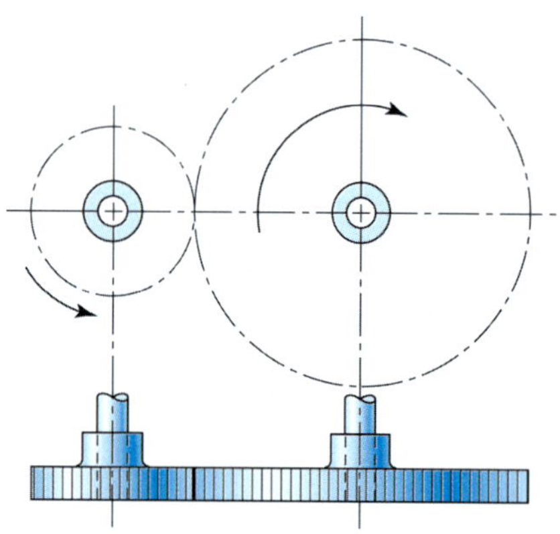

그림 11-2
평행 또는 평행하지 않은 축 사이의 동력전달에 사용하는 헬리컬 기어

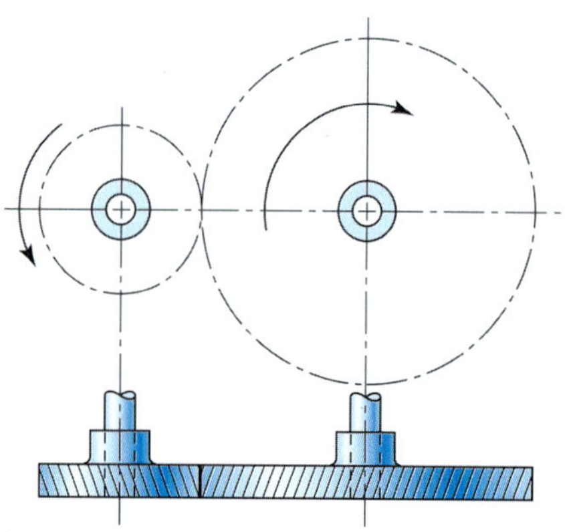

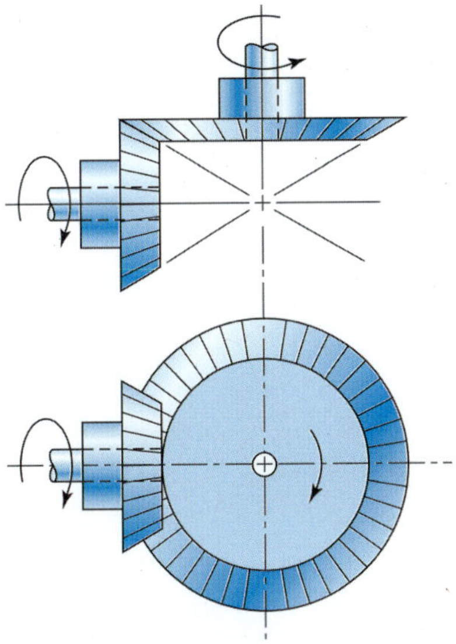

그림 11-3
서로 교차하는 축 사이의 동력 전달에 사용하는 베벨 기어

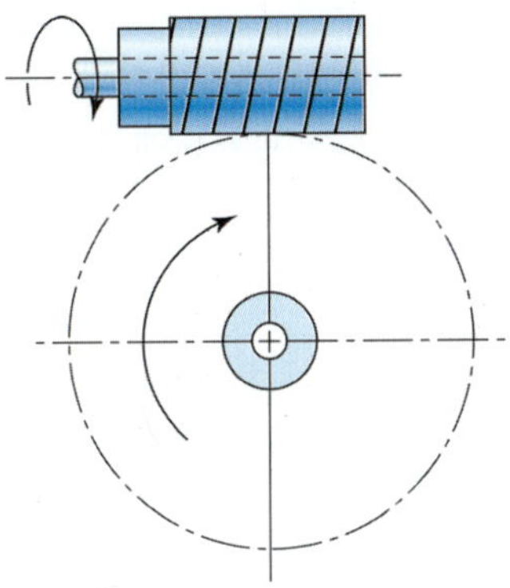

그림 11-4
평행하지 않으며 서로 교차하지 않는 축 사이의 동력전달에 사용하는 웜 기어

(hypoid) 기어는 종종 편심을 갖는 축의 동력 전달에 사용된다.

그림 11-4의 웜과 웜 기어(worm gear)는 나사와 같은 동력 전달 원리를 갖는다. 웜 기어는 웜과 웜 휠로 구성된다. 웜 기어는 주로 속도비가 3 이상의 높은 경우에 사용된다.

11-2 용어의 정의

스퍼 기어의 주요 용어는 그림 11-5와 같다. **피치원**(pitch circle)은 모든 계산의 기본이 되는 이론적인 원으로서 그 지름을 **피치지름**(pitch diameter)이라 한다. 맞물리는 한 쌍의 기어에 피치원은 서로 접하고 있다. 작은 쪽을 **피니언**(pinion)이라 하며 큰 쪽을 기어라고 부른다.

원주피치(circular pitch) p는 피치원에서 이와 이 사이를 측정한 것으로 피치원의 원둘레를 잇수로 나눈 값이다.

모듈(module) m은 피치지름을 잇수로 나눈 값으로 밀리미터(mm)로 표시하고 **지름피치**(diametral pitch) P는 잇수를 피치원의 지름으로 나눈 값으로 모듈의 역수이다. 지름피치는 미국에서만 사용되며 단위는 인치(inch)의 역수이다.

그림 11-5
스퍼 기어의 용어

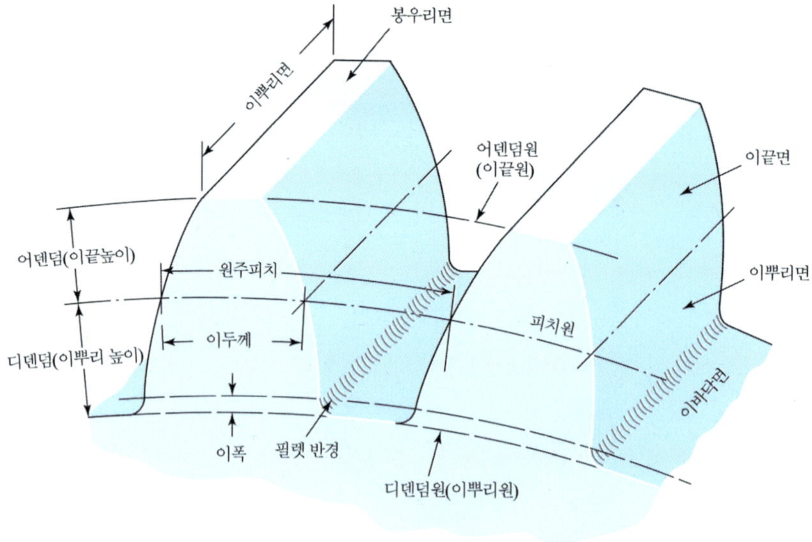

어덴덤(∼에 더해졌다는 뜻: addendum) a는 피치원에서 이 끝까지의 반지름방향 거리, 디덴덤(∼에서 뺐다는 뜻: dedendum) b는 피치원에서 디덴덤원까지의 거리이며 이 높이 h_t는 어덴덤과 디덴덤의 합이다.

디덴덤은 어덴덤보다 약간 더 큰데 이것은 맞물린 이의 끝과 이 뿌리 사이에 약간의 틈새를 주어야 하기 때문이다. 이두께(tooth thickness)는 피치원에서 측정되고 이홈너비(width of space)는 이두께보다 약간 더 크다. 이 차이를 백래시(backlash)라고 한다.

다음은 기어 치형의 주요 관계식이다.

$$P = \frac{N}{d} \tag{11-1}$$

$$m = \frac{d}{N} \tag{11-2}$$

$$p = \frac{\pi d}{N} = \pi m \tag{11-3}$$

$$pP = \pi \tag{11-4}$$

여기서 P = 지름피치
N = 잇수
d = 피치지름, in
m = 모듈, mm
d = 피치지름, mm
p = 원주피치

11-3 기어 이의 물림

그림 11-6과 같이 하나의 곡면이 다른 곡면을 밀어낼 때 접촉점은 두 곡면이 서로 접하는 점 c가 되고 임의 순간에 접촉점에 작용하는 힘은 두 곡면의 공통 법선 ab를 따라 작용한다. 선 ab를 작용선(line of action)이라 하며 작용선과 중심 O-O가 서로 만나는 P를 **피치점**(pitch point)이라 한다. 각속도비는 점 P에서 각각의 중심까지의 반지름에 반비례한다. 점 P가 이루는 원을 피치원이라 한다.

그림 11-6에서 한 쌍의 기어는 작은 곡면을 가지는 한 쌍의 캠이라고 생각할 수 있다. 만약 이 캠들이 인벌류트 형상을 갖는다면 한 쌍의 맞물리는 기어는 접촉점에서 중심까지의 거리가 변해도 일정한 각속도비를 가지고 운동할 수 있다. 인벌류트 곡선(involute curve)인 경우, 축간거리 변화에도 기어는 등각속도비를 유지할 수 있다.

일정한 각속도비로 운동을 전달하기 위하여 피치점은 반드시 고정되어야 한다. 즉, 모든 접촉점에 대한 작용선이 동일한 P점을 지나야 한다. 인벌류트 곡선의 경우, 모든 접촉점이 동일한 직선 ab상에 발생하고 접촉점에서 치형 곡선에 수직선이 직선 ab와 일치하여 일정한 회전 운동을 전달함을 알 수 있다.

11-4 인벌류트 치형 곡선

인벌류트 곡선은 그림 11-7a와 같이 생성된다. 실린더 A를 팽팽하게 감싸고 있는 줄 def에서 점 b의 궤적을 생각해 보자. 줄이 실린더에 감기거나 풀리면 점 b의 궤적은 인벌류트 곡선 ac가 된다. 인벌류트 곡선의 곡률 반지름은 연속적으로 변하여 점 a에서 0이 되고 점 c에서 최대값이 된다. 점 b에서의 곡률 반지름은 be이다. 선분 de는 모든 접촉점에서 인벌류트 곡선과 수직이며 동시에 실린더 A의 접선이 된다. 인벌류트가 생성되는 원을 **기초원**(*base circle*)이라고 부른다.

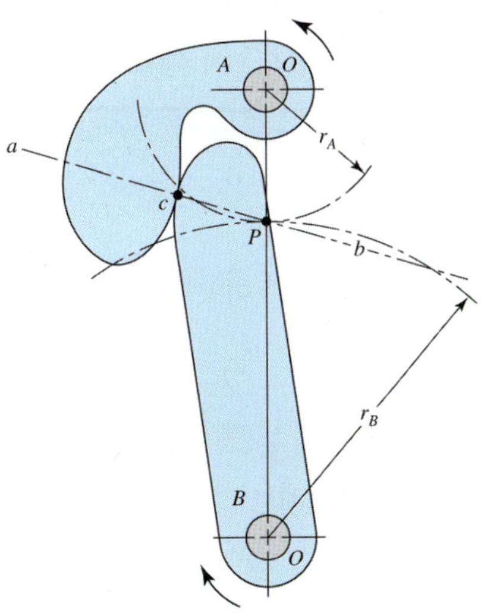

그림 11-6
캠 A와 종동부 B의 접촉. 접촉면이 인벌류트 형상인 경우 이어지는 물림은 등각속도비를 갖는다.

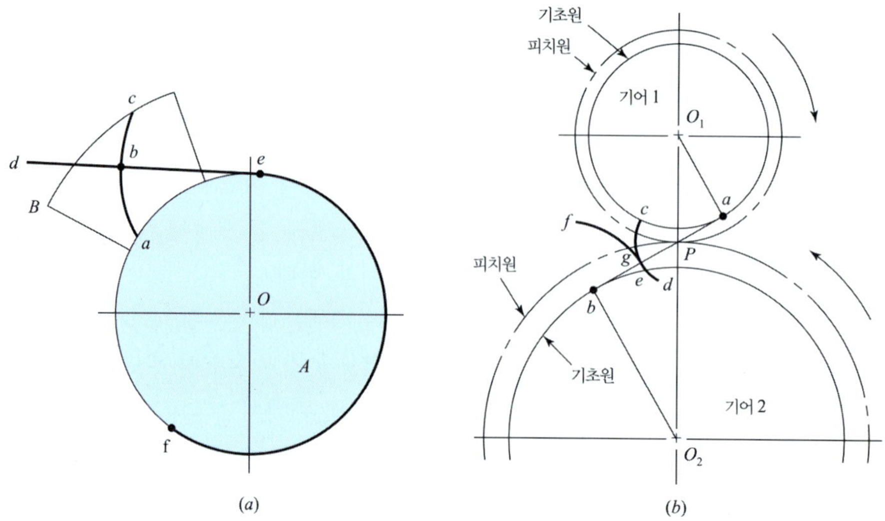

그림 11-7
(a) 인벌류트 곡선의 생성
(b) 인벌류트 물림

인벌류트 곡선이 어떻게 일정한 각속도비를 만족시키는지 고찰해 보자. 그림 11-7b에서 한 쌍의 기어의 중심은 각각 O_1과 O_2이고 반지름 O_{1a}와 O_{2b}를 가지는 기초원으로 구성된다. 기어 1의 기초원 상에서 줄을 시계방향으로 감아 ab 사이를 팽팽하게 당기고 기어 2의 기초원을 반시계방향으로 감는다고 가정해 보자. 기초원이 서로 반대방향으로 회전하여 줄이 팽팽해진다면 줄 위의 점 g는 기어 1의 인벌류트 곡선 cd를 만들고 기어 2의 인벌류트 곡선 ef를 만든다. 접촉점 g는 작용선 ab상을 따라 움직이나 작용선은 항상 두 기초원의 접선이기 때문에 작용선은 변하지 않고 따라서 작용선은 접촉점의 인벌류트 곡선에 수직하여 일정한 각속도비의 조건을 만족하게 된다.

11-5 기어 치형 곡선 설계

이 절에서는 한 쌍의 맞물리는 기어를 이해하기 위하여 치형 곡선을 그려보기로 한다.

이를 위해서는 먼저 인벌류트 치형을 제작할 필요가 있다. 그림 11-8과 같이 기초원을 등 간격으로 나누고 반지름 OA_0, OA_1, OA_2를 그린다. A_1점에서 시작하여 OA_1, OA_2, OA_3와 수직하는 A_1B_1, A_2B_2, A_3B_3를 그린다. 그리고 A_1B_1선상에 원호 A_1A_0를 그리고 A_2B_2를 따라서 A_1B_0의 두 배 거리인 원호 A_2A_0를 그려서 각각의 점들을 이으면 인벌류트 치형 곡선을 만들 수 있다.

두 개의 기어가 맞물릴 때 피치원은 미끄럼 없이 구름접촉을 한다. 피치원의 반지름이 각각 r_1과 r_2이고 각속도가 ω_1, ω_2일 때 피치선상의 속도는

$$V = |r_1\omega_1| = |r_2\omega_2|$$

따라서 반지름과 각속도와의 관계는

그림 11-8
인벌류트 치형의 각도

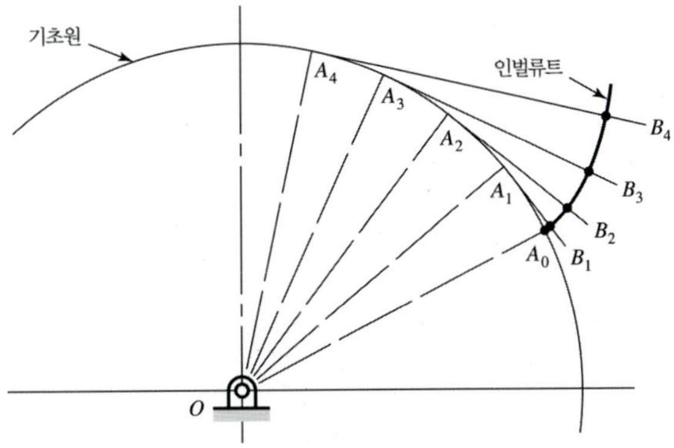

$$\left|\frac{\omega_1}{\omega_2}\right| = \frac{r_2}{r_1} \tag{11-5}$$

만약 1800 rev/min의 입력 속도는 1200 rev/min의 출력 속도로 감속시키고자 할 때 기어비는 3:2가 되고, 예를 들어 4-in 피니언과 6-in 기어를 사용하면 된다.

만약 피니언이 18개의 잇수를 갖고 기어가 30개의 잇수를 가지며 맞물린 기어의 지름 피치가 2개/inch라면 식 (11-1)에서 피니언과 기어의 피치지름은 각각 다음과 같이 구해진다.

$$d_1 = \frac{N_1}{P} = \frac{18}{2} = 9 \text{ in} \qquad d_2 = \frac{N_2}{P} = \frac{30}{2} = 15 \text{ in}$$

이제 한 쌍의 맞물린 기어의 축 간 거리는 피치 반지름의 합으로 표시되기 때문에 12 in가 되며 그림 11-9에서 12 in만큼 떨어져 있는 점 O_1, O_2에 대하여 반지름 r_1, r_2를 갖는 피치원을 그리면 **피치점** P에서 피치원은 서로 접한다. 피치점에서 공통 접선 ab를 그린다. 피니언이 반시계방향, 기어가 시계방향으로 회전한다고 하면 공통 접선 ab와 각 ϕ를 갖는 선 cd를 그릴 수 있다. 선 cd는 압력선(pressure line) 또는 **작용선**으로 불리며 기어 사이의 힘이 작용하는 방향을 표시한다. 각 ϕ는 **압력각**(pressure angle)이라 하며 보통 20° 또는 25°의 값을 갖는다.

그림 11-9
기어와 관련된 원

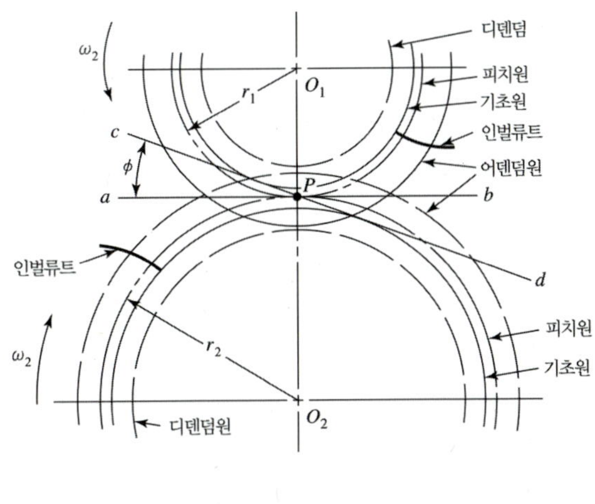

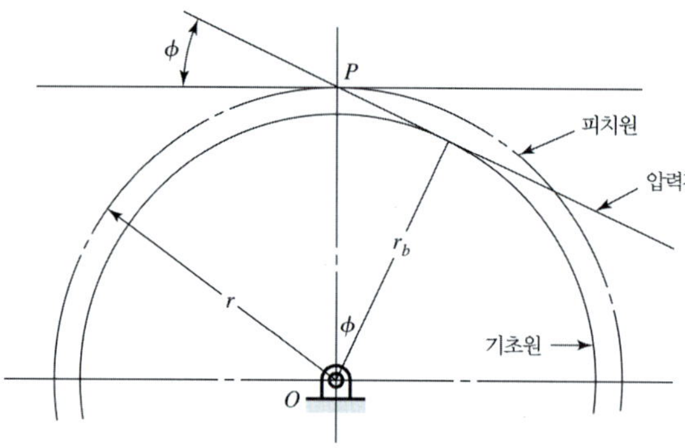

그림 11-10
피치원 반지름(r)과 압력각 (ϕ)으로 표현되는 기초원의 반지름: $r_b = r\cos\phi$

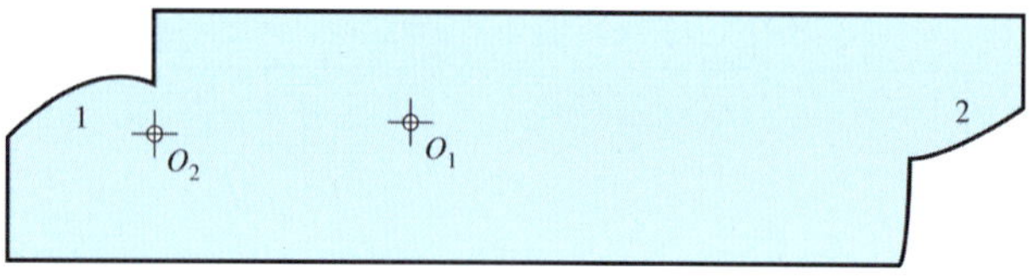

그림 11-11
기어 이를 그리기 위한 템플레이트

이제 압력선에 접하는 기초원을 그린다. 그림 11-10과 같이 기초원은 압력선과 접하기 때문에 기초원의 반지름은 다음 식으로 표시된다.

$$r_b = r\cos\phi \tag{11-6}$$

다름 그림 11-9와 같이 기초원에서 인벌류트 치형 곡선을 작도한다. 이 인벌류트 치형은 기어 이의 한쪽 면으로 사용되며 템플레이트(template)를 사용하여 뒤집어 그리면 기어 이의 다른 쪽 면을 작도할 수 있다. 어덴덤과 디덴덤은 표준 기어에서 $1/P$와 $1.25/P$가 되며, 따라서 맞물린 기어에서는

$$a = \frac{1}{P} = \frac{1}{2} = 0.500 \text{ in} \qquad b = \frac{1.25}{P} = \frac{1.25}{2} = 0.625 \text{ in}$$

이 a와 b를 사용하여 어덴덤과 디덴덤 원을 피니언과 기어에 대해서 그림 11-9와 같이 그릴 수 있다.

템플레이트는 그림 11-11과 같이 두꺼운 종이나 투명 플라스틱판에 기어 중심 위치를 정하고 각 인벌류트를 잘라내어 만든다. 반대편 인벌류트 치형을 그리기 위해서는 템플레이트를 뒤집어 사용하면 된다.

이를 그리기 위해서는 이 두께를 알아야 한다. 식 (11-4)에서 원주피치는

$$P = \frac{\pi}{P} = \frac{\pi}{2} = 1.57 \text{ in}$$

이 두께는

$$t = \frac{p}{2} = \frac{1.57}{2} = 0.785 \text{ in}$$

이제 이 두께와 템플레이트를 사용하여 피치원에서 기어 이를 원하는 만큼 그릴 수 있다. 그림 11-12에는 각각의 기어에서 한 개의 이만 그려져 있다. 기어 치형을 작도하는

그림 11-12
기어 이의 작용

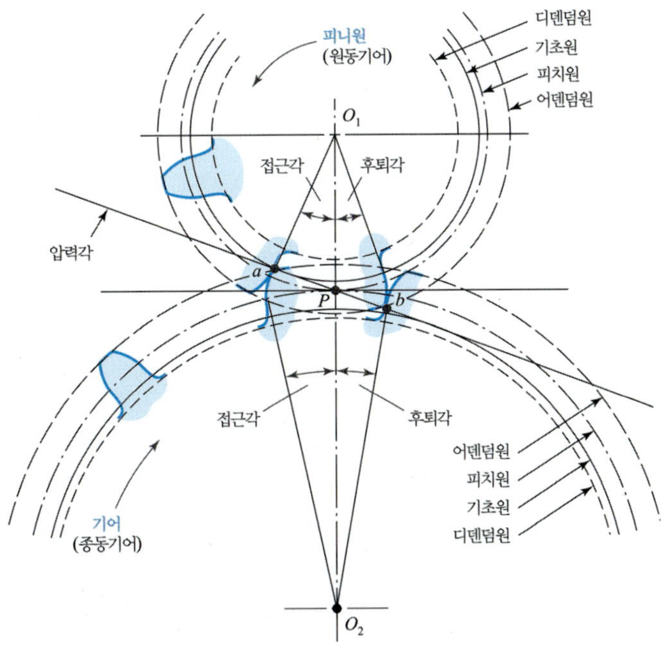

과정에서 기초원이 디덴덤원보다 더 커지는 경우가 발생할 수 있다. 이것은 인벌류트 치형곡선이 기초원에서 시작하고 기초원 밑으로는 치형이 없기 때문이다. 이 부분에서 실제 기어 이의 형상은 기어 이를 형성하는 제작 방법에 달려있다.

틈새원과 디덴덤원 사이는 필렛을 주고, 틈새 c는 다음과 같이 구해진다.

$$c = b - a = 0.625 - 0.500 = 0.125 \text{ in}$$

기어의 기초원 지름이 무한대가 된다면 기초원은 직선이 되며 이와 같은 스퍼 기어를 랙(rack)이라 한다. 랙의 인벌류트 치형은 사다리꼴 직선이 된다.

그림 11-12에서 중심이 O_1인 피니언이 구동 기어로 반시계방향으로 회전한다. 압력선은 그림 11-7(a)의 줄과 같이 접촉은 이 선을 따라 발생한다. 첫 접촉은 그림 11-12의 a점과 같이 구동 기어의 하단(flank)이 종동 기어의 상단과 만날 때 발생하고, 여기서 종동 기어의 어덴덤이 압력선과 교차한다. a점을 지나는 치형 곡선을 그리고 양 피치원들과 치형곡선이 만나는 점과 기어 중심을 연결하면 각 기어의 **접근각**(angle of approach)을 구할 수 있다.

기어 이가 맞물리면서 접촉점은 구동기어 상단으로 움직이게 되어 최종적으로 그림 11-12의 b점인 구동기어의 어덴덤원과 압력선의 교차점이 된다. b점을 지나는 또다른 치형곡선을 그림으로써 접근각과 같은 방식으로 후퇴각(angle of recess)을 구할 수 있다. 접근각과 후퇴각의 합을 **작용각**(anglel of action), 직선 ab를 **작용선**이라고 한다.

랙은 무한대의 피치지름을 갖는 스퍼 기어로 볼 수 있고 무한개의 이와 피치점에서 무한한 기초원을 갖는다. 랙의 인벌류트 이 측면은 중심선과 압력각에 해당하는 각도를 이루는 직선이다. 그림 11-13은 피니언과 맞물리는 인벌류트 랙을 나타낸다. 인벌류트 이

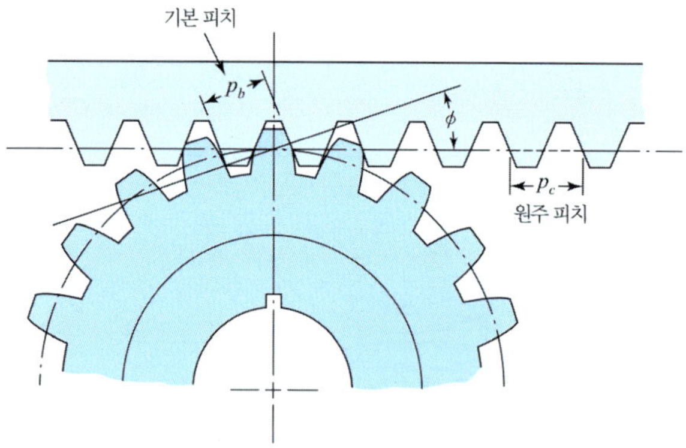

그림 11-13
피니언과 랙

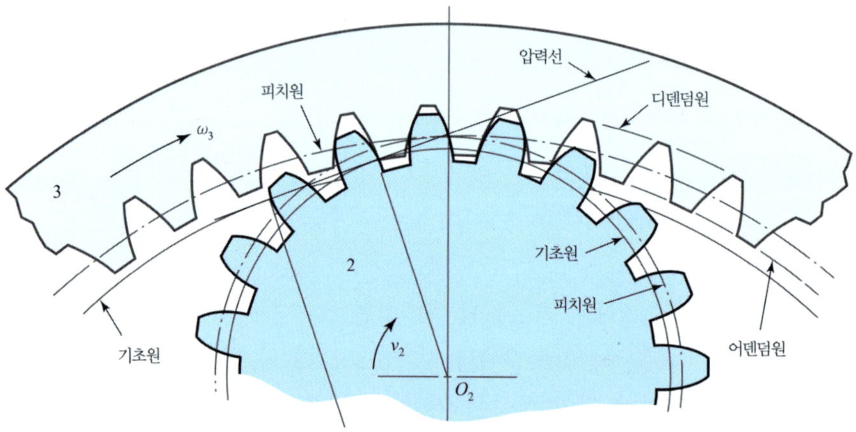

그림 11-14
내접 기어와 피니언

측면은 평행한 직선으로 기초피치는 공통법선을 따라서 일정하다. 기초피치와 원주피치의 관계는 다음과 같다.

$$p_b = p_c \cos \phi \tag{11-7}$$

그림 11-14는 **내접 기어** 또는 **링 기어**와 피니언이 맞물리는 상태를 도시한 것이다. 두 개의 기어는 회전 중심이 서로 같고 피치원에 대한 어덴덤과 디덴덤 원의 위치가 반대로 되어 있어 내접 기어의 어덴덤원은 피치원의 **안쪽**에 존재하며 내접 기어의 기초원은 피치원의 안쪽에 위치한다.

주목할 점은 실제로 맞물리는 한 쌍의 기어의 피치원 지름이 설계한 피치원 지름과 같지 않아도 된다는 사실이다. 기어 간 중심거리가 증가하는 경우 피치점에서 서로 접해야 하기 때문에 새로운 더 큰 지름의 피치원 두 개를 생성할 수 있다. 따라서 피치원은 기어쌍이 맞물리고서야 생성됨을 알 수 있다.

기초원은 치형 생성에 관련되므로 중심거리의 변화는 기초원에는 아무런 영향이 없다. 중심거리의 증가로 압력각이 증가하고 작용선이 줄어들지만 기어 이는 여전히 컨주게이트 운동을 하므로 일정한 운동 전달에 필요한 요구사항은 만족하고 각속도비도 변하지 않는다.

예제 11-1 구동 기어의 잇수 16개, 피동 기어의 잇수 40개, 어덴덤과 디덴덤은 $1/P$, $1.25/P$, 압력각 20°일 때

(a) 원주피치, 축 간 중심거리, 기초원의 반지름을 계산하라.

(b) 기어를 제작할 때 축 간 중심거리가 $\frac{1}{4}$ in 더 크게 제작되었다. 새로운 압력각과 피치원의 지름을 계산하라.

풀이

답 (a)

$$p = \frac{\pi}{P} = \frac{\pi}{2} = 1.57 \text{ in}$$

구동 기어와 피동 기어의 피치 지름은 각각

$$d_p = \frac{16}{2} = 8 \text{ in} \qquad d_G = \frac{40}{2} = 20 \text{ in}$$

축간 중심거리는

$$\frac{d_p + d_G}{2} = \frac{8+20}{2} = 14 \text{ in}$$

압력각이 20°이므로 기초원의 반경은 $r_b = r\cos\phi$에서 다음과 같이 계산된다.

답

$$r_b(\text{pinion}) = \frac{8}{2}\cos 20° = 3.76 \text{ in}$$

답

$$r_b(\text{gear}) = \frac{20}{2}\cos 20° = 9.40 \text{ in}$$

(b) 중심거리가 $\frac{1}{4}$ in만큼 증가되었을 때 d_p', d_G'를 각각 새로운 피치원의 지름이라고 하면 중심거리는 다음과 같이 표시된다.

$$\frac{d_p' + d_G'}{2} = 14.250 \tag{1}$$

각속도 비는 변하지 않으므로

$$\frac{d_p'}{d_G'} = \frac{16}{40} \tag{2}$$

식 (1)과 식 (2)에서

답

$$d_p' = 8.143 \text{ in} \qquad d_G' = 20.357 \text{ in}$$

$r_b = r\cos\phi$이므로 새로운 압력각은 아래와 같이 구할 수 있다.

답

$$\phi' = \cos^{-1}\frac{r_b(\text{pinion})}{d_p'/2} = \cos^{-1}\frac{3.76}{8.143/2} = 22.56°$$

11-6 물림률

기어의 맞물림이 그림 11-15에 도시되어 있다. 기어 두 이의 접촉은 두 개의 어덴덤원이 압력선을 따라 시작되어 종료된다. 그림 11-15에서 두 이의 접촉은 a에서 시작되어 b에서 끝난다. 그림에서 AP를 **접근호**(arc of approach) q_a, BP를 **후퇴호**(arc of recess)라 하고 두 호의 합을 **작용호**(arc of action) q_t라고 한다.

이에 맞물림에서 작용호의 길이가 원주피치와 정확히 같으면, 즉 $q_t = p$이면 이 한 개가 호 AB 전체를 차지하게 된다. 즉, 이가 접촉점 a에 들어올 때 먼저 이의 접촉은 접촉점 b를 떠나게 된다.

이제 작용호의 길이가 피치보다 더 큰 경우를 생각해 보자. $q_t = 1.2p$라 하면 이것은 한 쌍의 이가 접촉점 a를 들어올 때 이미 맞물리고 있던 이는 아직 접촉점 b를 떠나지 못한 상태를 의미한다. 따라서 짧은 기간 동안 두 개의 이가 서로 접촉을 유지하고 있게 된다.

이와 같이 어느 한 순간에 접촉해 있는 평균 잇수를 물림률이라 한다. **물림률**(contact ratio)은 다음과 같이 정의된다.

$$m_c = \frac{q_t}{p} \tag{11-8}$$

이 비율은 접촉이 발생하는 길이를 기초피치로 나눈 값에 해당한다. 물림률은 일반적으로 1.2보다 작지 않게 설계된다. 물림률이 이보다 작으면 진동과 소음을 일으키기 때문이다.

물림률을 구하는 보다 쉬운 방법은 원호 AB 대신 작용선 ab를 사용하는 것이다. 그림 11-15에서 ab는 기초원의 접선이므로 원주피치 대신에 기초원의 피치 p_b를 물림률 m_c를 계산하는 데 사용할 수 있다. 작용선의 길이를 L_{ab}라 하면 물림률은

$$m_c = \frac{L_{ab}}{p\cos\phi} \tag{11-9}$$

그림 11-15
물림률의 정의

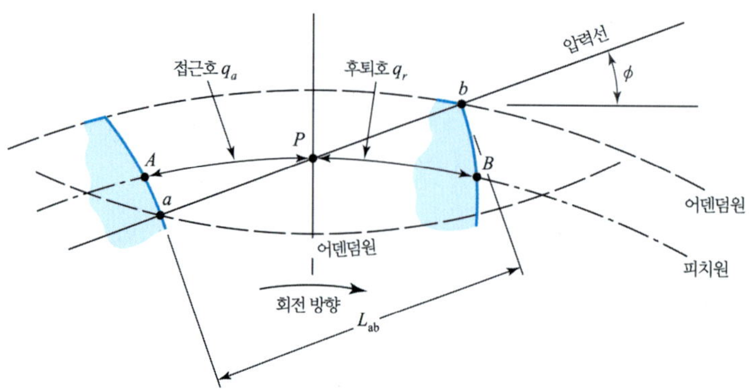

11-7 이의 간섭

컨주게이트(conjugate)운동을 하지 않는 치형 곡선 부분들간의 접촉을 간섭이라고 부른다. 그림 11-16에 잇수 16개, 압력각 14.5°를 가지는 두 개의 기어가 도시되어 있다. 구동 기어 2는 시계방향으로 회전하며, 접촉점은 압력선 상 A에서 시작하여 B에서 끝난다. 이때 압력선이 기초원에 접하는 점 C와 점 D는 점 A와 점 B 내부에 존재하는 간섭이 발생한다.

이의 간섭은 다음과 같이 설명할 수 있다. 피동 기어 이가 구동 기어 이의 옆면을 접촉할 때 구동 기어의 이는 피동 기어의 이와 점 A에서 만난다. 이때 점 A는 인벌류트 치형이 존재하지 않으며 접촉은 기어 2의 기초원 밑에 인벌류트 치형이 없는 곳에서 이루어진다. 이 결과 피동 기어의 이가 구동 기어 이의 옆면을 파내게 된다.

이는 접촉이 끝날 때도 같은 현상이 발생하게 된다. 접촉은 D에서 끝나야 하나 실제로 B까지 이어지며 이때 구동 기어의 이가 피동 기어 이의 옆면을 파내게 된다.

가공커터로 기어 치형을 생성할 경우에는 커터가 기어 밑의 간섭부분을 제거하므로 자동적으로 간섭은 발행하지 않는다. 이와 같이 이의 간섭에 의하여 인벌류트 치형이 존재하지 않는 곳의 기어 이를 파내는 것을 **언더컷**(undercut)이라 한다. 언더컷은 이 뿌리에서 재료를 깎아내기 때문에 이를 약하게 만든다. 따라서 가공커터에 의한 간섭회피 방법은

그림 11-16
기어 이의 간섭

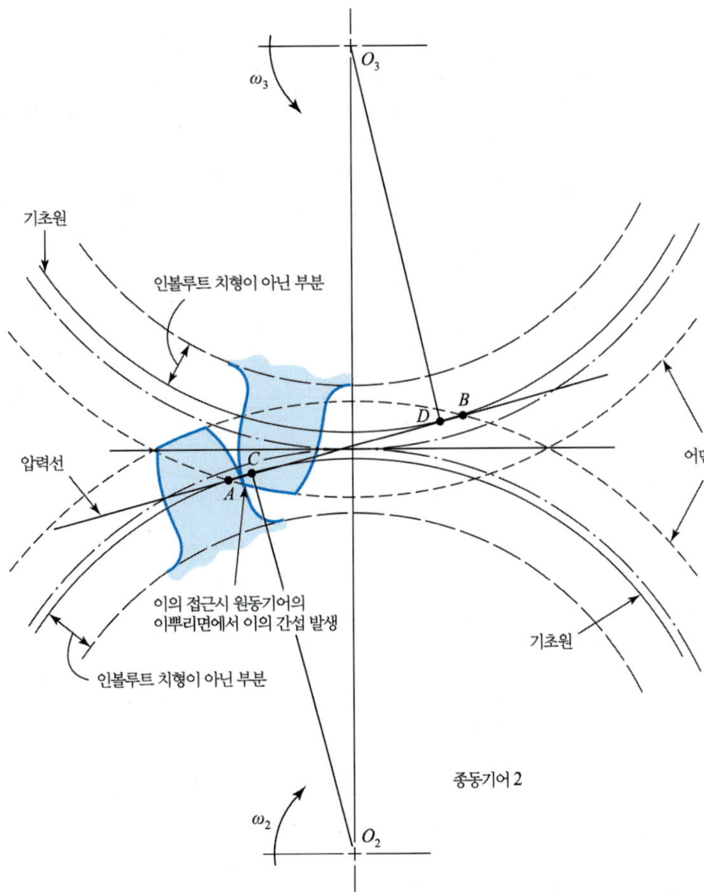

근본적인 해결책이 될 수 없다.

언더컷이 발생하지 않는 피니언의 최소 잇수 N_P는 스퍼 기어에서 다음과 같이 나타낼 수 있다.[1]

$$N_P = \frac{2k}{3\sin^2\phi}\left(1 + \sqrt{1 + 3\sin^2\phi}\right) \tag{11-10}$$

여기서 기본치형인 경우 $k = 1$이고 ϕ는 압력각이다.

예를 들어, 압력각이 $20°$이고 $k = 1$인 경우

$$N_P = \frac{2(1)}{3\sin^2 20°}\left(1 + \sqrt{1 + 3\sin^2 20°}\right) = 12.3 = 13\text{개}$$

피니언의 잇수 13개는 이의 간섭을 방지한다. 압력각이 $14.5°$인 경우 $N_p = 23$개가 된다. 따라서 압력각이 클수록 언더컷을 방지하는 피니언의 잇수가 작아지기 때문에 압력각 $14.5°$는 더 이상 사용되지 않는다.

기어비($m_G = N_G/N_P = m$)가 1보다 크면, 간섭이 발생하지 않는 피니언의 최소 잇수는

$$N_P = \frac{2k}{1 + 2m\sin^2\phi}\left(m + \sqrt{m^2 + (1 + 2m)\sin^2\phi}\right) \tag{11-11}$$

$m = 4$, $\phi = 20°$라면

$$N_P = \frac{2(1)}{[1 + 2(4)]\sin^2 20°}\left[4 + \sqrt{4^2 + [1 + 2(4)]\sin^2 20°}\right] = 15.4 = 16\text{개}$$

따라서 잇수 16개 피니언과 64개의 기어는 이의 간섭 없이 물림을 가질 수 있다.

랙과 함께 사용되는 스퍼 기어 피니언에 간섭이 일어나지 않는 최소 잇수는

$$N_P = \frac{2(k)}{\sin^2\phi} \tag{11-12}$$

압력각 $20°$인 경우에 피니언의 최소 잇수는

$$N_P = \frac{2(1)}{\sin^2 20°} = 17.1 = 18\text{개}$$

이의 간섭이 일어나지 않는 기어의 최대 잇수는

$$N_G = \frac{N_P^2\sin^2\phi - 4k^2}{4k - 2N_P\sin^2\phi} \tag{11-13}$$

예를 들어 잇수 13개의 피니언과 압력각이 $20°$인 경우 기어의 잇수는

[1] Robert Lipp, "AAvoiding Tooth Interference in Gears," Machine Design, Vol. 54, No. 1, 1982, pp. 122-124.

$$N_G = \frac{13^2 \sin^2 20° - 4(1)^2}{4(1) - 2(13) \sin^2 20°} = 16.45 = 16\text{개}$$

즉, 잇수 13개의 피니언은 기어의 최대 잇수 16개까지만 간섭 없이 물림을 가질 수 있다.

이의 간섭은 큰 압력각을 사용하여 감소시킬 수 있다. 큰 압력각은 기초원을 작게 하여 이 치형의 많은 부분이 인벌류트 곡선이 되게 한다. 따라서 작은 수의 이를 갖는 작은 피니언들은 마찰력과 베어링 하중이 증가하고 물림률이 감소함에도 불구하고 25°의 큰 압력각을 선호한다.

11-8 베벨 기어

서로 교차하는 축에서 동력을 전달할 때 그림 11-17과 같은 베벨 기어가 사용된다. 베벨 기어는 보통 90°의 교차축에 사용되지만 임의의 각도에도 사용할 수 있다. 베벨 기어의 피치는 이의 큰 쪽에서 측정하며 원주피치와 지름 피치는 모두 스퍼 기어와 같은 방법으로 계산할 수 있다. 피치 각은 꼭지점에서 만나는 원추에 의해서 다음과 같이 정의된다.

$$\tan\gamma = \frac{N_P}{N_G} \qquad \tan\Gamma = \frac{N_G}{N_P} \tag{11-14}$$

여기서 P와 G는 각각 피니언과 기어를 나타내며 γ와 Γ는 각각 피니언과 기어의 피치각이다.

그림 11-17의 배 원추(back-cone)에 투사된 스퍼 기어가 나와 있다. 이 스퍼 기어의 배 원추 반지름은 r_b이다. 이 같은 가상적인 기어의 잇수는

그림 11-17
베벨 기어의 용어 정의

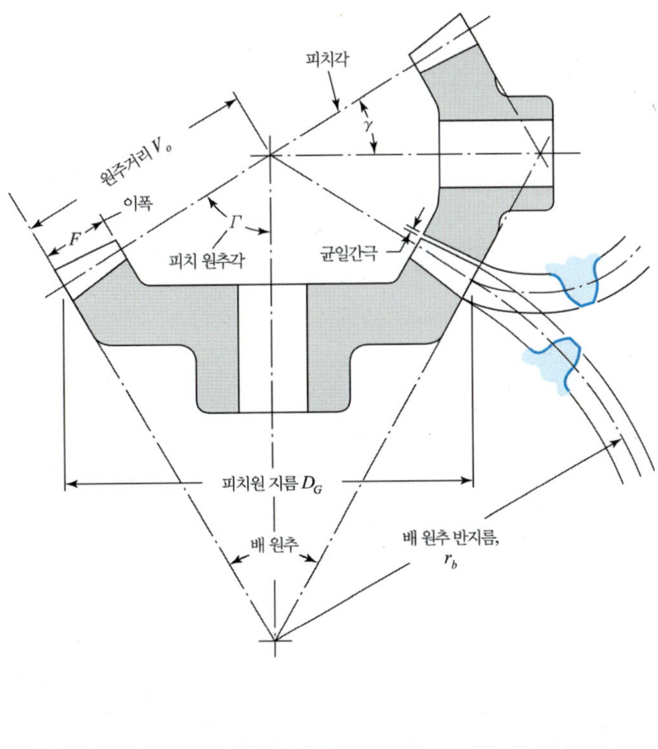

$$N' = \frac{2\pi r_b}{p} \tag{11-15}$$

여기서 N'은 **상당 잇수**(virtual number of teeth)이며 p는 원주피치이다. p는 외단부원주 피치이다. 표준 직선 베벨 기어는 압력각 20°, 전위기어(어덴덤과 디덴덤 크기가 다름)로 가공하여 접촉률을 증가시키고 언더컷을 회피하며 피니언의 강성을 증가시킨다.

11-9 헬리컬 기어

헬리컬 기어의 비틀림각은 각 기어에서 같지만 한 개의 기어가 오른방향 나선(helix)을 가지면 물리는 다른 기어는 왼방향 나선을 갖는다. 헬리컬 기어의 치형인의 인벌류트 헬리코이드는 그림 11-18에 나와 있다. 평행사변형모양으로 자른 종이를 원기둥에 감으면 종이의 모서리가 나선이 된다. 이 종이를 풀면 모서리의 각 점이 인벌류트 곡선을 생성한다. 모서리의 모든 점들이 인벌류트를 생성할 때 얻은 면을 인벌류트 헬리코이드라고 한다.

스퍼 기어의 이에서 초기 접촉은 이 면을 따라 가로지르는 하나의 선 전체에 걸쳐 이루어진다. 그러나 헬리컬 기어에서 초기 접촉은 점으로 시작되어 이의 물림이 진행됨에 따라 선으로 증가한다. 스퍼 기어에서는 접촉선이 회전축과 평행하지만 헬리컬 기어에서는 이의 접촉면에 따라 대각선을 이룬다. 따라서 이와 같은 점진적인 이 물림은 헬리컬 기어가 큰 하중을 고속에서 전달하게 하는 것을 가능케 한다. 이와 같은 헬리컬 기어의 접촉 특성 때문에 물림률은 중요하지 않고 접촉 면적 즉, 기어의 이 두께에 비례하는 접촉 면적이 보다 더 중요하게 된다. 헬리컬 기어는 반지름방향과 축방향의 베어링 하중이 작용한다. 축방향 하중이 너무 크거나 바람직하지 않은 경우에 더블 헬리컬 기어를 사용하는 것이 좋다. 더블 헬리컬 기어는 두 개의 헬리컬 기어가 반대 방향의 나선을 가지고 장착되어 축방향 하중을 서로 상쇄한다. 두 개 이상의 헬리컬 기어가 동일 축에 장착되는 경우 축방향 하중이 최소로 발생하도록 기어의 회전방향을 결정한다.

그림 11-19에서 선 ab와 선 cd는 피치 평면에서 서로 이웃한 두 개의 이의 중심선이다. 각 ψ는 **비틀림각**이다. 선 ac는 **축직각 피치**(transverse circular pitch) p_t이며, 선분 ae는

그림 11-18
인벌류트 나선형

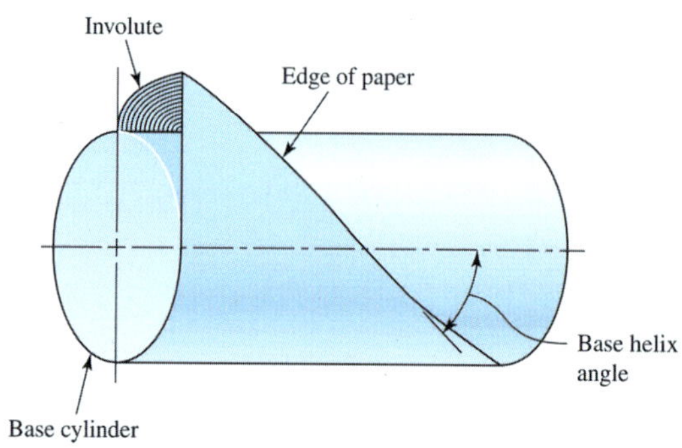

그림 11-19
헬리컬 기어의 용어

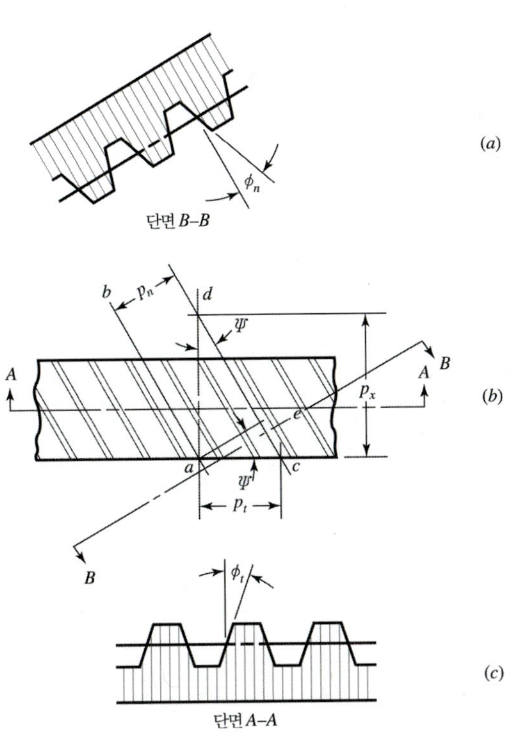

치직각 피치(normal circular pitch) p_n으로 다음의 관계식을 갖는다.

$$p_n = p_t \cos\psi \tag{11-16}$$

거리 ad는 축피치(axial pitch) p_x라 하며 다음의 관계식을 갖는다.

$$p_x = \frac{p_t}{\tan\psi} \tag{11-17}$$

$p_n P_n = \pi$이므로, 치직각 피치는

$$P_n = \frac{P_t}{\cos\psi} \tag{11-18}$$

치직각 방향의 압력각 ϕ_n은 축직각 방향의 압력각 ϕ_t와 다르며 다음 관계를 갖는다.

$$\cos\psi = \frac{\tan\phi_n}{\tan\phi_t} \tag{11-19}$$

그림 11-20은 비틀림각 ψ을 가지는 경사면 ab에 의해서 잘려진 기어를 나타낸다. 경사면은 곡률 반지름 R을 갖게 절단하며 $\psi = 0$일 때, 곡률 반지름 $R = D/2$이다. 비틀림각이 0에서 90°까지 점차 증가한다고 가정하면, 반지름 R은 $D/2$에서 $R = \infty$까지 증가한다. 기어의 피치는 같지만 반지름이 증가함에 따라 상당 잇수(virtual number of teeth)는 증가하게 된다. 상당 잇수는 실제 잇수와 다음 식으로 표시된다.

그림 11-20
ab 단면의 상당 실린더 단면

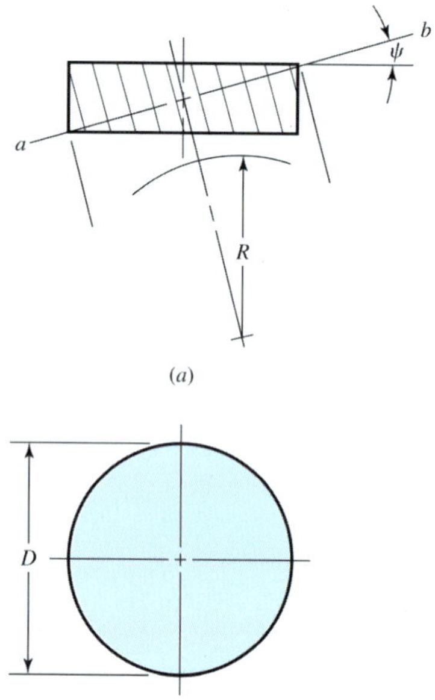

$$N' = \frac{N}{\cos^3 \psi} \tag{11-20}$$

여기서 N'은 상당 잇수이고 N은 실제 잇수이다. 상당 잇수는 헬리컬 기어의 강도 설계나 가공에 사용된다. 이렇게 상당곡률 반지름이 큰 것은 헬리컬 기어가 적은 언더컷으로 더 적은 이 개수가 가능함을 의미한다.

예제 11-2 헬리컬 기어에서 압력각 20°, 비틀림각 25°이며 축직각모듈 5.0 mm, 잇수 18개다. 다음을 구하라.

(a) 피치지름
(b) 축직각, 치직각, 축피치
(c) 치직각 지름피치
(d) 축직각 압력각

풀이

답 (a) $d = Nm_t = 18(5) = 90\ \text{mm}$

답 (b) $p_t = \pi m_t = \pi(5) = 15.71\ \text{mm}$

$$p_n = p_t \cos \psi = 15.71 \cos 25° = 14.24\ \text{mm}$$

$$p_x = \frac{p_t}{\tan \psi} = \frac{15.71}{\tan 45°} = 15.71\ \text{mm}$$

답 (c) $m_n = m_t \cos\psi = 5\cos 45° = 3.54\ \text{mm}$

답 (d) $\phi_t = \tan^{-1}\left(\dfrac{\tan\phi_n}{\cos\psi}\right) = \tan^{-1}\left(\dfrac{\tan 20°}{\cos 25°}\right) = 21.88°$

스퍼 기어와 마찬가지로 헬러컬 기어도 간섭이 일어날 수 있다. 식 (11-19)를 이용하여 접선방향(회전방향) 압력각 ϕ_t는 다음과 같다.

$$\phi_t = \tan^{-1}\left(\frac{\tan\phi_n}{\cos\psi}\right)$$

동일한 잇수의 기어와 언더컷이 발생하지 않는 헬리컬피니언의 최소 잇수 N_P는 다음과 같다.[2]

$$N_P = \frac{2k\cos\psi}{3\sin\phi_t}\left(1+\sqrt{1+3\sin^2\phi_t}\right) \tag{11-21}$$

예를 들어 치직각 압력각 ϕ_n 20°, 비틀림각 30°인 경우,

$$\phi_t = \tan^{-1}\left(\frac{\tan 20°}{\cos 30°}\right) = 22.80°$$

$$N_P = \frac{2(1)\cos 30°}{3\sin^2 22.80°}\left(1+\sqrt{1+3\sin^2 22.80°}\right) = 8.48 = 9$$

주어진 기어비 $m_G = N_G/N_P = m$에서 최소 피니언 잇수는 다음과 같다.

$$N_P = \frac{2k\cos\psi}{(1+2m)\sin^2\phi_t}\left[m+\sqrt{m^2+(1+2m)\sin^2\phi_t}\right] \tag{11-22}$$

한편 주어진 피니언 잇수에 대한 최대 기어 잇수는 다음과 같다.

$$N_G = \frac{N_P^2\sin^2\phi_t - 4k^2\cos^2\psi}{4k\cos\psi - 2N_P\sin^2\phi_t} \tag{11-23}$$

예를 들어 치직각 압력각 ϕ_n 20°, 비틀림각 30°인 경우, ϕ_t가 22.80°이므로

$$N_G = \frac{9^2\sin^2 22.80° - 4(1)^2\cos^2 30°}{4(1)\cos 30° - 2(9)\sin^2 22.80°} = 12.02 = 12$$

랙에서 최소 피니언잇수는 다음과 같다.

$$N_P = \frac{2k\cos\psi}{\sin^2\phi_t} \tag{11-24}$$

치직각 압력각 ϕ_n 20°, 비틀림각 30°인 경우, ϕ_t가 22.80°이므로

[2] Op. cit., Robert Lipp, *Machine Design*, pp. 122-124.

$$N_P = \frac{2(1)\cos 30°}{\sin^2 22.80°} = 11.5 = 12\text{개}$$

헬리컬 기어의 경우 기어 폭으로 물리는 기어 잇수는 1보다 크고 이를 **면물림율**(face-contact ratio)이라고 한다. 따라서 물림율을 증가시키고 점진적으로 미끄러짐 물림으로 인하여 정숙한 기어가 가능하다.

11-10 웜 기어

웜 기어의 각 명칭이 그림 11-21에 나와 있다. 웜과 웜 기어는 같은 나선(helix)을 가지나 비틀림각은 서로 아주 다르다. 웜의 비틀림각은 일반적으로 아주 크고 기어의 비틀림각은 아주 작다. 이 때문에 웜에서는 리드각(lead angle) λ로 정의하고 기어에서는 비틀림각 ψ_G로 표시한다. 웜의 리드각은 기어의 비틀림각과 그림 11-21에 도시된 바와 같이 서로 보각을 이룬다.

웜 기어 세트에 피치를 정의함에 있어 일반적으로 웜의 **축피치**(axial pitch) p_x와 기어의 **원주피치**(transverse circular pitch) p_t를 사용한다. 두 축의 각이 90°일 때 축피치와 축직각 원주피치는 서로 같다. 그림 11-21에 표시된 바와 같이 기어의 피치지름은 웜 축을 포함하는 평면에서 측정된 지름으로 다음과 같이 표시된다.

$$d_G = \frac{N_G p_t}{\pi} \tag{11-25}$$

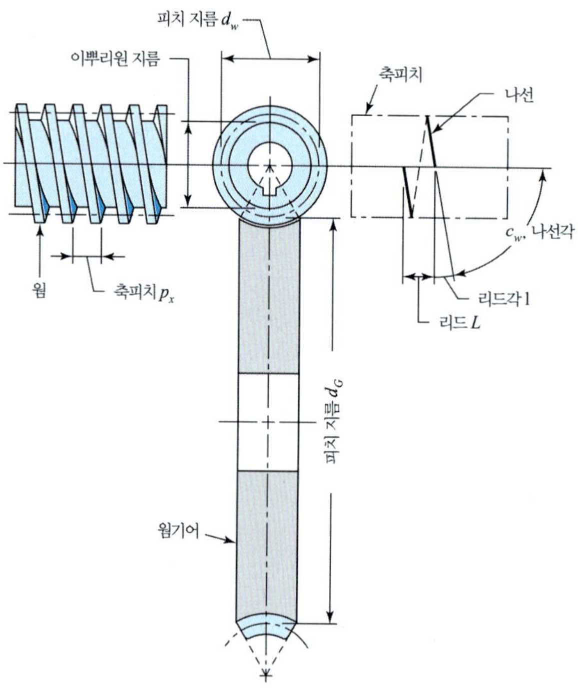

그림 11-21
웜 기어의 명칭

웜 기어는 잇수와 관계없기 때문에 웜은 임의의 피치지름을 가질 수 있으나 일반적으로 웜의 피치지름은 다음의 범위 내에서 선정된다.

$$\frac{C^{0.875}}{3.0} \le d_W \le \frac{C^{0.875}}{1.7} \tag{11-26}$$

여기서 C는 중심거리이다. 리드 L과 리드각 l는 다음의 관계를 갖는다.

$$L = p_x N_W \tag{11-27}$$

$$\tan\lambda = \frac{L}{\pi d_W} \tag{11-28}$$

11-11 기어 이의 표준[3]

기어 이의 표준은 어덴덤, 디덴덤, 작용깊이, 이두께, 압력각의 관계를 나타낸다. 표준은 동일한 압력각과 피치를 갖는 모든 잇수의 기어의 호환성을 위하여 제안되었다.

표 11-1은 스퍼 기어의 표준을 나타낸 것이다. 압력각 14.5°는 과거에는 쓰였으나 간섭 회피를 위해서는 상대적으로 크기가 커지므로 현재는 거의 사용되지 않는다.

표 11-2는 기어의 피치와 모듈의 선정에 특별히 유용하다. 일반적으로 표에 있는 크기의 가공커터는 표준으로 구할 수 있다.

표 11-3은 직선 베벨 기어의 이 치수에 대한 공식이다. 이의 모양과 크기는 이의 외단부(large end)에서 정의된다.

표 11-4는 헬리컬 기어의 이에 대한 표준이다. 치수들은 치직각 압력각을 기준으로 정의하는데, 스퍼 기어와 동일한 표준을 사용한다. 일반적으로 헬리컬 기어의 면폭은 원활한 물림을 위하여 축피치의 2배 이상으로 정한다.

표 11-1
스퍼 기어 표준

기어 이 각부	압력각 ϕ, eg	어덴덤 a	디덴덤 b
Full depth	20	$1/P$ or m	$1.25/P$ or $1.25m$ $1.35/P$ or $1.35m$
	22	$1/P$ or m	$1.25/P$ or $1.25m$ $1.35/P$ or $1.35m$
	25	$1/P$ or m	$1.25/P$ or $1.25m$ $1.35/P$ or $1.35m$
Stub	20	$0.8/P$ or $0.8m$	$1/P$ or m

3 미국기어공업협회(AGMA : American Gear Manufacturers Association) 표준임. 수시로 변경이 가능하니 홈페이지 www.agma.org를 참고하거나 주소 1500 King Street, Suite 201, Alexandria, VA 22314로 우편요청.

표 11-2
일반적인 이의 크기

지름 피치 P (teeth/in)	
Coarse	2, $2\frac{1}{4}$, $2\frac{1}{2}$, 3, 4, 6, 8, 10, 12, 16
Fine	20, 24, 32, 40, 48, 64, 80, 96, 120, 150, 200
Module m (mm/tooth)	
Preferred	1, 1.25, 1.5, 2, 2.5, 3, 4, 5, 6, 8, 10, 12, 16, 20, 25, 32, 40, 50
Next Choice	1.125, 1.375, 1.75, 2.25, 2.75, 3.5, 4.5, 5.5, 7, 9, 11, 14, 18, 22, 28, 36, 45

표 11-3
압력각 20° 직선 베벨 기어의 제원

항목	수식
총이높이	$h_k = 2.0/P$
이끝틈새	$c = (0.188/P) + 0.002$ in
기어 어덴덤(이끝높이)	$a_G = \dfrac{0.54}{P} + \dfrac{0.460}{P(m_{90})^2}$
기어비	$m_G = N_G/N_P$
상당 직각비 90°	$m_{90} = m_G$ when $\Gamma = 90°$ $m_{90} = \sqrt{m_G \dfrac{\cos\gamma}{\cos\Gamma}}$ when $\Gamma \neq 90°$
이폭	$F = 0.3A_0$ or $F = \dfrac{10}{P}$, whichever is smaller
최소 기어잇수	Pinion: 16, 15, 14, 13 Gear: 16, 17, 20, 30

표 11-4
헬리컬 기어 표준

Quantity*	수식	Quantity*	수식
어덴덤	$\dfrac{1.00}{P_n}$	외부 기어	
디덴덤	$\dfrac{1.25}{P_n}$	표준중심거리	$\dfrac{D+d}{2}$
피니언 피치 지름	$\dfrac{N_P}{P_n \cos\psi}$	기어외경	$D+2a$
기어 피치 지름	$\dfrac{N_G}{P_n \cos\psi}$	피니언 외경	$d+2a$
치직각 호 이두께†	$\dfrac{\pi}{P_n} - \dfrac{B_n}{2}$	기어 이뿌리 지름	$D-2b$
피니언 기초지름†	$d\cos\phi_t$	피니언 이뿌리 지름 내부 기어	$d-2b$
기어 기초지름	$D\cos\phi_t$	중심거리	$\dfrac{D-d}{2}$
기초 나선각	$\tan^{-1}(\tan\psi\cos\psi_t)$	내경, 이뿌리 지름	$D-2a$ $D+2b$

* 모든 치수 단위는 인치이며, 각도 단위는 도이다.
† B_n은 치직각 백래쉬임.

표 11-5
웜 기어의 추천 압력각과 이 크기

리드각 λ, deg	압력각 ϕ_n, deg	어덴덤 a	디덴덤 b_G
0–15	$14\frac{1}{2}$	$0.3683p_x$	$0.3683p_x$
15 − 30	20	$0.3683p_x$	$0.3683p_x$
30 − 35	25	$0.2865p_x$	$0.3314p_x$
35 − 40	25	$0.2546p_x$	$0.2947p_x$
40 − 45	30	$0.2228p_x$	$0.2578p_x$

그림 11-22
웜의 면폭

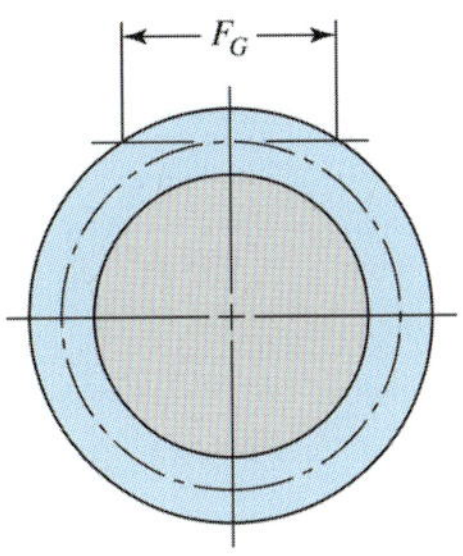

웜 기어의 이는 필요성이 적어서 아직 표준화가 미비하다. 압력각은 리드각에 의존하고 웜 기어 이의 언더컷을 방지하기에 충분히 커야 한다. 이 깊이는 축방향 원주피치에 비례하여 정할 수 있다. 표 11-5는 웜 기어의 압력각과 이 깊이에 대한 기준이다.

웜 기어의 면 폭 F_G는 그림 11-22와 같이 피치언에서의 접선이 어덴덤원과 교차하는 길이와 같아야 한다.

11-12 힘의 해석-스퍼 기어

기어 힘의 해석에 앞서 먼저 기호 표시를 정의하기로 하자. 숫자 1은 기어 장치의 기준좌표계를 나타내며 입력 기어는 2, 계속되는 기어는 3, 4, $\cdots$ 기어 축은 a, b, c 등으로 표시한다.

다음 기어 2에 의해서 기어 3에 작용하는 힘은 F_{23}, 축 a에 작용하는 기어 2의 힘은 F_{2a}로 표시한다. 좌표계는 x, y, z 좌표계와 반지름 및 접선방향을 나타내기 위한 r, t 좌표계를 사용한다. 이 표현 방법에 따라 F^t_{43}는 기어 4에 의해서 기어 3에 작용하는 접선방향 힘을 나타낸다.

그림 11-23a는 시계방향 n_2 rpm으로 회전하는 축 a상의 피니언 2와 m_3 rpm으로 회전하는 기어 3을 도시한 것이다. 그림 11-23b는 피니언 2와 기어 3을 분리하고 피니언 2와 기어 3에 작용하는 각 힘과 토크를 도시한 것이다. F_{a2}와 T_{a2}는 각각 축 a에 의해서 피니언 2에 작용하는 힘과 토크이다.

그림 11-24는 피니언의 자유물체도이다. 전달 하중 W_t를

$$W_t = F^t_{32} \tag{a}$$

와 같이 정의하면 접선방향 힘은 동력 전달에 유용하지만 반지름방향 힘 F^r_{32}은 동력 전달에 아무런 기여를 하지 못함을 알 수 있다. 전달 하중과 토크는 다음 관계가 있다.

$$T = \frac{d}{2} W_t \tag{b}$$

그림 11-23
자유물체도

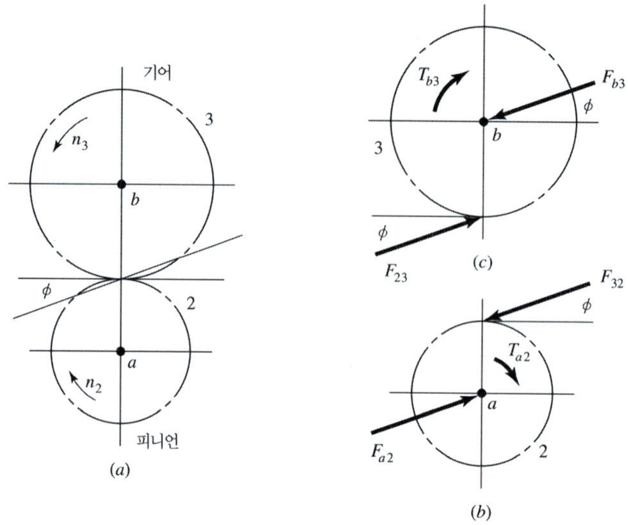

그림 11-24
피니언에 작용하는 힘 분석

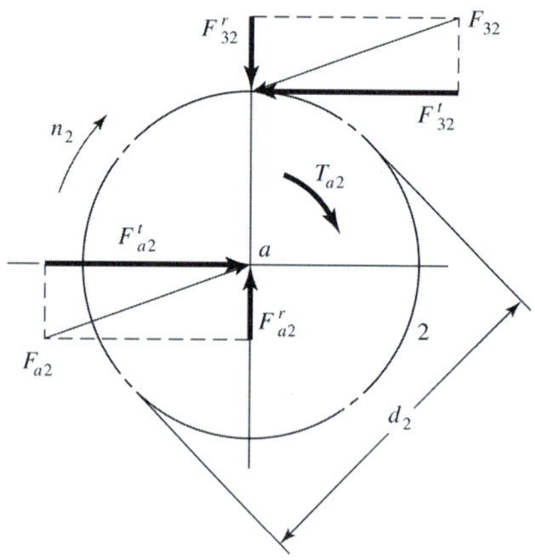

여기서 $T = T_{a2}$, $d = d_2$이다.

회전하는 기어를 통해 전달되는 동력 H는 토크 T와 각속도 ω의 곱으로 구할 수 있다.

$$H = T\omega = (W_t d/2)\omega \tag{11-29}$$

어떤 단위계도 이 식에 사용될 수 있지만 동력의 단위는 분명히 다른 변수들의 단위에 의존하게 된다. 동력의 단위로 마력(horsepower)이나 킬로와트(kilowatts)를 사용하는 것이 바람직하며 적절한 단위변환계수를 적용한다.

서로 맞물리는 기어는 손실 2% 이내로 효율적이므로 일반적으로 맞물리는 동안 동력은 일정하다고 간주한다. 따라서 식 (11-29)은 맞물리는 어떤 기어의 d나 ω를 사용해도 동일한 동력을 나타낸다.

피치원 상의 점에서 선속도인 피치선속도(pitch-line velocity), $V = (d/2)w$를 이용하여 기어 데이터를 나타내는 경우도 있다. 이를 일반 단위계로 변환하면 다음과 같다.

$$V = \pi dn/12 \tag{11-30}$$

여기서 V = 피치선속도, ft/min

d = 기어지름, in

n = 기어속도, rev/min

대부분의 기어설계문제에서는 동력과 속도가 주어지므로 식 (11-33)을 W_t로 나타내면 편리하다. 피치선속도와 적절한 단위변환계수를 적용하면 식 (11-33)은 미국단위계로

$$W_t = 33\,000\frac{H}{V} \tag{11-31}$$

여기서 W_t = 전달력, lbf

H = 동력, hp

V = 피치선속도, ft/min

SI 단위계로는

$$W_t = \frac{60\,000H}{\pi dn} \tag{11-32}$$

여기서 W_t = 전달력, kN

H = 동력, kW

d = 기어지름, mm

n = 속도, rev/min

예제 11-3 그림 11-25a에서 피니언 2는 1750 rpm으로 2.5 kW의 동력을 아이들(idle) 기어 3에 전달한다. 기어의 압력각은 20°, 모듈 $m = 2.5$ mm이다. 기어 3의 자유물체도를 구하고 모든 힘을 표시하라.

풀이 기어 2와 3의 피치지름은 각각

$$d_2 = N_2 m = 20(2.5) = 50 \text{ mm}$$
$$d_3 = N_3 m = 50(2.5) = 125 \text{ mm}$$

식 (11-36)에서 전달 하중은

$$W_t = \frac{60\,000H}{\pi d_2 n} = \frac{60\,000(2.5)}{\pi(50)(1750)} = 0.546 \text{ kN}$$

즉 $F_{23}^t = 0.546$ kN(그림 11-25b)가 되고

$$F_{23}^r = F_{23}^t \tan 20° = (0.546)\tan 20° = 0.199 \text{ kN}$$

$$F_{23} = \frac{F_{23}^t}{\cos 20°} = \frac{0.546}{\cos 20°} = 0.581 \text{ kN}$$

그림 11-25
아이들 기어를 포함한 기어 트레인. (a) 기어 트레인, (b) 자유물체도

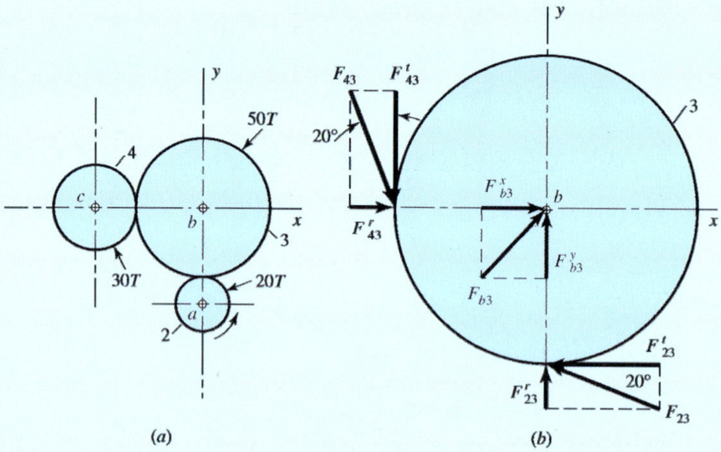

기어 3은 아이들 기어이므로

$$F^t_{43} = 0.546\ \text{kN} \qquad F^r_{43} = 0.199\ \text{kN} \qquad F_{43} = 0.581\ \text{kN}$$

축의 x, y방향 반력은

$$F^x_{b3} = -(F^t_{23} + F^r_{43}) = -(-0.546 + 0.199) = 0.347\ \text{kN}$$

$$F^y_{b3} = -(F^r_{23} + F^t_{43}) = -(0.199 - 0.546) = 0.347\ \text{kN}$$

따라서 축의 반력은 다음과 같이 구해진다.

$$F_{b3} = \sqrt{(0.347)^2 + (0.347)^2} = 0.491\ \text{kN}$$

11-13 힘의 해석-베벨 기어

베벨 기어의 힘의 해석은 일반적으로 모든 하중이 기어 이의 중앙에 작용한다는 가정하에 수행된다. 실제 하중의 작용점은 이의 중앙과 이의 외단면 사이에 있지만 이같은 가정과의 해석 결과 차이는 아주 작다. 전달 하중은

$$W_t = \frac{T}{r_{\text{av}}} \tag{11-33}$$

여기서 T는 토크, r_{av}는 이 중앙의 피치반지름이다. 그림 11-26에서 이 중앙에 작용하는 합력 W는 다음과 같이 접선방향 힘 W_t, 경방향 힘 W_r과 축방향 힘 W_a의 분력으로 표시된다.

$$W_r = W_t \tan\phi \cos\gamma \tag{11-34}$$

$$W_a = W_t \tan\phi \sin\gamma$$

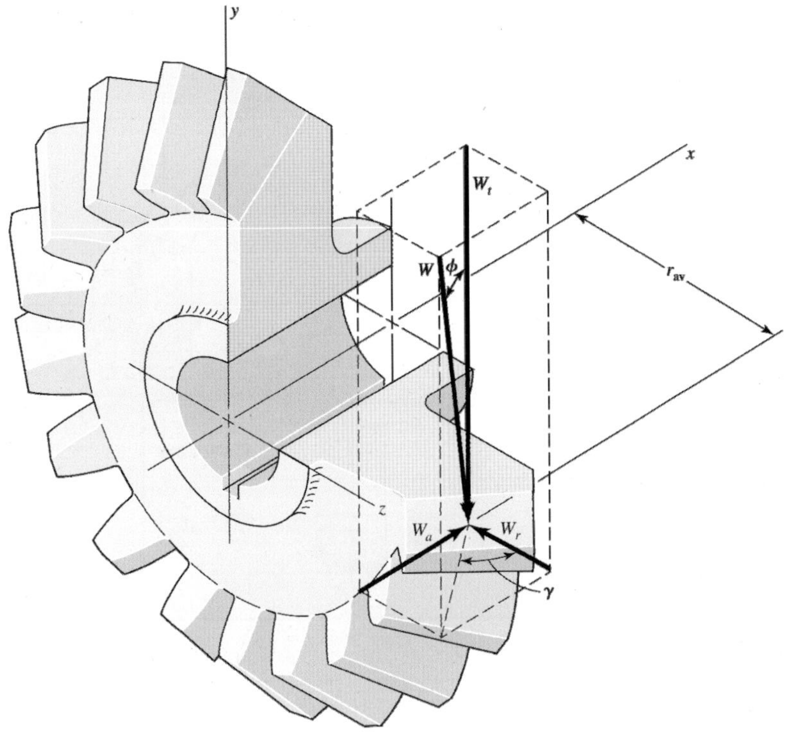

그림 11-26
베벨 기어에 작용하는 힘

예제 11-4 그림 11-27a에서 피니언이 600 rpm, 3.75 kW의 동력을 기어에 전달하고 있다. 마운팅거리, 베어링위치, 피니언과 기어의 평균 피치반지름은 그림과 같다. 단순화를 위해 기어 이는 피치원추로 표시한다. 베어링 A와 C가 스러스트 하중을 지지할 때 기어 축에 작용하는 베어링 력을 구하라.

풀이 피치각은

$$\gamma = \tan^{-1}\left(\frac{75}{225}\right) = 18.4° \qquad \Gamma = \tan^{-1}\left(\frac{225}{75}\right) = 71.6°$$

피치선속도는

$$V = 2\pi r_P n = \frac{2\pi(32)(600)}{60} = 2011 \text{ mm/s}$$

전달 하중은

$$W_t = \frac{H}{V} = \frac{3750}{2.011} = 1865 \text{ N}$$

W_t는 그림 11-27b에서 $+z$ 방향으로 작용한다. W_r, W_a는 각각

$$W_r = W_t \tan\phi \cos\Gamma = 1865 \tan 20° \cos 71.6° = 214 \text{ N}$$

$$W_a = W_t \tan\phi \cos\Gamma = 1865 \tan 20° \sin 71.6° = 644 \text{ N}$$

그림 11-27
(a) 베벨 기어, (b) 자유물체도

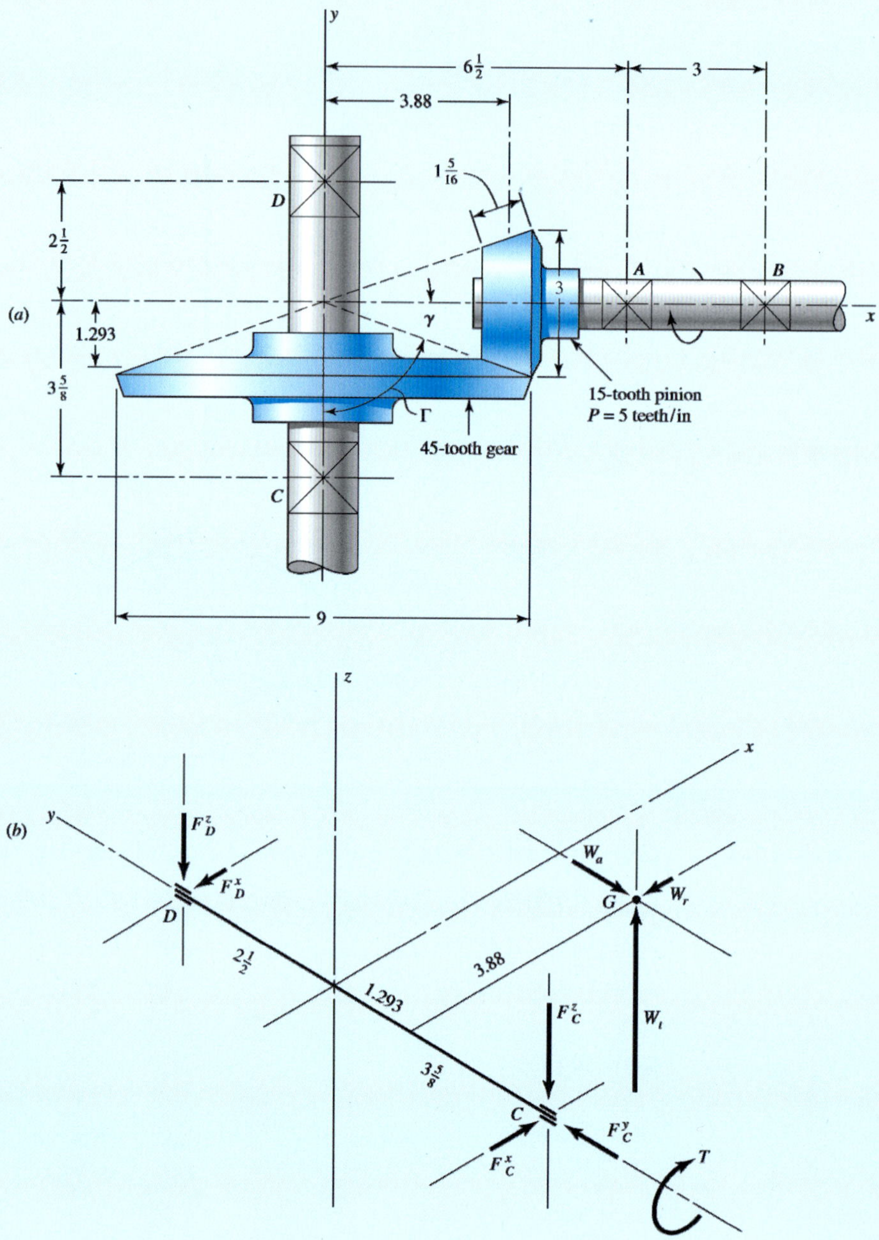

W_r은 $-x$ 방향, W_a는 $-y$ 방향으로 작용한다.

베어링 D에 대한 G와 C점의 위치 벡터는 각각

$$\mathrm{R}_G = 90\mathrm{i} - (60 + 32)\mathrm{j} = 90\mathrm{i} - 92\mathrm{j}$$

$$\mathrm{R}_C = -(60 + 90)\mathrm{j} = -150\mathrm{j}$$

D점에 대한 모멘트 평형에서

$$\mathrm{R}_G \times \mathrm{W} + \mathrm{R}_C \times \mathrm{F}_C + \mathrm{T} = 0$$

$$(90\mathbf{i}-92\mathbf{j})\times(-214\mathbf{i}-644\mathbf{j}+1865\mathbf{k})$$
$$+(-150\mathbf{j})\times(F_C^x\mathbf{i}+F_c^y\mathbf{j}+F_c^z\mathbf{k})+T\mathbf{j}=0 \quad (2)$$

위 식을 계산하면

$$(-171\,580\mathbf{i}-167\,850\mathbf{j}-77\,712\mathbf{k})+(-150F_C^z\mathbf{i}+150F_c^x\mathbf{k})+T\mathbf{j}=0 \quad (3)$$

$$\mathbf{T}=168\mathbf{j}\ \mathrm{N\cdot m} \qquad F_C^x=518\ \mathrm{N} \qquad F_C^z=-1144\ \mathrm{N}$$

다음 힘의 평형에서

$$\mathbf{F}_D+\mathbf{F}_C+\mathbf{W}=0 \quad (4)$$

$$(F_D^x\mathbf{i}+F_D^z\mathbf{k})+(518\mathbf{i}+F_C^y\mathbf{j}-1144\mathbf{k})+(-214\mathbf{i}-644\mathbf{j}+1865\mathbf{k})=0 \quad (5)$$

답 $$\mathbf{F}_C=518\mathbf{i}+644\mathbf{j}-1144\mathbf{k}\ \mathrm{N}$$

식 (5)에서

답 $$\mathbf{F}_D=303\mathbf{i}-721\mathbf{k}\ \mathrm{N}$$

11-14 힘의 해석-헬리컬 기어

그림 11-28은 헬리컬 기어 이에 작용하는 힘을 3차원으로 나타낸 것이다. 이 그림에서 작용력 W의 3방향 힘은

$$\begin{aligned} W_r &= W\sin\phi_n \\ W_t &= W\cos\phi_n\cos\psi \\ W_a &= W\cos\phi_n\sin\psi \end{aligned} \quad (11\text{-}35)$$

여기서 W=작용력

W_r =반지름방향 성분

W_t =접선방향 성분, 전달 하중

W_a =축방향 성분, 스러스트 하중

일반적으로 W_t가 주어지고 다른 힘들은 이를 이용하여 다음과 같이 구할 수 있다.

$$\begin{aligned} W_r &= W_t\tan\phi_t \\ W_a &= W_t\tan\psi \\ W &= \frac{W_t}{\cos\phi_n\cos\psi} \end{aligned} \quad (11\text{-}36)$$

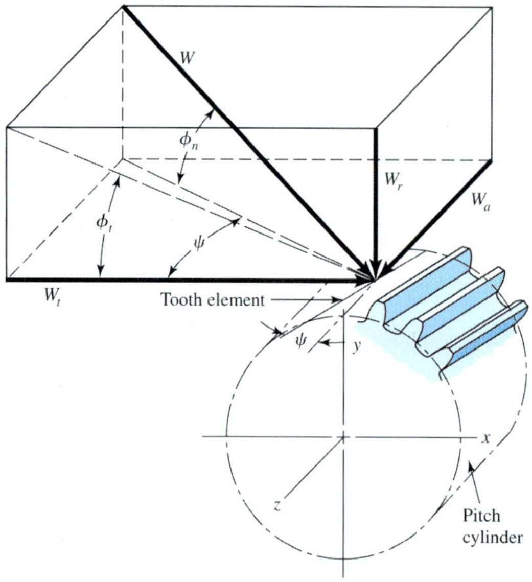

그림 11-28
헬리컬 기어에 작용하는 힘

예제 11-5 그림 11-29와 같이 750 W 전기 모터가 1800 rpm으로 회전한다. 모터 축에는 잇수 18개, 치직각 압력각 20°, 비틀림각 30°, 치직각 모듈 3.0 mm인 헬리컬 기어가 조립되어 동력을 전달한다. 나선 방향은 그림과 같다. 모터축과 피니언의 3차원 스케치를 하고 피니언과 베어링 A, B에 작용하는 하중을 구하라. 단, 스러스트는 베어링 A에서 지지한다.

풀이 식 (11-19)에서

$$\phi_t = \tan^{-1}\frac{\tan\phi_n}{\cos\psi} = \tan^{-1}\frac{\tan 20°}{\cos 30°} = 22.8°$$

또한 $m_t = m_n/\cos\psi = 3/\cos 30° = 3.46$ mm에서 피니언의 피치지름은 $d_p = 18(3.46) = 62.3$ mm. 피치선속도는

$$V = \pi dn = \frac{\pi(62.3)(1800)}{60} = 5871.6\ \text{mm/s} = 5.87\ \text{m/s}$$

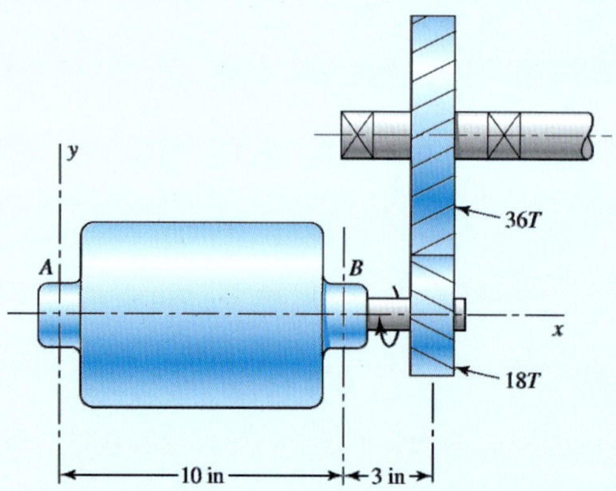

그림 11-29
예제 11-5의 모터와 헬리컬 기어

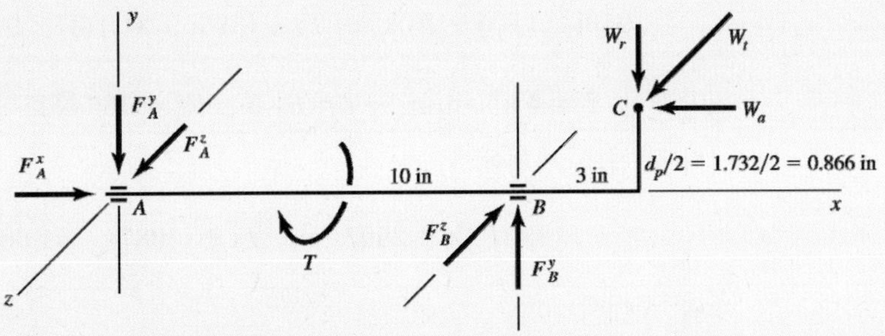

그림 11-30
예제 11-5 모터축의 자유물체도

전달 하중은

$$W_t = \frac{H}{V} = \frac{750}{5.87} = 128 \text{ N}$$

식 (11-36)에서

$$W_r = W_t \tan\phi_t = (128)\tan 22.8° = 54 \text{ N}$$
$$W_a = W_t \tan\psi = (128)\tan 30° = 74 \text{ N}$$
$$W = \frac{W_t}{\cos\phi_n \cos\psi} = \frac{128}{\cos 20° \cos 30°} = 157 \text{ N}$$

그림 11-30에서와 같이 C점에 작용하는 W_r은 $-y$ 방향, W_a는 $-x$ 방향, W_t는 $+z$ 방향이다. 스러스트는 베어링 A에서 지지되기 때문에 $F_A^x = W_a = 74$ N가 되고 z축에 대한 모멘트 평형에서

$$-(54)(325) + (74)\left(\frac{62.3}{2}\right) + 250F_B^y = 0$$

따라서 $F_B^y = 61$ N으로 구해지고, y방향 힘의 평형에서 $F_A^y = 7$ N을 구할 수 있다. y축에 대한 모멘트 평형에서

$$250F_B^z - 128(325) = 0$$

위 식에서 $F_B^z = 166$ N, z방향 힘의 평형에서 $F_A^z = 38$ N를 구할 수 있다. 한편 토크는 $T = W_t d_p/2 = 128(62.3/2) = 3982$ N·mm로 구해진다.

$$\mathbf{W} = -74\mathbf{i} - 54\mathbf{j} + 128\mathbf{k} \text{ N}$$

원점 A에서 B와 C의 위치벡터는

$$\mathbf{R}_B = 250\mathbf{i} \qquad \mathbf{R}_C = 325\mathbf{i} + 31.15\mathbf{j}$$

A점에 대한 모멘트 평형에서

$$\mathbf{R}_B \times \mathbf{F}_B + \mathbf{T} + \mathbf{R}_C \times \mathbf{W} = 0$$

위 식에서

$$250\mathbf{i} \times (F_B^y \mathbf{j} - F_B^z \mathbf{k}) - T\mathbf{i} + (325\mathbf{i} + 31.15\mathbf{j}) \times (-74\mathbf{i} - 54\mathbf{j} + 128\mathbf{k}) = 0$$

따라서 $T = 4\,\text{kN}\cdot\text{mm}$, $F_B^y = 61\,\text{N}$, $F_B^z = 166\,\text{N}$로 구해진다.

다음 힘의 평형에서

$$(250F_B^y\mathbf{k} + 250F_b^z\mathbf{j}) - T\mathbf{i} + (3987\mathbf{i} - 41\,600\mathbf{j} - 15\,245\mathbf{k}) = 0$$

위 식에서

$$\mathbf{F}_A = -\mathbf{F}_B - \boldsymbol{W}, \quad \mathbf{F}_A = 74\mathbf{i} - 7\mathbf{j} + 38\mathbf{k}\ \text{N}$$

를 구할 수 있다.

11-15 힘의 해석-웜 기어

그림 11-31에서 마찰을 무시하면 작용력 W에 대한 3방향 힘의 성분은 다음과 같이 구해진다.

$$\begin{aligned} W^x &= W\cos\phi_n \sin\lambda \\ W^y &= W\sin\phi_n \\ W^z &= W\cos\phi_n \cos\lambda \end{aligned} \tag{11-37}$$

하첨자 W와 G를 각각 웜과 웜 기어에 작용하는 힘으로 표시하면 W^y는 웜과 웜 기어에 공통으로 작용하는 경방향 힘이고 두 축의 각이 90°라면 웜에 접선방향으로 작용하는 힘 W^x는 기어의 W^z, 웜의 스러스트 W^z는 기어의 W^x가 된다.

웜 기어에 작용하는 힘은 웜의 작용력과 방향으로 반대이므로

$$\begin{aligned} W_{Wt} &= -W_{Ga} = W^x \\ W_{Wr} &= -W_{Gr} = W^y \\ W_{Wa} &= -W_{Gt} = W^z \end{aligned} \tag{11-38}$$

식 (11-37)과 식 (11-38)은 웜 기어의 축이 x축 방향이고 웜의 축이 z축 방향일 때 유용하게 사용할 수 있다.

스퍼 기어 구동과 달리 웜 기어 구동은 웜과 기어 사이에서 순수한 미끄럼 운동이고 따라서 마찰이 중요한 작용을 한다. 마찰계수 f를 도입하고 마찰력이 $W_f = fW$라 하면 마찰력 성분은 $-x$ 방향으로 $fw\cos\lambda$, $+z$ 방향으로 $fW\sin\lambda$의 2개 힘으로 표시된다. 따라서 이를 고려하면 식 (11-37)은 다음과 같이 수정된다.

$$W^x = W(\cos\phi_n \sin\lambda + f\cos\lambda)$$

그림 11-31
웜의 피치 실린더에 작용하는 힘

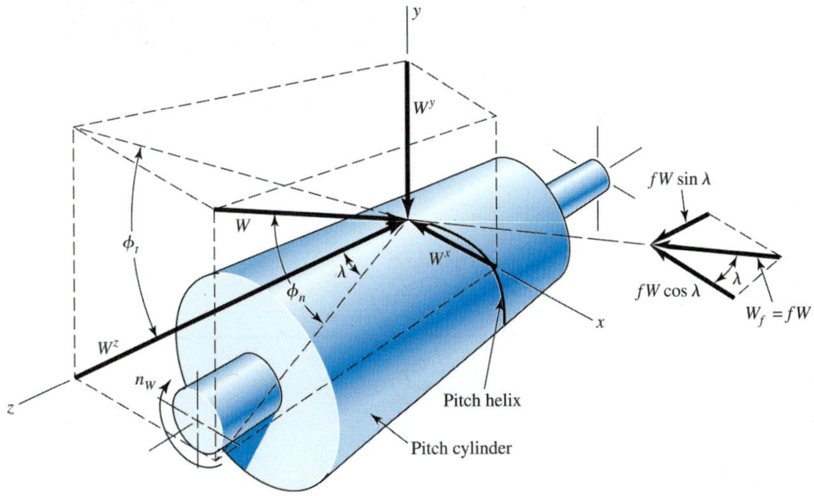

$$W^y = W \sin \phi_n \tag{11-39}$$

$$W^z = W(\cos \phi_n \cos \lambda - f \sin \lambda)$$

식 (11-38)에서 W^z 대신에 $-W_G$를 사용하고 양변에 f를 곱하면 마찰력 W_f를 구할 수 있다.

$$W_f = fW = \frac{fW_{Gt}}{f \sin \lambda - \cos \phi_n \cos \lambda} \tag{11-40}$$

식 (11-38)과 식 (11-39)의 첫 번째와 세 번째 항에서 W를 제거하면 W_{Wt}와 W_{Gt}의 관계를 구할 수 있다.

$$W_{Wt} = W_{Gt} \frac{\cos \phi_n \sin \lambda + f \cos \lambda}{f \sin \lambda - \cos \phi_n \cos \lambda} \tag{11-41}$$

효율 η는 다음 식으로 정의된다.

$$\eta = \frac{W_{Wt}(\text{마찰 없을 때})}{W_{Wt}(\text{마찰 있을 때})} \tag{a}$$

식 (11-41)의 분자에 $f = 0$을 대입하면 효율은

$$\eta = \frac{\cos \phi_n - f \tan \lambda}{\cos \phi_n + f \cot \lambda} \tag{11-42}$$

$f = 0.05$의 전형적인 마찰계수 값을 사용하면 비틀림각 $1 \sim 30°$에 대한 효율을 표 11-6과 같이 구할 수 있다.

많은 실험 결과에 따르면 마찰계수는 상대 속도, 즉 미끄럼 속도에 의존한다. 웜 기어의 피치선속도를 V_G, 웜의 피치선속도를 V_W라 하면 $V_W = V_G + V_S$임으로 미끄럼 속도는

$$V_S = \frac{V_W}{\cos \lambda} \tag{11-43}$$

표 11-6
웜 기어($f=0.5$)

리드각 λ, deg	효율 η, %
1.0	25.2
2.5	45.7
5.0	62.6
7.5	71.3
10.0	76.6
15.0	82.7
20.0	85.6
30.0	88.7

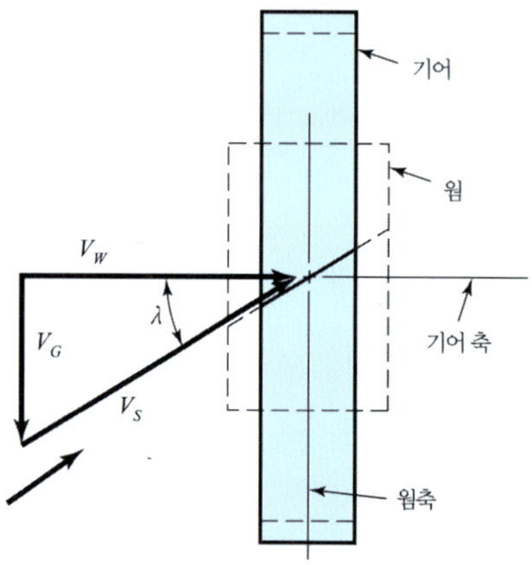

그림 11-32
웜 기어의 속도성분

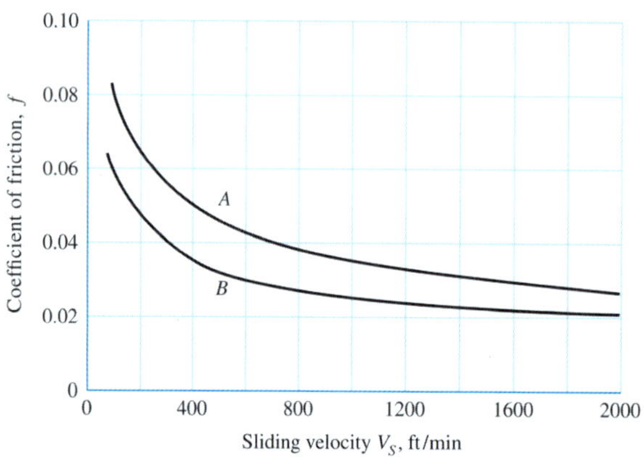

그림 11-33
웜 기어의 마찰계수
(A: 일반재료, B: 고품질재료)

마찰계수는 표면처리, 재질, 윤활유에 따라 20%까지 변화된다고 알려져 있다. 그림 11-33은 미끄럼 속도에 대한 마찰계수의 변화 특성을 나타낸 것이다.

예제 11-6 잇수 2개인 오른 방향 나선 웜이 1 hp, 1200 rpm의 동력을 잇수 30개, 축직각 지름피치 6개/in, 면폭 1 in인 기어에 전달하고 있다. 웜은 피치지름 $2\frac{1}{2}$ in이고 면폭 2 in, 치직각 압력각 $14\frac{1}{2}°$이다. 마찰계수는 그림 11-33의 곡선 B를 사용한다.

(a) 축 피치, 중심거리, 리드, 리드각을 구하라.

(b) 그림 11-34와 같이 웜기어가 베어링 A와 B로 지지된다. 베어링에 작용하는 힘과 출력 토크를 구하라.

풀이 (a) 축 피치는 기어의 축직각 원주피치와 같으므로

답
$$p_x = p_t = \frac{\pi}{P} = \frac{\pi}{6} = 0.5236 \text{ in}$$

기어의 피치지름은 $d_G = N_G/P = 30/6 = 5$ in

답
$$C = \frac{d_W + d_G}{2} = \frac{2+5}{2} = 3.5 \text{ in}$$

식 (11-27)에서 리드는

답
$$L = p_x N_W = (0.5236)(2) = 1.0472 \text{ in}$$

식 (11-28)에서

답
$$\lambda = \tan^{-1}\frac{L}{\pi d_W} = \tan^{-1}\frac{1.0472}{\pi(2)} = 9.46°$$

(b) 웜의 회전은 $+z$ 방향으로(그림 11-34), 웜을 오른 방향 나사를 갖는 볼트로 생각하고 볼트를 오른손 시계방향($+z$ 방향)으로 회전시키며 너트가 회전 못하게 잡고 있으면 너트 즉 기어는 오른쪽으로 이동한다. 따라서 웜과 접촉하고 있는 기어면은 $-z$ 방향으로 움직이고 기어는 x축에 대하여 시계방향으로 즉 $-x$ 방향으로 회전한다.

웜의 피치선속도는

$$V_W = \frac{\pi d_W n_W}{12} = \frac{\pi(2)(1200)}{12} = 628 \text{ ft/min}$$

그림 11-34
예제 11-6의 웜 기어장치

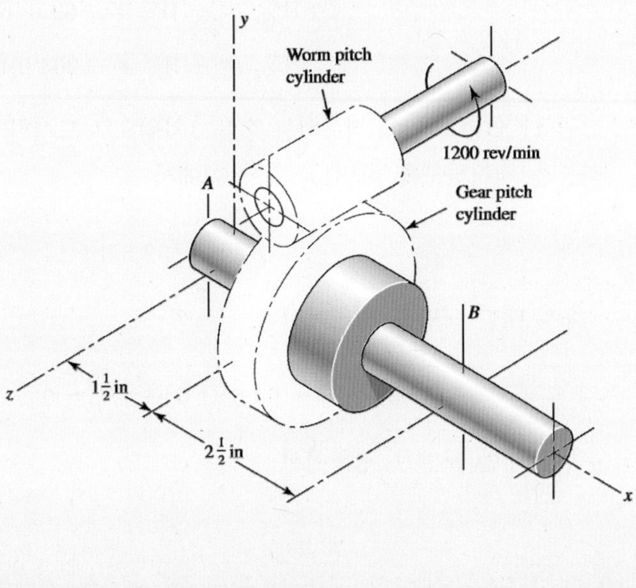

웜 기어의 속도는 $n_G = \left(\frac{2}{30}\right)(1200) = 80\ \text{rpm}$ 임으로 피치선속도는

$$V_G = \frac{\pi d_G n_G}{12} = \frac{\pi(5)(80)}{12} = 105\ \text{ft/min}$$

식 (11-43)에서 미끄럼 속도는 V_S는

$$V_S = \frac{V_W}{\cos\lambda} = \frac{628}{\cos 9.46°} = 637\ \text{ft/min}$$

웜의 전달 하중은

$$W_{Wt} = \frac{33\,000H}{V_W} = \frac{(33\,000)(1)}{628} = 52.5\ \text{lbf}$$

이 전달 하중은 그림 11-31에서와 같이 $-x$ 방향이다. 그림 11-33에서 $f = 0.03$을 찾고 이를 식 (11-38)에 적용하면

$$\begin{aligned} W &= \frac{W^x}{\cos\phi_n \sin\lambda + f\cos\lambda} \\ &= \frac{52.5}{\cos 14.5° \sin 9.46° + 0.03\cos 9.46°} = 278\ \text{lbf} \end{aligned}$$

따라서

$$\begin{aligned} W^y &= W\sin\phi_n = 278\sin 14.5° = 69.6\ \text{lbf} \\ W^z &= W(\cos\phi_n \cos\lambda - f\sin\lambda) \\ &= 278(\cos 14.5° \cos 9.46° - 0.03\sin 9.46°) = 264\ \text{lbf} \end{aligned}$$

식 (11-39)에서 기어에 작용하는 힘은

$$\begin{aligned} W_{Ga} &= -W^x = 52.5\ \text{lbf} \\ W_{Gr} &= -W^y = -69.6\ \text{lbf} \\ W_{Gt} &= -W^z = -264\ \text{lbf} \end{aligned}$$

그림 11-35는 기어에 작용하는 힘을 3차원으로 도시한 것이다. 베어링 B가 스러스트 하중을 지지하도록 하면 x 방향 힘에서

답 $$F_B^x = -52.5\ \text{lbf}$$

z축에 대한 모멘트 평형에서

답 $$-(52.5)(2.5) - (69.6)(1.5) + 4F_B^y = 0 \qquad F_B^y = 58.9\ \text{lbf}$$

y축에 대한 모멘트 평형에서

그림 11-35
예제 11-6의 3차원 스케치

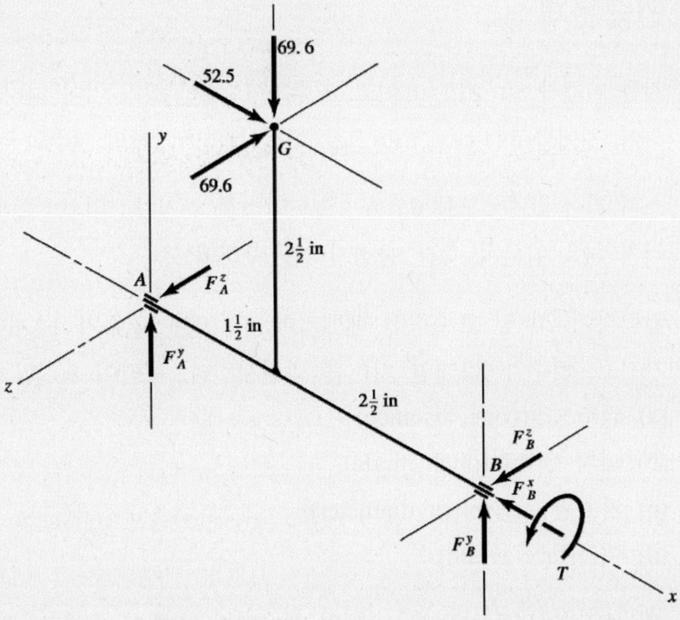

답 $$(264)(1.5) - 4F_B^z = 0 \qquad F_B^z = 99 \text{ lbf}$$

y 방향 힘의 평형에서

답 $$-69.6 + 58.9 + F_A^y = 0 \qquad F_A^y = 10.7 \text{ lbf}$$

z 방향 힘의 평형에서

답 $$-264 + 99 + F_A^z = 0 \qquad F_A^z = 165 \text{ lbf}$$

x축에 대한 모멘트 평형에서

답 $$-(264)(2.5) + T = 0 \qquad T = 660 \text{ lbf}\cdot\text{in}$$

마찰에 의한 손실 때문에 출력 토크는 입력 토크에 기어비를 곱한 것보다 작게 된다.

연습문제

11-1 지름 피치가 8 teeth/in이고, 잇수가 17개인 스퍼 기어 피니언은 1120 rev/min으로 회전하여, 기어를 544 rev/min으로 회전시킨다. 기어의 잇수와 이론적 축간 중심거리를 구하라.

11-2 스퍼 기어세트는 모듈 6 mm, 속도비 4를 가진다. 피니언 잇수는 16개일 때, 기어의 잇수와 피치지름, 이론적 축간 중심거리를 구하라.

11-3 압력각이 20°인 표준직선 베벨기어 피니언은 잇수가 14개이며 지름 피치 6 teeth/in를 가지고, 잇수가 32개인 기어를 회전시킨다. 축각이 90°일 때, 다음을 구하라.

(a) 원추거리(cone distance)

(b) 피치 원추각(pitch angle)

(c) 피치원 지름(pitch diameter)

(d) 이폭(face width)

11-4 헬리컬 기어세트는 잇수 19개인 피니언과 57개인 기어로 구성되어 있다. 피니언의 비틀림각(helix angle), 치직각 압력각, 치직각 모듈은 각각 30°, 20° 그리고 2.5 mm이다.

(a) 치직각 피치, 축직각 피치, 축피치를 구하라.

(b) 축직각 지름피치와 축직각 압력각을 구하라.

(c) 피니언과 기어의 어덴덤, 디덴덤 그리고 피치원 지름을 구하라.

11-5 압력각이 20°인 스퍼 기어 세트에서 간섭을 피하기 위해 다음을 구하라.

(a) 피니언 최소 잇수

(b) 기어비가 2.5인 경우 피니언 최소 잇수와 기어 최대 잇수

(c) 랙에 맞물린 경우 피니언 최소 잇수

11-6 치직각 압력각 20°이고 비틀림각이 30°인 헬리컬 기어세트에 대해서 문제 11-5를 구하라.

11-7 기어 속도비 2 : 1를 구현하기 위해 비틀림각 30°인 헬리컬 기어세트를 사용하려고 한다. 치직각 압력각 20°과 축직각 모듈 3 mm으로 할때, 이의 간섭을 피하기 위한 피니언과 기어 잇수를 결정하라.

11-8 다음 그림은 더블 감속 헬리컬 기어세트에 대한 모식도이며 원동축 a는 900 rev/min의 속도로 회전한다. 기어 2와 3은 치직각 모듈 3 mm, 비틀림각 30° 그리고 치직각 압력각 20°를 가진다. 기어 트레인에서 두번째 기어쌍인, 기어 4와 5는 치직각 모듈 2 mm, 비틀림각 25° 그리고 치직각 압력각 20°를 가진다. 기어 잇수는 $N_2 = 14$, $N_3 = 54$, $N_4 = 16$, $N_5 = 36$이다.

(a) 각 축에 대해서 기어에 의해 가해지는 축방향 하중의 방향을 설명하라.

(b) 축 c의 속도와 방향을 구하라.

(c) 축간 중심거리를 구하라.

| 문제 11-8

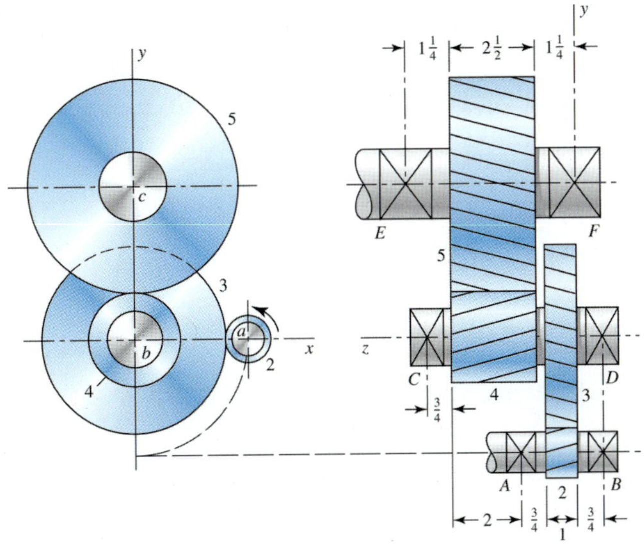

11-9 아래 그림에서 축 a는 600 rev/min으로 회전한다. 축 d의 회전 방향과 속도를 구하라.

| 문제 11-9

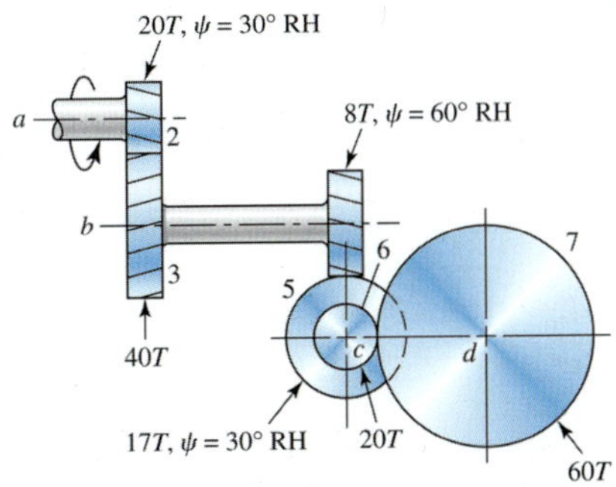

11-10 다음 그림과 같은 기어 트레인은 헬리커 기어 한 쌍과 마이터 기어 한쌍으로 구성되어 있다. 헬리컬 기어의 치직각 압력각 17.5°이고 비틀림각 23°이다.

(a) 축 c의 회전 속도를 구하라.

(b) 축 a와 b의 축간 중심거리를 구하라.

(c) 마이터 기어의 지름을 구하라.

| 문제 11-10

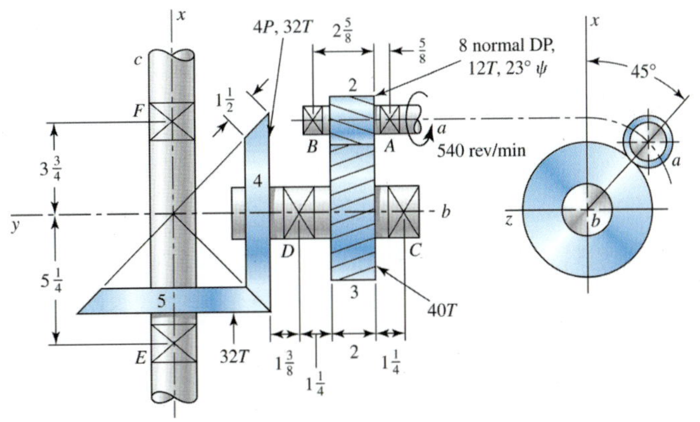

11-11 그림과 같이 축 a는 1000 rev/min의 속도로 반시계방향으로 회전하며 75 kW의 동력을 전달한다. 기어의 모듈은 5 mm이며, 압력각은 20°이다.

(a) 기어 3에 의해서 축 b에 발생하는 힘을 구하라.

(b) 기어 4에 의해서 축 c에 발생하는 힘을 구하라.

| 문제 11-11

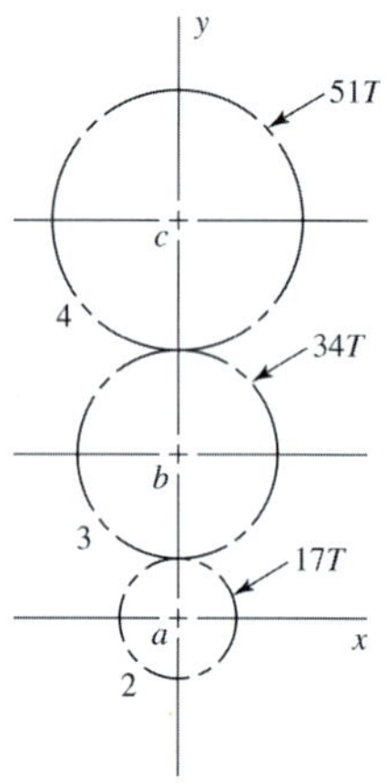

11-12 그림과 같이 피니언 2는 시계방향으로 1000 rev/min의 속도로 회전하여 25 hp의 동력을 전달한다. 압력각은 20°이며, 잇수는 6개이며 24 T의 토크를 가진다. 기어 4, 5, 6의 잇수는 각각 24개, 36개, 114개이다. 암(arm) 3에 의하여 종동축으로 전달되는 토크를 구하라.

| 문제 11-12

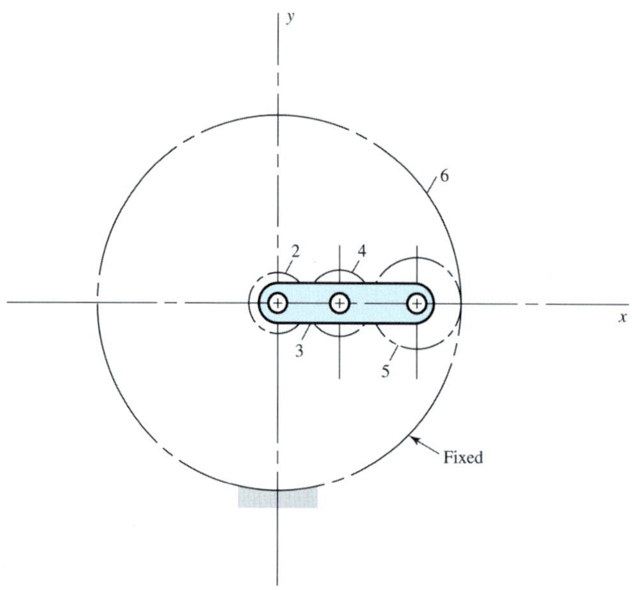

11-13 다음 그림의 기어는 모듈 12 mm이고, 압력각은 20°이다. 피니언은 1800 rev/min의 속도로 시계방향으로 회전하여 150 kW의 동력을 축 c에 연결된 기어 5에 전달한다. 기어 3과 4에 의해 축 b에 발생하는 힘을 구하라.

| 문제 11-13

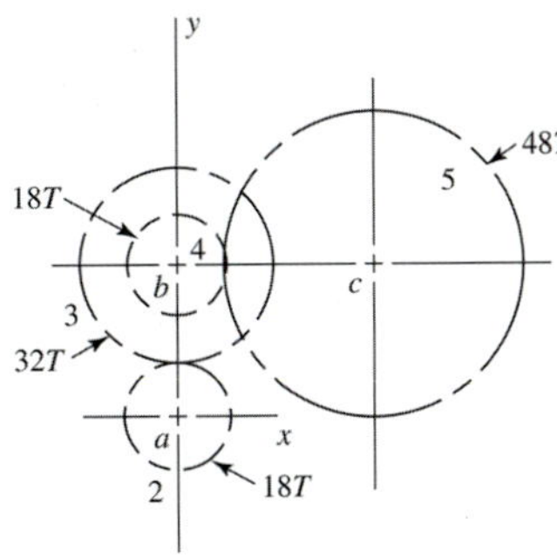

11-14 아래 그림은 축-기어 시스템을 보여준다. 스퍼 기어는 지름 피치 5 teeth/in을 가지며, 압력각은 20°이다. 잇수가 18개인 피니언은 회전 속도 1800 rev/min으로 잇수가 45개인 기어에 최대 동력 32 hp를 전달한다. 베어링 A, B, C, D에 발생하는 최대 힘의 크기와 방향을 구하라.

| 문제 11-14

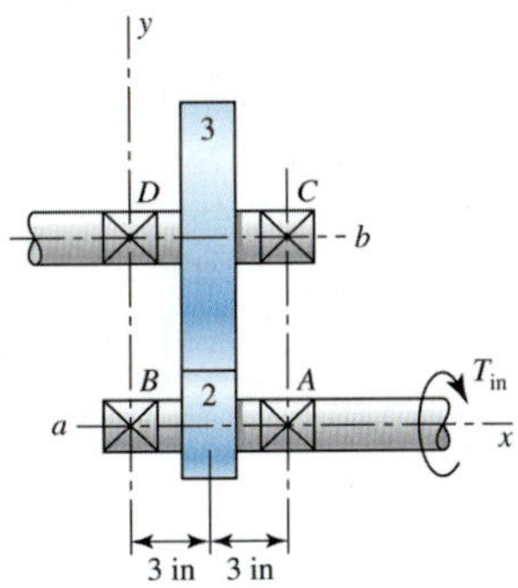

11-15 아래 그림은 압력각 20°, 지름 피치 10인 표준직선베벨기어를 나타낸다. 피니언은 잇수가 18개이며, 잇수가 30개인 기어에 동력을 전달한다. 전달된 하중이 25 lbf일 때, 베어링 C와 D에 발생하는 반력을 구하라. 단, 베어링 D는 반지름방향 하중과 축방향 하중 모두 지지한다.

| 문제 11-15

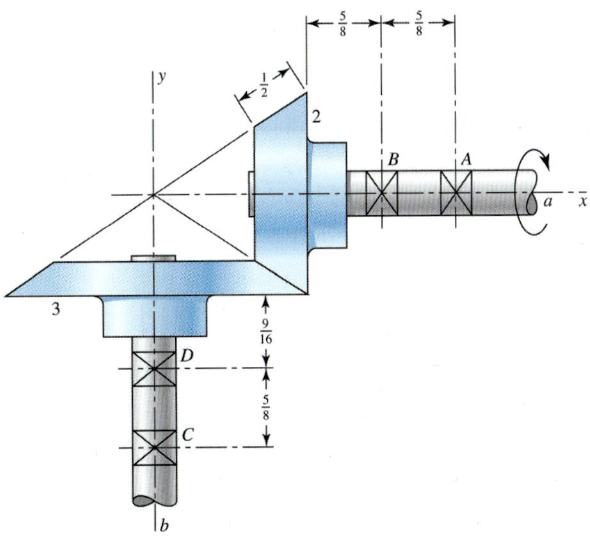

11-16 아래 그림에서 기어 2는 비틀림각 15°인 헬리컬 기어로 16개의 기어이를 가지고 있으며, 축직각 압력각이 20°이며, 모듈은 4 mm이다. 기어 2는 잇수가 36개인 기어 3을 통해, 최종적으로 잇수가 28개인 기어 4에 동력을 전달한다. 축 a가 1600 rev/min으로 회전하며 6 kW의 동력을 전달할때, 각 축에 발생하는 반지름방향과 축방향 하중을 구하라.

문제 11-16

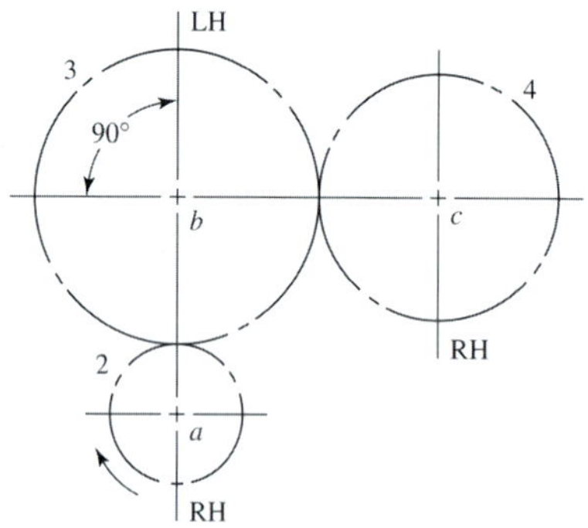

11-17 아래 그림에서, 잇줄 수가 1개인 웜은 600 rev/min으로 회전하여 2000 W의 동력을 잇수가 48개인 웜기어로 전달한다. 웜은 경화강이고, 웜기어는 주철이다. 웜의 축방향 피치는 25 mm이고 치직각 압력각은 14.5°이다. 웜의 피치원 지름은 100 mm이며, 웜과 웜기어의 면폭은 각각 100 mm와 50 mm이다. 웜이 베어링 A, B에의 해서 지지되고 있을 때, 베어링에 발생하는 하중의 크기와 방향을 구하라. 그리고, 두 개의 베어링 중에 스러스트 베어링이 설치되어야하는 곳을 결정하라.

문제 11-17

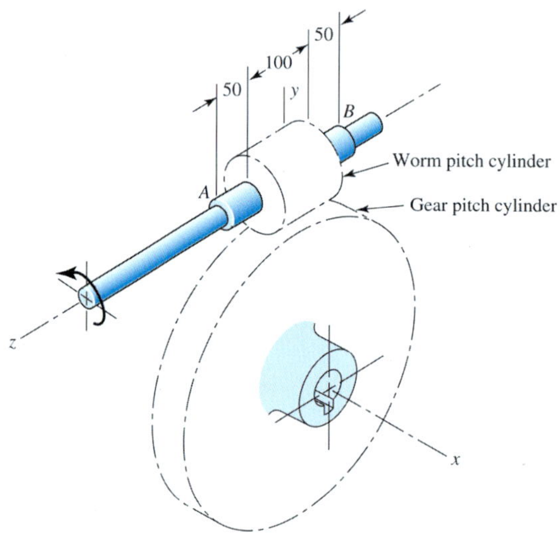

12 스퍼 기어

이 장에서는 스퍼 기어(평치차, 평기어)의 설계/해석에 관하여 기술한다. 기어에서 하중에 의한 발생응력이 항복강도 또는 굽힘내구(피로)강도값 이상일 때 굽힘에 의한 기어파손이 발생된다. 또한, 기어잇면(치면)에서의 접촉 응력이 표면내구(치면피로) 강도 이상일 때 피팅(점부식)에 의한 치면파손이 발생된다.

미국 기어생산자 협회(AGMA)[1]에서 기어에 대한 해석/설계기술의 규정을 제시하여왔다. 기어의 강도 및 마모가 주 관심사항일 때 사용되어온 AGMA해석기법에는 다양한 경우에 대한 도표, 그래프가 포함되어 있다. 이 책에서는 단일압력각과 표준치차의 이에 대하여만 기술함으로써 내용의 복잡성을 피하려고 하였지만, 이 책에 기술된 AGMA의 해석법[2]으로부터 개념을 발전시키는 데 무리가 없을 것이다.

12-1 Lewis의 굽힘강도공식

기어형상을 고려하여 기어 이에 발생되는 굽힘응력을 평가하는 공식은 1892년 W. Lewis가 제안하였으며, 대부분의 기어설계에 이 식이 응용되고 있다. Lewis의 기본식을 이해하기 위하여 그림 12-1a의 외팔보를 참조한다. 면폭(치폭, F)에 균일분포하중(W^t)을 받으며 단면치수는 F와 t, 길이는 l이다. 보의 단면계수 $I/c = Ft^2/6$이므로 굽힘응력은 식 (a)와 같다.

$$\sigma = \frac{M}{I/c} = \frac{6W^t l}{Ft^2} \qquad \text{(a)}$$

기어설계자에 따라 기어 이의 하중을 W_t, W_r, W_a 또는 W^t, W^r, W^a로 표시하는데 순서대로 각각 동일한 의미이다. 후자표현법(W^t, W^r, W^a)은 자유물체도에서 다른 기호와 중복되지 않기 때문에 더 좋다. 예를 들어 2와 3기어가 맞물린 경우, W^t_{23}는 2기어가 3기어에 가하는 힘을 의미하며 W^t_{32}는 3기어가 2기어에 가하는 힘을 의미한다. 두 개 이상의 감속기어를 설명할 때 이런 표기법은 의미전달이 함축적이어서 좋다. 기어하중의 분력은 지수형태를 거의 하지 않기 때문에 이런 표기법이 문제없다. 피타고라스의 정리처럼 지수가 있는 경우에는 괄호를 사용하거나 관계를 삼각함수로 표시하면 문제없다.

기어 이의 최대응력은 그림 12-1(b)의 a점에서 발생된다고 가정한다. 닮은꼴 두 삼각형의 비례관례를 이용한다.

$$\frac{t/2}{x} = \frac{l}{t/2} \quad \text{또는} \quad x = \frac{t^2}{4l} \qquad \text{(b)}$$

[1] AGMA(American Gear Manufacturers Association), 500 Montgomery Street, Suite 350, Alexandria, VA 22314-1560. ANSI:American National Standards Institute.

[2] 이 책은 표준 ANSI/AGMA 2001-D04, ANSI/AGMA 2101-D04, 인볼류트 스퍼/헬리컬 기어에 대한 계수/계산법 등으로부터 발췌인용하였다. 미국표준규격의 사용여부는 사용자가 결정하며 필수사항은 아니다.

| 그림 12-1

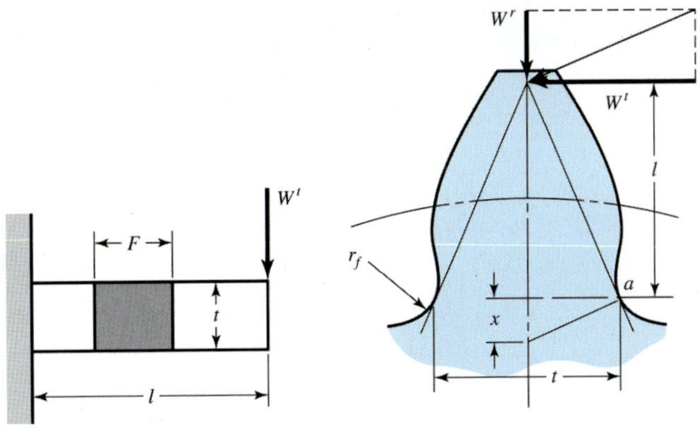

(a) (b)

식 (a)를 정리한다.

$$\sigma = \frac{6W^t l}{Ft^2} = \frac{W^t}{F}\frac{1}{t^2/6l} = \frac{W^t}{F}\frac{1}{t^2/4l}\frac{1}{\frac{4}{6}} \tag{c}$$

식 (b)의 x값을 식 (c)에 대입한 후 분자와 분모에 원주피치를 각각 곱한다.

$$\sigma = \frac{W^t p}{F\left(\frac{2}{3}\right)xp} \tag{d}$$

$y = 2x/3p$로 정의하면 Lewis가 제안한 식 (12-1)이 된다.

$$\sigma = \frac{W^t}{Fpy} \tag{12-1}$$

원주피치(p)를 사용한 Lewis **치형계수**(y)값은 기어 이 형상에 대한 도식적 기법이나 수치계산으로 구한다. 식 (12-1)에서의 원주피치 대신 지름피치가 선호되므로, 식 (12-1)에 ($P = \pi/p$, $Y = \pi y$)을 대입하면

$$\sigma = \frac{W^t P}{FY} \tag{12-2}$$

가 되며, 식 (12-2)에서

$$Y = \frac{2xP}{3} \tag{12-3}$$

이다. 식은 이의 굽힘만이 고려되며, 하중의 반지름방향 분력에 의한 압축은 무시됨을 의미한다. 지름피치를 사용한 Lewis 치형계수(Y)값을 표 12-1에 정리하였다.

식 (12-3)은 기어 한 개가 전체하중을 받으며 최대하중이 기어의 상단에 가해짐을 전제로 한다. 물림률은 1보다 커야(예컨대 1.5) 한다고 앞 장에서 기술하였다. 기어가 정확하게 가공되었다면 기어 이 끝에 하중이 가해지는 조건은 최악이 아니다. 그 이유는 기어의 한 개 이 끝에 하중이 가해질 때는 이미 다른 한 쌍의 기어 이가 서로 접촉하여 하중을 분담하

표 12-1
Lewis 형상계수 값(압력각 20°, 표준치차이, 회전면에서 원주 피치가 1을 기준으로 한다.)

잇수	Y	잇수	Y
12	0.245	28	0.353
13	0.261	30	0.359
14	0.277	34	0.371
15	0.290	38	0.384
16	0.296	43	0.397
17	0.303	50	0.409
18	0.309	60	0.422
19	0.314	75	0.435
20	0.322	100	0.447
21	0.328	150	0.460
22	0.331	300	0.472
24	0.337	400	0.480
26	0.346	Rack	0.485

기 때문이다. 구동 중인 기어 이에서 최대하중은 이의 중간 근방에서 발생되는 것으로 나타났다. 따라서 최대응력은 한 쌍의 이가 전체하중을 받으며, 다른 한 쌍의 이는 막 접촉되기 시작되는 위치에서 발생될 것이다.

동하중효과

한 쌍의 기어가 중고속으로 구동되며 소음이 발생될 정도일 때 동하중효과가 존재한다. 구동속도증가에 따라 전달하중이 증가됨을 설명하기 위하여, 예전의 연구자는 동일한 크기, 재료, 강도를 갖는 몇 개의 기어를 맞물리고 정지시킨 채로 파손될 때까지 시험하였다. 나머지 기어에 대하여는 다양한 피치선속도에서 파손될 때까지 테스트하였다. 예를 들면, 한 쌍의 기어가 정지상태에서 500 lbf의 접선방향 하중조건에서 파손되었으나 속도 V_1일 때 250 lbf의 하중에서 파손되었다면, 속도 V_1에서 기어의 속도계수(K_v)는 2이다. 이때, 피치선속도 V_1으로 구동되는 다른 한 쌍의 동일한 기어는 접선방향(또는 전달되는) 하중의 2배 하중을 받게 된다. 속도계수(K_v)에 대한 정의가 수정되었음에 주의하여야 한다(ANSI/AGMA 2001-D04, 2101-D04 참조). 현재 K_v의 정의는 과거 정의의 역수로 표시되기 때문에, 과거 1.0보다 작았던 AGMA의 표준값이 이제는 1보다 크다. 따라서, 표준정의가 수정되기 이전 결과물을 인용할 때에는 정의에 대한 언급이 필요하다.

19세기에 C. Barth가 속도계수에 대하여 처음으로 제안하였으며, 현재 AGMA표준에서는 다음과 같이 표시된다.

$$K_v = \frac{600 + V}{600} \quad \text{(주철, 주조된 형상)} \tag{12-4a}$$

$$K_v = \frac{1200 + V}{1200} \quad \text{(절삭, 밀링된 형상)} \tag{12-4b}$$

여기서 V는 (ft/분) 단위의 피치선속도이다. 이 시험이 수행될 당시에 인볼류트보다는 아마 사이클로이드형상에 대하여 테스트되었을 것이다. 그 이유는 19세기에는 사이클로이드가 더 주조되기 쉬워서 인볼류트보다 사이클로이드치형이 더 널리 사용되었기 때문이다. AGMA에서 추가된 식은 다음과 같다.

$$K_v = \frac{50 + \sqrt{V}}{50} \quad \text{(호빙 또는 셰이핑된 형상)} \tag{12-5a}$$

$$K_v = \sqrt{\frac{78 + \sqrt{V}}{78}} \quad \text{(셰이빙 또는 연삭된 형상)} \tag{12-5b}$$

SI단위계에서는 식 (12-4a～5b)가 식 (12-6a～6d)로 표시되며, V의 단위는 미터/초이다.

$$K_v = \frac{3.05 + V}{3.05} \quad \text{(주철, 주조된 형상)} \tag{12-6a}$$

$$K_v = \frac{6.1 + V}{6.1} \quad \text{(절삭, 밀링된 형상)} \tag{12-6b}$$

$$K_v = \frac{3.56 + \sqrt{V}}{3.56} \quad \text{(호빙 또는 셰이핑된 형상)} \tag{12-6c}$$

$$K_v = \sqrt{\frac{5.56 + \sqrt{V}}{5.56}} \quad \text{(셰이핑 또는 연삭된 형상)} \tag{12-6d}$$

식 (12-2)에 속도계수개념을 고려하면

$$\sigma = \frac{K_v W^t P}{FY} \tag{12-7]}$$

이며, 미터단위의 표시법은 식 (12-8)이다[역자주: 식 (11-1), (11-2)를 참조].

$$\sigma = \frac{K_v W^t}{FmY} \tag{12-8}$$

여기서 면폭(F)과 모듈(m)의 단위를 mm로 하고, 접선방향하중(W^t)을 Newton으로 표시하면, 응력단위가 MPa가 된다. 일반적으로 스퍼 기어에서 면폭(F)은 원주피치(p)의 3～5배가 된다. 식 (12-7), (12-8)은 기어 이에 대하여 굽힘강도를 정하는 AGMA기법의 근간이므로 중요하다. 이 식들은 기어의 수명이나 신뢰성이 특별히 중요하지 않을 때 기어용량, 기어크기를 추정하는 용도로 사용된다.

예제 12-1 스퍼 기어의 지름피치가 잇수 8개/인치이며, 면폭 $1\frac{1}{2}$인치, 총 잇수 16개, 압력각 20°, 표준치차이며, 재료는 압연된 AISI 1020강이다. 설계계수 $n_d = 3$을 사용하며, 회전속도 1200 rpm의 정상작동상태에서 보통기어에 대한 전달동력(hp)을 구하라.

풀이 정상작동조건에서는 기어의 항복강도를 파손기준으로 평가한다. 극한강도 55 kpsi, 항복강도 30 kpsi이다. 설계계수가 3이므로 허용굽힘응력은 $30/3 = 10$ kpsi이다.

피치원지름은 $N/P = 16/8 = 2$인치이므로 피치선속도는 다음과 같다.

$$V = \frac{\pi dn}{12} = \frac{\pi(2)1200}{12} = 628 \text{ ft/min}$$

식 (12-4b)로부터 속도계수를 구한다.

$$K_v = \frac{1200 + V}{1200} = \frac{1200 + 628}{1200} = 1.52$$

표 12-2에서 16개 이의 치형계수(Y)는 0.296이다. 식 (12-7)을 하중(W^t)에 대하여 정리한 후 값을 대입한다.

$$W^t = \frac{FY\sigma_{\text{all}}}{K_n P} = \frac{1.5(0.296)10\,000}{1.52(8)} = 365 \text{ lbf}$$

전달 가능 마력은 다음과 같다[역자주: 식 (3-42) 참조].

답 $$hp = \frac{W^t V}{33\,000} = \frac{365(628)}{33\,000} = 6.95 \text{ hp}$$

이 예제풀이법은 대략의 추정치이므로 중요한 경우에는 사용하면 안된다. 이 예제는 AGMNA해석법의 기본원리를 설명하기 위함이다.

예제 12-2 앞의 예제 12-1에서의 기어가 굽힘조건에서 무한 수명을 얻을 수 있는 동력(마력)의 크기를 구하라.

풀이 식 (5-8)로부터 회전보의 내구한도를 추정한다.

$$S_e' + 0.5S_{ut} = 0.5(55) = 24.5 \text{ kpsi}$$

표면다듬질 Marin 계수(k_a)는 표 5-2의 기계가공면값($a = 2.70,\ b = -0.265$)과 식 (5-19)을 이용하여 구한다.

$$k_a = aS_{ut}^b = 2.70(55)^{-0.265} = 0.934$$

식 (5-19)의 치수효과계수(k_b)를 결정하기 위하여, 우선 표 11-1에서 이끝높이(어덴덤)와 이뿌리높이(디덴덤)의 합을 구한다.

$$l = \frac{1}{P} + \frac{1.25}{P} = \frac{1}{8} + \frac{1.25}{8} = 0.281 \text{ in}$$

그림 12-1b에서의 이두께(t)는 $t = (4/x)^{1/2}$ (12-1절 식 (b) 참조)로 구한다. 예제 12-1 풀이의 $Y = 0.296$, $P = 8$을 대입하여 x와 t를 구한다.

$$x=\frac{3Y}{2P}=\frac{3(0.296)}{2(8)}=0.0555\text{ in}$$

$$t=(4lx)^{1/2}=[4(0.281)0.0555]^{1/2}=0.250\text{ in}$$

기어의 이를 직사각형단면의 외팔보로 가정하였으며, 이와 동등한 회전보의 지름은 식 (5-25)로 결정한다.

$$d_e=0.808(hb)^{1/2}=0.808(Ft)^{1/2}=0.808[1.5(0.250)]^{1/2}=0.495\text{ in}$$

이 값을 식 (5-20)에 대입하여 k_b값을 구한다.

$$k_b=\left(\frac{d_e}{0.30}\right)^{-0.107}=\left(\frac{0.495}{0.30}\right)^{-0.107}=0.948$$

식 (5-26)에서 하중 계수(k_c)는 1.0이다. 온도와 신뢰성에 대한 언급이 없으므로 다른 계수값($k_d=k_e=1$)도 1.0으로 가정한다. 기타 효과를 나타내는 Marin계수(k_f)를 결정할 때 두 가지 영향을 고려한다. 첫째는 한쪽 굽힘의 영향이다. 일반적으로 기어의 이는 한 방향으로만 굽힘을 받으나, 아이들 기어와 역회전 기어는 예외이다. 일방향 굽힘일 때 균일/교번응력성분은 $\sigma_a=\sigma_m=\sigma/2$이며, σ는 식 (12-7)에서 가해지는 최대 반복 굽힘응력이다. 재료가 Goodman 파손선도를 따른다면 다음 식과 같다.

$$\frac{S_a}{S_e'}+\frac{S_m}{S_{ut}}=1$$

S_a와 S_m는 한 방향 굽힘 경우에 동일하므로, S_m 대신 S_a를 대입 후 S_a에 관하여 식을 정리한다.

$$S_a=\frac{S_e'S_{ut}}{S_e'+S_{ut}}$$

S_a를 $\sigma/2$로 바꾸고, 분모에서 S_e'를 $0.5\,S_{ut}$로 바꾼다.

$$\sigma=\frac{2S_e'S_{ut}}{0.5S_{ut}+S_{ut}}=\frac{2S_e'}{0.5+1}=1.33S_e'$$

여기서 $k_f=\sigma/S_e'=1.33S_e'/S_e'=1.33$이다. 한편, Gerber 이론의 식은 다음과 같다.

$$\frac{S_a}{S_e'}+\left(\frac{S_m}{S_{ut}}\right)^2=1$$

S_m을 S_a로 놓고 이차방정식을 S_a에 관하여 푼다.

$$S_a=\frac{S_{ut}^2}{2S_e'}\left(-1+\sqrt{1+\frac{4S_e'^2}{S_{ut}^2}}\right)$$

여기서, $S_a = \sigma/2$, $S_{ut} = S_e'/0.5$를 대입하면

$$\sigma = \frac{S_e'}{0.5^2}\left[-1+\sqrt{1+4(0.5)^2}\right] = 1.66S_e'$$

이며, $k_f = \sigma/S_e' = 1.66$이다. Gerber 파손 이론이 피로시험결과값 중에 있으므로 $k_f = 1.66$를 선택한다. 보정된 내구강도에 대한 Marin식은

$$S_e = K_a k_b k_c k_d k_e k_f S_e'$$
$$= 0.934(0.948)(1)(1)(1)1.66(27.5) = 40.4\ \text{kpsi}$$

피로응력집중계수(K_f)를 결정한다. 압력각 20°일 때 이뿌리필릿의 반지름(r_f)을 구한다.

$$f_f = \frac{0.300}{P} = \frac{0.300}{8} = 0.0375\ \text{in}$$

곡률형상(r/d)의 값을 계산한다.

$$\frac{r}{d} = \frac{r_f}{t} = \frac{0.0375}{0.250} = 0.15$$

D/d가 ∞일 경우($D/d = 3$인 경우와 같다고 가정함)값으로 그래프를 읽으면 $K_t = 1.68$이 된다. 식 (5-20)으로 $q = 0.62$이다. 식 (5-32)로부터,

$$K_f = 1 + (0.62)(1.68 - 1) = 1.42$$

예제 12-1처럼 설계계수 $n_d = 3$을 고려하여 허용굽힘응력을 구한다.

$$\sigma_{\text{max}} = K_f \sigma_{\text{all}} = \frac{S_e}{n_d}$$

$$\sigma_{\text{all}} = \frac{S_e}{K_f n_d} = \frac{40.4}{1.42(3)} = 9.5\ \text{kpsi}$$

전달하중을 구한다.

$$W^t = \frac{FY\sigma_{\text{all}}}{K_v P} = \frac{1.5(0.296)9\,500}{1.52(8)} = 347\ \text{lbf}$$

예제 12-1에서 속도 $V = 628(\text{ft/min})$을 이용하여 전달마력을 구한다.

$$hp = \frac{W^t V}{33\,000} = \frac{347(628)}{33\,000} = 6.6\ \text{hp}$$

예제 12-1에서와 마찬가지로, 이 예제결과는 기어 이에서 굽힘의 영향을 이해하기 위한 기초자료로만 사용될 수 있다.

12-2 표면내구도

이 절에서는 보통 마모로 정의되는 기어이면(치면)의 파손에 관하여 기술한다. 5-16절에서 설명한 피팅은 높은 접촉 응력이 계속 반복됨에 따른 표면피로파손이다. 다른 형태의 표면 파손으로는, 윤활이 적절하지 않음에 의한 스코링파손과 이물질에 의한 연마마모가 있다. 표면접촉 응력에 대한 수학적 표현을 위하여 Hertz이론을 인용한다. 식 (3-74)에서 두 원통 사이의 접촉 응력은 (a)와 같다.

$$p_{\max} = \frac{2F}{\pi b l} \tag{a}$$

$p_{\max}$ = 최대표면압력(응력)

F = 두 원통의 지름방향 접촉하중

l = 원통의 길이

여기서, $p_{\max}$는 최대표면압력, F는 두 원통을 압착하는 하중, l은 원통의 길이이다.

접촉폭의 반(b)은 식 (3-37)으로부터 구한다.

$$b = \left\{ \frac{2F}{\pi l} \frac{\left[(1-v_1^2)/E_1\right] + \left[(1-v_2^2)/E_2\right]}{(1/d_1)+(1/d_2)} \right\}^{1/2} \tag{12-9}$$

여기서 v_1, v_2, E_1, E_2는 탄성상수이며, d_1, d_2는 지름이다. 기어표기법에 적용하기 위하여, F를 $W^t/\cos\phi$로 대체하며 d를 $2r$로, l을 면폭 F로 바꾼다. 식 (12-9)의 b를 식 (a)에 대입한 후, $p_{\max}$를 σ_c로 대체하여 표면압축응력(Hertz식 접촉 응력)값을 얻는다.

$$\sigma_c^2 = \frac{W^t}{\pi F \cos\phi} \frac{(1/r_1)+(1/r_2)}{\left[(1-v_1^2)/E_1\right] + \left[(1-v_2^2)/E_2\right]} \tag{12-10}$$

여기서 r_1, r_2는 각각 피니언과 기어 이 형상에 대한 접촉점에서의 순간 곡률반지름이다. W^t값에서 하중분담을 고려한다면, 식 (12-10)을 사용하여 이접촉 시작부터 떨어질 때까지의 모든 위치에서 Hertz식 응력을 구할 수 있다. 피치점에서만 순수한 구름접촉이 존재하며 나머지 위치에서는 구름과 미끄럼접촉이 동시에 존재한다. 식 (12-10)의 응력값을 계산하는 과정에서는 미끄럼을 고려하지 않았다 AGMA에서는 프와송비를 μ라고 하며 이 책에서는 v로 표시한다.

피치선근방에서 마모가 먼저 발생된다. 피치점에서 이형상의 곡률반지름 2개를 구한다.

$$r_1 = \frac{d_P \sin\phi}{2} \qquad r_2 = \frac{d_G \sin\phi}{2} \tag{12-11}$$

여기서 ϕ는 압력각이며, d_P, d_G는 각각 피니언과 기어의 피치지름이다.

AGMA는 식 (12-10)의 분모에 있는 4개의 탄성상수를 이용하여 **탄성정수계수(C_p)**를 정의한다.

$$C_p = \left[\frac{1}{\pi\left(\dfrac{1-v_P^2}{E_P}+\dfrac{1-v_G^2}{E_G}\right)}\right]^{1/2} \tag{12-12}$$

속도계수(K_v)개념을 추가하면 식 (12-10)은 식 (12-13)이 된다.

$$\sigma_C = -C_p\left[\frac{K_v W^t}{F\cos\phi}\left(\frac{1}{r_1}+\frac{1}{r_2}\right)\right]^{1/2} \tag{12-13}$$

여기서 음의 부호는 응력(σ_C)이 압축응력임을 의미한다.

예제 12-3 예제 12-1과 12-2에서의 피니언이 ASTM 번호 50, 주조로 제조된 잇수 50개의 기어와 짝을 이룬다. 1700 N이 접선방향하중일 때 표면피로파손에 대한 안전계수를 결정하라.

풀이 탄성상수는 $E_P = 207$ GPa, $v_P = 0.292$, $E_G = 100$ GPa, $v_G = 0.211$이다. 식 (12-13)에 대입하여 탄성정수계수를 구한다.

$$C_p = \left\{\frac{1}{\pi\left[\dfrac{1-(0.292)^2}{207(10^9)}+\dfrac{1-(0.211)^2}{100(10^9)}\right]}\right\}^{1/2} = 150\,927.3$$

예제 12-1에서 피니언과 기어의 피치지름은 각각 $d_P = 48$ mm, $d_G = 50(3) = 150$ mm이다. 식 (12-12)로부터 피치점에서 곡률반지름을 구한다.

$$r_1 = \frac{48\sin 20°}{2} = 8.2\text{ mm} \qquad r_2 = \frac{150\sin 20°}{2} = 25.7\text{ mm}$$

면폭 38 mm, 입력값 20°, 예제 12-1에서 $K_v = 1.5$를 식 (12-14)에 대입하여 접촉응력(σ_c)을 구한다.

$$\sigma_c = -150\,927.3\left[\frac{1.5(1700)}{0.038\cos 20°}\left(\frac{1}{0.0082}+\frac{1}{0.0257}\right)\right]^{1/2} = -511.5\text{ MPa}$$

ASTM 번호-50 주철의 H_B값은 262이다. 주철의 표면내구강도(S_c)는 10^8의 부하횟수, MPa단위의

$$S_C = 2.206 H_B\text{ MPa}$$

식으로 추정되므로 $S_c = 2.206(262) = 578$ MPa가 된다. 접촉 응력은 전달하중과 선형비례관계가 아니다(식 12-14 참조). 기능감소하중을 적용하중으로 나눈 값을 안전계수로 정의한다면, 하중비는 응력비의 제곱이며 다음과 같이 표시된다.

$$n = \frac{\text{loss}-\text{of}-\text{function load}}{\text{imposed load}} = \frac{S_C^2}{\sigma_C^2} = \left(\frac{578}{511.5}\right)^2 = 1.28$$

안전계수를 S_c/σ_c와 같이 별도로 정의한다면 이상한 일이 발생된다. 굽힘피로에 대한 안전계수가 1.2, 표면피로의 안전계수가 1.28이라고 가정해본다. 하중비를 고려한다면 1.28이 1.20보다 크기 때문에 굽힘피로파손이 예상된다. 그러나 표면피로에 대한 안전계수를 $S_c/\sigma_c = \sqrt{1.28} = 1.13$으로 정의한다면, 1.20이 1.13보다 커지므로 혼란이 발생된다. 따라서 표면피로 안전계수를 하중비 또는 응력비 어느 쪽으로도 정의할 수 있지만, 하중비로 비교하려면 응력비를 제곱하여야 한다.

앞 절에서 설명한 속도계수 외에 전달하중의 변동, 기어접촉면에 불균일한 전달하중, 굽힘응력에 영향을 미치는 림두께를 고려하여야 한다. 표면피로에서는 내구강도는 해당부하횟수(사이클 수)에 따라 정해진 값이어야 하며, S-N곡선에서 기울기값이 결정되어야 한다. 굽힘피로에서 S-N곡선의 10^6 부하횟수 근처에서 기울기가 급변하기도 하며, 어떤 경우는 내구한도가 관찰되지 않기도 한다. 기어가 10^{11} 이상의 부하횟수에서도 파손되지 않기도 한다. 굽힘피로에서 내구강도의 감소현상이 AGMA 절차에 포함되어 있다.

12-3 기어맞물림 설계

사전(a priori)결정과 설계결정 단계로 나눈다.

- 기능: 하중, 속도, 신뢰도, 수명, K_0
- 불확실한 위험인자: 설계계수 n_d
- 치형 정보: ϕ, ψ, 어덴덤, 디덴덤, 이뿌리 필릿반지름
- 기어비(잇수비) m_G, N_P, N_G
- 품질 등급번호 Q_v

} 사전 결정사항

- 지름피치 P_d
- 면폭 F
- 피니언재료, 내부 및 표면 경도값
- 기어재료, 내부 및 표면 경도값

} 설계 결정사항

우선 기어쌍의 치수를 결정하며, 설계 결정사항들을 중요 순서부터 나열한다.

- 지름피치를 결정한다.
- 면폭, 피치지름, 재료특성간 관계를 검토한다. 만족스럽지 않으면 피치값을 변경한다.
- 피니언재료를 정하고 내부/표면의 경도요건을 검토한다. 만족스럽지 않으면, 피치값을 변경하는 작업을 반복한다.

- 기어재료를 결정하고, 내부/표면의 경도요건을 검토한다. 만족스럽지 않으면, 피치값을 변경하는 작업을 반복한다.

절차를 보다 상세하게 아래에 설명한다. 우선 지름피치를 임의로 결정한다.

피니언의 굽힘:
- 선정된 이 피치값에 대한 중앙면폭을 결정한다($4\pi/P$).
- 필요한 극한강도값의 범위를 찾아본다.
- 재료와 내부경도값을 결정한다.
- 굽힘에서 안전계수를 만족할 면폭을 결정한다.
- 면폭을 결정한다.
- 굽힘에서 안전계수를 검토한다.

기어의 굽힘:
- 짝이 될 상대 기어의 내부경도값을 찾는다.
- 기어의 재료와 내부경도값을 결정한다.
- 굽힘에서 안전계수를 검토한다.

피니언의 마모:
- 필요한 값과 표면경도값을 찾는다.
- 표면경도를 결정한다.
- 마모조건에서 안전계수를 검토한다.

기어의 마모:
- 상대 기어의 표면경도값을 찾는다.
- 표면경도를 결정한다.
- 마모조건에서 안전계수를 검토한다.

선정된 지름피치와 유사한 지름피치 경우에도 설계요건을 만족할 수 있기 때문에, 성능비교지수를 만들어서 결과간에 비교선정기준을 만든다. 재료 및 제조공정단가까지를 고려한다면 성능비교지수 형태가 복잡해진다.

연습문제

12-1 모듈(m)이 3 mm, 잇수 22개 그리고 압력각 20°인 스퍼 기어 피니언은 1200 rev/min으로 회전하며 11 kW의 동력을 60개의 기어이를 가진 기어에 전달한다. 이폭이 50 mm일 때, 강으로 된 평기어이가 받는 굽힘응력을 구하라.

12-2 강으로 된 스퍼 기어 피니언은 모듈(m)이 1.25 mm, 잇수 18개 그리고 압력각 20° 그리고 이폭이 12 mm이다. 피니언이 1800 rev/min으로 회전하며 0.5 kW의 동력을 전달해야 할때, 평기어이가 받는 굽힘응력을 구하라.

12-3 강으로된 스퍼 기어 피니언은 모듈(m)이 1 mm, 잇수 16개, 압력각이 20°이다. 400 rev/min으로 회전하며 0.15 kW를 전달해야할 때, 이폭을 결정하라. 허용굽힘응력은 150 MPa이다.

12-4 모듈 5 mm와 압력각 20°인 스퍼 기어 피니언은 잇수 24개이며, 50 rev/min으로 회전하며 4.5 kW를 동력을 전달한다. 허용굽힘응력이 140 MPa일 때, 면폭을 구하라.

12-5 압력각이 20°인 강으로된 스퍼 기어 피니언은 900 rev/min으로 회전하며 1.5 kW의 동력을 전달한다. 피니언 잇수가 18개일 때, 모듈과 이폭을 구하라. 허용굽힘응력은 75 MPa이다.

12-6 압력각은 20°인 기어 드라이브는 잇수 16개인 피니언과 48개인 기어로 구성되어 있으며, 지름 피치가 12 teeth/in이다. 피니언은 700 rev/min으로 회전하며 1.5 hp의 동력을 기어에 전달한다. 허용접촉응력이 100 kpsi일 때, 면폭을 결정하라.

12-7 기어세트는 모듈 5 mm, 압력각 20°이고, 잇수 24개인 주철제 스퍼 기어 피니언과 잇수 48개인 주철제 스퍼 기어로 구성되어 있다. 피니언은 50 rev/min으로 회전한다. 최대 접촉응력이 690 MPa이고, 면폭(F)가 60 mm일 때, 기어세트 최대입력 마력을 구하라.

12-8 압력각이 20°인 기어세트는 잇수 17개인 피니언과 30개인 기어로 구성되어 있으며, 지름 피치가 12 teeth/in이며 면폭은 7/8 in이다. 피니언은 525 rev/min으로 회전한다. 브리넬 경도가 149인 기어 재료의 극한강도(S_{ut})는 76 kpsi이며, 항복 강도(S_y)는 42 kpsi이다. 안전계수가 2.25일 때, 기어세트의 최대전달동력을 구하라.

12-9 강으로 된 피니언과 기어 세트의 극한강도(S_{ut})와 항복강도(S_y)는 각각 113 kpsi와 86 kpsi이고, 인볼루트(involute) 치형면에서의 브리넬 경도는 262이다. 지름 피치는 3 teeth/in이고, 면폭은 2.5 in이다. 잇수가 20개인 피니언 회전 속도가 870 rev/min이고, 기어의 잇수는 100개이다. 안전계수를 1.5로 둘 때, 기어이에서의 굽힘과 마멸을 고려하여 최대전달동력을 구하라.

13 클러치, 브레이크

회전하는 에너지를 저장하거나 전달하는 기능을 가진 회전 요소들에는 클러치, 브레이크, 커플링, 플라이휠들이 있다. 이 중에서 기능상의 유사점을 가진 클러치와 브레이크들을 이 장에서 다루고자 한다.

마찰 클러치 또는 브레이크의 간단한 동력학적 모델이 그림 13-1a에 나와 있다. 두 개의 회전 관성 I_1과 I_2가 각각 회전 각속도 w_1과 w_2로 회전하며 브레이크인 경우에는 그 중 하나의 속도가 제로이고 클러치 또는 브레이크로 연결되어 있으면 같은 속도로 회전한다. 두 개의 요소는 서로 각각 다른 속도로 회전하고 있기 때문에 마찰이 일어나고 그 과정 중에 에너지가 소모되며 결과로써 온도가 상승한다. 이와 같은 요소들의 해석에서 다음을 중점적으로 다루기로 한다.

1. 작용력
2. 전달 토크

전달 토크는 작용력과 마찰계수 그리고 클러치 또는 브레이크의 기하학적 형상과 관련이 있다. 이것은 정역학적 문제이며 각각의 기하학적 형상에 따라 별도로 다루어질 예정이다. 그러나 온도상승은 에너지 손실과 관련이 있으며 브레이크나 클러치 형상과 관계없이 다루어질 수 있다.

이 장에서 다루어질 여러 가지 형태의 요소들은 다음과 같이 정의된다.

1. 내부 확장식 타입
2. 외부 확장식 타입
3. 밴드타입
4. 디스크 또는 축 타입
5. 원추타입
6. 기타

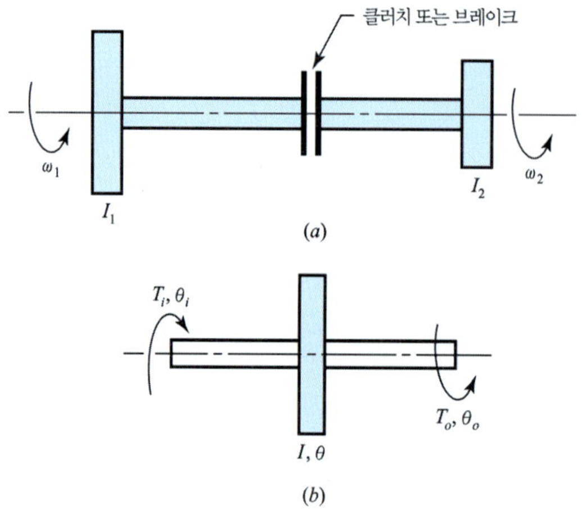

그림 13-1
(a) 클러치와 브레이크의 동역학 모델, (b) 플라이휠의 동역학 모델

13-1 클러치와 브레이크의 정상 상태 해석

많은 형식의 클러치와 브레이크는 다음과 같은 일반적인 순서로 해석할 수 있다.

- 마찰면에서의 압력분포를 측정하고 모델링하며 추정한다.
- 최대 압력과 임의의 점에서의 압력과의 관계식을 구한다.
- 정상 상태 평형 관계 조건을 사용하여 제동력이나 제동 토크 또는 작용력들을 구한다.

13-2 내부 확장식 림 클러치와 브레이크

그림 13-2에 있는 내부 확장식 클러치(Internal Expanding Rim Clutch)는 기본적으로 다음 세 가지 요소로 구성된다. 마찰면, 토크를 마찰면에서 혹은 마찰면으로 전달하는 수단 그리고 액츄에이팅 메커니즘. 작용 메커니즘에 따라 이와 같은 클러치들은 **확장 링식**(Expanding-Ring), **원심식**, **자기식**(Magnetic), **유압식**(Hydraulic), **공압식**(Pneumatic)으로 구분된다.

확장 링식 클러치(Expanding-Ring Clutch)는 섬유기계나 굴착기 또 공작기계에 많이 사용되며 클러치는 구동 풀리 내부에 내장되어 있다. 확장 링식(Expanding-Ring) 클러치는 원심력을 이용하며 낮은 속도에서도 큰 토크를 전달할 수 있고 충분한 해제력을 필요로 한다.

원심식 클러치(Centrifugal Clutch)는 주로 자동 작동식에 사용된다. 스프링이 사용되지 않는다면 전달 토크는 속도의 제곱에 비례한다. 이 방식은 특별히 전기 모터 구동에 유용하며 출발시 종동측 장치가 충격 없이 설정된 속도에 도달할 수 있다. 설정 속도에 도달할 때까지 접속을 방지하기 위하여 스프링이 사용될 수도 있으나 이 경우에는 충격이 생긴다.

그림 13-2
내부 확장식 원심 브레이크(*the Hilliard Corporation.*의 허락하에 인용)

전자식 클러치(Magnetic Clutch)는 자동 그리고 원격제어 시스템이나 복잡한 부하 사이클을 갖는 구동 시스템에 유용하게 사용된다.

유압식과 공압식 클러치는 복잡한 부하 사이클을 갖는 자동화 기계, 로봇과 같은 구동 시스템에 유용하게 사용된다. 이 장치들은 원격으로 제어되는 솔레노이드 밸브에 의해 제어된다. 이와 같은 클러치들은 디스크나 원추, 다판 클러치 같은 곳에 사용된다.

블레이크 시스템에서는 **내부 확장식**(Internal-Shoe Brake) 또는 **드럼 방식** 브레이크(Drum Brake)가 자동차에 가장 널리 사용된다.

그림 13-3의 내부 확장식 시스템을 해석해 보기로 하자. 그림 13-3에서 슈(shoe)는 A점에 피봇되어 있고 슈의 반대편 끝에 액츄에이팅력 F가 작용한다. 슈의 길이가 길기 때문에 슈에 작용하는 수직력의 분포는 일정하지 않다. 점 A에는 아무런 압력이 가해지지 않기 때문에 여기에 작용하는 압력은 0이라고 생각할 수 있다.

그림 13-3에서 힌지점에서 각 θ만큼 떨어진 곳의 미소요소의 마찰면에 작용하는 압력을 p, 힌지점에서 각도 θ_a인 지점에 최대압력 p_a가 작용한다고 하고 B(그림 13-4)의 거동

그림 13-3
마찰슈

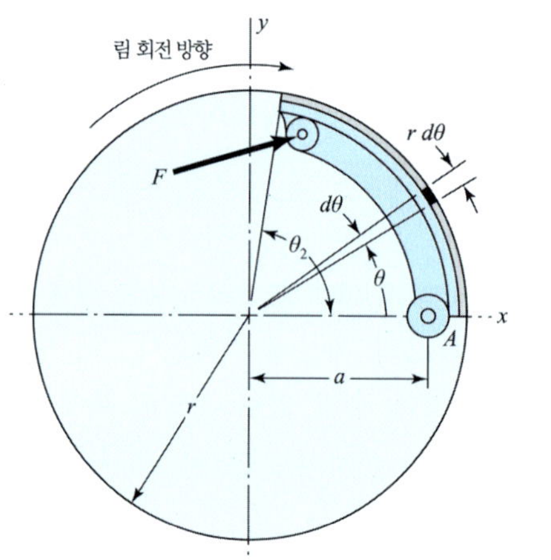

그림 13-4
마찰슈의 기하학적 형상

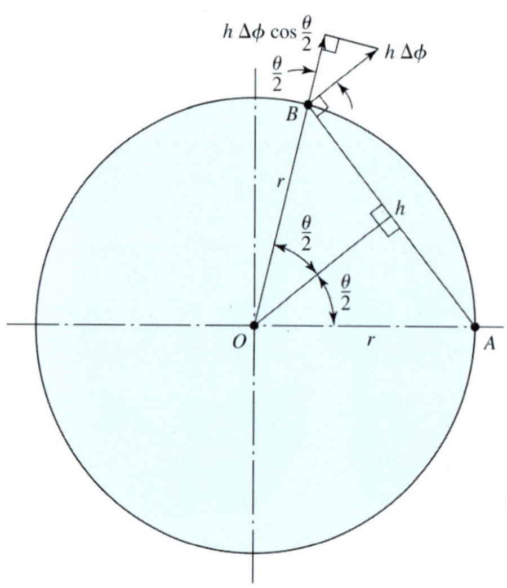

을 생각해 보자. 그림 13-4에서 힌지점 A를 중심으로 슈가 미소각 $\Delta\phi$만큼 변형되었다고 가정하면 AB에 수직인 슈의 변형량은 $h\Delta\phi$이다. 삼각형 AOB에서 $h = 2r\sin(\theta/2)$이고, 따라서

$$h\Delta\phi = 2r\ \Delta\phi\ \sin(\theta/2)$$

림의 수직방향의 변형량은 $h\Delta\ \cos(\theta/2)$으로 다음과 같이 표시된다.

$$h\ \Delta\phi\ \cos(\theta/2) = 2r\ \Delta\phi\ \sin(\theta/2)\ \cos(\theta/2) = r\ \Delta\phi\ \sin\theta$$

따라서 변형량, 즉 결과적으로 압력은 $\sin\theta$에 비례한다는 것을 알 수 있다. 최대압력은 B에 작용함으로

$$\frac{p}{\sin\theta} = \frac{p_a}{\sin\theta_a} \tag{a}$$

이 식을 정리하면 다음을 구할 수 있다.

$$p = \frac{p_a}{\sin\theta_a}\sin\theta \tag{13-1}$$

이와 같은 압력분포는 다음과 같은 특성을 가지고 있다.

- 압력분포는 각도 θ에 대하여 정현파(sine) 형태로 변화한다.
- 슈의 거리가 짧으면 그림 13-5a에 표시된 것처럼 슈에 작용하는 최대압력 p_a는 슈의 끝에 θ_2 작용한다.
- 슈의 길이가 길면 그림 13-5b에 표시된 것처럼 슈의 최대압력 p_a는 $\theta_a = 90°$인 점에서 작용한다.

그림 13-5
마찰슈의 최대압력이 작용하는 위치
(a) $\theta_1 \le \theta_2 \le \pi/2$,
(b) $\theta_1 \le \pi/2 \le \theta_2$

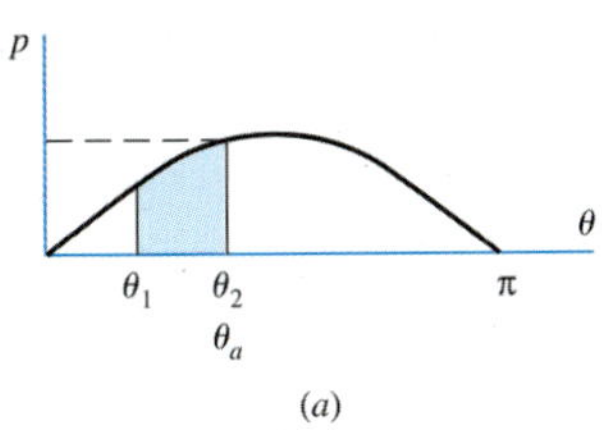

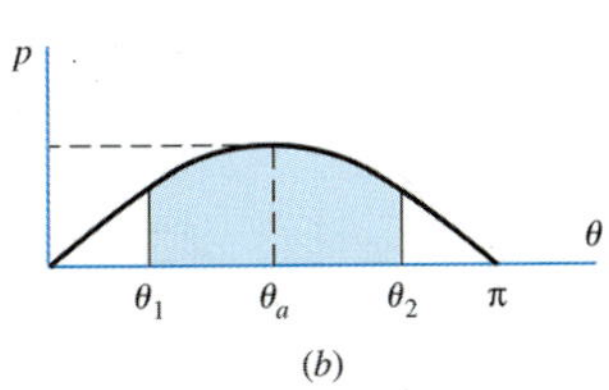

마찰재의 사용은 마찰면에 작용하는 최대 허용 압력에 의해 제한되기 때문에 설계에 있어서는 정현파형 압력보다는 최대압력이 사용된다.

식 (13-1)에서 $\theta = 0$일 때, 압력은 0이 된다. 따라서 힌지점에 있는 마찰재는 제동력에 거의 영향을 주지 못한다는 것을 알 수 있고, 생략되어도 된다. 좋은 설계를 위하여는 마찰재를 최대압력이 작용하는 근처에 가능한 한 집중되게 하여야 한다. 그림 13-6은 마찰재를 힌지점을 기준으로 각도 θ_1에서 각도 θ_2사이에 위치하도록 설계한 것이다.

그림 13-6에서 힌지점에 작용하는 반력은 R_x와 R_y이고 액츄에이터 작용력 F는 힌지점에서 거리 C에 성분 F_x와 F_y로 작용한다. 힌지점에서 임의의 각도 θ에서 수직력 dN은 다음 식으로 표시된다.

$$dN = pbr\ d\theta \tag{b}$$

여기서 b는 마찰재의 폭이다. 식 (13-1)에서 압력값을 대입하면 수직력은 다음과 같이 구해진다.

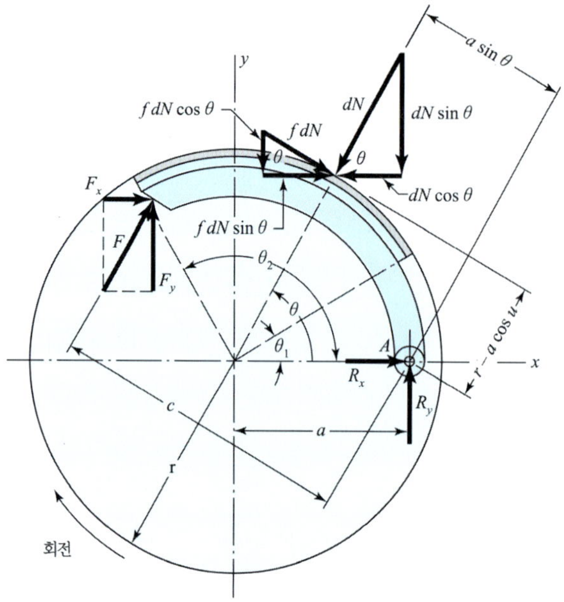

그림 13-6
수에 작용하는 힘

$$dN = \frac{p_a b r \sin\theta \, d\theta}{\sin\theta_a} \tag{c}$$

수직력 dN은 수평 및 수직방향 성분 $dN \cos\theta$와 $dN \sin\theta$로 구성되며 마찰력 $f\,dN$도 역시 수직 및 수직방향성분 $f\,dN \sin\theta$와 $f\,dN \cos\theta$로 구성된다. 정적 평형관계에서 액츄에이터 작용력 F와 토크 T 그리고 힌지점에 작용하는 반력 R_x와 R_y를 구할 수 있다.

액츄에이터 작용력 F는 힌지점의 모멘트 평형에서 구할 수 있다. 마찰력들을 힌지점에서 $r - a\cos\theta$의 모멘트 암을 가진다. 이와 같은 마찰력의 모멘트 M_f는 다음 식으로 표시된다.

$$M_f = \int f\,dN(r - a\cos\theta) = \frac{f p_a b r}{\sin\theta_a} \int_{\theta_1}^{\theta_2} \sin\theta (r - a\cos\theta)\, d\theta \tag{13-2}$$

마찰력의 모멘트는 M_f는 식 (13-2)를 적분하여 구할 수 있다. 수직력 dN의 모멘트 암은 힌지점을 중심으로 $a\sin\theta$이며 수직력에 대한 모멘트 M_N은 다음 식으로 구해진다.

$$M_N = \int dN(a\sin\theta) = \frac{p_a b r a}{\sin\theta_a} \int_{\theta_1}^{\theta_2} \sin^2\theta \, d\theta \tag{13-3}$$

액츄에이터 작용력 F는 모멘트 평형에서 아래와 같이 구할 수 있다.

$$F = \frac{M_N - M_f}{c} \tag{13-4}$$

위 식에서 액츄에이터 작용력이 0이 되는 조건을 생각해보자. 즉 $M_N = M_f$이면 self-energizing 상태가 되어 액츄에이터 작용력이 필요하지 않다. 그림 13-6에서 셀프-로킹(self-locking)이 되기 위한 a의 치수는 다음과 같아야 한다.

$$M_N > M_f \tag{13-5}$$

브레이크 슈에 의해서 드럼에 가해지는 토크 T는 마찰력 $f\,dN$과 드럼의 반지름의 곱으로 구해진다.

$$T = \int fr\,dN = \frac{fp_a br^2}{\sin\theta_a}\int_{\theta_1}^{\theta_2}\sin\theta\,d\theta$$

$$= \frac{fp_a br^2(\cos\theta_1 - \cos\theta_2)}{\sin\theta_a} \tag{13-6}$$

힌지점의 반력은 수평 및 수직방향의 힘의 평형에서 아래와 같이 구할 수 있다.

$$R_x = \int dN\cos\theta - \int f\,dN\sin\theta - F_x$$

$$= \frac{p_a br}{\sin\theta_a}\left(\int_{\theta_1}^{\theta_2}\sin\theta\cos\theta\,d\theta - f\int_{\theta_1}^{\theta_2}\sin^2\theta\,d\theta\right) - F_x \tag{d}$$

수직방향 성분도 마찬가지 방법으로 구할 수 있다.

$$R_y = \int dN\sin\theta + \int f\,dN\cos\theta - F_y$$

$$= \frac{p_a br}{\sin\theta_a}\left(\int_{\theta_1}^{\theta_2}\sin^2\theta\,d\theta + f\int_{\theta_1}^{\theta_2}\sin\theta\cos\theta\,d\theta\right) - F_y \tag{e}$$

마찰력의 방향은 회전방향이 반대가 되면 반대가 된다. 따라서 반시계방향 회전의 경우에 작용력은 아래와 같이 표시된다.

$$F = \frac{M_N + M_f}{c} \tag{13-7}$$

식 (13-7)에서 self-energizing 효과가 없어진 것을 볼 수 있다. 또한 반시계방향 회전인 경우에는 힌지점의 반력에 관한 식 (d)와 (e)에서 마찰력의 부호가 반대가 되어

$$R_x = \frac{p_a br}{\sin\theta_a}\left(\int_{\theta_1}^{\theta_2}\sin\theta\cos\theta\,d\theta + f\int_{\theta_1}^{\theta_2}\sin^2\theta\,d\theta\right) - F_x \tag{f}$$

$$R_y = \frac{p_a br}{\sin\theta_a}\left(\int_{\theta_1}^{\theta_2}\sin^2\theta\,d\theta - f\int_{\theta_1}^{\theta_2}\sin\theta\cos\theta\,d\theta\right) - F_y \tag{g}$$

식 (d), (e), (f), (g)는 다음과 같이 간단히 정리할 수 있다.

$$A = \int_{\theta_1}^{\theta_2}\sin\theta\cos\theta\,d\theta = \left(\frac{1}{2}\sin^2\theta\right)_{\theta_1}^{\theta_2}$$

$$B = \int_{\theta_1}^{\theta_2}\sin^2\theta\,d\theta = \left(\frac{\theta}{2} - \frac{1}{4}\sin 2\theta\right)_{\theta_1}^{\theta_2} \tag{13-8}$$

따라서 그림 13-6의 시계방향 운동에 대해서 힌지점의 반력은 아래와 같이 구해진다.

$$R_x = \frac{p_a br}{\sin\theta_a}(A - fB) - F_x$$

$$R_y = \frac{p_a br}{\sin\theta_a}(B + fA) - F_y \quad (13\text{-}9)$$

반시계방향 운동에 대한 식(f)와 식(g)는 다음과 같이 구해진다.

$$R_x = \frac{p_a br}{\sin\theta_a}(A + fB) - F_x$$

$$R_y = \frac{p_a br}{\sin\theta_a}(B - fA) - F_y \quad (13\text{-}10)$$

위 식에서 좌표축은 드럼의 중심에 설정되었고, x축은 힌지점을 통과하도록 y축은 슈의 방향으로 설정되었다. 또한 다음의 가정이 사용되었다.

1. 슈의 임의의 점에 작용하는 압력은 힌지점에서의 거리에 비례하며 힌지점에서의 압력은 0이다. 제조사에서 표기한 압력은 최댓값보다는 평균값임에 유의한다.
2. 원심력은 무시되었다. 브레이크의 경우에는 슈가 회전하지 않기 때문에 원심력은 작용하지 않는다. 그러나 클러치 설계에서는 원심력을 고려하여야만 한다.
3. 슈는 강체라고 가정한다. 그러나 이것은 사실이 아니다. 일부 변형이 일어날 수 있고 이 변형은 부하와 압력과 슈의 강성에 의존한다. 따라서 압력분포는 강체로 가정하는 것과 달라질 수 있다.
4. 모든 해석은 마찰계수가 일정하며 압력에 따라 변하지 않는다는 가정 하에 수행되었다. 그러나 마찰계수는 온도, 마모 및 환경조건 등 여러 가지 조건에 따라 변화한다.

예제 13-1 그림 13-7과 같이 4개의 내부확장 슈로 구성된 지름 400 mm의 브레이크 드럼이 있다. 힌지핀 A와 B는 각각 두 개의 슈를 차지하고 있다. 작동 메커니즘은 각 슈에 동일한 작용력 F를 발생시키는 것이다. 슈의 두께는 75 mm, 사용재료의 마찰계수는 0.24, 최대압력은 1000 kPa일 때 다음을 계산하라.

(a) 작용력

(b) 브레이크 용량

(c) 양쪽 방향으로 회전이 가능할 때 힌지핀의 작용력

풀이 (a) 주어진 값은 다음과 같다.

$\theta_1 = 10°$, $\theta_2 = 75°$, $\theta_a = 75°$, $p_a = 10^6$ Pa, $f = 0.24$,

$b = 0.075$ m(슈의 두께), $a = 0.150$ m, $r = 0.200$ m, $d = 0.050$ m,

$c = 0.165$ m.

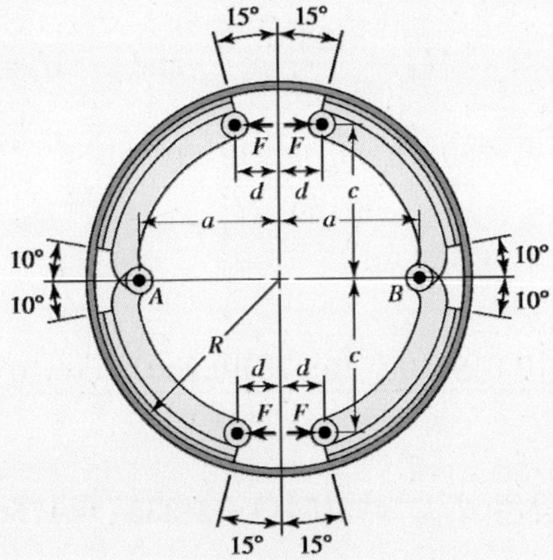

그림 13-7
내부 확장식 브레이크: $a=150$, $c=165$, $R=200$, $d=50$
(치수는 mm)

상수값들은 다음과 같이 계산할 수 있다.

$$A=\left[r\int_{\theta_1}^{\theta_2}\sin\theta\,d\theta-a\int_{\theta_1}^{\theta_2}\sin\theta\cos\theta\,d\theta\right]=r[-\cos\theta]_{\theta_1}^{\theta_2}-a\left[\frac{1}{2}\sin^2\theta\right]_{\theta_1}^{\theta_2}$$

$$=200[-\cos\theta]_{10°}^{75°}-150\left[\frac{1}{2}\sin^2\theta\right]_{10°}^{75°}=77.5\text{ mm}$$

$$B=\int_{\theta_1}^{\theta_2}\sin^2\theta\,d\theta=\left[\frac{\theta}{2}-\frac{1}{4}\sin 2\theta\right]_{10\pi/180\text{ rad}}^{75\pi/180\text{ rad}}=0.528$$

$$C=\int_{\theta_1}^{\theta_2}\sin\theta\cos\theta\,d\theta=0.4514$$

단위를 변환하면 식 (13-2)로부터

$$M_f=\frac{fp_abr}{\sin\theta_a}A=\frac{0.24[(10)^6](0.075)(0.200)}{\sin 75°}(0.0775)=289\text{ N}\cdot\text{m}$$

식 (13-3)으로부터

$$M_N=\frac{p_abra}{\sin\theta_a}B=\frac{[(10)^6](0.075)(0.200)(0.150)}{\sin 75°}(0.528)=1230\text{ N}\cdot\text{m}$$

최종적으로 식 (13-4)를 이용하여 F를 구할 수 있다.

답 $$F=\frac{M_N-M_f}{c}=\frac{1230-289}{165}=5.70\text{ kN}$$

(b) 식 (13-6)을 이용하여 우상단 슈에 대하여

$$T=\frac{fp_abr^2(\cos\theta_1-\cos\theta_2)}{\sin\theta_a}$$

$$=\frac{0.24[(10)^6](0.075)(0.200)^2(\cos 10°-\cos 75°)}{\sin 75°}=541\text{ N}\cdot\text{m}$$

우하단 슈에 대하여 p_a를 구해야 한다. 식 (13-7)로부터

$$M_N = \frac{1230}{10^6} p_a \quad \text{and} \quad M_f = \frac{289}{10^6} p_a$$

$$5.70 = \frac{(1230/10^6)p_a + (289/10^6)p_a}{165}$$ 를 풀면 $p_a = 619(10)^3 \text{ Pa}$

따라서

$$T = \frac{0.24[0.619(10)^6](0.075)(0.200)^2(\cos 10° - \cos 75°)}{\sin 75°} = 335 \text{ N·m}$$

답 총 브레이크 용량은 $T_{\text{total}} = 2(541) + 2(335) = 1750 \text{ N·m}$ 이다.

(c) 우상단 슈:

$$R_x = \frac{p_a b r}{\sin\theta_a}(C - fB) - F_x$$
$$= \frac{(10)^6(0.075)(0.200)}{\sin 75°}[0.4514 - 0.24(0.528)](10)^{-3} - 5.70 = -0.658 \text{ kN}$$
$$R_y = \frac{p_a b r}{\sin\theta_a}(B + fC) - F_y$$
$$= \frac{(10)^6(0.075)(0.200)}{\sin 75°}[0.528 + 0.24(0.4514)](10)^{-3} - 0 = 9.88 \text{ kN}$$

우하단 슈:

$$R_x = \frac{p_a b r}{\sin\theta_a}(C + fB) - F_x$$
$$= \frac{[0.619(10)^6](0.075)(0.200)}{\sin 75°}[0.4514 + 0.24(0.528)](10)^{-3} - 5.70$$
$$= -0.143 \text{ kN}$$
$$R_y = \frac{p_a b r}{\sin\theta_a}(B - fC) - F_y$$
$$= \frac{[0.619(10)^6](0.075)(0.200)}{\sin 75°}[0.528 - 0.24(0.4514)](10)^{-3} - 0$$
$$= 4.03 \text{ kN}$$

그림 13-8로부터 우하단 슈의 $+y$ 방향이 우상단 슈와 반대임에 유의하여

$$R_H = -0.658 - 0.143 = -0.801 \text{ kN}$$
$$R_V = 9.88 - 4.03 = 5.85 \text{ kN}$$
$$R = \sqrt{(0.801)^2 + (5.85)^2}$$
$$= 5.90 \text{ kN}$$

그림 13-8
힌지점 반력

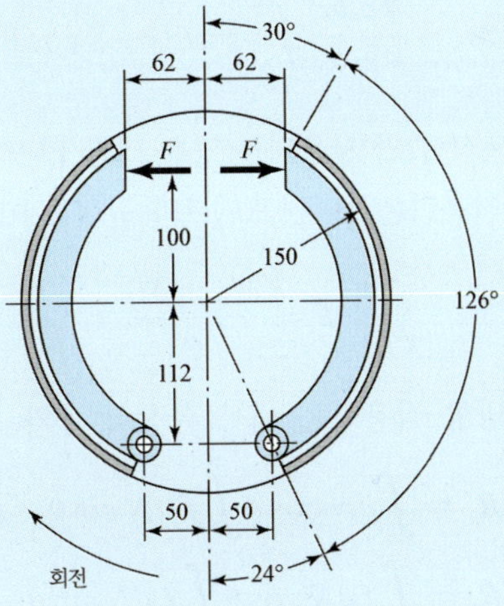

13-3 외부 압축식 림 클러치와 브레이크

그림 13-9에 외부 압축식 슈(External Contracting Shoe)의 형상이 나와 있다. 힌지점에 대한 마찰력과 수직력의 모멘트는 내부 확장식 슈와 동일하다. 식 (13-2)와 (13-3)은 동일하게 적용된다.

$$M_f = \frac{fp_a br}{\sin\theta_a}\int_{\theta_1}^{\theta_2}\sin\theta(r - a\cos\theta)d\theta \tag{13-2}$$

그림 13-9
외부 압축식 슈

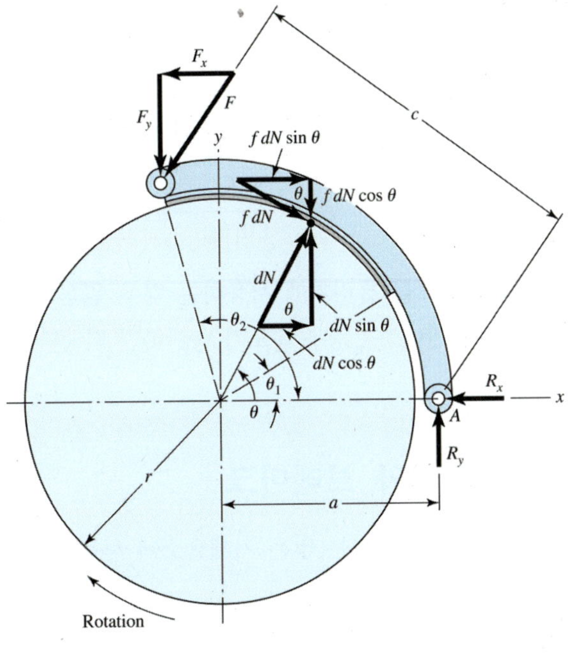

$$M_f = \frac{f p_a b r}{\sin\theta_a}\int_{\theta_1}^{\theta_2} \sin\theta(r - a\cos\theta)d\theta \tag{13-3}$$

이 두 가지 식은 외부 압축식 슈가 사용되는 경우 그림 13-9에서 시계방향으로 양의 모멘트값을 갖는다. 액츄에이터 작용력은 이 두 모멘트와 균형을 이루기에 충분할 만큼 커야 한다.

$$F = \frac{M_N + M_f}{c} \tag{13-11}$$

힌지점의 수평 및 수직 방향 작용력은 내부 확장식 슈와 같은 방법으로 구할 수 있다.

$$R_x = \int dN\cos\theta \int f\,dN\sin\theta - F_x \tag{a}$$

$$R_y = \int f\,dN\cos\theta \int f\,dN\sin\theta - F_y \tag{b}$$

식 (13-8)과 13-2절의 식 (c)를 사용해서 다음과 구할 수 있다.

$$R_x = \frac{p_a b r}{\sin\theta_a}(A + fB) - F_x \tag{13-12}$$

$$R_y = \frac{p_a b r}{\sin\theta_a}(fA - B) + F_y$$

만약 회전 방향이 시계 반대 방향이 되면 각 식에서 마찰력의 부호는 반대가 되고 식 (13-11)의 액츄에이터 작용력은 다음과 같이 된다.

$$F = \frac{M_N - M_f}{c} \tag{13-13}$$

그리고 self-energizing 효과는 시계 반대 방향인 경우에 존재한다. 수평 및 수직 작용력은 전과 마찬가지 방법으로 구할 수 있다.

$$R_x = \frac{p_a b r}{\sin\theta_a}(A - fB) - F_x \tag{13-14}$$

$$R_y = \frac{p_a b r}{\sin\theta_a}(-fA - B) + F_y$$

외부 압축식 설계를 클러치에 사용하는 경우 원심력의 효과는 수직력을 감소시킬 수 있음을 유의하여야 한다. 이 경우 속도가 증가하면 더 큰 액츄에이터 작용력 F가 요구된다.

13-4 밴드타입 클러치와 브레이크

밴드타입 클러치와 브레이크는 많은 기계요소에 사용된다. 밴드타입 클러치와 브레이크의 형상이 그림 13-10에 나와 있다.

드럼의 마찰력과 회전방향을 고려하면 액츄에이터 작용력 P_2는 핀의 작용력 P_1보다

그림 13-10
브레이크 밴드에 작용하는 힘

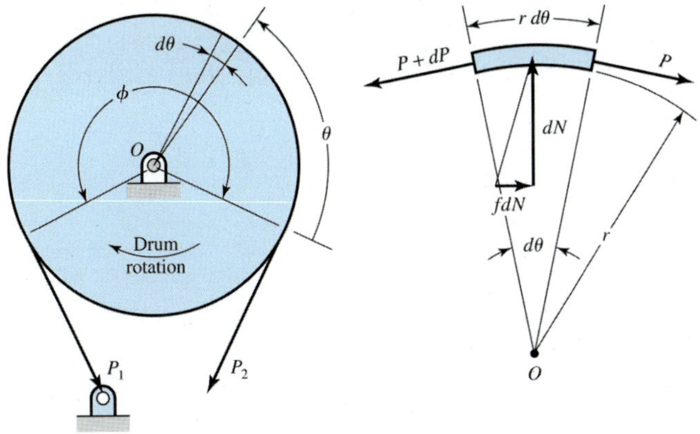

(a) (b)

작다. 밴드의 미소요소 $d\theta$의 힘의 평형에서 다음 식이 구해진다.

$$(P+dP)\sin\frac{d\theta}{2}+P\sin\frac{d\theta}{2}-dN=0 \tag{a}$$

$$dN=P\,d\theta \tag{b}$$

$$(P+dP)\cos\frac{d\theta-P}{2}\cos\frac{d\theta}{2}-f\,dN=0 \tag{c}$$

$$dP-f\,dN=0 \tag{d}$$

위 식에서 미소각 $d\theta$에 대하여 $\sin\frac{d\theta}{2}\doteq d\theta/2$, $\cos(d\theta/2)=1$을 사용하고, 식 (b)와 (d)에서 dN의 값을 대입하고 적분하면

$$\int_{P_2}^{P_1}\frac{dP}{P}=f\int_0^{\phi}d\theta \quad 또는 \quad \ln\frac{P_1}{P_2}=f\phi$$

$$\frac{P_1}{P_2}=e^{f\phi} \tag{13-15}$$

토크는 다음 식으로 구해진다.

$$T=(P_1-P_2)\frac{D}{2} \tag{13-16}$$

두께 b, 길이 $rd\theta$의 면적에 작용하는 수직력 성분 dN은

$$dN=pbr\,d\theta \tag{e}$$

여기서 p는 압력이다. 식 (b)에서 dN의 값을 대입하면

$$P\,d\theta=pbr\,d\theta$$

따라서

$$p = \frac{P}{br} = \frac{2P}{bD} \tag{13-17}$$

압력은 밴드의 장력과 비례함을 알 수 있다. 최대압력 p_a는 다음과 같이 구해진다.

$$p_a = \frac{2P_1}{bD} \tag{13-18}$$

13-5 마찰 접촉식 축방향 클러치

축방향 클러치(Axial Clutch)는 마찰멤버가 축에 평행한 방향으로 움직이는 방식이다. 이와 같은 방식의 초기형태는 원추클러치로써 이것은 구조가 간단하고 비교적 큰 동력을 전달할 수 있다. 그러나 상대적으로 간단한 적용 예를 제외하고는, 이 방식은 한 개 혹은 그 이상의 디스크를 사용하는 디스크(disk) 클러치 방식으로 교체되었다. 디스크 클러치 방식의 장점은 원심력 효과에서 자유롭고 좁은 공간에 큰 마찰면적이 사용될 수 있으며 열 발산 측면에서 우수하고 압력분포가 더 바람직하다는 장점이 있다. 그림 13-11은 단판 디스크 클러치의 형상을 보여주며 다판 디스크 클러치의 형상은 그림 13-12에 나와 있다. 이제 디스크 클러치나 혹은 브레이크 용량을 검토해 보자.

그림 13-13에 바깥지름 D, 안지름 d인 마찰 디스크가 도시되어 있다. 이 마찰 디스크에서 토크 T와 압력 p를 발생하는 데 필요한 축방향 힘 F를 구해보자. F를 구하는 방법은 클러치 구조에 따라서 두 가지 방식이 사용된다. 만약 디스크가 강체라면 초기에 큰 마모가 바깥 지름부근에 일어난다. 이것은 마찰에 의한 일이 바깥 지름부근에 크기 때문이다. 어느 정도 마모가 진행된 후에는 압력분포가 균일해져서 균일한 마모현상을 갖게 된다. 이것이

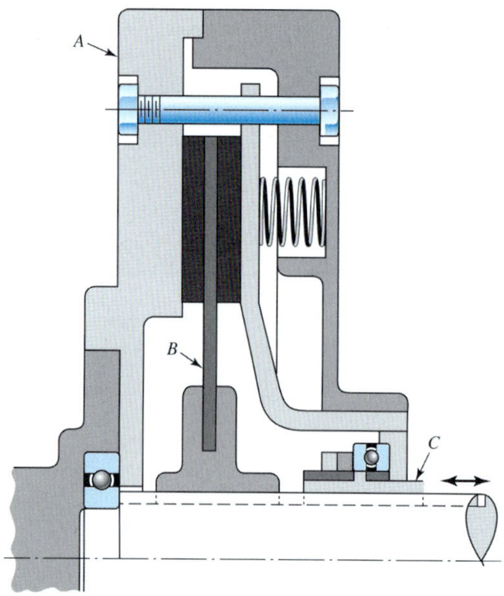

그림 13-11
단판클러치: A, 구동축: B, 종동축: C, 액츄에이터

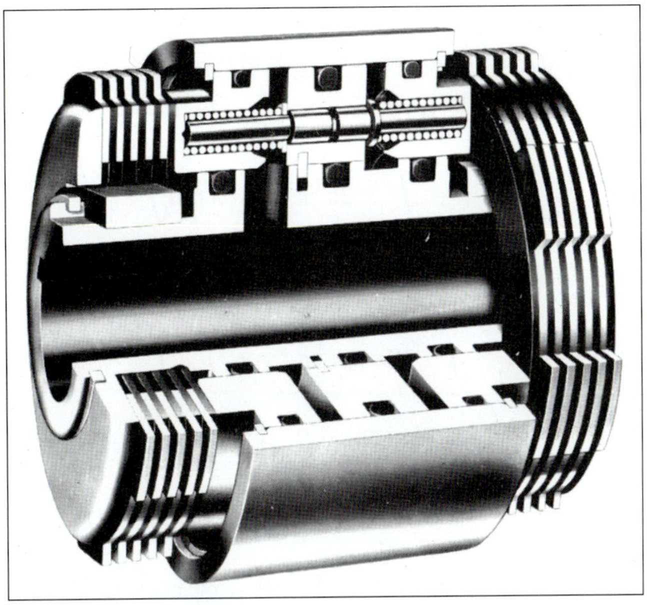

그림 13-12
습식다판클러치(*Twin Disc Clutch Company*.의 허락 하에 인용)

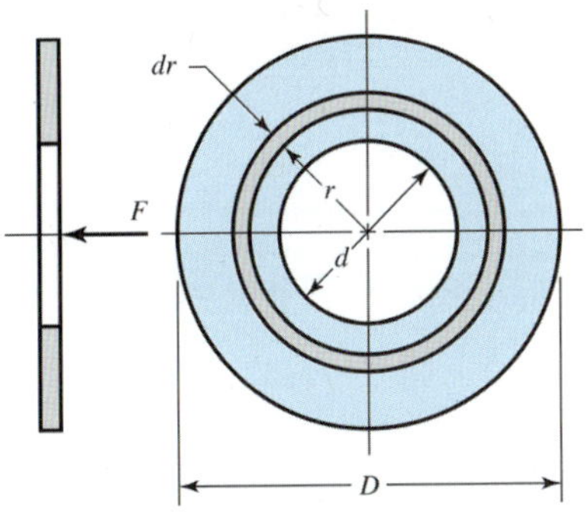

그림 13-13
디스크 마찰판

첫 번째 해석 방법의 기초가 된다. 두 번째 해석 방법은 전 면적에 걸쳐서 압력이 일정하도록 스프링을 채용하는 방식이다.

균일 마모

초기 마모가 발생해서 디스크가 균일한 마모를 갖는 지점에 이르게 되면 축방향 마모는 다음 식으로 표시될 수 있다.

$$w = f_1 f_2 KPVt$$

여기서 압력 P와 속도 V만이 마찰면에서 위치에 따라 달라진다. 균일한 마모라는 가정에 의해서 마모는 마찰면의 위치에 대하여 일정하므로

$$PV = (\text{일정}) = C_1$$

$$pr\omega = C_2 \tag{a}$$

$$pr = C_3 = p_{\max} r_i = p_a r_i = p_a \frac{d}{2}$$

그림 13-13에서 반지름 r과 두께 dr의 미소면적은 $2\pi\, r\, dr$이 되고, 이 미소면적에 작용하는 수직력은 $dF = 2\pi\, r\, dr$이 된다. 이 힘을 반지름 $d/2$에서 $D/2$까지 적분하고 pr이 상수 $(p_a d/2)$인 것을 대입하면

$$F = \int_{d/2}^{D/2} 2\pi\, pr\, dr = \pi\, p_a d \int_{d/2}^{D/2} dr = \frac{\pi\, p_a d}{2}(D - d) \qquad (13\text{-}19)$$

토크는 마찰력과 반지름의 곱을 적분하여 다음과 같이 구해진다.

$$T = \int_{d/2}^{D/2} 2\pi\, f p r^2\, dr = \pi\, f p_a d \int_{d/2}^{D/2} r\, dr = \frac{\pi\, f p_a d}{8}(D^2 - d^2) \qquad (13\text{-}20)$$

식 (13-19)에서 작용력 F의 값을 대입하면 토크에 대한 다음 식을 구할 수 있다.

$$T = \frac{Ff}{4}(D + d) \qquad (13\text{-}21)$$

식 (13-19)를 이용하여 최대 압력 p_a에 대한 작용력을 구할 수 있고, 이 식은 마찰면의 수에 관계없이 적용된다. 식 (13-21)은 오직 한 개의 마찰면에 대한 토크 용량식임을 유의하라.

균일 압력

압력이 디스크 면적에 걸쳐서 균일하게 작용할 때 액추에이터 작용력 F는 단순히 압력과 면적의 곱으로 다음과 같이 구해진다.

$$F = \frac{\pi\, p_a}{4}(D^2 - d^2) \qquad (13\text{-}22)$$

토크는 마찰력과 반지름의 곱을 적분하여 아래와 같이 구할 수 있다.

$$T = 2\pi\, f p \int_{d/2}^{D/2} r^2\, dr = \frac{\pi f p}{12}(D^3 - d^3) \qquad (13\text{-}23)$$

$p = p_a$이므로 식 (13-22)에서 식 (13-23)을 다음과 같이 다시 표현할 수 있다.

$$T = \frac{Ff}{3}\,\frac{D^3 - d^3}{D^2 - d^2} \qquad (13\text{-}24)$$

위 두 식의 토크는 한 쌍의 마찰면에 대하여 구한 것이다. 따라서 마찰면이 여러 개일 때는 마찰면의 수만큼 곱해서 토크를 구하여야 한다.

균일한 마모의 경우 토크에 대한 식 (13-21)을 무차원으로 표현하면 다음과 같다.

$$\frac{T}{fFD} = \frac{1 + d/D}{4} \qquad \text{(b)}$$

또한 균일한 압력에 대한 토크 식 (13-24)를 무차원으로 표시하면 다음과 같다.

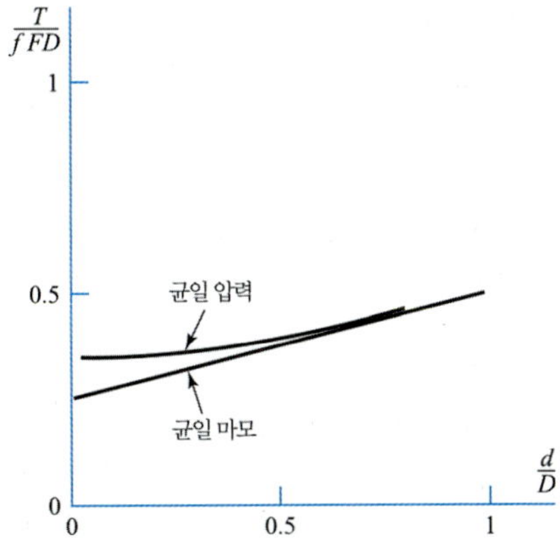

그림 13-14
식 (b)와 식 (c)의 무차원 비교

$$\frac{T}{fFD} = \frac{1}{3}\frac{1-(d/D)^3}{1-(d/D)^2} \tag{c}$$

그림 13-14에 식 (b)와 식 (c)가 도시되어 있다. 여기서 무차원표현으로 변수 개수가 5개 (T, f, F, D, d)에서 3개$(T/FD, f, d/D)$로 축소됨을 알 수 있고, 식 (b)와 (c)에서 f와 T의 관계로부터 2차원 공간에 나타낼 수 있다. 새 클러치는 압력이 균일하고 [식 (b)], 오래 사용된 클러치는 마모가 균일함으로 [식 (c)] 그림 13-14에서 우리는 새 클러치가 오래 사용된 클러치에 비하여 언제나 더 큰 토크를 전달할 수 있음을 볼 수 있다. 또한 이러한 형식의 클러치는 지름비 d/D가 $0.6 \le d/D \le 1$의 범위에 있으므로 식 (b)와 식 (c)의 차이는 다음과 같이 구할 수 있다.

$$\frac{T}{fFD} = \frac{1+0.6}{4} = 0.400 \qquad \text{(old clutch, uniform wear)}$$

$$\frac{T}{fFD} = \frac{1}{3}\frac{1-0.6^3}{1-0.6^2} = 0.4083 \qquad \text{(new clutch, uniform pressure)}$$

따라서 두 식의 오차는 $(0.4083-0.400)/0.400 = 0.021$로서 약 2%가 된다. 실제적으로는 마찰계수의 불확실성과 새 클러치가 마모된다는 것을 고려하면 식 (13-19), 식 (13-20), 식 (13-21)은 무리 없이 사용할 수 있다.

13-6 디스크 브레이크

그림 13-13에 나와 있는 바와 같이 디스크 클러치와 디스크 브레이크(Disk Brake)는 근본적인 차이가 없다. 따라서 디스크 클러치에 대한 해석은 디스크 브레이크에 마찬가지로 적용될 수 있다.

앞서 림 또는 드럼 브레이크는 self-energization을 이용하여 설계될 수 있음을 고찰하였다. 이와 같은 특징은 브레이크 제동력을 감소시키는 데 아주 중요하지만 마찰계수의 조그만 차이도 제동력의 큰 차이를 가져올 수 있어 드럼 브레이크가 자동차에 사용되는 경우 주의하여야 한다.

실제로 마찰계수가 온도, 습도의 변화에 대하여 30% 정도 감소하는 것은 늘 있는 일이지만 이와 같은 변화는 브레이크 제동력 50%의 차이를 가져온다. 그러나 디스크 브레이크는 self-energization 효과가 없기 때문에 마찰계수의 변화에 대하여 민감하게 반응하지 않는다.

디스크 브레이크의 또 다른 형태는 그림 13-15에 나와 있는 **플로우팅 캘리퍼**(floating caliper) 브레이크이다. 캘리퍼는 유압에 의해서 작동하는 한 개의 플로우팅 피스톤을 지지한다. 제동 작용은 나사로 조이는 것과 유사하여 피스톤은 나사의 역할을 한다. 플로우팅 동작은 마모로 인한 마찰 패드의 위치 변화를 보상하고 마찰 패드의 전 면적에 대하여 균일한 압력을 보장한다. 그림 13-15의 씰(seal)과 부트(boot)는 피스톤이 해제되었을 때 피스톤이 되돌아가기 위한 간격을 갖도록 설계된다.

캘리퍼 브레이크(작동 기구의 특성에 따른 이름)와 디스크 브레이크(마찰면의 형상을 따른 이름)는 회전하는 디스크의 면에 대하여 마찰재에 압력을 가하여 작동한다. 그림 13-16에 도시된 브레이크 패드의 면적에서 축방향 마모식은 다음과 같다.

$$w = f_1 f_2 K P V t$$

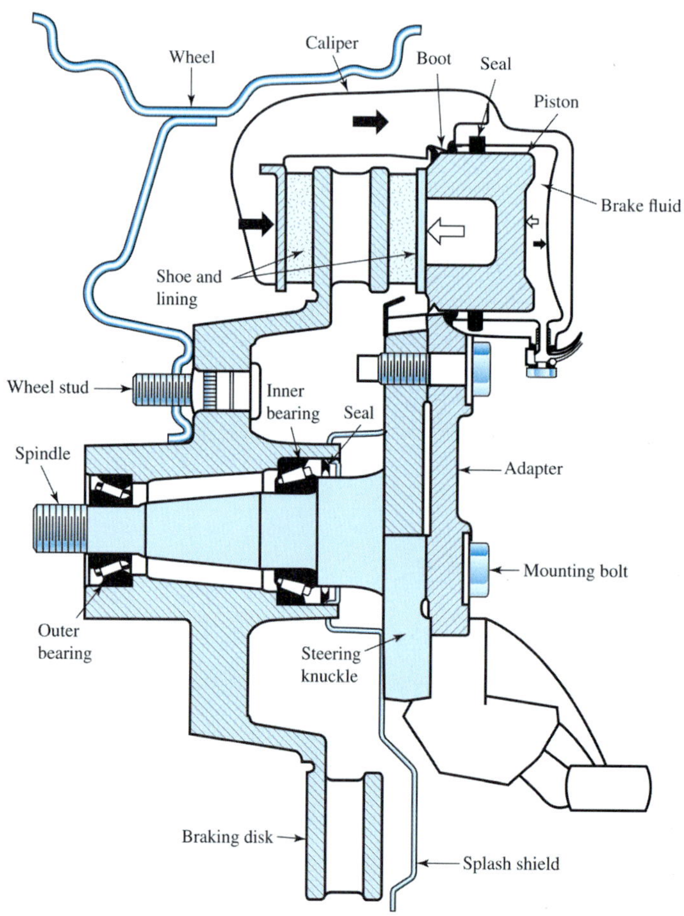

그림 13-15
자동차용 디스크 브레이크(*Daimler Chrysler Corporation.*의 허락 하에 인용)

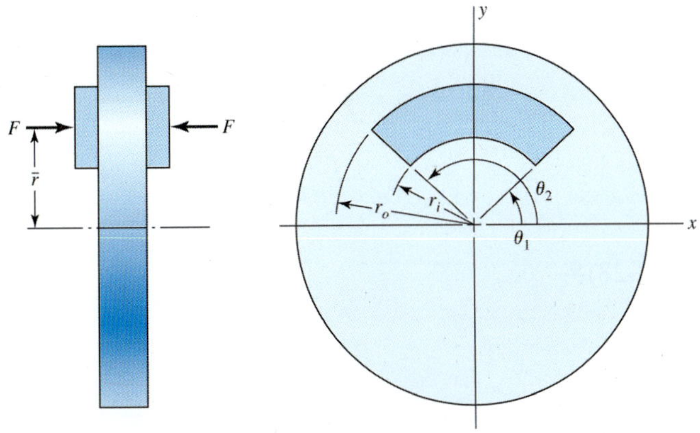

그림 13-16
캘리퍼 브레이크 패드의 접촉 면적

좌표의 $\bar{r}$는 작용력 F까지의 반지름이다. 압력 p가 작용할 때 작용력 F와 마찰 토크 T는 다음과 같이 구해진다.

$$F=\int_{\theta_1}^{\theta_2}\int_{r_i}^{r_o} pr\,dr\,d\theta=(\theta_2-\theta_1)\int_{r_i}^{r_o} pr\,dr \tag{13-25}$$

$$T=\int_{\theta_1}^{\theta_2}\int_{r_i}^{r_o} f\,pr^2\,dr\,d\theta=(\theta_2-\theta_1)f\int_{r_i}^{r_o} pr^2\,dr \tag{13-26}$$

유효 반지름 r_e는 $fFr_e = T$에서 아래와 같이 구할 수 있다.

$$r_e=\frac{T}{fF}=\frac{\int_{r_i}^{r_o} pr^2\,dr}{\int_{r_i}^{r_o} pr\,dr} \tag{13-27}$$

작용력 $\bar{F}$의 위치 $\bar{r}$는 x축에 대한 모멘트 식에서 다음과 같이 구할 수 있다.

$$M_x=F\bar{r}=\int_{\theta_1}^{\theta_2}\int_{r_i}^{r_o} pr(r\sin\theta)dr\,d\theta=(\cos\theta_1-\cos\theta_2)\int_{r_i}^{r_o} pr^2\,dr$$

$$\bar{r}=\frac{M_x}{F}=\frac{(\cos\theta_1-\cos\theta_2)}{\theta_2-\theta_1}r_e \tag{13-28}$$

균일 마모

식 (13-23)에서 축방향 마모는 균일하고 따라서 PV는 상수이다. 최대 허용 압력 p_a는 반지름 r_1에 작용함으로 임의의 반지름 r의 압력 p는 $p=p_ar_i/r$이 되고 따라서 식 (13-25)는

$$F=(\theta_2-\theta_1)p_ar_i(r_o-r_i) \tag{13-29}$$

식 (13-26)은 다음과 같이 표시된다.

$$T=(\theta_2-\theta_1)fp_ar_i\int_{r_i}^{r_o} r\,dr=\frac{1}{2}(\theta_2-\theta_1)fp_ar_i(r_o^2-r_i^2) \tag{13-30}$$

식 (13-27)은

$$r_e = \frac{p_a r_i \int_{r_i}^{r_o} r\,dr}{p_a r_i \int_{r_i}^{r_o} dr} = \frac{r_o^2 - r_i^2}{2}\,\frac{1}{r_o - r_i} = \frac{r_o + r_i}{2} \tag{13-31}$$

식 (13-28)은

$$\bar{r} = \frac{\cos\theta_1 - \cos\theta_2}{\theta_2 - \theta_1}\,\frac{r_o + r_i}{2} \tag{13-32}$$

균일 압력

이 경우 $p = p_a$인 새 브레이크로써 식 (13-25)는 다음과 같이 표시된다.

$$F = (\theta_2 - \theta_1)p_a \int_{r_i}^{r_o} r\,dr = \frac{1}{2}(\theta_2 - \theta_1)p_a(r_o^2 - r_i^2) \tag{13-33}$$

식 (13-26)은

$$T = (\theta_2 - \theta_1)f p_a \int_{r_i}^{r_o} r^2\,dr = \frac{1}{3}(\theta_2 - \theta_1)f\,p_a(r_o^3 - r_i^3) \tag{13-34}$$

식 (13-27)은

$$r_e = \frac{p_a \int_{r_i}^{r_o} r^2\,dr}{p_a \int_{r_i}^{r_o} r\,dr} = \frac{r_o^3 - r_i^3}{3}\,\frac{2}{r_o^2 - r_i^2} = \frac{2}{3}\,\frac{r_o^3 - r_i^3}{r_o^2 - r_i^2} \tag{13-35}$$

식 (13-28)은 다음과 같이 표시된다.

$$\bar{r} = \frac{\cos\theta_1 - \cos\theta_2}{\theta_2 - \theta_1}\,\frac{2}{3}\,\frac{r_o^3 - r_i^3}{r_o^2 - r_i^2} = \frac{2}{3}\,\frac{r_o^3 - r_i^3}{r_o^2 - r_i^2}\,\frac{\cos\theta_1 - \cos\theta_2}{\theta_2 - \theta_1} \tag{13-36}$$

예제 13-2 2개의 마찰 패드(그림 13-16)가 $r_i = 98$ mm, $r_0 = 140$ mm, 각도 108°, 마찰계수 0.37로써 지름 38 mm인 한 쌍의 유압 실린더에 의해 작동되고 있다. 요구되는 토크는 1470 N·m이다. 균일 마모인 경우 다음을 구하라.

(a) 최대 수직 압력 p_a

(b) 작용력 F

(c) 유효 반지름 r_e와 작용력 F의 위치 $\bar{r}$

(d) 유압 실린더 압력

풀이 (a) 한 개의 패드에 작용하는 토크 $T = 1470/2 = 735\ \mathrm{N \cdot m}$와 식 (13-30)으로부터

답 $$p_a = \frac{2T}{(\theta_2 - \theta_1) f r_i (r_o^2 - r_i^2)}$$
$$= \frac{2(735\,000)}{(144° - 36°)(\pi/180)0.37(98)(140^2 - 98^2)} = 2.15\ \mathrm{MPa}$$

(b) 식 (13-29)에서

답 $$F = (\theta_2 - \theta_1) p_a r_i (r_o - r_i) = (144° - 36°)(\pi/180)2.15(98)(140 - 98)$$
$$= 16\,68\ \mathrm{N}$$

(c) 식 (13-31)에서

답 $$r_e = \frac{r_o + r_i}{2} = \frac{140 + 98}{2} = 119\ \mathrm{mm}$$

식 (13-32)에서

답 $$\bar{r} = \frac{\cos\theta_1 - \cos\theta_2}{(\theta_2 - \theta_1)} \frac{r_o + r_i}{2} = \frac{\cos 36° - \cos 144°}{(144° - 36°)(\pi/180)} \frac{140 + 98}{2}$$
$$= 102\ \mathrm{mm}$$

(d) 유압 실린더 1개의 작용력은 16 681 N임으로

답 $$p_{\mathrm{hydraulic}} = \frac{F}{A_P} = \frac{16\,681}{\pi(38^2/4)} = 14.7\ \mathrm{MPa}$$

13-7 원추 클러치와 브레이크

그림 13-17의 **원추**(cone) **클러치**는 한 축에서 키나 스플라인에 의해 고정되어 있는 컵과 또 다른 축에서 키나 스플라인 선상에서 축방향으로 미끄러질 수 있는 **콘**, 그리고 접속시 클러치를 지지하는 **스프링**으로 구성되어 있다. 클러치의 해제는 마찰 콘의 시프팅 그루브(shifting groove)의 포크(fork)로 이루어진다. **콘 각도** α와 지름 그리고 콘 면의 두께는 설계의 중요한 기하학적 인자이다. 만약 콘 각도가 너무 작아서, 예를 들어 8° 이하면 클러치 해제에 필요한 힘이 급격히 증가한다. 또 콘 각도가 너무 크면 쐐기 효과가 급격히 감소한다. 마찰재의 특성에 따라서 콘 각도는 10°에서 15° 사이가 적절하다.

작용력 F와 전달 토크의 관계를 구하기 위하여 그림 13-18의 마찰 콘에 대하여 균일한 마모와 균일 압력 두 가지 경우에 대하여 유도해 보기로 하자.

균일 마모

압력 관계식은 축방향 클러치와 같다.

$$p = p_a \frac{d}{2r} \tag{a}$$

그림 13-18에서 미소 면적 $dA = (2\pi r dr)/\sin\alpha$이고 작용력 F는 미소 면적에 작용하는 힘 pdA의 축방향 힘을 적분하여 얻을 수 있다.

$$F = \int p\,d\,A\,\sin\alpha = \int_{d/2}^{D/2} \left(p_a \frac{d}{2r}\right)\left(\frac{2\pi\,r\,dr}{\sin\alpha}\right)(\sin\alpha) \tag{13-37}$$

$$= \pi p_a d \int_{d/2}^{D/2} dr = \frac{\pi p_a d}{2}(D-d)$$

이 식은 식 (13-19)와 같은 결과임을 유의하라.

마찰력은 $fpdA$이며 토크는 마찰력과 반지름의 곱을 적분하여 구할 수 있다.

그림 13-17
원추클러치의 단면

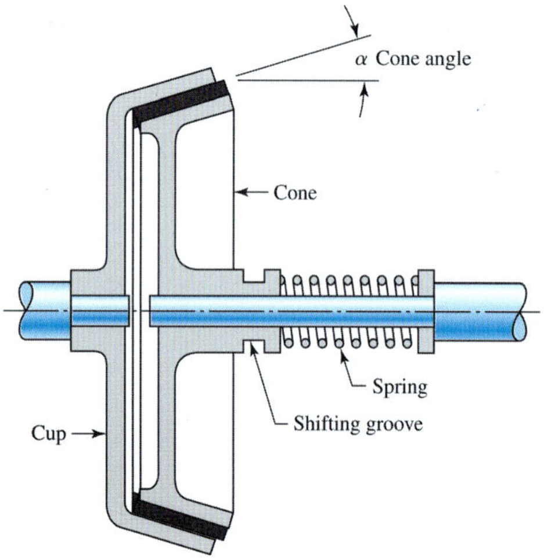

그림 13-18
원추클러치의 접촉 면적

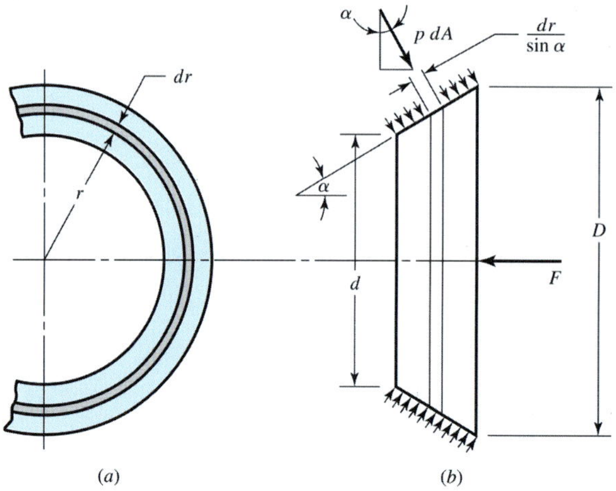

$$T=\int rfp\,dA=\int_{d/2}^{D/2}(rf)\left(p_a\frac{d}{2r}\right)\left(\frac{2\pi r\,dr}{\sin\alpha}\right)$$

$$=\frac{\pi f p_a d}{\sin\alpha}\int_{d/2}^{D/2} r\,dr=\frac{\pi f p_a d}{8\sin\alpha}(D^2-d^2) \tag{13-38}$$

식 (13-20)은 식 (13-38)에서 $\alpha=90°$인 특별한 경우임을 알 수 있다. 식 (13-37)을 이용해서 토크는 다음 식으로 표시된다.

$$T=\frac{Ff}{4\sin\alpha}(D+d) \tag{13-39}$$

균일 압력

$p=p_a$라는 가정을 사용하면, 작용력은 다음과 같이 구해진다.

$$F=\int p_a\,dA\sin\alpha=\int_{d/2}^{D/2}(p_a)\left(\frac{2\pi r\,dr}{\sin\alpha}\right)(\sin\alpha)=\frac{\pi p_a}{4}(D^2-d^2) \tag{13-40}$$

토크는 다음과 같다.

$$T=\int rfp_a\,dA=\int_{d/2}^{D/2}(rfp_a)\left(\frac{2\pi r\,dr}{\sin\alpha}\right)=\frac{\pi f p_a}{12\sin\alpha}(D^3-d^3) \tag{13-41}$$

식 (13-40)과 식 (13-41)에서

$$T=\frac{Ff}{3\sin\alpha}\,\frac{D^3-d^3}{D^2-d^2} \tag{13-42}$$

연습문제

13-1 아래 그림은 내부확장식 림 브레이크(internal rim-type brake)를 나타낸다. 림 지름은 300 mm이고, 치수 $R = 125$ mm이다. 브레이크 슈의 두께는 40 mm이며, 슈에 작용력(F)는 2.2 kN이다. 평균 마찰계수는 0.28이다.

(a) 브레이크슈에 작용하는 최대압력과 최대압력이 발생하는 지점을 찾아라.

(b) 각 슈에 의한 제동 토크를 구하고, 총 제동 토크를 찾아라.

(c) 힌지 핀에서의 작용 반력을 구하라.

| 문제 13-1

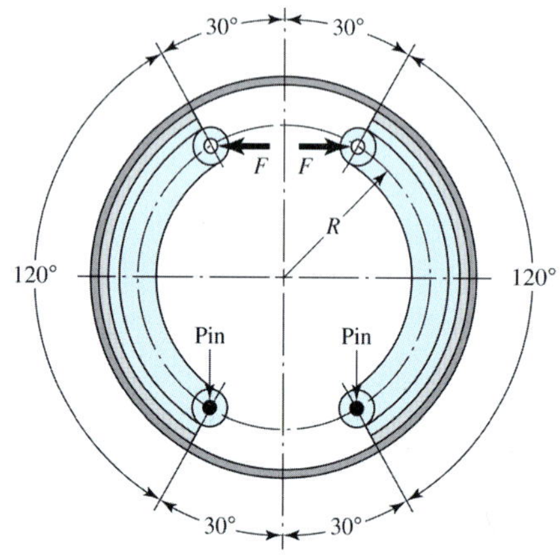

13-2 아래 그림에서 묘사하고 있는 브레이크는 지름이 300 mm이고, 각 슈에 작용력 F를 가함으로써 작동한다. 슈는 동일하며, 슈 두께는 32 mm이다. 슈 표면은 석면(asbestos)으로 처리되어 마찰계수는 0.32이며, 최대압력은 1000 kPa이다.

(a) 작용력 F를 구하라.

(b) 브레이크 용량을 구하라.

(c) 힌지 핀에서의 작용 반력을 구하라.

| 문제 13-2

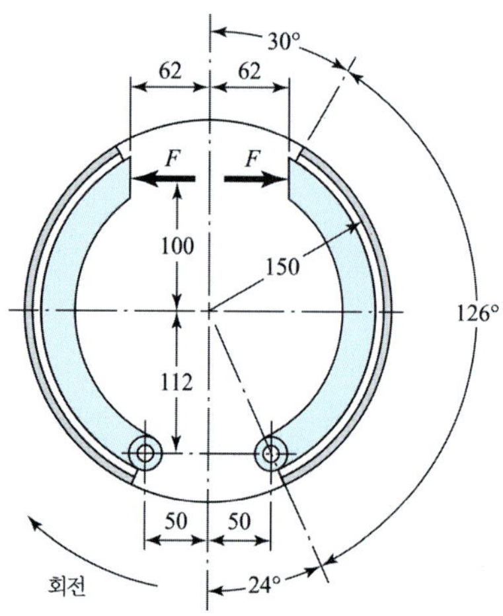

13-3 아래 그림은 블록 브레이크를 나타낸다. 브레이크 블록 두께는 30 mm이고, 평균 마찰계수는 0.25이다. 작용력이 400 N일 때, 슈에 작용하는 최대 압력과 제동 토크를 구하라.

| 문제 13-3

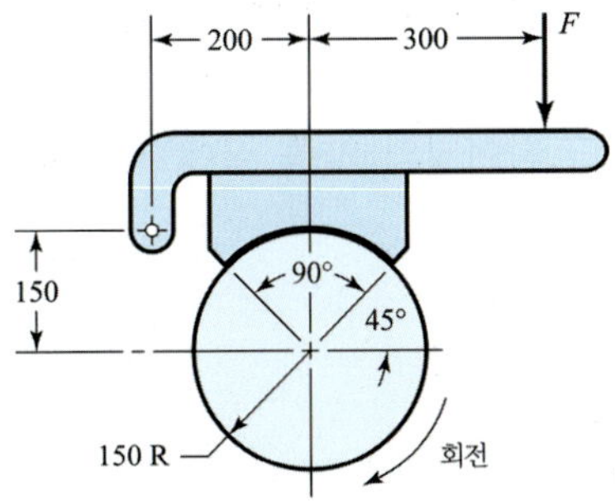

13-4 아래 그림의 브레이크는 0.3의 마찰계수를 가지고 있고, 두께는 50 mm이다. 최대 슈 압력이 1 MPa일 때, 최대 작용력 F와 제동 토크 용량을 구하라.

| 문제 13-4

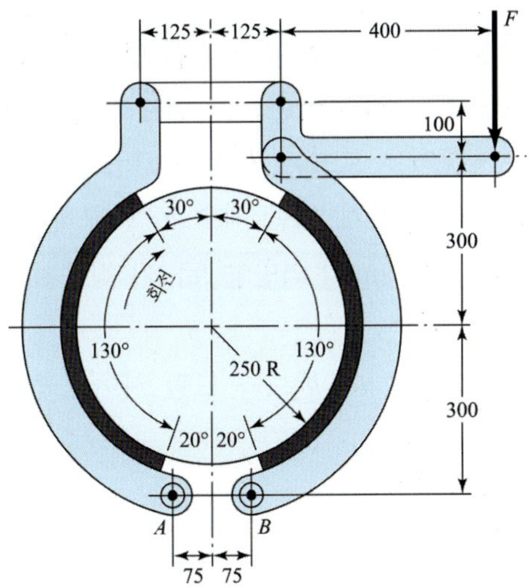

13-5 아래 그림과 같이 밴드에 작용하는 최대 압력은 620 kPa이다. 350 mm 지름의 드럼을 사용하고, 밴드 폭은 25 mm이고, 마찰계수는 0.3이다. 밴드가 드럼에 감겨져 있는 부분이 이루는 각(angle-of-wrap)이 270°일 때, 밴드 장력과 제동 토크 용량을 구하라.

| 문제 13-5

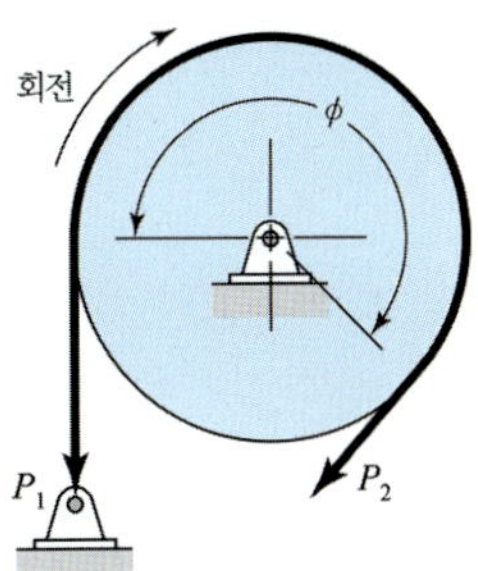

13-6 밴드타입 브레이크의 드럼은 반시계방향으로 200 rev/min의 속도로 회전한다. 드럼 지름은 400 mm이고 밴드 라이닝은 75 mm의 폭을 가지고 있다. 마찰계수는 0.2이며, 최대

압력은 480 kPa이다.

(a) 제동 토크와 필요한 작용력 P, 그리고 정상 상태에서의 동력을 구하라.

(b) 드럼의 자유물체도를 그리고, 스트래들 베어링 한 쌍이 견뎌야하는 반지름방향 하중을 구하라.

(c) 드럼을 감싸고 있는 밴드 라이닝의 양쪽 끝에 작용하는 압력(p)을 구하라.

| 문제 13-6

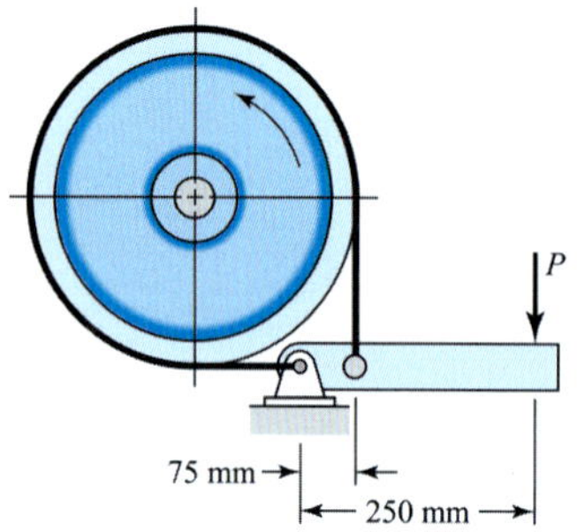

13-7 아래 그림의 밴드타입 브레이크는 축의 역회전을 방지하도록 설계되어 있다. 밴드가 감겨진 부분이 이루는 각(angle-of-wrap)은 270°이고 밴드 폭은 54 mm, 그리고 마찰계수는 0.2이다. 브레이크에 의해 제동되는 토크는 200 N·m이고, 풀리의 지름은 210 mm이다.

(a) 축의 역방향 회전을 방지하기 위한 치수 c_1을 구하라.

(b) $c_1 = 25$ mm일 때, 200 N·m의 역방향 토크가 작용시, 밴드와 드럼 사이에 최대 압력을 구하라.

(c) 역방향 토크가 11 N·m일 때, 밴드와 드럼 사이에 작용하는 최대 압력을 구하라.

| 문제 13-7

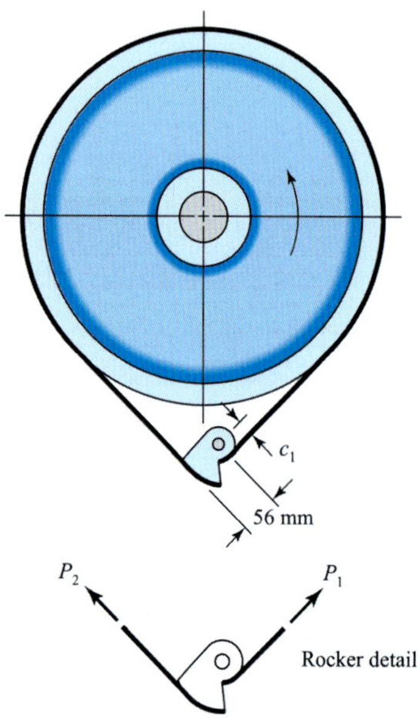

13-8 디스크 클러치는 외경(ID)이 250 mm이고 내경(ID)이 175 mm인 한쌍의 마찰 표면을 가지고 있다. 평균 마찰 계수가 0.3이고, 작용력이 4 kN이다.

(a) 균일 마모 모델을 사용할 때의 최대 압력과 제동 토크 용량을 구하라.

(b) 균일 압력 모델을 사용할 때의 최대 압력과 제동 토크 용량을 구하라.

13-9 원추 클러치는 최대 지름(D) 330 mm이고, 최소 지름(d) 306 mm이다. 콘 길이는 60 mm이고, 마찰 계수는 0.26이다. 200 N·m의 토크가 전달되어야 할때, 작용력과 작용 압력을 균일 마모 모델과 균일 압력 모델 두가지 경우에 대해서 각각 계산하라.

13-10 정수압으로 작동하는 다판 디스크 클러치는 등가 외경 165 mm이며 내경은 100 mm이다. 마찰계수는 0.24이고, 최대 압력은 830 kPa이며, 6개의 마찰패드가 있다.

(a) 균일 마모 모델을 사용하여, 축방향 작용력 F와 토크 T를 구하라.

d, mm	50	75	100	125	150
T, N·m					

(b) 아래 표에서의 내경 d에 따른 토크 T를 구하라.

(c) (b)에서 완성한 표는 무엇을 나타내는가?

14 동력전달장치 설계 사례

엔진이나 모터와 같은 에너지원으로부터 출력단까지 동력을 전달하는 과정은 가장 일반적인 기계 작업중의 하나이다. 동력전달에 있어서 효과적인 방법은 베어링에 의해 지지되는 축의 회전운동을 통하는 것이다. 축간 토크나 속도 변경을 위해서 기어, 벨트 풀리, 체인 톱니(sprocket) 등이 함께 사용될 수 있다. 대부분 축의 형상은 중실(solid) 또는 중공(hollow) 형태의 실린더 모양이고 베어링, 기어 등 부속품의 위치고정과 지지를 위하여 단차(shoulder)를 두고 있다.

동력을 전달하기 위한 장치 설계에는 기어, 베어링, 축 등 개별 요소의 설계 및 선정에 주의가 요구된다. 그러나 대부분의 설계가 마찬가지이지만 이 요소들은 서로 독립적이 아니라 서로 영향을 미친다. 예를 들면 응력과 처짐량을 고려하여 축을 설계하기 위해서는 축에 작용하는 힘들을 파악해야 하고, 그 힘들이 기어를 통해 전달되면 축에 전달되는 힘을 계산하기 위하여 기어 제원을 결정해야 한다. 그러나 완성품 기어들은 해당 축 지름이 정해져 있으므로 축 지름만 결정하면 된다. 설계과정이 독립적이지 않고 반복적이란 사실이 놀랄만한 일은 아니지만 설계자로서는 어디서부터 시작해야 하는지가 고민이다.

기계설계 교과서는 일반적으로 개별 요소 설계방법을 중심으로 설명하지만, 본 장에서는 각 요소가 전체 설계과정에 적용되는 방법을 소개하기 위하여 동력전달장치 설계에 초점을 맞추어 설명한다. 그림 14-1과 같은 전형적인 이단 기어 감속장치가 그 대상이고 이러한 변속장치를 변형하는 경우에도 유사한 설계순서가 적용된다.

앞으로 설명할 개요는 논리적인 설계 순서를 명확히 이해하는 데 도움을 줄 것이다. 개요의 각 부분이 어떻게 전체설계과정에 영향을 미치는지 본 장에서 순서대로 설명한다. 주요 요소부품들을 설계하고 선정하기 위한 세부사항들은 이미 별도 장(축설계는 6장, 베어링 선정은 10장, 기어 제원은 11장과 12장)에서 설명하였고 여기서는 설계사례를 통하여 전체 과정을 소개한다.

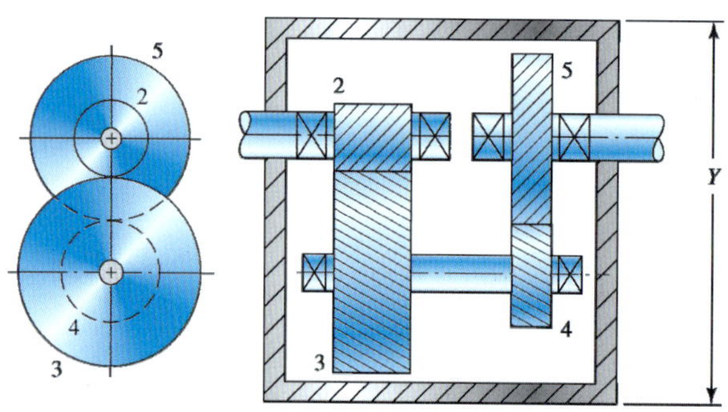

그림 14-1
(2단 복합) 기어열

설계사례 1

문제 정의

그림 14-1과 같은 2단 복합(compound reverted) 기어열을 설계하고자 한다. 본 장에서는 필요한 다른 축들을 고려하여 중간 축 설계와 그 부속 요소들을 설계한다. 이 부분설계에 필요한 설계 제원은 다음과 같다.

전달할 동력: 15 kW
입력속도: 1750 rpm
출력속도: 82-88 rev/min
일반적으로 낮은 충격수준, 가끔 중간 충격
입력축과 출력축은 기어박스 밖으로 100 mm 튀어 나옴
기어박스 최대 크기: 바닥 350 mm × 350 mm, 높이 550 mm
출력축과 입력축은 동일선 상에 위치
기어와 베어링 수명은 12,000시간 이상, 축 수명은 무한대

14-1 동력전달을 위한 설계순서

어떤 특정 설계과정에 대한 단계의 정확한 순서는 없다. 일반적으로 설계는 초기에 임시적으로 선택하고 설계의 뼈대를 구성한 후 어느 부분이 중요한지를 결정하는 단계가 필요한 반복과정이기 때문이다. 그러나 문제의 부분들 간의 의존성을 이해하고 설계자가 설계변경에 따라서 영향을 받는 부분들에 대해서 알게 해줌으로써 상당한 시간을 절약할 수 있다. 본 절에서는 각 단계별로 개요만 설명하고 구체적인 사항은 이어지는 절에서 부연한다.

- **동력과 토크 요구사항:** 고려하는 동력을 먼저 알아야 한다. 이를 통하여 전체 시스템에 필요한 전체 크기를 결정한다. 기어나 풀리 크기를 정하기 전에 필요한 입출력 속도비 또는 토크비를 결정해야 한다.
- **기어 제원:** 요구되는 기어비와 토크전달 문제는 적절한 기어를 선정하는 것이다. 여기서 축에 대한 전체 힘 해석까지는 아직 필요하지 않고 기어를 지정하기 위한 전달력이 필요하다.
- **축 배치(레이아웃):** 기어와 베어링의 축방향 위치를 포함한 일반적인 축 배치를 지정해야 한다. 또한 기어와 베어링의 위치고정 방법(고정링, 억지끼워맞춤, 너트 등)과 기어로부터 축으로 토크를 전달할 방법(키, 스플라인 등)도 함께 결정해야 한다. 이러한 요소들은

표준 크기로 응력집중계수를 예측할 수 있으므로 요소들의 크기를 이 시점에서 정할 필요는 없다.

- **힘 해석:** 기어나 풀리의 지름, 기어와 베어링의 축방향 위치를 알면 축의 자유물체도, 전단력 선도, 굽힘모멘트 선도를 그릴 수 있고 따라서 베어링의 반력도 계산할 수 있다.
- **축 재료 선정:** 피로설계는 재료 선정에 상당한 영향을 받기 때문에 우선 합리적인 재료선정을 한 후 결과의 만족도를 확인하는 편이 용이하다.
- **피로응력과 정적응력을 고려한 축 설계:** 이 시점에서는 6장 축설계의 전형적인 응력을 고려한 설계문제와 매우 유사하다. 전단력 선도와 굽힘모멘트 선도를 알고 있으므로 취약한 위치를 예측할 수 있고 근사적으로 응력 집중을 활용하여 예상되는 축 지름을 결정할 수 있다.
- **처짐량을 고려한 축 설계:** 처짐량해석은 전체 축형상이 결정된 이후에나 가능하므로 이 시점에서 추정된 축형상으로 해석하여 베어링 위치에서 기울기, 기어 위치에서 처짐량을 구할 수 있다.
- **베어링 선정:** 추정한 축 지름에 맞는 특정 베어링을 카탈로그에서 선정한다. 이때 축 지름은 카탈로그 제원에 맞도록 약간 변경할 수 있다.
- **키와 고정링 선정:** 앞서 결정된 축 지름에 따라서 표준크기의 적당한 키와 고정링을 지정할 수 있다. 이전 단계에서 합리적인 응력집중계수를 가정했다면 전체 설계에 있어서 변화는 미미할 것이다.
- **최종 해석:** 주어진 요구사항을 만족하도록 모든 사양을 가정하고 반복한 후 수정하였다면, 처음부터 끝까지 전체 해석을 통하여 최종 점검하고 완성된 시스템의 안전계수를 명기한다.

14-2 동력과 토크 요구사항

동력전달시스템은 일반적으로 40마력 기어박스 등과 같이 동력 용량으로 제원을 나타낸다. 이러한 동력은 시스템이 견딜수 있는 토크와 속도의 조합을 지정한다. 이상적인 경우, 입력하는 동력과 출력되는 동력은 같고 따라서 시스템 내에서 동력은 동일하다. 물론 실제로는 베어링과 기어 내 마찰과 같은 인자들로 인한 손실이 발생한다. 대부분의 동력전달시스템에서 구름베어링의 손실은 무시할 만하고 기어는 맞물리는 쌍에서 1~2%의 동력손실만 있고 상당히 효율이 높다. 이러한 손실은 적으므로 일반적으로 입력 시 동력보다는 출력 시 동력을 시스템의 동력이라고 말한다. 평벨트와 타이밍벨트의 효율은 일반적으로 90% 중반에서 후반이고 V벨트와 웜 기어는 효율이 상당히 낮기 때문에 요구되는 출력 동력을 얻기 위해서 필요한 입력 동력을 구분할 필요가 있다.

반면에 토크는 일반적으로 동력전달시스템 내에서 일정하지 않다. 다시 한 번 동력이 토크와 속도의 곱인 것을 기억하면, 입력과 출력 동력이 같으므로 기어열에서 다음 식이 성립함을 알 수 있다.

$$H = T_i \omega_i = T_o \omega_o \tag{14-1}$$

일정 동력 하에 각속도를 감소시키는 기어비는 동시에 토크를 증가시킨다. 따라서 기어열에 있어서 기어비는 다음과 같다.

$$e = \omega_o / \omega_i = T_i / T_o \tag{14-2}$$

일반적으로 동력전달 설계문서에서는 입력과 출력 각속도나 토크와 함께 요구되는 동력 용량을 지정한다. 또한 출력값에 대한 공차도 명시하여 특정 기어를 지정한 후 실제 출력값을 결정할 수 있다.

14-3 기어 제원

기어비를 구한 후 다음 단계는 적절한 기어를 결정하는 것이다. 대략적인 가이드라인으로 기어비가 1～10은 하나의 기어쌍으로 가능하고 10보다 큰 경우는 추가적인 기어쌍을 복합해야 가능하다. (11-3절) 그림 14-1의 복합 기어열은 기어비가 1～100까지 가능하다.

기어 잇수는 정수이어야 하므로 지름보다는 잇수로 설계하는 것이 바람직하다. 입력과 출력 축의 접촉조건 등 필요한 기하조건과 기어비를 만족시키는 적절한 잇수를 결정하는 자세한 방법은 11-3～5절을 참고하기 바란다. 여기서 전체 패키지 크기를 최소화할 수 있는 최적의 잇수 조합을 찾도록 신경을 쓴다. 특히 대략적인 기어비를 만족시키면 되는 경우, 이러한 장점을 충분히 활용하여 전체 패키지 크기를 최소화시킨다. 적은 쪽 기어의 잇수 차이가 전체 패키지 크기를 상당히 증가시키는 결과를 초래할 수 있다.

대량 생산을 고려한 설계인 경우에는 선호하는 크기를 걱정할 필요없이 충분히 많은 기어를 구매할 수 있다. 소량생산인 경우 기어박스 크기와 완성품으로 구매하기 어려운 기어 크기에 대한 추가 비용 사이에서 장단점을 고려해야 한다. 만약 완성품을 사용한다면 정해진 잇수로 예상되는 지름피치가 가능한지 확인해 봐야 한다. 필요하다면 사용 가능한 잇수에 맞도록 설계를 반복한다.

설계사례 2

속도, 토크, 기어비

입력속도 1750 rpm을 출력속도 범위($82\ \text{rev/min} < \omega_o < 88\ \text{rev/min}$)로 감속하는 적당한 잇수를 결정함으로써 설계 사례를 계속 진행한다.

최종 잇수가 정해지면 다음을 결정한다.

(a) 중간 및 출력 축의 속도

(b) 15 kW를 전달하기 위한 입력, 중간, 출력 축의 토크

풀이 그림 14-1과 동일한 기어 번호를 사용한다. 출력속도로 초기 설계의 평균값을 선택한다.

$$e = \frac{\omega_5}{\omega_2} = \frac{85}{1750} = \frac{1}{20.59} \qquad \text{식 (14-2)}$$

2단 복합 기어열에 대하여

$$e = \frac{1}{20.59} = \frac{N_2}{N_3}\frac{N_4}{N_5} \qquad \text{식 (14-30)}$$

최소 패키지 크기를 구현하기 위하여 양쪽 단계에 동일한 감속비를 적용한다. 또한 두 단계를 동일하게 함으로써 입력과 출력 축에 대한 접촉조건도 자동으로 만족한다.

$$\frac{N_2}{N_3} = \frac{N_4}{N_5} = \sqrt{\frac{1}{20.59}} = \frac{1}{4.54}$$

이러한 기어비에 대하여 식 (11-11)로부터 최소 잇수는 16개다.

$$N_2 = N_4 = 16\ \text{teeth}$$

$$N_3 = 4.54(N_2) = 72.64$$

출력속도가 범위 내에 있으면 소수점 이하를 버리고 정수로 취한다.

$$\omega_5 = \left(\frac{16}{72}\right)\left(\frac{16}{72}\right)(1750) = 86.42\ \text{rev/min} \qquad \text{Acceptable}$$

$$N_2 = N_4 = 16\ \text{teeth}$$

$$N_3 = N_5 = 72\ \text{teeth}$$

$$e = \left(\frac{16}{72}\right)\left(\frac{16}{72}\right) = \frac{1}{20.25}$$

$$\omega_5 = 86.42 \text{ rev/min}$$

$$\omega_3 = \omega_4 = \left(\frac{16}{72}\right)(1750) = 388.9 \text{ rev/min}$$

토크를 계산하기 위하여 동력 관계식 (14-1)으로 돌아가면

$$H = T_2\omega_2 = T_5\omega_5$$

$$T_2 = H/\omega_2 = \left(\frac{15000\text{W}}{1750\text{rev/min}}\right)\left(\frac{1\text{rev}}{2\pi\text{rad}}\right)\left(60\frac{\text{s}}{\text{min}}\right)$$

$$T_2 = 81.9 \text{ N}\cdot\text{m}$$

$$T_3 = T_2\frac{\omega_2}{\omega_3} = 81.9\frac{1750}{388.9} = 368.5 \text{ N}\cdot\text{m}$$

$$T_5 = T_2\frac{\omega_2}{\omega_5} = 81.9\frac{1750}{86.42} = 1658.5 \text{ N}\cdot\text{m}$$

만약 문제 사양에서 최대크기의 기어박스가 제시되었다면, 기어 지름으로 기어박스 크기를 표현하여 최소 지름피치(최대 이크기)를 예측할 수 있고 지름피치를 통해 잇수로 변환할 수 있다. 예를 들어 그림 14-1로부터 기어박스의 전체 높이는

$$Y = d_3 + d_2/2 + d_5/2 + 2/P + \text{틈새} + \text{벽두께}$$

여기서 $2/P$항은 피치원지름보다 큰 기어 2와 5의 어덴덤(addendum) 높이를 나타낸다. $d_i = N_i/P$를 대입하면 다음과 같고

$$Y = N_3/P + N_2/(2P) + N_5/(2P) + 2/P + \text{틈새} + \text{벽두께}$$

P에 대해 정리하면 지름피치를 구할 수 있다.

$$P = (N_3 + N_2/2 + N_5/2 + 2)/(Y - \text{틈새} - \text{벽두께}) \tag{14-3}$$

이 값은 가능한 지름피치의 최솟값이므로 전체 기어박스 제약조건을 만족시키는 최대 이크기이고, 반올림하여 표준 지름피치로 선택하여 최대 이크기는 줄어들게 된다.

그 다음 12장에서 언급한 굽힘응력과 접촉 응력을 고려한 AGMA설계방법을 적용하여 적절한 기어 파라미터들을 결정한다. 설계자가 지정하는 주요 설계 인자들은 재료, 지름피치, 기어면폭(face width)이다. 여기서는 앞서 추정한 지름피치로부터 시작하는 설계과정을

추천한다. 이로부터 기어지름($d = N/P$), 피치선속도[식 (11-34)], 전달하중[식 (11-34~36)]을 결정할 수 있다. 일반적으로 스퍼 기어에서 기어면폭은 원주피치(p)의 3~5배 정도이다. 우선 평균값이 4를 사용하여 기어면폭을 $F = 4p = 4$(pi : Greek)$/P$로 가정한다. 다른 방법으로 온라인 기어 카탈로그에서 지름피치와 잇수에 해당하는 기어면폭을 찾을 수도 있다.

그 다음으로 12장의 AGMA식들을 이용하여 요구되는 안전계수가 가능한 재료를 결정하는 일이다. 가장 효율적인 방법은 임계상황의 기어부터 계산하는 것으로 이를 통하여 지름피치와 재료강도의 임계값을 구할 수 있다. 일반적으로 기어박스의 높은 토크(낮은 속도)쪽에 적은 기어가 기준이 된다.

만약 요구되는 재료강도가 너무 높아서 고가이거나 구할 수 없다면, 보다 적은 지름피치(더 큰 이)로 다시 반복한다. 물론 이러면 전체 기어박스 크기는 증가한다. 가끔 적은 기어 중에 과도한 응력이 발생하게 되는데, 이때 모든 기어의 이크기를 증가시키기 보다는 적은 응력의 기어쌍의 기어비를 늘리거나 과도한 응력의 기어쌍의 기어비를 줄이는 등 잇수 설계를 재고하는 편이 바람직하다. 이렇게 함으로써 문제가 있던 기어의 잇수가 증가하고 지름이 커지면서 응력을 줄일 수 있다.

만약 접촉 응력이 굽힘응력보다 문제가 된다면 표면강도를 증가시키기 위하여 열처리되거나 표면처리된(case hardened) 기어재료를 고려해 본다. 크기, 재료, 가격의 균형을 맞출 필요가 있다면 지름피치를 조정해 볼 수도 있다. 만약 모든 응력이 재료강도보다 훨씬 낮다면 기어와 기어박스 크기를 줄일 수 있는 더 큰 지름피치를 선택한다.

일반적으로 전체 설계과정 중 이 부분은 다음 단계와는 독립적으로 수행할 수 있으므로 여기까지 모든 과정은 만족할 만한 결과를 얻을 때까지 반복한다. 설계자는 축설계로 나가기 이전에 기어선정이 만족스러워야 한다. 여기서 카탈로그를 통하여 특정 기어를 선정함으로써 알게 되는 전체 폭, 보어(bore) 크기, 숄더(shoulder) 지지 추천, 최대 필렛 반지름 등 정보는 다음 단계에 도움을 준다.

설계사례 3

기어 제원

피치지름, 지름피치, 기어면폭, 재료를 포함한 적절한 기어를 결정함으로써 설계사례를 계속 진행한다.

풀이 전체 기어박스 높이 22인치에 해당하는 최소 지름피치를 예측한다.

식 (14-3)과 그림 14-1로부터

$$P_{\min} = \frac{\left(N_3 + \dfrac{N_2}{2} + \dfrac{N_5}{2} + 2\right)}{(Y - \text{틈새} - \text{벽두께})}$$

틈새(clearance)와 벽두께를 1.5인치로 고려하여

$$P_{\min} = \frac{\left(72 + \dfrac{16}{2} + \dfrac{72}{2} + 2\right)}{(22 - 1.5)} = 5.76\ \text{teeth/in}$$

$P = 6$ teeth/in로부터 시작하면

$$d_2 = d_4 = N_2/P = 16/6 = 2.67\ \text{in}$$

$$d_3 = d_5 = 72/6 = 12.0\ \text{in}$$

앞에서 구한 축 속도를 통하여

$$\omega_2 = 1750\ \text{rev/min} \quad \omega_3 = \omega_4 = 388.9\ \text{rev/min} \quad \omega_5 = 86.4\ \text{rev/min}$$

피치라인속도와 전달하중은 다음과 같다.

$$V_{23} = \frac{\pi d_2 \omega_2}{12} = \frac{\pi(2.67)(1750)}{12} = 1223\ \text{ft/min} \qquad \text{식 (11-34)}$$

$$V_{45} = \frac{\pi d_5 \omega_5}{12} = 271.5\ \text{ft/min}$$

$$W_{23}^t = 33\,000\frac{H}{V_{23}} = 33\,000\left(\frac{20}{1223}\right) = 540.0\ \text{lbf} \qquad \text{식 (11-35)}$$

$$W_{45}^t = 33\,000\frac{H}{V_{45}} = 2431\ \text{lbf}$$

4번 기어가 가장 작고 가장 큰 힘을 전달하므로 임계 기어가 될 가능성이 크다. 접촉응력이 문제가 되므로 마모부터 고려한다.

4번 기어 제원

$$I = \frac{\cos 20° \sin 20°}{2(1)} \left(\frac{4.5}{4.5+1} \right) = 0.1315$$ 식 (12-23)

K_v에 대하여, $Q_v = 7$, $B = 0.731$, $A = 65.1$라고 가정하면 식 (12-29)

$$K_v = \left(\frac{65.1 + \sqrt{271.5}}{65.1} \right)^{0.731} = 1.18$$ 식 (12-27)

기어면폭 F는 일반적으로 원주피치의 3~5배이므로 평균값 4를 이용하면

$$F = 4\left(\frac{\pi}{P}\right) = 4\left(\frac{\pi}{6}\right) = 2.09 \text{ in.}$$

기어제원은 이미 인터넷에서 찾을 수 있으므로 www.globalspec.com에서 확인해 본다. $P = 6$ teeth/in와 $d = 2.67$인치를 입력하면 스퍼 기어의 기어면폭은 1.5인치나 2.0인치임을 알 수 있고 맞물리는 $d = 12$인치인 5번 기어에 대해서도 구할 수 있다. 여기서는 $F = 2.0$인치로 선택한다.

F_m에 대해, $C_{pf} = 0.0624$ 식 (12-32)

$C_{mc} = 1$ uncrowned teeth 식 (12-31)

$C_{pm} = 1$ straddle-mounted 식 (12-33)

$C_{ma} = 0.15$ commercial enclosed unit 식 (12-34)

$C_e = 1$ 식 (12-35)

$K_m = 1.21$ 식 (12-30)

$C_p = 2300$ 표 12-8

$K_o = K_s = C_f = 1$

$$\sigma_c = 2300 \sqrt{\frac{2431(1.18)(1.21)}{2.67(2)(0.1315)}} = 161\,700 \text{ psi}$$ 식 (12-16)

허용응력에 필요한 상수, 수명상수, 지정된 수명 12,000시간에 대한 회전주기, 안전계수 1.2를 고려한 표면강도는 다음과 같다.

$$L_4 = (12\,000\text{h})\left(60\frac{\text{min}}{\text{h}}\right)\left(389\frac{\text{rev}}{\text{min}}\right) = 2.8 \times 10^8 \text{ rev}$$

$Z_N = 0.9$ 그림 12-15

$K_R = K_T = C_H = 1$

$\sigma_{c.\text{all}} = S_c Z_N / S_H = \sigma_c$ 식 (12-18)

$$S_c = \frac{S_H \sigma_c}{Z_N} = \frac{1.2(161\,700)}{0.9} = 215\,600 \text{ psi}$$

표 12-6으로부터 Grade 2 carburized and hardened를 선택한다. 이 재료에 대한 4번 기어의 안전계수는 다음과 같다. ($S_H = 1$ 가정)

$$n_c = \frac{\sigma_{c,\text{all}}}{\sigma_c} = \frac{S_c Z_N}{\sigma_c} = \frac{225\,000(0.9)}{161\,700} = 1.25$$

4번 기어 굽힘

$$J = 0.27 \qquad \text{그림 12-6}$$

$$K_B = 1$$

모든 상수들은 마모인 경우와 동일하다.

$$\sigma = W_t K_v \frac{P_d}{F} \frac{K_m}{J} = (2431)(1.18)\left(\frac{6}{2}\right)\left(\frac{1.21}{0.27}\right) \qquad \text{식 (12-15)}$$

$$\sigma = 38\,570 \text{ psi} \qquad \text{그림 12-14}$$

$$Y_N = 0.9$$

마모에서 선택한 Grade 2 carburized and hardened를 이용하면 표 12-3로부터 $S_t =$ 65,000 psi이고

$$\sigma_{\text{all}} = S_t Y_N = 58\,500 \text{ psi}$$

4번 기어의 굽힘에 대한 안전계수는 다음과 같이 1.2 이상이므로 설계요구사항을 만족한다.

$$n = \frac{\sigma_{\text{all}}}{\sigma} = \frac{58\,500}{38\,570} = 1.52$$

5번 기어의 굽힘과 마모

J, Y_N, Z_N을 제외한 모든 상수는 4번 기어와 동일하다.

$$J = 0.41 \qquad \text{그림 12-6}$$

$$L_5 = (12\,000 \text{ h})(60 \text{ min/h})(86.4 \text{ rev/min}) = 6.2 \times 10^7 \text{ rev}$$

$$Y_N = 0.97 \qquad \text{그림 12-14}$$

$$Z_N = 1.0 \qquad \text{그림 12-15}$$

$$\sigma_c = 2300\sqrt{\frac{2431(1.18)(1.21)}{2.67(2)(0.1315)}} = 161\,700 \text{ psi}$$

$$\sigma = (2431)(1.18)\left(\frac{6}{2}\right)\left(\frac{1.21}{0.41}\right) = 25\,400 \text{ psi}$$

4번 기어와 동일하게 Grade 2 carburized and hardened를 선택하면 안전계수는 모두

설계요구사항을 만족한다.

$$n_c = \frac{\sigma_{c,\text{all}}}{\sigma_c} = \frac{225\,000}{161\,700} = 1.39$$

$$n = \frac{\sigma_{\text{all}}}{\sigma} = \frac{65\,000(0.97)}{25\,400} = 2.48$$

2번 기어 마모

2번과 3번 기어는 유사한 방법으로 평가한다.

$$K_v = 1.37$$

2번과 3번 기어에 작용하는 하중이 적으므로 기어면폭 $F = 1.5$인치로 선정한다.

$$K_m = 1.19$$

다른 모든 상수들은 4번 기어와 동일하다.

$$\sigma_c = 2300\sqrt{\frac{(539.7)(1.37)(1.19)}{2.67(1.5)(0.1315)}} = 94\,000\ \text{psi}$$

$$L_2 = (12\,000\ \text{h})(60\ \text{min/h})(1750\ \text{rev/min}) = 1.26\times 10^9\ \text{rev} \qquad Z_N = 0.8$$

재료로 Grade 1 flame-hardened를 선택하면 $S_c = 170\,000$ psi이고 안전계수 1.2 이상이 가능하다.

$$n_c = \frac{\sigma_{c,\text{all}}}{\sigma_c} = \frac{170\,000(0.8)}{94\,000} = 1.40$$

2번 기어 굽힘

$$J = 0.27 \qquad Y_N = 0.88$$

$$\sigma = 539.7(1.37)\frac{(6)(1.19)}{(1.5)(0.27)} = 13\,040\ \text{psi}$$

$$n = \frac{\sigma_{\text{all}}}{\sigma} = \frac{45\,000(0.88)}{13\,040} = 3.04$$

3번 기어 마모와 굽힘

$$J = 0.41 \qquad Y_N = 0.9 \qquad Z_N = 0.9$$

$$\sigma_c = 2300\sqrt{\frac{(539.7)(1.37)(1.19)}{2.67(1.5)(0.1315)}} = 94\,000\ \text{psi}$$

$$\sigma = 539.7(1.37)\frac{(6)(1.19)}{1.5(0.41)} = 8584\ \text{psi}$$

재료로 Grade 1 steel through-hardened를 선택하고 H_B 300을 적용하면 그림 12-2로부터

$$n_c = \frac{126\,000(0.9)}{94\,000} = 1.21$$

$$n = \frac{\sigma_{\text{all}}}{\sigma} = \frac{36\,000(0.9)}{8584} = 3.77$$

$S_t = 36{,}000\ \text{psi}$와 그림 12-5로부터 $S_c = 126{,}000\ \text{psi}$를 구할 수 있고, 안전계수는 다음과 같다.

정리하면 최종 기어 제원은 다음과 같다.

All gears, $P = 6\ \text{teeth/in}$

Gear 2, Grade 1 flame-hardened, $S_c = 170\,000\ \text{psi}$ and $S_t = 45\,000\ \text{psi}$

$d_2 = 2.67\ \text{in}$, face width$= 1.5\ \text{in}$

Gear 3, Grade 1 throughhardened to H_B, $S_c = 126\,000\text{psi}$ and $S_t = 36\,000\text{psi}$

$d_3 = 12.0\ \text{in}$, face width$= 1.5\ \text{in}$

Gear 4, Grade 2 carburized and hardened, $S_c = 225\,000\text{psi}$ and $S_t = 65\,000\text{psi}$

$d_4 = 2.67\ \text{in}$, face width$= 2.0\ \text{in}$

Gear 5, Grade 2 carburized and hardened, $S_c = 225\,000\text{psi}$ and $S_t = 65\,000\text{psi}$

$d_5 = 12.0\ \text{in}$, face width$= 2.0\ \text{in}$

14-4 축 설계

기어와 베어링의 축방향 위치를 포함한 축의 일반적인 레이아웃이 결정되어야 자유물체 힘 해석을 수행할 수 있고 전단력 선도와 굽힘모멘트 선도를 구할 수 있다. 초기설계로 활용할 기존설계가 없다면 축 레이아웃 결정은 많은 솔루션들이 가능하다. 축 레이아웃에 있어서 고려할 사항들은 6-3절을 참고하고 여기서는 축 레이아웃 결정이 전체 설계과정과 어떻게 연결되는지에 초점을 맞춰 설명한다.

자유물체 힘 해석은 축 지름을 몰라도 가능하지만 기어와 베어링간의 축방향 거리를 모르고서는 수행할 수 없다. 아무리 작은 힘이라도 모멘트 암이 크면 큰 굽힘모멘트를 발생시키므로 여기서 축방향거리를 작게 유지하는 것이 매우 중요하다. 또한 보 처짐에 관한 식을 떠올리면 일반적으로 길이의 3제곱에 비례함을 알 수 있다.

따라서 축길이와 축요소 위치를 결정하는 인자들을 알아보기 위하여 기어박스 전체를 살펴볼 필요가 있다. 이를 위하여 그림 14-2와 같은 대략적인 스케치로도 충분하다.

설계사례 4

축 설계

축방향 치수를 결정하기에 충분한 기어박스의 스케치를 준비함으로써 설계사례를 계속 진행한다. 특히 전체 길이와 다른 축들의 지지 요구사항에 맞도록 중간 축의 기어들간의 거리를 추정한다.

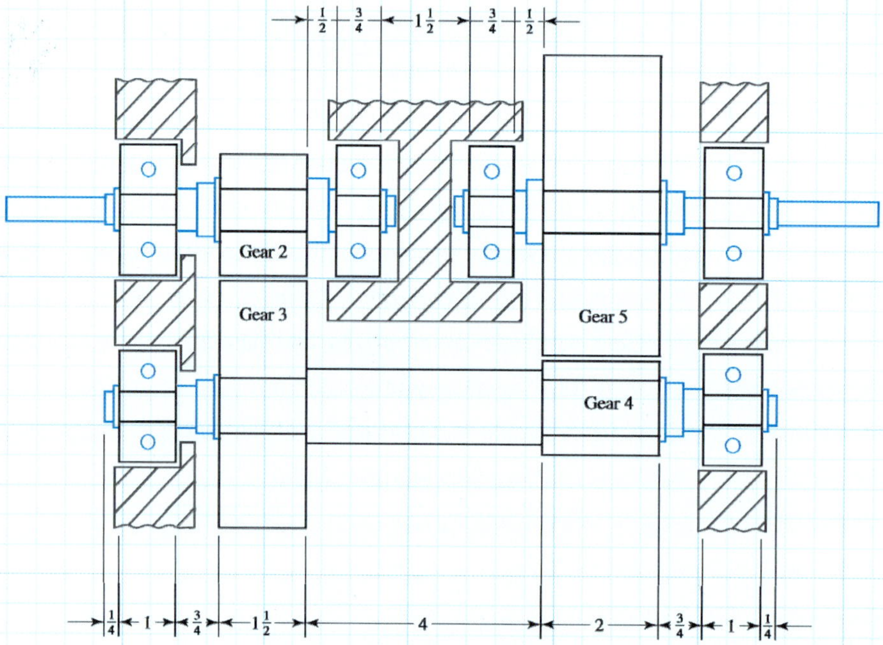

그림 14-2
축 레이아웃 스케치(치수는 mm)

풀이 그림 14-2는 대략적인 스케치로 베어링들의 지지부를 고려한 3개의 축을 나타낸다. 여기서 기어폭은 알고 있고 베어링폭은 가정한다. 더 큰 굽힘모멘트를 받는 중간축의 큰 베어링에 좀 더 공간을 할애한다. 베어링폭에 있어서 작은 변화는 반력 위치에 거의 변화가 없으므로 힘 해석에 최소한의 영향을 준다. 베어링을 지지하는 공간을 포함한 입력축과 출력축의 요구사항에 따라서 두 기어간의 거리 100 mm를 설정한다. 또한 고정링(retaining ring)과 베어링 여유 공간을 포함하여 중간축의 길이는 290 mm로 설계한다.

기어면폭이 넓어지면 축길이도 따라서 길어진다. 처음에는 응력 집중이 큰 고정링이 아닌 멈춤나사를 사용하도록 허브를 포함한 기어를 설계하였으나, 허브 길이가 축 길이와 기어박스 하우징에 추가되는 결과를 초래하였다.

그림 14-2의 레이아웃에 몇 가지 주목할 점은 다음과 같다. 기어와 베어링이 단차(shoulder)에 의해 자리를 잡고 고정링이 이들을 고정한다. 베어링 근처에 기어를 두는 것이 바람직하지만 베어링 뒤로 연장할 하우징을 두거나 베어링 뒤쪽으로 베어링 풀러가 접근할 추가 공간이 부족하다. 베어링과 기어사이의 축 지름을 추가적으로 변경하면 베어링의 단차 높이와 기어의 보어 크기가 달라질 것이다. 이 지름은 느슨한 공차와 큰 휠렛 반지름을 갖을 수 있다.

각 베어링은 축상에서 축방향으로 구속되어 있고 각 축당 한 개의 베어링만 약간의 축방향 열팽창을 허용하도록 하우징에 축방향으로 고정되어 있다.

14-5 힘 해석

기어 지름을 알고 요소들의 축방향 위치가 결정되면 축에 대한 자유물체도, 전단력 선도, 굽힘모멘트 선도를 작성할 수 있다. 주어진 전달하중으로부터 기어를 통해 전달되는 반지름 방향 힘과 축방향 힘을 계산한다(11-14～17절). 각 축에 대한 힘과 모멘트 합으로부터 베어링에서의 반력을 계산할 수 있다. 기어와 풀리가 있는 축에 있어서 일반적으로 힘과 모멘트는 축을 따라서 2개 평면에 존재한다. 회전하는 축에 있어서 일반적으로 합력의 크기가 필요하므로 베어링의 힘요소들을 벡터로 더한다. 전단력 선도와 굽힘모멘트 선도는 일반적으로 두 평면으로 나누어 작성하고 관심 위치에서 벡터로 더한다. 또한 입력으로부터 축을 통해 출력까지 토크의 전달을 가시화하기 위하여 토크 선도도 작성한다.

중간축 설계 사례의 힘 해석 부분을 위하여 예제 6-2의 앞부분을 참고한다. 4번 기어가 더 작고 훨신 큰 3번 기어를 통해 축에 전달된 동일한 토크를 전달해야 하므로 굽힘모멘트는 4번 기어에서 가장 클 것이라고 예측 가능하다.

힘 해석은 수작업으로 수행하기 어렵지 않지만, 처짐해석을 위하여 본 소프트웨어를 사용한다면 처짐량을 계산하는 과정에서 전단력 선도와 굽힘모멘트 선도와 함께 반력을 계산해 줄 것이다. 여기서 설계자는 힘 정보를 얻기 위하여 축 지름을 가정하여 입력할 수 있고 나중에 실제 축 지름을 입력하여 처짐량을 결정한다.

14-6 축 재료 선정

축 응력설계 이전에는 축재료를 가정할 수 있고 응력설계 과정 중에도 필요하면 변경할 수 있다. 재료선정에 관한 구체적인 사항은 6-2절을 참고한다. 설계 사례에서는 초기에 저가 철재로 1020 CD를 선택하였다. 응력해석 이후 추가적인 축 지름의 증가없이 임계응력을 낮출 수 있도록 보다 높은 강도의 1050 CD로 변경하였다.

14-7 응력을 고려한 축 설계

임계 위치에서의 응력해석을 통하여 임계 축지름을 결정한다. 응력을 고려한 축 설계와 관련된 사항들은 6-4절을 참고한다.

설계사례 5

응력을 고려한 축 설계

최소 안전계수 1.5와 함께 충분한 피로응력과 정적응력 용량으로 무한 수명을 보장하는 축의 각 단면에 적절한 지름을 추정함으로써 설계 사례를 계속 진행한다.

풀이 6-2절을 참고한다.

굽힘모멘트는 4번 기어 위치에서 최대이므로 잠재적 임계응력 위치는 단차, 키홈, 고정링 홈이고 결과적으로 키홈이 가장 취약한 것으로 나타났다. 일반적으로 단차가 임계점으로 알려져 있지만 이 사례는 키홈과 같은 다른 응력 집중 위치를 간과하지 말 것을 시사하고 있다.

이 과정에서 축 지름을 2인치로 제한하기 위하여 더 높은 강도의 재료로 변경하였다. 축이 훨씬 커지면 적은 기어는 적절한 보어 크기를 제공할 수 없기 때문이다. 축 지름을 증가시키는 것만이 유일한 대안이라면 기어제원을 재설계할 필요가 있다.

14-8 처짐을 고려한 축 설계

처짐을 고려한 축 설계에 관한 자세한 사항은 6-5절을 참고한다. 일반적으로 축에 있어서 처짐 문제는 축의 엄청난 파손을 일으키지는 않지만, 기어나 베어링의 과도한 소음과 진동, 예상보다 빠른 파손을 야기할 것이다.

설계사례 6

처짐을 고려한 축 설계

중간축에 위치한 기어와 베어링의 처짐량과 기울기가 허용범위 내에 존재하는지 확인함으로써 설계 사례를 계속 진행한다.

풀이 6-3절을 참고한다.

이 문제에서는 모든 처짐량이 베어링과 기어의 추천 한계 내에 존재함을 알 수 있다. 항상 만족하는 것은 아니므로 처짐해석을 무시해서는 안된다. 설계 사례의 초기 설계에서 허브를 갖는 기어를 사용함으로써 축길이가 길어지면 처짐량이 응력보다 더 중요해질 수도 있다.

14-9 베어링 선정

베어링 반력과 대략적인 보어 지름을 알고 있으므로 베어링 선정은 간단하다. 베어링 선정에 대한 자세한 사항은 10장을 참조한다. 구름접촉베어링은 넓은 범위의 하중과 치수에 적용 가능하므로 일반적으로 추정한 보어 지름과 폭에 가까운 적절한 베어링을 찾는 것은 어렵지 않다.

설계사례 7

베어링 선정

신뢰도 99%로 중간축에 적적한 베어링을 선정함으로써 설계사례를 계속 진행한다. 설계수명은 12,000시간, 중간축 속도는 389 rev/min, 추정한 보어 크기는 25 mm, 폭은 25 mm.

풀이 자유물체도 (예제 6-2)로부터

$$R_{Az} = 422\text{ N} \qquad R_{Ay} = 1439\text{ N} \qquad R_A = 1500\text{ N}$$

$$R_{Bg} = 8822\text{ N} \qquad R_{By} = 3331\text{ N} \qquad R_B = 9430\text{ N}$$

축속도 389 rev/min, 설계수명 12,000시간으로부터 베어링 수명은 $L_D = (12\,000\ \text{h})(60\ \text{min/h})(389\ \text{rev/min}) = 2.8 \times 10^8\ \text{rev}$.

더 큰 하중을 받고 있는 베어링 B부터 고려한다. 식 (10-7)로부터 볼베어링($a = 3$), $L = 2.8 \times 10^6$을 가정하면,

$$F_{RB} = 9430\left[\frac{2.8 \times 10^8/10^6}{0.02 + 4.439(1-0.99)^{1/1.483}}\right]^{1/3} = 102.4\ \text{kN}$$

인터넷(www.globalspec.com) 베어링 카탈로그에서 확인하면 이 하중은 보어 크기 25mm 근처 볼베어링보다 상대적으로 크다. 따라서 실린더 롤러 베어링으로 다시 계산하면($a = 3/10$),

$$F_{RB} = 80.7\ \text{kN}$$

실린더 롤러 베어링은 이 범위에서 가능하고 특정 SKF사의 제원에 따르면 다음과 같다.

Cylindrical roller bearing at right end of shaft
$C = 83\ \text{kN}$, $\text{ID} = 30\ \text{mm}$, $\text{OD} = 72\ \text{mm}$, $W = 27\ \text{mm}$
Shoulder diameter= 37 mm to 39 mm, and maximum fillet radius 1.1 mm

베어링 A에 대하여 다시 볼베어링을 가정하면,

$$F_{RA} = 1500\left[\frac{2.8 \times 10^8/10^6}{0.02 + 4.439(1-0.99)^{1/1.483}}\right]^{1/3} = 16.3\ \text{kN}$$

마찬가지로 SKF 카탈로그에서 특정 볼베어링을 다음과 같이 선택할 수 있다.

Deep-groove ball bearing at left end of shaft
$C = 20.3\ \text{kN}$, $\text{ID} = 25\ \text{mm}$, $\text{OD} = 62\ \text{mm}$, $W = 19\ \text{mm}$
Shoulder diameter= 32 mm to 35 mm, and maximum fillet radius= 2 mm

여기서 초기 가정과 비교하여 실제 베어링 치수를 확인할 수 있다. 베어링 B의 경우, 보어 지름 30 mm는 초기 25 mm보다 약간 더 커졌는데, 단차 지름에 여유가 있는 한 문제될건 없다. 단차 지지 지름의 초기 가정은 35 mm였고 이 지름이 축의 다음 단인 42 mm 이하라면 아무런 문제는 없다. 베어링 숄더부의 응력 집중에 대한 초기 가정이 $r/d = 0.02$인 필렛 반지름인데, 실제 선정한 베어링은 0.036과 0.080으로 초기설계보다 필렛 반지름이 증가하는 것을 허용하므로 응력집중계수도 줄일 수 있다.

베어링 폭은 초기 가정과 유사하다. 베어링을 맞추기 위하여 축 치수에 약간의 수정이 필요했지만 재설계까지 할 필요는 없다.

14-10 키와 고정링 선정

키의 크기와 선정방법은 예제 6-6과 6-7절에서 소개하였다. 키의 단면크기가 축 크기와 서로 관련이 있고(표 6-6, 표 6-8) 기어 보어의 키홈과 맞아야 한다. 설계결정사항은 키의 길이와 필요하다면 상위 재료선정이다.

키는 전단 또는 베어링 응력에 의한 부서짐에 의해 파손된다. 정사각형 키인 경우, 전단 파손은 부서짐 파손과 비교할 때 뒤틀림에너지 파손 이론에 의하면 덜 심각하고 최대전단응력 파손 이론에 의하면 동일하므로 부서짐 파손만 고려하는 것이 타당하다.

설계사례 8

키 설계

중간축에 위치한 두 개의 기어에 안전계수 2인 적절한 키를 설계함으로써 설계 사례를 계속 진행한다. 기어는 요구사양에 맞춰 보어와 키홈을 가공한다. 이전까지 사용한 정보는 다음과 같다.

전달 토크: $T = 360$ N·m

보어 지름: $d_3 = d_4 = 42$ mm

기어 허브 길이: $l_3 = 38$ mm, $l_4 = 50$ mm

풀이 표 6-6로부터 축 지름 42 mm에 대한 정사각형 키 치수 $t = 10$ mm를 선정한다. $S_y = 390$ MPa인 1020 CD 재료를 선정한다. 축 면에서 키에 작용하는 힘은

$$F = \frac{T}{r} = \frac{360}{0.042/2} = 17.14\ \text{kN}$$

키 옆면의 절반 면적을 이용하여 부서짐에 의한 파손을 고려한 안전계수는 다음과 같다.

$$n = \frac{S_y}{\sigma} = \frac{S_y}{F/(tl/2)}$$

키 길이 l에 대해 풀면

$$l = \frac{2Fn}{tS_y} = \frac{2(17140)(2)}{(0.01)(390\times 10^6)} = 18\ \text{mm}$$

두 기어는 동일한 보어 지름이고 동일한 토크를 전달하므로 동일한 키 사양을 사용할 수 있다.

고정링 선정은 단순히 카탈로그 사양을 확인하는 일이다. 고정링은 공칭 축 지름별로 나열되어 있고 다른 축방햐 하중이 가능하다. 선정하면 설계자는 홈 깊이, 홈 폭, 홈 바닥의 필렛 반지름을 확인해야 한다. 또한 사양 중에 다음 지름 변화까지의 최소 거리인 모서리 유격(edge margin)이라고 있는데 링에 의해 지지할 수 있는 축방향 하중을 나타낸다. 실제 치수로 응력집중계수가 더 클 수 있으므로 이를 확인하는 것이 중요하다. 설계 사례에서는 4번 기어의 잠재적 임계 위치에서 응력해석 과정에서 특정 고정링이 이미 선정되었다(예제 6-2). 다른 위치의 고정링들은 응력이 큰 부분이 아니므로 고정링에 의한 응력 집중에 신경 쓸 필요는 없다. 여기서 축의 치수 사양을 완성하기 위하여 특정 고정링을 선정해야 한다.

설계 사례에서 고정링 사양은 인터넷을 통하여 다음 사양 Truarc사 제품을 선정하였다.

	Both Gears	Left Bearing	Right Bearing
Nominal Shaft diameter	42 mm	25 mm	30 mm
Groove diameter	38±0.125 mm	24±0.1 mm	28±0.1 mm
Groove width	1.7 +0.1 −0.1 mm	1.2 +0.1 −0.1 mm	1.4 +0.1 −0.1 mm
Nominal groove depth	1.2 mm	0.8 mm	0.9 mm
Max groove fillet radius	0.25 mm	0.25 mm	0.25 mm
Minimum edge margin	3.6 mm	2.6 mm	2.6 mm
Allowable axial thrust	52.7 kN	26.7 kN	31.2 kN

이 사양들은 초기 축 레이아웃에 사용한 추정값 범위 내이므로 재설계할 필요는 없다. 최종 축은 이 치수로 업데이트해야 한다.

14-11 최종 해석

현 시점에서 모든 것을 확인할 수 있다. 최종 세부사항은 기어와 베어링과 적절한 끼워맞춤을 위한 치수와 공차를 결정하는 것이다. 특정 끼워맞춤을 구현하기 위한 자세한 사항은 6-8절을 참고한다. 이미 정한 공칭 지름에서 적은 변화는 응력해석과 처짐해석에 별다른 영향을 주지 않을 것이다. 그러나 생산과 조립목적을 위하여 설계자는 공차 사양을 간과해서는 안된다. 부적절한 끼워맞춤은 설계를 실패로 이끌 수 있다. 중간축의 최종 도면은 그림 14-3과 같다.

문서작업과 설계확인을 위하여 설계과정은 최종설계의 완전한 해석으로 마무리되어야 한다. 해석은 설계보다 훨씬 더 간단하다는 사실을 기억하고 따라서 최종 해석을 위한 시간 투자는 상대적으로 적을 것이다.

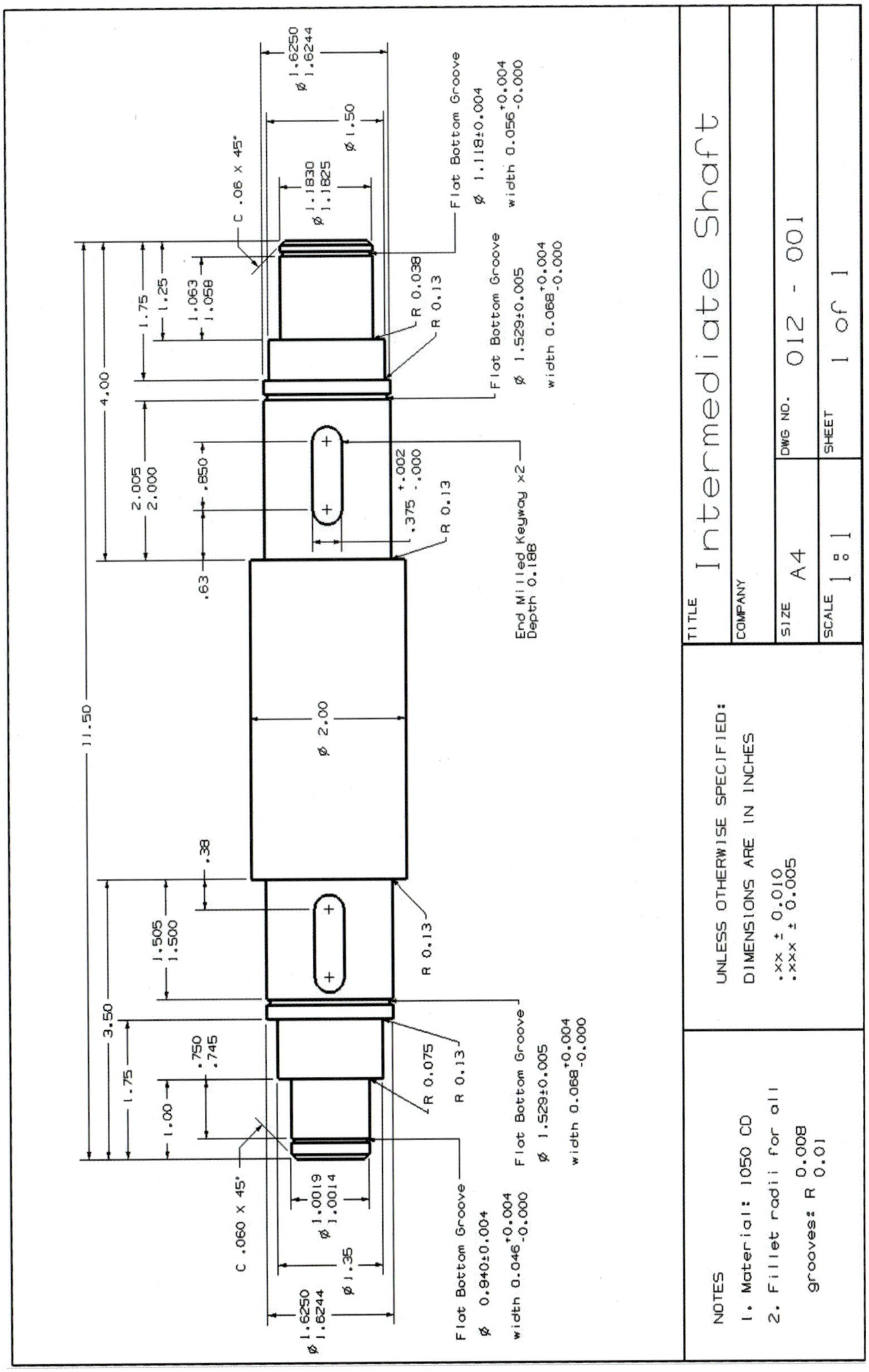
Intermediate Shaft
TITLE
COMPANY
SIZE A4
DWG NO. 012 - 001
SCALE 1:1
SHEET 1 of 1
UNLESS OTHERWISE SPECIFIED:
DIMENSIONS ARE IN INCHES
.xx ± 0.010
.xxx ± 0.005
NOTES
1. Material: 1050 CD
2. Fillet radii for all
grooves: R 0.008
R 0.01
End Milled Keyway x2
Depth 0.188
Flat Bottom Groove
ø 1.118±0.004
width 0.056+0.004 -0.000
Flat Bottom Groove
ø 1.529±0.005
width 0.068+0.004 -0.000
Flat Bottom Groove
ø 0.940±0.004
width 0.046+0.004 -0.000
C .06 x 45°
C .060 x 45°
ø 2.00
11.50
4.00
3.50
R 0.13
R 0.038
R 0.075

| 그림 14-3

연습문제

14-1 설계 사례 문제에서, 기어, 베어링, 키, 고정링 그리고 축의 제원을 결정을 하기 위한 원동축을 설계하라.

14-2 설계 사례 문제에서, 헬리컬 기어를 이용하여 중간축을 설계하고, 그 결과를 평기어를 사용하는 경우와 비교하라.

14-3 설계 사례 문제에서, 동력 요구 조건이 40마력(hp)인 경우에 대해서 기어, 베어링, 키, 고정링 그리고 축의 제원을 포함하여 중간축을 설계하라.

연습문제 해답

Chapter 3

3-1 $R_B = 33.3$ lbf, $R_O = 66.7$ lbf, $R_C = 33.3$ lbf

3-6 $R_O = 740$ lbf, $M_O = 8080$ lbf · in

3-9 (a) $\sigma_1 = 22$ kpsi, $\sigma_2 = -12$ kpsi, $\sigma_3 = 0$ kpsi, $\phi_p = 14.0°$ cw, $\tau_1 = 17$ kpsi, $\sigma_{ave} = 5$ kpsi, $\phi_s = 31.0°$ ccw,
(b) $\sigma_1 = 18.6$ kpsi, $\sigma_2 = 6.4$ kpsi, $\sigma_3 = 0$ kpsi, $\phi_p = 27.5°$ ccw, $\tau_1 = 6.10$ kpsi, $\sigma_{ave} = 12.5$ kpsi, $\phi_s = 17.5°$ cw,
(c) $\sigma_1 = 26.2$ kpsi, $\sigma_2 = 7.78$ kpsi, $\sigma_3 = 0$ kpsi, $\phi_p = 69.7°$ ccw, $\tau_1 = 9.22$ kpsi, $\sigma_{ave} = 17$ kpsi, $\phi_s = 24.7°$ ccw,
(d) $\sigma_1 = 25.8$ kpsi, $\sigma_2 = -15.8$ kpsi, $\sigma_3 = 0$ kpsi, $\phi_p = 72.4°$ cw, $\tau_1 = 20.8$ kpsi, $\sigma_{ave} = 5$ kpsi, $\phi_s = 27.4°$ ccw

3-11 $\sigma_{max} = 84.3$ MPa, $\tau_{max} = 5.63$ MPa

3-17 $H = 55.5$ kW

Chapter 4

4-1 (a) MSS: $n = 3.5$, DE: $n = 3.5$, (b) MSS: $n = 3.5$, DE: $n = 4.04$, (c) MSS: $n = 1.94$, DE: $n = 2.13$, (d) MSS: $n = 3.07$, DE: $n = 3.21$, (e) MSS: $n = 3.34$, DE: $n = 3.57$

Chapter 7

7-1 (a) Thread depth 2.5 mm, thread width 2.5 mm, $d_m = 22.5$ mm, $d_r = 20$ mm, $l = p = 5$ mm

7-4 $T_R = 15.85$ N · m, $T_L = 7.83$ N · m, $e = 0.251$

7-8 $F = 182$ lbf

7-11 (a) $L = 45$ mm, (b) $k_b = 874.6$ MN/m, (c) $k_m = 3\ 116.5$ MN/m

7-14 (a) $L = 3.5$ in, (b) $k_b = 1.79$ Mlbf/in, (c) $k_m = 7.67$ Mlbf/in

7-19 (a) $L = 60$ mm, (b) $k_b = 292.1$ MN/m, (c) $k_m = 692.5$ MN/m

7-25 From Eqs. (7-20) and (7-22), $k_m = 2\ 762$ MN/m. From Eq. (7-23), $k_m = 2\ 843$ MN/m

7-33 (a) $T = 823$ N · m, (b) $n_p = 1.10$, $n_L = 17.7$, $n_0 = 57.7$

7-36 Bolt shear, $n = 2.30$; bolt bearing, $n = 4.06$; member bearing, $n = 1.31$; member tension, $n = 3.68$

Chapter 8

8-1 $F = 49.5$ kN

8-5 $F = 51.2$ kN

8-9 $F = 31.1$ kN

8-14 $t = 22.6$ kpsi

8-18 (a) $F = 2.71$ kips, (b) $F = 1.19$ kips

8-22 $F = 5.41$ kips

8-26 $F = 5.89$ kips

8-29 $F = 12.5$ kips

8-31 $F = 5.04$ kN

8-40 $\tau_{max} = 25.6$ kpsi

8-42 $\tau_{max} = 45.3$ MPa

8-43 $n = 3.48$

8-46 $F = 61.2$ kN

Chapter 9

9-2 (a) 162.8 mm, (b) 167.9 N, (c) 1.314 N/mm,
(d) 임계 자유높이 = 149.9 mm, 좌굴 발생 가능함.

9-3 (a) 65 mm, (b) 289.5 N, (c) 2.05

9-6 안전하다.

9-12 안전하다.

9-15 (a) 밀착높이 = 44.2 mm, 유효감김수 = 12
(b) 1.08 N/mm, (c) 81.9 N, (d) 271 MPa

9-17 (a) 6 mm, (b) 42 mm, (c) 24 N/mm,
(d) 9.29, (e) 102.2 mm

Chapter 10

10-1 $x_D = 525$, $F_D = 3.0$ kN, $C_{10} = 25.5$ kN,
02-35 mm 깊은 홈 볼 베어링, $R = 0.920$

10-4 145 kN

10-5 20 kN

10-12 (a) 5.34 kN, (b) 444 h

10-15 60 mm 베어링

10-19 O 점 위치에는 02-12 mm 깊은 홈 볼 베어링,
C 점 위치에는 02-30 mm 깊은 홈 볼 베어링

10-21 $0.267(10^6)$ rev

Chapter 11

11-1 잇수 35개, 축간 중심거리 3.25 in

11-5 (a) 13, (b) 15, 45, (c) 18

11-7 10 : 20 또는 비율이 더 크게해야 함.

11-9 47.06 rev/min 시계방향 회전

Chapter 12

12-1 89.9 MPa

12-4 64 mm

12-5 모듈 2 mm, 이폭 25 mm

Chapter 13

13-1 (a) 734.5 kPa 시계방향 회전, 오른쪽 슈

13-3 최대 압력 203 kPa, 제동 토크 38.8 N · m

13-6 (a) 878.6 N · m, 2.16 kN, 18.4 kW, (b) 1.932 kN,
(c) 480 kPa (0도 위치), 187 kPa (270도 위치)

13-9 균일 마모: 82.2 kPa, 949 N,
균일 압력: 79.1 kPa, 948 N

찾아보기

ㄹ

ㅁ

ㅂ

ㅅ

ㅇ

ㅌ

ㅍ

ㅎ

기타

저자 소개

지은이 Richard G. Budynas
J. Keith Nisbett

옮긴이 **김 철** 부산대학교 기계공학부 교수
김양진 부산대학교 기계공학부 교수
김송길 부산대학교 기계공학부 교수
이하범 부산대학교 기계공학부 교수

10판
SHIGLEY 핵심기계요소설계
MECHANICAL ENGINEERING DESIGN 10E

2020년 9월 29일 초판 발행

지은이 Richard G. Budynas, J. Keith Nisbett
옮긴이 김철, 김양진, 김송길, 이하범
펴낸이 류원식 | **펴낸곳** 교문사

편집팀장 모은영 | **표지디자인** 신나리 | **본문편집** 김미진

주소 (10881) 경기도 파주시 문발로 116
전화 031-955-6111 | **팩스** 031-955-0955
등록 1960. 10. 28. 제406-2006-000035호
홈페이지 www.gyomoon.com | **이메일** genie@gyomoon.com
ISBN 978-89-363-1903-8(93550)
값 29,500원